UG NX 6.0 工程应用精解丛书

UG NX 软件应用认证指导用书

UG NX 6.0 曲面设计教程

展迪优　主编

机 械 工 业 出 版 社

本书全面、系统地介绍了使用 UG NX 6.0 进行曲面设计的过程、方法和技巧，内容包括曲面设计的发展概况、曲面造型的数学概念、基准特征的创建、曲线设计、简单曲面的创建、自由曲面的创建、曲面的编辑、曲面中的倒圆角、TOP_DOWN 自顶向下产品设计以及大量的曲面设计综合范例等。

本书是根据北京兆迪科技有限公司给国内外众多行业的著名公司（含国外独资和合资公司）的培训教案整理而成的，具有很强的实用性和广泛的适用性。本书附带 2 张多媒体 DVD 学习光盘，制作了 278 个 UG 曲面设计技巧和具有针对性的实例教学视频并进行了详细的语音讲解，时间长达 11.2 个小时（670 分钟），光盘中还包含本书所有的模型文件、范例文件和练习素材文件（2 张 DVD 光盘教学文件容量共计 6.8GB）。另外，为方便 UG 低版本用户和读者的学习，光盘中特提供了 UG NX 5.0 版本的主要素材源文件。

本书在内容安排上，为了使读者更快地掌握 UG 软件的曲面功能，书中结合大量的曲面设计范例对软件中的一些抽象的曲面概念、命令和功能进行讲解，同时结合范例讲述了一些实际生产一线曲面产品的真实设计过程，能使读者较快地进入曲面设计实战状态；在写作方式上，本书紧贴软件的实际操作界面，使初学者能够尽快地上手，提高学习效率。本书内容全面，条理清晰，实例丰富，讲解详细，可作为工程技术人员的 UG 曲面自学教程和参考书籍，也可作为大中专院校学生和各类培训学校学员的 UG 课程上课或上机练习的教材。

图书在版编目（CIP）数据

UG NX 6.0 曲面设计教程/展迪优主编．—2 版（修订本）．—北京：机械工业出版社，2013.9
ISBN 978-7-111-44218-9

Ⅰ．①U…　Ⅱ．①展…　Ⅲ．①曲面—机械设计—计算机辅助设计—应用软件—教材　Ⅳ．①TH122

中国版本图书馆 CIP 数据核字（2013）第 231532 号

机械工业出版社（北京市百万庄大街 22 号　邮政编码 100037）
策划编辑：管晓伟　责任编辑：管晓伟
封面设计：张　静　责任印制：乔　宇
北京铭成印刷有限公司印刷
2013 年 10 月第 2 版第 1 次印刷
184mm×260mm · 22.5 印张 · 557 千字
0001—3000 册
标准书号：ISBN 978-7-111-44218-9
ISBN 978-7-89405-102-8（光盘）
定价：59.90 元（含多媒体 DVD 光盘 2 张）

凡购本书，如有缺页、倒页、脱页，由本社发行部调换

电话服务	网络服务
社服务中心：（010）88361066	教材网：http://www.cmpedu.com
销售一部：（010）68326294	机工官网：http://www.cmpbook.com
销售二部：（010）88379649	机工官博：http://weibo.com/cmp1952
读者购书热线：（010）88379203	**封面无防伪标均为盗版**

出 版 说 明

制造业是一个国家经济发展的基础，当今世界任何经济实力强大的国家都拥有发达的制造业，美、日、德、英、法等国家之所以称为发达国家，很大程度上是由于它们拥有世界上最发达的制造业。我国在大力推进国民经济信息化的同时，必须清醒地认识到，制造业是现代经济的支柱，加强和提高制造业科技水平是一项长期而艰巨的任务。发展信息产业，首先要把信息技术应用到制造业。

众所周知，制造业信息化是企业发展的必要手段，国家已将制造业信息化提到关系到国家生存的高度上来。信息化是当今时代现代化的突出标志。以信息化带动工业化，使信息化与工业化融为一体，互相促进，共同发展，是具有中国特色的跨越式发展之路。信息化主导着新时期工业化的方向，使工业朝着高附加值化发展；工业化是信息化的基础，为信息化的发展提供物资、能源、资金、人才以及市场，只有用信息化武装起来的自主和完整的工业体系，才能为信息化提供坚实的物质基础。

制造业信息化集成平台是通过并行工程、网络技术、数据库技术等先进技术将CAD/CAM/CAE/CAPP/PDM/ERP 等为制造服务的软件个体有机地集成起来，采用统一的架构体系和统一的基础数据平台，涵盖目前常用的 CAD/CAM/CAE/CAPP/PDM/ERP 软件，使软件交互和信息传递顺畅，从而有效提高产品开发、制造各个领域的数据集成管理和共享水平，提高产品开发、生产和销售全过程中的数据整合、流程的组织管理水平以及企业的综合实力，为营造一流的企业提供现代化的技术保证。

机械工业出版社作为全国优秀出版社，在出版制造业信息化技术类图书方面有着独特优势，一直致力于 CAD/CAM/CAE/CAPP/PDM/ERP 等领域相关技术的跟踪，出版了大量学习这些领域的软件（如 UG、Pro/ENGINEER、CATIA、SolidWorks、AutoCAD 等）的优秀图书，同时也积累了许多宝贵的经验。

北京兆迪科技有限公司位于中关村科技园区，专门从事 CAD/CAM/CAE 技术的开发、咨询及产品设计与制造服务，并提供专业的 UG、Pro/ENGINEER、CATIA、SolidWorks、AutoCAD 等软件的培训。中关村科技园区是北京市科技、智力、人才和信息资源最密集的区域，园区内有清华大学、北京大学和中国科学院等著名大学和科研机构，同时聚集了一些国内外著名公司，如西门子、联想集团、清华紫光和清华同方等。近年来，北京兆迪科技有限公司充分依托中关村科技园区人才优势，在机械工业出版社的大力支持下，陆续推出一系列 UG“工程应用精解”图书，包括：

- UG NX 8.5 工程应用精解丛书
- UG NX 8.0 工程应用精解丛书
- UG NX 7.0 工程应用精解丛书
- UG NX 6.0 工程应用精解丛书

- UG NX 5.0 工程应用精解丛书
- UG NX 8.0 宝典
- UG NX 8.0 实例宝典

“工程应用精解”系列图书具有以下特色：

- **注重实用，讲解详细，条理清晰**。由于作者队伍和顾问均是来自一线的专业工程师和高校教师，所以图书既注重解决实际产品设计、制造中的问题，同时又将软件的使用方法和技巧进行全面、系统、有条不紊、由浅入深的讲解。
- **范例来源于实际，丰富而经典**。对软件中的主要命令和功能，先结合简单的范例进行讲解，然后安排一些较复杂的综合范例帮助读者深入理解、灵活应用。
- **写法独特，易于上手**。全部图书采用软件中真实的菜单、对话框和按钮等进行讲解，使初学者能够直观、准确地操作软件，从而大大提高学习效率。
- **随书光盘配有视频录像**。每本书的随书光盘中制作了超长时间的操作视频文件，帮助读者轻松、高效地学习。
- **网站技术支持**。读者购买“工程应用精解”系列图书，可以通过北京兆迪科技有限公司的网站（http://www.zalldy.com）获得技术支持。

我们真诚地希望广大读者通过学习“工程应用精解”系列图书，能够高效掌握有关制造业信息化软件的功能和使用技巧，并将学到的知识运用到实际工作中，也期待您给我们提出宝贵的意见，以便今后为大家提供更优秀的图书作品，共同为我国制造业的发展尽一份力量。

机械工业出版社

北京兆迪科技有限公司

前　言

UG是由美国UGS公司推出的功能强大的三维CAD/CAM/CAE软件系统，其内容涵盖了产品从概念设计、工业造型设计、三维模型设计、分析计算、动态模拟与仿真、工程图输出，到生产加工成产品的全过程，应用范围涉及航空航天、汽车、机械、造船、通用机械、数控（NC）加工、医疗器械和电子等诸多领域。

由于具有强大而完美的功能，UG近几年几乎成为三维CAD/CAM领域的一面旗帜和标准，它在国外大学院校里已成为学习工程类专业必修的课程，也成为工程技术人员必备的技术。作为提高产品研发效率和竞争力的有效工具和手段，UG也正在国内形成一个广泛应用的热潮。UG NX 6.0版本在易用性、数字化模拟、知识捕捉、可用性和系统工程、模具设计和数控编程等方面进行了创新，对以前版本进行了数百项以客户为中心的改进。

本书全面、系统地介绍了UG NX 6.0曲面设计一般过程、方法和技巧，其特色如下：

- 内容全面。与其他的同类书籍相比，包括更多的UG曲面设计内容。
- 范例丰富。对软件中的主要命令和功能，先结合简单的范例进行讲解，然后安排一些较复杂的综合范例帮助读者深入理解和灵活运用。
- 讲解详细。条理清晰，保证自学的读者能独立学习。
- 写法独特。采用UG NX 6.0中文版中真实的对话框和按钮等进行讲解，使初学者能够直观、准确地操作软件，从而大大提高学习效率。
- 附加值高。本书附带2张多媒体DVD学习光盘，制作了278个UG曲面设计技巧和具有针对性的实例教学视频并进行了详细的语音讲解，时间长达11.2个小时(670分钟)，2张DVD光盘教学文件容量共计6.8GB，可以帮助读者轻松、高效地学习。

本书是根据北京兆迪科技有限公司给国内外一些著名公司（含国外独资和合资公司）的培训教案整理而成的，具有很强的实用性，其主编和参编人员主要来自北京兆迪科技有限公司，该公司专门从事CAD/CAM/CAE技术的研究、开发、咨询及产品设计与制造服务，并提供UG、Ansys、Adams等软件的专业培训及技术咨询，在编写过程中得到了该公司的大力帮助，在此衷心表示感谢。

本书由展迪优主编，参加编写的人员还有王焕田、刘静、雷保珍、刘海起、魏俊岭、任慧华、詹路、冯元超、刘江波、周涛、段进敏、赵枫、邵为龙、侯俊飞、龙宇、施志杰、詹棋、高政、孙润、李倩倩、黄红霞、尹泉、李行、詹超、尹佩文、赵磊、王晓萍、陈淑童、周攀、吴伟、王海波、高策、冯华超、周思思、黄光辉、党辉、冯峰、詹聪、平迪、管璇、王平、李友荣。本书已经多次校对，如有疏漏之处，恳请广大读者予以指正。

电子邮箱：zhanygjames@163.com

编　者

丛书导读

（一）产品设计工程师学习流程

1.《UG NX 6.0 快速入门教程（修订版）》
2.《UG NX 6.0 高级应用教程》
3.《UG NX 6.0 曲面设计教程》
4.《UG NX 6.0 钣金设计教程（修订版）》
5.《UG NX 6.0 钣金实例精解》
6.《UG NX 6.0 产品设计实例精解》
7.《UG NX 6.0 曲面设计实例精解》
8.《UG NX 6.0 工程图教程》
9.《UG NX 6.0 管道设计教程》
10.《UG NX 6.0 电缆布线设计教程》

（二）模具设计工程师学习流程

1.《UG NX 6.0 快速入门教程（修订版）》
2.《UG NX 6.0 高级应用教程》
3.《UG NX 6.0 工程图教程》
4.《UG NX 6.0 模具设计教程（修订版）》
5.《UG NX 6.0 模具设计实例精解（修订版）》

（三）数控加工工程师学习流程

1.《UG NX 6.0 快速入门教程（修订版）》
2.《UG NX 6.0 高级应用教程》
3.《UG NX 6.0 钣金设计教程》
4.《UG NX 6.0 数控加工教程（修订版）》
5.《UG NX 6.0 数控加工实例精解》

（四）产品分析工程师学习流程

1.《UG NX 6.0 快速入门教程（修订版）》
2.《UG NX 6.0 高级应用教程》
3.《UG NX 6.0 运动分析教程》
4.《UG NX 6.0 结构分析教程》

本 书 导 读

为了能更好地学习本书的知识，请您仔细阅读下面的内容：

读者对象

本书是学习 UG NX 6.0 曲面设计的书籍，可作为工程技术人员学习曲面设计的自学教程和参考书，也可作为大专院校学生和各类培训学校学员的 UG 课程上课或上机练习教材。

写作环境

本书使用的操作系统为 Windows XP Professional，对于 Windows 2000 /Server 操作系统，本书的内容和范例也同样适用。

本书采用的写作蓝本是 UG NX6.0 版。

光盘使用

为方便读者练习，特将本书所有素材文件、已完成的范例文件、配置文件和视频语音讲解文件等放入随书附带的光盘中，读者在学习过程中可以打开相应素材文件进行操作和练习。

本书附带多媒体 DVD 光盘 2 张，建议读者在学习本书前，先将两张 DVD 光盘中的所有文件复制到计算机硬盘的 D 盘中，然后再将第二张光盘 ug6.8-video2 文件夹中的所有文件复制到第一张光盘的 video 文件夹中。在 D 盘上 ug6.8 目录下共有 3 个子目录：

（1）work 子目录：包含本书的全部已完成的实例文件。

（2）video 子目录：包含本书讲解中的视频录像文件。读者学习时，可在该子目录中按顺序查找所需的视频文件。

（3）before 子目录：为方便 UG 低版本用户和读者的学习，光盘中特提供了 UG NX 5.0 版本的主要素材源文件。

本书约定

- 本书中有关鼠标操作的简略表述说明如下：
  - ☑ 单击：将鼠标指针移至某位置处，然后按一下鼠标的左键。
  - ☑ 双击：将鼠标指针移至某位置处，然后连续快速地按两次鼠标的左键。
  - ☑ 右击：将鼠标指针移至某位置处，然后按一下鼠标的右键。
  - ☑ 单击中键：将鼠标指针移至某位置处，然后按一下鼠标的中键。
  - ☑ 滚动中键：只是滚动鼠标的中键，而不能按中键。
  - ☑ 选择（选取）某对象：将鼠标指针移至某对象上，单击以选取该对象。
  - ☑ 拖移某对象：将鼠标指针移至某对象上，然后按下鼠标的左键不放，同时移动鼠标，将该对象移动到指定的位置后再松开鼠标的左键。

- 本书中的操作步骤分为 Task、Stage 和 Step 三个级别，说明如下：
  - ☑ 对于一般的软件操作，每个操作步骤以 Step 字符开始，例如，下面是草绘环境中绘制矩形操作步骤的表述：

    Step1. 单击□按钮。

    Step2. 在绘图区某位置单击，放置矩形的第一个角点，此时矩形呈“橡皮筋”样变化。

    Step3. 单击XY按钮，再次在绘图区某位置单击，放置矩形的另一个角点。此时，系统即在两个角点间绘制一个矩形，如图 4.7.13 所示。
  - ☑ 每个 Step 操作视其复杂程度，其下面可含有多级子操作，例如 Step1 下可能包含（1）、（2）、（3）等子操作、（1）子操作下可能包含①、②、③等子操作，①子操作下可能包含 a)、b)、c）等子操作。
  - ☑ 如果操作较复杂，需要几个大的操作步骤才能完成，则每个大的操作冠以 Stage1、Stage2、Stage3 等，Stage 级别的操作下再分 Step1、Step2、Step3 等操作。
  - ☑ 对于多个任务的操作，则每个任务冠以 Task1、Task2、Task3 等，每个 Task 操作下则可包含 Stage 和 Step 级别的操作。
- 由于已建议读者将随书光盘中的所有文件复制到计算机硬盘的 D 盘中，所以书中在要求设置工作目录或打开光盘文件时，所述的路径均以“D:”开始。

技术支持

本书是根据北京兆迪科技有限公司给国内外一些著名公司（含国外独资和合资公司）的培训教案整理而成的，具有很强的实用性，其主编和参编人员均来自北京兆迪科技有限公司，该公司专门从事 CAD/CAM/CAE 技术的研究、开发、咨询及产品设计与制造服务，并提供 UG、Ansys、Adams 等软件的专业培训及技术咨询，读者在学习本书的过程中如果遇到问题，可通过访问该公司的网站 http://www.zalldy.com 来获得技术支持。

咨询电话：010-82176248，010-82176249。

目　录

第 1 章　曲面设计概要

本章提要　随着时代的进步，人们的生活水平和质量都在不断地提高，追求完美日益成为时尚。对消费产品来说，人们在要求其完备的功能外，越来越追求外形的美观。因此，产品设计者很多时候需要用复杂的曲面来表现产品外观。本章主要内容包括：

- 曲面设计的发展概况
- 曲面造型的数学概念
- 曲面造型方法
- 光顺曲面的设计技巧

1.1　曲面设计的发展概况

曲面造型（Surface Modeling）是随着计算机技术和数学方法的不断发展而逐步产生和完善起来的。它是计算机辅助几何设计（Computer Aided Geometric Design，简称 CAGD）和计算机图形学（Computer Graphics）的一项重要内容，主要研究在计算机图像系统的环境下对曲面的表达、创建、显示以及分析等。

早在 1963 年，美国波音飞机公司的 Ferguson 首先提出将曲线曲面表示为参数的矢量函数方法，并引入参数三次曲线。从此，曲线曲面的参数化形式成为形状数学描述的标准形式。

到了 1971 年，法国雷诺汽车公司的 Bezier 又提出一种控制多边形设计曲线的新方法，这种方法很好地解决了整体形状控制问题，从而将曲线曲面的设计向前推进了一大步。然而 Bezier 的方法仍存在连接问题和局部修改问题。

直到 1975 年，美国 Syracuse 大学的 Versprille 首次提出具有划时代意义的有理 B 样条（NURBS）方法。NURBS 方法可以精确地表示二次规则曲线曲面，从而能用统一的数学形式表示规则曲面与自由曲面。这一方法的提出，终于使非均匀有理 B 样条方法成为现代曲面造型中最为广泛流行的技术。

当今在 CAD / CAM 系统的曲面造型领域，有一些功能强大的软件系统，如美国 Unigraphics Solutions 公司的 UG，美国 PTC 公司的 Pro / ENGINEER，美国 SDRC 公司的 I-DEAS MasterSeries 以及法国达索系统的 CATIA 等，他们各具特色和优势，在曲面造型领域中都发挥着举足轻重的作用。

美国 Unigraphics Solutions 公司的 UG 软件，以其参数化、基于特征、全相关等新概念闻名于 CAD 领域。它在曲面的创建生成、编辑修改、计算分析等方面功能强劲，另外它还可以将特殊的曲面造型实例作为一个特征加入特征库中，使其功能得到不断地扩充。

随着计算机图形技术以及工业制造技术的不断发展，曲面造型在近几年得到了长足的发展，这主要表现在以下几个方面：

（1）从研究领域来看，曲面造型技术已从传统的研究曲面表示、曲面求交和曲面拼接扩充到曲面变形、曲面重建、曲面简化、曲面转换和曲面等距性等。

（2）从表示方法来看，以网格细分为特征的离散造型方法得到了高度的运用。这种曲面造型方法在生动逼真的特征动画和雕塑曲面的设计加工中更是独具优势。

（3）从曲面造型方法来看，出现了一些新的方法，如基于物理模型的曲面造型方法、基于偏微分方程的曲面造型方法、流曲线曲面造型方法等。

如今，人们对产品的使用远远超出了只要求性能符合的底线，在此基础上人们更愿意接受能在视觉上带来冲击的产品。在较为生硬的三维建模设计中，曲面扮演的就是让模型更活泼，甚至具有装饰性的角色。不仅如此，在普通产品的设计中也对曲面的连续性提出了更高的要求，由原来的点连续提高到了相切连续甚至更高。在生活中，人们随处可见的电子产品、儿童玩具以及办公用品等产品的设计中都可以见证曲面设计的必要性以及重要性。

1.2 曲面造型的数学概念

曲面造型技术随着数学相关研究领域的不断深入而得到长足的发展，多种曲线、曲面被广泛应用。我们在此主要介绍其中最基本的一些曲线、曲面的理论及构造方法，使读者在原理和概念上有一个大致的了解。

1. 贝塞尔（Bezier）曲线与曲面

Bezier曲线与曲面是法国雷诺公司的Bezier在1962年提出的一种构造曲线曲面的方法，是三次曲线的形成原理，这是由四个位置矢量*Q0*、*Q1*、*Q2*、*Q3*定义的曲线。通常将*Q0*、*Q1*、……、*Qn*组成的多边形折线称为Bezier控制多边形，多边形的第一条折线和最后一条折线代表曲线的起点和终点的切线方向，其他曲线用于定义曲线的阶次与形状。

2. B样条曲线与曲面

B样条曲线继承了Bezier曲线的优点，仍采用特征多边形及权函数定义曲线，所不同的是权函数不采用伯恩斯坦基函数，而采用B样条基函数。

B样条曲线与特征多边形十分接近，同时便于进行局部修改。与Bezier曲面生成过程相似，由B样条曲线可以很容易推广到B样条曲面。

3. 非均匀有理B样条（NURBS）曲线与曲面

NURBS是Non-Uniform Rational B-Splines的缩写，是非均匀有理B样条的意思。具体

解释是：

- Non-Uniform（非均匀）：指能够改变控制顶点的影响力的范围。当创建一个不规则曲面的时候，这一点非常有用。同样，统一的曲线和曲面在透视投影下也不是无变化的，对于交互的 3D 建模来说，这是一个严重的缺陷。
- Rational（有理）：指每个 NURBS 物体都可以用数学表达式来定义。
- B-Spline（B 样条）：指用路线来构建一条曲线，在一个或更多的点之间以内插值替换。

NURBS 技术提供了对标准解析几何和自由曲线、曲面的统一数学描述方法，它可通过调整控制顶点和因子，方便地改变曲面的形状，同时也可以方便地转换成对应的 Bezier 曲面，因此 NURBS 方法已成为曲线、曲面建模中最为流行的技术。STEP 产品数据交换标准也将非均匀有理 B 样条（NURBS）作为曲面几何描述的唯一方法。

4. NURBS 曲面的特性及曲面连续性定义

（1）NURBS 曲面的特性。

NURBS 是用数学方式来描述形体，采用解析几何图形，曲线或曲面上任何一点都有其对应的坐标（x,y,z），所以具有高度的精确性。NURBS 曲面可以由任何曲线生成。

对于 NURBS 曲面而言，剪切是不会对曲面的 uv 方向产生影响的，也就是说不会对网格产生影响，如图 1.2.1 所示。剪切前后，网格（u 方向和 v 方向）并不会发生实质的改变，这也是通过剪切四边面来构成三边面和五边面等多边面的理论基础。

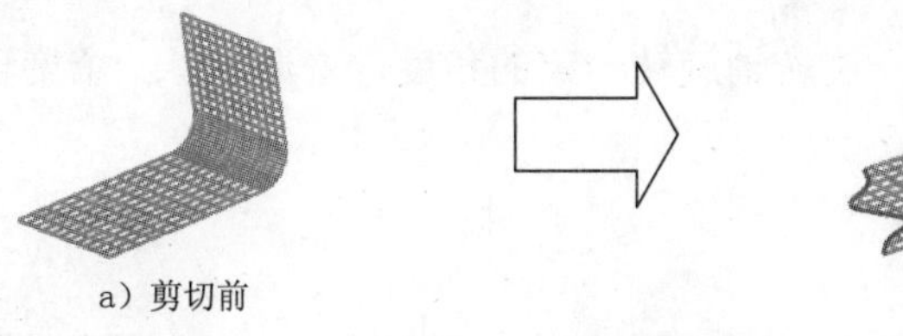

a）剪切前　　b）剪切后

图 1.2.1　剪切曲面

（2）曲面 *G1* 与 *G2* 连续性定义。

G*n* 表示两个几何对象间的实际连续程度。例如：

- *G0* 意味着两个对象相连或两个对象的位置是连续的。
- *G1* 意味着两个对象光滑连接，一阶微分连续，或者是相切连续的。
- *G2* 意味着两个对象光滑连接，二阶微分连续，或者两个对象的曲率是连续的。
- *G3* 意味着两个对象光滑连接，三阶微分连续。

1.3　曲面造型方法

曲面造型的方法有很多种，下面介绍最常见的几种方法。

1. 拉伸面

将一条截面曲线沿一定的方向滑动所形成的曲面，称为拉伸面，如图 1.3.1 所示。

图 1.3.1 拉伸面

2. 直纹面

直纹面可以理解为将两条曲线轮廓线（剖面线串）用一系列直线连接而成的曲面，如图 1.3.2 所示。其中剖面线串可由单个对象（对象包括曲线、实体边缘或实体面）或多个对象组成。在创建直纹面时，只能使用两组剖面线串，这两组线串可以封闭，也可以不封闭。另外，构成直纹面的两组剖面线串的走向必须相同，否则曲面将会出现扭曲。

图 1.3.2 直纹面

3. 旋转面

将一条截面曲线沿着某一旋转轴旋转一定的角度，就形成了一个旋转面，如图 1.3.3 所示。

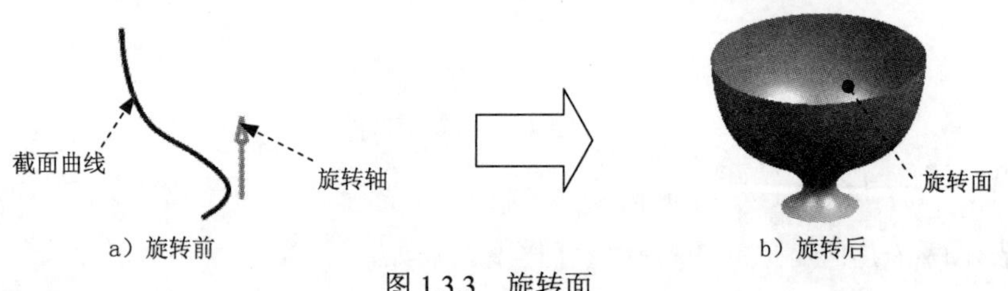

图 1.3.3 旋转面

4. 扫掠面

将截面曲线沿着轨迹曲线扫掠而形成的曲面，如图 1.3.4 所示。

截面曲线和轨迹线可以有多条，截面曲线形状可以不同，可以封闭也可以不封闭。生成扫掠时，软件会自动过渡，生成光滑连续的曲面。

图 1.3.4 扫掠面

5. 曲线网格曲面

曲线网格曲面是以一系列曲线为骨架进行形状控制，且通过这些曲线自然过渡生成曲面，如图 1.3.5 所示。

图 1.3.5　曲线网格曲面

6. 偏距曲面

偏距曲面就是把曲面特征沿某方向偏移一定的距离来创建曲面，如图 1.3.6 所示，机械加工或钣金零件在装配时为了得到光滑的外表面，往往需要确定一个曲面的偏距曲面。

现在常用的偏距曲面的生成方法一般是先将原始曲面离散细分，然后求取原始曲面离散点上的等距点，最后将这些等距点拟合成等距面。

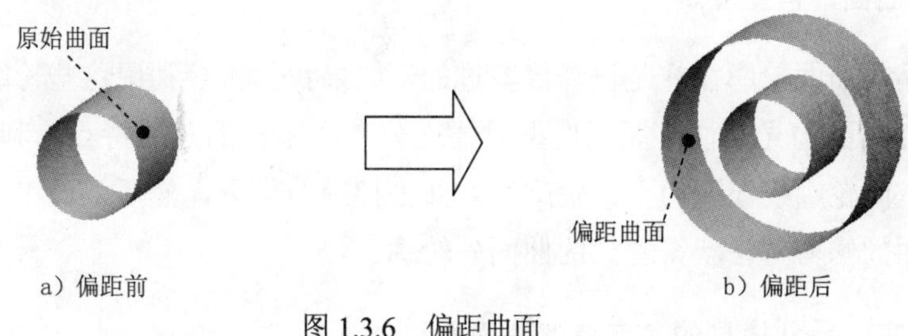

图 1.3.6　偏距曲面

1.4　光顺曲面设计技巧

一个美观的产品外形往往是光滑而圆顺的。光滑的曲面，从外表看流线顺畅，不会引起视觉上的凸凹感，从理论上是指具有二阶几何连续，不存在奇点与多余拐点，曲率变化较小以及应变较小等特点的曲面。

要保证构造出来的曲面既光滑又能满足一定的精度要求，就必须掌握一定的曲面造型技巧。下面我们就一些常用的技巧进行介绍。

1. 区域划分，先局部再整体

一个产品的外形，用一张曲面去描述往往是不切实际和不可行的，这时就要根据应用软件曲面造型方法，结合产品的外形特点，将其划分为多个区域来构造几张曲面，然后再将它们缝合在一起，或用过渡面与其连接。当今的三维 CAD 系统中的曲面几乎都是定义在四边形域上。因此，在划分区域时，应尽量将各个子域定义在四边形域内，即每个子面片都具有四条边。

2. 创建光滑的控制曲线是关键

控制曲线的光滑程度往往决定着曲面的品质。要创建一条高质量的控制曲线，主要应从以下几点着手：①要达到精度的要求。②曲率主方向要尽可能一致。③曲线曲率要大于将作圆角过渡的半径值。

在创建步骤上，首先利用投影、插补、光顺等手段生成样条曲线，然后根据其曲率图的显示来调整曲线段，从而达到光滑的效果。有时也可通过调整空间曲线的参数一致性，或生成足够数目的曲线上的点，再通过这些点重新拟合曲线，来达到光滑的目的。

3. 光滑连接曲面片

曲面片的光滑连接，应具备以下两个条件：要保证各连接面片间具有公共边；要保证各曲面片的控制线连接光滑。其中第二条是保证曲面片连接光滑的必要条件，可以通过修改控制线的起点、终点约束条件，使其曲率或切线在接点处保证一致。

4. 还原曲面，再塑轮廓

一个产品的曲面轮廓往往是已经修剪过的，如果我们直接利用这些轮廓线来构造曲面，常常难以保证曲面的光滑性，所以造型时要充分考察零件的几何特点，利用延伸、投影等方法将三维空间轮廓线还原为二维轮廓线，并去掉细节部分，然后还原出“原始”的曲面，最后再利用面的修剪方法获得理想的曲面外轮廓。

5. 注重实际，从模具的角度考察曲面质量

再漂亮的曲面造型，如果不注重实际的生产制造，也毫无用处。产品三维造型的最终目的是制造模具。产品零件大多由模具生产出来，因此在三维造型时，要从模具的角度去考虑，在确定产品出模方向后，应检查曲面能否出模，是否有倒扣现象（即拔模角为负角）。如发现问题，应对曲面进行修改或重构曲面。

6. 随时检查，及时修改

在进行曲面造型时，要随时检查所建曲面的状况，注意检查曲面是否光滑、有无扭曲、曲率变化等情况，以便及时修改。

检查曲面光滑的方法主要有以下两种：①对构造的曲面进行渲染处理，可通过透视、透明度和多重光源等处理手段产生高清晰度的逼真的彩色图像，再根据处理后图像的光亮度的分布规律来判断曲面的光滑度。图像明暗度变化比较均匀，则曲面光滑性好。②可对曲面进行高斯曲率分析，进而显示高斯曲率的彩色光栅图像，这样可以直观地了解曲面的光滑性情况。

第 2 章　基准特征的创建

本章提要　基准特征在建模过程中起着十分重要的作用。它不但为特征的定位提供基础参考，并且能使设计过程显得简单明快。本章主要内容包括：

- 基准平面的创建
- 基准轴的创建
- 基准点的创建
- 基准坐标系的创建

2.1　基准特征和系统设置

1. 概述

UG NX 6.0 中的基准包括基准平面、基准轴、基准点和基准坐标系。这些基准特征在构建零件模型中主要起参照作用，它们是没有任何质量和体积的几何体，且不能构成模型表面形状，但在创建零件的一般特征、曲面、零件的剖切面和装配中都十分有用。

基准特征可以分为两种，即相对基准和固定基准，前者是相对于已存实体模型而言的，而后者固定在模型空间。一般推荐使用相对基准特征，因为相对基准是相关和参数化的特征，与目标实体的表面、边缘、控制点等相关联。

选取基准操作命令的方法一般有如下两种：

方法一：从下拉菜单中选取命令，如图 2.1.1 所示。

方法二：从工具栏中选取命令，如图 2.1.2 所示。

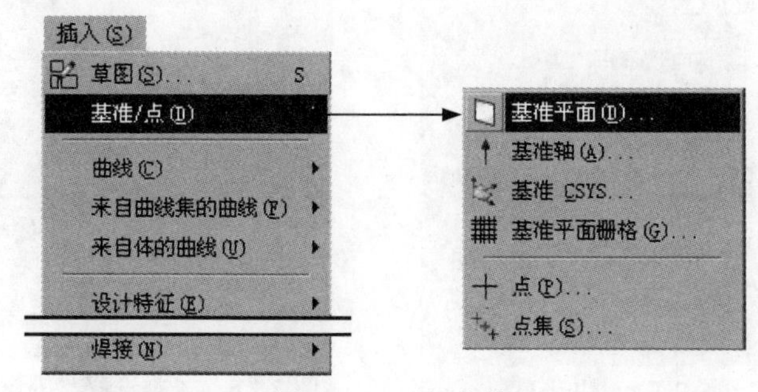

图 2.1.1　下拉菜单

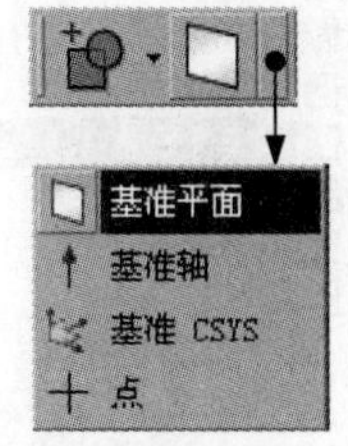

图 2.1.2　工具栏

2. 修改基准名称

UG NX 6.0 会自动给每个基准特征自动命名。但有时在非常复杂的模型中，根据实际需要，适当地将某些基准特征进行重新命名，这样将会帮助我们提高工作效率。

下面以一个具体例子来说明修改基准特征名称的一般操作过程。

Step1. 打开文件 D:\ug6.8\work\ch02.01\ rename.prt。

Step2. 打开模型树，如图 2.1.3a 所示。

Step3. 在模型树中的☑□基准平面 (1)图标上单击右键，系统弹出图 2.1.4 所示的快捷菜单。

Step4. 在弹出的快捷菜单中选择重命名选项，在所选取的选项中输入 center，按 Enter 键完成基准的重命名。

3. 设置基准显示状态

选择下拉菜单编辑(E) ➡ 对象显示(T)...命令，系统弹出图 2.1.5 所示的“类选择”对话框。在绘图区选取要设置显示状态的基准，单击对话框中的确定按钮，系统弹出“编辑对象显示”对话框，在此对话框中可以对对象的图层、颜色、线型、宽度、栅格数量、透明度以及着色状态等进行设置。

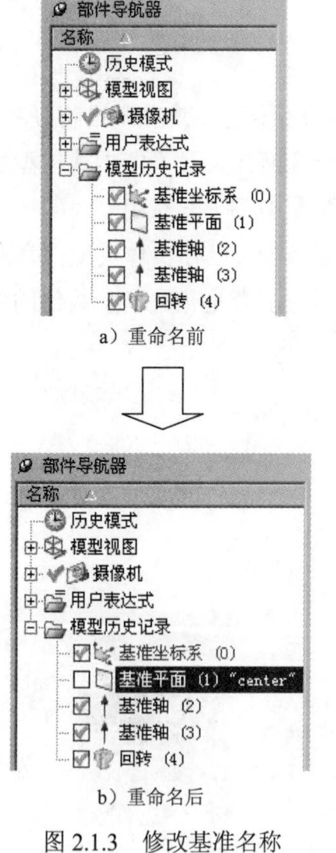

图 2.1.3　修改基准名称

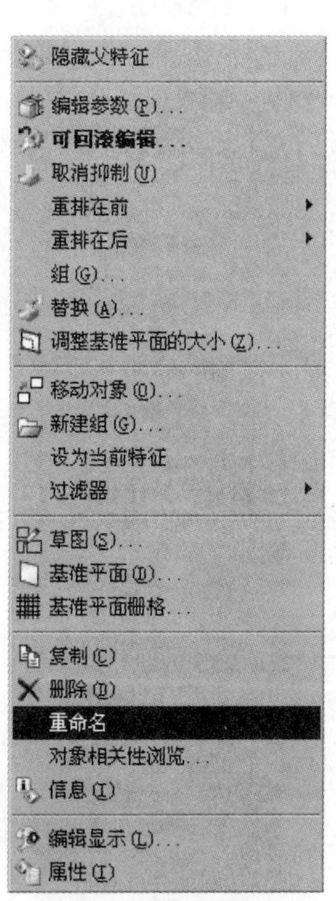

图 2.1.4　快捷菜单

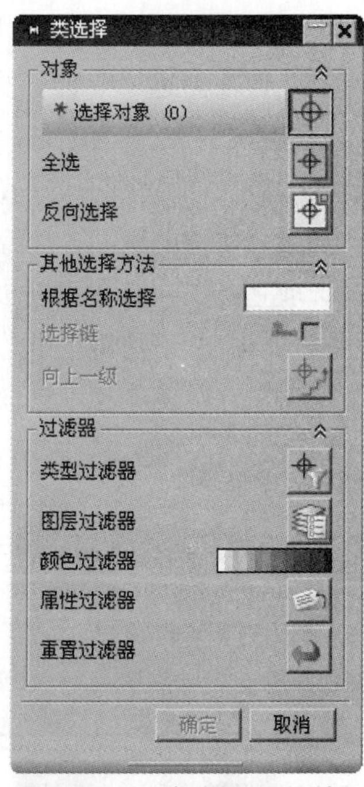

图 2.1.5　“类选择”对话框

2.2　基准平面的创建

基准平面也称基准面。在创建一般特征时，如果模型上没有合适的平面，用户可以创建基准平面作为特征截面的草图平面及其参照平面，也可以根据一个基准平面进行标注，就好像它是一条边。基准平面的大小可以调整，以使其适合零件、特征、曲面、边、轴或半径。UG NX 6.0 中有两种类型的基准平面：相对基准平面和固定基准平面。

相对基准平面：相对基准平面是根据模型中的其他对象而创建的。可使用曲线、面、边缘、点及其他基准作为基准平面的参考对象，可创建跨过多个体的相对基准平面。

固定基准平面：固定基准平面不能作为参考基准，也不受其他几何对象的约束，在用户定义特征中使用除外。可使用任意相对基准平面来创建固定基准平面，其方法是：在创建基准平面时，取消选中"基准平面"对话框中的□关联复选框；除此方法外，还可根据 WCS 和绝对坐标系并通过使用方程式中的系数，也可以使用其他一些特殊方法来创建固定基准平面。

要选择一个基准平面，可以在模型树中单击其名称，也可以在图形区中选择它的一条边界。

1. 创建基准平面的一般过程

下面以一个范例来说明创建图 2.2.1 所示的基准平面的一般操作过程。现在要创建一个基准平面，使其穿过图中模型的一条边线，并与模型上所指定的面成 60° 的夹角。

Step1. 打开文件 D:\ug6.8\work\ch02.02\datum_plane_01.prt。

Step2. 选择命令。选择下拉菜单 插入(S) → 基准/点(D) → 基准平面(D)... 命令，系统弹出图 2.2.2 所示的"基准平面"对话框（利用此对话框可创建各种形式的基准平面）。

Step3. 选择创建基准平面的方法。在"基准平面"对话框的类型区域的下拉列表中选择 成一角度 选项。

Step4. 定义参考对象。选取图 2.2.1a 所示的模型的上表面为参考平面，选取图 2.2.1a 所示的边线为参考轴。

Step5. 定义参数。在"基准平面"对话框角度区域的角度文本框中输入 60，单击 确定 按钮，完成基准平面的创建，结果如图 2.2.1b 所示。

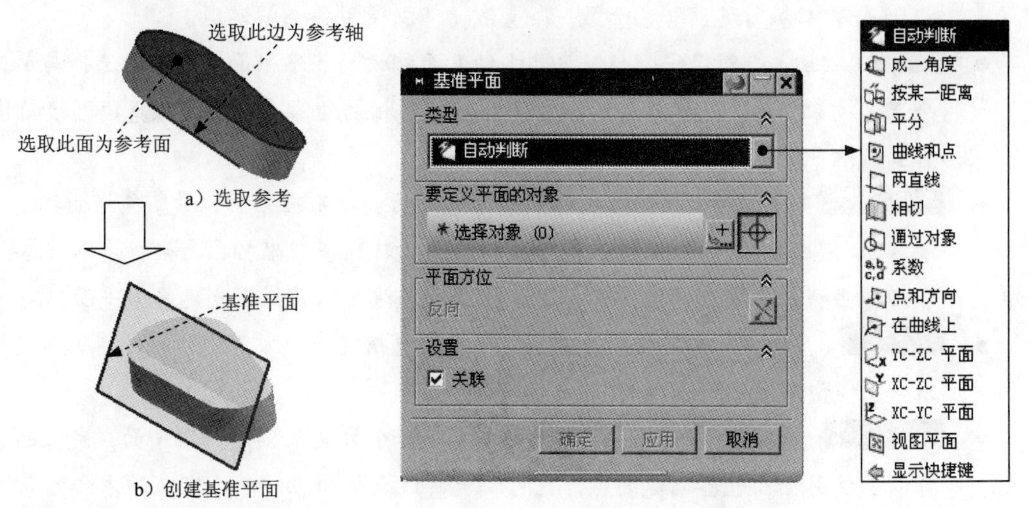

图 2.2.1　创建基准平面　　　　图 2.2.2　"基准平面"对话框

图 2.2.2 所示“基准平面”对话框类型区域的下拉列表中各选项的功能说明如下：

- 自动判断（自动判断）：通过选择的对象自动判断约束条件。例如选取一个表面或基准平面时，系统自动生成一个预览基准平面，可以输入偏置值和数量来创建基准平面。
- 成一角度（成一角度）：通过输入角度值创建与已知平面成一角度的基准平面。先选择一个平的面或基准平面，然后选择一个与所选面平行的线性曲线或基准轴以定义旋转轴。
- 按某一距离（按某一距离）：通过输入偏置值创建与已知平面（基准平面或零件表面）平行的基准平面。
- 平分（平分）：创建与两平行平面距离相等的基准平面，或创建与两相交平面所成角度相等的基准平面。
- 曲线和点（曲线和点）：用此方法创建基准平面的步骤为：先指定一个点，然后指定第二个点或者一条直线、线性边、基准轴、面等。如果选择直线、基准轴、线性曲线或特征的边缘作为第二个对象，则基准平面同时通过这两个对象；如果选择一般平面或基准平面作为第二个对象，则基准平面通过第一个点，但与第二个对象平行；如果选择两个点，则基准平面通过第一个点并垂直于这两个点所定义的方向；如果选择三个点，则基准平面通过这三个点。
- 两直线（两直线）：通过选择两条现有直线，或直线与线性边、面的法向向量或基准轴的组合，创建的基准平面包含第一条直线且平行于第二条线。如果两条直线共面，则创建的基准平面将同时包含这两条直线。否则，还会有下面两种可能的情况：
  - ☑ 两条线不垂直。创建的基准平面包含第一条直线且平行于第二条直线。
  - ☑ 两条线垂直。创建的基准平面包含第一条直线且垂直于第二条直线，或是包含第二条直线且垂直于第一条直线（可以使用备选解实现）。
- 相切（相切）：创建一个与任意非平的表面相切的基准平面，还可以选择与第二个选定对象相切。选择曲面后，系统显示与其相切的基准平面的预览，可接受预览的基准平面，或选择第二个对象。
- 通过对象（通过对象）：根据选定的对象平面创建基准平面，对象包括曲线、边缘、面、基准、平面、圆柱、圆锥或回转面的轴、基准坐标系、坐标系以及球面和回转曲面。如果选择圆锥面或圆柱面，则在该面的轴线上创建基准平面。
- 系数（系数）：通过使用系数 a、b、c 和 d 指定一个方程的方式，创建固定基准平面，该基准平面由方程 $ax+by+cz=d$ 确定。
- 点和方向（点和方向）：通过定义一个点和一个方向来创建基准平面。定义的点可以是使用点构造器创建的点，也可以是曲线或曲面上的点；定义的方向可以通过选取的对象自动判断，也可以使用矢量构造器来构建。

- 在曲线上（在曲线上）：创建一个与曲线垂直或相切且通过已知点的基准平面。
- XC-YC 平面（XC-YC 平面）：沿工作坐标系（WCS）或绝对坐标系（ABS）的 XC-YC 平面创建一个固定的基准平面。
- XC-ZC 平面（XC-ZC 平面）：沿工作坐标系（WCS）或绝对坐标系（ABS）的 XC-ZC 平面创建一个固定的基准平面。
- YC-ZC 平面（YC-ZC 平面）：沿工作坐标系（WCS）或绝对坐标系（ABS）的 YC-ZC 平面创建一个固定的基准平面。
- 视图平面（视图平面）：创建平行于视图平面并穿过 ACS 原点的固定基准平面。

注意：在部件导航器中，关联基准平面显示名称为“基准平面”，非关联基准平面显示名称为“固定基准平面”。

2. 创建基准平面的其他方法：点和方向

用“点和方向”创建基准平面是指通过定义一点和平面的法向方向来创建基准平面。下面以一个范例来说明用“点和方向”创建基准平面的一般操作过程。

Step1. 打开文件 D:\ug6.8\work\ch02.02\datum_plane_02.prt。

Step2. 选择下拉菜单插入(S) ➡ 基准/点(D) ➡ 基准平面(D)...命令，系统弹出图 2.2.2 所示的“基准平面”对话框。

Step3. 选择创建基准平面的方法。在类型区域的下拉列表中选择点和方向选项。

Step4. 定义参考对象。选取图 2.2.3a 所示曲线的端点为参考点，在指定矢量的下拉列表中选取XC选项，定义 XC 基准轴的正方向为平面的法向，单击确定按钮，完成基准平面的创建，结果如图 2.2.3b 所示。

图 2.2.3 利用“点和方向”创建基准平面

3. 创建基准平面的其他方法：在曲线上

用“在曲线上”创建基准平面是指通过曲线上的一点创建与该曲线有确定相对位置的基准平面。下面以一个范例来说明利用曲线上一点创建基准平面的一般操作过程。

Step1. 打开文件 D:\ug6.8\work\ch02.02\datum_plane_03.prt。

Step2. 选择下拉菜单插入(S) ➡ 基准/点(D) ➡ 基准平面(D)...命令，系统弹出“基准平面”对话框。

Step3. 选择创建基准平面的方法。在类型区域的下拉列表中选择在曲线上选项。

Step4. 定义参考对象。在绘图区选取图 2.2.4a 所示的曲线，在曲线上的位置区域位置的下拉列表中选取圆弧长选项，在圆弧长文本框中输入 20，并按 Enter 键确定。单击“基准平面”对话框中的确定按钮，完成基准平面的创建，结果如图 2.2.4b 所示。

说明：选取曲线时靠近的端点不同，结果也会不同，可以通过单击曲线区域的“反向”按钮进行调整，以得到需要的结果。

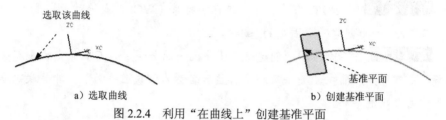

a）选取曲线　　b）创建基准平面

图 2.2.4 利用“在曲线上”创建基准平面

4．创建基准平面的其他方法：按某一距离

用“按某一距离”创建基准平面是指创建一个与指定平面相距一定距离的基准平面。下面以一个范例来说明用“按某一距离”创建基准平面的一般操作过程。

Step1. 打开文件 D:\ug6.8\work\ch02.02\datum_plane_04.prt。

Step2. 选择下拉菜单插入(S) → 基准/点(D) → 基准平面(D)...命令，系统弹出“基准平面”对话框。

Step3. 选择创建基准平面的方法。在类型区域的下拉列表中选择按某一距离选项。

Step4. 定义参考对象。在绘图区选取图 2.2.5a 所示的面为参考平面，在偏置区域的距离文本框中输入 10，单击确定按钮，完成基准平面的创建，结果如图 2.2.5b 所示。

a）选取参考平面　　b）创建基准平面

图 2.2.5 利用“按某一距离”创建基准平面

5．创建基准平面的其他方法：平分

用“平分”创建基准平面是指创建一个与指定两平面等距离的基准平面。下面以一个范例来说明用“平分”创建基准平面的一般操作过程。

Step1. 打开文件 D:\ug6.8\work\ch02.02\datum_plane_05.prt。

Step2. 选择下拉菜单插入(S) → 基准/点(D) → 基准平面(D)...命令，系统弹出“基准平面”对话框。

Step3. 选择创建基准平面的方法。在类型区域的下拉列表中选择平分选项。

Step4. 定义参考对象。在绘图区选取图 2.2.6a 所示的两个平面为参考平面，单击确定按钮，完成基准平面的创建，结果如图 2.2.6b 所示。

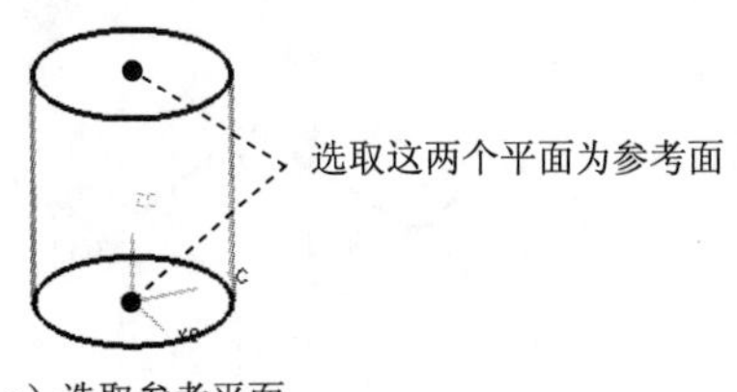

a）选取参考平面

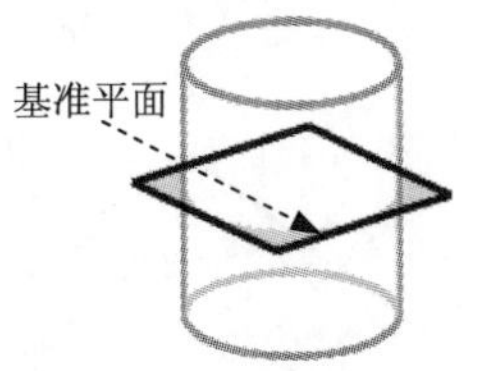

b）创建基准平面

图 2.2.6　利用"平分"创建基准平面

6. 创建基准平面的其他方法：曲线和点

用"曲线和点"创建基准平面是指通过指定点和曲线创建基准平面。下面以一个范例来说明用"曲线和点"创建基准平面的一般操作过程。

Step1. 打开文件 D:\ ug6.8\work\ch02.02\ datum_plane_06.prt。

Step2. 选择下拉菜单 插入(S) → 基准/点(D) → 基准平面(D)... 命令，系统弹出"基准平面"对话框。

Step3. 选择创建基准平面的方法。在 类型 区域的下拉列表中选择 曲线和点 选项。

Step4. 定义参考对象。在绘图区依次选取图 2.2.7a 所示的点和曲线作为参考对象。单击 确定 按钮，完成基准平面的创建，结果如图 2.2.7b 所示。

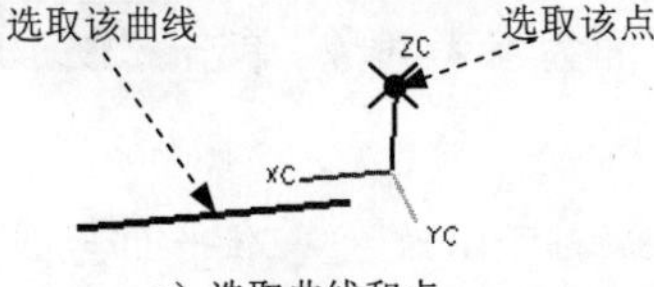

a）选取曲线和点

b）创建基准平面

图 2.2.7　利用"曲线和点"创建基准平面

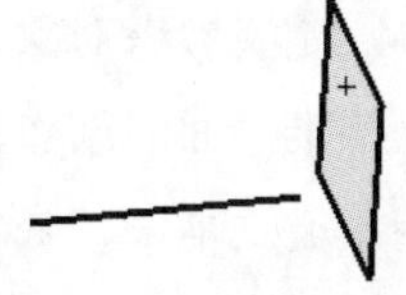

图 2.2.8　基准平面与直线垂直

说明：通过单击"基准平面"对话框中的"备选解"按钮可以改变基准平面与曲线的相对位置，结果如图 2.2.8 所示。

7. 创建基准平面的其他方法：两直线

用"两直线"创建基准平面可以创建通过两相交直线的基准平面，也可以创建包含第一条直线并且平行于第二条直线的基准平面。下面以一个范例来说明用"两直线"创建基准平面的一般操作过程。

Step1. 打开文件 D:\ug6.8\work\ch02.02\datum_plane_07.prt。

Step2. 选择下拉菜单 插入(S) → 基准/点(D) → 基准平面(D)... 命令，系统弹出"基准平面"对话框。

Step3. 选择创建基准平面的方法。在 类型 区域的下拉列表中选择 两直线 选项。

Step4. 定义参考对象。在绘图区依次选取图 2.2.9a 所示的两条直线作为参考对象。单击 确定 按钮，完成基准平面的创建，结果如图 2.2.9b 所示。

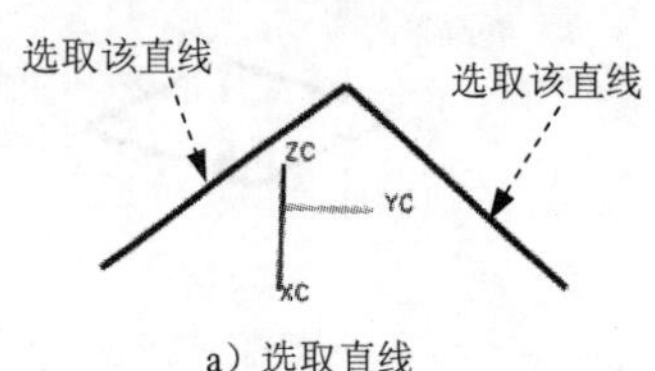

a）选取直线

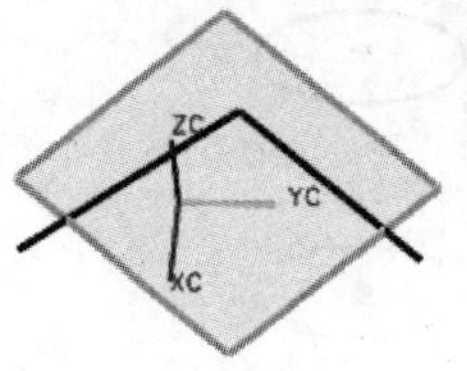

b）创建基准平面

图 2.2.9　利用“两直线”创建基准平面

说明：通过单击“基准平面”对话框中的“备选解”按钮得到不同的基准平面。

8. 创建基准平面的其他方法：相切

用“相切”创建基准平面是指创建与两对象相切的基准平面。下面以一个范例来说明用“相切”创建基准平面的一般操作过程。

Step1. 打开文件 D:\ug6.8\work\ch02.02\ datum_plane_08.prt。

Step2. 选择下拉菜单 插入(S) → 基准/点(D) → 基准平面(D)... 命令，系统弹出“基准平面”对话框。

Step3. 选择创建基准平面的方法。在类型区域的下拉列表中选择相切选项，在相切子类型区域的子类型下拉列表中选择两个面选项。

Step4. 定义参考对象。在绘图区依次选取两圆柱体的外表面为参考对象。单击确定按钮，完成基准平面的创建，结果如图 2.2.10 所示。

说明：通过单击“基准平面”对话框中的“备选解”按钮可以改变基准平面与圆柱的相对位置，图 2.2.11、图 2.2.12 和图 2.2.13 所示为基准平面与表面相切的其余三种情况。

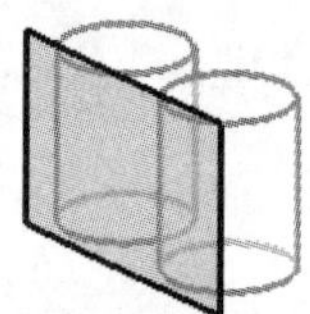

图 2.2.10　利用“相切”创建基准平面

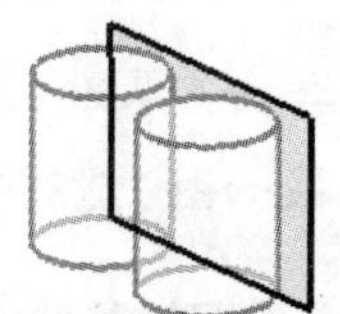

图 2.2.11　表面相切（一）

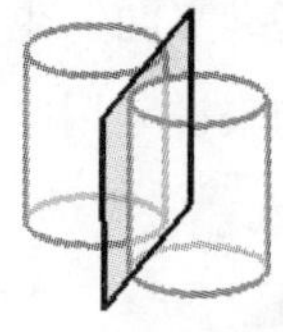

图 2.2.12　表面相切（二）

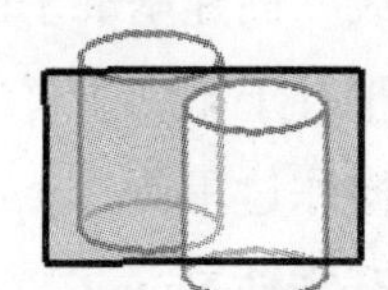

图 2.2.13　表面相切（三）

9. 创建基准平面的其他方法：通过对象

利用“通过对象”方法创建基准平面是指通过选定的对象来创建基准平面。下面以一个范例来说明用“通过对象”创建基准平面的一般操作过程。

Step1. 打开文件 D:\ug6.8\work\ch02.02\datum_plane_09.prt。

Step2. 选择下拉菜单 插入(S) → 基准/点(D) → 基准平面(D)... 命令，系统弹出“基准平面”对话框。

Step3. 选择创建基准平面的方法。在类型区域的下拉列表中选择 通过对象 选项。

Step4. 定义参考对象。在绘图区选取模型上表面为参考平面，单击 确定 按钮，完成基准平面的创建，结果如图 2.2.14 所示。

10．控制基准平面的显示大小

基准平面实际上是一个无穷大的平面，但在默认情况下，系统根据模型大小对其进行缩放显示。显示的基准平面的大小随零件尺寸而改变。除了即时生成的平面以外，其他所有基准平面的大小都可以调整，以适应零件、特征、曲面、边、轴或半径。改变基准平面大小的方法如下：

在图形区双击基准平面，然后用鼠标指针拖动基准平面的 8 个控制点即可改变其大小，如图 2.2.15 所示。

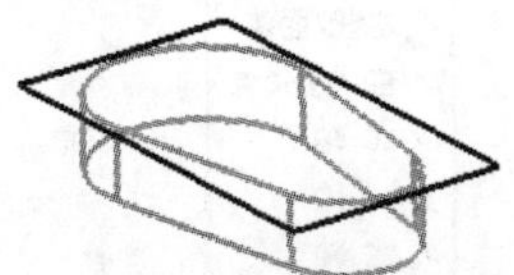

图 2.2.14　利用“通过对象”创建基准平面

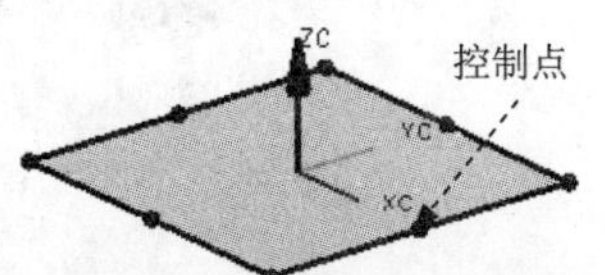

图 2.2.15　改变基准平面的大小

2.3　基准轴的创建

如同基准平面，基准轴也可以作为特征创建时的参照。基准轴对创建基准平面、同轴放置项目和圆周阵列等特征的创建都特别有用。

基准轴的产生可分为两种情况：一是基准轴作为一个单独的特征来创建；二是在创建草绘时系统会自动产生基准轴。

创建基准轴后，系统用基准轴自动分配其名称。要选取一个基准轴，可选择基准轴线自身或在模型树中单击其名称。

1．创建基准轴的一般过程

下面以一个范例来说明创建图 2.3.1 所示的基准轴的一般操作过程。现在要创建一个基准轴，使其穿过图 2.3.1a 所示的两个顶点。

Step1. 打开文件 D:\ug6.8\work\ch02.03\datum axis_01.prt。

Step2. 选择命令。选择下拉菜单 插入(S) → 基准/点(D) → 基准轴(A)... 命令，系统弹出图 2.3.2 所示的“基准轴”对话框。

Step3. 选择创建基准轴的方法。在类型区域的下拉列表中选择 两点 选项。

Step4. 定义参考对象。在绘图区选取图 2.3.1 所示的长方体的两个端点为参考点，选取模型上表面为参考平面（创建的基准轴方向与选择点的先后顺序有关，可以通过单击“基准轴”对话框中的“反向”按钮调整其方向）。

Step5. 单击 确定 按钮，完成基准轴的创建，如图 2.3.1b 所示。

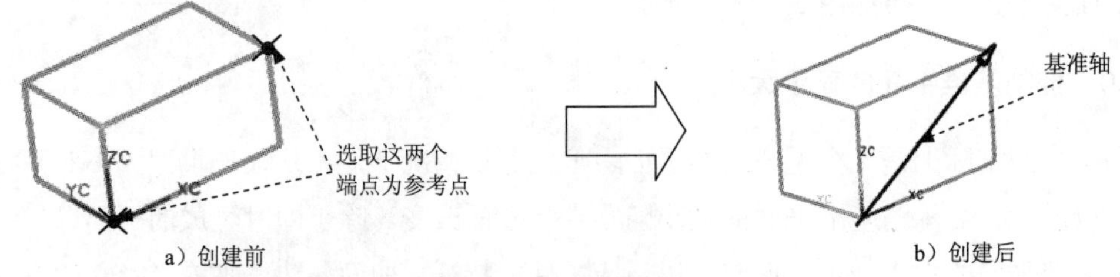

图 2.3.1　创建基准轴

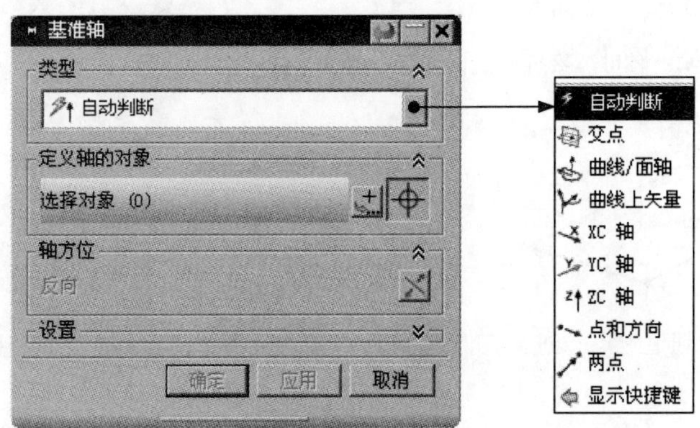

图 2.3.2　“基准轴”对话框

图 2.3.2 所示“基准轴”对话框 类型 区域的下拉列表中各选项的功能说明如下：

- 自动判断（自动判断）：系统根据选择的对象自动判断约束，并创建一个基准轴。
- 交点（交点）：通过定义一个交点和一个参考线来创建基准轴。
- 曲线/面轴（曲线或面轴）：通过选取曲线或面的轴为参照来创建基准轴。
- 曲线上矢量（曲线上矢量）：创建一个与所选择曲线具有垂直或相切关系且通过已知点的基准轴。
- XC 轴（XC 基准轴）：通过选取 XC 基准轴为参照来创建基准轴。
- YC 轴（YC 基准轴）：通过选取 YC 基准轴为参照来创建基准轴。
- ZC 轴（ZC 基准轴）：通过选取 ZC 基准轴为参照来创建基准轴。
- 点和方向（点和方向）：通过定义一个点和一个矢量方向来创建基准轴。通过曲线、边或曲面上的一点，可以创建一条平行于线性几何体或基准轴、面轴，或垂直于一个曲面的基准轴。
- 两点（两个点）：通过定义轴通过的两点来创建基准轴。第一点为基点，第二点定义了从第一点到第二点的方向。

2．创建基准轴的其他方法：点和方向

用“点和方向”创建基准平面是指通过定义一个点和矢量方向来创建基准轴，下面以图 2.3.3 所示的范例来说明用点和矢量方向创建基准轴的一般操作过程。

Step1．打开文件 D:\ug6.8\work\ch02.03\datum_ axis02.prt。

Step2．选择下拉菜单插入(S) ➡ 基准/点(D) ➡ 基准轴(A)... 命令，系统弹出图 2.3.2 所示的“基准轴”对话框。

Step3．选择创建基准轴的方法。在类型区域的下拉列表中选择 点和方向 选项。

Step4．定义参考对象。在绘图区选取图 2.3.3a 所示的点为参考点，并在方向区域的 * 指定矢量 (0) 右侧下拉列表中选择 ZC↑ 选项。

Step5．单击 确定 按钮，完成基准轴的创建，结果如图 2.3.3b 所示。

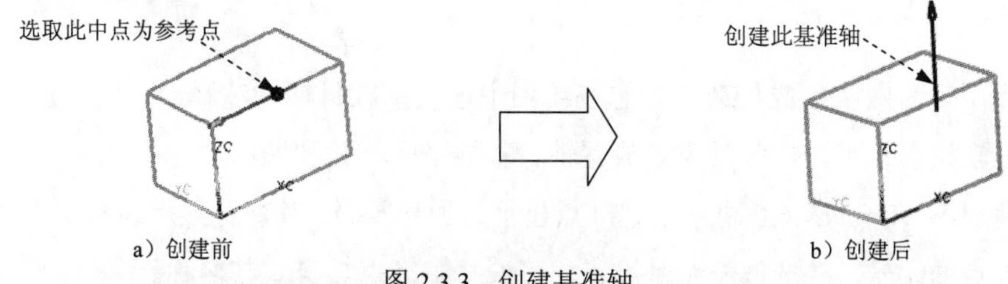

图 2.3.3　创建基准轴

3．创建基准轴的其他方法：曲线上矢量

用“曲线上矢量”可以创建一个在指定曲线与之有确定相对位置的基准轴，下面以一个范例来说明用“曲线上矢量”创建基准轴的一般操作过程。

Step1．打开文件 D:\ug6.8\work\ch02.03\datum_ axis03.prt。

Step2．选择下拉菜单插入(S) ➡ 基准/点(D) ➡ 基准轴(A)... 命令，系统弹出“基准轴”对话框。

Step3．选择创建基准轴的方法。在类型区域的下拉列表中选择 曲线上矢量 选项。

Step4．定义参考对象。在绘图区选取图 2.3.4a 所示的曲线，在曲线上的位置区域位置的下拉列表中选择圆弧长选项，在圆弧长文本框中输入 20，并按 Enter 键确定；在曲线上的方位区域的方位下拉列表中选择相切；其他参数设置保持系统默认。

Step5．单击“基准轴”对话框中的 确定 按钮，完成基准轴的创建，结果如图 2.3.4b 所示。

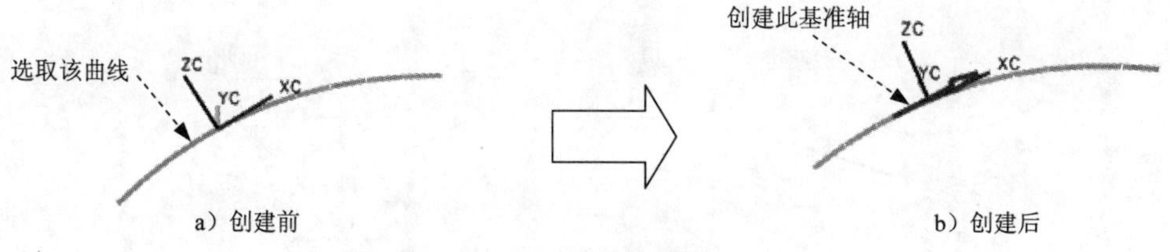

图 2.3.4　创建基准轴

说明： 曲线上的方位的方位默认选项为相切，选择其他方位可以得到不同的结果。注意这里的“正常”选项翻译有误，应为“法向”。图 2.3.5 显示的是同一条曲线上同一点在不同方位下产生的基准轴，注意相切、正常和副法向三者之间是两两互相垂直的。

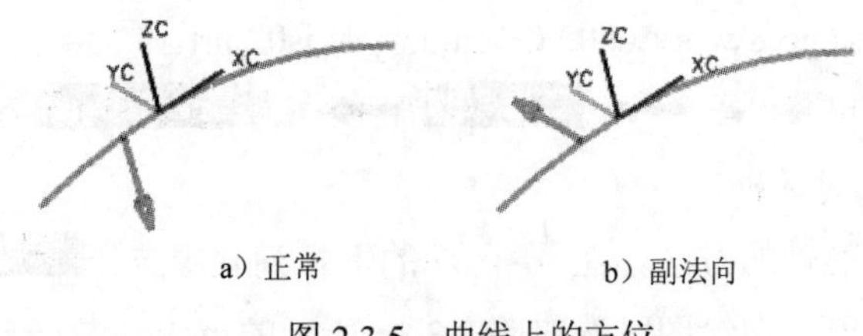

a）正常　　b）副法向

图 2.3.5 曲线上的方位

2.4 基准点的创建

基准点用来为网格生成加载点，它在绘图中连接基准目标和注释，可用于创建坐标系及管道特征轨迹，也可以在基准点处放置轴、基准平面、孔和轴肩。

默认情况下，UG NX 6.0 将一个基准点显示为加号（+），其名称显示为基准点（*n*），其中 *n* 是基准点的编号。要选取一个基准点，可选择基准点自身或其名称。

2.4.1 创建“点在曲线/边上”的基准点

当通过输入参数值在曲线或边上创建点时，所输入的参数值为从一个顶点开始沿曲线的长度值。下面以一个范例来说明创建“点在曲线/边上”的一般过程，如图 2.4.1 所示，需要在模型边线上创建一点，一般操作步骤如下：

Step1. 打开文件 D:\ug6.8\work\ch02.04\point_01.prt。

Step2. 选择命令。选择下拉菜单 插入(S) ➡ 基准/点(D) ➡ + 点(P)... 命令，系统弹出图 2.4.2 所示的“点”对话框。

Step3. 选择创建基准点的方法。在类型区域的下拉列表中选择 点在曲线/边上 选项。

Step4. 定义参考对象。选取图 2.4.1a 所示的边，在曲线上的位置区域 U 向参数 的文本框中输入 0.6，单击 确定 按钮，完成基准轴的创建，结果如图 2.4.1b 所示。

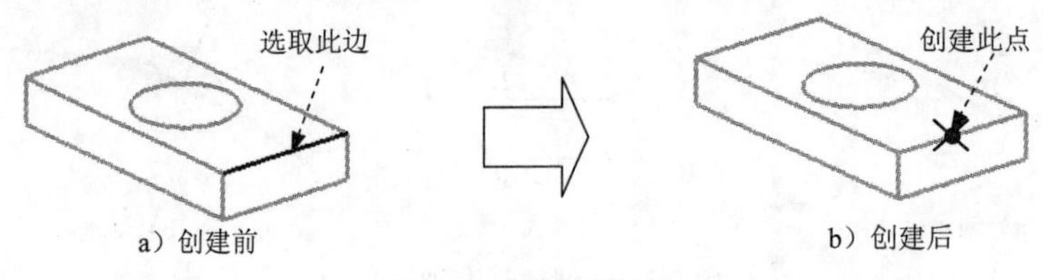

a）创建前　　b）创建后

图 2.4.1 创建基准点

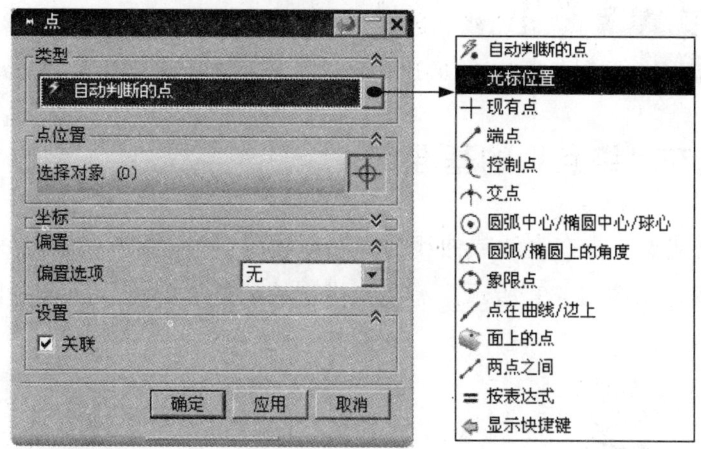

图 2.4.2 “点”对话框

图 2.4.2 所示“点构造器”对话框类型区域的下拉列表中部分选项的功能说明如下：

- 自动判断的点（自动判断的点）：根据光标的位置，系统自动判断所选的点。它包括了下面介绍的所有点的选择方式。
- 光标位置（光标位置）：将光标移至图形区某位置并单击，系统则在单击的位置处创建一个点。如果创建点是在一个草图中进行，则创建的点位于当前草绘平面上。
- 现有点（现有点）：通过选取已存在的点创建一个点。
- 端点（端点）：通过选取已存在曲线（如线段、圆弧、二次曲线及其他曲线）的端点创建一个点。在选取端点时，选取曲线的位置对端点的选取有很大的影响，系统自动选取曲线上离选取曲线的位置最近的端点。
- 控制点（控制点）：通过选取曲线的控制点创建一个点。控制点与曲线类型有关，可以是存在点，线段的中点或端点，开口圆弧的端点、中点或中心点，二次曲线的端点和样条曲线的定义点或控制点。
- 交点（交点）：通过选取两条曲线的交点、一曲线和一曲面或一平面的交点创建一个点。在选取交点时，若两对象的交点多于一个，系统会在靠近第二个对象的交点创建一个点；若两段曲线并未实际相交，则系统会选取两者延长线上的相交点；若选取的两段空间曲线并未实际相交，则系统会选取最靠近第一对象处创建一个点或规定新点的位置。
- 圆弧中心/椭圆中心/球心（圆弧中心／椭圆中心／球心）：通过选圆、圆弧、椭圆或球的中心点创建一个点。
- 圆弧/椭圆上的角度（圆弧／椭圆上的角度）：沿弧或椭圆的一个角度（与坐标轴XC 正向所成的角度）位置上创建一个点。
- 象限点（象限点）按钮：通过选取圆弧或椭圆弧的象限点，即四分点创建一个点。创建的象限点是离光标最近的那个四分点。

- 点在曲线/边上（点在曲线／边上）：通过选取曲线或物体的边缘创建一个点。
- 面上的点（点在曲面上）：通过选取离光标最近的曲面或表面上的点创建一个点。

2.4.2 创建在“终点”的基准点

在终点上创建点是指在直线或曲线的末端创建点。下面以一个范例来说明在终点创建点的一般过程，如图 2.4.3 所示，需要在模型的顶点处创建一个点，其一般操作步骤如下：

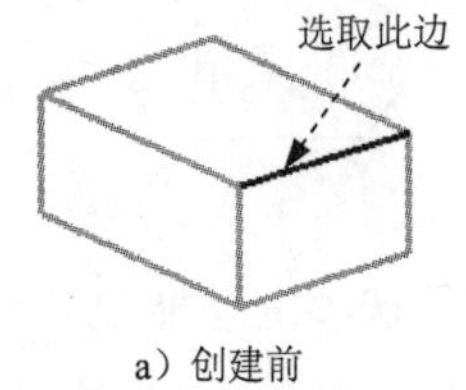

a）创建前

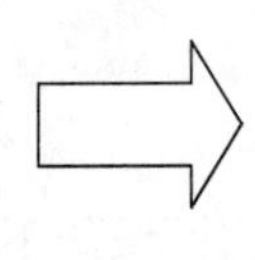

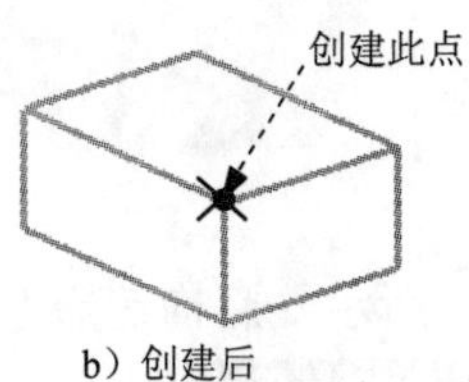

b）创建后

图 2.4.3 创建基准点

Step1. 打开文件 D:\ug6.8\work\ch02.04\point_02.prt。

Step2. 选择下拉菜单 插入(S) → 基准/点(D) → 点(P)... 命令，系统弹出“点”对话框。

Step3. 选择创建基准点的方法。在类型区域的下拉列表中选择 端点 选项。

Step4. 定义参考对象。选取图 2.4.3a 所示的长方体的边，单击 确定 按钮，完成基准点的创建，结果如图 2.4.3b 所示。

2.4.3 过圆心点创建点

过中心点创建点是指在一条弧、一个圆或一个椭圆图元的中心处创建点。下面以一个范例来说明过中心点创建点的一般过程，如图 2.4.4 所示，需要在模型上表面的孔的圆心处创建一个点，一般操作步骤如下：

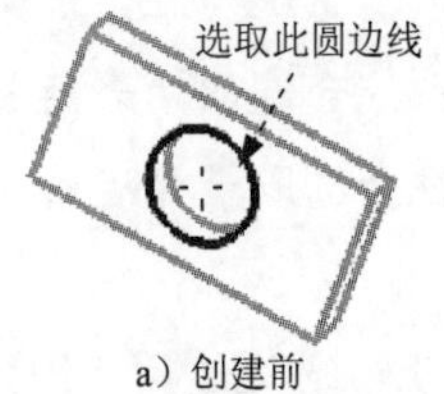

a）创建前

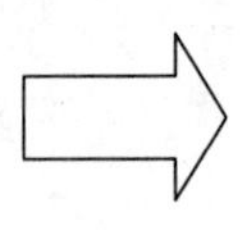

b）创建后

图 2.4.4 创建基准点

Step1. 打开文件 D:\ug6.8\work\ch02.04\point_03.prt。

Step2. 选择下拉菜单 插入(S) → 基准/点(D) → 点(P)... 命令。

Step3. 选择创建基准点的方法。在类型区域的下拉列表中选择 圆弧中心/椭圆中心/球心 选项。

Step4. 定义参考对象。选取图 2.4.4a 所示的圆边线，单击 确定 按钮，完成基准点的创建，结果如图 2.4.4b 所示。

2.4.4 在草图环境中创建基准点

在草图环境下可以创建基准点。下面以一个范例来说明创建草图基准点的一般过程，现需要在模型的表面上创建一个草图基准点，一般操作步骤如下：

Step1. 打开文件 D:\ug6.8\work\ch02.04\point_04.prt。

Step2. 选择下拉菜单 插入(S) → 草图(S)... 命令（或单击按钮），系统弹出“创建草图”对话框。选取图 2.4.5 所示的基准平面为草图平面，单击 确定 按钮。

Step3. 选择下拉菜单 插入(S) → 基准/点(D) → 十 点(P)... 命令，系统弹出“点”对话框。绘制图 2.4.6 所示的截面草图。

Step4. 选择下拉菜单 草图(K) → 完成草图(K) 命令（或单击 完成草图 按钮），完成基准点的创建，结果如图 2.4.5 所示。

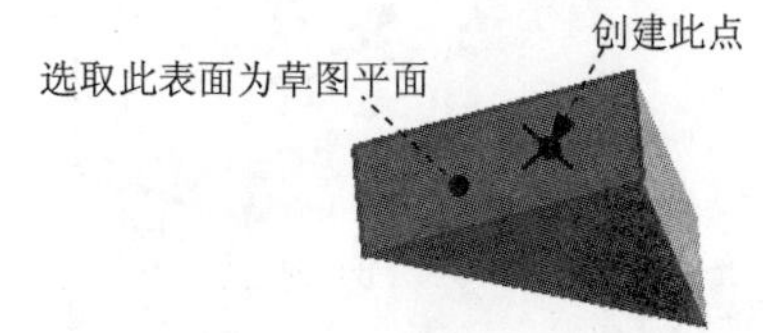

图 2.4.5　创建草绘基准点

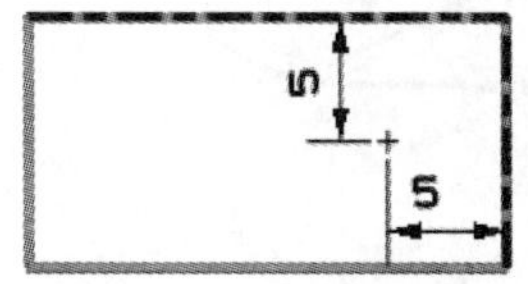

图 2.4.6　绘制截面草图

2.4.5 在曲面上创建基准点

在现有的曲面上可以创建基准点。下面以图 2.4.7 所示的范例来说明在曲面上创建基准点的一般操作过程。

Step1. 打开文件 D:\ug6.8\work\ch02.04\point_05.prt。

Step2. 选择下拉菜单 插入(S) → 基准/点(D) → 十 点(P)... 命令，系统弹出“点”对话框。

Step3. 选择创建基准点的方法。在 类型 区域的下拉列表中选择 面上的点 选项。

Step4. 定义参考对象。选取图 2.4.7a 所示的曲面，在 面上的位置 区域 U 向参数 文本框中输入 0.6，在 V 向参数 文本框中输入 0.5，单击 确定 按钮，完成基准点的创建，结果如图 2.4.7b 所示。

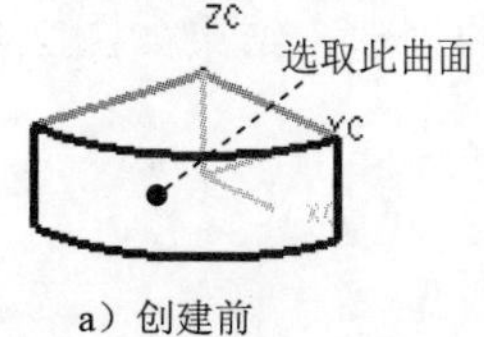

a）创建前

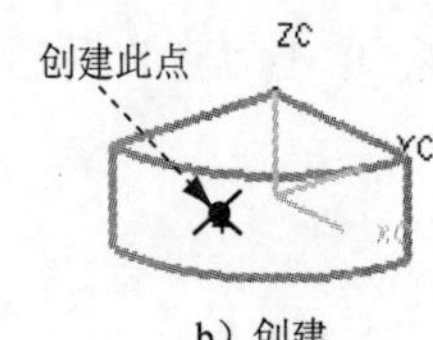

b）创建

图 2.4.7　创建基准点

2.4.6 利用曲线与曲面相交创建点

在一条曲线和一个曲面的交点处可以创建基准点。曲线可以是零件边、曲面特征边、基准曲线、轴或输入的基准曲线；曲面可以是零件曲面、曲面特征或基准平面。如图 2.4.8 所示，现需要在曲面与模型边线的相交处创建一个点，其一般操作步骤如下：

Step1. 打开文件 D:\ug6.8\work\ch02.04\point_06.prt。

Step2. 选择下拉菜单 插入(S) → 基准/点(D) → 点(P)... 命令，系统弹出“点”对话框。

Step3. 选择创建基准点的方法。在类型区域的下拉列表中选择 交点 选项。

Step4. 定义参考对象。依次选取图 2.4.8a 所示的曲面和直线，单击 确定 按钮，完成基准点的创建，结果如图 2.4.8b 所示。

图 2.4.8 创建基准点

2.4.7 通过给定坐标值创建点

现要在离一个坐标系的偏距处创建基准点阵列，WCS 是一个坐标系，创建偏移该坐标系的三个点 1、2 和 3，如图 2.4.9 所示。它们相对该坐标系的坐标值为（8.0，8.0，0.0）、（15.0，8.0，0.0）和（15.0，12.0，0.0），一般操作步骤如下：

Step1. 打开文件 D:\ug6.8\work\ch02.04\point_07.prt。

Step2. 选择下拉菜单 插入(S) → 基准/点(D) → 点(P)... 命令，系统弹出“点”对话框。

Step3. 在类型区域的下拉列表中选择 光标位置 选项。在 X 、Y 、Z 文本框中对应输入三个点的坐标值分别为（8.0，8.0，0.0）、（15.0，8.0，0.0）和（15.0，12.0，0.0），并分别单击 应用 按钮确认。

Step4. 单击“点”对话框中的 取消 按钮，完成基准点的创建，结果如图 2.4.9 所示。

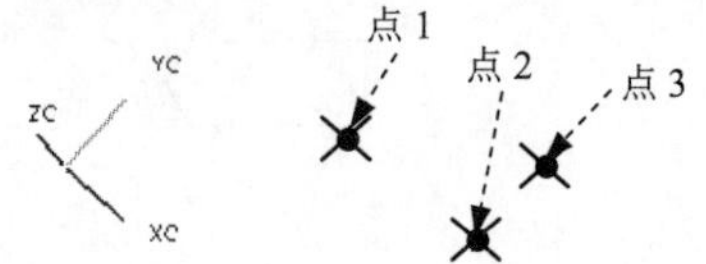

图 2.4.9 利用坐标值创建点

2.4.8 利用两条曲线相交创建点

利用两条曲线相交创建基准点的曲线可以是零件边缘、曲面特征边、基准曲线、轴或输入的基准曲线。如图 2.4.10 所示，需要在模型上部表面的曲线和模型边线的相交处创建一个基准点，其一般操作步骤如下：

Step1. 打开文件 D:\ug6.8\work\ch02.04\point_08.prt。

Step2. 选择下拉菜单 插入(S) → 基准/点(D) → 点(P)... 命令，系统弹出“点”对话框。

Step3. 选择创建基准点的方法。在 类型 区域的下拉列表中选择 交点 选项。

Step4. 定义参考对象。依次选取图 2.4.10a 所示的圆弧和直线，单击 确定 按钮，完成点的创建，结果如图 2.4.10b 所示。

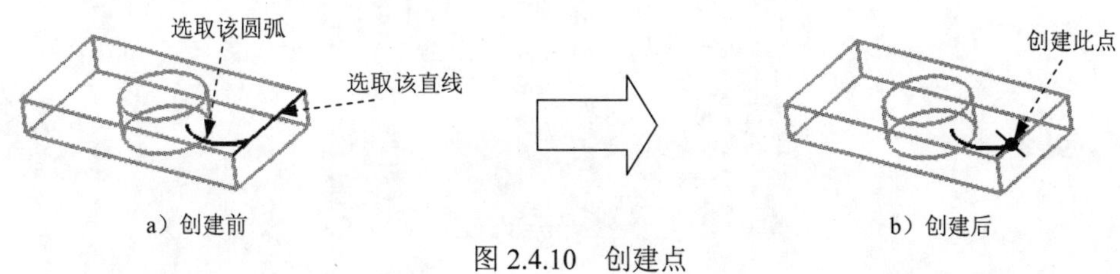

图 2.4.10　创建点

2.4.9　创建点集

“创建点集”是指在现有的几何体上创建一系列的点，它可以是曲线上的点也可以是曲面上的点。本小节将介绍一些常用的点集的创建方法。

1. 曲线点

下面以图 2.4.11 所示的范例来说明创建“曲线点”点集的一般操作过程。

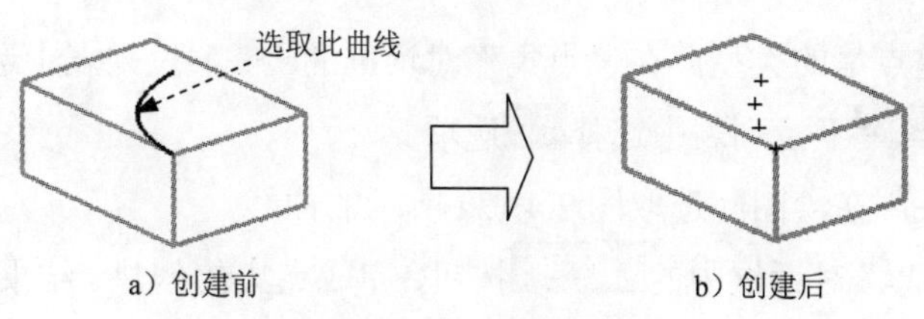

图 2.4.11　创建点集

Step1. 打开文件 D:\ug6.8\work\ch02.04\point_09_01.prt。

Step2. 选择命令。选择下拉菜单 插入(S) → 基准/点(D) → 点集(S)... 命令，系统弹出图 2.4.12 所示“点集”对话框。

Step3. 选择创建点集的类型。在 类型 下拉列表中选择 曲线点 选项；在 子类型 区域的 曲线点产生方法 下拉列表中选择 等圆弧长 选项。

Step4. 设置参数。根据系统提示，在绘图区选取图 2.4.11a 所示的曲线；在 点数 文本框中输入 4，在起始百分比文本框中输入 20，其余参数采用系统默认设置。

Step5. 单击确定按钮，完成点集的创建，隐藏源曲线后的结果如图 2.4.11b 所示。

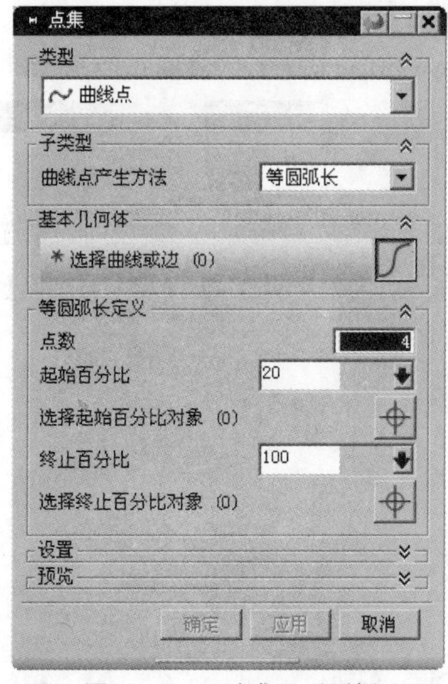

图 2.4.12 “点集”对话框

2．样条点

下面以图 2.4.13 所示的范例来说明用“样条点”创建点集的一般操作过程。

Step1. 打开文件 D:\ug6.8\work\ch02.04\ point_09_02.prt。

Step2. 选择下拉菜单插入(S) → 基准/点(D) → 点集(S)... 命令，系统弹出“点集”对话框。

Step3. 选择创建点集的类型。在“点集”对话框的类型下拉列表中选择样条点选项；在子类型区域的样条点类型下拉列表中选择极点选项。

Step4. 选择样条。在绘图区选取图 2.4.13a 所示的曲线。

Step5. 单击“点集”对话框中的确定按钮，完成点集的创建，结果如图 2.4.13b 所示。

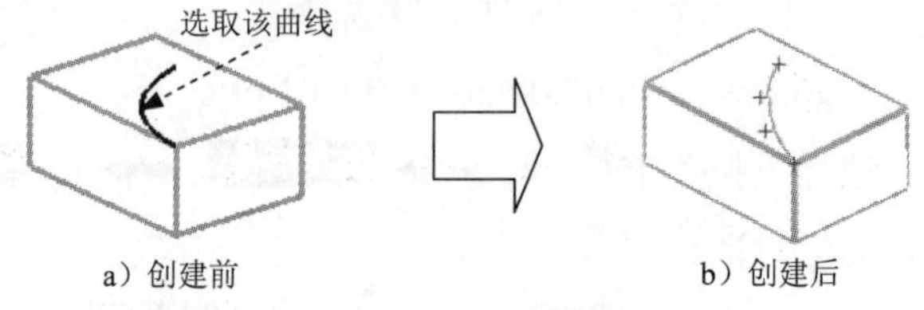

图 2.4.13 创建点集

3．面的点

面的点是指在现有的面上创建点集。下面以图 2.4.14 所示的范例来说明用“面的点”

创建点集的一般操作过程。

Step1. 打开文件 D:\ug6.8\work\ch02.04\ point_09_03.prt。

Step2. 选择下拉菜单插入(S) → 基准/点(D) → 点集(S)...命令，系统弹出“点集”对话框。

Step3. 选择创建点集的类型。在“点集”对话框的类型下拉列表中选择面的点选项；在子类型区域的面的点按照下拉列表中选择图样选项。

Step4. 选择面。根据系统提示，在绘图区选取图 2.4.14a 所示的曲面。

Step5. 设置参数。在模式定义区域的U 向点数的文本框中输入 5，在V 向点数文本框中输入 6；其余参数采用系统默认设置。

Step6. 单击确定按钮，完成点集的创建，结果如图 2.4.14b 所示。

图 2.4.14　创建点集

2.5　基准坐标系的创建

坐标系是可以增加到零件和装配件中的参照特征，它可用于：

- 计算质量属性。
- 装配元件。
- 为“有限元分析（FEA）”放置约束。
- 为刀具轨迹提供制造操作参照。
- 用于定位其他特征的参照（坐标系、基准点、平面和轴线、输入的几何等）。
- 在 UG NX 6.0 系统中，可以使用下列三种形式的坐标系：
- 绝对坐标系（ACS）。系统默认的坐标系，其坐标原点不会变化，在新建文件时系统会自动生成绝对坐标系。
- 工作坐标系（WCS）。系统提供给用户的坐标系，用户可根据需要通过移动它的位置来设置自己的工作坐标系。
- 基准坐标系（CSYS）。该坐标系常用于模具设计和数控加工等操作。

2.5.1　使用三个点创建坐标系

根据所选的三个点来定义坐标系，X 轴是从第一点到第二点的矢量，Y 轴是第一点到第三点的矢量，原点是第一点。下面以一个范例来说明用三点创建坐标系的一般过程，其一般操作步骤如下：

Step1. 打开文件 D:\ug6.8\work\ch02.05\csys_create_01.prt。

Step2. 选择下拉菜单 插入(S) → 基准/点(D) → 基准 CSYS... 命令，系统弹出图 2.5.1 所示的“基准 CSYS”对话框。

Step3. 在类型区域的下拉列表中选择 原点，X 点，Y 点 选项，在绘图区依次选取图 2.5.2a 所示的点 1、点 2 和点 3。

Step4. 单击“基准 CSYS”对话框中的 确定 按钮，完成基准坐标系的创建，结果如图 2.5.2b 所示。

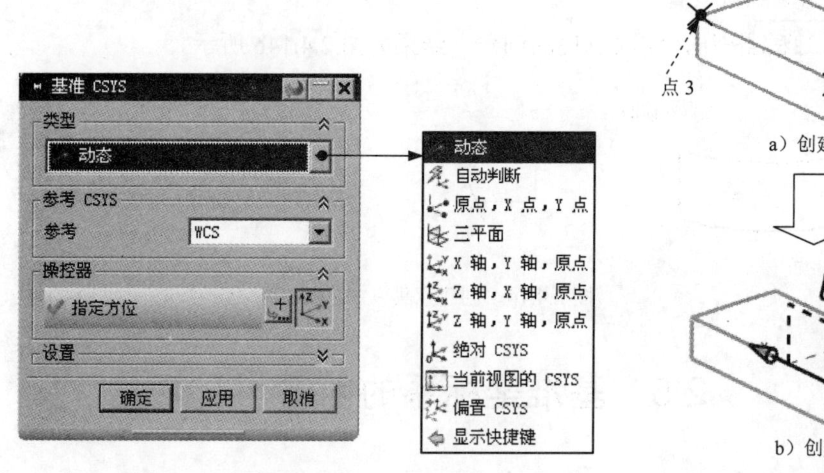

图 2.5.1 “基准 CSYS”对话框

图 2.5.2 创建基准坐标系

图 2.5.1 所示“基准 CSYS”对话框类型区域的下拉列表中各选项的功能说明如下：

- 动态（动态）：可以手动移动 CSYS 到任何想要的位置或方位，或创建一个关联、相对于选定 CSYS 动态偏置的 CSYS。
- 自动判断（自动判断）：创建一个与所选对象相关的 CSYS，或通过 X、Y 和 Z 分量的增量来创建 CSYS。实际所使用的方法是基于所选择的对象和选项。要选择当前的 CSYS，可选择自动判断的方法。
- 原点，X 点，Y 点（原点、X 点、Y 点）：根据选择的三个点或创建三个点来创建 CSYS。要想指定三个点，可以使用点方法选项或使用相同功能的菜单，打开“点构造器”对话框。X 轴是从第一点到第二点的矢量；Y 轴是从第一点到第三点的矢量；原点是第一点。
- 三平面（三平面）：根据所选择的三个平面来创建 CSYS。X 轴是第一个“基准平面/平面”的法线；Y 轴是第二个“基准平面/平面”的法线；原点是这三个基准平面/面的交点。
- X 轴，Y 轴，原点（X 轴、Y 轴、原点）：根据所选择或定义的一点和两个矢量来创建 CSYS。选择的两个矢量作为坐标系的 X 轴和 Y 轴；选择的点作为坐标系的原点。

- 绝对 CSYS（绝对坐标系）：指定模型空间坐标系作为坐标系。X 轴和 Y 轴是“绝对 CSYS”的 X 轴和 Y 轴，原点为“绝对 CSYS”的原点。
- 当前视图的 CSYS（当前视图的 CSYS）：将当前视图的坐标系设置为坐标系。X 轴平行于视图底部；Y 轴平行于视图的侧面；原点为视图的原点（图形屏幕中间）。如果通过名称来选择，CSYS 将不可见或在不可选择的层中。
- 偏置 CSYS（偏置 CSYS）：选取现有的基准 CSYS，通过输入偏置值和旋转角度来创建 CSYS。

2.5.2　使用三个平面创建坐标系

用三个平面创建坐标系是指选择三个平面（模型的表平面或基准平面），三个平面的交点成为坐标原点，选定的第一个平面的法向定义一个轴的方向，第二个平面的法向定义另一轴的大致方向，系统会自动按右手定则确定第三轴。

如图 2.5.3 所示，现需要在三个垂直平面（平面 1、平面 2 和平面 3）的交点上创建一个坐标系，一般操作步骤如下：

Step1. 打开文件 D:\ug6.8\work\ch02.05\csys_create_02.prt。

Step2. 选择下拉菜单插入(S) → 基准/点(D) → 基准 CSYS...命令，系统弹出“基准 CSYS”对话框。

Step3. 在类型区域的下拉列表中选择三平面选项，在绘图区依次选取图 2.5.3a 所示的三个平面为基准坐标系的参考平面，其中 X 轴是平面 1 的法向矢量，Y 轴是平面 2 的法向矢量，原点为三个平面的交点。

Step4. 单击“基准 CSYS”对话框中的确定按钮，完成基准坐标系的创建，结果如图 2.5.3b 所示。

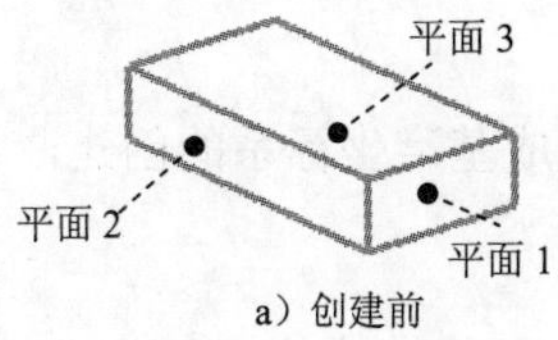

a）创建前

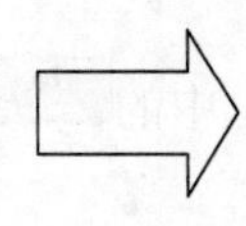

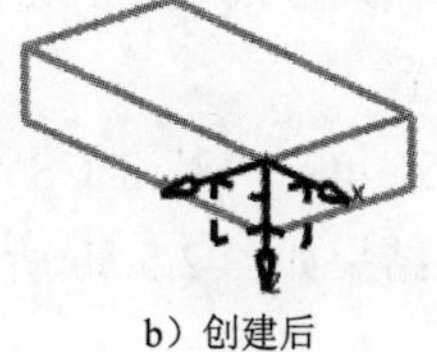
b）创建后

图 2.5.3　创建基准坐标系

2.5.3　使用两个相交的轴（边）创建坐标系

选取两条直线（或轴线），作为坐标系的 X 轴和 Y 轴，选取一点作为坐标系的原点，然后就可以定义坐标系的方向。如图 2.5.4 所示，需要通过模型的两条边线创建一个坐标系，一般操作步骤如下：

Step1. 打开文件 D:\ug6.8\work\ch02.05\csys_create_03.prt。

Step2. 选择下拉菜单插入(S) → 基准/点(D) → 基准 CSYS... 命令，系统弹出“基准 CSYS”对话框。

Step3. 在类型区域的下拉列表中选择 X 轴，Y 轴，原点选项，依次选取图 2.5.4a 所示的边 1 和边 2 为基准坐标系的 X 轴和 Y 轴，然后选取边 3 的中点为基准坐标系的原点。

Step4. 单击“基准 CSYS”对话框中的确定按钮，完成基准坐标系的创建，结果如图 2.5.4b 所示。

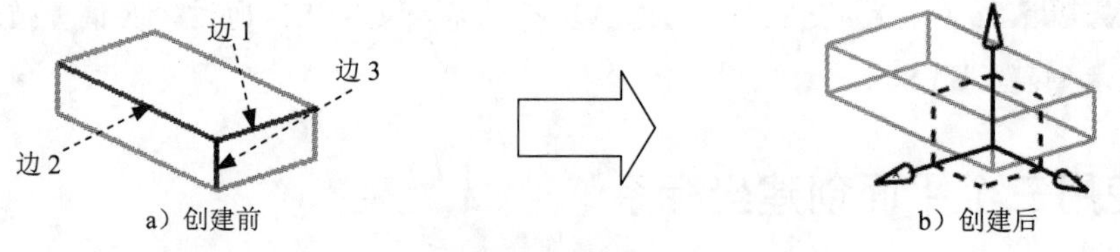

图 2.5.4 创建基准坐标系

说明：X 轴与 Y 轴的方向可以通过单击“反向”按钮来调整。

2.5.4 创建偏置 CSYS 坐标系

通过参照坐标系的偏移和旋转可以创建一个坐标系。如图 2.5.5 所示，需要通过参照坐标系创建一个偏距坐标系，一般操作步骤如下：

Step1. 打开文件 D:\ug6.8\work\ch02.05\offset_cycs.prt。

Step2. 选择下拉菜单插入(S) → 基准/点(D) → 基准 CSYS... 命令，系统弹出“基准 CSYS”对话框。

Step3. 定义创建 CSYS 的类型。在类型下拉列表中选择偏置 CSYS 选项。

Step4. 定义参考 CSYS 和参数。在在参考下拉列表中选择选定的 CSYS 选项，在绘图区选取图 2.5.5a 所示的基准坐标系；在从 CSYS 偏置区域中选取 先平移选项，在 X 、 Y 、 Z 文本框中依次输入 30.0、 - 15.0、12.0，在设置区域比例因子的文本框中输入 1，其他参数采用系统默认设置。

Step5. 单击“基准 CSYS”对话框中的确定按钮，完成基准坐标系的创建，隐藏源坐标系后结果如图 2.5.5b 所示。

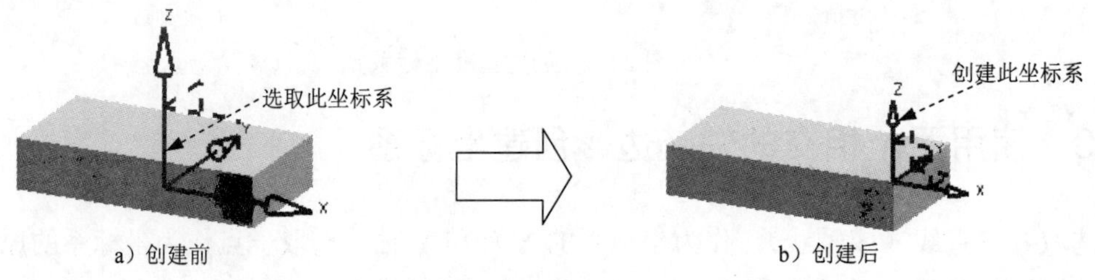

图 2.5.5 创建基准坐标系

2.5.5 创建绝对坐标系

在绝对坐标系的原点处可以定义一个新的坐标系，X 轴和 Y 轴分别是绝对坐标系的 X 轴和 Y 轴，原点为绝对坐标系的原点。在 UG NX 6.0 中创建绝对坐标系时可以选择下拉菜单 插入(S) → 基准/点(D) → 基准 CSYS... 命令，在类型区域的下拉列表中选择 绝对 CSYS 选项，然后单击 确定 按钮即可。

2.5.6 创建当前视图坐标系

在当前视图中可以创建一个新的坐标系，X 轴平行于视图底部；Y 轴平行于视图的侧面；原点为视图的原点，即图形屏幕的中间位置。当前视图的创建方法也是选择下拉菜单 插入(S) → 基准/点(D) → 基准 CSYS... 命令，在类型区域的下拉列表中选择 当前视图的 CSYS 选项，然后单击 确定 按钮即可。

第3章 曲线设计

本章提要 曲线是曲面的基础，是曲面造型设计中必须用到的元素，因此，了解和掌握曲线的创建方法，是学习构建曲面的基本技能。利用 UG 的曲线功能可以建立多种曲线，其中基本曲线包括点、点集、直线、圆、圆弧、倒圆角和倒斜角等，高级曲线包括样条线、二次曲线、螺旋线和规律曲线等。本章主要内容包括：

- 基本曲线的创建和编辑
- 高级曲线的创建和编辑
- 曲线分析
- 曲线的编辑

3.1 草图曲线

草图曲线可以由一个或多个草图段以及一个或多个开放或封闭的环组成。如果将草图曲线用于其他特征，通常限定在开放或封闭环的单个曲线（它可以由许多段组成）。创建草图曲线需要进入草图环境，每个草图特征都是指定平面上的二维曲线和点的集合，可随意将约束应用到草图；草图特征是可重用的对象，可以在其他建模环境下通过草图特征创建新的特征。

草图曲线创建的复合曲线可以作为轨迹，例如作为扫描轨迹。如图 3.1.1 所示，需要在模型的表面上创建一个草图样条曲线，一般操作步骤如下：

Step1. 打开文件 D:\ug6.8\work\ch03.01\curves_sketch.prt。

Step2. 进入草图环境。选择下拉菜单 插入(S) → 草图(S)... 命令。选取图 3.1.1 所示的模型表面作为草图平面，单击 确定 按钮进入草图环境。

Step3. 绘制草图。选择下拉菜单 插入(S) → 艺术样条(D)... 命令，绘制图 3.1.2 所示的样条曲线。

Step4. 选择下拉菜单 任务(K) → 完成草图(K) 命令，退出草图环境。

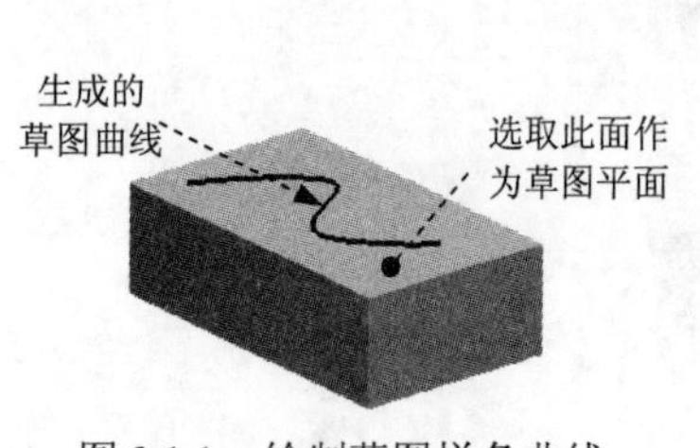

图 3.1.1 绘制草图样条曲线

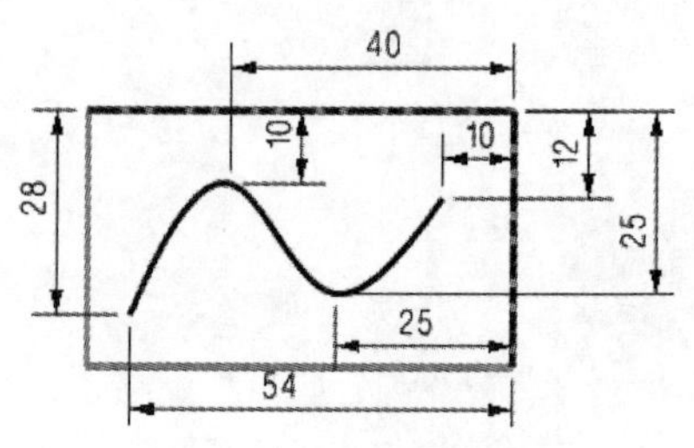

图 3.1.2 绘制样条草图

3.2　基本空间曲线

UG 软件中基本曲线的创建包括直线、圆弧、圆等规则曲线的创建，以及曲线的倒圆角等操作。下面分别进行介绍。

3.2.1　直线

下面通过介绍几种创建直线的方法来说明绘制空间直线的一般操作过程。

1．点—切线

进入建模环境，选择下拉菜单插入(S) → 曲线(C) → 直线(L)...命令，系统弹出图 3.2.1 所示的“直线”对话框。通过该对话框可以创建多种类型的直线，创建的直线类型取决于对直线两个端点的约束。

下面以图 3.2.2 所示的例子来说明通过“点—切线”创建直线的一般过程。

说明：在不打开“直线”对话框的情况下，要迅速创建简单的关联或非关联的直线，可以选择下拉菜单插入(S) → 曲线(C) → 直线和圆弧(A)下面相关的子命令。

Step1．打开文件 D:\ug6.8\work\ch03.02\line01.prt。

Step2．选择下拉菜单插入(S) → 曲线(C) → 直线(L)...命令，系统弹出“直线”对话框。

Step3．定义起点。在“直线”对话框起点区域起点选项的下拉列表中选择点选项（或者在图形区空白处右击，在系统弹出的图 3.2.3 所示的快捷菜单中选择点命令），此时系统弹出图 3.2.4 所示的动态文本输入框，在XC、YC、ZC文本框中分别输入 10、30、0，按 Enter 键确认，并在绘图区单击鼠标左键确定。

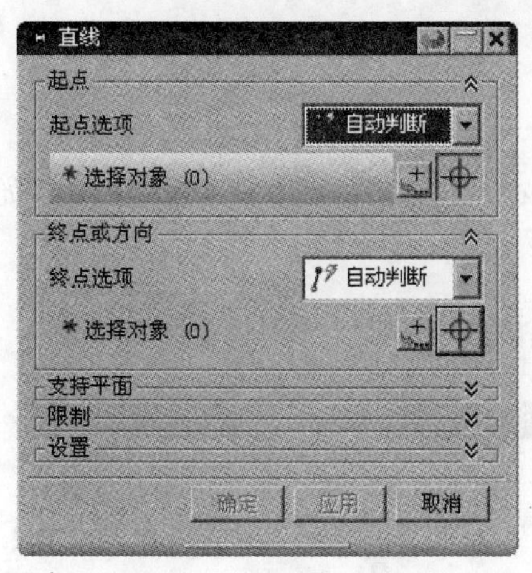

图 3.2.1　“直线”对话框

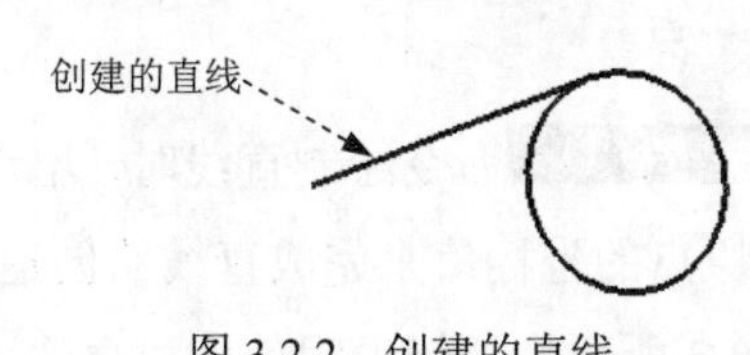

图 3.2.2　创建的直线

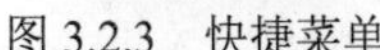

图 3.2.3　快捷菜单

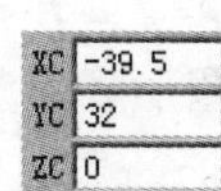

图 3.2.4　动态文本输入框

说明：

- 按键盘上的 F3 键第一次可以将动态文本输入框隐藏，按第二次将“直线”对话框隐藏，按第三次则显示“直线”对话框和动态文本输入框。
- 在动态文本框中输入点坐标时需要按键盘上的 Tab 键切换，完全部坐标输入后按 Tab 键或 Enter 键确认。这里也可以通过“点构造器”输入点。

Step4. 设置终点约束。在图 3.2.5 所示的“直线”对话框终点或方向区域的终点选项的下拉列表中，选择相切选项（或者在图形区空白处右击，在弹出的图 3.2.6 所示的快捷菜单中选择相切命令）。

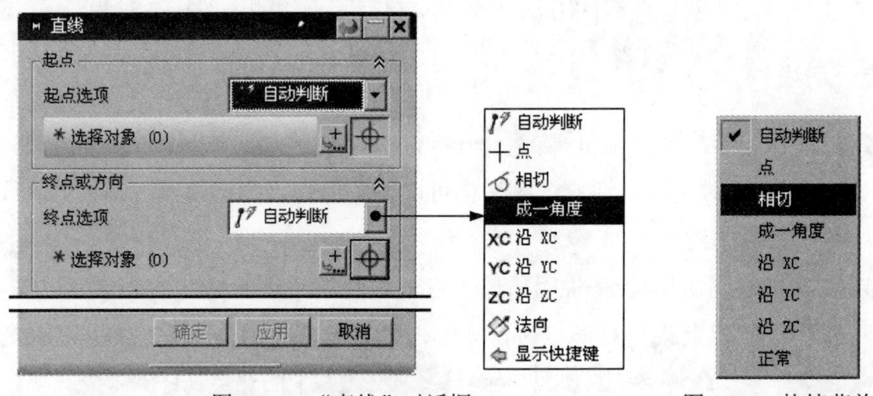

图 3.2.5　“直线”对话框　　　　图 3.2.6　快捷菜单

Step5. 定义终点。在图形区选取图 3.2.7 所示的曲线 1，单击“直线”对话框中的确定按钮（或者单击鼠标中键），完成直线的创建。

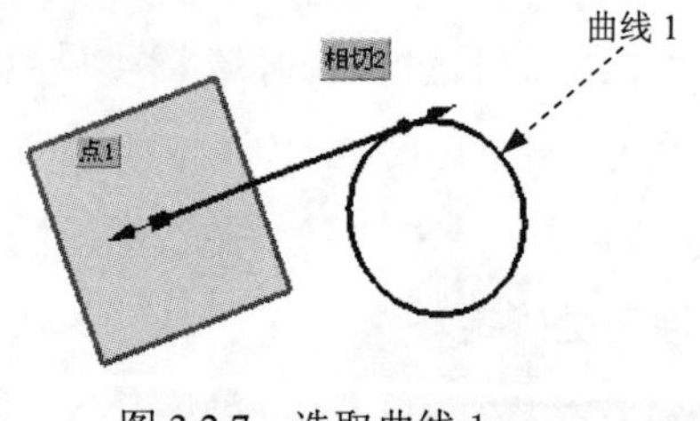

图 3.2.7　选取曲线 1

2. 直线 点—点

使用直线(点-点)(P)...命令绘制直线时，用户可以在系统弹出的动态输入框中输入起始点和终点相对于原点的坐标值来完成直线的创建。

下面以图 3.2.8 所示的范例说明使用“直线 点—点”命令创建直线的一般操作过程。

Step1. 打开文件 D:\ug6.8\work\ch03.02\line02.prt。

Step2. 选择下拉菜单插入(S) → 曲线(C) → 直线和圆弧(A) → 直线(点-点)(P)命令，在图形区弹出动态文本输入框。

Step3. 在图 3.2.9 所示动态文本输入（一）框中，输入直线的起始点坐标（0，0，0），按 Enter 键确定，系统再次弹出动态文本输入框。

Step4. 在图 3.2.10 所示动态文本输入框（二）中，输入直线的终点坐标（20，20，0），按 Enter 键确定。

Step5. 单击中键完成直线的创建。

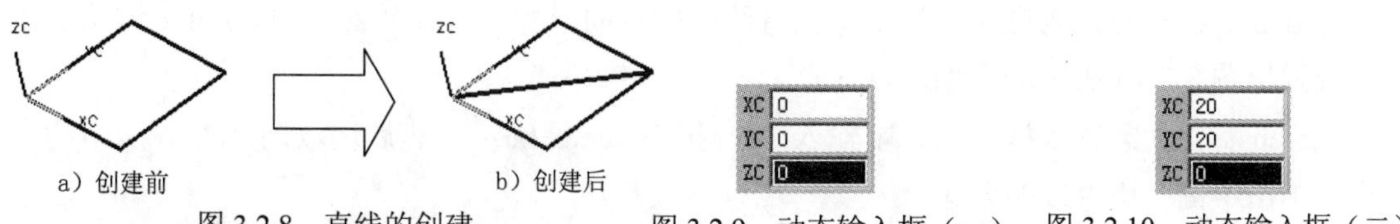

图 3.2.8　直线的创建　　图 3.2.9　动态输入框（一）　　图 3.2.10　动态输入框（二）

3. 直线 点—XYZ

使用 直线(点-XYZ)... 命令可绘制与 XC 轴、YC 轴、ZC 轴共线的直线，用户可以通过在系统弹出的动态输入框中输入直线起始点的坐标和直线的长度来确定直线。

下面以图 3.2.11 所示的例子来说明使用“直线 点—XYZ”命令创建直线的一般操作过程。

Step1. 打开文件 D:\ug6.8\work\ch03.02\line03.prt。

Step2. 选择下拉菜单 插入(S) → 曲线(C) → 直线和圆弧(A) → 直线(点-XYZ)... 命令，在图形区弹出图 3.2.12 所示动态输入框（一）。

Step3. 在动态输入框（一）中输入直线的起始点坐标（0，0，0），按 Enter 键确定，系统弹出动态输入框（二）。

说明：此时拖动鼠标可以在 XC、YC 和 ZC 方向之间切换直线方向。

Step4. 移动鼠标将直线调整至图 3.2.13 所示的方向，在动态输入框（二）中输入 20，按 Enter 键确认。

Step5. 单击中键完成直线的创建。

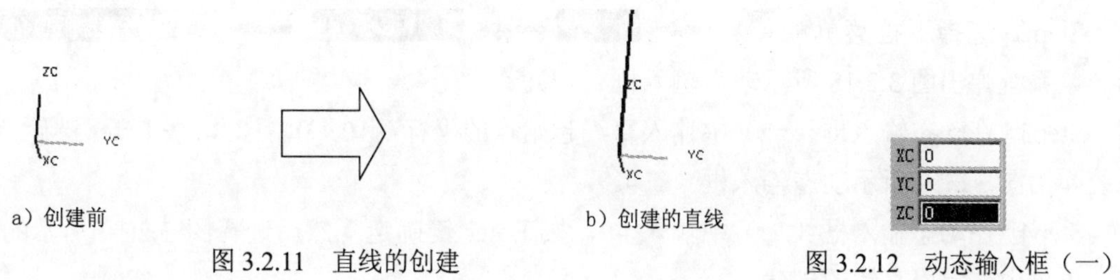

图 3.2.11　直线的创建　　图 3.2.12　动态输入框（一）

4. 直线 点—平行

使用 直线(点-平行)(R)... 命令可以精确绘制一条已有直线的平行线，下面通过图 3.2.14 所示的例子说明使用“直线 点—平行”命令创建直线的一般操作过程。

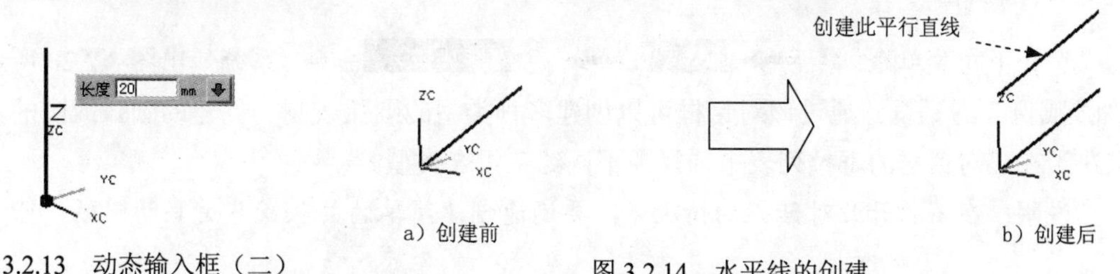

图 3.2.13　动态输入框（二）　　图 3.2.14　水平线的创建

Step1. 打开文件 D:\ug6.8\work\ch03.02\line04.prt。

Step2. 选择下拉菜单 插入(S) → 曲线(C) → 直线和圆弧(A) → 直线(点-平行)(R)... 命令，系统弹出图 3.2.15 所示动态输入框（一）。

Step3. 在动态输入框（一）中输入直线起始点的坐标（0，0，20），按 Enter 键确定，系统弹出图 3.2.16 所示动态输入框（二）。

Step4. 在动态输入框（二）中输入 35，按 Enter 键确定，然后选取图 3.2.16 所示的直线，单击中键完成直线的创建。

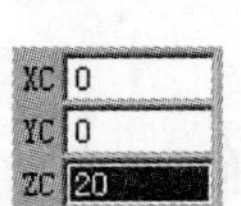

图 3.2.15 动态输入框（一）

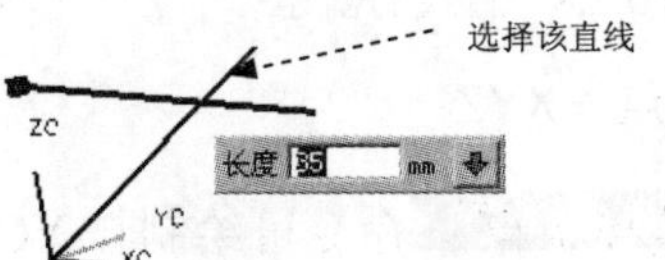

图 3.2.16 动态输入框（二）

5. 直线 点—垂直

使用 直线(点-垂直)(U)... 命令可以绘制一条直线的垂线，下面通过创建图 3.2.17b 所示的垂线说明使用“直线点—垂线”命令创建直线的一般操作过程。

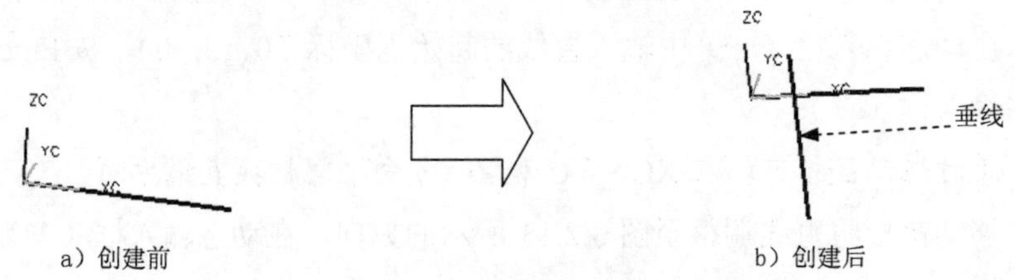

a）创建前 b）创建后

图 3.2.17 垂线的创建

Step1. 打开文件 D:\ug6.8\work\ch03.02\line05.prt。

Step2. 选择下拉菜单 插入(S) → 曲线(C) → 直线和圆弧(A) → 直线(点-垂直)(U)... 命令，系统弹出图 3.2.18 所示动态输入框（一）。

Step3. 在动态输入框（一）中输入直线起始点的坐标（10，0，10），按 Enter 键确定，系统弹出图 3.2.19 所示动态输入框（二）。

Step4. 在动态输入框（二）中输入 40，按 Enter 键确定，然后选择图 3.2.19 所示的直线，单击中键完成直线的创建。

3.2.2 圆弧/圆

1. 圆弧/圆

选择下拉菜单 插入(S) → 曲线(C) → 圆弧/圆(C)... 命令，系统弹出图 3.2.20 所示的“圆弧/圆”对话框。通过该对话框可以创建多种类型的圆弧或圆，创建的圆弧或圆的类型取决于在该对话框的下拉列表中选择的不同约束组合类型。

说明： 在不打开此对话框的情况下，要迅速创建简单的关联或非关联的圆弧，可以选择下拉菜单插入(S) ⟶ 曲线(C) ⟶ 直线和圆弧(A)下面的相关命令。

下面通过图 3.2.21 所示的例子介绍使用“相切—相切—相切”方式创建圆的一般操作过程。

图 3.2.18　动态输入框（一）

图 3.2.19　动态输入框（二）

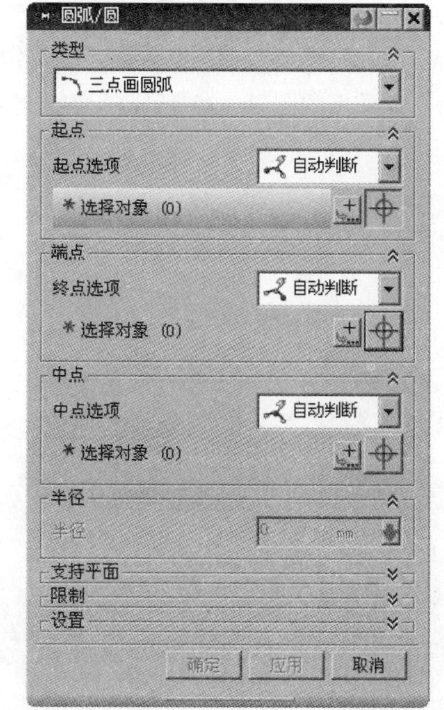

图 3.2.20　“圆弧/圆”对话框

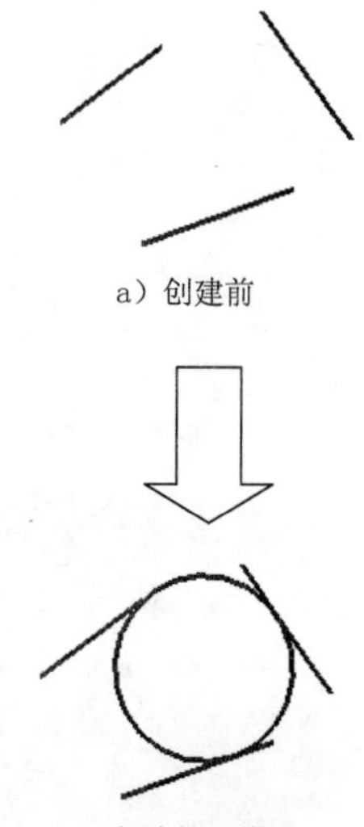

图 3.2.21　圆弧/圆的创建

Step1. 打开文件 D:\ug6.8\work\ch03.02\circul01.prt。

Step2. 选择下拉菜单插入(S) ⟶ 曲线(C) ⟶ 圆弧/圆(C)...命令，系统弹出“圆弧/圆”对话框。

Step3. 在图 3.2.22 所示的“圆弧/圆”对话框起点区域的起点选项下拉列表中，选择相切选项（或者在图形区右击，在弹出的图 3.2.23 所示的快捷菜单中选择相切命令），然后选取图 3.2.24 所示的曲线 1。

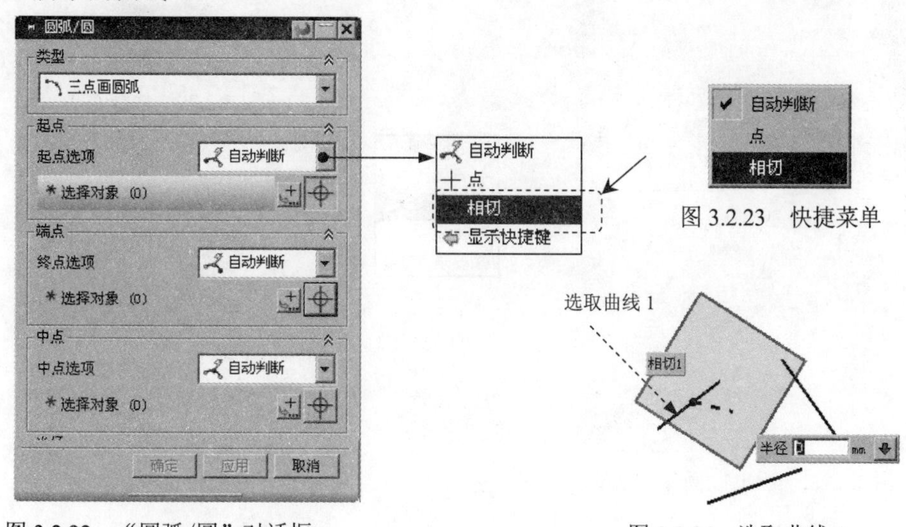

图 3.2.22　“圆弧/圆”对话框

图 3.2.23　快捷菜单

图 3.2.24　选取曲线 1

Step4. 在图 3.2.25 所示的“圆弧/圆”对话框端点区域终点选项的下拉列表中选择相切选项（或者在图形区右击，在弹出的图 3.2.26 所示的快捷菜单中选择相切命令），然后选取图 3.2.27 所示的曲线 2。

Step5. 在图 3.2.28 所示的“圆弧/圆”对话框中点区域中点选项的下拉列表中，选择相切选项（或者在图形区右击，在弹出的图 3.2.29 所示的快捷菜单中选择相切命令），然后选取图 3.2.30 所示的曲线 3。

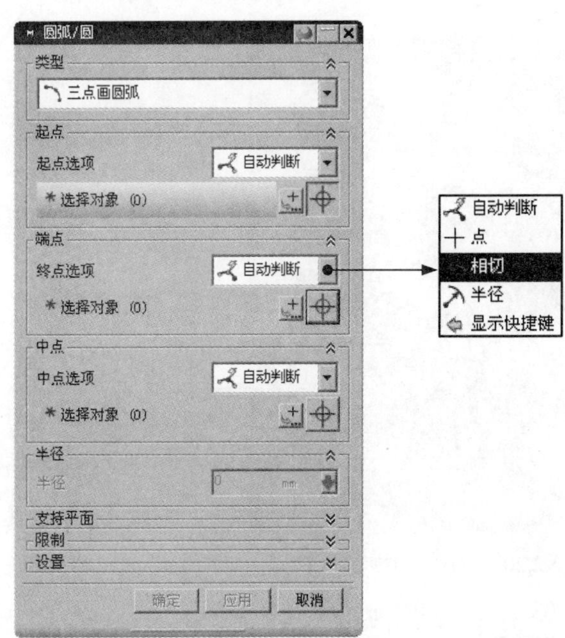

图 3.2.25 “圆弧/圆”对话框

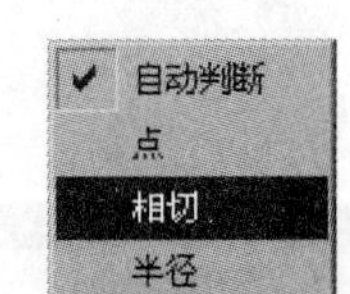

图 3.2.26 快捷菜单

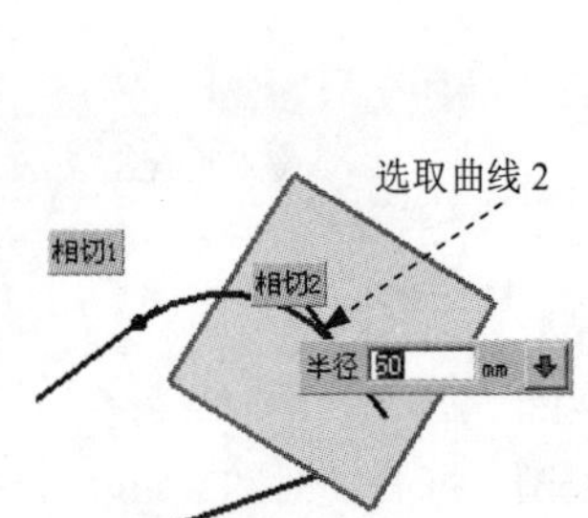

图 3.2.27 选取曲线 2

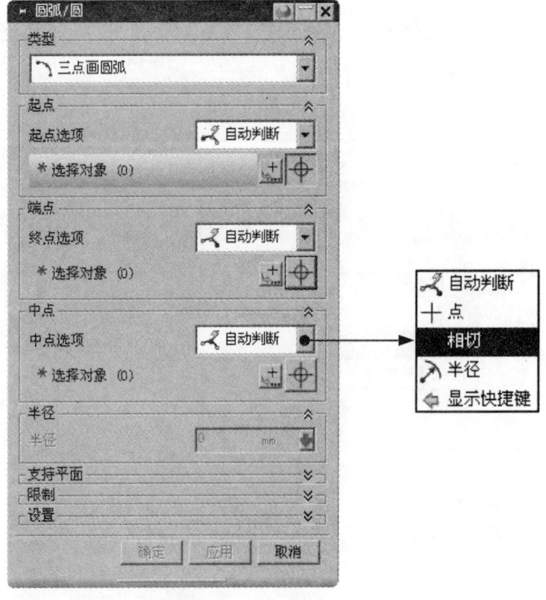

图 3.2.28 “圆弧/圆”对话框

图 3.2.29 快捷菜单

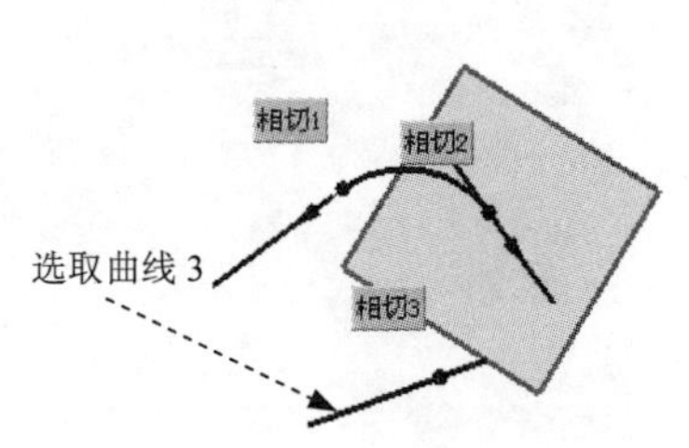

图 3.2.30 选取曲线 3

Step6. 在“圆弧/圆”对话框中限制区域（图 3.2.31）选中☑ 整圆复选框；然后在设置区域单击“备选解”按钮，切换至所需要的圆，单击确定按钮完成圆的创建。

图 3.2.31 所示“圆弧/圆”对话框中的部分选项及按钮的功能说明如下：

- 起始限制区域：定义弧的起始位置。
- 终止限制区域：定义弧的终止位置。
- （备选解）：有多种满足条件的曲线时，单击该按钮在几个备选解之间切换。
- （补弧）：单击该按钮，图形区中的弧变为它的补弧，如图 3.2.32b 所示。

☐ 整圆（整圆）：该复选框被选中时，生成的曲线为一个整圆，如图 3.2.32c 所示。

2. 圆弧(点—点—点)

使用“圆弧 (点—点—点)”命令绘制圆弧时，用户可以分别在系统弹出的动态输入框中输入三个点的坐标来完成圆弧的创建。下面通过创建图 3.2.33 所示的圆弧来说明使用“圆弧（点—点—点）”命令创建圆弧的一般操作过程。

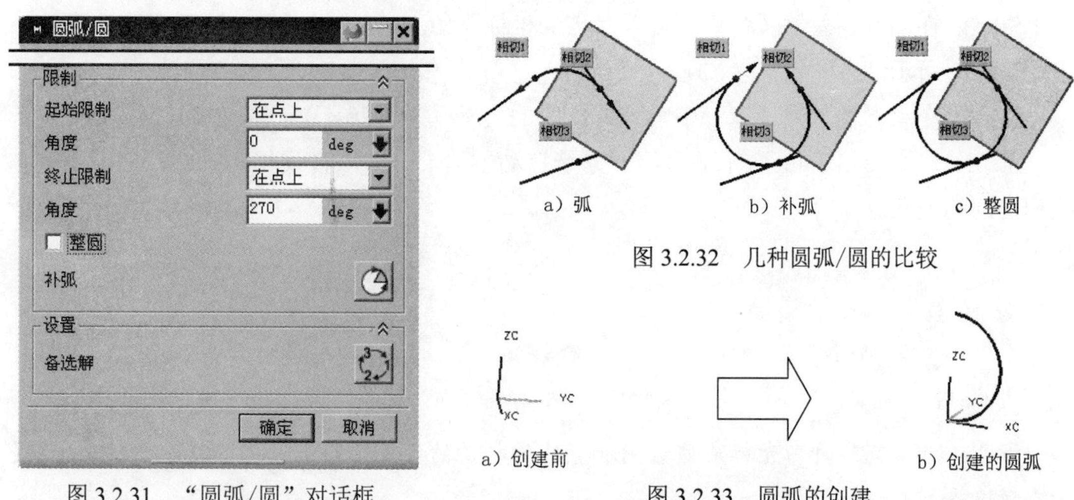

图 3.2.31　“圆弧/圆”对话框

图 3.2.32　几种圆弧/圆的比较

图 3.2.33　圆弧的创建

Step1. 打开文件 D:\ug6.8\work\ch03.02\circul02.prt。

Step2. 选择下拉菜单插入(S) → 曲线(C) → 直线和圆弧(A) → 圆弧(点-点-点)(O)... 命令，系统弹出图 3.2.34 所示的动态输入框（一）。

Step3. 在动态输入框（一）中输入直线起始点的坐标（0，0，0），按 Enter 键确定，系统弹出图 3.2.35 所示的动态输入框（二）。

Step4. 在动态输入框（二）中输入直线终点的坐标（0，0，20），按 Enter 键确定，系统弹出图 3.2.36 所示的动态输入框（三）。

图 3.2.34　动态输入框（一）

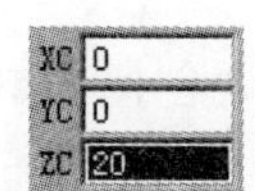

图 3.2.35　动态输入框（二）

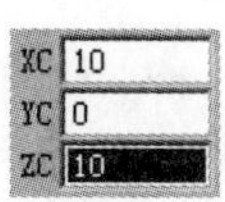

图 3.2.36　动态输入框（三）

Step5. 在动态输入框（三）中输入直线终点的坐标（10，0，10），按 Enter 键确定。

Step6. 单击中键完成圆弧的创建。

3. 圆（点—点—相切）

使用“圆（点—点—相切）”命令可以精确绘制一条直线的相切圆。下面通过创建图 3.2.37 所示的相切圆来说明使用“圆（点—点—相切）”命令创建圆的一般操作过程。

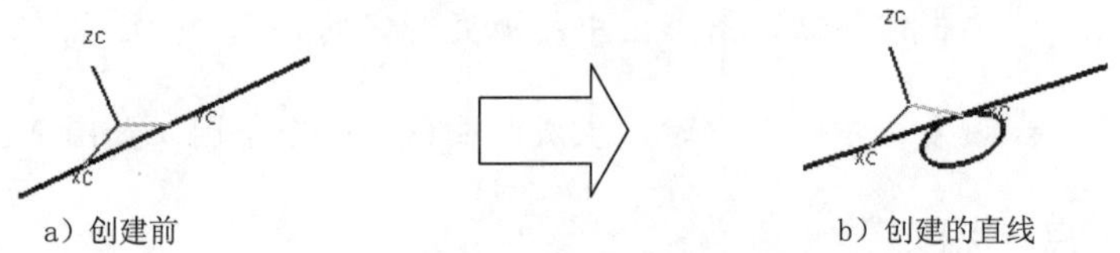

a）创建前　　b）创建的直线

图 3.2.37　相切圆的创建

Step1. 打开文件 D:\ug6.8\work\ch03.02\circul03.prt。

Step2. 选择下拉菜单 插入(S) → 曲线(C) → 直线和圆弧(A) → 圆(点-点-相切)(L)... 命令，系统弹出图 3.2.38 所示动态输入框（一）。

Step3. 在动态输入框（一）中输入起点的坐标（10，40，0），按 Enter 键确定，系统弹出图 3.2.39 所示动态输入框（二）。

Step4. 在动态输入框（二）中输入的终点的坐标（20，20，0），按 Enter 键确定。

Step5. 选取图 3.2.40 所示的直线，系统自动创建一个与该直线相切的圆，单击中键完成相切圆的创建。

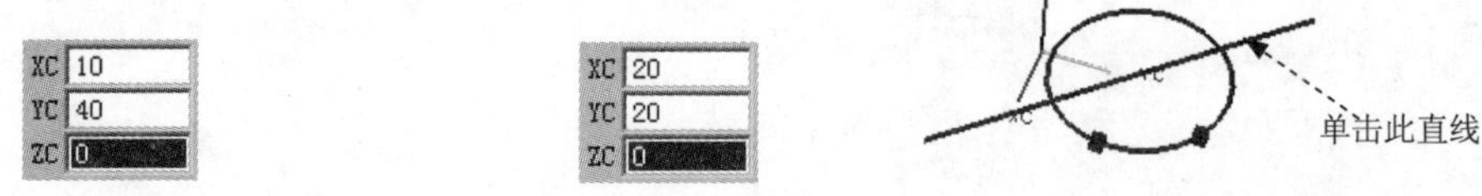

图 3.2.38　动态输入框（一）　图 3.2.39　动态输入框（二）　图 3.2.40　选取相切直线

说明：选取直线时，光标应靠近圆和直线的相切的位置，否则 NX 系统会警告，并提示重新选择。

3.2.3　曲线倒圆角

倒圆角命令可以用来编辑现有的圆角，系统会自动将指定的圆弧半径作为圆角的半径，用户也可以自定义圆角半径。在选择多个圆角对象时，应该按逆时针方向顺序选择各对象，以保证生成的圆角是要得到的圆角。下面将分别介绍几种圆角创建的一般操作过程。

1. 简单倒圆角

下面通过图 3.2.41 所示的范例来说明创建简单倒圆角的一般过程。

Step1. 打开文件 D:\ug6.8\work\ch03.02\edit_arc01.prt。

Step2. 选择下拉菜单 插入(S) → 曲线(C) → 基本曲线(B)... 命令，系统弹出“基本曲线”对话框，如图 3.2.42 所示。

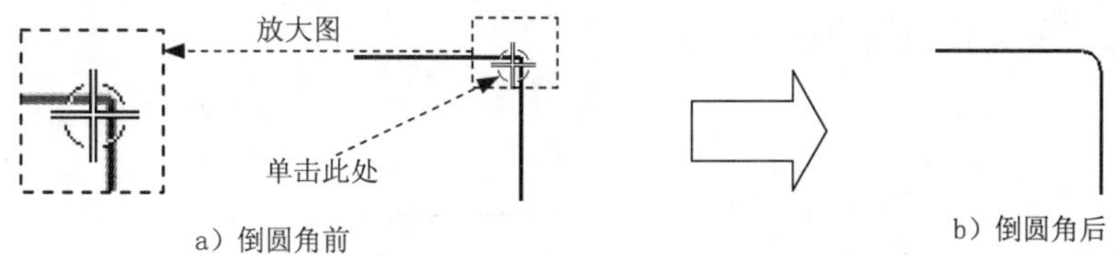

图 3.2.41　简单倒圆角

Step3. 在“基本曲线”对话框中单击“圆角”按钮，系统弹出“曲线倒圆”对话框，如图 3.2.43 所示。

Step4. 选中“曲线倒圆”对话框中的“简单圆角”按钮，在半径文本框中输入 6，单击图 3.2.41a 所示的位置，完成倒圆角的创建，结果如图 3.2.41b 所示，单击取消按钮退出操作。

说明：图 3.2.41a 所示光标圆半径内应该包括所需要选取的两条直线，且光标十字准线的焦点应该在两直线夹角的内部，只有光标处于这样的位置时单击，才能生成图 3.2.41b 所示的圆角。

图 3.2.42　“基本曲线”对话框

图 3.2.43　“曲线倒圆”对话框

2．两条曲线的曲线圆角

下面通过图 3.2.44b 所示的例子说明创建曲线圆角的一般操作过程。

Step1. 打开文件 D:\ug6.8\work\ch03.02\edit_arc02.prt。

Step2. 选择下拉菜单插入(S) → 曲线(C) → 基本曲线(B)...命令，系统弹出“基本曲线”对话框。

Step3. 在“基本曲线”对话框中单击“圆角”按钮，系统弹出“曲线倒圆”对话框。

Step4. 在“曲线倒圆”对话框中选中“2 曲线圆角”按钮，输入半径值 12，依次选取图 3.2.45 所示的曲线 1、2，单击图 3.2.45 所示的点 1 区域，完成倒圆角，结果如图 3.2.44b 所示，单击 取消 按钮退出操作。

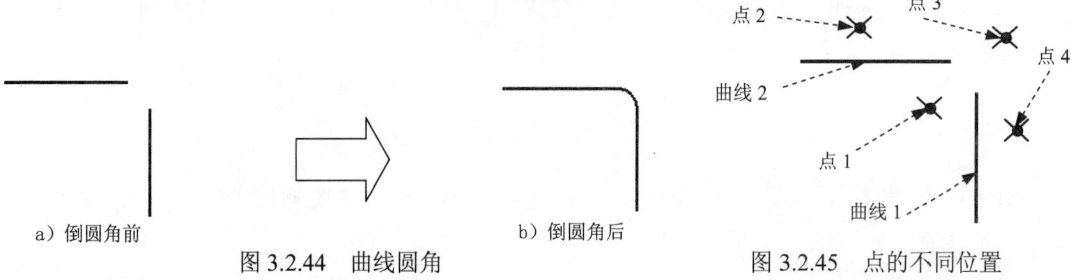

a）倒圆角前　b）倒圆角后

图 3.2.44　曲线圆角　　图 3.2.45　点的不同位置

说明：

- 在选取曲线时，系统会弹出警告窗口，提示曲线的参数将被移除，此时应单击 是(Y) 按钮才能继续。
- 在 Step4 中，如果单击点的位置不同时，生成的倒角位置也会不同，如图 3.2.46～3.2.48 所示。

图 3.2.46　单击点 2 区域　　图 3.2.47　单击点 3 区域　　图 3.2.48　单击点 4 区域

3. 三条曲线的曲线圆角

下面通过图 3.2.49 所示的例子说明创建三条曲线的曲线圆角的一般操作操作过程。

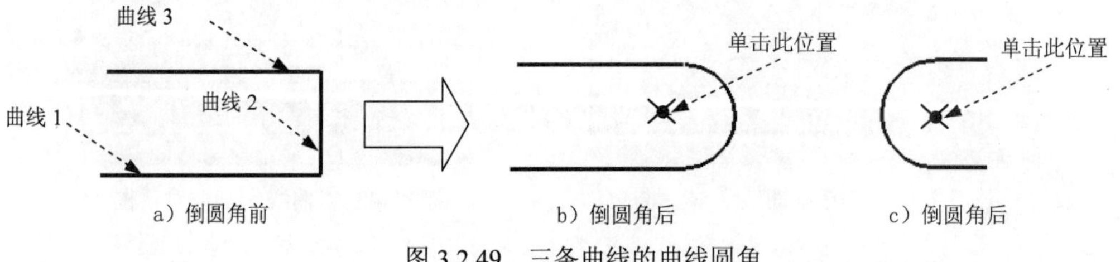

a）倒圆角前　b）倒圆角后　c）倒圆角后

图 3.2.49　三条曲线的曲线圆角

Step1. 打开文件 D:\ug6.8\work\ch03.02\edit_arc03.prt。

Step2. 选择下拉菜单 插入(S) → 曲线(C) → 基本曲线(B)... 命令，系统弹出“基本曲线”对话框。

Step3. 在“基本曲线”对话框中单击“圆角” 按钮，弹出“曲线倒圆”对话框。

Step4. 在“曲线倒圆”对话框中单击“3 曲线圆角” 按钮，依次选取图 3.2.49a 所示的曲线 1、2、3，然后单击图 3.2.49b 所示的位置，作为圆角中心的大概位置，完成倒圆角的创建，结果如图 3.2.49b 所示，单击 取消 按钮退出操作。

说明：

- 在上面的 Step4 中，如果依次选取图 3.2.49a 所示的曲线 3、曲线 2 和曲线 1，然后单击图 3.2.49c 所示的位置，生成的倒角位置就会不同。
- 在倒圆角前，确定“修剪选项”的☑ 修剪第一条曲线、☑ 删除第二条曲线和☑ 修剪第三条曲线三个复选框为选中状态。

3.2.4　倒斜角

倒斜角操作是在两个共面直线之间创建斜角。创建方法有两种，分别是简单倒斜角和用户定义倒斜角。

1．简单倒斜角

下面通过图 3.2.50 所示的例子来说明创建简单倒斜角的一般操作过程。

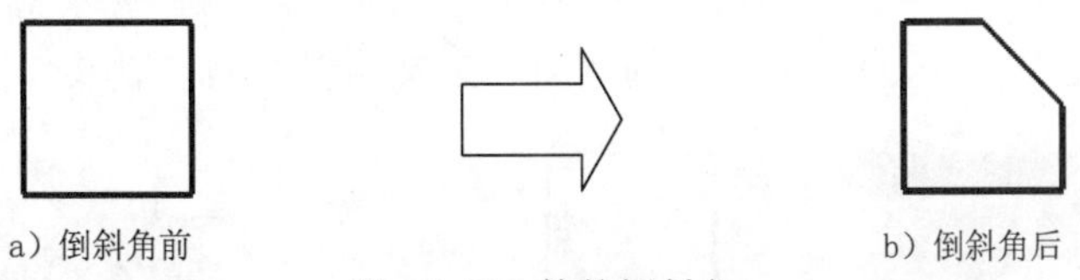

a）倒斜角前　　b）倒斜角后

图 3.2.50　简单倒斜角

Step1．打开文件 D:\ug6.8\work\ch03.02\ edit_line.prt。

Step2．选择下拉菜单插入(S) → 曲线(C) → 倒斜角(M)... 命令，系统弹出“倒斜角”对话框（一），如图 3.2.51 所示。

Step3．在“倒斜角”对话框（一）中单击 简单倒斜角 按钮，系统弹出图 3.2.52 所示的“倒斜角”对话框（二），在偏置文本框中输入 10，单击 确定 按钮。

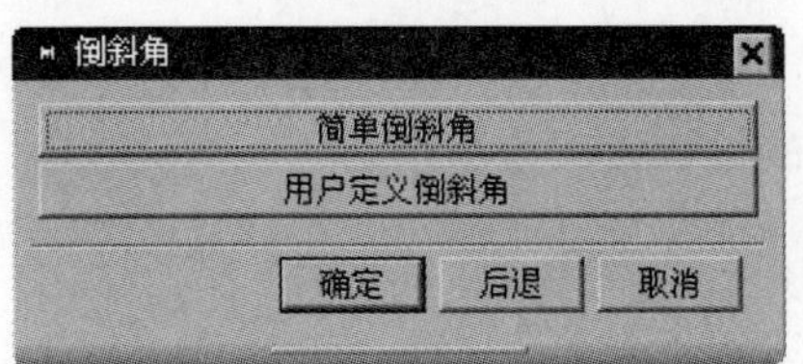

图 3.2.51　“倒斜角”对话框（一）

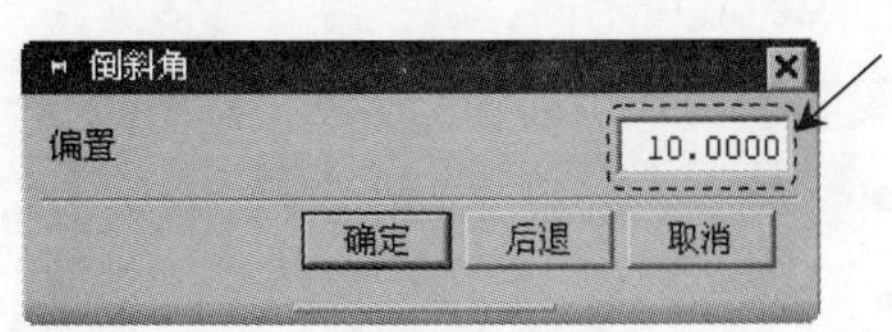

图 3.2.52　“倒斜角”对话框（二）

Step4．单击靠近矩形右上角的矩形内部一点，如图 3.2.54 所示的点 1 位置（点选时鼠标指针的圆形区域要包含矩形角），则系统自动生成倒角。此时，“倒斜角”对话框变成图 3.2.53 所示（此时单击 撤消 按钮将取消生成的倒斜角）。

图 3.2.53　“倒斜角”对话框（三）

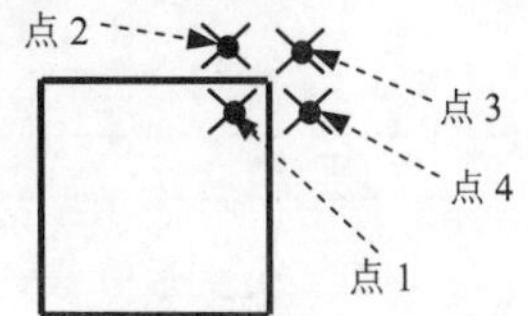

图 3.2.54　点的不同位置

Step5. 在图 3.2.53 所示的“倒斜角”对话框（三）中单击 取消 按钮，完成倒斜角创建。

注意：

- 在 Step4 中，如果单击矩形右上角周围的点位置不同时，生成的倒角位置也会不同，如图 3.2.55 ~ 3.2.57 所示。
- 如果单击的点距离矩形角太远，则会弹出图 3.2.58 所示的“错误”对话框。

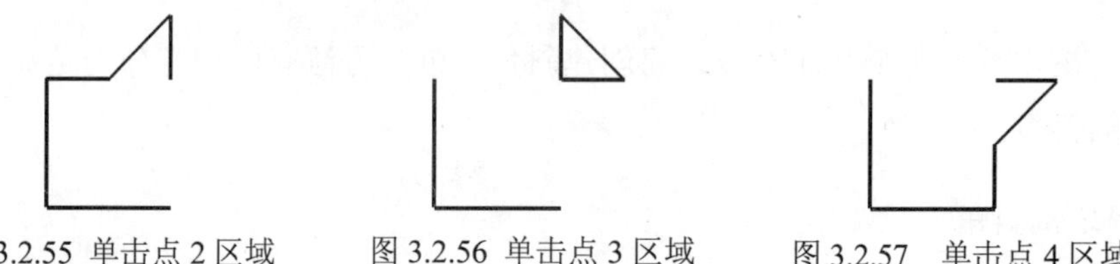

图 3.2.55 单击点 2 区域　　图 3.2.56 单击点 3 区域　　图 3.2.57 单击点 4 区域

2. 用户定义倒斜角

下面通过图 3.2.59 所示的例子说明创建用户定义倒斜角的一般操作过程。

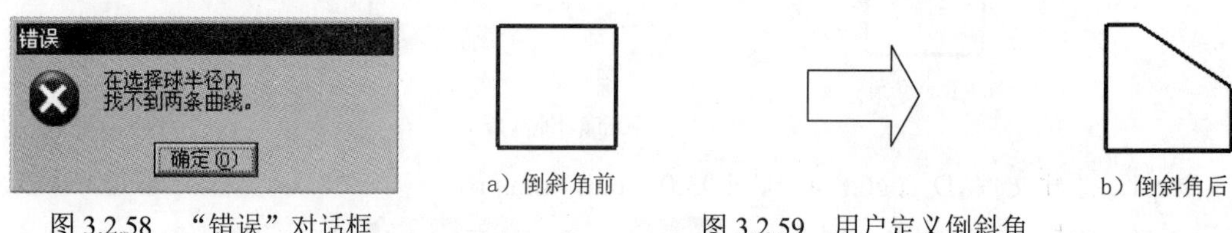

a）倒斜角前　　b）倒斜角后

图 3.2.58 “错误”对话框　　图 3.2.59 用户定义倒斜角

Step1. 打开文件 D:\ug6.8\work\ch03.02\ edit_line.prt。

Step2. 选择下拉菜单 插入(S) → 曲线(C) → 倒斜角(M)... 命令，系统弹出“倒斜角”对话框。

Step3. 在“倒斜角”对话框中单击 用户定义倒斜角 按钮，系统弹出图 3.2.60 所示的“倒斜角”对话框（一）。

图 3.2.60 所示的“倒斜角”对话框（一）中的按钮说明如下：

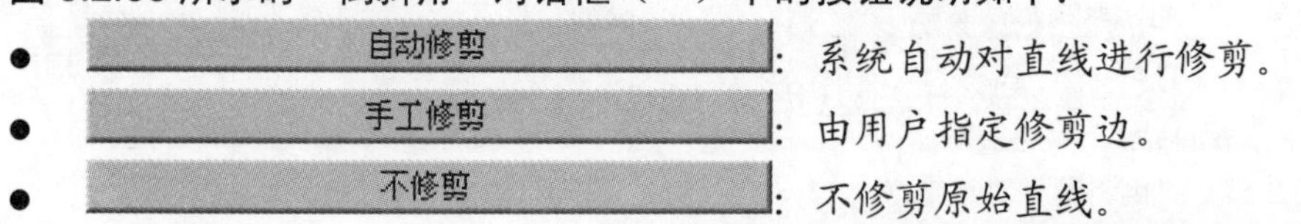

- 自动修剪：系统自动对直线进行修剪。
- 手工修剪：由用户指定修剪边。
- 不修剪：不修剪原始直线。

Step4. 在“倒斜角”对话框（一）中单击 自动修剪 按钮，系统弹出图 3.2.61 所示的“倒斜角”对话框（二）。

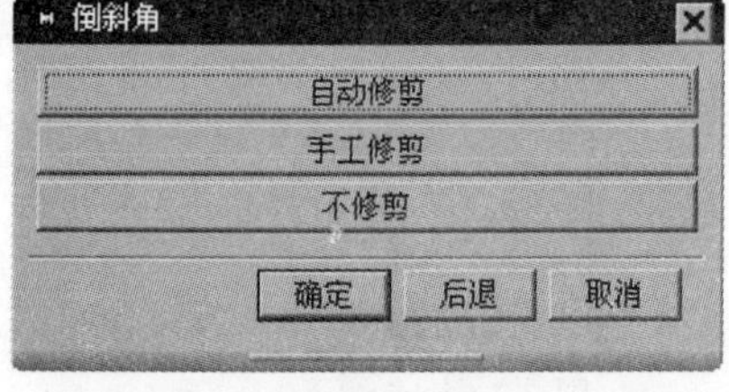

图 3.2.60 “倒斜角”对话框（一）

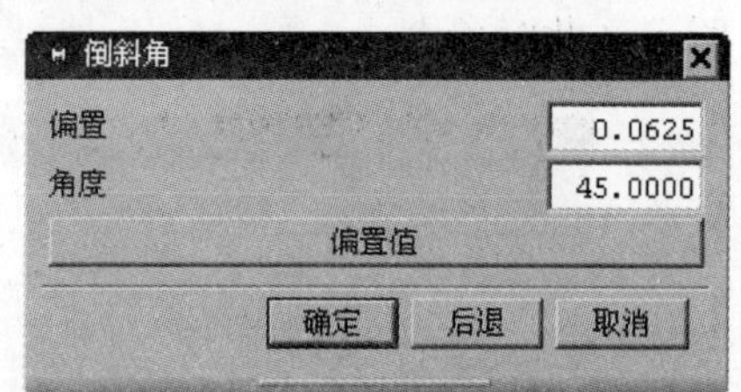

图 3.2.61 “倒斜角”对话框（二）

图 3.2.61 所示的“倒斜角”对话框（二）中各个选项的说明如下：

- 偏置文本框：用于输入两曲线交点与倒斜角线起点之间的距离。
- 角度文本框：用于输入第二条曲线与斜角之间的夹角。
- 偏置值：单击该按钮选择斜角定义方式为两条直线上的偏置值。

Step5. 单击 偏置值 按钮，系统弹出图 3.2.62 所示的“倒斜角”对话框（三）。

图 3.2.62　“倒斜角”对话框（三）

图 3.2.62 所示的“倒斜角”对话框（三）中各个选项的说明如下：

- 偏置 1文本框：两曲线交点与第二条直线上倒斜角线起点之间的距离。
- 偏置 2文本框：两曲线交点与第一条直线上倒斜角线起点之间的距离。
- 偏置和角度：单击该按钮选择斜角定义方式为第一条直线上的偏置值和第二条直线上的角度，即回到图 3.2.61 所示的对话框。

Step6. 定义偏置值。在“倒斜角”对话框（三）中的偏置 1、偏置 2文本框中分别输入 10、15，单击 确定 按钮。

Step7.选择图 3.2.63 所示的直线 1、直线 2，在矩形右上角内部单击图 3.2.63 所示的点 1 位置，则系统生成图 3.2.59b 所示的斜角。

说明：在 Step7 中，如果单击矩形右上角周围点的位置不同时，生成的倒角形状也会不同，如图 3.2.64～3.2.66 所示。

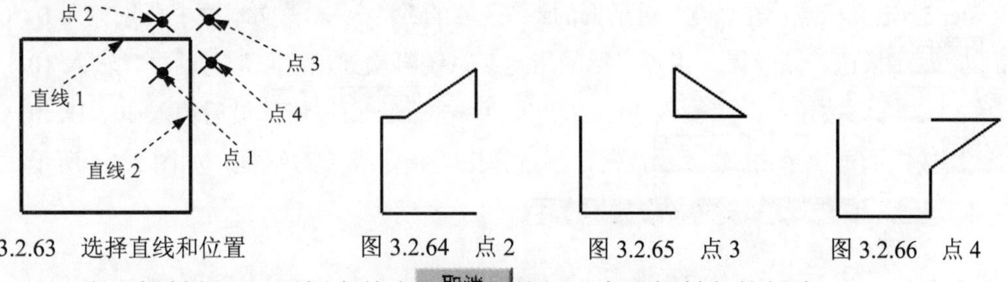

图 3.2.63　选择直线和位置　　图 3.2.64　点 2　　图 3.2.65　点 3　　图 3.2.66　点 4

Step8. 在“倒斜角”对话框中单击 取消 按钮，完成倒斜角的创建。

3.3　高级空间曲线

高级空间曲线在曲面建模中的使用非常频繁，创建的曲线质量的好坏对于生成的曲面质量有很大的影响。高级空间曲线主要包括样条曲线、二次曲线、规律曲线、螺旋线和文本曲线等。

3.3.1 样条曲线

样条曲线的创建方法有四种：根据极点、通过点、拟合和垂直于平面。下面将对“根据极点”和“通过点”两种方法进行说明，另外两种请读者自行练习。

1. 根据极点

根据极点是指样条曲线不通过极点，其形状由极点形成的多边形控制。下面通过创建图 3.3.1 所示的样条曲线，来说明通过“根据极点”方式创建样条曲线的一般操作过程。

Step1. 新建三维模型文件，文件名为 spline.prt。

Step2. 选择命令。选择下拉菜单 插入(S) → 曲线(C) → 样条(S)... 命令，系统弹出图 3.3.2 所示的“样条”对话框。

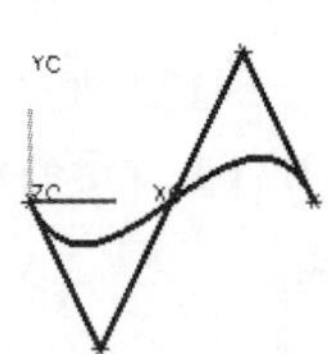

图 3.3.1 “根据极点”方式创建样条曲线

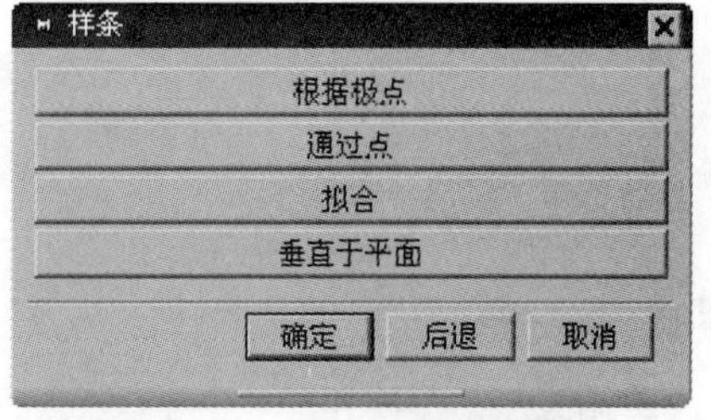

图 3.3.2 “样条”对话框

Step3. 定义方式。在“样条”对话框中单击 根据极点 按钮，系统弹出图 3.3.3 所示的“根据极点生成样条”对话框。

Step4. 在“从极点生成样条”对话框中单击 确定 按钮，弹出“点”对话框。

Step5. 定义极点。在“点”对话框的 坐标 区域的 XC 、YC 、ZC 文本框中分别输入 0、0、0，单击 确定 按钮，完成第一极点坐标的指定；系统再次弹出“点”对话框，输入 10、-20、0，单击 确定 按钮；继续输入 30、20、0，单击 确定 按钮；最后输入 40、0、0，单击 确定 按钮；再次单击 确定 按钮，系统弹出“指定点”对话框，如图 3.3.4 所示。

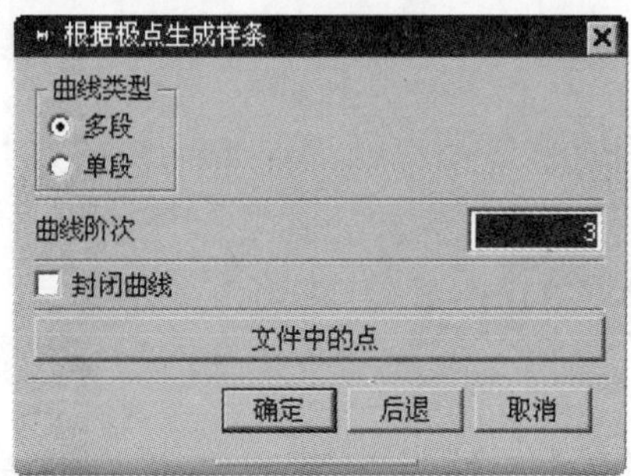

图 3.3.3 “根据极点生成样条”对话框

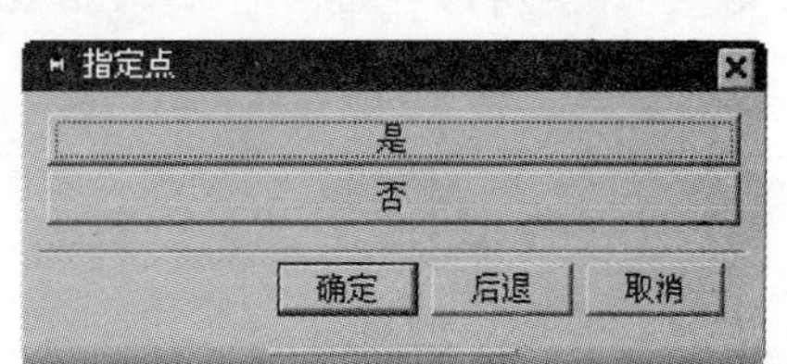

图 3.3.4 “指定点”对话框

Step6. 在“指定点”对话框中单击 是 按钮。返回到“点”对话框中单击 取消 按钮，完成样条曲线的创建。

2. 通过点

样条曲线还可以通过使用文档中点的坐标数据来创建。下面通过创建图 3.3.5 所示的样条曲线来说明利用“通过点”方式创建样条曲线的一般操作步骤。

Step1. 新建三维模型文件，文件名为 spline1.prt。

Step2. 选择命令。选择下拉菜单 插入(S) → 曲线(C) → ～ 样条(S)... 命令，系统弹出图 3.3.6 所示的“样条”对话框。

Step3. 定义方式。在“样条”对话框中单击 通过点 按钮，系统弹出图 3.3.7 所示的“通过点生成样条”对话框。

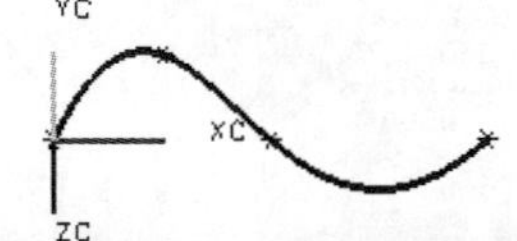

图 3.3.5　“通过点”方式创建样条

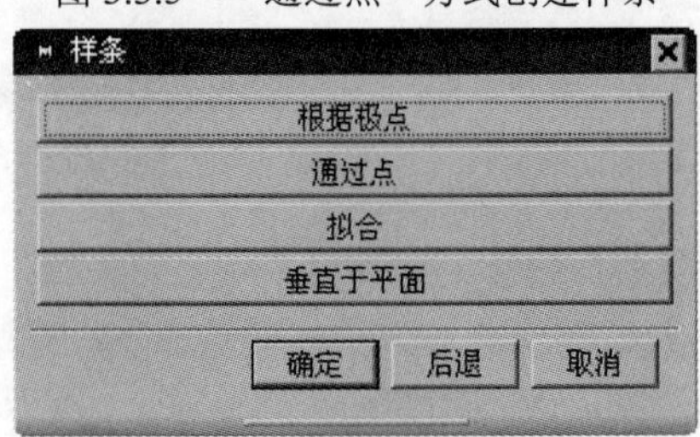

图 3.3.6　“样条”对话框

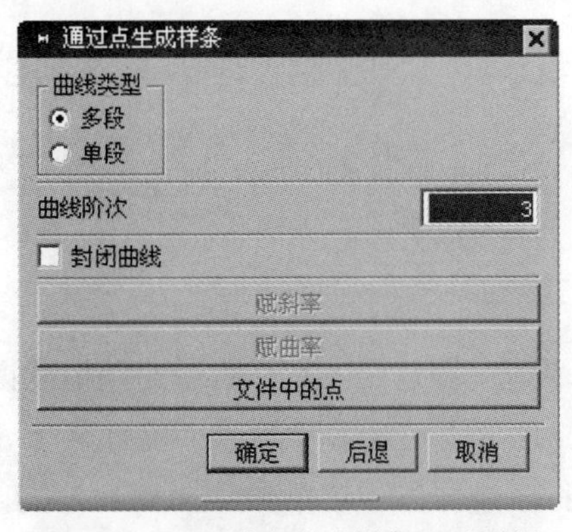

图 3.3.7　“通过点生成样条”对话框

Step4. 载入点文件。在“通过点生成样条”对话框中单击 文件中的点 按钮，在“点文件”对话框中打开文件 D:\ug6.8\work\ch03.03\point.dat。

Step5. 在“通过点生成样条”对话框中单击 确定 按钮，完成样条曲线的创建，系统重新弹出“通过点生成样条”对话框。

Step6. 在“通过点生成样条”对话框中单击 取消 按钮。

3.3.2　二次曲线

在某些情况下，单方向上的二次曲线比样条更有用。UG NX 6.0 可以创建四种类型的二次曲线：圆弧/圆、椭圆、抛物线和双曲线。下面分别介绍创建椭圆、抛物线和双曲线的一般操作步骤。

1. 椭圆

下面通过创建图 3.3.8 所示的椭圆说明创建椭圆的一般操作步骤。

Step1. 新建三维模型文件，文件名为 circle1.prt。

Step2. 选择命令。选择下拉菜单插入(S) → 曲线(C) → 椭圆(E)...命令，系统弹出“点”对话框。

Step3. 定义椭圆中心。在“点”对话框的坐标区域的XC、YC、ZC文本框中分别输入 0、0、0，单击该对话框中的确定按钮。

Step4. 设置椭圆参数。在弹出的“椭圆”对话框中输入图 3.3.9 所示的参数值。

Step5. 单击确定按钮，完成椭圆的创建，系统重新弹出“椭圆”对话框。

Step6. 在“椭圆”对话框中单击取消按钮。

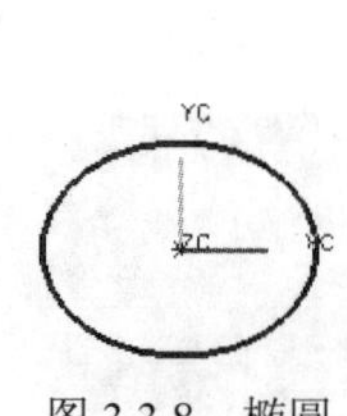

图 3.3.8 椭圆

椭圆

长半轴	4.0000
短半轴	3.0000
起始角	0.0000
终止角	360.0000
旋转角度	0.0000

确定 后退 取消

图 3.3.9 “椭圆”对话框

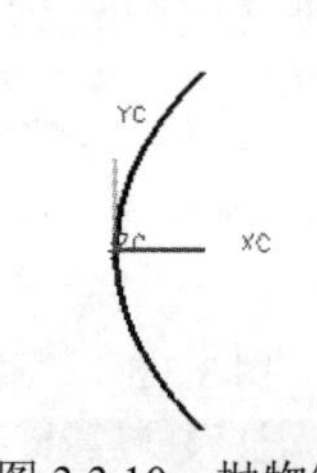

图 3.3.10 抛物线

2．抛物线

下面通过创建图 3.3.10 所示的抛物线说明创建抛物线的一般步骤。

Step1. 新建三维模型文件，文件名为 circle2.prt。

Step2. 选择下拉菜单插入(S) → 曲线(C) → 抛物线(O)...命令，弹出“点”对话框。在“点”对话框的坐标区域的XC、YC、ZC文本框中分别输入 0、0、0，单击确定按钮。

Step3. 设置抛物线参数。在弹出的抛物线对话框中输入图 3.3.11 所示的参数。

Step4. 单击确定按钮，完成抛物线的创建，系统重新弹出“点”对话框。

Step5. 在“点”对话框中单击取消按钮。

3．双曲线

下面通过创建图 3.3.12 所示的双曲线说明创建双曲线的一般操作步骤。

Step1. 新建三维模型文件，文件名为 circle3.prt。

Step2. 选择下拉菜单插入(S) → 曲线(C) → 双曲线(H)...命令，弹出“点”对话框。在“点”对话框的坐标区域的XC、YC、ZC文本框中分别输入 0、0、0，单击确定按钮。

Step3. 设置双曲线参数。在弹出的“双曲线”对话框中输入图 3.3.13 所示的参数。

Step4. 单击确定按钮，完成双曲线的创建，系统重新弹出“点”对话框。

Step5. 在“点”对话框中单击取消按钮。

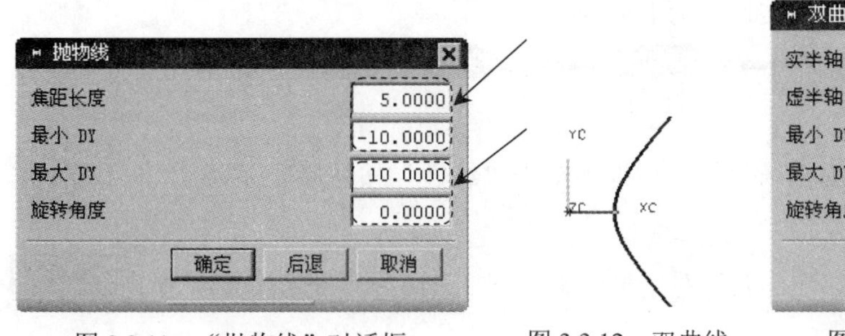

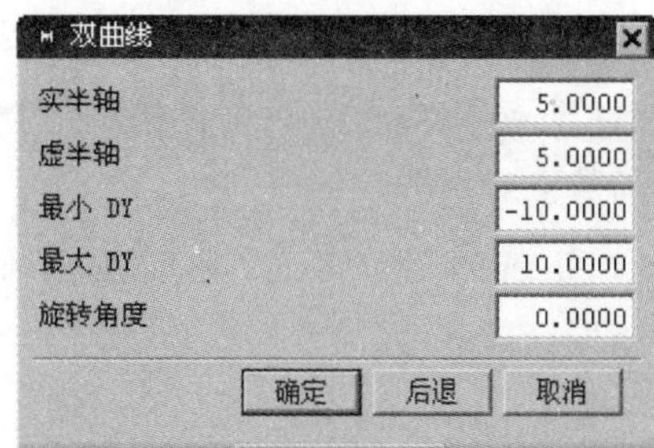

图 3.3.11　“抛物线”对话框　　图 3.3.12　双曲线　　图 3.3.13　“双曲线”对话框

3.3.3　规律曲线

选择下拉菜单插入(S) → 曲线(C) → 规律曲线(W)...命令，在弹出的图 3.3.14 所示的对话框中选择不同的选项，可以创建多种规律曲线。

图 3.3.14 所示“规律函数”对话框中的各个选项说明如下：

- (恒定)：允许给整个规律函数定义一个常数值。系统提示只输入一个规律值(即该常数)。
- (线性)：用于定义一个从起点到终点的线性变化率。
- (三次)：用于定义一个从起点到终点的三次变化率。
- (沿着脊线的值——线性)：使用沿着脊线的两个或多个点来定义线性规律函数。在选择脊线曲线后，可以沿着这条曲线指出多个点。系统会提示您在每个点处输入一个值。
- (沿着脊线的值——三次)：使用沿着脊线的两个或多个点来定义一个三次规律函数。在选择脊线曲线后，可以沿着该脊线指出多个点。系统会提示您在每个点处输入一个值。
- (根据方程)：使用一个现有表达式及“参数表达式变量”来定义一个规律。
- (根据规律曲线)：允许选择一条由光顺连接的曲线组成的线串来定义一个规律函数。

下面通过介绍“线性”、“沿着脊线的值——三次”和“根据方程”三种方式，来说明创建规律曲线的一般操作步骤。

1．线性方式

下面通过创建图 3.3.15 所示的直线说明“线性方式”创建规律曲线的一般步骤。

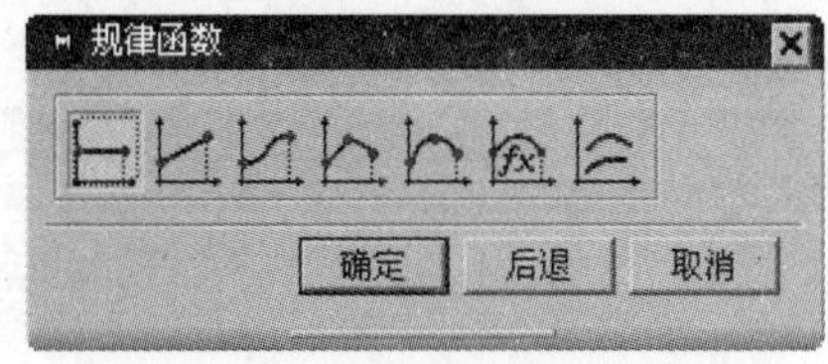

图 3.3.14　“规律函数”对话框

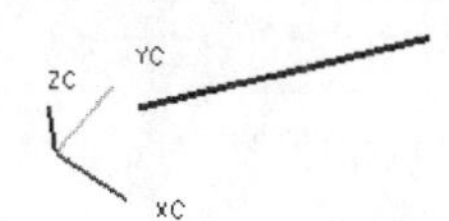

图 3.3.15　“线性方式”创建的直线

Step1. 新建三维模型文件，文件名为 line.prt。

Step2. 选择下拉菜单 插入(S) → 曲线(C) → 规律曲线(W)... 命令，系统弹出“规律函数”对话框。

Step3. 选择方式。在“规律函数”对话框中单击“线性”按钮，系统弹出“规律控制”对话框。

Step4. 设置参数。在“规律控制”对话框中输入图 3.3.16 所示的参数值，单击 确定 按钮完成 X 的规律定义。

Step5. 重复 Step3 和 Step4 步骤两次，分别完成定义 Y 和 Z 规律之后，系统弹出图 3.3.17 所示的“规律曲线”对话框，单击 确定 按钮，完成曲线的创建。

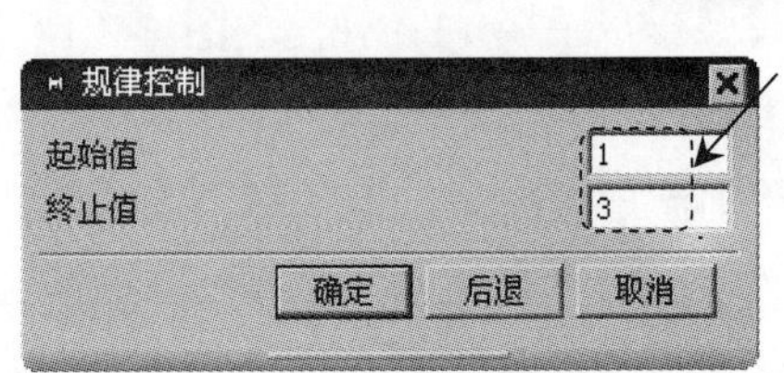

图 3.3.16 “规律控制”对话框

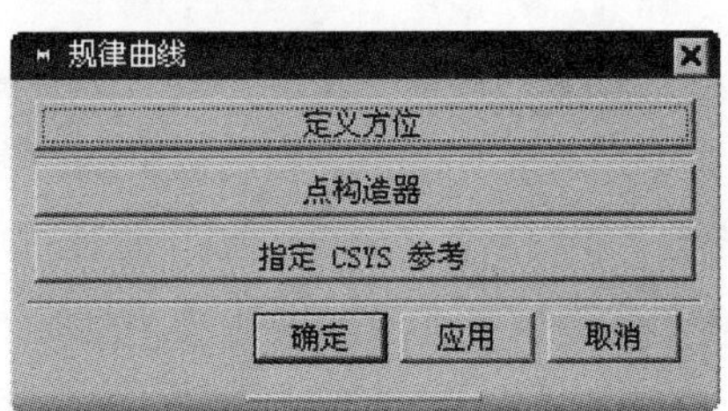

图 3.3.17 “规律曲线”对话框

2. 沿着脊线的值—三次

下面通过创建图 3.3.18 所示的曲线，来说明“沿着脊线的值——三次”方式创建规律曲线的一般操作步骤。

Step1. 打开文件 D:\ug6.8\work\ch03.03\lines.prt。

Step2. 选择下拉菜单 插入(S) → 曲线(C) → 规律曲线(W)... 命令，系统弹出“规律函数”对话框。

Step3. 在“规律函数”对话框中单击“沿着脊线的值——三次”按钮，系统弹出图 3.3.19 所示的“规律曲线”对话框，选择图 3.3.20 所示的直线作为脊线，单击 确定 按钮，在系统弹出的图 3.3.21 所示的“规律控制”对话框中单击 点构造器 按钮，系统弹出“点”对话框。

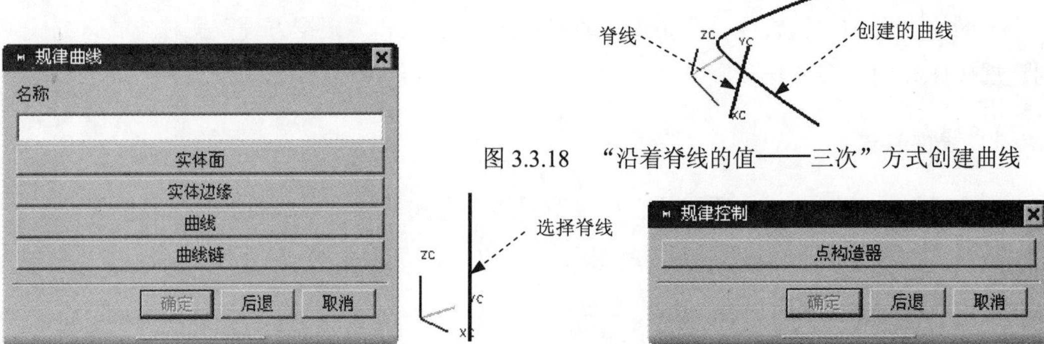

图 3.3.18 “沿着脊线的值——三次”方式创建曲线

图 3.3.19 “规律曲线”对话框　图 3.3.20 选择脊线　图 3.3.21 “规律控制”对话框

Step4. 选择直线的上端点为第一点，在系统弹出的图 3.3.22 所示的“规律控制”对话框中输入 5，单击 确定 按钮，回到“点”对话框；选择直线中点为第二点，在系统弹出的“规律控制”对话框中输入“1”，单击 确定 按钮；选择直线下端点为第三点，在系统弹出的“规律控制”对话框中输入 10，单击 确定 按钮，系统重新弹出“点”对话框。在“点”对话框中单击 确定 按钮，系统重新弹出“规律函数”对话框。

Step5. 重复 Step3 和 Step4 步骤二次，两次输入的参数分别为 10、1、5 和 10、5、1。完成定义 Y 和 Z 规律参数之后，系统弹出“规律曲线”对话框。

Step6. 在弹出的图 3.3.23 所示的“规律曲线”对话框”中单击 确定 按钮，完成曲线的创建。

图 3.3.22 “规律控制”对话框

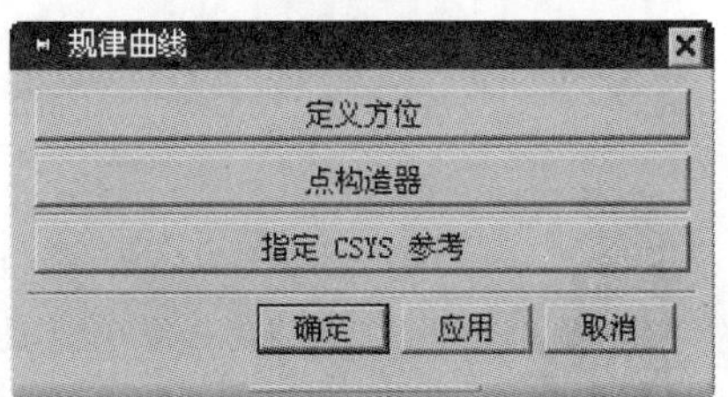

图 3.3.23 “规律曲线”对话框

3. 根据方程

下面通过创建图 3.3.24 所示的抛物线来说明“根据方程”创建规律曲线的一般操作步骤。

Step1. 新建三维模型文件，文件名为 curve.prt。

Step2. 选择下拉菜单 工具(T) → = 表达式(X)... 命令，弹出图 3.3.25 所示的“表达式”对话框，在对话框中单击“从文件导入表达式” 按钮，在弹出的“导入表达式文件”对话框中打开文件 D:\ug6.8\work\ch03.03\fol.exp。单击“表达式”对话框中的 确定 按钮完成导入。

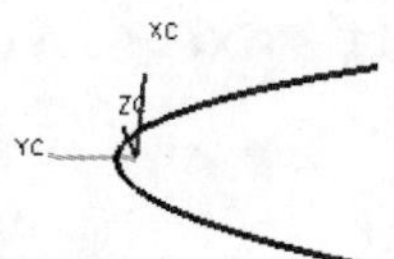

图 3.3.24 根据方程方式创建的曲线

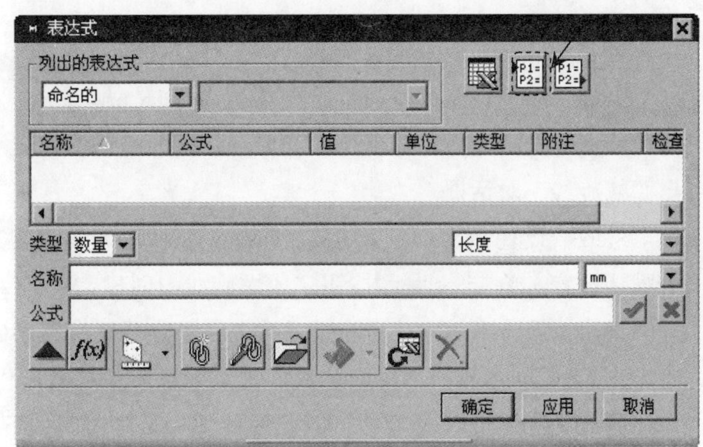

图 3.3.25 “表达式”对话框

说明：表达式也可以在“表达式”对话框中的名称和公式文本框中输入，输入的表达式应为参数方程形式，参数分别为用户定义的参数。输入的时候，要注意所有的参数必须全部定义到，否则会提示出错。

Step3. 选择下拉菜单插入(S) → 曲线(C) → 规律曲线(W)...命令，弹出“规律函数”对话框。

Step4. 在“规律函数”对话框中单击“根据方程”按钮，系统弹出图 3.3.26 所示的“规律曲线”对话框，单击确定按钮，系统弹出图 3.3.27 所示的“定义 X”对话框，单击确定按钮，回到“规律曲线”对话框。

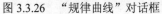

图 3.3.26 “规律曲线”对话框

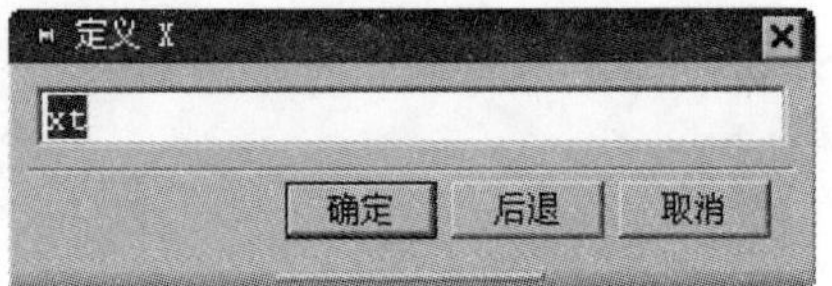

图 3.3.27 “定义 X”对话框

Step5. 重复 Step4 步骤两次，分别完成 Y 和 Z 规律值定义之后，在弹出的图 3.3.23 所示的“规律曲线”对话框中，单击确定按钮，完成曲线的创建。

说明：本例创建的曲线是过原点的抛物线，如果要在特定位置创建，需要在图形区选择特定位置作为曲线的交点。

3.3.4 螺旋线

在建模或者造型过程中，螺旋线也常被用到。UG NX 6.0 通过定义圈数、螺距、半径方法、旋转方向和方位等参数来生成螺旋线。创建螺旋线的方式有两种，分别是“输入半径”方式和“使用规律曲线”方式，下面分别对这两种方式进行介绍。

1. 输入半径

创建图 3.3.28 所示螺旋线的一般操作过程如下：

Step1. 新建三维模型文件，文件名为 helix.prt。

Step2. 选择命令。选择下拉菜单插入(S) → 曲线(C) → 螺旋线(X)...命令，系统弹出“螺旋线”对话框。

Step3. 设置参数。在“螺旋线”对话框中输入图 3.3.29 所示的参数，其他参数采用系统默认设置，单击确定按钮完成螺旋线的创建。

说明：因为本例中使用当前的 WCS 作为螺旋线的方位，使用当前的 XC=0、YC=0 和 ZC=0 作为默认基点，所以在此没有定义方位和基点的操作。

图 3.3.29 所示“螺旋线”对话框的部分选项说明如下：

- 圈数：该文本框用于输入螺旋线的圈数。
- 螺距：该文本框用于输入螺旋线的螺距。
- 半径方法区域：用于选择螺旋线外形的参数方式。

☑ 使用规律曲线：使用规律函数的方式构造螺旋线。

☑ 输入半径：使用输入半径的方式构造螺旋线。

- 半径：该文本框在选择 输入半径 单选项情况下有效，用于输入螺旋线的半径。
- 旋转方向 区域：用于定义螺旋线的旋向。

☑ 右手：选中该选项创建的螺旋线是右旋的。

☑ 左旋：选中该选项创建的螺旋线是左旋的。

- 定义方位：定义螺旋线的轴线方向。
- 点构造器：定义螺旋线的基点，即起始中心位置。

2. 使用规律曲线

创建图 3.3.30 所示的使用规律曲线方式螺旋线的一般操作步骤如下。

Step1. 新建三维模型文件，文件名为 helix_1.prt。

Step2. 选择下拉菜单 插入(S) → 曲线(C) → 螺旋线(X)... 命令，弹出“螺旋线”对话框。

Step3. 在“螺旋线”对话框的 圈数 文本框中输入 5，在 螺距 文本框中输入 1，选择 使用规律曲线 单选项，系统弹出图 3.3.31 所示的“规律函数”对话框。

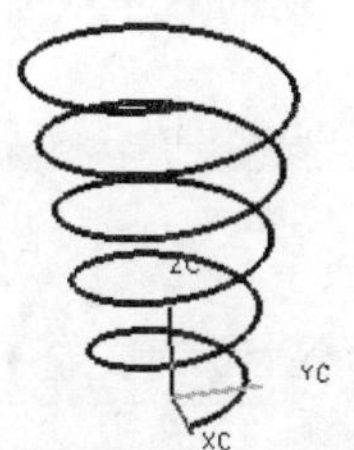

图 3.3.30 使用规律曲线创建的螺旋线

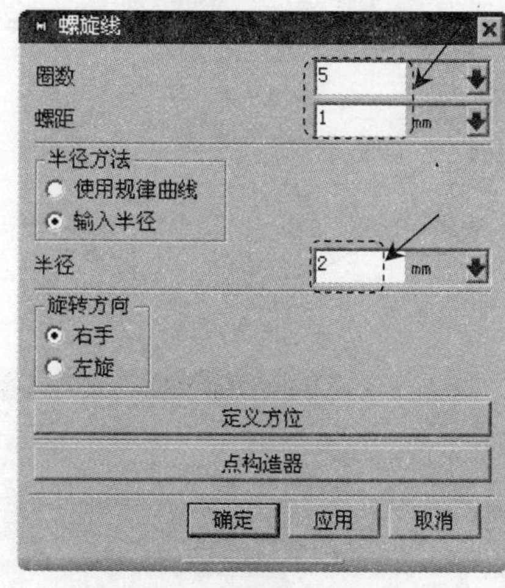

图 3.3.28 螺旋线　　图 3.3.29 “螺旋线”对话框　　图 3.3.31 “规律函数”对话框

Step4. 在“规律函数”对话框中单击 按钮，在弹出的“规律控制”对话框中输入图 3.3.32 所示的参数，单击 确定 按钮。

Step5. 系统重新弹出“螺旋线”对话框，单击 确定 按钮完成螺旋线的创建。

说明：

- 图 3.3.31 所示“规律函数”对话框与图 3.3.14 所示的“规律函数”对话框完全相同，具体解释请参见图 3.3.14 的说明。
- 使用其他规律函数创建螺旋线的方法和上面介绍的例子大体相同，希望读者自行练习。

3.3.5 文本曲线

使用 A 文本(T)... 命令，可将本地的 Windows 字体库中的 True Type 字体中的“文本”生成 NX 曲线。无论何时需要文本，都可以将此功能作为部件模型中的一个设计元素使用。在“文本”对话框中，允许用户选择 Windows 字体库中的任何字体，指定字符属性（粗体、斜体、类型、字母）；在“文本”对话框中输入文本字符串，并立即在 NX 部件模型内将字符串转换为几何体。文本将跟踪所选 True Type 字体的形状，并使用线条和样条生成文本字符串的字符外形，并在平面、曲线或曲面上放置生成的几何体。

下面通过创建图 3.3.33 所示的文本曲线来说明创建文本曲线的一般操作步骤：

Step1. 打开文件 D:\ug6.8\work\ch03.03\text_line.prt。

Step2. 选择下拉菜单 插入(S) → 曲线(C) → A 文本(T)... 命令，系统弹出图 3.3.34 所示“文本”对话框。在 文本属性 文本框中输入 HELLO 并设置其属性。

Step3. 在“文本”对话框的 类型 区域下拉列表中选择 在曲线上 选项。

Step4. 选择图 3.3.35 所示样条曲线作为引导线。

Step5. 在图 3.3.36 所示“文本”对话框 竖直方向 区域的 定位方法 下拉列表中选择 自然 选项。

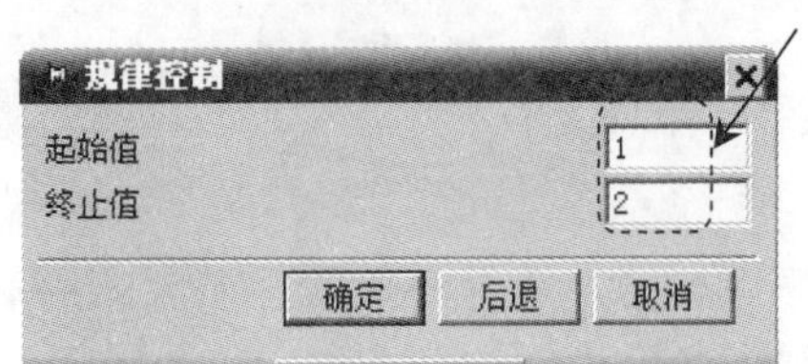

图 3.3.32 “规律控制”对话框

图 3.3.33 文本曲线

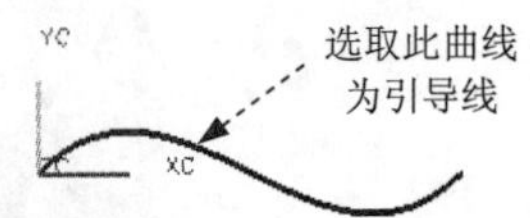

图 3.3.35 文本曲线放置路径

图 3.3.34 “文本”对话框

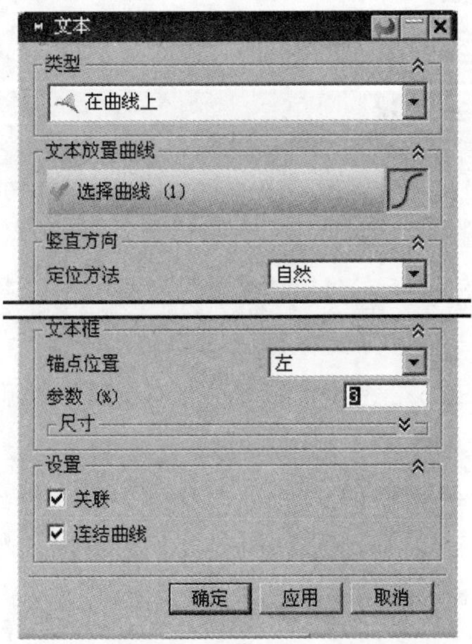

图 3.3.36 “文本”对话框

Step6. 在“文本”对话框文本框区域的锚点位置下拉列表中选择左选项，并在其下的参数文本框中输入 3。

Step7. 在“文本”对话框中单击确定按钮，完成文本曲线的创建。

说明：如果曲线长度不够放置文本，可对文本的尺寸做相应的调整。

图 3.3.34 所示“文本”对话框中的部分按钮说明如下：

- 类型区域：该区域包括平面的选项、在曲线上选项和在面上选项，用于定义放置文本的类型。
  - ☑ 平面的：该选项用于在平面上创建文本。
  - ☑ 在曲线上：该选项用于沿曲线创建文本。
  - ☑ 在面上：该选项用于在一个或多个相连面上创建文本。
- 文本放置曲线区域：该区域中的按钮会因在类型区域中选择的按钮不同而变化。例如在类型区域选择在曲线上选项，则在文本放置曲线区域中出现按钮。
  - ☑ （截面）：该按钮用于选取放置文字的曲线。
- ☑ 使用字距调整：该复选框用于增大或者减小字符间的间距。如果使用中的字体内置有字距调整的数据，才有可能使用字距调整，但并不是所有的字体都有字距调整的数据。
- ☐ 创建边框曲线：该复选框在选中平面的选项时可用，用于在文本四周添加边框。
- ☑ 关联选项：选中该复选框，使文本对象相关联，因而它与它的父特征是参数化的。
- ☑ 连结曲线选项：选中该选项可以连接所有曲线形成一个环形的样条，因而可大大减少每个文本特征的曲线输出数目。

3.4　来自曲线集的曲线

来自曲线集的曲线是指通过现有的曲线，用镜像、偏置、投影和桥接等方式生成新的曲线。在 UG NX 6.0 中，主要是通过在插入(S)下拉菜单的来自曲线集的曲线(F)子菜单中选择相应的命令来进行操作。下面对镜像、偏置、在面上偏置和投影等方法进行介绍。

3.4.1　镜像

曲线的镜像是指将源曲线相对于一个平面或基准平面（称为镜像中心平面）进行复制，从而得到一个与源曲线关联或非关联的曲线。下面通过图 3.4.1 所示的范例来说明创建镜像曲线的一般操作过程。

Step1. 打开文件 D:\ug6.8\work\ch03.04\mirror_curves.prt。

Step2. 选择下拉菜单插入(S) ➡ 来自曲线集的曲线(F) ➡ 镜像(M)...命令，系统弹出图 3.4.2 所示的“镜像曲线”对话框。

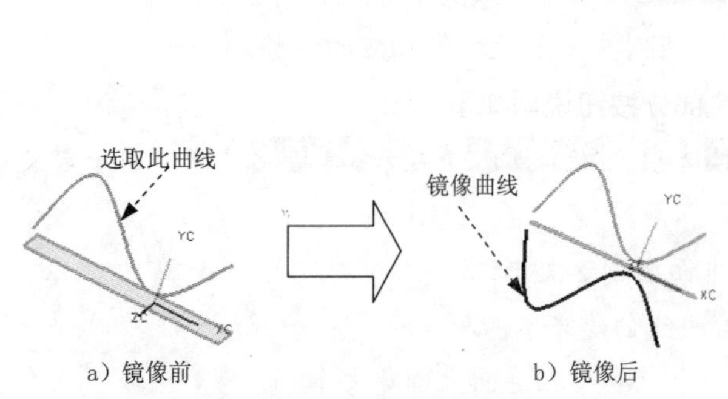

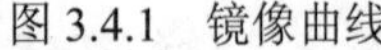

图 3.4.1 镜像曲线

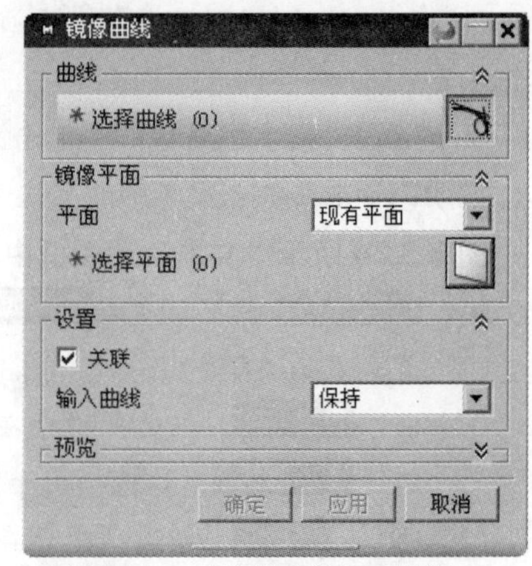

图 3.4.2 “镜像曲线”对话框

Step3. 定义镜像曲线。在图形区选取图 3.4.1a 所示的曲线，单击鼠标中键确认。

Step4. 选取镜像平面。确认“镜像曲线”对话框 * 选择平面 (0) 的按钮被激活，选取 XC-ZC 基准面为镜像平面；其他参数采用系统默认设置。

Step5. 单击 确定 按钮（或单击中键），完成镜像曲线的创建。

3.4.2 偏置

偏置曲线是通过移动选中的基本曲线来创建的。使用下拉菜单 插入(S) → 来自曲线集的曲线(F) → 偏置(O)... 命令可以偏置由直线、圆弧、二次曲线、样条及边缘组成的线串。曲线可以在选中曲线所定义的平面内被偏置，也可以使用 拔模 方法偏置到一个平行平面上，或者沿着使用 3D 轴向 方法时指定的矢量进行偏置。下面将对距离和草图两种偏置方法分别进行介绍。

1. 距离方式

创建图 3.4.3 所示的通过“距离”方式偏置曲线的一般操作过程如下：

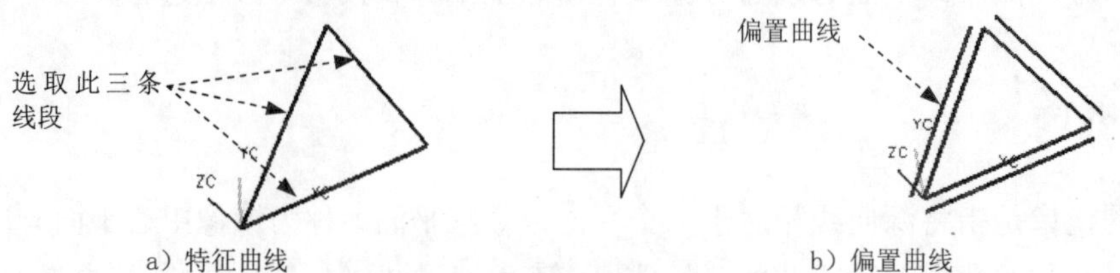

图 3.4.3 偏置曲线的创建

Step1. 打开文件 D:\ug6.8\work\ch03.04\offset_curve.prt。

Step2. 选择下拉菜单 插入(S) → 来自曲线集的曲线(F) → 偏置(O)... 命令（或者在“曲线”工具栏中单击“偏置曲线”按钮），系统弹出图 3.4.4 所示的“偏置曲线”对话框。

Step3. 定义偏置类型和源曲线。在 类型 区域下拉列表中选择 距离 选项，选取图 3.4.3a

所示的三条线段。

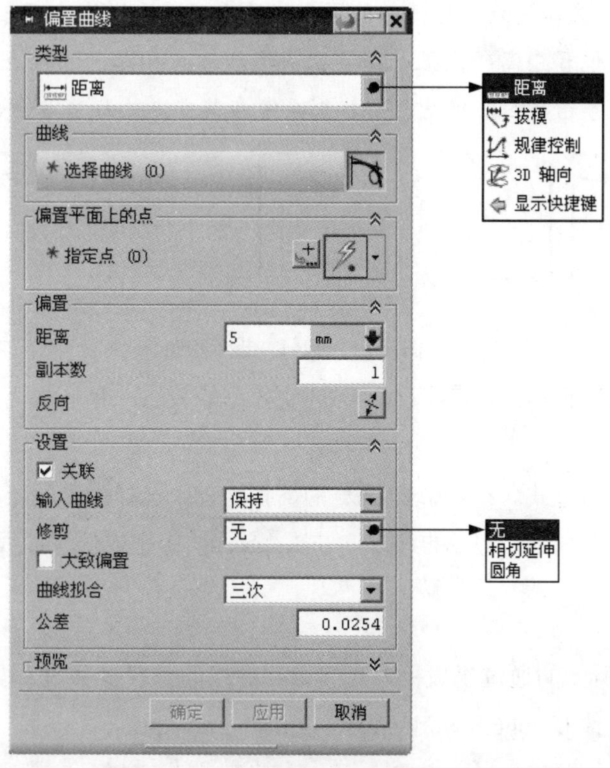

图 3.4.4　“偏置曲线”对话框

图 3.4.4 所示“偏置曲线”对话框中的类型和修剪（在设置区域）下拉列表说明如下：

- 类型下拉列表：用于设置偏置曲线的方式，它包括距离、拔模、规律控制和3D 轴向四种方式。
  - ☑ 距离：该方式按给定的偏置距离来偏置曲线。选择该方式后，偏置区域的距离文本框被激活，在距离和副本数文本框中分别输入偏置距离和产生偏置曲线的数量，并设定好其他参数后即可偏置所选曲线。
  - ☑ 拔模：选择该方式后，偏置区域的高度和角度文本框被激活。拔模高度为源曲线所在平面和偏置后所在平面间的距离；拔模角度是偏置方向与源曲线所在平面的法向的夹角。
  - ☑ 规律控制：该方式是按规律控制偏置距离来偏置曲线的。
  - ☑ 3D 轴向：该方式按照三维空间内指定的矢量方向和偏置距离来偏置曲线。用户按照生成矢量的方法选择需要的矢量方向，然后输入需要偏置的距离，就可以生成相应的偏置曲线。
- 修剪下拉列表：用于设置偏置曲线的裁剪方式，它包括无、相切延伸和圆角三种方式，在不同裁剪方式下偏置后的曲线如图 3.4.5 所示。
  - ☑ 无：选择该方式，则偏置后的曲线既不延长相交也不彼此裁剪或倒圆角。

☑ 相切延伸：选择该方式，则偏置曲线将延长相交或彼此裁剪。

☑ 圆角：选择该方式后，若偏置曲线的各组成曲线彼此不相连接，则系统以半径值为偏置距离的圆弧，将各组成曲线彼此相邻者的端点两两相连；若偏置曲线的各组成曲线彼此相交，则系统在其交点处裁剪多余部分。

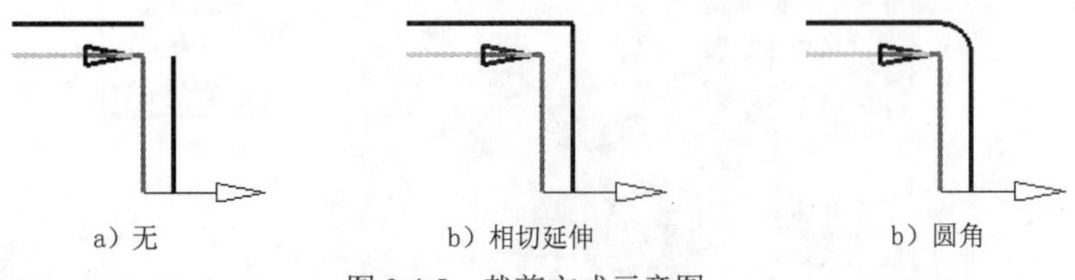

a）无　　b）相切延伸　　b）圆角

图 3.4.5　裁剪方式示意图

Step4. 定义偏置距离。在偏置区域距离的文本框输入 5，并单击“反向”按钮改变偏置的方向。

Step5. 定义修剪方式。在设置区域修剪的下拉列表中选择无选项，如图 3.4.5 所示。

Step6. 在“偏置曲线”对话框中，单击 确定 按钮完成偏置曲线的创建。

2. 拔模方式

创建图 3.4.6 所示的通过“拔模方式”偏置曲线的一般操作过程如下。

Step1. 打开文件 D:\ug6.8\work\ch03.04\offset_curve.prt。

Step2. 选择下拉菜单插入(S) ➡ 来自曲线集的曲线(F) ➡ 偏置(O)...命令（或在“曲线”工具栏中单击“偏置曲线”按钮），系统弹出“偏置曲线”对话框。

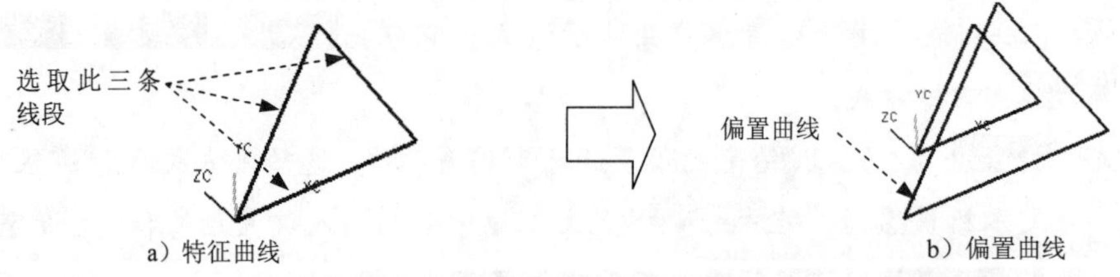

a）特征曲线　　b）偏置曲线

图 3.4.6　偏置曲线的创建

Step3. 定义偏置类型和源曲线。在类型区域的下拉列表中选择 拔模 选项，选取图 3.4.6a 所示的三条线段。

Step4. 定义偏置方向。调整偏置方向，使其偏置后如图 3.4.6b 所示。

Step5. 定义参数。在高度文本框和角度文本框中分别输入-20、30。

说明：如果在在高度文本框和角度文本框中分别输入 20、30，结果将如图 3.4.7 所示。

Step6. 定义修剪方式。在设置区域修剪的下拉列表中选择相切延伸选项；其他参数采用系统默认设置值。

Step7. 在“偏置曲线”对话框中单击 确定 按钮，完成偏置曲线的创建。

3.4.3 在面上偏置曲线

使用插入(S)下拉菜单中的来自曲线集的曲线(F) → 在面上偏置...命令，可以在一个或多个面上，根据相连的边或曲面上的曲线创建偏置曲线，偏置曲线离开现有曲线或曲面边缘一定的距离。创建图3.4.8所示“在面上偏置曲线”的一般操作过程如下：

Step1. 打开文件D:\ug6.8\work\ch03.04\offset_serface.prt。

Step2. 选择下拉菜单插入(S) → 来自曲线集的曲线(F) → 在面上偏置...命令，系统弹出图3.4.9所示的“在面上偏置曲线”对话框。

图3.4.7　偏置曲线2　　图3.4.8　创建在面上偏置曲线　　图3.4.9　“在面上偏置曲线”对话框

图3.4.9所示“面中的偏置曲线”对话框中各选项的功能说明如下：

- 在设置区域的偏置方式下拉列表包括弦、圆弧长、测量和相切四个选项。
  - ☑ 弦：沿曲线弦长偏置。
  - ☑ 圆弧长：沿曲线弧长偏置。
  - ☑ 测量：沿曲面最小距离创建。
  - ☑ 相切的：沿曲面的相切平面偏置。
- 修剪和延伸偏置曲线区域：包括☑ 在截面内修剪至彼此、☑ 在截面内延伸至彼此、☑ 修剪至面的边缘和☑ 延伸至面的边缘四个复选框。
  - ☑ ☑ 在截面内修剪至彼此：对于偏置的曲线相互之间进行裁剪。
  - ☑ ☑ 在截面内延伸至彼此：对于偏置的曲线相互之间进行延伸。
  - ☑ ☑ 修剪到面的边缘：对于偏置曲线裁剪到边缘。

☑ ☑ 延伸至面的边缘：对于偏置曲线延伸到曲面边缘。

Step3. 在设置区域偏置方式的下拉列表中选择弦选项，在修剪和延伸偏置曲线区域中选中☑ 在截面内修剪至彼此和☑ 修剪到面的边缘复选框，在图 3.4.10 所示的“选择条”工具条的“曲线规则”下拉列表中选择片体边缘选项；其他参数采用系统默认设置。

Step4. 在图形区选取片体的四条边线为需要偏置的曲线，系统弹出图 3.4.11 所示的动态文本框。在该文本框中输入 13，然后单击“面中的偏置曲线”对话框中的确定按钮，完成偏置曲线的创建。

说明：按 F3 键可以隐藏图 3.4.12 所示的动态输入文本框，再按一次则显示。

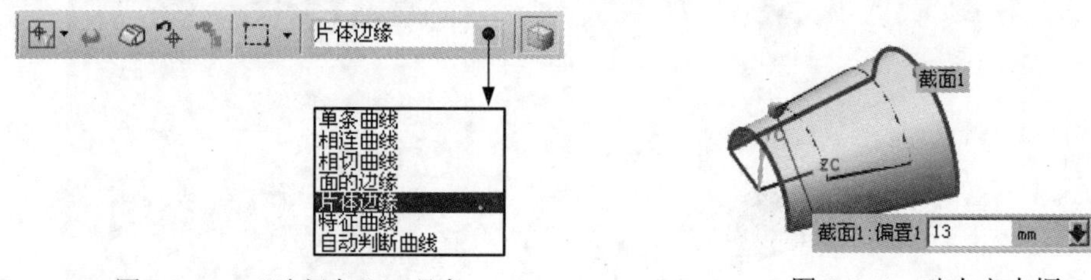

图 3.4.10 “选择条”工具条　　图 3.4.11 动态文本框

3.4.4 投影

投影可以将曲线、边缘和点映射到片体、面、平面和基准平面上。投影曲线在孔或面边缘处都要进行修剪，投影之后，可以自动合并输出的曲线。创建图 3.4.12 所示的投影曲线的一般操作过程如下。

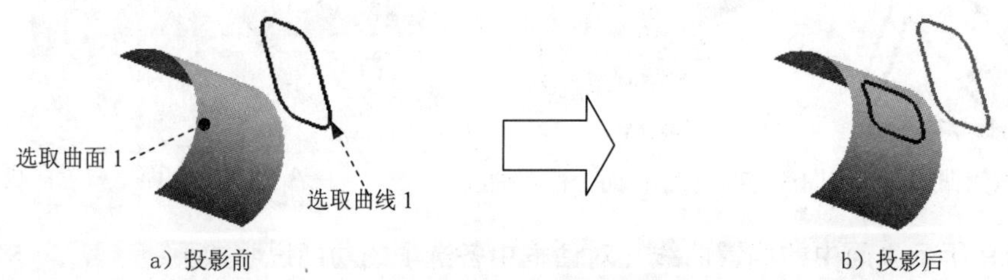

a）投影前　　b）投影后

图 3.4.12 投影曲线的创建

Step1. 打开文件 D:\ug6.8\work\ch03.04\project.prt。

Step2. 选择下拉菜单插入(S) → 来自曲线集的曲线(F) → 投影(P)...命令，系统弹出“投影曲线”对话框，如图 3.4.13 所示。

Step3. 定义要投影的曲线。在图形区选取图 3.4.12a 所示的曲线 1，单击中键确认。

Step4. 定义投影面。选取图 3.4.12 所示的曲面 1 作为投影曲面。

Step5. 定义投影方向。在投影方向区域方向的下拉列表中选择沿面的法向选项。

Step6. 在“投影曲线”对话框中单击确定按钮，完成投影曲线的创建。

图 3.4.13 所示“投影曲线”对话框投影方向区域方向的下拉列表中部分选项的说明如下：

- 沿面的法向：此方式是沿所选投影面的法向，向投影面投影曲线。

- 朝向点：此方式用于从原定义曲线朝着一个点，向选取的投影面投影曲线。
- 朝向直线：此方式用于原定义曲线沿着一条直线，向选取的投影面投影曲线。
- 沿矢量：此方式用于沿设定的矢量方向，向选取的投影面投影曲线。
- 与矢量成角度：此方式用于沿与设定矢量方向成一角度的方向，向选取的投影面投影曲线。

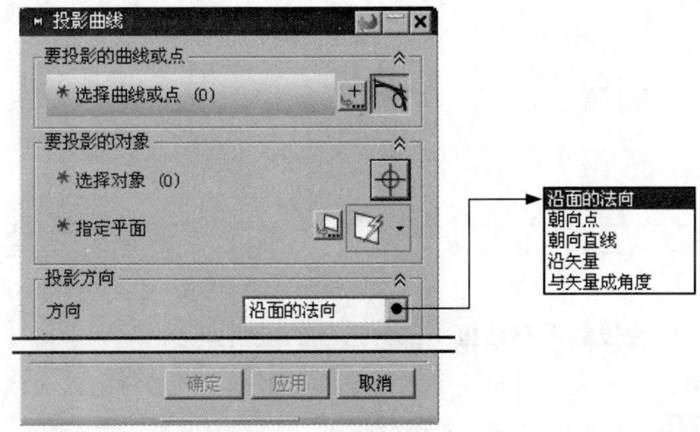

图 3.4.13　“投影曲线”对话框

3.4.5　组合投影

组合投影可以用来组合两个现有曲线的投影来创建一条新的曲线，两条曲线的投影必须相交。在创建过程中，可以指定新曲线是否与输入曲线关联，以及对输入曲线作保留、隐藏等处理方式。创建图 3.4.14 所示的组合投影曲线的一般操作过程如下：

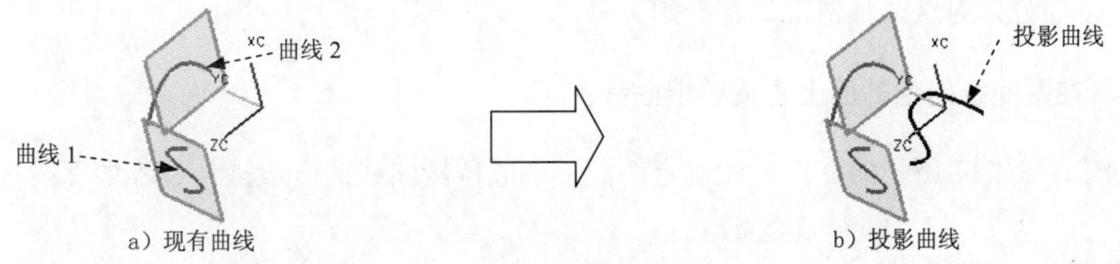

图 3.4.14　组合投影

Step1. 打开文件 D:\ug6.8\work\ch03.04\project_1.prt。

Step2. 选择下拉菜单 插入(S) → 来自曲线集的曲线(F) → 组合投影(C)... 命令，系统弹出图 3.4.15 所示“组合投影”对话框（一）。

Step3. 选取图 3.4.14a 所示的曲线 1 作为第一曲线串，单击鼠标中键确认。

Step4. 选取图 3.4.14a 所示的曲线 2 作为第二曲线串。

Step5. 定义投影矢量。在图 3.4.16 所示“组合投影”对话框（二）投影方向 1 和投影方向 2 区域的 方向 下拉列表中都选择 垂直于曲线平面 选项。

Step6. 在“组合投影”对话框中单击 确定 按钮，完成组合投影曲线的创建。

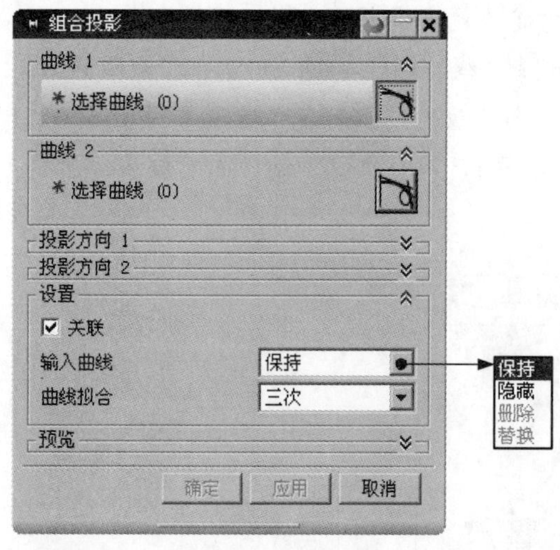

图 3.4.15 “组合投影”对话框（一）

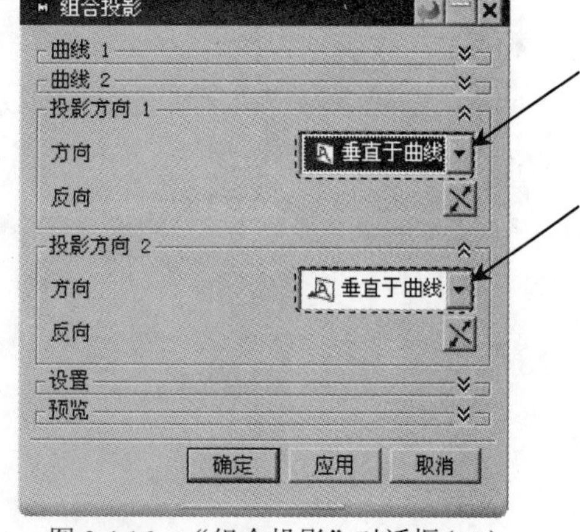

图 3.4.16 “组合投影”对话框（二）

图 3.4.15“组合投影”对话框中部分选项的说明如下：

- 输入曲线下拉列表：用于设置在组合投影创建完成后对输入曲线的处理方式。
  - ☑ 保持：创建完成后保留输入曲线。
  - ☑ 隐藏：创建完成后隐藏输入曲线。

3.4.6 桥接

桥接(B)...命令可以创建位于两曲线上用户定义点之间的连接曲线。输入曲线可以是片体或实体的边缘。生成的桥接曲线可以在两曲线确定的面上，或者在自行选择的约束曲面上。下面分别对这两种情况进行介绍。

1. 在两曲线确定的面上生成桥接曲线

创建图 3.4.17 所示的在两曲线确定的面上生成桥接曲线的一般操作过程如下：

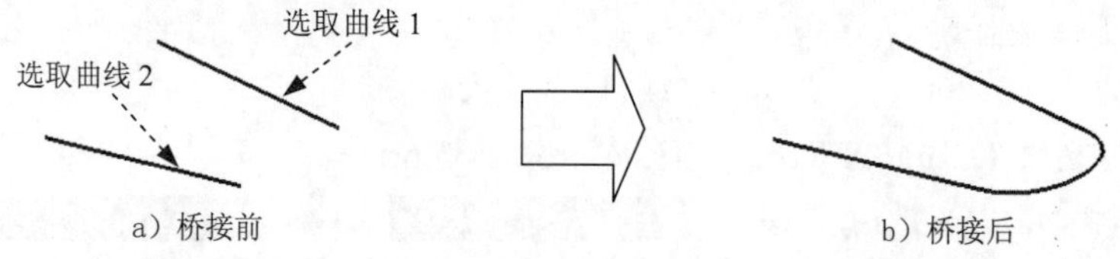

图 3.4.17 创建桥接曲线

Step1. 打开文件 D:\ug6.8work\ch03.04\bridge_curve.prt。

Step2. 选择下拉菜单插入(S) → 来自曲线集的曲线(F) → 桥接(B)...命令，系统弹出“桥接曲线”对话框，如图 3.4.18 所示。

Step3. 定义桥接曲线。在图形区依次选取图 3.4.17 所示的曲线 1 和曲线 2。

说明：通过在形状控制区域中的开始、结束文本框中输入数值或拖动下放的滑块，可以调整桥接曲线端点的位置，图形区中显示的桥接曲线也会随之改变。

Step4. 设置参数。在“桥接曲线”对话框的形状控制区域类型的下拉列表中选择相切幅值选项；在开始的本框中输入 1.5，在终点的文本框中输入 1；其他参数采用系统默认设置值。

Step5. 单击确定按钮，完成桥接曲线的创建。

图 3.4.18 所示“桥接曲线”对话框中“形状控制”区域的各选项的说明如下：

- 相切幅值：用于通过改变与第一条曲线和第二条曲线端点的相切情况来更改桥接曲线的形状。
  - ☑ 开始：用户通过使用滑块推拉第一条曲线的一个或两个端点，或在文本框中键入数值来调整桥接曲线。滑块范围表示相切的百分比。初始值在 0.0 和 3.0 之间变化。如果在开始的文本框中输入大于 3.0 的数值，则几何体将作相应的调整，并且相应的滑块将增大范围以包含这个较大的数值。
  - ☑ 结束：用户通过使用滑块推拉第二条曲线的一个或两个端点，或在文本框中键入数值来调整桥接曲线。滑块范围表示相切的百分比。初始值在 0.0 和 3.0 之间变化。如果结束的文本框中输入大于 3.0 的数值，则几何体将作相应的调整，并且相应的滑块将增大范围以包含这个较大的数值。
- 深度和歪斜：通过改变从峰值点测量的深度和扭曲来更改桥接曲线的形状。启用桥接深度和桥接歪斜滑块和数据输入文本框，两个滑尺的初始范围是 0.0 ~ 100.0。在数据输入文本框中输入初始范围外的数据后，再移动滑块，将会在初始范围内重新设置桥接曲线的形状。
  - ☑ 歪斜：该滑块控制最大曲率的位置。滑块的值是沿着桥接从曲线 1 到曲线 2 之间的距离的百分比。
  - ☑ 深度：该滑块用于控制曲线曲率影响桥接的程度。在选中两条曲线后，可以通过移动滑块来更改此深度。滑块的值为曲率影响程度的百分比。
- 二次曲线：用于通过改变二次曲线的饱满程度来更改桥接曲线的形状。将启用 Rho 值及滑块数据输入文本框（此时“桥接曲线”对话框的“形状控制”区域如图 3.4.19 所示）。
  - ☑ Rho：表示从曲线端点到顶点的距离比值。Rho 值的范围是 0.01 ~ 0.99。二次曲线形状控制只能和“相切”（方向区域⊙ 相切复选框）连续方法同时使用。小的 Rho 值会生成很平的二次曲线，而大的 Rho 值（接近 1）会生成很尖的二次曲线。

2．在自选约束曲面上生成桥接曲线

创建图 3.4.20 所示的在自选约束曲面上生成桥接曲线的一般操作过程如下：

Step1. 打开文件 D:\ug6.8\work\ch03.04\bridge_curve_1.prt。

Step2. 选择下拉菜单插入(S) → 来自曲线集的曲线(F) → 桥接(B)...命令，系统弹出“桥接曲线”对话框。

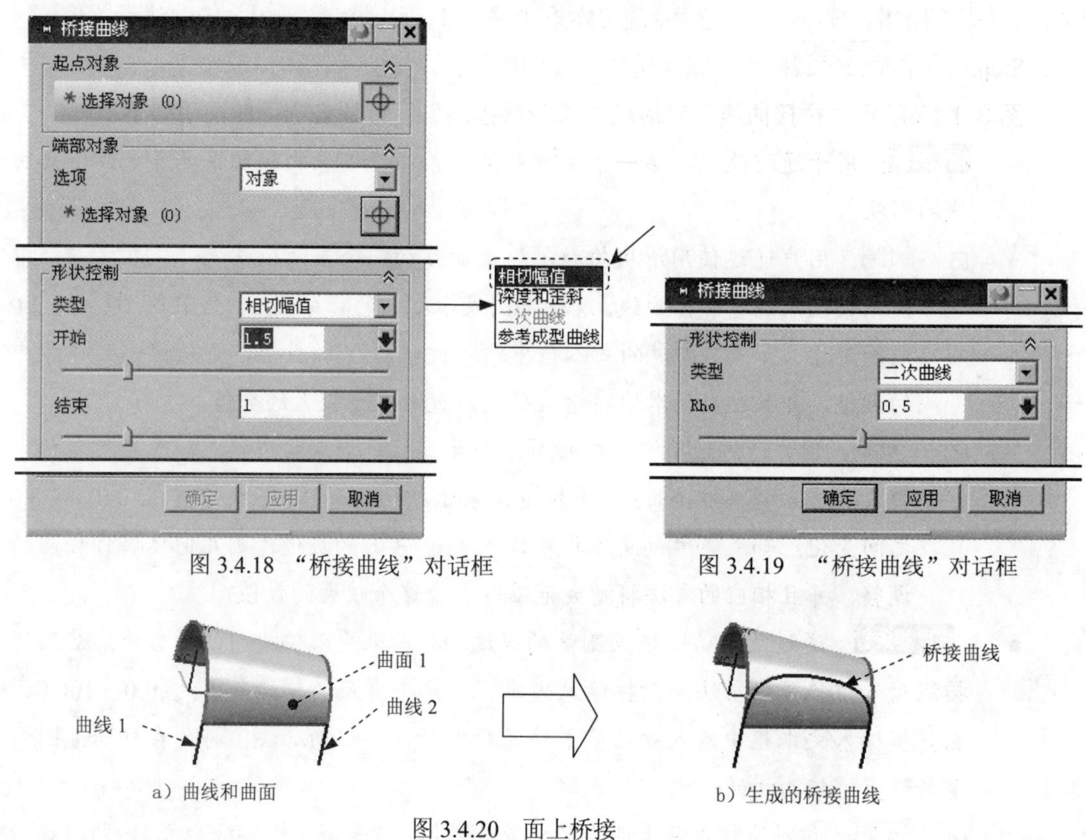

图 3.4.18 “桥接曲线”对话框　　图 3.4.19 “桥接曲线”对话框

a）曲线和曲面　　b）生成的桥接曲线

图 3.4.20 面上桥接

Step3. 在图形区依次选取图 3.4.20 所示的曲线 1 和曲线 2，在“桥接曲线”对话框约束面区域中单击选择面 (0)右侧的按钮，选择图 3.4.20 所示的曲面 1 为约束面；其他参数采用系统默认设置值。

说明：选取曲线 1 和曲线 2 时，应靠近需要桥接的一端来选取。

Step4. 单击“桥接曲线”对话框的 确定 按钮，完成桥接曲线的创建。

3.5 来自实体集的曲线

来自实体集的曲线主要是从已有模型提取出来的曲线，主要类型包括：相交曲线、截面线和抽取曲线等。

3.5.1 相交曲线

利用 求交(I)... 命令可以创建两组对象之间的相交曲线。相交曲线可以是关联的或不关联的，关联的相交曲线会根据其定义对象的更改而更新。用户可以选择多个对象来创建相交曲线。下面以图 3.5.1 所示的例子来介绍创建相交曲线的一般过程。

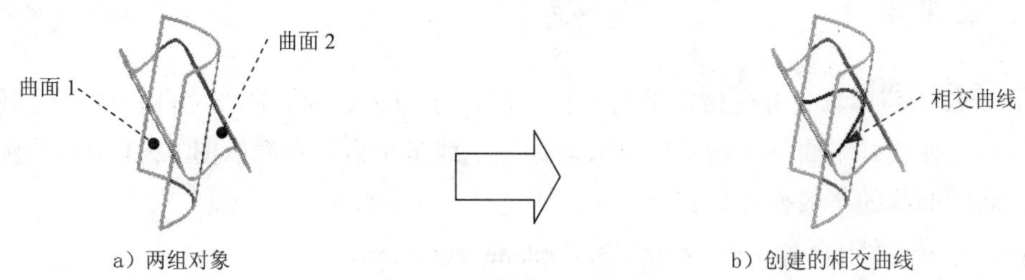

图 3.5.1 相交曲线的创建

Step1. 打开文件 D:\ug6.8\work\ch03.05\inter_curve.prt。

Step2. 选择下拉菜单插入(S) → 来自体的曲线(U) → 求交(I)... 命令，系统弹出图 3.5.2 所示的"相交曲线"对话框。

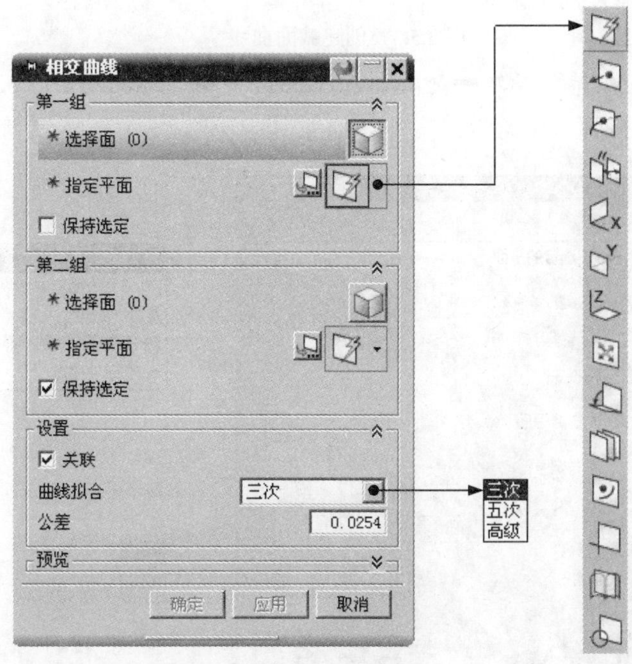

图 3.5.2 "相交曲线"对话框

图 3.5.2 所示"相交曲线"对话框中的各选项的说明如下：

- 第一组：用于选取要求交的第一组对象，所选的对象可以是曲面也可以是平面。
  - ☑ 选择面 (0)：在按钮激活的状态下，选取一曲面作为相交曲线的第一组对象。
  - ☑ * 指定平面：选取一平面作为相交曲线的第一组对象。
  - ☑ 保持选定：保持选定的对象在相交完成之后继续使用。
- 第二组：用于选取要求交的第二组对象，所选的对象可以是曲面也可以是平面。

Step3. 定义相交曲面。在图形区选取图 3.5.1a 所示的曲面 1，单击中键，然后选取曲面 2，其他参数均采用系统默认设置。

Step4. 单击“相交曲线”对话框中的 确定 按钮，完成相交曲线的创建。

3.5.2 截面曲线

使用 截面(S)... 命令可在指定平面与体、面、平面和（或）曲线之间创建相关联或不相关联的相交曲线。平面与曲线相交可以创建一个或多个点。下面以图 3.5.3 所示的例子来介绍创建截面曲线的一般操作过程。

Step1. 打开文件 D:\ug6.8\work\ch03.05\plane_curve.prt。

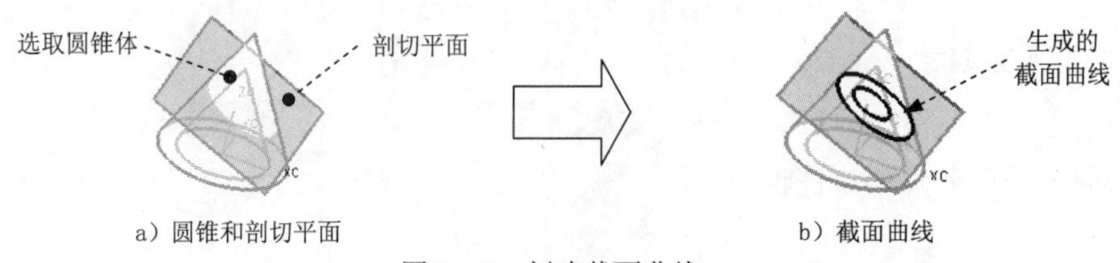

图 3.5.3 创建截面曲线

Step2. 选择下拉菜单 插入(S) → 来自体的曲线(U) → 截面(S)... 命令，系统弹出图 3.5.4 所示“截面曲线”对话框。

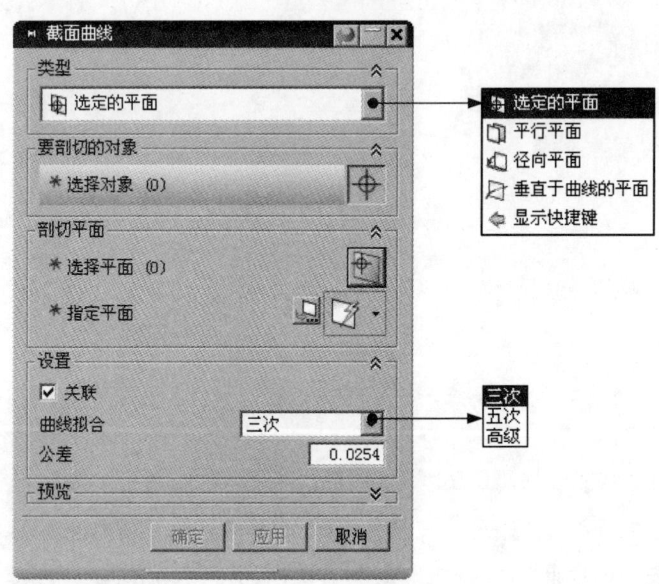

图 3.5.4 “截面曲线”对话框

Step3. 在图 3.5.5 所示的“选择条”工具条的“类型过滤器”下拉列表中选择 实体 选项，在图形区选取图 3.5.3a 所示的圆锥体（即选择的实体），单击中键。

Step4. 选取图 3.5.3a 所示的剖切平面，其他参数均采用系统默认设置。

Step5. 单击“剖切曲线”对话框中的 确定 按钮，完成截面曲线的创建。

图 3.5.4 所示“剖切曲线”对话框中的部分选项的说明如下：

- 类型 区域：该区域包括“选定的平面” 选定的平面 选项、“平行平面” 平行平面 选项、“径向平面”径向平面选项和“平面垂直于该曲线”垂直于曲线的平面选项，用于设置创建截面曲线的方法。

☑ 选定的平面选项：该方法可以通过选定的单个平面或基准平面来创建截面曲线。

☑ 平行平面选项：使用该方法可以通过指定平行平面集的基本平面、步长值和起始及终止距离来创建截面曲线。

☑ 径向平面选项：使用该方法可以指定定义基本平面所需的矢量和点、步长值以及径向平面集的起始角和终止角。

☑ 垂直于曲线的平面选项：该方法允许用户通过指定多个垂直于曲线或边缘的剖截平面来创建截面曲线。

- 要剖切的对象区域：在该区域中出现的“要剖切的对象”按钮用于选择将要剖切的对象。
- 剖切平面区域：该区域中的按钮会因在类型区域中选择的选项不同而变化。例如在类型区域中选中选定的平面选项，则在剖切平面区域中出现“剖切平面”按钮、*指定平面下拉列表和“平面构造器”按钮。

☑ 按钮：该按钮用于选择将要剖切的平面。

☑ *指定平面下拉列表：该下拉列表用于选择剖切平面。用户可以选择现有的平面或者基准平面，指定基于XC-YC、XC-ZC或YC-ZC平面的临时平面。

☑ 按钮：该按钮用于创建一个新的基准平面。

- 设置区域：该区域包括☑关联复选框和曲线拟合下拉列表，用于设置曲线的性质。

☑ ☑关联复选框：如果选中该选项，则创建的剖面曲线与其定义对象和平面相关联。

☑ 曲线拟合下拉列表：在编辑过程中，利用该区域允许用户更改原先用于创建剖面曲线的曲线拟合方式。

☑ 三次选项：使用阶次为3的样条，更改原先用于创建剖面曲线的曲线拟合方式。

☑ 五次选项：使用阶次为5的样条，更改原先用于创建剖面曲线的曲线拟合方式。

☑ 高级选项：选择此选项将启用高级重建选项，同时允许控制曲线的最高阶次和最大分段数。

3.5.3　抽取曲线

使用抽取(E)...命令可以通过一个或多个现有体的边或面创建直线、圆弧、二次曲线和样条曲线，而体不发生变化。大多数抽取曲线是非关联的，但也可选择创建相关的等斜度曲线或阴影轮廓曲线。选择下拉菜单插入(S) → 来自体的曲线(U) → 抽取(E)...命令，系统弹出“抽取曲线”对话框，如图 3.5.6 所示。

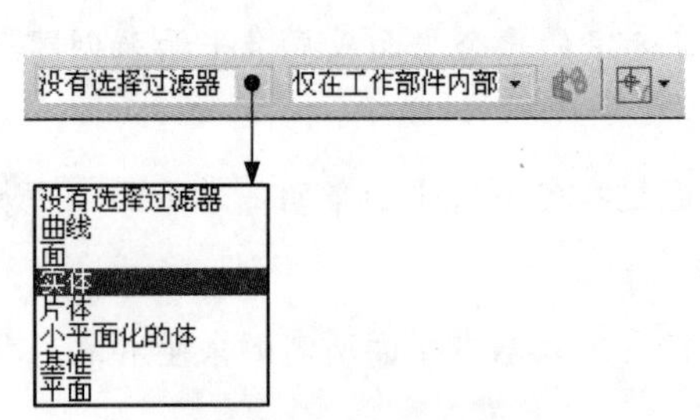

图 3.5.5 设置过滤器

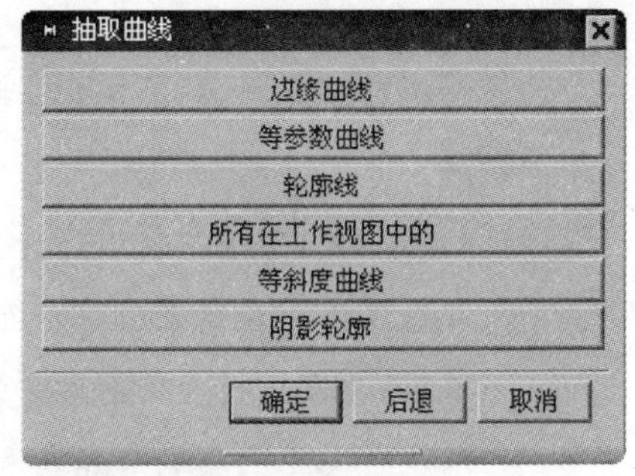

图 3.5.6 “抽取曲线”对话框

图 3.5.6 所示“抽取曲线”对话框中按钮的说明如下：

- 边缘曲线：从指定边抽取曲线。
- 等参数曲线：在选定面上创建等参数曲线。
- 轮廓线：利用轮廓边缘创建曲线。
- 所有在工作视图中的：利用工作视图中体的所有可视边（包括轮廓边缘）创建曲线。
- 等斜度曲线：创建在面集上的拔模角为常数的曲线。
- 阴影轮廓：在工作视图中创建仅显示体轮廓的曲线。

下面以图 3.5.7 所示的例子来介绍利用“边缘曲线”创建抽取曲线的一般操作过程。

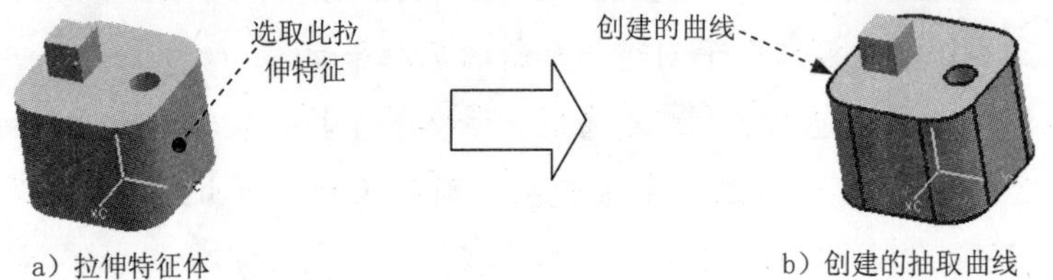

图 3.5.7 抽取曲线的创建

Step1. 打开文件 D:\ug6.8\work\ch03.05\solid _curve.prt。

Step2. 选择下拉菜单 插入(S) → 来自体的曲线(U) → 抽取(E)... 命令，系统弹出“抽取曲线”对话框。

Step3. 单击 边缘曲线 按钮，系统弹出图 3.5.8 所示的“单边曲线”对话框。

Step4. 在“单边曲线”对话框中单击 All of Solid 按钮，系统弹出图 3.5.9 所示的“实体中的所有边”对话框，选择图 3.5.7a 所示的拉伸特征。

Step5. 单击 确定 按钮，返回“单边曲线”对话框。

Step6. 单击“单边曲线”对话框中的 确定 按钮，完成抽取曲线的创建。系统重新弹出“抽取曲线”对话框，单击 取消 按钮。

图 3.5.8 所示“单个边曲线”对话框中各按钮的说明如下：

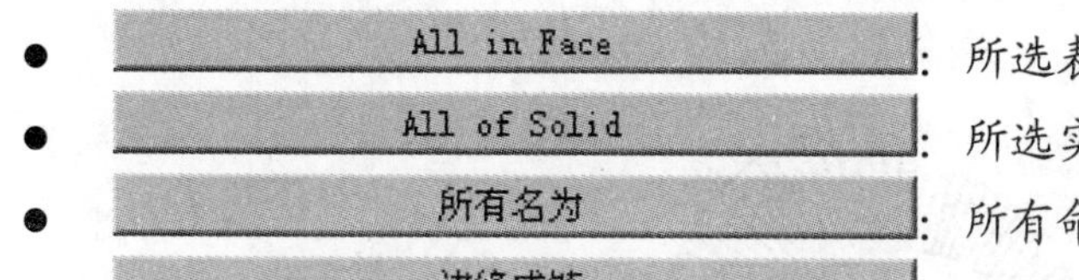

- All in Face：所选表面的所有边。
- All of Solid：所选实体的所有边。
- 所有名为：所有命名相似的曲线。
- 边缘成链：所选链的起始边与结束边按某一方向连接而成的曲线。

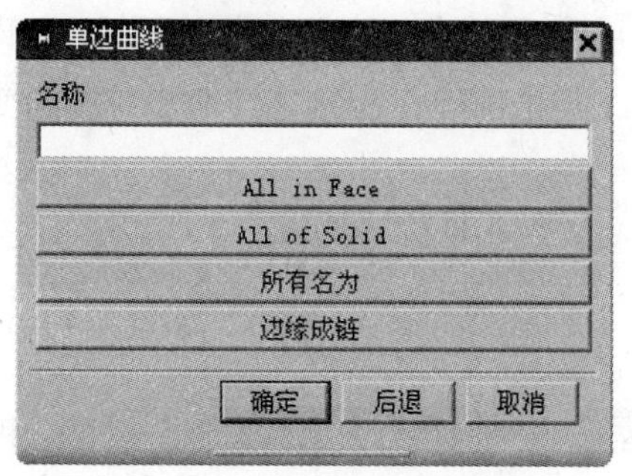

图 3.5.8 “单边曲线”对话框

图 3.5.9 “实体中的所有边”对话框

3.6　曲线分析

曲线是曲面、产品的根基，曲线质量的高低直接影响到曲面质量的好坏，进而影响整个产品的质量。所以在曲线设计完成后，对曲线的分析和把握就显得非常重要，即工程设计中常用到的曲线特性分析，在 UG NX 6.0 中，对曲线的分析有以下几种类型：

- 显示极点：显示样条曲线的极点。
- 曲率梳分析：显示样条曲线的曲率梳。
- 峰值分析：显示样条曲线的峰值点。
- 拐点分析：显示样条曲线的拐点。
- 图表分析：将曲线的曲率显示在 Excel 软件中的图表窗口中，当用户编辑曲线时，Excel 中的曲率图将自动更新。
- 输出列表：将曲线的曲率显示在信息输出列表中。

在分析曲线前先认识几个有关连续性（此连续性同样适用在曲面中，此处是借助曲率梳图讲解）的概念，分别是点连续（G0 连续）、相切连续（G1 连续）和曲率连续（G2 连续）。下面结合曲线的曲率梳图来说明曲线的连续性。

- G0 连续：指两曲线的端点位置相同，也就是说两曲线之间只是简单的相接，称为“位置连续”，如图 3.6.1 所示。
- G1 连续：指两曲线端点相接的基础上，相接部分的斜率相同，也就是平常说的相切，称为“相切连续”，如图 3.6.2 所示。
- G2 连续：两曲线相接点的曲率相同，具有相同的曲率方向，称为“曲率连续”，如图 3.6.3 所示。

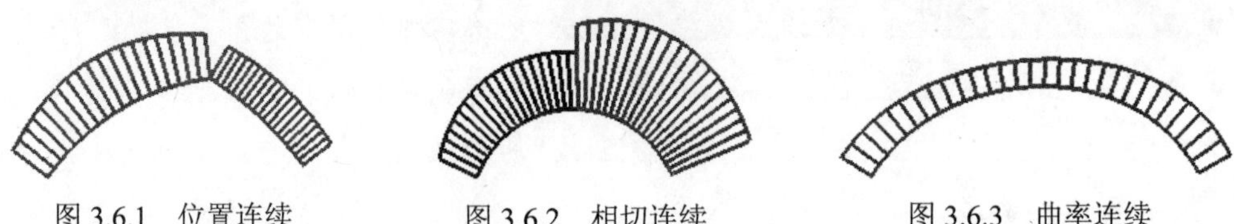

图 3.6.1　位置连续　　图 3.6.2　相切连续　　图 3.6.3　曲率连续

通俗地讲这几种曲线连续方式可以这样解释：G0 是指曲线之间简单的相接；G1 是指曲线之间不但要相接，而且在相接处还要相切；G2 是指曲线在相接处连曲线弯曲的变化趋势也要相同。

3.6.1　显示极点

用户可以通过选择下拉菜单 分析(L) → 形状(S) → 显示极点(P) 命令来显示极点，并且极点会随着曲线的变化而更新。下面以图 3.6.4 所示的曲线为例，说明显示极点的一般操作过程。

Step1. 打开文件 D:\ ug6.8\work\ch03.06\showpl.prt。

Step2. 选取图 3.6.4 所示的曲线。

Step3. 选择下拉菜单 分析(L) → 形状(S) → 显示极点(P) 命令，使显示极点处于开启状态，显示图 3.6.5 所示的样条曲线极点。

说明：如果想要取消极点显示，可以选中要取消极点显示的样条曲线，再选择下拉菜单 分析(L) → 形状(S) → 显示极点(P) 命令，使显示极点处于关闭状态，即取消了曲线的极点显示。

3.6.2　曲率梳分析

曲率梳是指用梳状图形的方式来显示样条曲线上各点的曲率变化情况。显示曲线的曲率梳后，能方便地检测曲率的不连续性、突变和拐点，在多数情况下这些是不希望存在的。显示曲率梳后，对曲线进行编辑时，可以很直观地调整曲线的曲率，直到得出满意的结果为止。下面以图 3.6.6 所示的曲线为例，说明显示样条曲线曲率梳的一般操作过程。

Step1. 打开文件 D:\ug6.8\work\ch03.06\combs.prt。

Step2. 选取图 3.6.6 所示的曲线。

Step3. 选择下拉菜单 分析(L) → 曲线(C) → 曲率梳(C) 命令，在绘图区显示图 3.6.7 所示的曲率梳。

说明：在选中此曲线时，再次选择下拉菜单 分析(L) → 曲线(C) → 曲率梳(C) 命令，则绘图区中不再显示曲率梳。

Step4. 选择下拉菜单 分析(L) ➡ 曲线(C)▸ ➡ 曲线分析(U) 命令，系统弹出图 3.6.8 所示的“曲线分析-曲率梳选项”对话框。

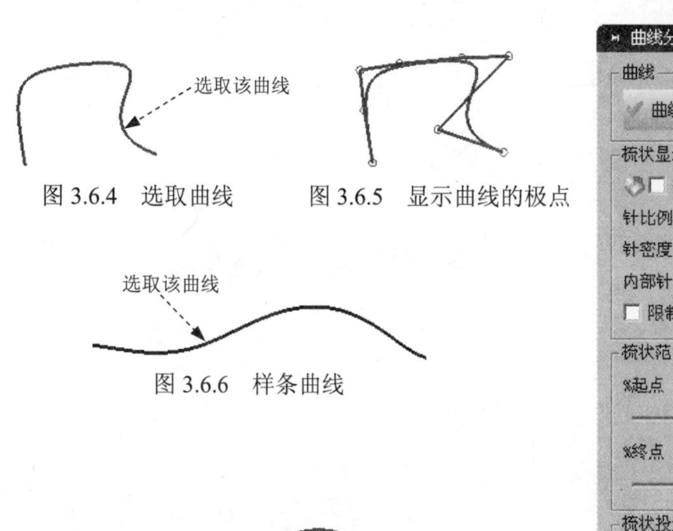

图 3.6.4　选取曲线　　图 3.6.5　显示曲线的极点

图 3.6.6　样条曲线

图 3.6.7　显示曲率梳

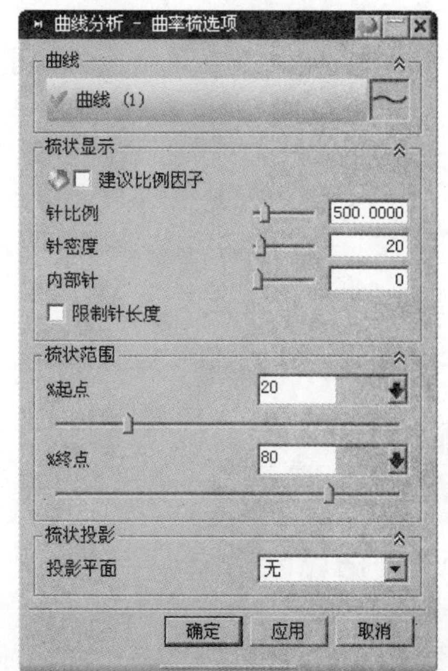

图 3.6.8　“曲线分析-曲率梳选项”对话框

Step5. 在“曲线分析-曲率梳选项”对话框的 针比例、针密度、%起点 和 %终点 文本框中分别输入 500、20、20 和 80，如图 3.6.8 所示。

Step6. 单击 确定 按钮，完成曲率梳分析，结果如图 3.6.9 所示。

图 3.6. 8 所示“曲线分析-曲率梳选项”对话框中的部分选项及按钮说明如下：

- 针比例：在 针比例 后的文本框中输入比例系数或直接拖动后面的滑动条，就可以改变曲率梳的高度。如果选中对话框中的 ☑ 建议比例因子 复选框，则曲率将达到最适合的大小。
- 针密度：在 针密度 后的文本框中输入数值或拖动滑动条，将改变曲率梳的数量。
- %起点：在 %起点 后的文本框中输入数值，将改变曲率梳开始的百分比位置。
- %终点：在 %终点 后的文本框中输入数值，将改变曲率梳结束的百分比位置。

3.6.3　峰值分析

峰值点是指曲线的曲率值达到局部最大值的那一点，在 UG NX 6.0 中可以通过选择下拉菜单 分析(L) ➡ 曲线(C)▸ ➡ 峰值(P) 命令来显示峰值点。下面以图 3.6.7 所示的曲线为例，说明显示样条曲线峰值点的一般操作过程。

Step1. 打开文件 D:\ug6.8\work\ch03.06\peaks.prt。

Step2. 选取图 3.6.10 所示的曲线。

Step3. 选择下拉菜单 分析(L) → 曲线(C)▸ → 峰值(P) 命令，在绘图区显示图 3.6.11 所示的峰值点。

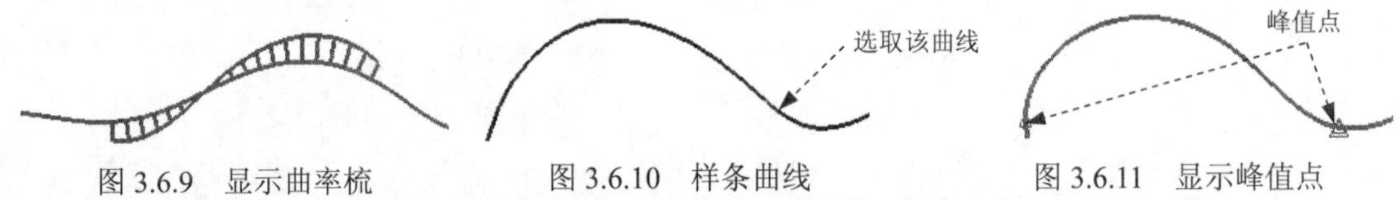

图 3.6.9　显示曲率梳　　图 3.6.10　样条曲线　　图 3.6.11　显示峰值点

Step4. 选择下拉菜单 分析(L) → 曲线(C)▸ → 峰值选项(E)... 命令，系统弹出图 3.6.12 所示的“曲线分析”对话框。

Step5. 在“曲线分析”对话框中单击 确定 按钮，完成峰值分析，如图 3.6.13 所示。

说明：在“曲线分析”对话框中，单击 创建峰值点 右侧的按钮后，可以在所显示的峰值点位置创建一个几何点。

3.6.4　拐点分析

拐点是指曲线的曲率梳从曲线的一侧转到曲线的另一侧时的转折点。在 UG NX 6.0 中可以通过选择下拉菜单 分析(L) → 曲线(C)▸ → 拐点(I) 命令来显示拐点。下面以图 3.6.14 所示的曲线为例，说明显示样条曲线拐点的一般操作过程。

Step1. 打开文件 D:\ug6.8\work\ch03.06\inflection.prt。

Step2. 选取图 3.6.14 所示的曲线。

Step3. 选择下拉菜单 分析(L) → 曲线(C)▸ → 拐点(I) 命令，在绘图区显示图 3.6.15 所示的拐点。

Step4. 选择下拉菜单 分析(L) → 曲线(C)▸ → 拐点选项(N)... 命令，系统弹出图 3.6.16 所示的“曲线分析”对话框。

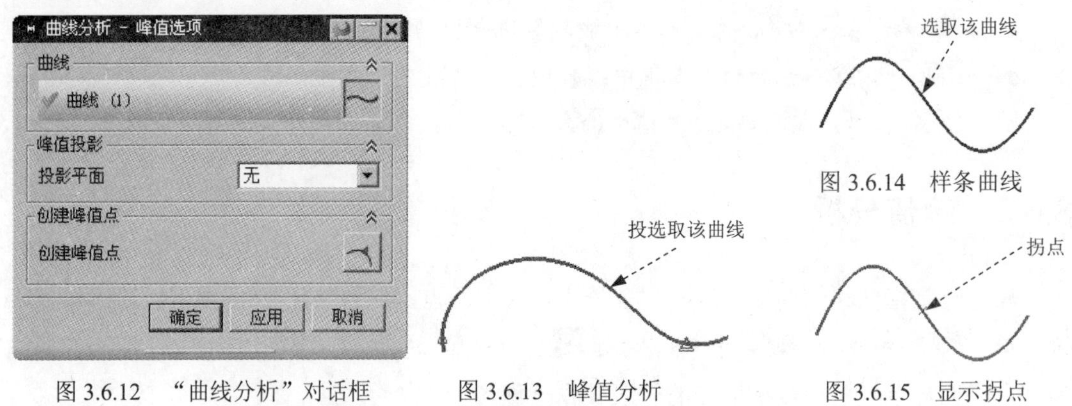

图 3.6.12　“曲线分析”对话框　　图 3.6.13　峰值分析　　图 3.6.14　样条曲线　　图 3.6.15　显示拐点

Step5. 在“曲线分析”对话框中单击 确定 按钮，完成拐点分析。

说明：在"曲线分析"对话框中，单击 创建拐点 右侧的 按钮后，可以在所显示的拐点位置创建一个几何点。

3.6.5　图表分析

在 UG NX 6.0 中可以选择下拉菜单 分析(L) → 曲线(C) → 图表(G) 命令，将曲线的曲率显示在曲率图表窗口中，系统使用 Excel 将图表打开，可以查看不同形式的曲率图。下面以图 3.6.17 所示的曲线为例，说明图表分析的一般操作过程。

Step1. 打开文件 D:\ ug6.8\work\ch03.06\graph.prt。

Step2. 定义被分析的曲线。选取图 3.6.17 所示的曲线。

Step3. 选择下拉菜单 分析(L) → 曲线(C) → 图表(G) 命令，系统弹出图 3.6.18 和图 3.6.19 所示的 Excel 文档，在该 Excel 文档中记录着曲线比例值和样条曲线上点的力矩值。

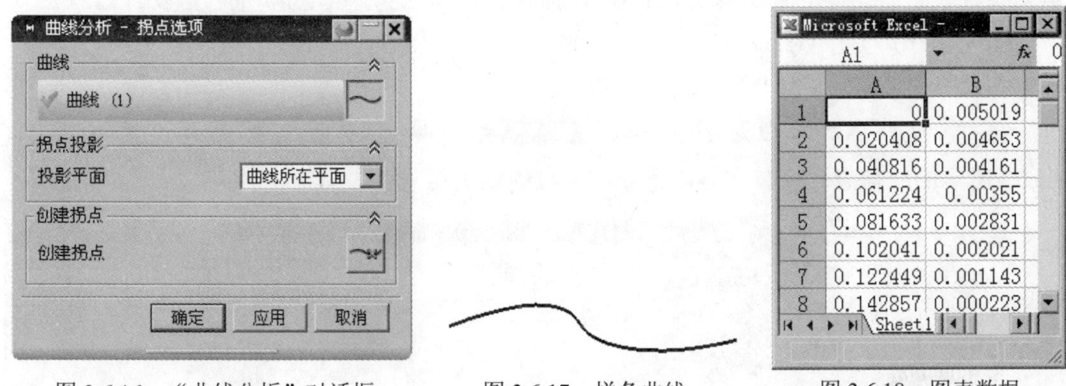

	A	B
1	0	0.005019
2	0.020408	0.004653
3	0.040816	0.004161
4	0.061224	0.00355
5	0.081633	0.002831
6	0.102041	0.002021
7	0.122449	0.001143
8	0.142857	0.000223

图 3.6.16　"曲线分析"对话框　　图 3.6.17　样条曲线　　图 3.6.18　图表数据

说明：在图表分析过程中，如果图 3.6.18 和图 3.6.19 的图表没用相应的数据和分析，可以选择下拉菜单 分析(L) → 曲线(C) → 图表选项(A)... 命令，弹出图 3.6.20 所示的"曲线分析－图表"对话框，选中 ☑ 显示相关点 复选框，单击 确定 按钮。

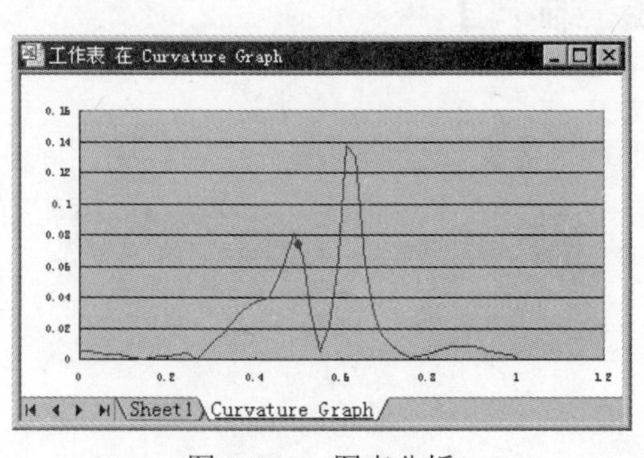

图 3.6.19　图表分析

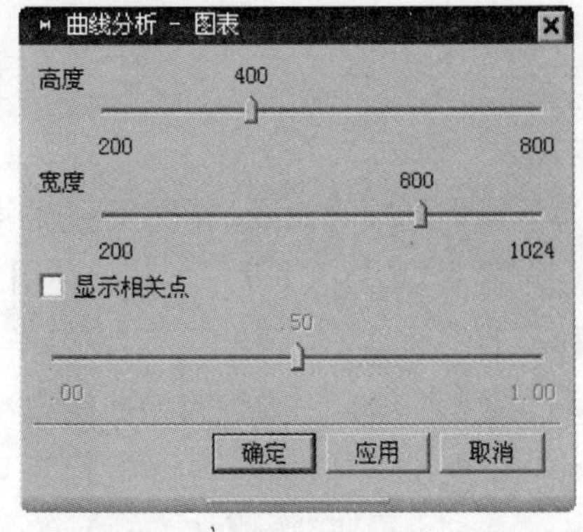

图 3.6.20　"曲线分析－图表"对话框

说明：在图表分析的过程中，如果要设置分析曲线的显示大小，可以选择下拉菜单分析(L) → 曲线(C) ▸ → 图表选项(A)... 命令，弹出图 3.6.20 所示的“曲线分析－图表”对话框，拖动“曲线分析－图表”对话框中的高度和宽度选项下的滑块。

图 3.6.20 所示“曲线分析－图表”对话框中的选项及按钮说明：

- 高度：定义曲率图标窗口的高度，拖动其后的滑动条将改变图表的高度。
- 宽度：定义曲率图标窗口的宽度，拖动其后的滑动条将改变图表的宽度。
- □ 显示相关点：选中该复选框后显示所选的曲线曲率检查点，拖动其下面的滑动条可以控制相关点的位置。

3.6.6 输出列表

在 UG NX 6.0 中，可以通过选择 分析(L) → 曲线(C) ▸ → 输出列表(L) 命令将曲线的曲率显示在输出列表中，如果输出列表中显示的力矩值为 0 并且投影平面为无时，则表示曲线为平面曲线。下面以图 3.6.21 所示的曲线为例，说明输出分析的一般操作过程。

Step1. 打开文件 D:\ug6.8\work\ch03.06\output.prt。

Step2. 选取图 3.6.21 所示的曲线 1 和曲线 2。

Step3. 选择下拉菜单 分析(L) → 曲线(C) ▸ → 输出列表(L) 命令，系统弹出图 3.6.22 所示的“信息”窗口，可以查看该曲线的相关信息。

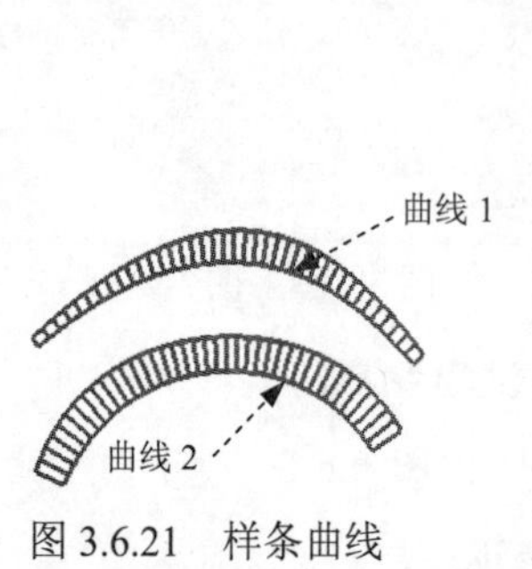

图 3.6.21 样条曲线

```
信息
文件(F)  编辑(E)
曲线的曲率分析
-----------------------------------------------------------------
分析曲线  #           1
检查点的个数=         40
投影平面  =  无
  参数        XC           YC            ZC       曲率        力矩
  0.000000  -43.222168  -25.524902   0.000000  1.627081e-002  0.000000e+000
  0.025641  -41.774283  -22.422049   0.000000  1.678790e-002  0.000000e+000
  0.051282  -40.185038  -19.467327   0.000000  1.723495e-002  0.000000e+000
  0.076923  -38.461459  -16.660849   0.000000  1.760758e-002  0.000000e+000
  0.102564  -36.610575  -14.002729   0.000000  1.790406e-002  0.000000e+000
  0.128205  -34.639412  -11.493080   0.000000  1.812535e-002  0.000000e+000
```

图 3.6.22 “信息”窗口

3.7 曲 线 编 辑

为了得到光顺的曲线，在实际的曲面设计中，还需要进行曲线的各种编辑操作。本节将重点介绍在 UG NX 6.0 中，如何使用处理后的曲线完成曲面的设计。对曲线的编辑有以下几种类型：

- 修剪曲线：对要编辑的曲线进行修剪。
- 修剪角：对要编辑的角进行修剪。
- 分割：对要编辑的对象进行等量分割。
- 圆角：对现有的圆角进行编辑。
- 拉长：编辑几何对象，平移或者编辑长度。

- 曲线长度：定义曲线的总长度或者递增长度。

3.7.1　修剪曲线

在 UG NX 6.0 中，可以通过选择编辑(E) ➡ 曲线(V)▸ ➡ 修剪(T)...命令将曲线修剪或者延伸。可以选择直线、圆弧、圆锥曲线及样条曲线作为要修剪的对象，选择曲线、边缘线、平面和点作为修剪边界。

下面以图 3.7.1 所示的修剪曲线为例，说明其操作的一般操作过程。

Step1. 打开文件 D:\ug6.8\work\ch03.07\trim.prt。

Step2. 选择下拉菜单编辑(E) ➡ 曲线(V)▸ ➡ 修剪(T)...命令，系统弹出图 3.7.2 所示的“修剪曲线”对话框。

Step3. 选取图 3.7.1a 所示的曲线 1、直线 3 为要修剪的曲线，单击边界对象 1区域的⊕按钮，选取直线 1 为边界对象 1，单击边界对象 2区域的⊕按钮，选取直线 2 为边界对象 2。

注意：如果选中设置区域的☑ 自动选择递进复选框，系统就自动选择递进，因此不需要单击⊕按钮来选择边界对象。

Step4. 在交点区域方向的下拉列表中选择最短的 3D 距离选项。

Step5. 在设置区域中取消选中☐ 关联复选框，然后在输入曲线下拉列表中选择替换选项，在曲线延伸段下拉列表中选择无选项，在曲线修剪区域的下拉列表中选择内部选项，并取消选中☐ 修剪边界对象复选框和☐ 保持选定边界对象复选框；其他参数采用系统默认设置。

Step6. 在“修剪曲线”对话框中单击确定按钮，完成修剪曲线的操作。

说明：如果选中☑ 关联复选框，系统会弹出图 3.7.3 所示的“消息”对话框，提示要修剪的曲线不连续，不能修剪。

图 3.7.2 所示“修剪曲线”对话框中部分选项的说明如下：

- 交点区域方向下拉列表：包括最短的 3D 距离选项、相对于 WCS选项、沿一矢量方向选项和沿屏幕垂直方向选项。
  - ☑ 最短的 3D 距离：该选项是曲线间最短距离的交点作为修剪边界。
  - ☑ 相对于 WCS：该选项是修剪边界对象沿着 Z 轴方向的拉伸面为修剪边界。
  - ☑ 沿一矢量方向：该选项是修剪边界对象沿着用户指定的矢量方向的拉伸面作为修剪边界。
  - ☑ 沿屏幕垂直方向：该选项是修剪边界对象沿着垂直屏幕的方向为修剪边界。
- 设置区域：用于设置在修剪曲线创建完成后对输入曲线的处理方式；输入曲线为原曲线。

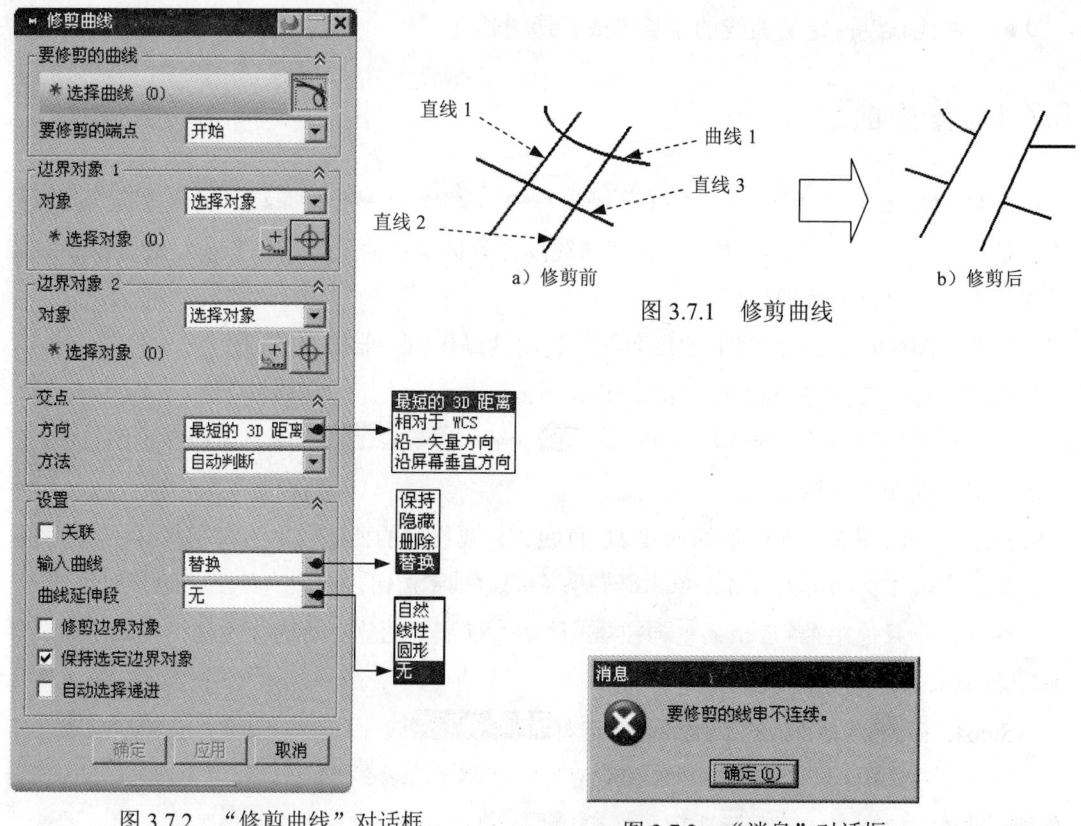

图 3.7.1 修剪曲线

图 3.7.2 “修剪曲线”对话框

图 3.7.3 “消息”对话框

☑ □关联：用于设置创建完成后曲线的关联性。

☑ 输入曲线下拉列表：包括保持选项、隐藏选项、删除选项和替换选项。

☑ 保持：创建完成后保持输入曲线。

☑ 隐藏：创建完成后隐藏输入曲线。

☑ 删除：创建完成后删除输入曲线。

☑ 替换：创建完成后替换输入曲线。

☑ 曲线延伸段下拉列表（当对样条曲线做延伸修剪时，可以定义样条曲线的延伸方式和延伸端点）：包括自然选项、线性选项、圆形选项和无选项。

☑ 自然：沿样条曲线端点的自然路径方向，做样条曲线的延伸，延伸后的样条曲线不一定与边界对象相交。

☑ 线性：沿样条曲线端点的切线方向做直线延伸。

☑ 圆形：圆形曲线延伸样条曲线。

☑ 无：对修剪的样条曲线不做修剪或者延伸处理。

☑ □修剪边界对象：该复选框用于设置修剪的曲线与边界曲线之间互相修剪。

☑ ☑保持选定边界对象：该复选框用于设置边界对象保持原始的特征。

☑ □自动选择递进：该复选框用于设置选择方式。如果选中该复选框，则选择修剪对象后系统会自动转到选择边界对象的状态下；不选该复选框，则选择修剪对象后系统不会自动转到选择边界对象的状态下，需要单击按钮来选择边界对象。

☑ 沿屏幕垂直方向：该选项是修剪边界对象沿着屏幕垂直方向的拉伸面作为修剪边界。

3.7.2 修剪角

在 UG NX 6.0 中，可以通过选择编辑(E) ➡ 曲线(V) ➡ 修剪角(C)...命令修剪角。下面以图 3.7.4 所示的修剪角为例，说明其操作的一般过程。

Step1. 打开文件 D:\ug6.8\work\ch03.07\trimcorner.prt。

Step2. 选择下拉菜单编辑(E) ➡ 曲线(V) ➡ 修剪角(C)...命令，系统弹出图 3.7.5 所示的“修剪角”对话框（一）。

图 3.7.4 修剪角　　图 3.7.5 “修剪角”对话框（一）　图 3.7.6 点的不同位置

Step3. 在图 3.7.6 所示的点 1 区域单击左键，完成修剪角的创建。结果如图 3.7.4b 所示，关闭“修剪角”对话框（一）。

注意：（1）在 Step3 中，如果单击角周围的点位置不同时，修剪的角位置也会不同，结果如图 3.7.7 ~ 图 3.7.9 所示。

（2）在修剪角过程中，光标圈内必须包括两个对象，如果光标圈内只有一个对象，系统会弹出图 3.7.10 所示的“修剪角”对话框（二）。

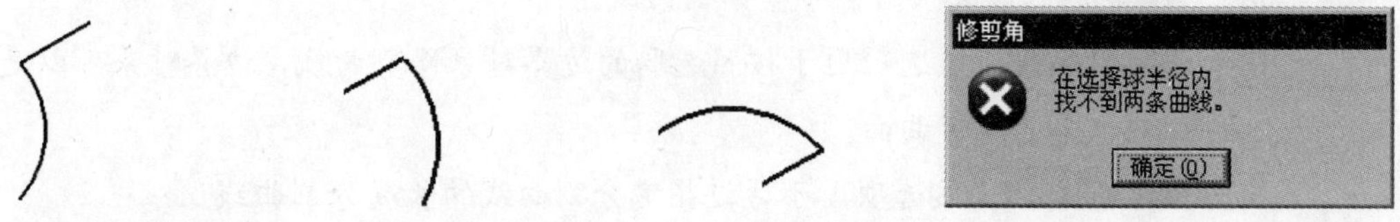

图 3.7.7 单击点 2 区域 图 3.7.8 单击点 3 区域 图 3.7.9 单击点 4 区域 图 3.7.10 “修剪角”对话框（二）

3.7.3 分割

在 UG NX 6.0 中，可以通过选择编辑(E) ➡ 曲线(V) ➡ 分割(D)...命令分割曲线。每一段分割后的曲线的线形与原曲线相同，并且分割后的曲线与原曲线处于同一层。分割曲线有五种：等分段、按边界对象、圆弧长段数、在结点处和在拐角上。下面将对“等分段”和“按边界对象”两种方法进行说明，另外三种请读者自行练习。

1. 等分段

下面以图 3.7.11 所示的等分曲线为例，说明其操作的一般过程。

Step1. 打开文件 D:\ug6.8\work\ch03.07\devideA.prt。

Step2. 选择下拉菜单编辑(E) ➡ 曲线(V)▸ ➡ 分割(D)...命令，系统弹出图 3.7.12 所示的“分割曲线”对话框。

Step3. 在类型区域的下拉列表中选择等分段选项；在分段区域分段长度的下拉列表中选择等参数选项，并在段数的文本框中输入 4。

Step4. 选择图 3.7.11 所示的椭圆为分割曲线。

Step5. 在“分割曲线”对话框中单击确定按钮，完成分割曲线的创建。

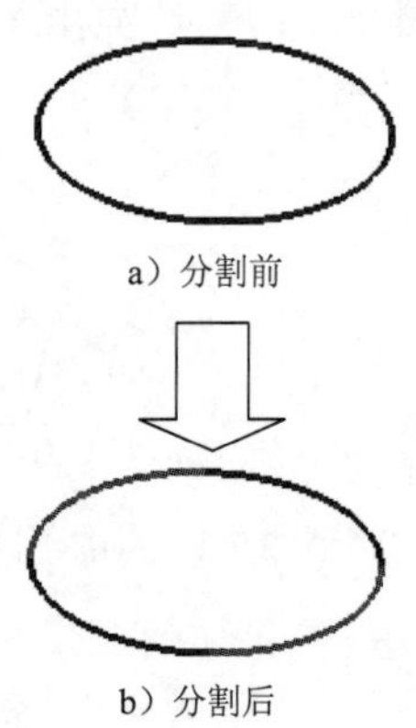

图 3.7.11 分割曲线

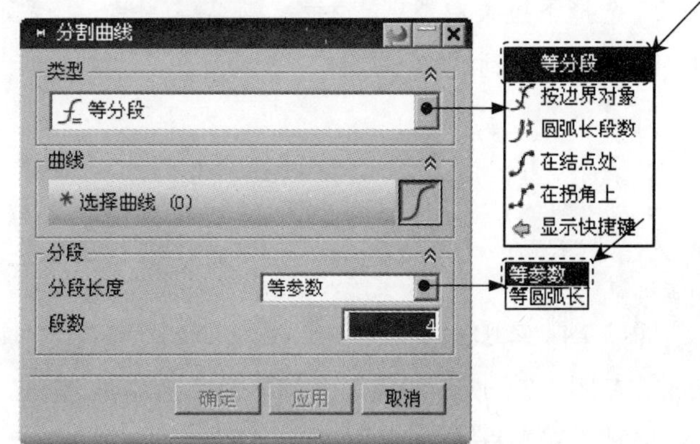

图 3.7.12 “分割曲线”对话框

图 3.7.12 所示“分割曲线”对话框中部分选项的说明如下：

- 类型区域下拉列表：包括等分段选项、按边界对象选项、圆弧长段数选项、在结点处选项和在拐角上选项。
  - ☑ 等分段：该选项用于等量分割曲线。
  - ☑ 按边界对象：该选项用于按照选取的边界对象修剪曲线，边界对象可以是点、曲线、平面或者曲面。
  - ☑ 圆弧长段数：该选项用于通过指定分割曲线的长度分割曲线。

注意：当定义的圆弧长度大于或者等于要分割曲线的总长时，将不能分割曲线。

  - ☑ 在结点处：该选项用于使用样条曲线的节点分割曲线。
  - ☑ 在拐角上：该选项用于使用曲线的拐角作为分割点分割曲线。
- 分段区域分段长度下拉列表：包括等参数选项和等圆弧长选项。
  - ☑ 等参数：该选项用于使用参数点分割曲线。
  - ☑ 等圆弧长：该选项用于使用相等的圆弧分割曲线。

说明：用“等参数”分割样条曲线不一定相等，因为样条曲线的参数点与等弧长分割点不重合。而直线的等参数分割点和等弧长分割点相重合。

2. 按边界对象

下面以图 3.7.13 所示的按边界对象分割曲线为例，说明其操作的一般过程。

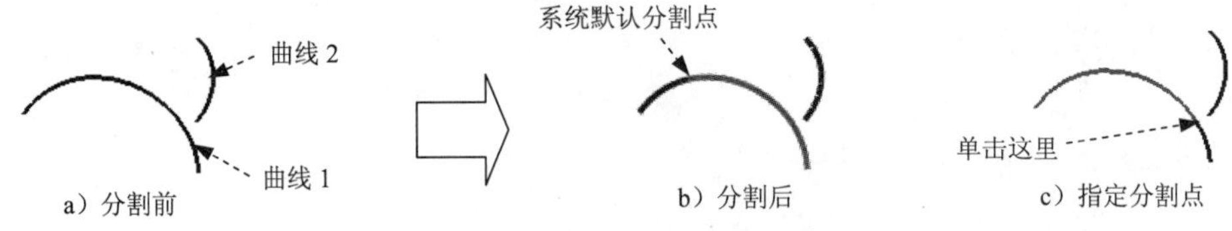

图 3.7.13　按边界对象分割曲线

Step1. 打开文件 D:\ug6.8\work\ch03.07\devideB.prt。

Step2. 选择下拉菜单 编辑(E) ➡ 曲线(V) ➡ 分割(D)... 命令，系统弹出“分割曲线”对话框。

Step3. 在图 3.7.14 所示“分割曲线”对话框（一）类型区域的下拉列表中选择 按边界对象 选项。

Step4. 选取图 3.7.13 所示的曲线 1 为分割曲线，选取曲线 2 为边界对象。

说明：选取曲线 1 后，系统会弹出图 3.7.15 所示的“警告”对话框。单击“警告”对话框的 确定(O) 按钮，系统弹出图 3.7.16 所示的“分割曲线”对话框（二），单击 是(Y) 按钮继续分割曲线。

图 3.7.14　“分割曲线”对话框（一）

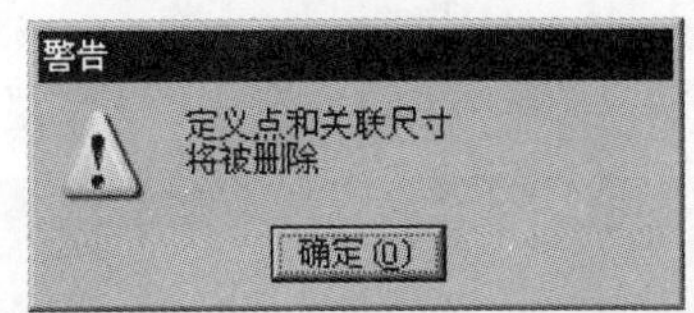

图 3.7.15　“警告”对话框

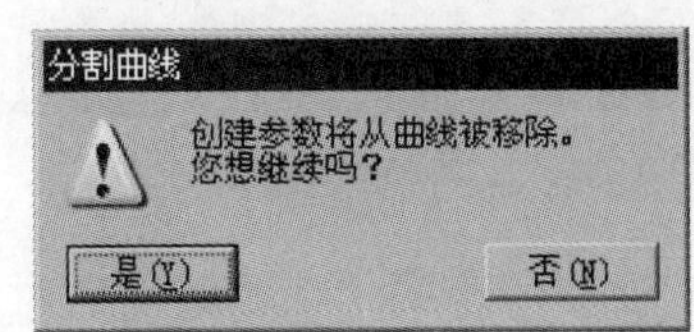

图 3.7.16　“分割曲线”对话框（二）

Step5. 在“分割曲线”对话框中单击 确定 按钮，完成分割曲线的创建，结果如图 3.7.13b 所示。

说明：

- 选取的边界对象和要分割的曲线可以不相交，系统会自动将边界对象延伸。如果延伸后不存在交点，单击 确定(O) 按钮后系统会弹出图 3.7.17 所示的“消息”对话框，此时将不能使用此边界对象来分割曲线。

- 如果边界对象延伸后与要分割的曲线存在交点，系统会指出大致的相交点位置。如果存在的交点有多个，可以通过指定大致交点位置来选择某个交点，即选择边界对象后，单击Specify Intersection右侧的+按钮，在图 3.7.13c 所示位置单击，完成后结果如图 3.7.13c 所示。
- 草图曲线不支持分割。

3.7.4 圆角

在 UG NX 6.0 中，可以通过选择编辑(E) → 曲线(V) → 圆角(F)...命令编辑现有的圆角。下面以图 3.7.18 所示的编辑圆角为例，说明其操作的一般过程。

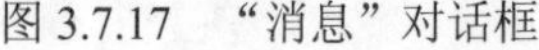

图 3.7.17 “消息”对话框

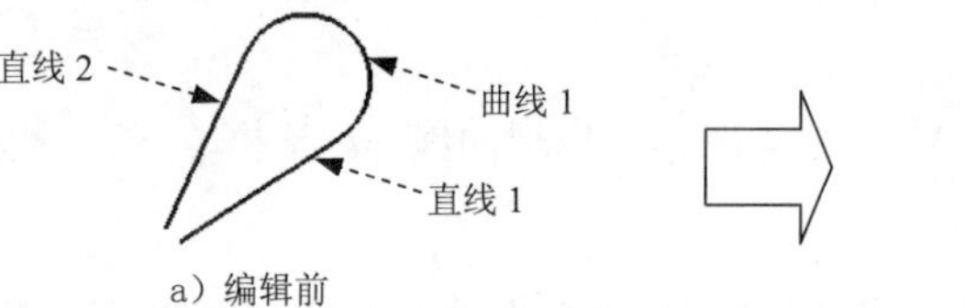

图 3.7.18 编辑圆角

Step1. 打开文件 D:\ug6.8\work\ch03.07\ edit_arc.prt。

Step2. 选择下拉菜单编辑(E) → 曲线(V) → 圆角(F)...命令，系统弹出图 3.7.19 所示的“编辑圆角”对话框（一）。

Step3. 在“编辑圆角”对话框中单击不修剪按钮；系统弹出图 3.7.20 所示的“编辑圆角”对话框（二）。

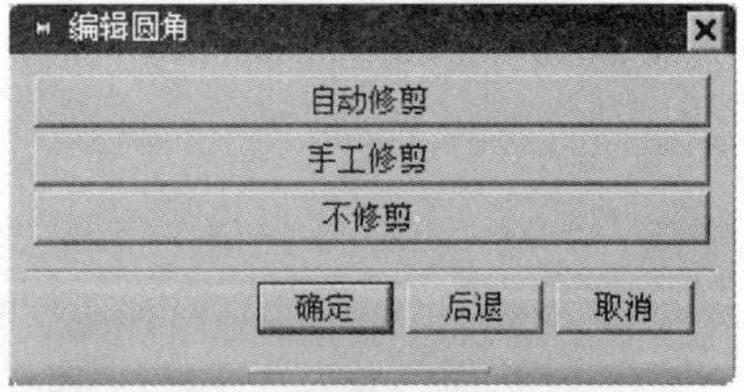

图 3.7.19 “编辑圆角”对话框（一）

图 3.7.20 “编辑圆角”对话框（二）

图 3.7.19 所示的“编辑圆角”对话框（一）中的按钮说明如下：

- 自动修剪：系统自动对直线进行修剪。
- 手工修剪：由用户指定修剪边。
- 不修剪：不修剪原始直线。

Step4. 依次选取图 3.7.18 所示的直线 1、曲线 1 和直线 2，系统弹出图 3.7.21 所示的“编辑圆角”对话框（三）。

Step5. 在“编辑圆角”对话框（三）半径文本框中输入 50，在默认半径区域选择圆角单选项，单击确定按钮，完成圆角的编辑。系统弹出图 3.7.22 所示的“编辑圆角”对话框

（四），单击 取消 按钮关闭对话框。

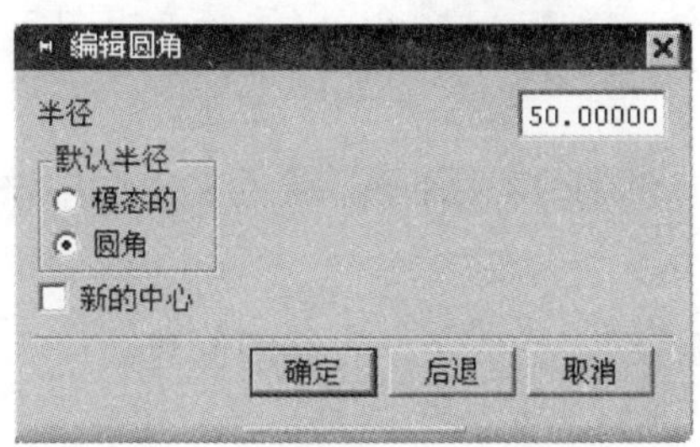

图 3.7.21 “编辑圆角”对话框（三）

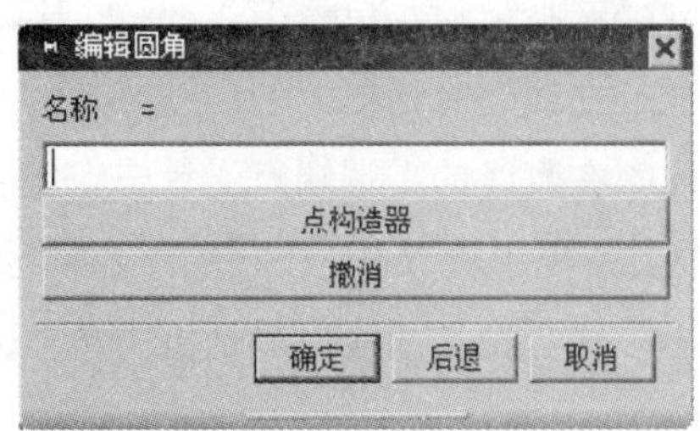

图 3.7.22 “编辑圆角”对话框（四）

3.7.5　拉长

在 UG NX 6.0 中，可以通过选择 编辑(E) → 曲线(V) → 拉长(S)... 命令编辑几何对象，拉伸功能不支持草图、组件、实体、面和边缘线。

1. 移动

下面以图 3.7.23 所示的移动为例，说明其操作的一般过程。

Step1. 打开文件 D:\ug6.8\work\ch03.07\ stretch.prt。

Step2. 选择下拉菜单 编辑(E) → 曲线(V) → 拉长(S)... 命令，系统弹出图 3.7.24 所示的“拉长曲线”对话框。

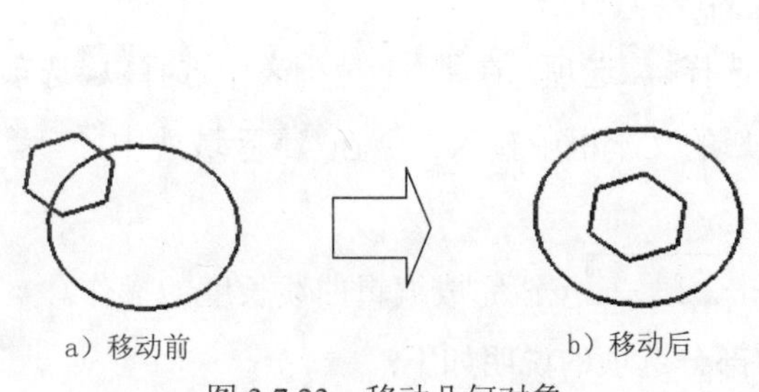

图 3.7.23　移动几何对象

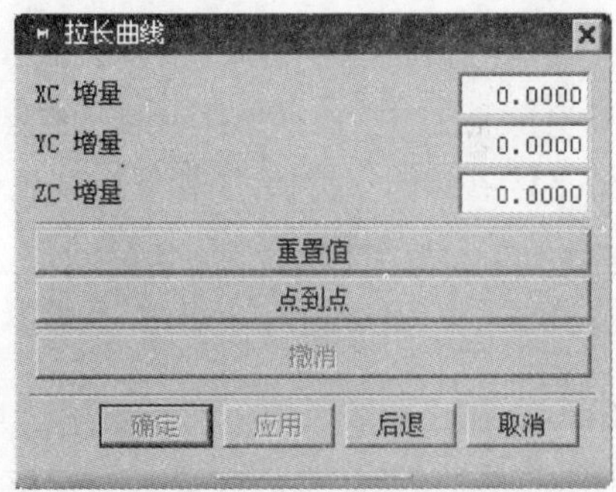

图 3.7.24　“拉长曲线”对话框

Step3. 选择图 3.7.23a 所示的圆弧为编辑对象，在“拉长曲线”对话框 XC 增量 的文本框中输入-100，在 YC 增量 的文本框中输入 0，在 ZC 增量 的文本框中输入 0。

Step4. 在“拉长曲线”对话框中单击 确定 按钮，完成几何体的编辑。

2. 拉长

下面以图 3.7.25 所示的拉长直线为例，说明其操作的一般过程。

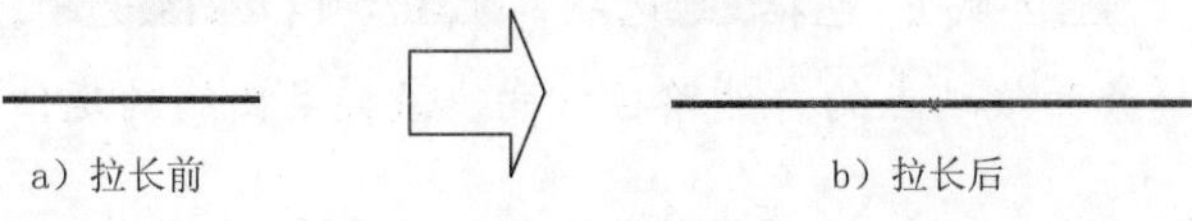

图 3.7.25　直线的拉长

Step1. 打开文件 D:\ug6.8\work\ch03.07\ stretchL.prt。

Step2. 选择下拉菜单编辑(E) → 曲线(V) → 拉长(S)...命令，系统弹出图 3.7.24 所示的“拉长曲线”对话框。

Step3. 在直线的右端端点上单击左键；在“拉长曲线”对话框XC 增量的文本框中输入 60，YC 增量的文本框中输入 0，ZC 增量的文本框中输入 0。

Step4. 在“拉长曲线”对话框中单击确定按钮，完成拉伸直线的创建。

3.7.6 曲线长度的编辑

在 UG NX 6.0 中，可以通过选择编辑(E) → 曲线(V) → 长度(L)...命令对曲线的长度进行编辑，并且可以预览曲线长度的变化，当然可以根据需要定义曲线的关联与否。

下面以图 3.7.26 所示的编辑曲线长度为例，说明其操作的一般过程。

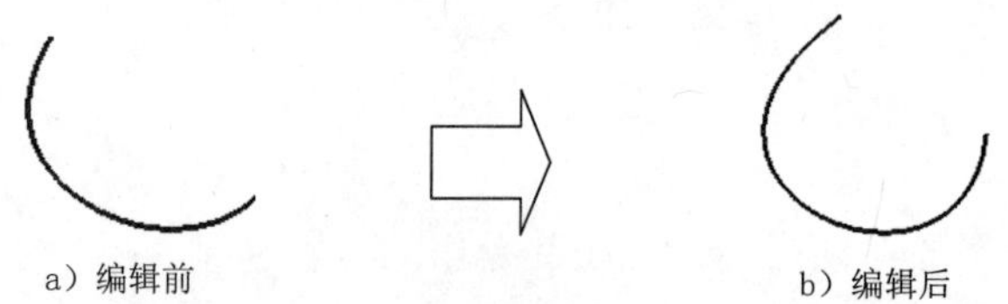

a）编辑前　　b）编辑后

图 3.7.26　编辑曲线长度

Step1. 打开文件 D:\ug6.8\work\ch03.07\ curvel.prt。

Step2. 选择下拉菜单编辑(E) → 曲线(V) → 长度(L)...命令，系统弹出图 3.7.27 所示的“曲线长度”对话框。

Step3. 选取图 3.7.26a 所示的样条曲线为编辑曲线。

Step4. 在延伸区域中的长度下拉列表中选择增量选项；在侧下拉列表中选择对称选项；在方法下拉列表中选择自然选项；在限制区域开始的文本框中输入 50；在设置区域选中☑ 关联复选框，其他参数采用系统默认设置。

Step5. 在“曲线长度”对话框中，单击确定按钮完成编辑曲线长度的操作。

图 3.7.27 所示“曲线长度”对话框中部分选项的说明如下：

- 长度下拉列表（延伸区域）：此下拉列表包括增量选项和全部选项。
  - ☑ 增量：该选项用于伸长或者缩短用户自定义的曲线长度。
  - ☑ 全部：该选项用于通过定义曲线的总长度编辑曲线。
- 侧下拉列表（延伸区域）：包括起点和终点选项和对称选项。
  - ☑ 起点和终点：用于定义曲线的起点和终点为延伸端。
  - ☑ 对称：用于定义曲线的两个端点为延伸端，且延伸长度相同。
- 方法下拉列表（延伸区域）：包括自然选项、线性选项和圆形选项。
  - ☑ 自然：沿样条曲线端点的自然路径方向，做样条曲线的延伸，延伸后的样条曲线不一定与边界对象相交。

☑ 线性：沿样条曲线端点的切线方向做直线延伸。

☑ 圆形：圆形曲线延伸样条曲线。

- ☑ 关联（设置区域）：用于设置创建完成后曲线的关联性。

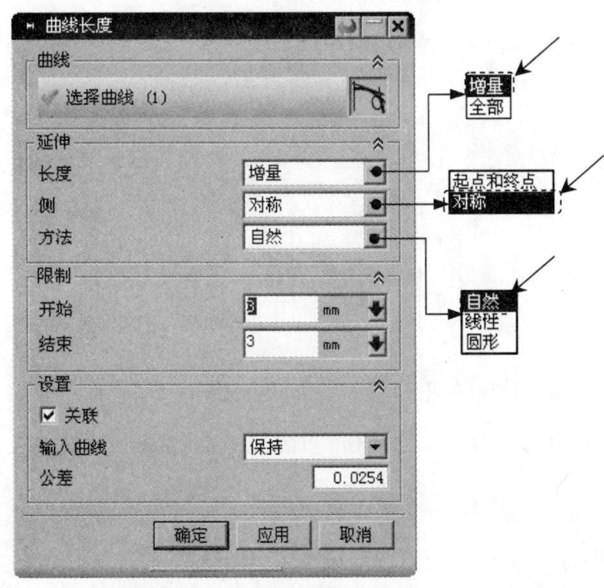

图 3.7.27 “曲线长度”对话框

第 4 章　简单曲面的创建

本章提要　简单曲面的创建及相应的编辑可以使设计过程变得清晰而简单。有时候简单曲面的创建能解决比较棘手的问题。本章将介绍一些简单曲面的创建，主要内容包括：

- 曲面网格显示
- 有界平面的创建
- 拉伸/回转曲面的创建
- 偏置曲面的创建以及曲面的抽取。

4.1　曲面网格显示

网格线主要用于自由形状特征的显示。网格线仅仅是显示特征，对特征没有影响。下面以图 4.1.1 所示的模型为例，来说明曲面网格显示的一般操作过程。

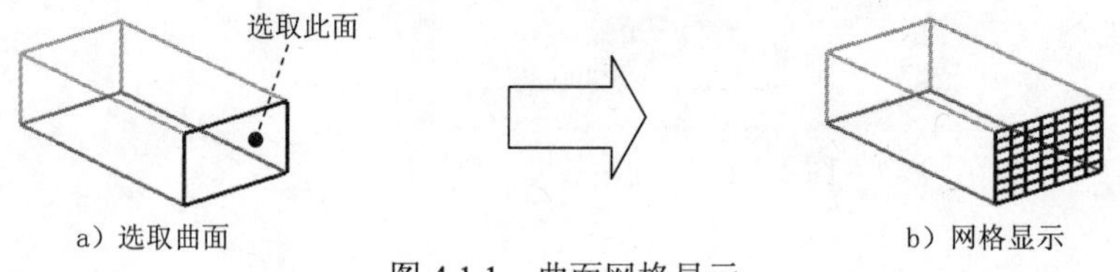

图 4.1.1　曲面网格显示

Step1. 打开文件 D:\ug6.8\work\ch04.01\static_wireframe.prt。

Step2. 调整视图显示。在图形区的空白区域右击，在弹出的图 4.1.2 所示的快捷菜单中选择渲染样式(D) → 静态线框(W)命令，图形区中的模型变成线框状态。

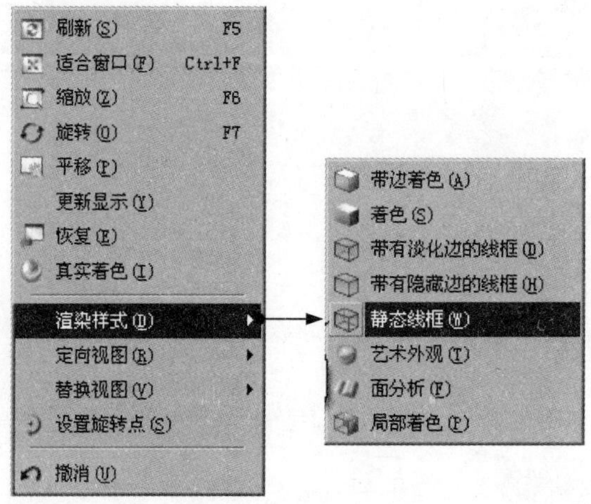

图 4.1.2　快捷菜单

说明：模型在"着色"状态下是不显示网格线的，网格线只在"静态线框"、"面分析"和"局部着色"三种状态下显示。

Step3. 选择命令。选择下拉菜单 编辑(E) → 对象显示(J)... 命令时，弹出"类选择"对话框。

Step4. 选取网格显示的对象。在图 4.1.3 所示的"选择条"工具条的"类型过滤器"下拉列表中选择 面 选项，然后选取图 4.1.1a 所示的面，单击"类选择"对话框中的 确定 按钮，系统弹出"编辑对象显示"对话框。

Step5. 定义参数。在"编辑对象显示"对话框中设置图 4.1.4 所示的参数，其他参数采用系统默认设置。

Step6. 单击"编辑对象显示"对话框中的 确定 按钮，完成曲面网格显示的设置。

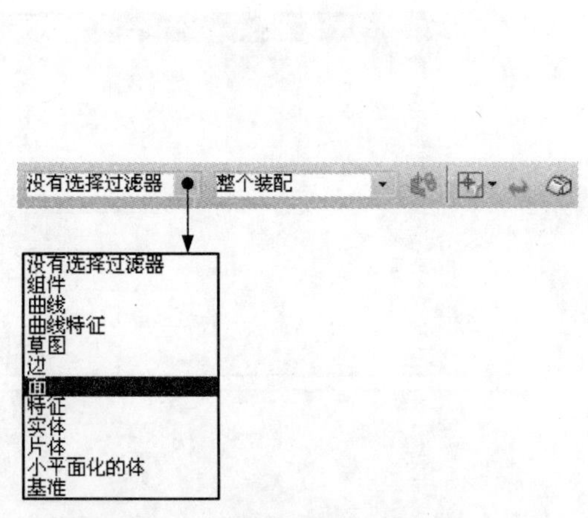

图 4.1.3　"选择条"工具条

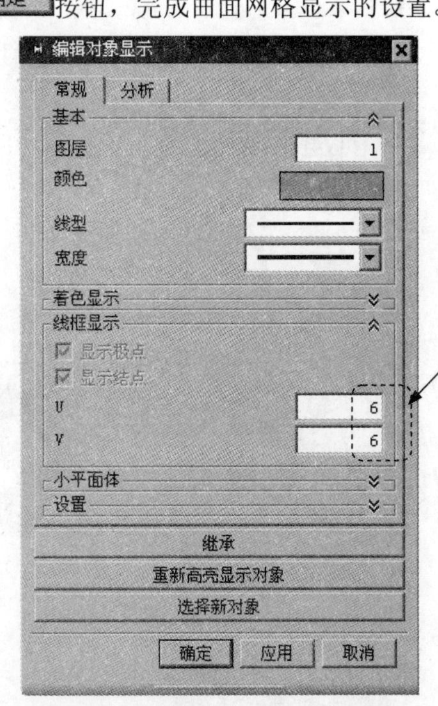

图 4.1.4　"编辑对象显示"对话框

4.2　创建拉伸和回转曲面

拉伸曲面和回转曲面的创建方法与相应的实体特征的创建方法基本相同。下面将对这两种方法作简单介绍。

4.2.1　创建拉伸曲面

拉伸曲面是将截面草图沿着草绘平面的垂直方向拉伸而成的曲面。下面以图 4.2.1 所示的模型为例，来说明创建拉伸曲面特征的一般操作过程。

Step1. 打开文件 D:\ug6.8\work\ch04.02\extrude_surf.prt。

Step2. 选择下拉菜单插入(S) → 设计特征(E) → 拉伸(E)...命令，系统弹出“拉伸”对话框。

Step3. 定义拉伸截面。选取图 4.2.1a 所示的曲线串为拉伸特征截面。

Step4. 定义拉伸开始值和结束值。在“拉伸”对话框限制区域的开始下拉列表中选择值选项，并在其下的距离文本框中输入 0，在结束下拉列表中选择值选项，并在其下的距离文本框中输入 30。

Step5. 定义拉伸特征的体类型。在设置区域的体类型下拉列表中选择片体选项，其他参数采用系统默认设置值，如图 4.2.2 所示。

Step6. 单击确定按钮，完成拉伸曲面的创建。

4.2.2 创建回转曲面

创建图 4.2.3 所示的回转曲面特征的一般操作过程如下：

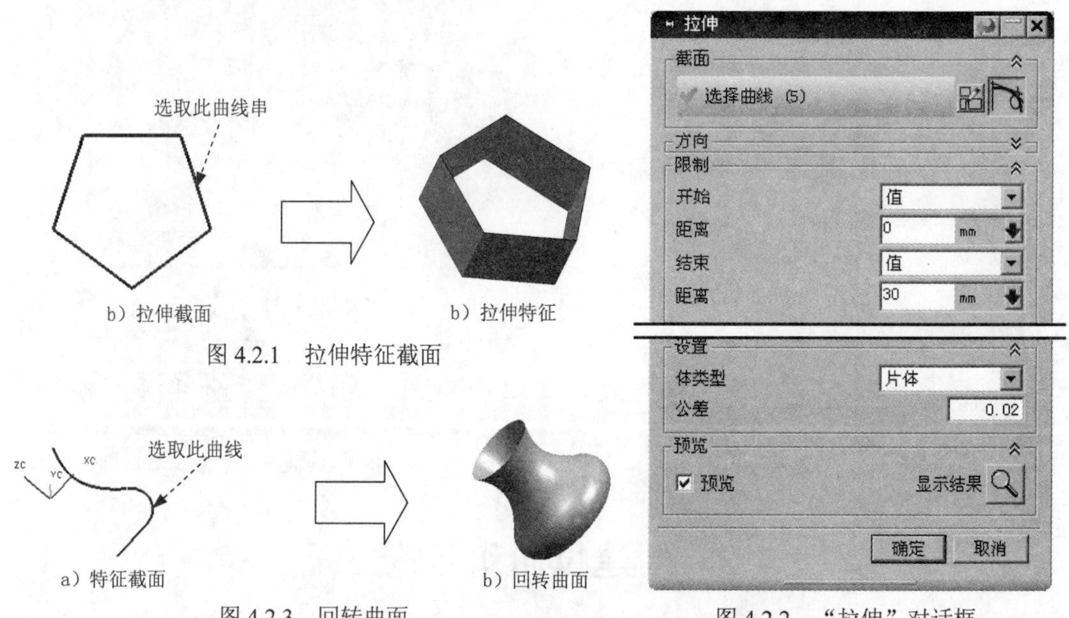

图 4.2.1 拉伸特征截面

图 4.2.3 回转曲面

图 4.2.2 “拉伸”对话框

Step1. 打开文件 D:\ug6.8\work\ch04.02\rotate_surf.prt。

Step2. 选择下拉菜单插入(S) → 设计特征(E) → 回转(R)...命令，系统弹出“回转”对话框。

Step3. 定义回转截面。选取图 4.2.3a 所示的曲线为回转截面。

Step4. 定义回转轴。选择 Y 轴作为回转轴。

Step5. 定义回转特征的体类型。在“回转”对话框设置区域的体类型下拉列表中选择片体选项，如图 4.2.4 所示。

Step6. 单击“回转”对话框中的 确定 按钮，完成回转曲面的创建。

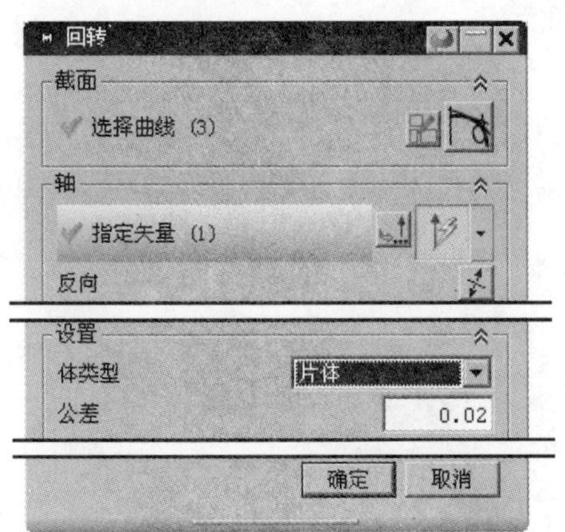

图 4.2.4　“回转”对话框

4.3　创建有界平面

使用 有界平面(P)... 命令可以创建平整曲面，利用拉伸也可以创建曲面，但拉伸创建的是有深度参数的二维或三维曲面，而有界平面创建的是没有深度参数的二维曲面。下面以图 4.3.1 所示的模型为例，来说明创建有界平面的一般操作过程。

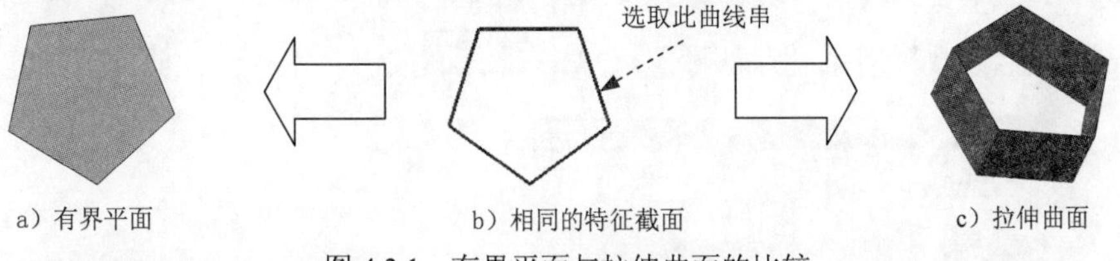

图 4.3.1　有界平面与拉伸曲面的比较

Step1. 打开文件 D:\ug6.8\work\ch04.03\ambit_surf.prt。

Step2. 选择命令。选择下拉菜单 插入(S) → 曲面(R) → 有界平面(P)... 命令，系统弹出图 4.3.2 所示的“有界平面”对话框。

Step3. 选取图 4.3.1b 所示的曲线串。

Step4. 单击 确定 按钮，完成有界平面的创建。

4.4　曲面的偏置

曲面的偏置用于创建一个或多个现有面的偏置曲面，或者是偏移现有曲面。下面分别对创建偏置曲面和偏移曲面进行介绍。

4.4.1 创建偏置曲面

创建偏置曲面是以已有曲面为源对象，创建（偏置）新的与源对象形状相似的曲面。下面以图 4.4.1 所示的偏置曲面为例，来说明创建偏置曲面的一般操作过程。

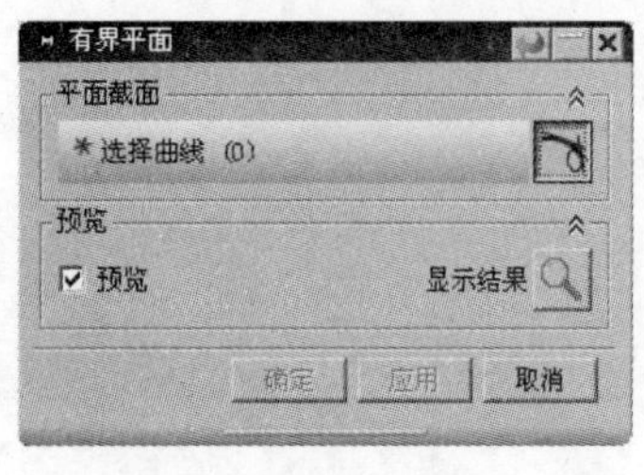

图 4.3.2 “有界平面”对话框

a）偏置前

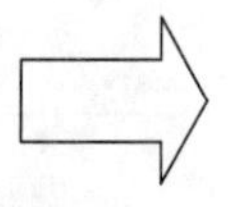

b）偏置后

图 4.4.1 偏置曲面的创建

Step1. 打开文件 D:\ug6.8\work\ch04.04\offset_surface.prt。

Step2. 选择下拉菜单插入(S) → 偏置/缩放(O) → 偏置曲面(O)... 命令，系统弹出图 4.4.2 所示的“偏置曲面”对话框。

Step3. 定义偏置曲面。选取模型中的 5 个曲面为要偏置的面。

Step4. 定义偏置距离和方向。在偏置 1 文本框中输入 8，采用系统默认偏置方向。

说明： 如果单击“反向”按钮，结果如图 4.4.3 所示。

Step5. 其他参数采用系统默认设置，单击确定按钮，完成偏置曲面的创建。

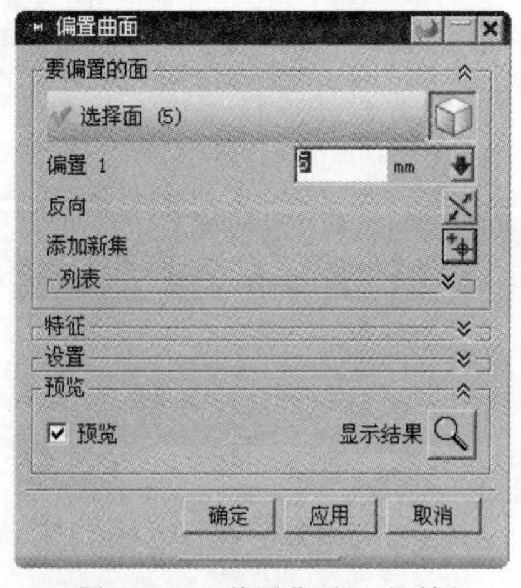

图 4.4.2 “偏置曲面”对话框

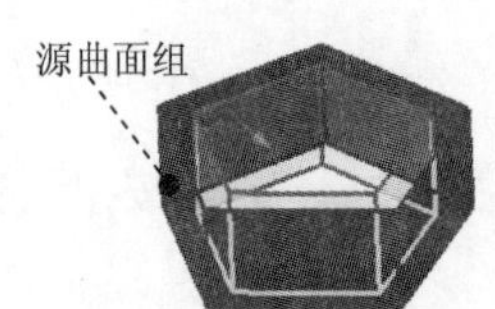

图 4.4.3 偏置方向向内

4.4.2 偏移现有曲面

偏移现有曲面是对曲面修整的一种操作，可对选定曲面的方向和距离进行必要的修改。

下面以图 4.4.4 所示的模型为例，来说明偏移现有曲面的一般操作过程。

Step1. 打开文件 D:\ug6.8\work\ch04.04\offset_surf.prt。

Step2. 选择下拉菜单 插入(S) → 偏置/缩放(O) → 偏置面(F)... 命令，系统弹出图 4.4.5 所示的“偏置面”对话框。

Step3. 选择图 4.4.4 所示的 2 个曲面为要偏置的面，在 偏置 文本框中输入 10，并单击“反向”按钮，其他参数采用系统默认设置。

Step4. 单击 确定 按钮（或单击鼠标中键），完成偏置面的操作。

4.5　曲面的抽取

曲面的抽取即从实体或片体中提取出已有的曲面，其实曲面的抽取就是复制曲面的过程。抽取独立曲面时，只需单击此面即可；抽取区域曲面时，是通过定义种子曲面和边界曲面来创建片体，创建的片体是从种子面开始向四周延伸到边界曲面的所有曲面构成的片体（其中包括种子曲面，但不包括边界曲面），这种方法在加工中定义切削区域时特别重要。下面分别介绍抽取独立曲面和抽取区域曲面。

4.5.1　抽取独立曲面

1. 抽取选定的曲面

下面以图 4.5.1 所示的模型为例，来说明创建抽取曲面一般操作过程（图 4.5.1b 中实体模型已隐藏）。

Step1. 打开文件 D:\ug6.8\work\ch04.05\extracted_region01.prt。

Step2. 选择下拉菜单 插入(S) → 关联复制(A) → 抽取(E)... 命令，系统弹出“抽取”对话框。

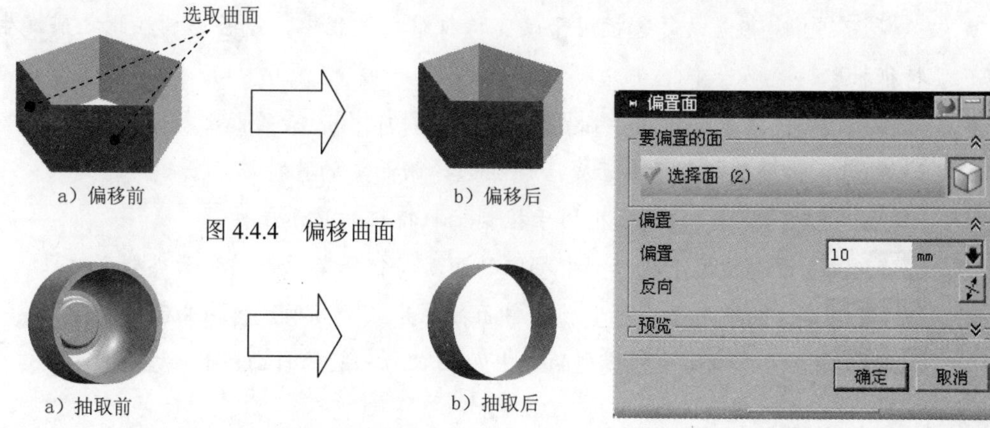

图 4.4.4　偏移曲面

图 4.5.1　抽取选中曲面

图 4.4.5 “偏置面”对话框

Step3. 定义抽取类型。在类型区域的下拉列表中选择面选项。

Step4. 选取图 4.5.2 所示的面为抽取参照面，在设置区域中选中☑ 隐藏原先的复选框，其他参数采用系统默认设置，如图 4.5.3 所示。

Step5. 单击确定按钮，完成曲面的抽取。

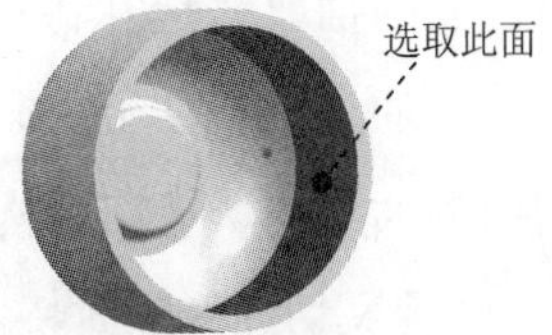

图 4.5.2 选取曲面

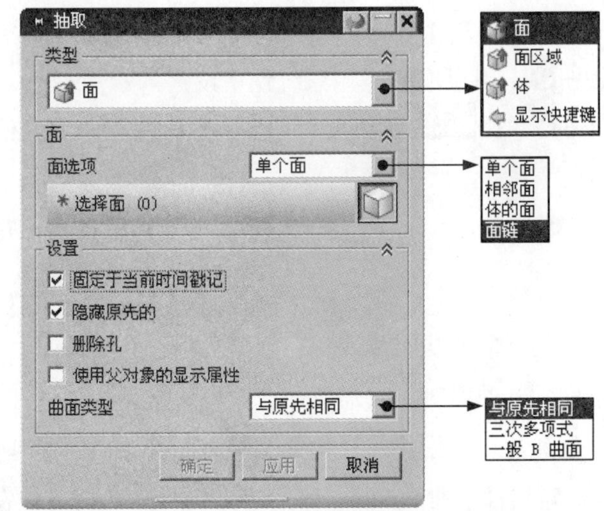

图 4.5.3 “抽取”对话框

图 4.5.3 所示“抽取”对话框中各选项的说明如下：

- 面：该选项用于从实体模型中抽取曲面特征。
- 面区域：该选项用于从实体模型中抽取一组曲面，这组曲面和种子面相关联，且被边界面所制约。
- 体：该选项用于生成与整个所选特征相关联的实体。
- 单个面：该选项用于从模型中选取单个曲面。
- 相邻面：该选项用于从模型中选取与选中曲面相邻的多个曲面。
- 体的面：该选项用于从模型中选取实体的整个曲面。
- 面链：该选项用于按指定的链规则从模型中选取曲面。
- ☑ 固定于当前时间戳记：该复选框用于改变特征编辑过程中，是否影响在此之前发生的特征抽取。
- ☑ 隐藏原先的：该复选框用于在生成抽取特征的时候，是否隐藏原来的实体。
- ☐ 删除孔：该复选框用于表示是否删除选择曲面中的孔特征。
- ☐ 使用父对象的显示属性：该复选框用于控制抽取特征的显示属性。
- 与原先相同：该选项用于从模型中抽取的曲面特征保留原来的曲面类型。
- 三次多项式：该选项用于将模型的选中面抽取为三次多项式自由曲面类型。
- 一般 B 曲面：该选项用于将模型的选中面抽取为一般的自由曲面类型。

2．抽取相邻曲面

下面以图 4.5.4 所示的模型为例，来说明创建抽取相邻曲面的一般操作过程（图 4.5.4b 中的实体模型已隐藏）。

Step1．打开文件 D:\ug6.8\work\ch04.05\extracted_region01.prt。

Step2．选择下拉菜单插入(S) ⟶ 关联复制(A) ⟶ 抽取(E)...命令，系统弹出“抽取”对话框。

Step3．定义抽取类型。在类型区域的下拉列表中选择面选项。

Step4．在图 4.5.5 所示的“抽取”对话框面选项下拉列表中选择相邻面选项；选取图 4.5.6 所示的曲面，此时曲面和与它相邻的面均被选中，如图 4.5.7 所示；选中☑ 隐藏原先的复选框，其他参数采用系统默认设置。

Step5．单击 确定 按钮，完成曲面的抽取。

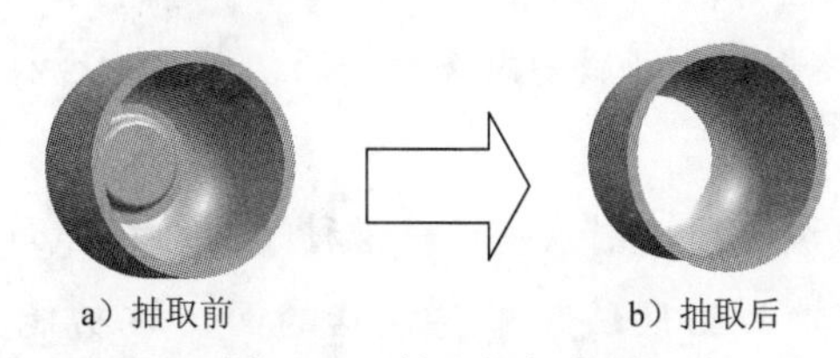

a）抽取前　　b）抽取后

图 4.5.4　抽取相邻曲面

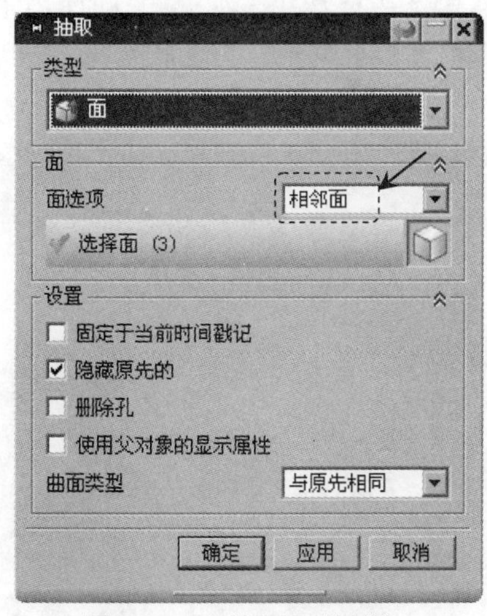

图 4.5.5　“抽取”对话框

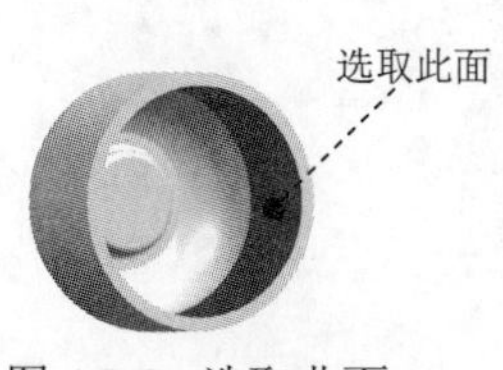

图 4.5.6　选取曲面

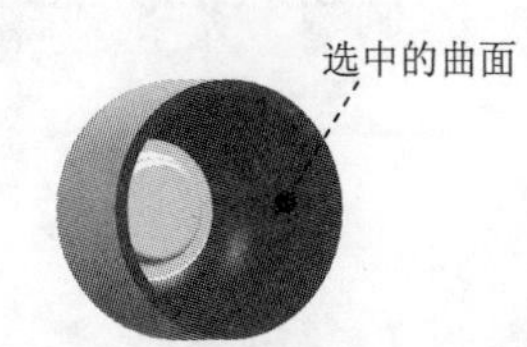

图 4.5.7　选中的曲面

4.5.2　抽取区域曲面

下面以图 4.5.8 所示的模型为例，来说明创建抽取区域曲面的一般操作过程（图 4.5.8b 中的实体模型已隐藏）。

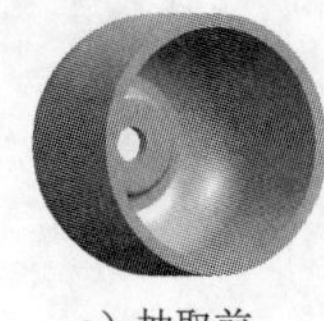

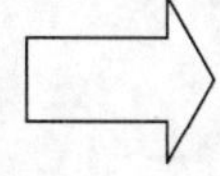

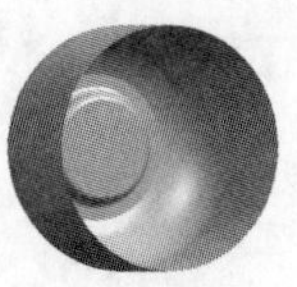

a）抽取前　　b）抽取后

图 4.5.8　抽取区域曲面

Step1．打开文件 D:\ug6.8\work\ch04.05\extracted_region02.prt。

Step2．选择下拉菜单插入(S) ⟶ 关联复制(A) ⟶ 抽取(E)...命令，系统弹出“抽取”

对话框。

Step3. 定义抽取类型。在类型区域的下拉列表中选择面区域选项。

Step4. 定义种子面。选取图 4.5.9 所示的曲面为种子面。

Step5. 定义边界面。选取图 4.5.10 所示的曲面为边界面。

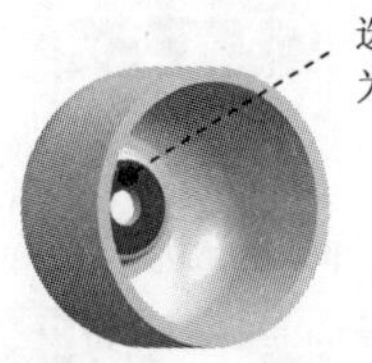

图 4.5.9 选取种子面

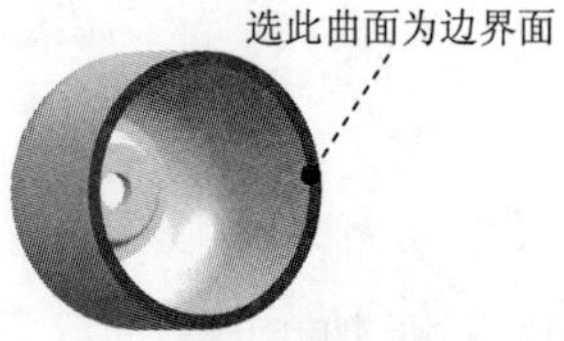

选此曲面为边界面

图 4.5.10 选取边界曲面

Step6. 在图 4.5.11 所示的“抽取”对话框设置区域选中☑ 隐藏原先的和☑ 删除孔复选框，其他参数采用系统默认设置。单击确定按钮，完成对区域曲面的抽取。

图 4.5.11 所示“抽取”对话框中部分选项的说明如下：

- ☐ 遍历内部边复选框：该选项用于控制所选区域的内部结构的组成面是否属于选择区域。
- ☐ 使用相切边角度复选框：如果选中该选项，则系统根据沿种子面的相邻面邻接边缘的法向矢量的相对角度，确定“曲面区域”中要包括的面。该功能主要用在 Manufacturing 模块中。

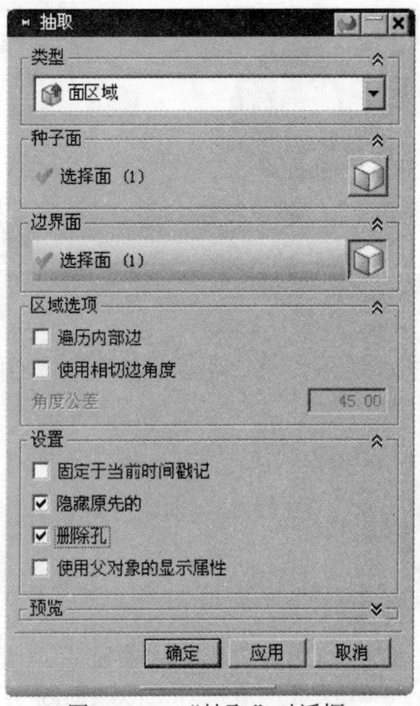

图 4.5.11 “抽取”对话框

第 5 章　自由曲面的创建

本章提要　　自由曲面的创建是UG建模模块的重要组成部分。随着制造技术的发展，很多产品都需要采用自由曲面来完成复杂形状的构建。UG中更是提供了强大的曲面特征建模及相应的编辑和操作功能。本章主要内容包括:

- 网格曲面的创建
- 桥接曲面的创建
- 截面体曲面的创建
- 渐消面的创建
- 扫掠曲面的创建
- 艺术曲面的创建
- N 边曲面的创建
- 曲面特性分析

5.1 网格曲面

5.1.1 直纹面

直纹面可以理解为通过一系列直线连接两组线串而形成的一张曲面。在创建直纹面时只能使用两组线串，这两组线串可以是封闭的，也可以不封闭。下面以图 5.1.1 所示的范例，来说明创建直纹面的一般操作过程。

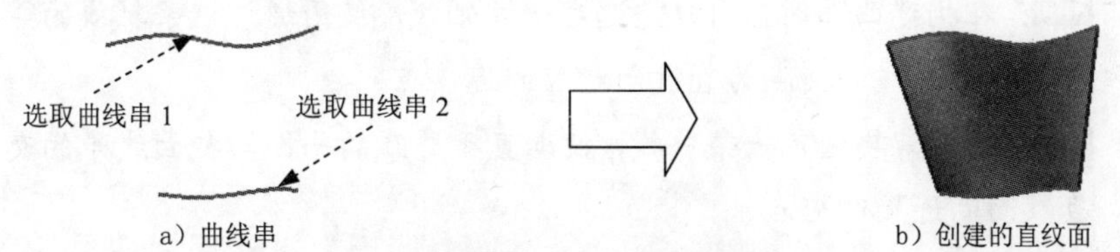

图 5.1.1　直纹面的创建

Step1. 打开文件 D:\ug6.8\work\ch05.01\ruled.prt。

Step2. 选择命令。选择下拉菜单 插入(S) → 网格曲面(M) ▸ → 直纹面(R)... 命令（或在“曲面”工具栏中单击“直纹面”按钮），系统弹出图 5.1.2 所示的“直纹”对话框。

Step3. 选取截面线串 1。选取图 5.1.1a 所示的曲线串 1，单击中键确认。

Step4. 选取截面线串 2。选取图 5.1.1a 所示的曲线串 2。

Step5. 设置对齐方式。在 对齐 下拉列表中选择 参数 选项；在 设置 区域中取消选中 □ 保留形状 复选框。

Step6. 单击 确定 按钮，完成直纹面的创建。

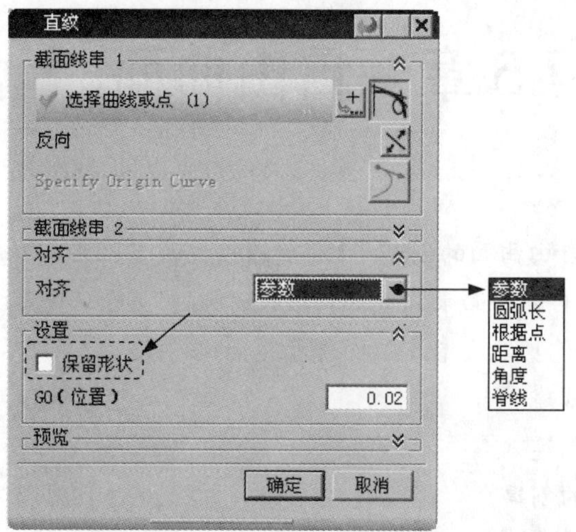

图 5.1.2 “直纹”对话框

图 5.1.2 所示“直纹面”对话框中的部分选项说明如下：

- 对齐下拉列表：包括参数、圆弧长、根据点、距离、角度和脊线六种对齐方法。
  - ☑ 参数：在构建曲面时，在两组截面线间根据等参数方式建立对接点，对于直线来说，是根据等距离来划分对接点的；对于曲线，是根据等角度来划分对接点的。
  - ☑ 圆弧长：对两组截面线和等参数曲线，根据等弧长方式建立连接点。
  - ☑ 根据点：用户在两组截面线串间选择一些点为强制的对应点。
  - ☑ 距离：在指定矢量上将点沿每条曲线以等距离隔开。
  - ☑ 角度：在构建曲面时，用户先选定一条轴线，使用通过这条轴线的等角度平面与两条截面线的交点为直纹面对应的连接点。
  - ☑ 脊线：用户需要选定一条脊线，使垂直于脊线的平面与截面线串的交点为创建直纹面的连接对应点。

5.1.2 通过曲线组

使用“通过曲线组”命令可以通过同一方向上的一组曲线轮廓线创建曲面（当轮廓线封闭时，生成的则为实体）。曲线轮廓线称为截面线串，截面线串可由单个对象或多个对象组成，每个对象都可以是曲线、实体边等。创建图 5.1.3 所示“通过曲线”曲面的一般操作过程如下。

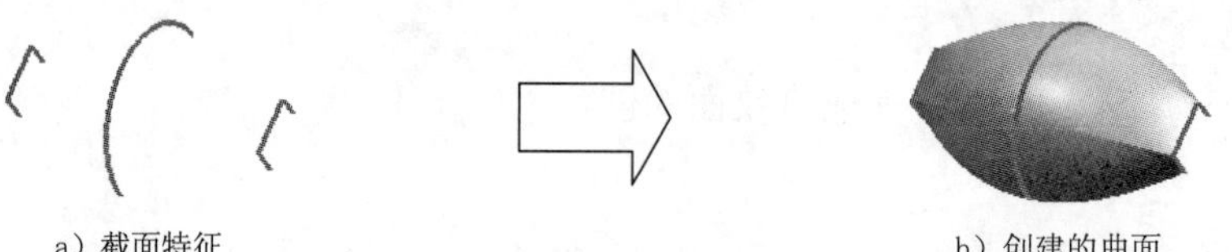

a）截面特征　　b）创建的曲面

图 5.1.3 通过曲线创建曲面

Step1. 打开文件 D:\ug6.8\work\ch05.01\through_curves.prt。

Step2. 选择命令。选择下拉菜单 插入(S) → 网格曲面(M) ▸ → 通过曲线组(T)... 命令（或在"曲面"工具栏中单击"通过曲线组"按钮），系统弹出图 5.1.4 所示的"通过曲线组"对话框。

Step3. 定义截面线串。在图形区中依次选择图 5.1.5 所示的曲线串 1、曲线串 2 和曲线串 3，并分别单击中键确认。

注意：选取截面线串后，图形区显示的箭头矢量应该处于截面线串的同侧，如图 5.1.5c 所示，否则生成的片体将被扭曲。后面介绍的通过曲线网格创建曲面也有类似问题。

Step4. 设置参数。在 连续性 区域的 第一截面 和 最后截面 下拉列表中都选择 G0（位置） 选项；在 对齐 下拉列表中选择 参数 选项；在 输出曲面选项 区域 补片类型 下拉列表中选择 单个 选项；在 设置 区域中取消选中 □ 保留形状 复选框，其他参数均采用默认设置，单击 确定 按钮完成曲面的创建。

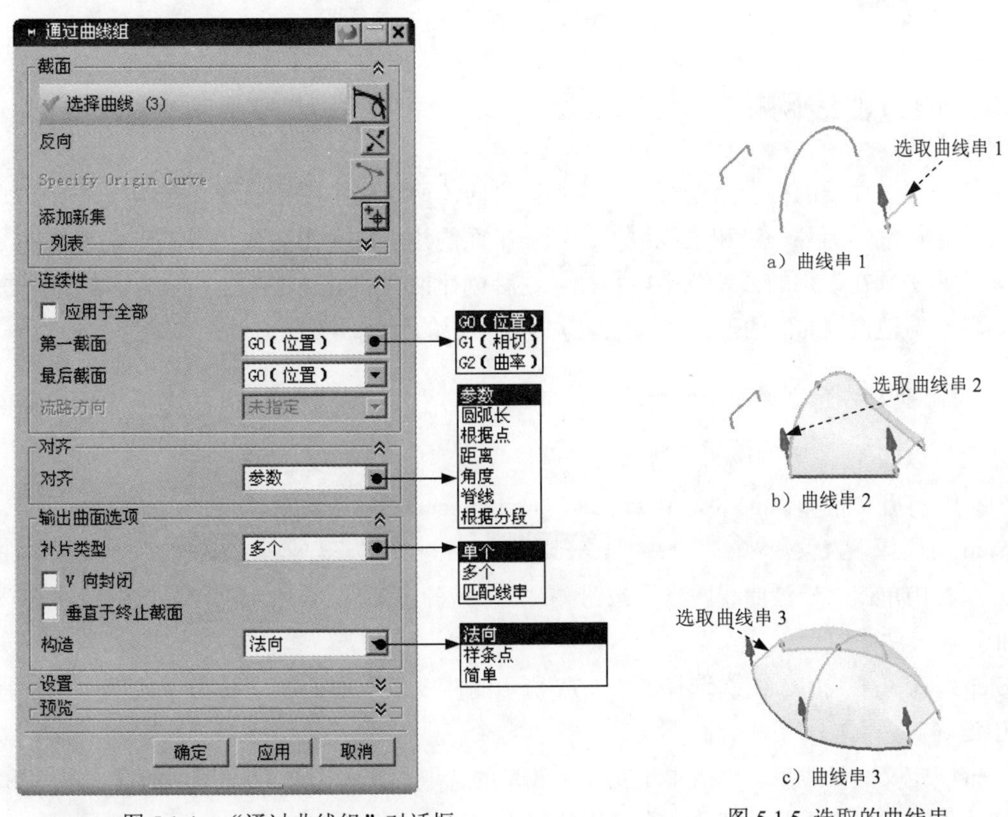

图 5.1.4 "通过曲线组"对话框　　图 5.1.5 选取的曲线串

图 5.1.4 所示"通过曲线组"对话框中的部分选项说明如下：

- 列表 区域：用于显示被选取的截面曲线。
- 连续性 区域：该区域用于对所生成曲面的起始端和终止端定义约束条件。
  - ☑ G0（位置）：生成的曲面与指定面点连续。

☑ G1（相切）：生成的曲面与指定面相切连续。

☑ G2（曲率）：生成的曲面与指定面曲率连续。

- 对齐下拉列表：该下拉列表中的选项与“直纹面”命令中的相似，除了包括参数、圆弧长、根据点、距离、角度和脊线六种对齐方法外，还有一个“根据分段”选项，其具体使用方法介绍如下：

☑ 根据分段：根据包含段数最多的截面曲线，按照每一段曲面的长度比例划分其余的截面曲线，并建立连接对应点。

- 补片类型下拉列表：该列表中包含单个，多个和匹配线串三个选项。
- 构造下拉列表：该下拉列表包括正常、样条点和简单三个选项。

☑ 法向：使用标准方法构造曲面，该方法比其他方法建立的曲面有更多的补片数。

☑ 样条点：利用输入曲线的定义点和该点的斜率值来构造曲面。要求每条线串都要使用单根 B 样条曲线，并且有相同的定义点，该方法可以减少补片数，简化曲面。

☑ 简单：用最少的补片数构造尽可能简单的曲面。

5.1.3 通过曲线网格

使用“通过曲线网格”命令可以沿着不同方向的两组线串创建曲面。一组同方向的线串定义为主曲线，另外一组和主线串不在同一平面的线串定义为交叉线串，定义的主曲线与交叉线串必须在设定的公差范围内相交。这种创建曲面的方法定义了两个方向的控制曲线，可以很好地控制曲面的形状，因此它也是最常用的创建曲面的方法之一。

1. 通过曲线网格创建曲面的一般过程

下面将以图 5.1.6 为例说明“通过曲线网格”创建曲面的一般操作过程：

Step1. 打开文件 D:\ug6.8\work\ch05.01\through_curves_mesh.prt。

Step2. 选择下拉菜单插入(S) ⟶ 网格曲面(M)▸ ⟶ 通过曲线网格(M)...命令（或在“曲面”工具栏中单击“通过曲线网格”按钮），系统弹出图 5.1.6 所示的“通过曲线网格”对话框。

Step3. 定义主线串。依次选择图 5.1.7a 所示的曲线串 1 和曲线串 2 为主线串，并分别单击中键确认。

Step4. 定义交叉线串。单击中键完成主线串的选取，选取图 5.1.7a 所示的曲线串 3 和曲线串 4 为交叉线串，并分别单击中键确认。

Step5. 单击 确定 按钮，完成“通过曲线网格”曲面的创建。

图 5.1.6 所示“通过曲线网格”对话框的部分选项说明如下：

- 脊线区域：单击按钮，用于选择脊线串来控制交叉线串的参数化。选择脊线串能提高曲面的光顺度。当选择脊线串时，要求第一和最后一组主线串必须是平面曲线，并且脊线串必须垂直于第一和最后一组主线串。

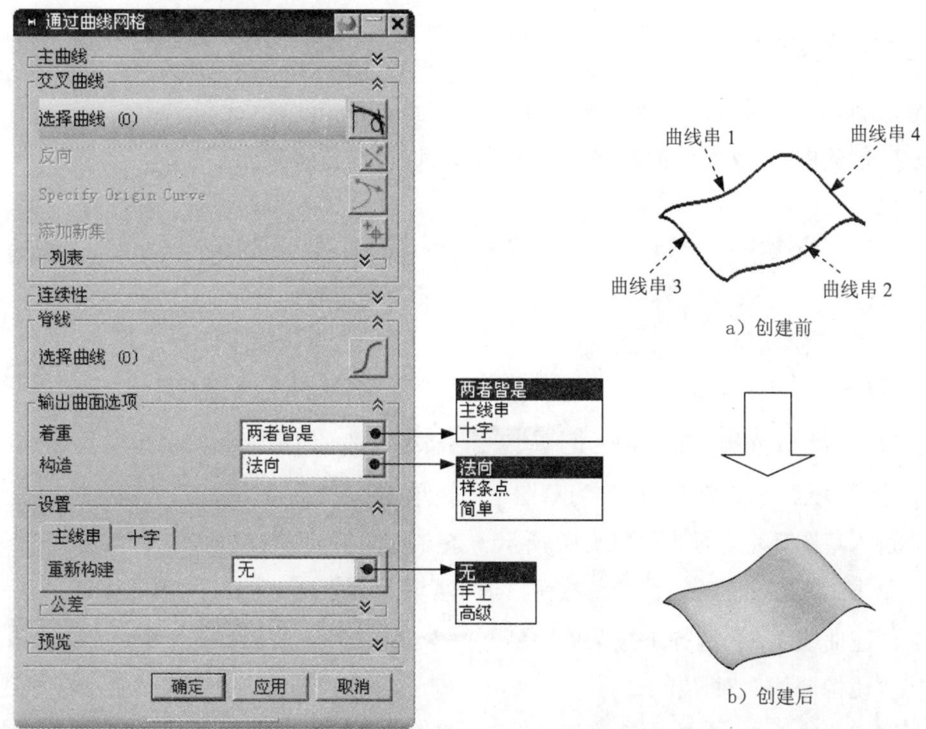

图 5.1.6　“通过曲线网格”对话框　　图 5.1.7　通过曲线网格创建曲面

- 着重下拉列表：该下拉列表用于控制系统在生成曲面的时候，更强调主线串还是交叉线串，或者在两者有同样效果。
  - ☑ 两者皆是：系统在生成曲面的时候，主线串和交叉线串有同样效果。
  - ☑ 主要：系统在生成曲面的时候，更强调主线串。
  - ☑ 十字：系统在生成曲面的时候，交叉线串更有影响。
- 构造下拉列表：该下拉列表与“通过曲线组”对话框中的相似，也分为正常、样条点和简单三个选项，可参照图 5.1.5 中的相关说明。
  - ☑ （主模板线串）：当在构造下拉列表中选择简单选项时，该按钮被激活，用于选择主模板线串。
  - ☑ （交叉模板线串）：当在构造下拉列表中选择简单选项时，该按钮被激活，用于选择交叉模板线串。
- 重新构建下拉列表：重新定义主线串或交叉线串的阶次。
  - ☑ 无：关闭重建。
  - ☑ 手工：手动输入值调整截面的阶次。
  - ☑ 高级：尝试重建无分段的曲面，直至达到最高次数为止。

2．通过曲线网格曲面的练习

本练习将介绍“通过曲线网格”创建曲面的方法，以及创建图 5.1.8 所示的手机盖曲面的详细操作过程。

Stage1. 创建曲线

Step1. 新建一个零件的三维模型，将其命名为 cellphone_cover。

Step2. 创建图 5.1.9 所示的曲线 1_1 和曲线 1_2，操作步骤如下：

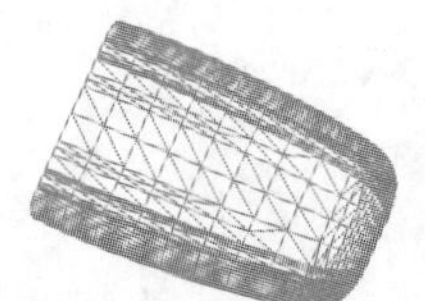
图 5.1.8 手机盖曲面

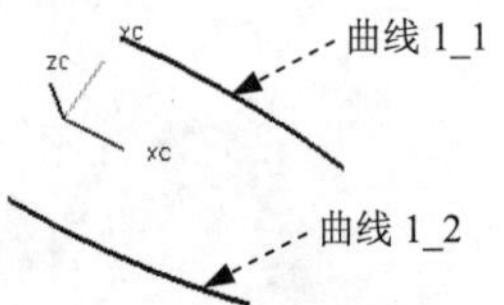

图 5.1.9 创建曲线

（1）选择下拉菜单插入(S) → 草图(S)... 命令（或单击按钮）。

（2）选取“XC-YC 基准平面”为草图平面，单击确定按钮。

（3）进入草图环境，绘制图 5.1.10 所示一条 2 阶样条曲线 1_1。

（4）单击工具栏中的完成草图按钮，退出草图环境。

（5）创建曲线 1_2。选择下拉菜单插入(S) → 来自曲线集的曲线(F) → 镜像(M)... 命令，系统弹出“镜像曲线”对话框。

（6）选取曲线 1_1，单击中键确认；选取 ZC-XC 平面为镜像平面，单击确定按钮完成曲线 1_2 的创建。

Step3. 创建图 5.1.11 所示的曲线 2。

（1）选择下拉菜单插入(S) → 草图(S)... 命令（或单击按钮）。

（2）选取 YC-ZC 基准平面为草图平面，单击确定按钮。

（3）进入草图环境，绘制图 5.1.12 所示的截面草图，两段 R10 圆弧的端点分别和曲线 1_1 和曲线 1_2 相连。

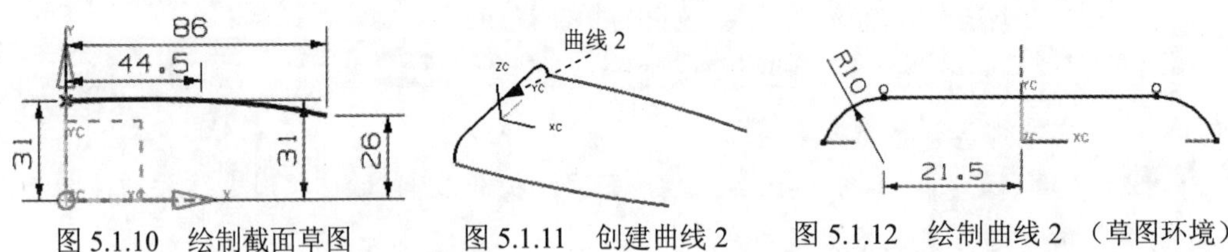

图 5.1.10 绘制截面草图　　图 5.1.11 创建曲线 2　　图 5.1.12 绘制曲线 2 （草图环境）

（4）单击工具栏中的完成草图按钮，退出草图环境。

Step4. 创建图 5.1.13 所示的曲线 3。

（1）创建图 5.1.14 所示的基准平面 1。选择下拉菜单插入(S) → 基准/点(D) → 基准平面(D)... 命令，系统弹出图 5.1.15 所示的“基准平面”对话框；在类型区域的下拉列表中选择点和方向选项；选取镜像曲线 1_2 的端点，在法向区域的指定矢量右侧的下拉列表中选择选项；单击确定按钮，完成基准平面 1 的创建。

（2）选择下拉菜单 插入(S) → 草图(S)... 命令。

（3）选取基准平面 1 为草图平面，选择基准轴 Y 作为水平参考，单击 确定 按钮。

（4）进入草图环境，绘制图 5.1.16 所示的截面草图。

（5）单击工具栏中的 完成草图 按钮，退出草图环境。

曲线 3

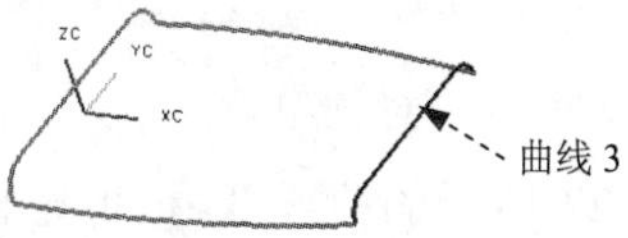

图 5.1.13　创建曲线 3

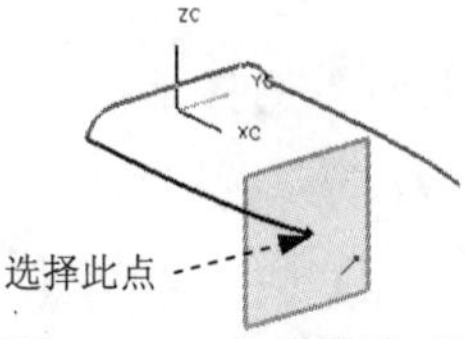

选择此点

图 5.1.14　创建基准平面 1

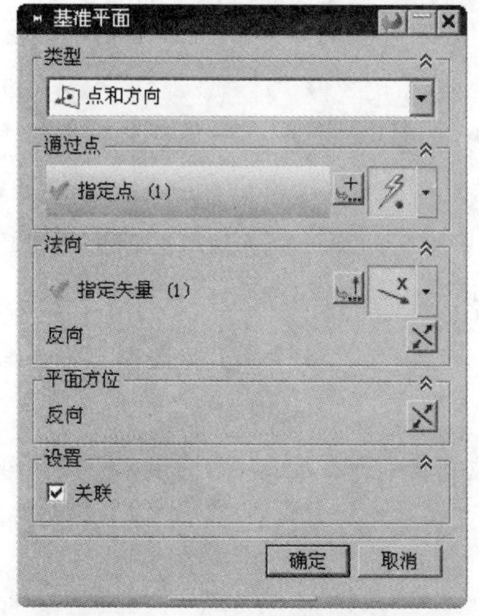

图 5.1.15　“基准平面”对话框

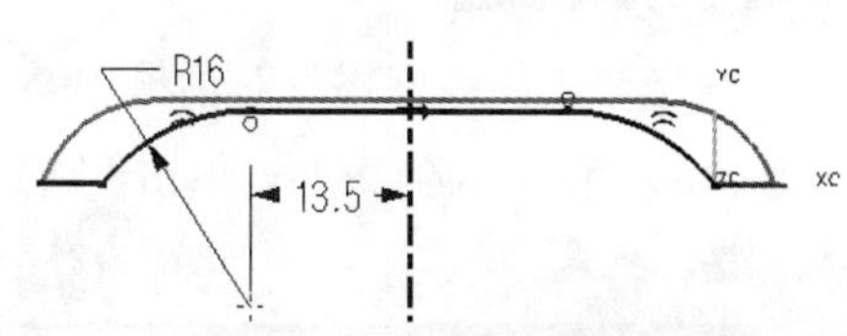

图 5.1.16　绘制截面草图

Step5. 创建图 5.1.17 所示的曲线 4。

（1）选择下拉菜单 插入(S) → 草图(S)... 命令。

（2）选取 XC-YC 基准平面为草图平面，单击 确定 按钮。

（3）进入草图环境，绘制图 5.1.18 所示的截面草图。

（4）单击工具栏中的 完成草图 按钮，退出草图环境。

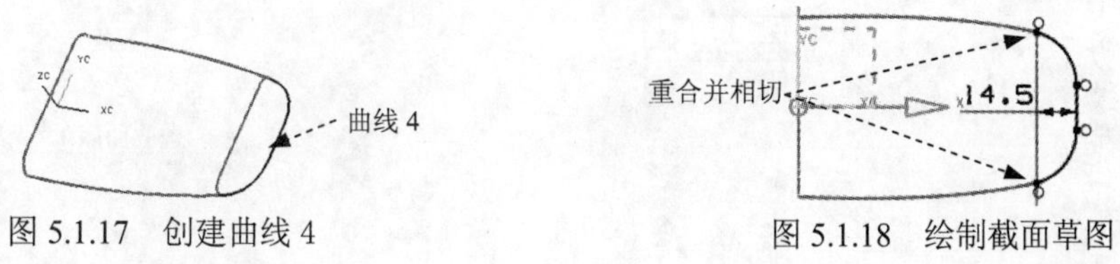

图 5.1.17　创建曲线 4

图 5.1.18　绘制截面草图

Stage2. 创建曲面 1

图 5.1.19 所示手机盖零件模型包括两个曲面，创建曲面 1 的操作步骤如下：

（1）选择下拉菜单 插入(S) → 网格曲面(M) → 通过曲线网格(M)... 命令，系统弹出“通过曲线网格”对话框。

（2）依次选取图 5.1.20 所示曲线 2 和曲线 3 为主线串，分别单击中键确认；再次单击中键后，选取曲线 1_1 和曲线 1_2 为交叉曲线，并分别单击中键确认。

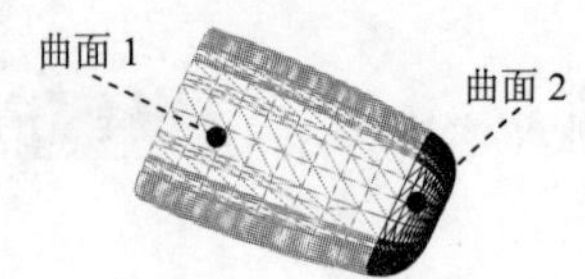

图 5.1.19 创建曲面

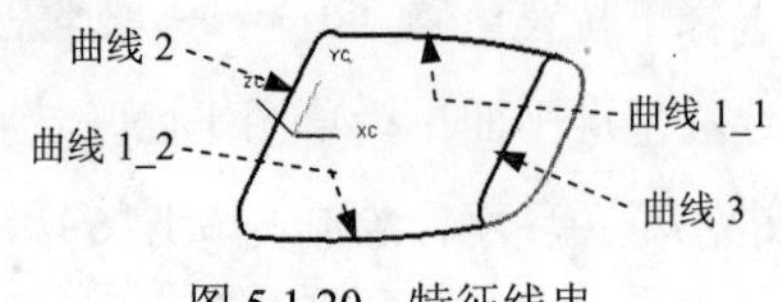

图 5.1.20 特征线串

（3）在“通过曲线网格”对话框中单击确定按钮，完成曲面特征 1 的创建。

Stage3. 创建曲面 2

（1）选择下拉菜单插入(S) → 网格曲面(M)▸ → 通过曲线网格(M)...命令，系统弹出图 5.1.21 所示的 “通过曲线网格”对话框。

（2）依次选取图 5.1.22 所示的曲线 3 和曲线 4_3 为主曲线，并分别单击中键确认，再次单击中键后，选取曲线 4_1 和曲线 4_2 为交叉曲线，并分别单击中键确认。

注意：在选取曲线 4_3、曲线 4_1 和曲线 4_2 时，需要将“选择条”工具栏中的“曲线规则”调整为单条曲线。

（3）在“通过曲线网格”对话框中第一主线串下拉列表中选择G1（相切）选项，然后选取图 5.1.23 所示的曲面 1 为约束面，单击“通过曲线网格”对话框中的确定按钮，完成曲面 2 的创建。

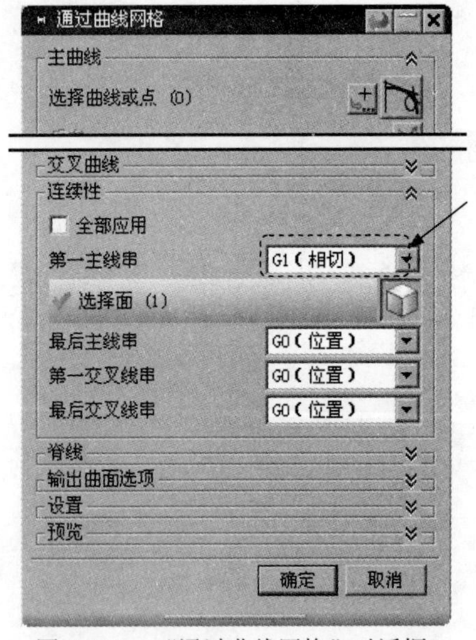

图 5.1.21 “通过曲线网格”对话框

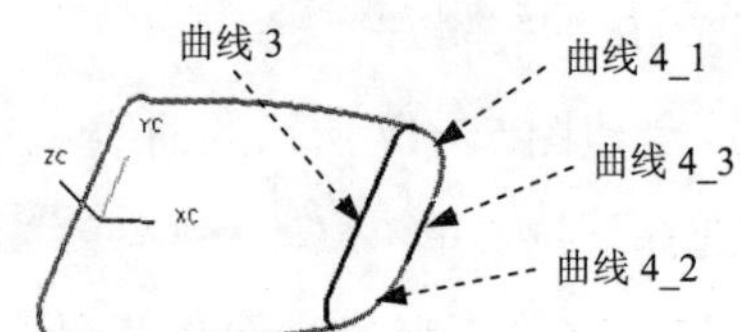

图 5.1.22 选取曲线串

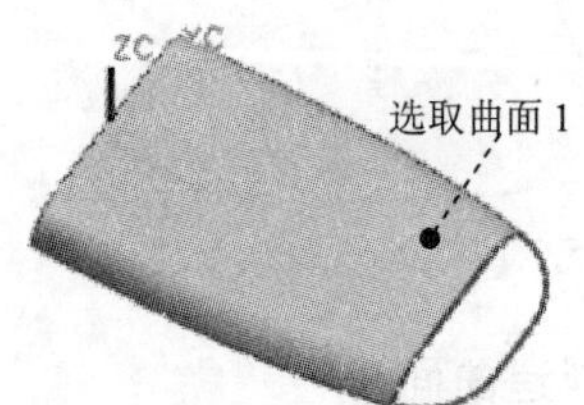

图 5.1.23 选取约束面

5.2 扫 掠 曲 面

5.2.1 普通扫掠

扫掠曲面就是用规定的方式沿一条（或多条）空间路径（引导线串）移动轮廓线（截

面线串）而生成的曲面。

截面线串可以由单个或多个对象组成，每个对象可以是曲线、边缘或实体面，每组截面线串内的对象的数量可以不同。截面线串的数量可以是 1～150 之间的任意数值。

引导线串在扫掠过程中控制着扫掠体的方向和比例。在创建扫掠体时，必须提供一条、两条或三条引导线串。提供一条引导线不能完全控制截面大小和方向变化的趋势，需要进一步指定截面变化的方法；提供两条引导线时，可以确定截面线沿引导线扫掠的方向趋势，但是尺寸可以改变，还需要设置截面比例变化；提供三条引导线时，完全确定了截面线被扫掠时的方位和尺寸变化，无需另外指定方向和比例就可以直接生成曲面。

下面将介绍创建扫掠曲面的一般操作过程。

1. 选取一组引导线的方式进行扫掠

下面通过创建图 5.2.1 所示的曲面，来说明用选取一组引导线方式进行扫掠的一般操作过程。

Step1. 打开文件 D:\ug6.8\work\ch05.02\swept01.prt。

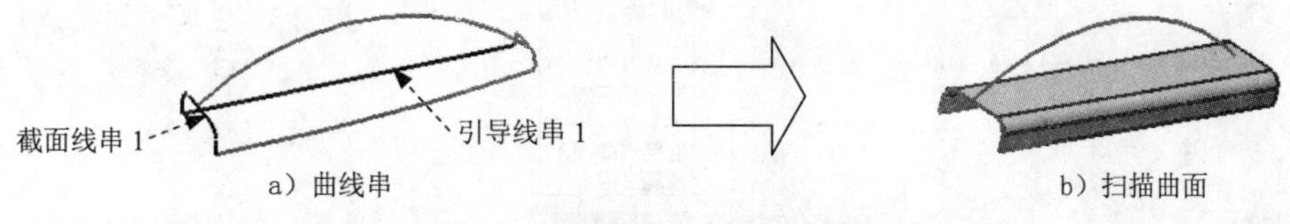

图 5.2.1 选取一组引导线扫描

Step2. 选择下拉菜单 插入(S) → 扫掠(W) → 扫掠(S)... 命令（或在“曲面”工具栏中单击“扫掠”按钮），系统弹出图 5.2.2 所示的“扫掠”对话框。

Step3. 定义截面线串和引导线串。选取图 5.2.3 所示的曲线为截面线串 1，单击中键完成截面线串 1 的选择；再次单击中键后，选取图 5.2.4 所示的曲线为引导线串 1，单击中键完成引导线串 1 的选择。

Step4. 定义截面位置。在 截面选项 区域 截面位置 下拉列表中选择 沿引导线任何位置 选项，在 对齐方法 区域的 对齐 下拉列表中选择 参数 选项。

Step5. 定义截面约束条件。在 定位方法 区域 方位 下拉列表中选择 固定 选项。

Step6. 定义缩放方法。在 缩放方法 区域 缩放 下拉列表中选择 恒定 选项，在 比例因子 文本框中选用默认值 1.00。

Step7. 在“扫掠”对话框中单击 确定 按钮，完成扫掠曲面的创建。

图 5.2.2 所示“扫掠”对话框的部分选项说明如下：

- 截面位置 下拉列表：包括 沿引导线任何位置 和 引导线末端 两个选项，用于定义截面的位置。
  - ☑ 沿引导线任何位置 选项：截面位置可以在引导线的任意位置。

☑ 引导线末端选项：截面位置位于引导线末端。

- 对齐下拉列表：用来设置扫掠时定义曲线间的对齐方式，包括参数和圆弧长两种。

☑ 参数选项：沿定义曲线将等参数曲线所通过的点以相等的参数间隔隔开。

☑ 圆弧长选项：沿定义曲线将等参数曲线要通过的点以相等的圆弧长间隔隔开。

- 定位方法下拉列表中各选项说明如下：

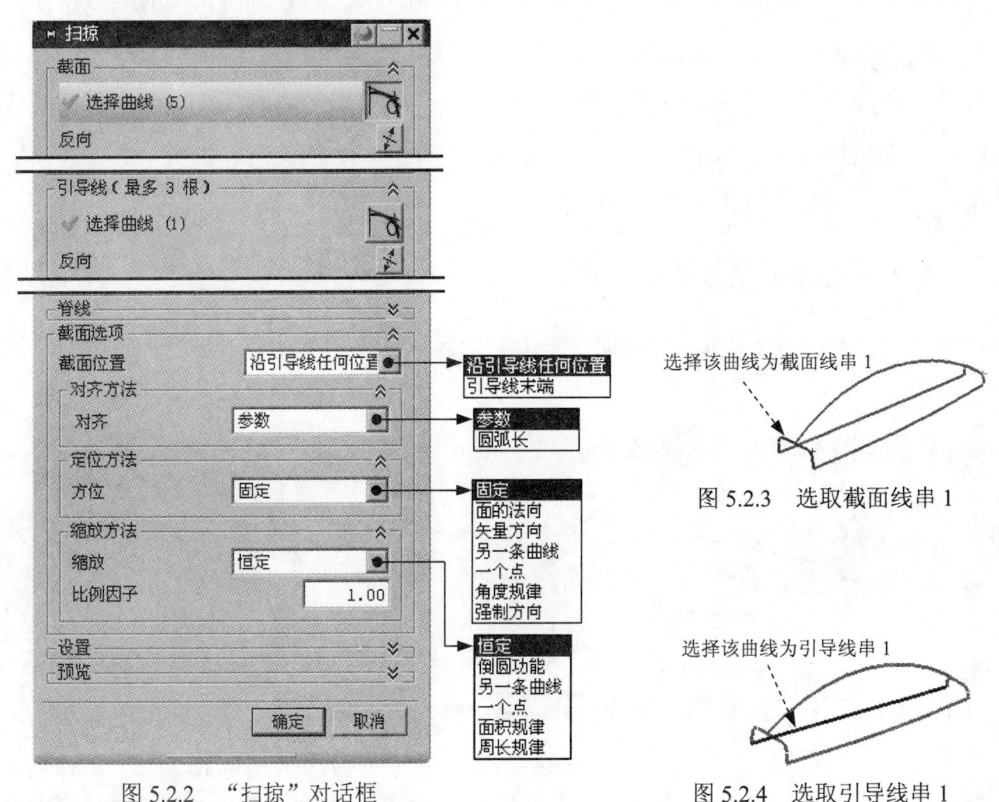

图 5.2.2 “扫掠”对话框

图 5.2.3 选取截面线串 1

图 5.2.4 选取引导线串 1

在扫掠时，截面线的方向无法唯一确定，所以需要通过添加约束来确定。该对话框中的按钮主要用于对扫掠曲面方向进行控制。

☑ 固定选项：在截面线串沿着引导线串移动时，保持固定的方向，并且结果是简单平行的或平移的扫掠。

☑ 面的法向选项：局部坐标系的第二个轴与一个或多个沿着引导线串每一点指定公有基面的法向向量一致，这样约束截面线串保持和基面的固定联系。

☑ 矢量方向选项：局部坐标系的第二个轴和用户在整个引导线串上指定的矢量一致。

☑ 另一条曲线选项：通过连接引导线串上相应的点和另一条曲线来获得局部坐标系的第二个轴（就好像在它们之间建立了一个直纹片体）。

☑ 一个点选项：与另一条曲线相似，不同之处在于第二个轴的获取是通过引导线串和点之间的三面直纹片体的等价对象实现的。

☑ 角度规律选项：让用户使用规律子函数定义一个规律来控制方向。旋转角度规律的方向控制具有一个最大值（限制），为100 圈（转），36000°。

- ☑ 强制方向选项：在沿导线串扫掠截面线串时，用户使用一个矢量固定截面的方向。

- 缩放方法下拉列表中各选项说明如下：

在“扫掠”对话框中，用户可以利用此功能定义一种扫掠曲面的比例缩放方式。

- ☑ 恒定选项：在扫掠过程中，使用恒定的比例对截面线串进行放大或缩小。
- ☑ 倒圆功能选项：定义引导线串的起点和终点的比例因子，并且在指定的起始和终止比例因子之间允许线性或三次比例。
- ☑ 另一条曲线选项：使用比例线串与引导线串之间的距离为比例参考值，但是此处在任意给定点的比例是以引导线串和其他的曲线或实边之间的直纹线长度为基础的。
- ☑ 一个点选项：使用选择点与引导线串之间的距离为比例参考值，选择此种形式的比例控制的同时，还可以（在构造三面扫掠时）使用同一个点作方向的控制。
- ☑ 面积规律选项：用户使用规律函数定义截面线串的面积来控制截面线比例缩放，截面线串必须是封闭的。
- ☑ 周长规律选项：用户使用规律函数定义截面线串的周长来控制截面线比例缩放。

2．选取两组引导线的方式进行扫掠

下面通过创建图 5.2.5 所示的曲面，来说明用选取两组引导线的方式进行扫掠的一般操作过程。

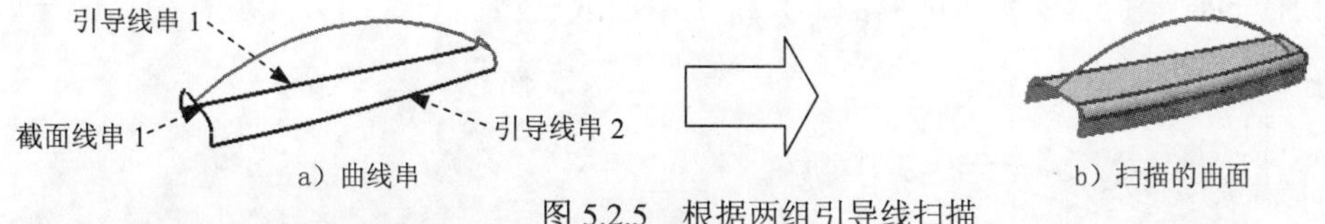

图 5.2.5　根据两组引导线扫描

Step1．打开文件 D:\ug6.8\work\ch05.02\swept.prt。

Step2．选择下拉菜单插入(S) ➡ 扫掠(W)▸ ➡ 扫掠(S)…命令，系统弹出图 5.2.6 所示的“扫掠”对话框。

Step3．定义截面线串和引导线串。选择图 5.2.7 所示的曲线为截面线串 1，单击中键完成截面线串 1 的选择；再次单击中键后，依次选取图 5.2.8 所示的两条曲线为引导线串 1 和引导线串 2，并分别单击中键确认，完成引导线串的选择。

Step4．定义截面位置。在截面选项区域截面位置下拉列表中选择沿引导线任何位置选项；在对齐方法区域对齐下拉列表中选择参数选项。

Step5．定义缩放方法。在缩放方法区域缩放下拉列表中选择均匀选项。

Step6. 在“扫掠”对话框中单击 确定 按钮，完成扫掠曲面的创建。

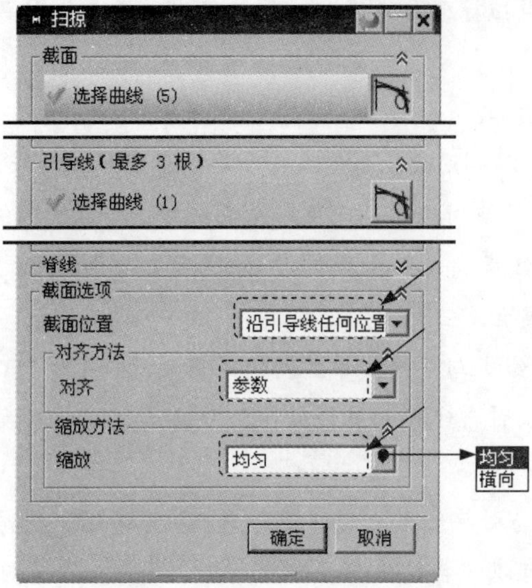

图 5.2.6 “扫掠”对话框

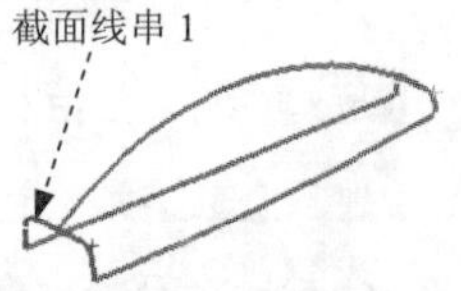

图 5.2.7 选取截面线串 1

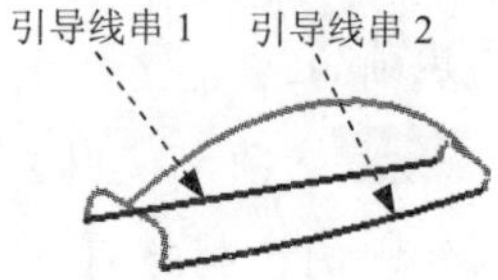

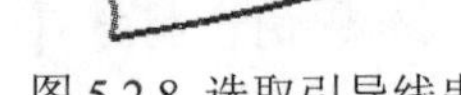

图 5.2.8 选取引导线串

图 5.2.6 所示“扫掠”对话框的部分选项说明如下：

如果选择两条引导线进行扫掠，则截面线在沿着引导线扫掠的方式已经确定，但是截面线尺寸在扫掠过程中是变化的，用户可以选择两种缩放方式。

- ☑ 均匀选项：截面线串沿着引导线串的各个方向进行缩放。
- ☑ 横向选项：只有截面线串的两端沿着引导线串缩放。

3. 选取三组引导线的方式进行扫掠

下面通过创建图 5.2.9 所示的曲面，来说明用选取三组引导线的方式进行扫掠的一般操作过程。

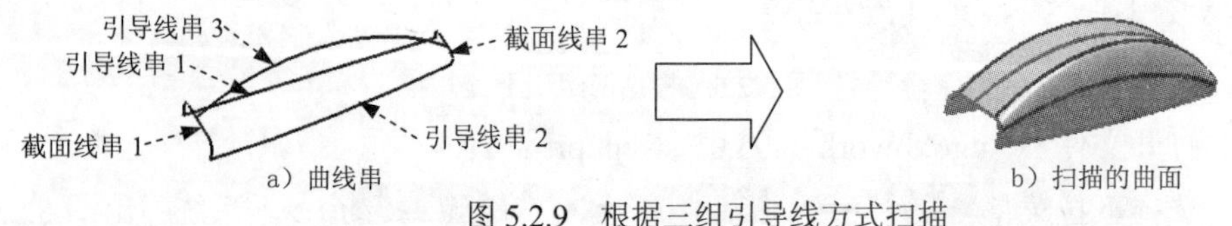

图 5.2.9 根据三组引导线方式扫描

Step1. 打开文件 D:\ug6.8\work\ch05.02\swept.prt。

Step2. 选择下拉菜单 插入(S) → 扫掠(W) → 扫掠(S)... 命令，系统弹出图 5.2.10 所示的“扫掠”对话框。

Step3. 定义截面线串和引导线串。依次选取图 5.2.11 所示的两条曲线为截面线串 1 和截面线串 2，并分别单击中键确认，完成截面线串的选择；再次单击中键后，依次选取图 5.2.12 所示的三条曲线为引导线串 1、引导线串 2 和引导线串 3，并分别单击中键确认，完成引导线串的选择。

注意：在选择截面线串时，一定要保证两个截面的方向对应，否则不能生成正确的曲面。

Step4. 定义截面变化形式。在截面选项区域插值下拉列表中选择线性选项，其他参数采用系统默认设置。

Step5. 在“扫掠”对话框中单击 确定 按钮，完成扫掠曲面的创建。

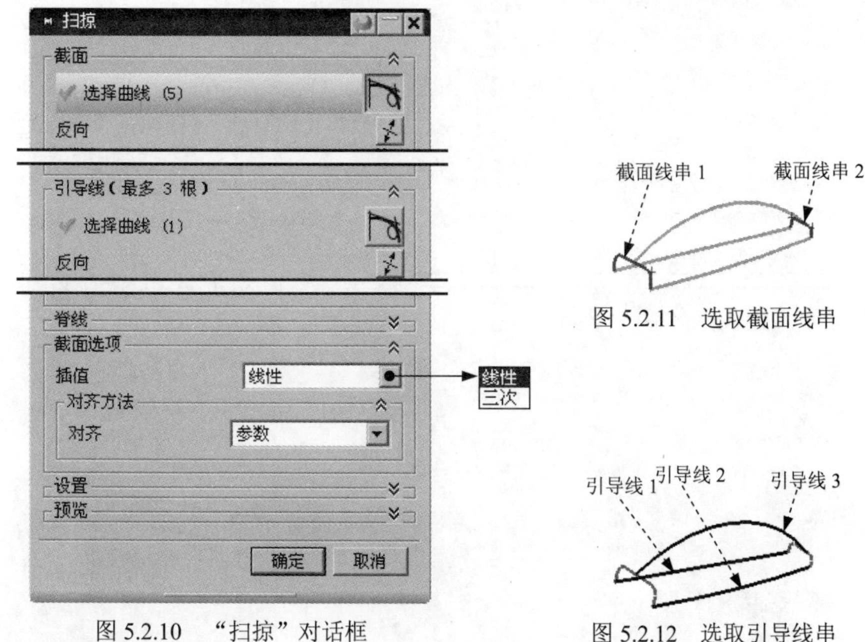

图 5.2.10 “扫掠”对话框

图 5.2.11 选取截面线串

图 5.2.12 选取引导线串

4．扫掠脊线的作用

下面通过创建图 5.2.13 所示的曲面来说明扫掠过程中脊线的作用。

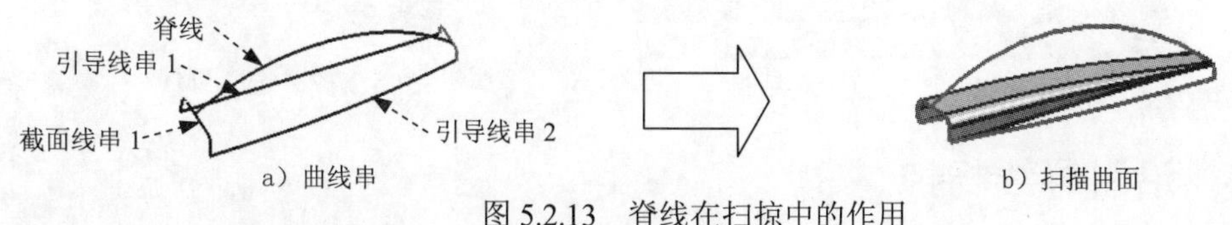

图 5.2.13 脊线在扫掠中的作用

Step1. 打开文件 D:\ug6.8\work\ch05.02\swept.prt。

Step2. 选择下拉菜单插入(S) → 扫掠(W) → 扫掠(S)...命令，系统弹出图 5.2.14 所示的“扫掠”对话框。

Step3. 定义截面线串。选取图 5.2.15 所示的曲线为截面线串 1，单击中键确认，完成截面线串的选择。

Step4. 定义引导线串。再次单击中键后，依次选取图 5.2.16 所示的两条曲线为引导线串 1 和引导线串 2，并分别单击中键确认，完成引导线串的选择。

Step5. 定义脊线串。在脊线区域中单击按钮，然后选取图 5.2.17 所示的曲线为脊曲线，并单击中键确认。

说明：在扫掠过程中使用脊线是为了更好地控制截面线串的方向。

Step6. 在区域设置中选中☑保留形状复选框，其他参数采用系统默认设置。

Step7. 在“扫掠”对话框中单击确定按钮，完成扫掠曲面的创建。

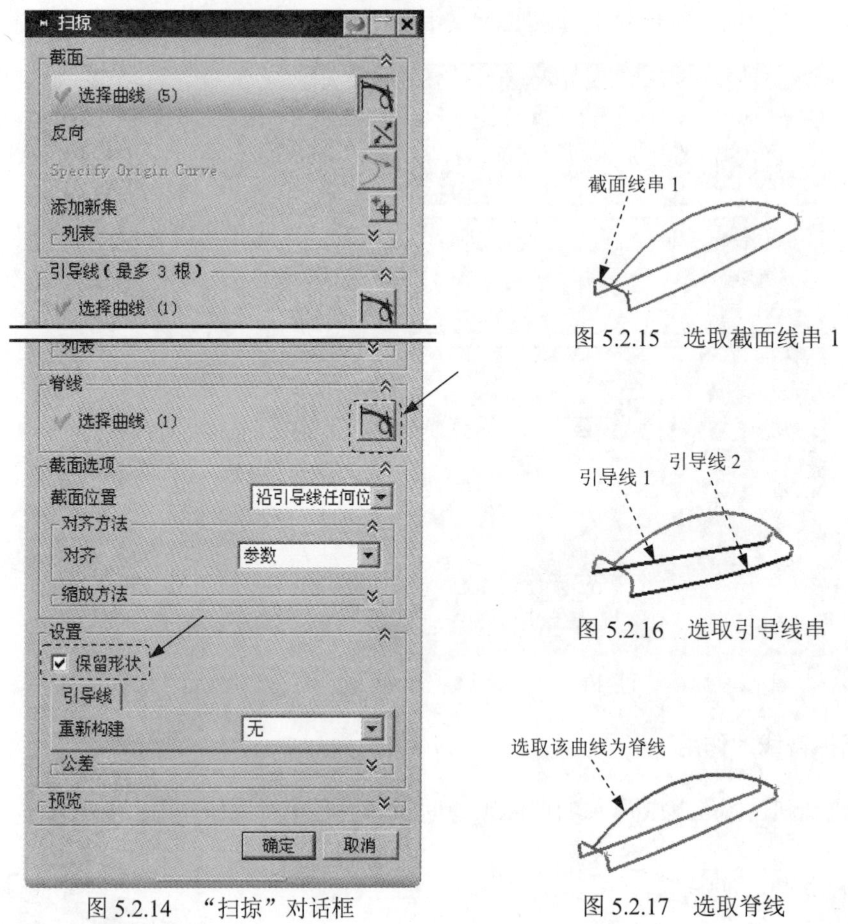

图 5.2.14　“扫掠”对话框

图 5.2.15　选取截面线串 1

图 5.2.16　选取引导线串

图 5.2.17　选取脊线

5.2.2　沿引导线扫掠

“沿引导线扫掠”命令是通过沿着引导线串移动截面线串来创建曲面（当截面线串封闭时，生成的则为实体）。其中引导线串可以由一个或一系列曲线、边或面的边缘线构成；截面线串可以由开放的或封闭的边界草图、曲线、边缘或面构成。下面通过创建图 5.2.18 所示的曲面来说明沿引导线扫掠的一般操作步骤。

Step1. 打开文件 D:\ug6.8\work\ch05.02\sweep.prt。

图 5.2.18　沿引导线扫掠

Step2. 选择下拉菜单插入(S) ➡ 扫掠(W)▸ ➡ 沿引导线扫掠(G)...命令，系统弹出图 5.2.19 所示的“沿引导线扫掠”对话框。

Step3. 选取图 5.2.20 所示的曲线为截面线串 1，单击中键确定。

Step4. 选取图 5.2.21 所示的螺旋线为引导线串 1。

Step5. 在“沿引导线扫掠”对话框中单击 确定 按钮，完成扫掠曲面的创建。

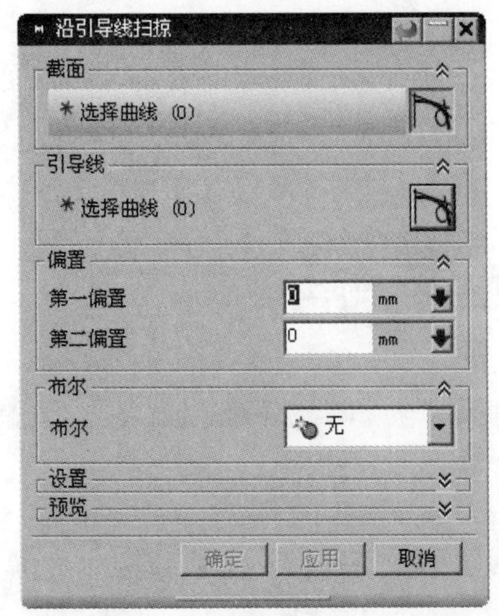

图 5.2.19　“沿引导线扫掠”对话框

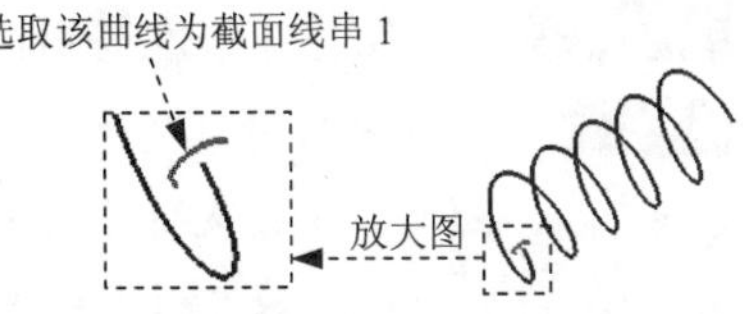

图 5.2.20　选取截面线串 1

图 5.2.21　选取引导线串 1

5.2.3　样式扫掠

使用“样式扫掠”命令可以根据一组曲线快速制定精确、光顺的自由曲面，最多可以选取两组引导线串和两组截面线串。定义样式扫掠的方式是一个或两个截面沿指定的引导线串移动，也可以使用接触曲线或脊曲线来定义曲面的方位。动态编辑工具可以帮助用户浏览即时更改设计，这样用户就可以体会所生成曲面的美学或实践意义。下面通过创建图 5.2.22 所示的曲面来说明创建样式扫掠的一般操作步骤。

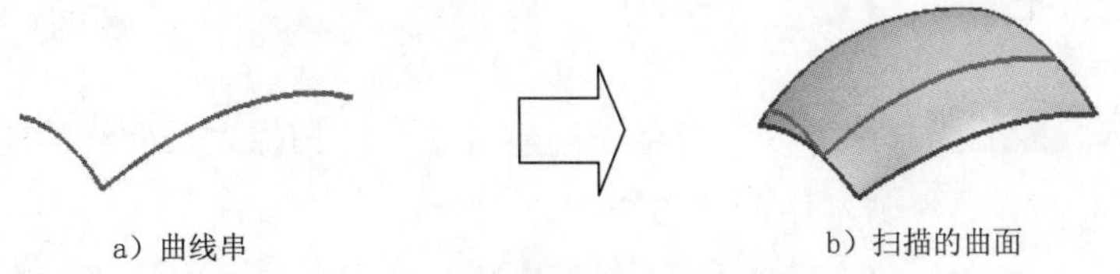

a）曲线串　　b）扫描的曲面

图 5.2.22　样式扫掠创建曲面

Step1. 打开文件 D:\ug6.8\work\ch05.02\styled_swept.prt。

Step2. 选择下拉菜单插入(S) ➡ 扫掠(W)▸ ➡ 样式扫掠(Y)...命令，系统弹出图 5.2.23 所示的“样式扫掠”对话框。

图 5.2.23 所示“样式扫掠”对话框中部分选项的说明如下：

- 固定线串下拉列表：包含引导线、截面和引导线和截面三个选项，用于指定扫掠与引导线串、截面线串或两者保持接触。如果用户选择引导线与截面，则中心点定位和旋转形状控制将不可用。
- 截面方位下拉列表：包含平移、保持角度 设为垂直和用户定义四个选项。
  - ☑ 平移：通过在沿引导线串平移截面的同时保持截面的全局方向来创建扫掠。注意，当用户选择此方向时将没有参考选项。
  - ☑ 保持角度：当沿引导线串扫掠截面时使截面保持它们与参考之间的初始角度。
  - ☑ 设为垂直于：将截面置于在沿引导曲线的每个点上都垂直于参考的平面中。
  - ☑ 用户定义：使用定位算法自动定位扫掠，其中截面垂直于引导线串。方位是通过引导线串的起点和终点连线的本地相切法向来定义的。
- 形状控制区域：包含枢轴点位置、旋转、比例和部分扫掠四个选项。
  - ☑ 枢轴点位置（枢轴点定位）：手柄允许用户沿着 X、Y、Z 轴移动样式扫掠。
  - ☑ 旋转（旋转）：从指定的点开始将曲面旋转指定的角度。
  - ☑ 刻度尺（缩放）：手柄允许用户调整样式扫掠的大小。
  - ☑ 部分扫掠（部分扫掠）：手柄允许用户调整扫掠样式边的外部限制。

Step3. 设置对话框选项。在“样式扫掠”对话框固定线串下拉列表中选择引导线选项，在形状控制区域方法下拉列表中选择枢轴点位置选项。

Step4. 定义截面线串。在图形区选择图 5.2.24 所示的曲线 1 为截面线串，单击中键确认。

Step5. 定义引导线串。再次单击中键之后，选取图 5.2.24 所示的曲线 2 为引导线串 1，单击中键确认。Step6. 单击图 5.2.25 所示的基点，沿引导线和截面线分别拖动基点，结果如图 5.2.26 所示。

Step6. 在“样式扫掠”对话框中单击确定按钮，完成样式扫掠曲面的创建，如图 5.2.27 所示。

5.2.4 变化的扫掠

使用变化的扫掠(V)...命令可以沿着路径创建有变化地扫掠主截面线的实体或曲面。用户可从单个主横截面在一个特征中创建多个体。

主横截面是使用草图生成器中的路径上的草图选项创建的草图。为草图选择的路径定义草图在路径上的原点。用户可使用草图生成器的相交命令，添加可选导轨，以便在主横截面沿路径扫掠时用作其引导线，导轨可为曲线或边缘。

用户可定义路径上的草图的部分或全部几何体，以便用作扫掠的主横截面。在扫掠过程中，主横截面不能保持恒定；它可能随路径位置函数和草图内部约束而更改其几何形状。

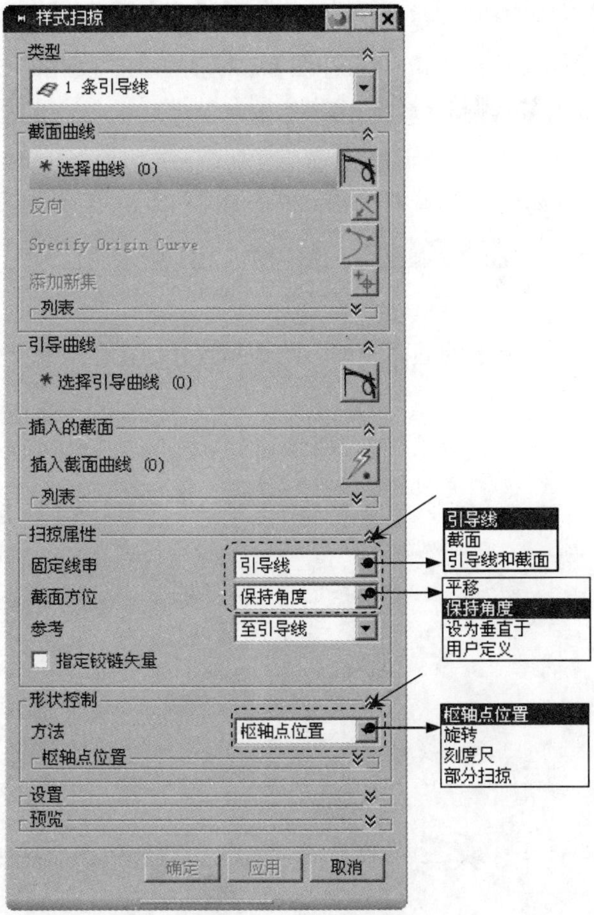

图 5.2.23　“样式扫掠”对话框

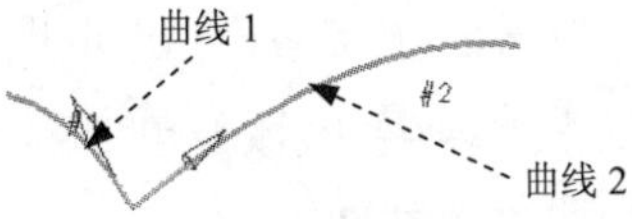

图 5.2.24　选取参照曲线

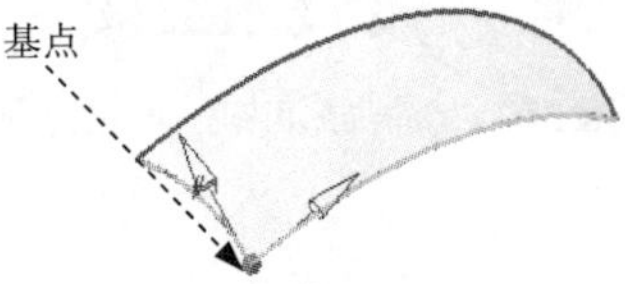

图 5.2.25　显示基点

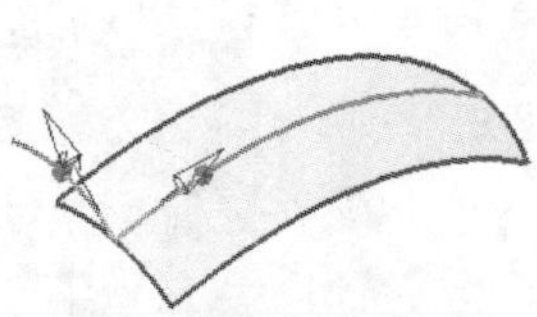

图 5.2.26　拖动基点

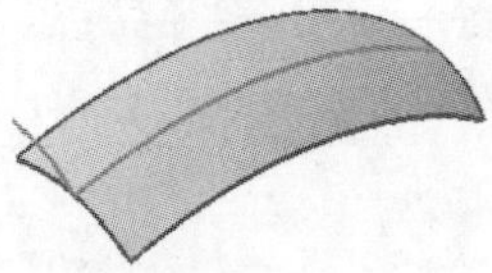

图 5.2.27　样式扫掠

只要参与操作的导轨没有明显偏离，扫掠就将跟随整个路径。如果导轨偏离过多，则系统能通过导轨和路径之间的最后一个可用的交点确定路径长度，系统可根据需要延伸导轨。下面通过创建图 5.2.28 所示的曲面来说明变化的扫掠的一般步骤。

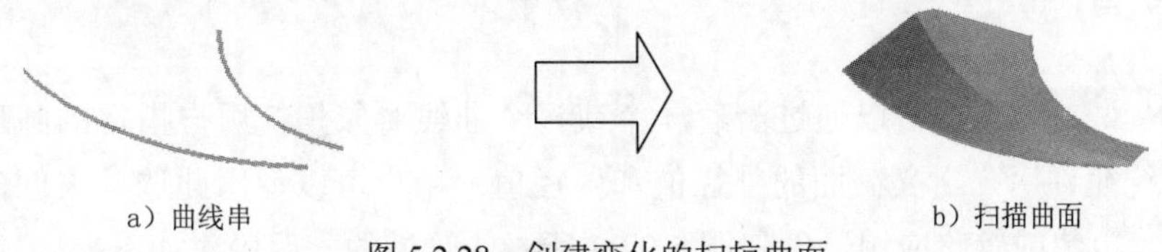

a）曲线串　　b）扫描曲面

图 5.2.28　创建变化的扫掠曲面

Step1. 打开文件 D:\ug6.8\work\ch05.02\variational_sweep.prt。

Step2. 选择下拉菜单 插入(S) → 扫掠(W) → 变化的扫掠(V)... 命令，系统弹出图 5.2.29 所示的“变化的扫掠”对话框。

图 5.2.29 所示“变化的扫掠”对话框中部分按钮的说明如下：

- ：定义新草图截面为扫掠截面。
- ：选择存在的曲线为扫掠截面。

Step3. 选择绘制截面命令。在“变化的扫掠”对话框中单击按钮。

Step4. 定义路径。选取图 5.2.30 所示曲线上的一点，在图 5.2.29 所示的“变化的扫掠”对话框平面位置区域位置下拉列表中选择圆弧长选项，在圆弧长本框中输入 0，单击确定按钮，进入草图平面。

Step5. 创建图 5.2.31 所示的曲线 1 与草图平面的交点 1。选择下拉菜单插入(S) → 来自曲线集的曲线(F) → 交点(N)...命令，选取图 5.2.31 所示的曲线 1 为要相交的曲线，单击确定按钮。

Step6. 绘制截面线串。绘制图 5.2.32 所示的截面线串，两个端点分别在原点和交点 1 上。

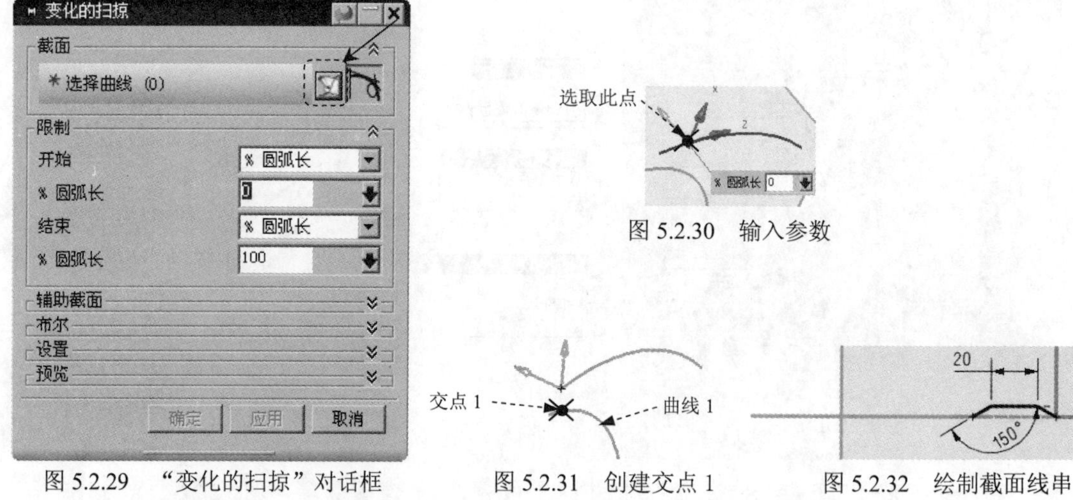

图 5.2.29 “变化的扫掠”对话框

图 5.2.30 输入参数

图 5.2.31 创建交点 1

图 5.2.32 绘制截面线串

Step7. 选择下拉菜单草图(K) → 完成草图(K)命令，完成草图定义。

Step8. 单击确定按钮，完成扫掠曲面的创建。

5.2.5 管道

使用管道(T)...命令可以通过沿着一个或多个曲线对象扫掠用户指定的圆形截面来创建实体。系统允许用户定义截面的外径值和内径值。用户可以使用此选项来创建线捆、电气线路、管、电缆或管路应用。创建图 5.2.33 所示的管道的一般操作如下：

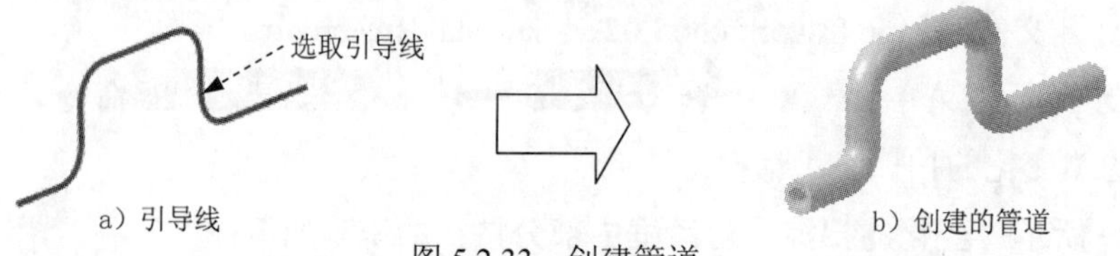

图 5.2.33 创建管道

Step1. 打开文件 D:\ug6.8\work\ch05.02\tube.prt。

Step2. 选择下拉菜单插入(S) → 扫掠(W) → 管道(T)...命令，系统弹出图 5.2.34

所示的“管道”对话框。

Step3. 定义引导线。选择图 5.2.33a 所示的曲线为引导线。

Step4. 设置内外直径的大小。在“管道”对话框中横截面区域外径文本框中输入 8，在内径文本框中输入 5。

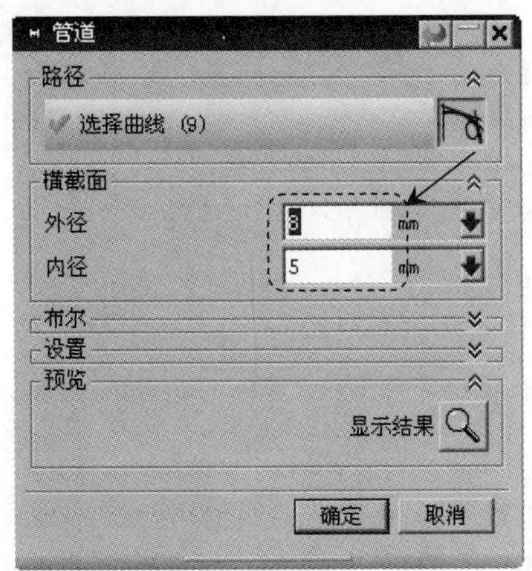

图 5.2.34　“管道”对话框

Step5. 在“管道”对话框中单击确定按钮，完成管道的创建。

5.3　桥 接 曲 面

使用桥接(B)...命令可以在两个曲面间建立一张过渡曲面，且可以在桥接和定义面之间指定相切连续性或曲率连续性，还可以选择侧面或线串（至多两个，任意组合）或拖动选项来控制桥接片体的形状。各个控制方式创建桥接曲面的方法说明如下。

1. 拖动控制方式

下面通过创建图 5.3.1 所示的桥接曲面，来说明拖动控制桥接操作的一般操作。

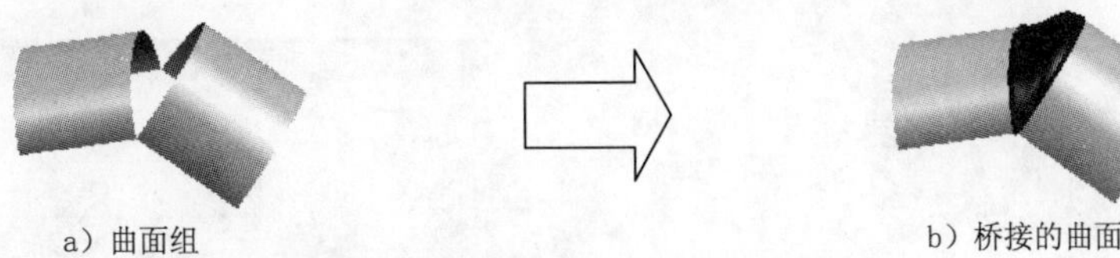

a）曲面组　　b）桥接的曲面

图 5.3.1　拖动控制方式创建桥接曲面

Step1. 打开文件 D:\ug6.8\work\ch05.03\bridge_surface01.prt。

Step2. 选择下拉菜单插入(S) → 细节特征(L)▸ → 桥接(B)...命令，系统弹出图 5.3.2 所示的“桥接”对话框。

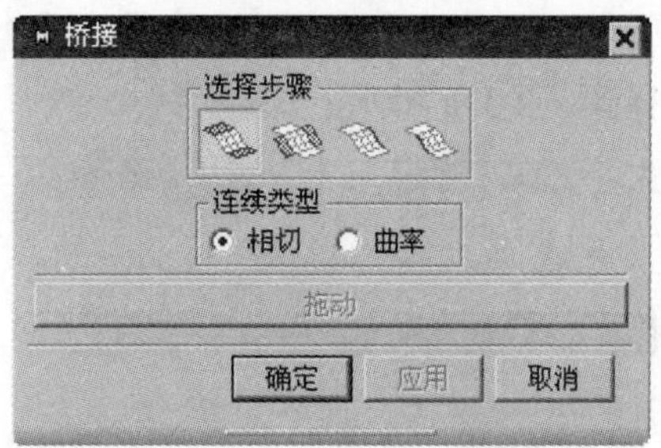

图 5.3.2 “桥接”对话框

图 5.3.2 所示“桥接”对话框中的部分选项说明如下：

- 选择步骤区域：用于选取“桥接”所需要的曲面和线串。
  - ☑ （主面）：选择两个主面。
  - ☑ （侧面）：选择一个或两个侧面，也可以不选。
  - ☑ （第一侧面线串）：选择第一组侧面线串来引导桥接的形状，也可以不选。
  - ☑ （第二侧面线串）：选择第二组侧面线串来引导桥接的形状，也可以不选。
- 连续类型区域：用于设置主面与桥接曲面之间的连续方式。
  - ☑ 相切：让选择的主面与桥接曲面之间以斜率方式连续。
  - ☑ 曲率：让选择的主面与桥接曲面之间以曲率方式连续。
- 拖动按钮：在单击应用按钮后，此按钮被激活，用户可以在图形区按住鼠标左键拖动，来调整所生成的曲面形状。

Step3. 定义主面。选择图 5.3.3 所示的 2 个曲面为主面，此时在两主面间的边缘将出现图 5.3.3 所示的方向箭头。在“桥接”对话框中单击应用按钮，此时对话框中的拖动按钮被激活。

注意：在选择主面时要注意鼠标的点选位置，应靠近要生成桥接的边界选取，否则无法生成需要的桥接曲面。

Step4. 定义相切约束。在“桥接”对话框连续类型区域中选择相切并单击拖动按钮，系统弹出图 5.3.4 所示的“拖拉桥接曲面”对话框。

图 5.3.3 选取主面

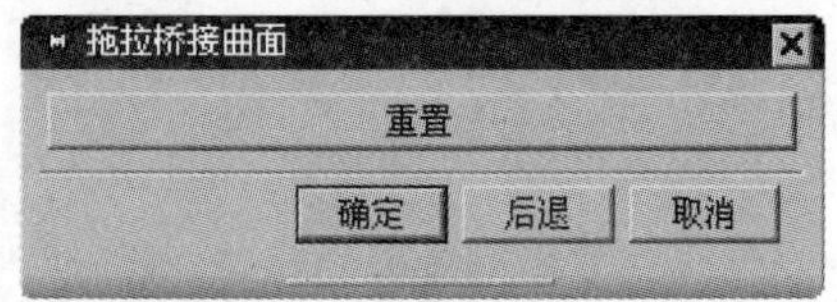

图 5.3.4 “拖拉桥接曲面”对话框

Step5. 调整曲面形状。按住鼠标左键不放，拖动曲面，桥接曲面的形状发生改变，达到用户要求后，放开左键。

注意：当拖动后的形状不符合用户要求时，可在“拖拉桥接曲面”对话框中单击重置按钮，回到初始的状态。

Step6. 单击确定按钮，完成桥接曲面的创建。

Step7. 单击 取消 按钮，退出“桥接”对话框。

2. 侧面控制方式

下面通过创建图 5.3.5 所示的桥接曲面，来说明侧面控制桥接操作的一般操作步骤。

Step1. 打开文件 D:\ug6.8\work\ch05.03\bridge_surface02.prt。

Step2. 选择下拉菜单 插入(S) → 细节特征(L) → 桥接(B)... 命令，系统弹出“桥接”对话框。

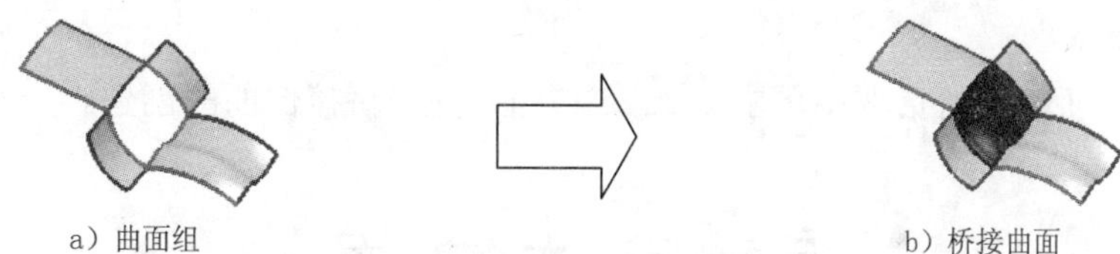

a）曲面组　　b）桥接曲面

图 5.3.5 侧面控制方式创建桥接曲面

Step3. 定义主面和侧面。依次选取图 5.3.6 所示的曲面 1 和曲面 2 为主面，然后依次选取图 5.3.7 所示的曲面 3 和曲面 4 为侧面。

注意：在选择侧面时要注意鼠标的点选位置，虽然选择的是面但在生成桥接中用的还是面的某一条边，因此在选择侧面时应靠近想要使用的边缘处选取，否则系统会出现图 5.3.8 所示“消息”对话框，提示不能生成正确的桥接曲面。

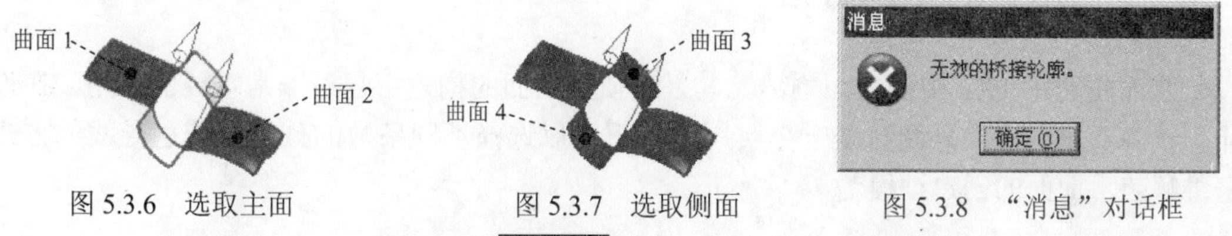

图 5.3.6 选取主面　　图 5.3.7 选取侧面　　图 5.3.8 “消息”对话框

Step4. 在“桥接”对话框中单击 确定 按钮，完成桥接曲面的创建。

3. 线串控制方式

下面通过创建图 5.3.9 所示的桥接曲面，来说明使用线串控制桥接的一般操作步骤。

Step1. 打开文件 D:\ug6.8\work\ch05.03\bridge_surface03.prt。

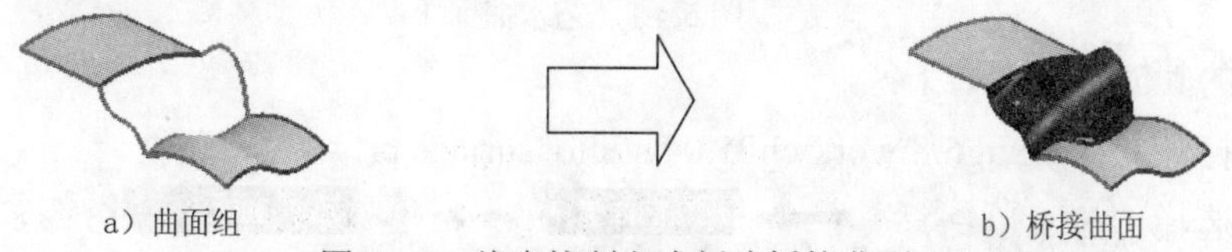

a）曲面组　　b）桥接曲面

图 5.3.9 线串控制方式创建桥接曲面

Step2. 选择下拉菜单 插入(S) → 细节特征(L) → 桥接(B)... 命令，系统弹出“桥接”对话框。

Step3. 定义主面。依次选取图 5.3.10 所示的曲面 1 和曲面 2 为主面。

Step4. 定义侧面线串。在“桥接”对话框 选择步骤 区域单击“第一侧面线串”按钮，选取图 5.3.11 所示的曲线 1 为第一线串，单击鼠标中键确认，然后选取图 5.3.11 所示的曲线 2 为第二侧面线串。

图 5.3.10 选取主面　　图 5.3.11 选取侧面线串

注意：选择主面和侧面线串时，所选的主面一定要和侧面线串相对应，否则最后不能生成正确的曲面。

Step5. 在“桥接”对话框中单击 确定 按钮，完成桥接曲面的创建。

5.4 艺术曲面

UG NX 7.0 允许用户使用预设置的曲面构造方法快速、简捷地创建艺术曲面。创建艺术曲面之后，通过添加或删除截面线串和引导线串，可以重新构造曲面。该工具还提供了连续性控制和方向控制选项。

5.4.1 艺术曲面构建方法

艺术曲面在 UG 中的曲面构建尤其是高质量的面的构建中起着非常重要的作用，在设计有较高要求的产品外观时是十分实用的，下面以选择不同条数的截面线或引导线的方式来讲解艺术曲面的创建过程。

方法一：利用一条截面线串和一条引导线串进行创建，如图 5.4.1 所示。

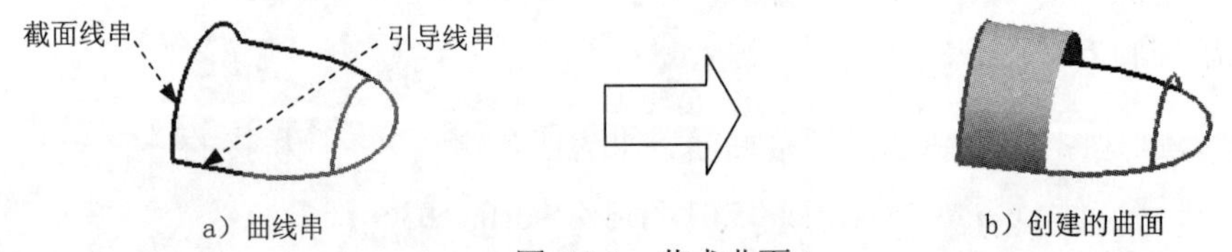

a）曲线串　　b）创建的曲面

图 5.4.1 艺术曲面 1

方法一的其创建过程如下：

Step1. 打开文件 D:\ug6.8\work\ch05.04\stidio_surface.prt。

Step2. 选择下拉菜单 插入(S) ➡ 网格曲面(M) ➡ 艺术曲面(U)... 命令，系统弹出图 5.4.2 所示的“艺术曲面” 对话框。

Step3. 定义截面线。选取图 5.4.3 所示的曲线 1 为截面线，此时曲线 1 上出现图 5.4.3 所示的方向箭头，单击鼠标中键确认。

Step4. 定义引导线。再次单击中键后，在“选择条”工具栏的“曲线规则”下拉列表中选择 单条曲线 选项，然后选取图 5.4.3 所示的曲线 2 为引导线，此时曲线 2 上出现图 5.4.3

所示的方向箭头；曲面形状预览如图 5.4.4 所示。

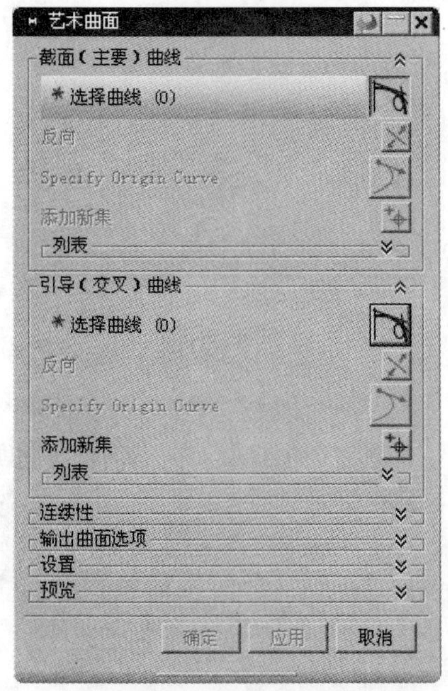

图 5.4.2　“艺术曲面”对话框

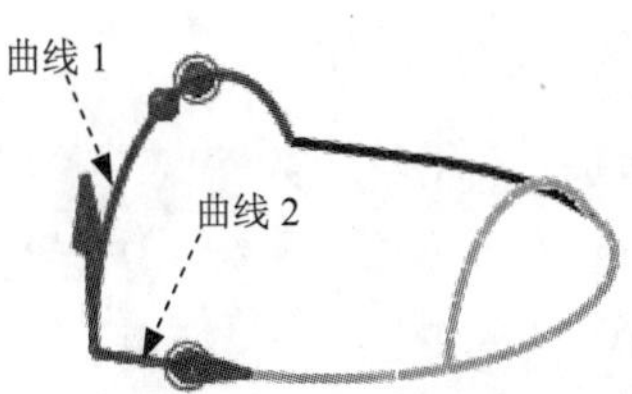

图 5.4.3　选择曲线

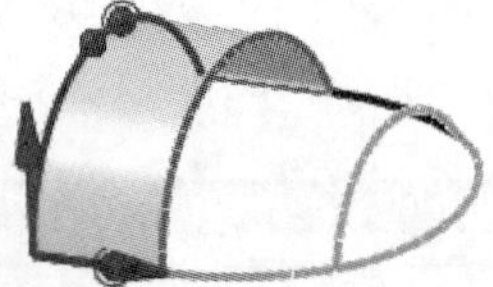

图 5.4.4　曲面预览

Step5. 单击 确定 按钮，完成艺术曲面的创建。

方法二：　利用一条截面线串和两条引导线串进行创建，如图 5.4.5 所示。

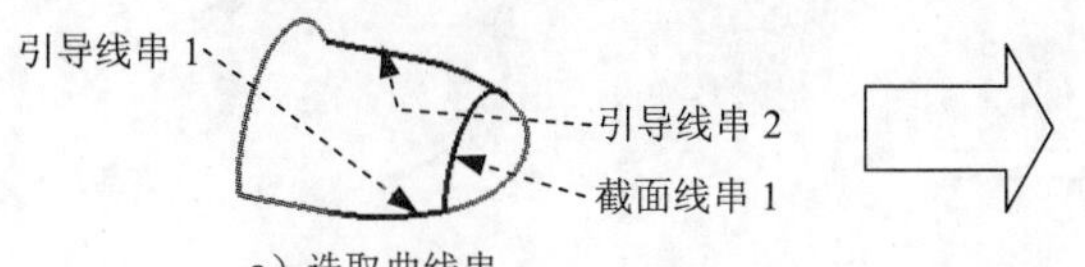

图 5.4.5　艺术曲面 2

方法三：利用两条截面线串和两条引导线串进行创建，如图 5.4.6 所示。

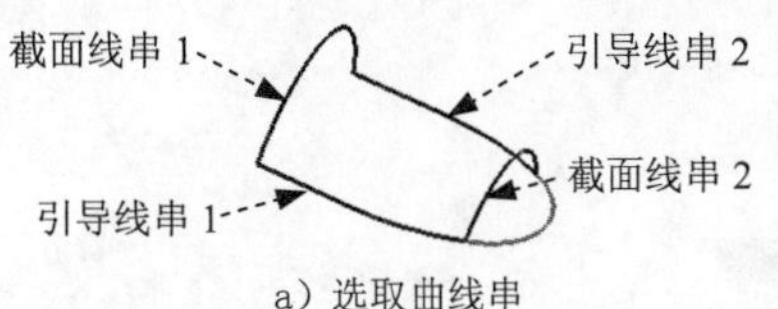

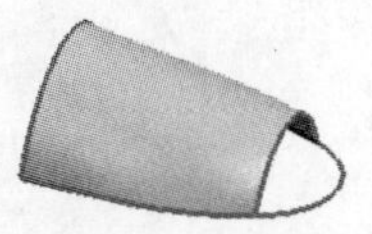

图 5.4.6　艺术曲面 3

方法四：利用两条截面线串进行创建，如图 5.4.7 所示。

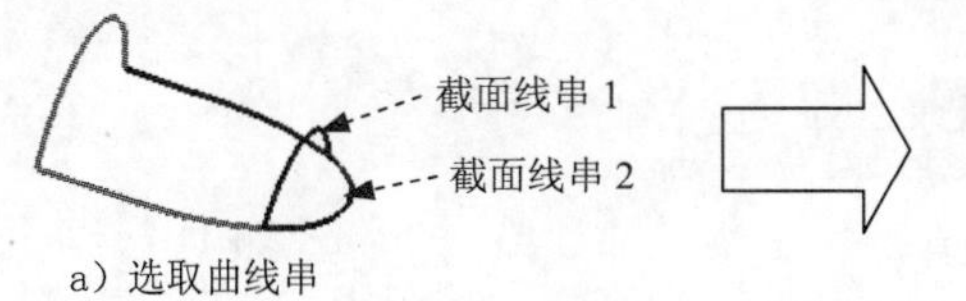

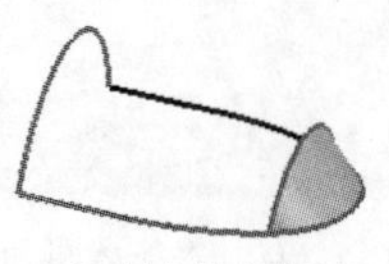

图 5.4.7　艺术曲面 4

方法五：利用多条截面线串和引导线串来进行创建，如图 5.4.8 所示。

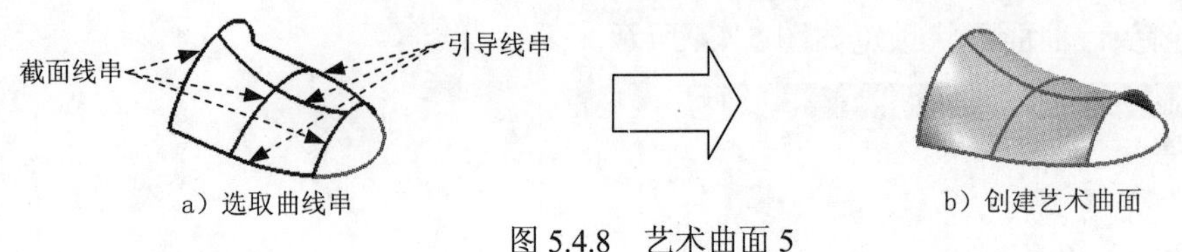

图 5.4.8 艺术曲面 5

方法五的创建过程如下。

Step1. 打开文件 D:\ug6.8\work\ch05.04\stidio_surface_nn.prt。

Step2. 选择下拉菜单 插入(S) → 网格曲面(M) → 艺术曲面(U)... 命令，系统弹出图 5.4.9 所示的“艺术曲面” 对话框。

Step3. 定义截面线串。在图形区选择图 5.4.10 所示的曲线 1 为截面 1，此时曲线 1 上出现图 5.4.10 所示的方向箭头，单击鼠标中键确认；选取图 5.4.10 所示的曲线 2 为截面 2，此时曲线 2 上出现图 5.4.10 所示的方向箭头，单击鼠标中键确认；选取图 5.4.10 所示的曲线 3 为截面 3，此时曲线 3 上出现图 5.4.10 所示的方向箭头，单击鼠标中键确认。

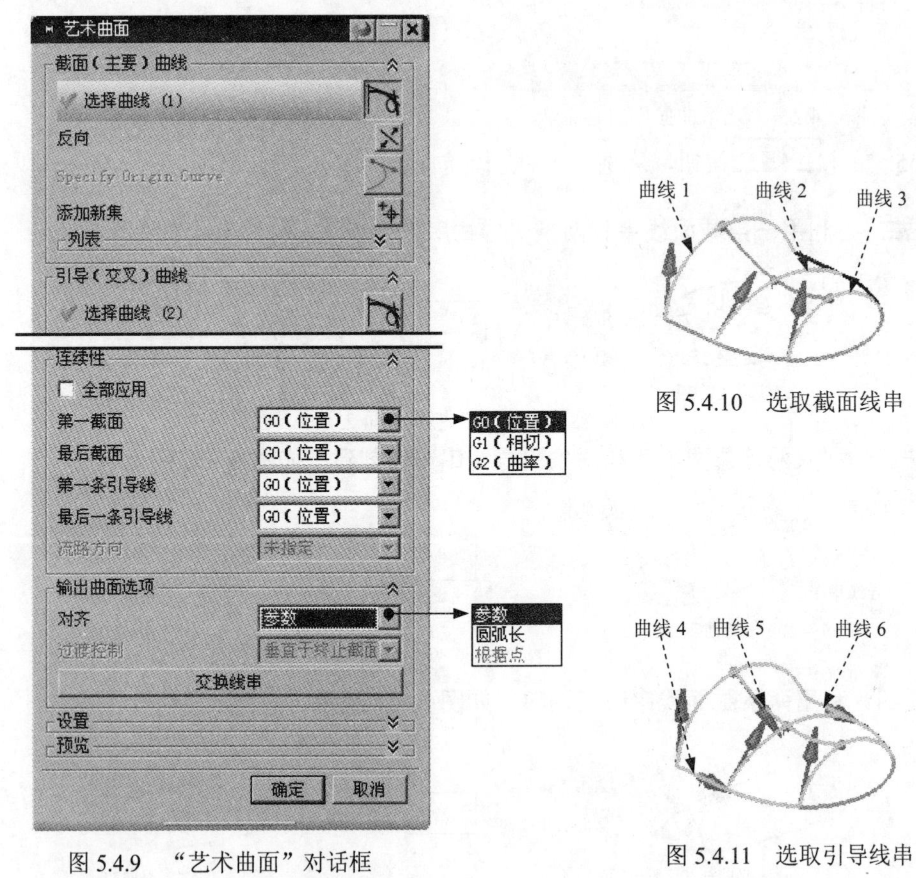

图 5.4.9 “艺术曲面”对话框

图 5.4.10 选取截面线串

图 5.4.11 选取引导线串

Step4. 定义引导线串。在 引导（交叉）曲线 区域单击 选择曲线 (0) 右侧的按钮，在“选择条”工具栏的“曲线规则”下拉列表中选择 单条曲线 选项，在图形区选取图 5.4.11 所示的曲线 4

为引导线 1，此时曲线 4 上出现图 5.4.11 所示的方向箭头，单击鼠标中键确认；选取图 5.4.11 所示的曲线 5 为引导线 2，此时曲线 5 上出现图 5.4.11 所示的方向箭头，单击鼠标中键确认；选取图 5.4.11 所示的曲线 6 为引导线 3，此时曲线 6 上出现图 5.4.11 所示的方向箭头，单击鼠标中键确认，此时曲面的形状由这几条曲线完全控制。

注意：在选择截面线组时，要保证各自曲线的方向一致，否则不能生成正确的曲面。

Step5. 在“艺术曲面”对话框中单击 确定 按钮，完成艺术曲面的创建。

图 5.4.9 所示“艺术曲面”对话框中部分选项的说明如下：

- 连续性 区域：该选项用于对所生成曲面的起始端和终止端定义约束条件。
  - ☑ ☑全部应用：截面和引导线连续方式相同。
- 第一截面、最后截面、第一条引导线 和 最后一条引导线 的连续方式分为以下 3 种。
  - ☑ G0（位置）：点连续，无约束。
  - ☑ G1（相切）：生成的曲面与指定面相切连续。
  - ☑ G2（曲率）：生成的曲面与指定面曲率连续。

5.4.2　艺术曲面应用范例

本例通过综合使用以上各种方法来创建曲面，并进行加厚处理。图 5.4.12 所示的鼠标外壳的创建操作过程如下：

a）草图曲线

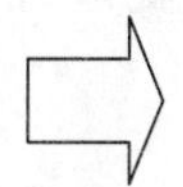

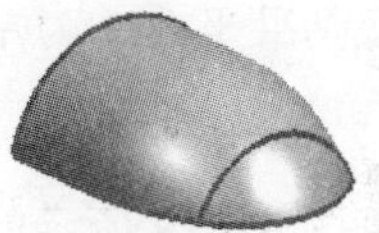
b）创建的曲面

图 5.4.12　创建曲面

Stage1. 创建曲线

Step1. 新建一个三维模型文件，将其命名为 mouse_cover。

Step2. 创建图 5.4.13 所示的曲线 1。

（1）选择下拉菜单 插入(S) → 草图(S)... 命令（或单击 按钮）。

（2）选取 XC-YC 基准平面为草图平面，接受系统默认的方向，单击 确定 按钮，进入草图环境。

（3）绘制图 5.4.14 所示的截面草图。

（4）选择下拉菜单 草图(K) → 完成草图(K) 命令（或单击 完成草图 按钮），退出草图环境。

Step3. 创建图 5.4.15 所示的曲线 2。

（1）选择下拉菜单插入(S) → 来自曲线集的曲线(F) → 镜像(M)...命令，系统弹出“镜像曲线”对话框。

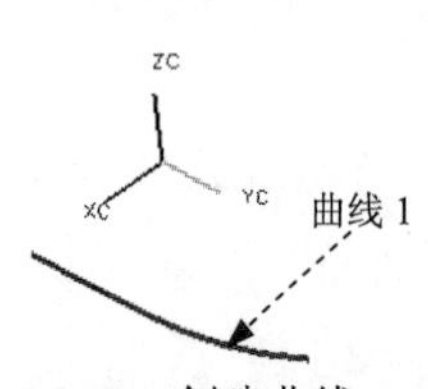

图 5.4.13 创建曲线 1

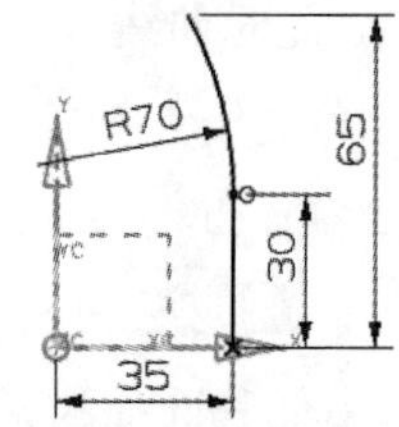

图 5.4.14 绘制截面草图

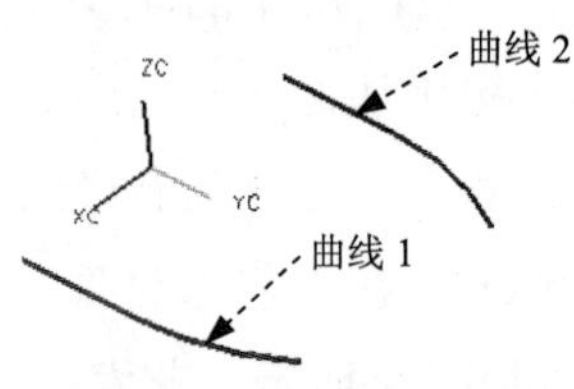

图 5.4.15 创建曲线 2

（2）定义镜像曲线。选择 Step2 中所绘制的曲线 1 为要镜像的曲线。

（3）定义镜像平面。选取 ZC-YC 基准平面为镜像平面；其他参数采用系统默认设置。

（4）单击确定按钮，完成曲线 2 的创建。

Step4. 创建图 5.4.16 所示的曲线 3。

（1）选择下拉菜单插入(S) → 基准/点(D) → 基准平面(D)...命令，系统弹出“基准平面”对话框。

（2）在“基准平面”对话框类型区域下拉列表中选择点和方向选项；选取曲线 2 的端点；在法向区域指定矢量右侧的下拉列表中选择YC选项；单击确定按钮，完成图 5.4.17 所示基准平面 1 的创建。

（3）选择下拉菜单插入(S) → 草图(S)...命令（或单击按钮）。

（4）选取基准平面 1 为草图平面，接受系统默认的方向，单击确定按钮，进入草图环境。

（5）绘制图 5.4.18 所示的截面草图。

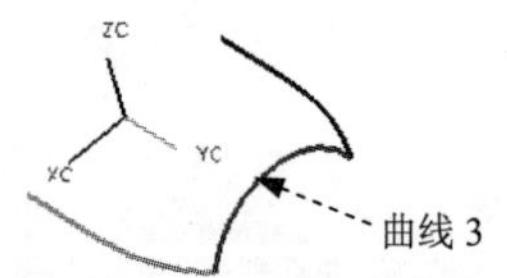

图 5.4.16 创建曲线 3

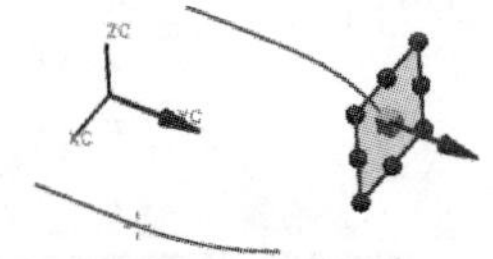

图 5.4.17 基准平面 1

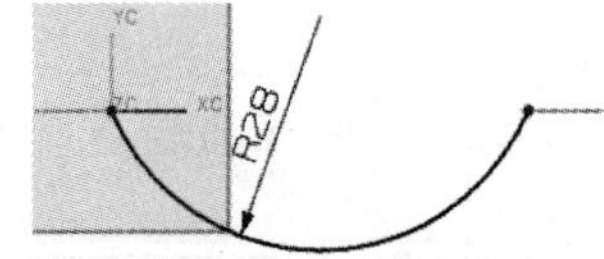

图 5.4.18 绘制截面草图

（6）选择下拉菜单草图(K) → 完成草图(K)命令（或单击完成草图按钮），退出草图环境。

Step5. 创建图 5.4.19 所示的曲线 4。

（1）选择下拉菜单插入(S) → 草图(S)...命令（或单击按钮）。

（2）设置 XC-YC 基准平面为草图平面，接受系统默认的方向。单击确定按钮，进入草图环境。

（3）绘制图 5.4.19 所示的截面草图。

（4）选择下拉菜单草图(K) → 完成草图(K)命令，退出草图环境。

Step6. 创建图 5.4.20 所示的曲线 5。

（1）选择下拉菜单插入(S) ➡ 草图(S)...命令（或单击按钮）。

（2）选择 ZC-YC 基准平面为草图平面，采用系统默认的方向，单击确定按钮，进入草图环境。

（3）绘制图 5.4.21 所示的曲线。

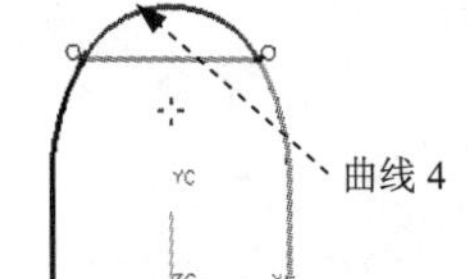

图 5.4.19　绘制截面草图 4

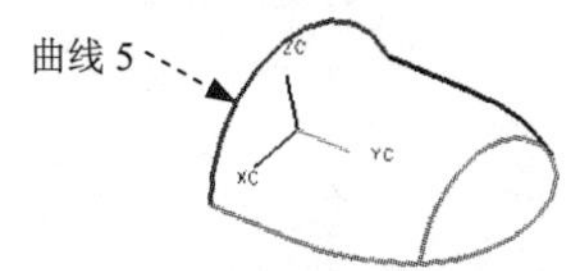

图 5.4.20　创建曲线 5 （建模环境）

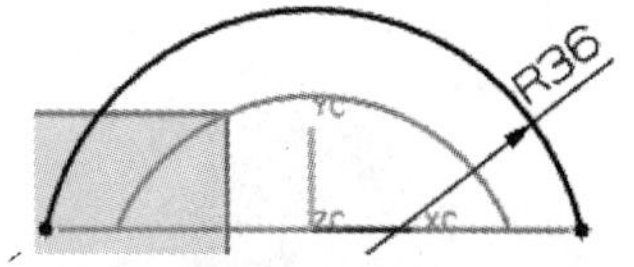

图 5.4.21　绘制曲线 5 （草图环境）

（4）选择下拉菜单草图(K) ➡ 完成草图(K)命令，退出草图环境。

Stage2. 创建图 5.4.22 所示的艺术曲面 1

Step1. 选择下拉菜单插入(S) ➡ 网格曲面(M) ➡ 艺术曲面(U)...命令，系统弹出“艺术曲面”对话框。

Step2. 在“选择条”工具栏的“曲线规则”下拉列表中选择单条曲线选项，然后在图形区选取图 5.4.23 所示的曲线 1 为截面线，此时曲线 1 上出现如图 5.4.23 所示的方向箭头，单击鼠标中键确认。

Step3. 再次单击中键后，选取图 5.4.23 所示的曲线 2 为引导线，此时曲线 2 上出现图 5.4.23 所示的方向箭头；曲面形状预览如图 5.4.24 所示。

Step4. 单击确定按钮，完成艺术曲面 1 的创建。

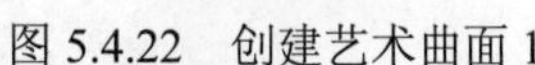
图 5.4.22　创建艺术曲面 1

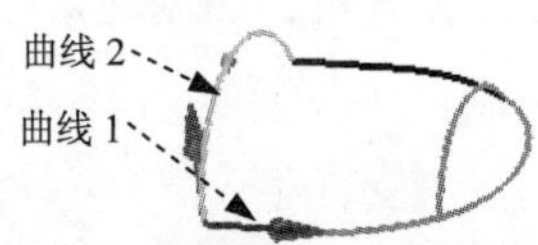

图 5.4.23　选择参照曲线

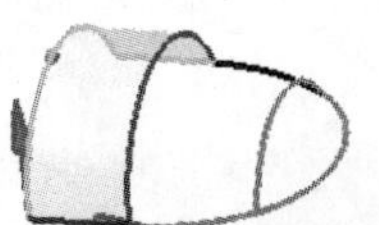
图 5.4.24　曲面预览

Stage3. 创建图 5.4.25 所示的艺术曲面 2

Step1. 选择下拉菜单插入(S) ➡ 网格曲面(M) ➡ 艺术曲面(U)...命令，系统弹出“艺术曲面” 对话框。

Step2. 在图形区选取图 5.4.26 所示的曲线 1 为截面 1，此时曲线 1 上出现如图 5.4.26 所示的方向箭头，单击鼠标中键确认；然后选取图 5.4.26 所示的曲线 2 为截面 2，此时曲线 2 上出现图 5.4.26 所示的方向箭头，单击鼠标中键确认。

Step3. 在“艺术曲面”对话框中，单击引导（交叉）曲线区域的选择曲线 (0)右侧的按钮，选取图 5.4.26 所示的曲线 3 为引导线 1，此时曲线 3 上出现图 5.4.26 所示的方向箭头，单击鼠标中键确认；选取图 5.4.26 所示的曲线 4 为引导线 2，此时曲线 4 上出现图 5.4.26 所示的方向箭头，单击鼠标中键确认。

Step4. 在连续性区域第一截面下拉列表中选择G1(相切)选项，采用系统默认的相切约束面（即艺术曲面 1）。

注意：选择约束面时，所选的面一定要和截面线串相对应，否则最后不能生成正确的曲面。

Step5. 单击确定按钮，完成艺术曲面 2 的创建，结果如图 5.4.27。

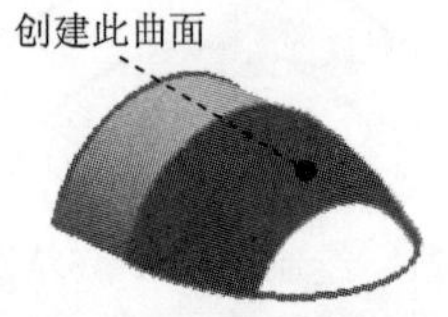

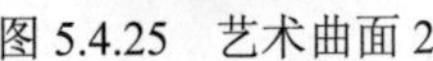
图 5.4.25 艺术曲面 2

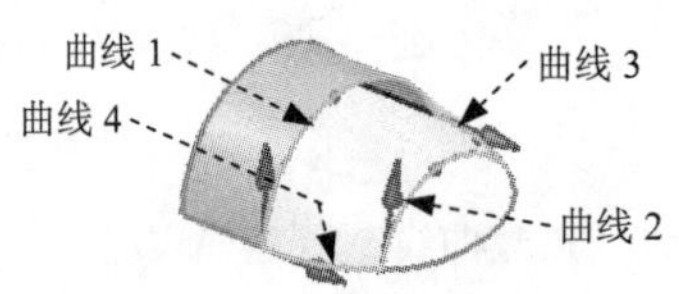

图 5.4.26 选取曲线参照

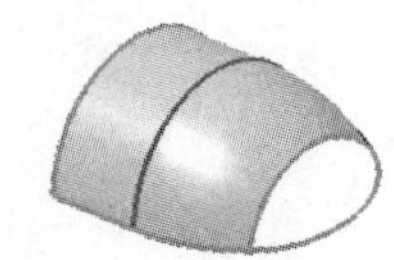
图 5.4.27 创建艺术曲面 2

Stage4. 创建图 5.4.28 所示的艺术曲面 3

Step1. 选择下拉菜单插入(S) → 网格曲面(M) → 艺术曲面(U)...命令，系统弹出“艺术曲面” 对话框。

Step2. 在图形区选取图 5.4.29 所示的曲线 1，此时曲线 1 上出现图 5.4.29 所示的方向，单击鼠标中键确认。

Step3. 在图形区选取图 5.4.29 所示的曲线 2，此时曲线 2 上出现图 5.4.29 所示的方向箭头，单击鼠标中键确认。

Step4. 在“艺术曲面”对话框连续性区域的第一截面下拉列表中选择G1(相切)选项，选取艺术曲面 2 为相切约束面。

Step5. 单击确定按钮，完成艺术曲面 3 的创建，结果如图 5.4.30。

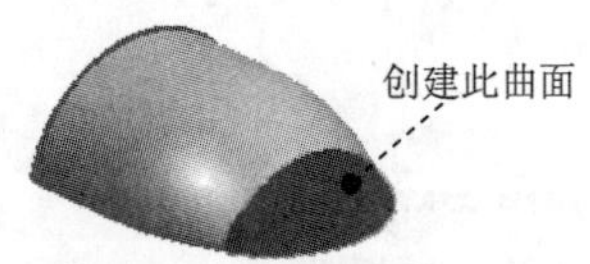

图 5.4.28 艺术曲面 3

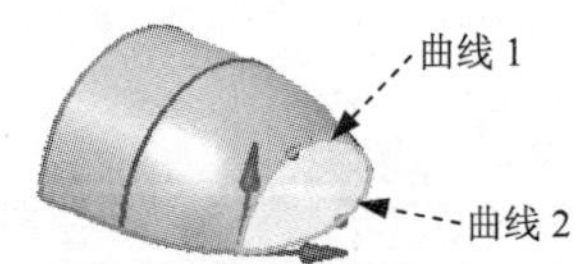

图 5.4.29 选取截面曲线

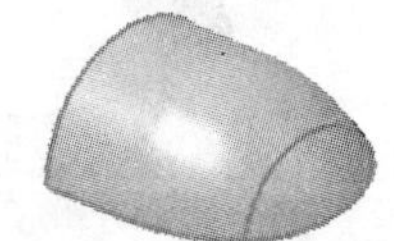
图 5.4.30 创建艺术曲面 3

Stage5. 缝合曲面

Step1. 选择下拉菜单插入(S) → 组合体(B) → 缝合(W)...命令，系统弹出图 5.4.31 所示的“缝合”对话框。

Step2. 设置对话框选项。在类型区域的下拉列表中选择图纸页选项。

Step3. 选取图 5.4.32 所示的曲面分别为目标体和工具体，其他参数采用系统默认设置。

Step4. 在“缝合”对话框中单击确定按钮，完成曲面的缝合操作。

Stage6. 去除收敛点，如图 5.4.33 所示

说明：三组截面线串相交于一点，则该点称为收敛点。如果曲面存在收敛点，则无法直接加厚，所以在加厚之前必须通过修剪、补片和缝合等操作去除收敛点。

Step1. 选择下拉菜单 插入(S) → 设计特征(E) → 拉伸(E)... 命令（或单击按钮），系统弹出“拉伸”对话框。

Step2. 单击对话框中的“绘制截面”按钮，系统弹出“创建草图”对话框。

① 定义草图平面。选取 XC-YC 基准平面为草图平面，单击 确定 按钮。

② 进入草图环境，绘制图 5.4.34 所示的截面草图（收敛点需包含在绘制的矩形内）。

③ 选择下拉菜单 草图(K) → 完成草图(K) 命令（或单击 完成草图 按钮），退出草图环境。

Step3. 定义拉伸参数。在“拉伸”对话框 限制 区域中 开始 下拉列表中选择 值 选项，并在其下的 距离 文本框中输入 0；在 限制 区域 结束 下拉列表中选择 值 选项，并在其下的 距离 文本框中输入 50；在 布尔 区域的下拉列表中选择 求差 选项，采用系统默认求差对象。

Step4. 在“拉伸”对话框中单击 确定 按钮，完成曲面切除。

图 5.4.31　“缝合”对话框

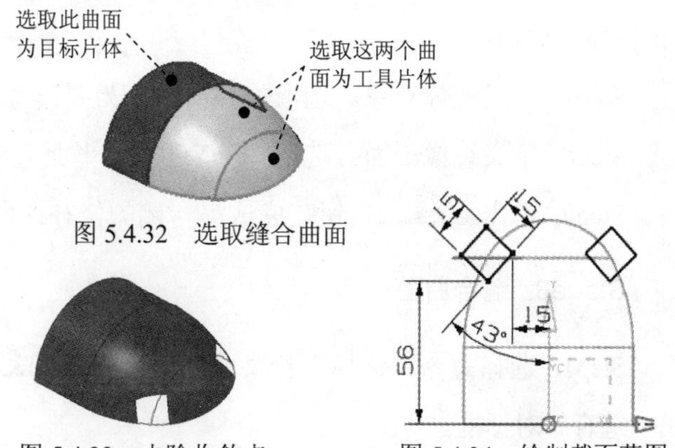

图 5.4.32　选取缝合曲面

图 5.4.33　去除收敛点

图 5.4.34　绘制截面草图

Stage7. 修补曲面，如图 5.4.35 所示

Step1. 选择下拉菜单 插入(S) → 网格曲面(M) → 艺术曲面(U)... 命令，系统弹出“艺术曲面”对话框。

Step2. 定义截面线。在图形区选取图 5.4.36 所示的曲线 1 为截面线 1，单击鼠标中键确认；选取图 5.4.36 所示的曲线 2 为截面线 2，单击鼠标中键确认；此时曲线 1 和曲线 2 上出现图 5.4.36 所示的方向箭头。

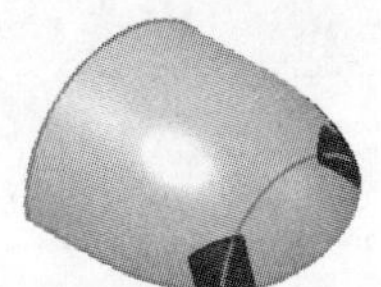
图 5.4.35　修补曲面

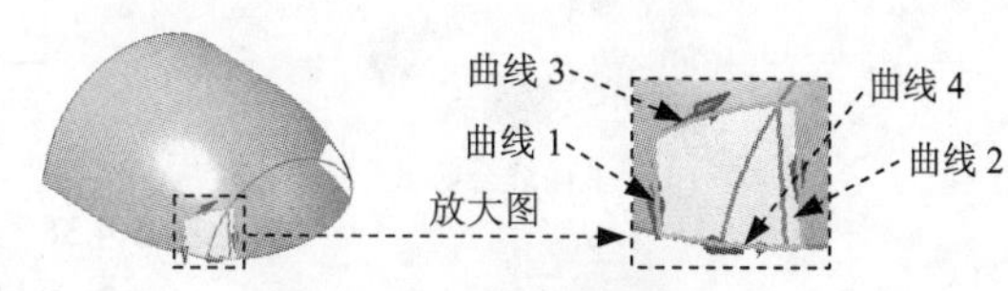

图 5.4.36　选取参照曲线

Step3. 定义引导线。单击 引导（交叉）曲线 区域的 选择曲线 (0) 右侧的按钮，在图形区选取

图 5.4.36 所示的曲线 3 为引导线 1，单击鼠标中键确认；选取图 5.4.36 所示的曲线 4 为引导线 2，单击鼠标中键确认；此时曲线 3 和曲线 4 上出现如图 5.4.36 所示的方向箭头。

注意：选取曲线 4 时，必须首先在图 5.4.37 所示的“选择条”工具栏中单击“在相交处停止”按钮，使该功能生效，否则不能准确选择曲线 4。

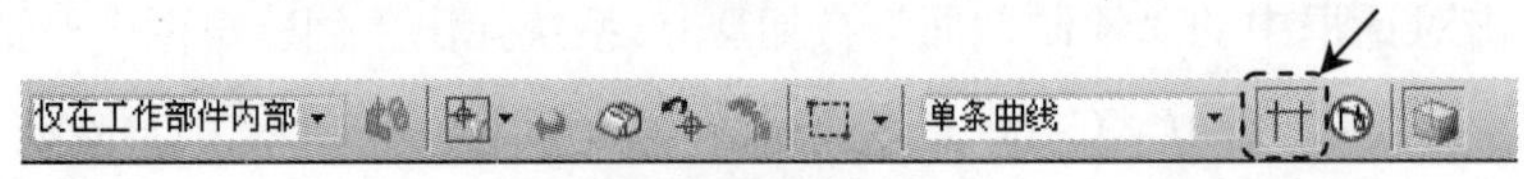

图 5.4.37 在相交处停止

Step4. 定义连续性。在连续性区域第一截面下拉列表中选择G1（相切）选项；在最后截面下拉列表中选择G1（相切）选项；在第一条引导线下拉列表中选择G1（相切）选项，这三处约束相切均采用系统默认的相切约束面。

Step5. 单击确定按钮，完成一侧的修补曲面 1。

Step6. 选择命令。选择下拉菜单插入(S) → 关联复制(A) → 镜像体(B)...命令，弹出“镜像体”对话框。

Step7. 定义镜像对象。选取修补曲面 1 为要镜像的对象。

Step8. 定义镜像平面。选取 ZC-YC 基准平面为镜像平面。

Step9. 单击确定按钮，完成另一侧的修补曲面 2。

Stage8. 缝合曲面

Step1. 选择命令。选择下拉菜单插入(S) → 组合体(B) → 缝合(W)...命令，系统弹出“缝合”对话框。

Step2. 设置对话框选项。在类型区域的下拉列表中选择图纸页选项。

Step3. 定义目标体和刀具体。选取图 5.4.38a 所示的曲面 1 为目标体，选取修补曲面 1 和修补曲面 2 为刀具体，其他参数采用系统默认设置。

Step4. 单击确定按钮，完成缝合曲面的创建。

Stage9. 片体加厚

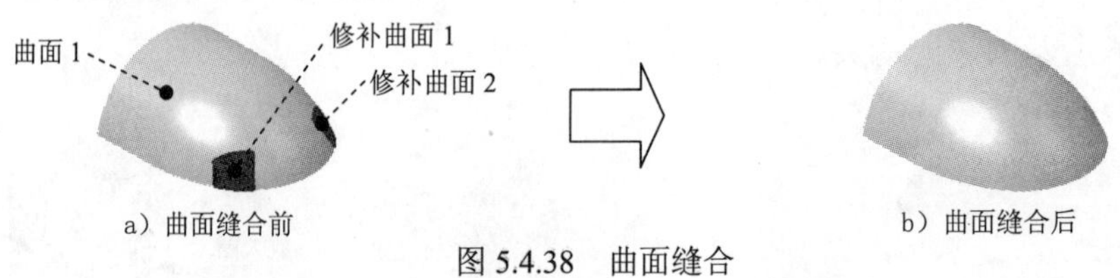

a）曲面缝合前 b）曲面缝合后

图 5.4.38 曲面缝合

Step1. 选择下拉菜单插入(S) → 偏置/缩放(O) → 加厚(T)...命令，系统弹出“加厚”对话框。

Step2. 选择 Stage8 中创建的缝合曲面为加厚对象，在“加厚”对话框 厚度 区域中 偏置 1 的文本框中输入-1，其他参数采用系统默认设置。

Step3. 单击 确定 按钮，完成片体加厚。

5.5　截面体曲面

截面可以看作是一系列截面线的集合，这些截面线位于指定的平面内，根据用户定义的控制曲线创建一张二次曲面，创建截面的方法有 20 种。

选择下拉菜单 插入(S) → 网格曲面(M) → 截面(S)... 命令，系统弹出图 5.5.1 所示的“剖切曲面”对话框。

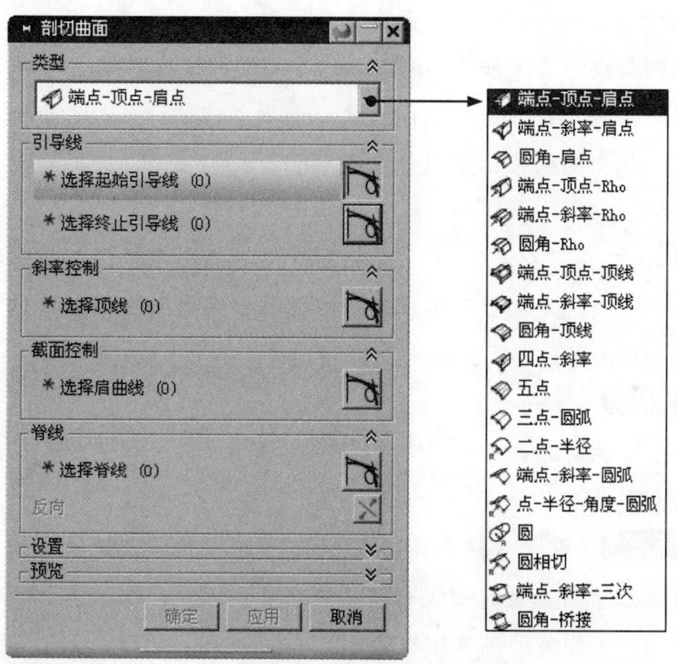

图 5.5.1　“剖切曲面”对话框

图 5.5.1 所示“剖切曲面”对话框中类型的各个选项的说明如下：

以下说明中提及的有关端点、顶点、肩点和五点等点概念，是因为当视线方向与截面线平行时，曲线就可以看作是一个点，所以实际上这里点的含义是直线，用户在操作过程中选取的也是直线。

- 端点-顶点-肩点（端点 - 顶点 - 肩点）：可以使用这个选项创建起始于第一条选定曲线、通过一条称为肩曲线的内部曲线，并且终止于第三条选定曲线的截面自由曲面特征。每个终点的斜率由选定顶线定义。
- 端点-斜率-肩点（端点 - 斜率 - 肩点）：这个选项可以创建起始于第一条选定曲线、

通过一条内部曲线（称为肩曲线）并且终止于第三条曲线的截面自由曲面特征。斜率在起点和终点由两个不相关的斜率控制曲线定义。

- 圆角-肩点（圆角－肩点）：可以使用这个选项创建截面自由曲面特征，该特征在分别位于两个体上的两条曲线间形成光顺的圆角。体起始于第一条选定曲线，与第一个选定体相切，终止于第二条曲线，与第二个体相切，并且通过肩曲线。
- 三点-圆弧（三点－圆弧）：这个选项可以通过选择起始边曲线、内部曲线、终止边曲线和脊线曲线来创建截面自由曲面特征。片体的截面是圆弧。
- 端点-顶点-Rho（端点－顶点－rho）：可以使用这个选项来创建起始于第一条选定曲线并且终止于第二条曲线的截面自由曲面特征。每个终点的斜率由选定顶线定义。每个二次截面的丰满度由相应的 rho 值控制。
- 端点-斜率-Rho（端点－斜率－rho）：这个选项可以创建起始于第一条选定边曲线并且终止于第二条边曲线的截面自由曲面特征。斜率在起点和终点由两个不相关的斜率控制曲线定义。每个二次截面的丰满度由相应的 rho 值控制。
- 圆角-Rho（圆角－rho）：可以使用这个选项创建截面自由曲面特征，该特征在分别位于两个体上的两条曲线间形成光顺的圆角。每个二次截面的丰满度由相应的 rho 值控制。
- 二点-半径（二点－半径）：这个选项创建带有指定半径圆弧截面的体。对于脊线方向，从第一条选定曲线到第二条选定曲线以逆时针方向创建体。半径必须至少是每个截面的起始边与终止边之间距离的一半。
- 端点-顶点-顶线（端点－顶点－顶线）：这个选项可以创建带有起始于第一条选定曲线并终止于第二条曲线而且与指定直线相切的二次截面的体。每个终点的斜率由选定顶线定义。
- 端点-斜率-顶线（端点－斜率－顶线）：这个选项可以创建带有起始于第一条选定边曲线并终止于第二条边曲线而且与指定直线相切的二次截面的体。斜率在起点和终点由两个不相关的斜率控制曲线定义。
- 圆角-顶线（圆角－顶线）：可以使用这个选项创建带有在分别位于两个体上的两条曲线之间构成光顺圆角并与指定直线相切的二次截面的体。
- 端点-斜率-圆弧（端点－斜率－圆弧）：这个选项可以创建起始于第一条选定边曲线并且终止于第二条边曲线的截面自由曲面特征。斜率在起始处由选定的控制曲线决定。片体的截面是圆弧。
- 四点-斜率（四点－斜率）：这个选项可以创建起始于第一条选定曲线、通过两条内部曲线并且终止于第四条曲线的截面自由曲面特征。也可选择定义起始斜率的斜率控制曲线。
- 端点-斜率-三次（端点－斜率－三次）：这个选项创建带有截面的 S 形的体，该截面在两条选定边曲线之间构成光顺的三次圆角。斜率在起点和终点由两个不相关的斜率控制曲线定义。

- 圆角-桥接（圆角－桥接）：该选项可以创建体，该体具有在位于两组面上的两条曲线之间构成桥接的截面。
- 点-半径-角度-圆弧（点－半径－角度—圆弧）：这个选项可以通过在选定边缘、相切面、体的曲率半径和体的张角上定义起点来创建带有圆弧截面的体。
- 五点（五点）：这个选项可以使用五条现有曲线为控制曲线来创建截面自由曲面特征。体起始于第一条选定曲线，通过三条选定的内部控制曲线，并且终止于第五条选定的曲线。
- 线性-相切（线性－相切）：这个选项可以创建与一个或多个面相切的线性截面曲面。选择其相切面、起始曲面和脊线来创建这个曲面。
- 圆相切（圆相切）：这个选项可以创建与面相切的圆弧截面曲面。通过选择其相切面、起始曲线和脊线并定义曲面的半径来创建这个曲面。
- 圆（圆）：可以使用这个选项创建整圆截面曲面。选择引导线串、可选方向线串和脊线来创建圆截面曲面，然后定义曲面的半径。

下面对这 20 种方法一一进行介绍。

1. 端点－顶点－肩点

使用"端点－顶点－肩点"命令进行创建曲面时，用户需要指定起始引导线、肩、终止引导线、顶点和脊线五组曲线。下面通过创建图 5.5.2 所示的曲面，来说明创建截面体曲面的一般操作步骤。

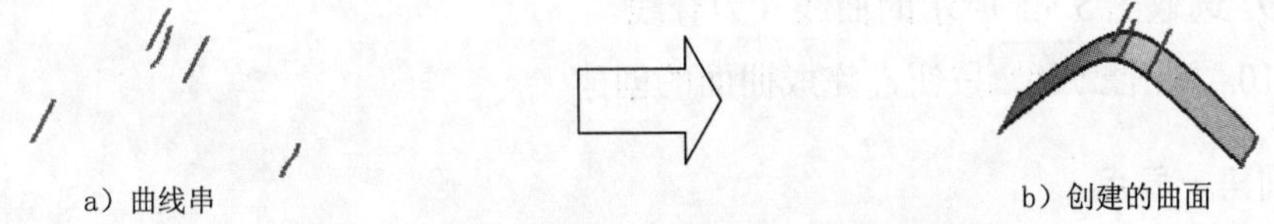

图 5.5.2　"端点－顶点－肩点"方式创建截面体曲面

Step1. 打开文件 D:\ug6.8\work\ch05.05\section_surface_01.prt。

Step2. 选择下拉菜单 插入(S) → 网格曲面(M) → 截面(S)... 命令，系统弹出"剖切曲面"对话框。

Step3. 在"剖切曲面"对话框类型下拉列表中选择 端点-顶点-肩点 选项。

Step4. 选取图 5.5.3 所示的曲线 1 为起始引导线，单击中键确认。

Step5. 选取图 5.5.3 所示的曲线 2 为终止引导线，单击鼠标中键确认。

Step6. 选取图 5.5.3 所示的曲线 3 为顶点，单击鼠标中键确认。

Step7. 选取图 5.5.3 所示的曲线 4 为肩点，单击鼠标中键确认。

Step8. 选取图 5.5.3 所示的曲线 5 为脊线。

Step9. 单击 确定 按钮，完成曲面的创建。

2. 端点－斜率－肩点

使用“端点－斜率－肩点”命令创建截面体曲面时，用户需指定起始边、起始斜率控制、肩、终止边、端点斜率控制和脊线六条曲线。下面通过创建图 5.5.4 所示的曲面，来说明创建截面体曲面的一般操作步骤。

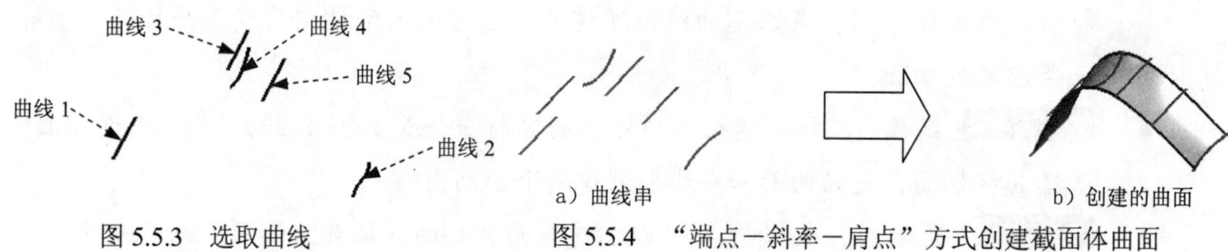

图 5.5.3 选取曲线　　图 5.5.4 “端点－斜率－肩点”方式创建截面体曲面

Step1. 打开文件 D:\ug6.8\work\ch05.05\section_surface_02.prt。

Step2. 选择下拉菜单 插入(S) → 网格曲面(M) ▸ → 截面(S)... 命令，系统弹出“剖切曲面”对话框。

Step3. 在“剖切曲面”对话框 类型 下拉列表中选择 端点-斜率-肩点 选项

Step4. 选取图 5.5.5 所示的曲线 1 为起始引导线，单击鼠标中键确认。

Step5. 选取图 5.5.5 所示的曲线 4 为终止引导线，单击鼠标中键确认。

Step6. 选取图 5.5.5 所示的曲线 2 为起始斜率曲线，单击鼠标中键确认。

Step7. 选取图 5.5.5 所示的曲线 5 为终止斜率曲线，单击鼠标中键确认。

Step8. 选取图 5.5.5 所示的曲线 3 为肩点，单击鼠标中键确认。

Step9. 选取图 5.5.5 所示的曲线 6 为脊线。

Step10. 单击 确定 按钮，完成曲面的创建。

3. 圆角－肩点

使用“圆角－肩点”命令创建截面体曲面时，用户需要指定起始引导线、终止引导线、起始面、终止面、肩线、脊线，创建的曲面与起始面、终止面相切连续。下面通过创建图 5.5.6 所示的曲面，来说明创建截面体曲面的一般操作步骤。

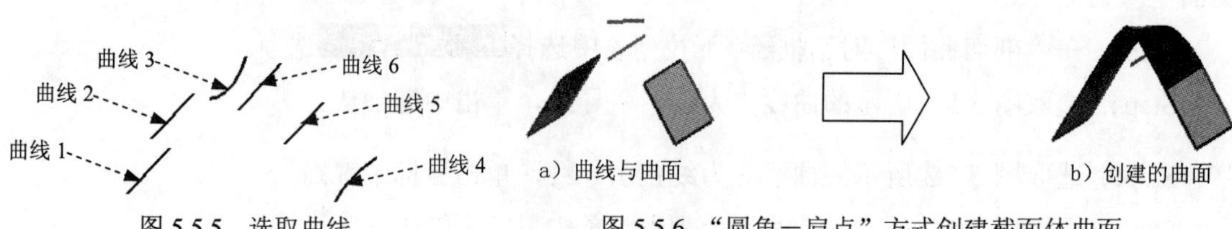

图 5.5.5 选取曲线　　图 5.5.6 “圆角－肩点”方式创建截面体曲面

Step1. 打开文件 D:\ug6.8\work\ch05.05\section_surface_03.prt。

Step2. 选择下拉菜单插入(S) → 网格曲面(M) → 截面(S)...命令，系统弹出“剖切曲面”对话框。

Step3. 在“剖切曲面”对话框类型下拉列表中选择圆角-肩点选项。

Step4. 选取图 5.5.7 所示的曲线 1 为起始引导线，单击鼠标中键确认。

Step5. 选取图 5.5.7 所示的曲线 3 为终止引导线，单击鼠标中键确认。

Step6. 选取图 5.5.7 所示的曲面 1 为起始面，单击鼠标中键确认。

Step7. 选取图 5.5.7 所示的曲面 2 为终止面，单击鼠标中键确认。

Step8. 选取图 5.5.7 所示的曲线 2 为肩线，单击鼠标中键确认。

Step9. 选取图 5.5.7 所示的曲线 4 为脊线。

Step10. 单击确定按钮，完成曲面的创建。

4. 三点—圆弧

使用“三点—圆弧”命令创建截面体曲面时，用户需要指定起始引导线、终止引导线、第一内部引导线和脊线四组曲线，创建出来的曲面为圆弧曲面，也就是说垂直于脊线的平面和曲面的交线为圆弧。下面通过创建图 5.5.8 所示的曲面，来说明创建截面体曲面的一般操作步骤。

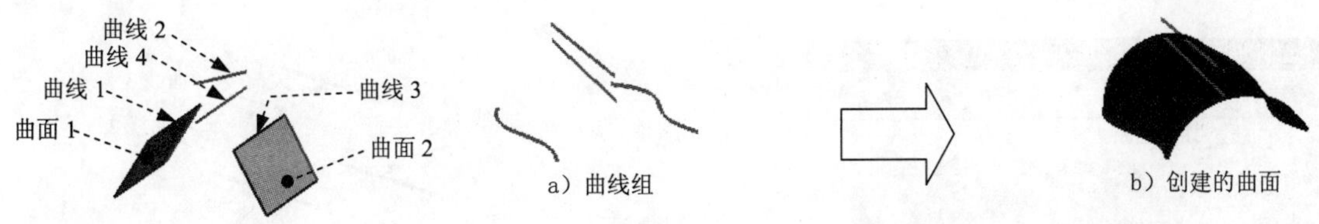

图 5.5.7　选取曲面与曲线　　图 5.5.8　“三点—圆弧”方式创建截面体曲面

Step1. 打开文件 D:\ug6.8\work\ch05.05\section_surface_04.prt。

Step2. 选择下拉菜单插入(S) → 网格曲面(M) → 截面(S)...命令，系统弹出“剖切曲面”对话框。

Step3. 在“剖切曲面”对话框类型下拉列表中选择三点-圆弧选项

Step4. 选取图 5.5.9 所示的曲线 1 为起始引导线，单击鼠标中键确认。

Step5. 选取图 5.5.9 所示的曲线 3 为终止引导线，单击鼠标中键确认。

Step6. 选取图 5.5.9 所示的曲线 2 为第一内部引导线，单击鼠标中键确认。

Step7. 选取图 5.5.9 所示的曲线 4 为脊线。

Step8. 单击确定按钮，完成曲面的创建。

5. 端点－顶点－Rho

使用“端点－顶点－Rho”命令创建截面体曲面时，用户需要指定起始引导线、终止引导线、顶线、脊线、Rho 值和 Rho 规律。下面通过创建图 5.5.10 所示的曲面，来说明创建截面体曲面的一般操作步骤。

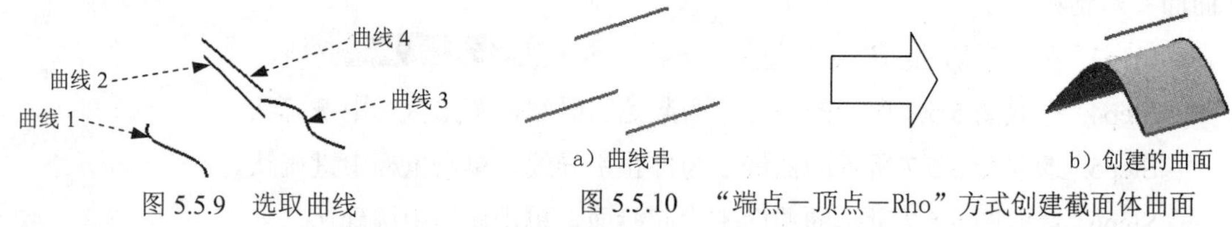

图 5.5.9　选取曲线　　图 5.5.10　“端点－顶点－Rho”方式创建截面体曲面

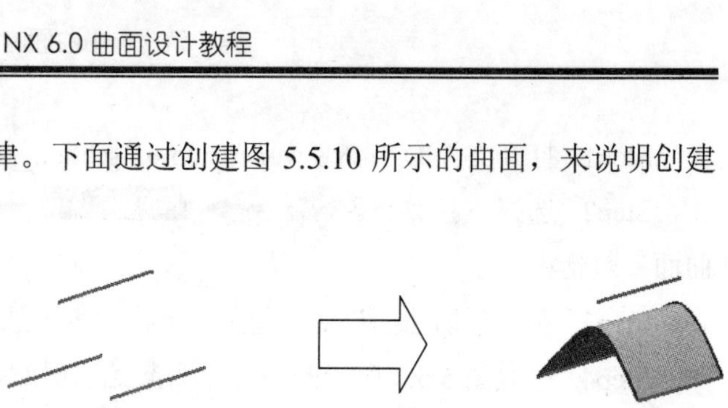

Step1. 打开文件 D:\ug6.8\work\ch05.05\section_surface_05.prt。

Step2. 选择下拉菜单 插入(S) → 网格曲面(M) → 截面(S)... 命令，系统弹出“剖切曲面”对话框。

Step3. 在“剖切曲面”对话框 类型 下拉列表中选择 端点-顶点-Rho 选项。

Step4. 选取图 5.5.11 所示的曲线 1 为起始引导线，单击鼠标中键确认。

Step5. 选取图 5.5.11 所示的曲线 2 为终止引导线，单击鼠标中键确认。

Step6. 选取图 5.5.11 所示的曲线 3 为顶线，单击鼠标中键确认。

Step7. 选取图 5.5.11 所示的曲线 3 为脊线。

Step8. 在图 5.5.12 所示的“剖切曲面”对话框 截面控制 区域 剖切方法 下拉列表中选择 Rho 选项；在 规律类型 下拉列表中选择 恒定 选项；在 值 文本框中输入 0.7。

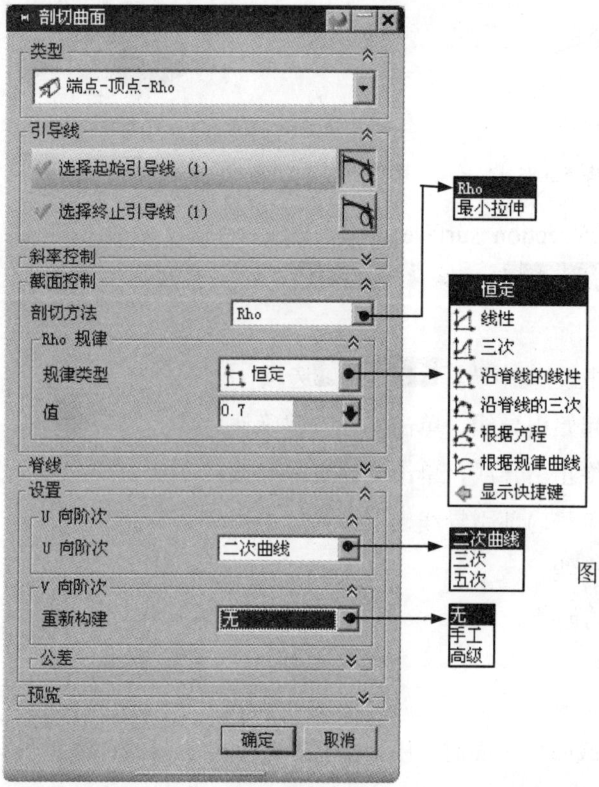

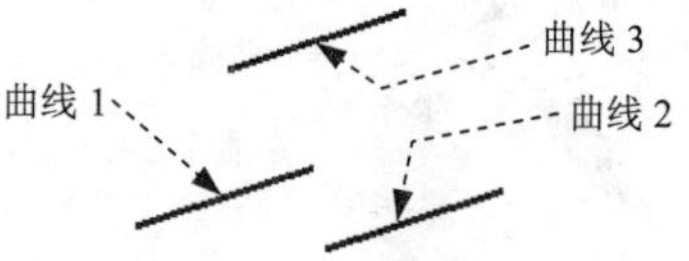

图 5.5.11　选取曲线

图 5.5.13　最小拉伸曲面形状

图 5.5.14　线性规律曲面 　图 5.5.15　三次规律曲面

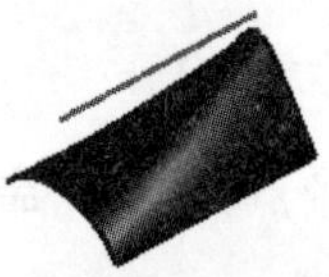

图 5.5.12　“剖切曲面”对话框

图 5.5.16　沿着脊线的线性规律曲面

Step9. 单击 确定 按钮，完成曲面的创建。

说明：图 5.5.13 显示的是剖切方法是最小拉伸时的曲面形状；在 规律类型 下拉列表中选择不同的规律类型选项并进行定义后，所生成的曲面形状会相应变化，图 5.5.14~5.5.16 显示了几种不同的曲面结果。

图 5.5.12 所示“剖切曲面”对话框中部分选项的说明如下：

- V 向阶次 下拉列表：选择选项来控制垂直于脊线串方向上截面的外形。
  - ☑ 二次曲线：垂直于脊线串的方向上截面的外形拟合方式为二次。
  - ☑ 三次：垂直于脊线串的方向上截面的外形拟合方式为三次。
  - ☑ 五次：垂直于脊线串的方向上截面的外形拟合方式为五次。

6. 端点－斜率－Rho

使用“端点－斜率－Rho”命令创建截面体曲面时，用户需要指定起始引导线、终止引导线、起始斜率曲线、终止斜率曲线、脊线和 Rho 值。下面通过创建图 5.5.17 所示的曲面，来说明创建截面体曲面的一般操作步骤。

Step1. 打开文件 D:\ug6.8\work\ch05.05\section_surface_06.prt。

Step2. 选择下拉菜单 插入(S) → 网格曲面(M) → 截面(S)... 命令，系统弹出“剖切曲面”对话框。

Step3. 在“剖切曲面”对话框 类型 下拉列表中选择 端点-斜率-Rho 选项。

Step4. 选取图 5.5.18 所示的曲线 1 为起始引导线，单击鼠标中键确认。

图 5.5.17　“端点－斜率－Rho”方式创建截面体曲面　　图 5.5.18　选取曲线

Step5. 选取图 5.5.18 所示的曲线 3 为终止引导线，单击鼠标中键确认。

Step6. 选取图 5.5.18 所示的曲线 2 为起始斜率曲线，单击鼠标中键确认。

Step7. 选取图 5.5.18 所示的曲线 4 为终止斜率曲线，单击鼠标中键确认。

Step8. 选取图 5.5.18 所示的曲线 5 为脊线。

Step9. 在“剖切曲面”对话框 截面控制 区域 剖切方法 下拉列表中选择 Rho 选项；在 规律类型 下拉列表中选择 恒定 选项；在 值 文本框中输入 0.6。

Step10. 单击 确定 按钮，完成曲面的创建。

7. 圆角－Rho

使用“圆角－Rho”命令创建截面体曲面时，用户需要指定起始引导线、终止引导线、起始面、终止面、脊线和 Rho 值。此方法创建的曲面与起始面和终止面相切。下面通过创建图 5.5.19 所示的曲面来说明创建截面体曲面的一般操作步骤。

Step1. 打开文件 D:\ug6.8\work\ch05.05\section_surface_07.prt。

Step2. 选择下拉菜单 插入(S) → 网格曲面(M) → 截面(S)... 命令，系统弹出“剖切曲面”对话框。

Step3. 在“剖切曲面”对话框 类型 下拉列表中选择 圆角-Rho 选项。

Step4. 选取图 5.5.20 所示的曲线 1 为起始引导线，单击鼠标中键确认。

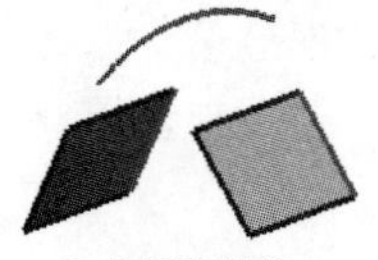

a）曲面和曲线

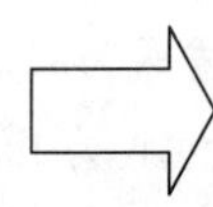

b）创建的曲面

图 5.5.19 “圆角－Rho”方式创建的截面体曲面

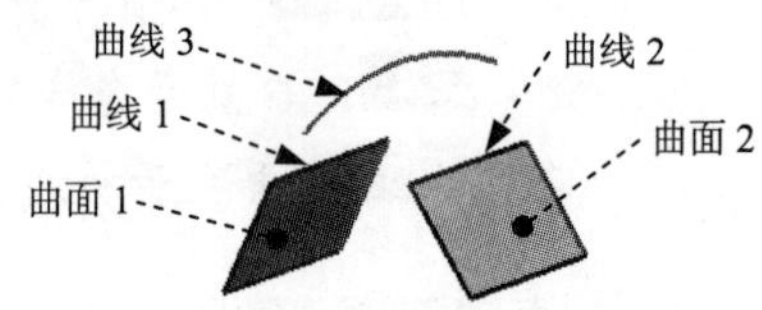

图 5.5.20 选取曲面和曲线

Step5. 选取图 5.5.20 所示的曲线 2 为终止引导线，单击鼠标中键确认。

Step6. 选取图 5.5.20 所示的曲面 1 为起始面，单击鼠标中键确认。

Step7. 选取图 5.5.20 所示的曲面 2 为终止面，单击鼠标中键确认。

Step8. 选取图 5.5.20 所示的曲线 3 为脊线。

Step9. 在“剖切曲面”对话框 截面控制 区域的 剖切方法 下拉列表中选择 最小拉伸 选项。

Step10. 单击 确定 按钮，完成曲面的创建。

8. 二点－半径

使用“二点－半径”命令创建截面体曲面时，用户需要指定起始引导线、终止引导线、脊线和截面半径规律，创建出的曲面为圆弧曲面，即垂直于脊线的平面与曲面的交线为圆弧。下面通过创建图 5.5.21 所示的曲面来说明创建截面体曲面的一般操作步骤。

Step1. 打开文件 D:\ug6.8\work\ch05.05\section_surface_08.prt。

Step2. 选择下拉菜单 插入(S) → 网格曲面(M) → 截面(S)... 命令，系统弹出“剖切曲面”对话框。

Step3. 在“剖切曲面”对话框 类型 下拉列表中选择 二点-半径 选项。

Step4. 选取图 5.5.22 所示的曲线 1 为起始引导线，单击鼠标中键确认。

Step5. 选取图 5.5.22 所示的曲线 2 为终止引导线，单击鼠标中键确认。

Step6. 选取图 5.5.22 所示的曲线 2 为脊线。

a）曲线串

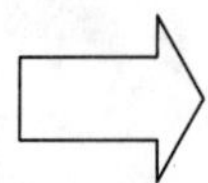

b）创建的曲面

图 5.5.21 “二点－半径”方式创建截面体曲面

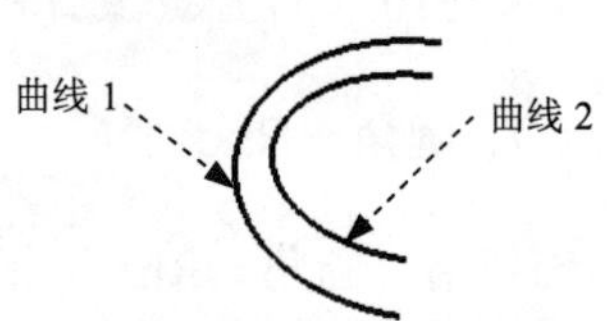

图 5.5.22 选取曲线

Step7. 在“剖切曲面”对话框截面控制区域的规律类型下拉列表中选择恒定选项；在值文本框中输入 10。

Step8. 单击确定按钮，完成曲面的创建。

9. 端点－顶点－顶线

使用“端点－顶点－顶线”命令创建截面体曲面时，用户需要指定起始引导线、终止引导线、顶线、开始高亮显示曲线、结束高亮显示曲线和脊线，创建出的曲面为二次曲面，即垂直于脊线的平面与曲面的交线为二次曲线。下面通过创建图 5.5.23 所示的曲面来说明创建截面体曲面的一般操作步骤。

Step1. 打开文件 D:\ug6.8\work\ch05.05\section_surface_09.prt。

Step2. 选择下拉菜单插入(S) ➞ 网格曲面(M) ➞ 截面(S)...命令，系统弹出“剖切曲面”对话框。

Step3. 在“剖切曲面”对话框类型下拉列表中选择端点-顶点-顶线选项。

Step4. 选取图 5.5.24 所示的曲线 1 为起始引导线，单击鼠标中键确认。

Step5. 选取图 5.5.24 所示的曲线 2 为终止引导线，单击鼠标中键确认。

Step6. 选取图 5.5.24 所示的曲线 3 为顶线，单击鼠标中键确认。

Step7. 选取图 5.5.24 所示的曲线 4 为开始高亮显示曲线，单击鼠标中键确认。

Step8. 选取图 5.5.24 所示的曲线 5 为结束高亮显示曲线，单击鼠标中键确认。

Step9. 选取图 5.5.24 所示的曲线 5 为脊线。

Step10. 单击确定按钮，完成曲面的创建。

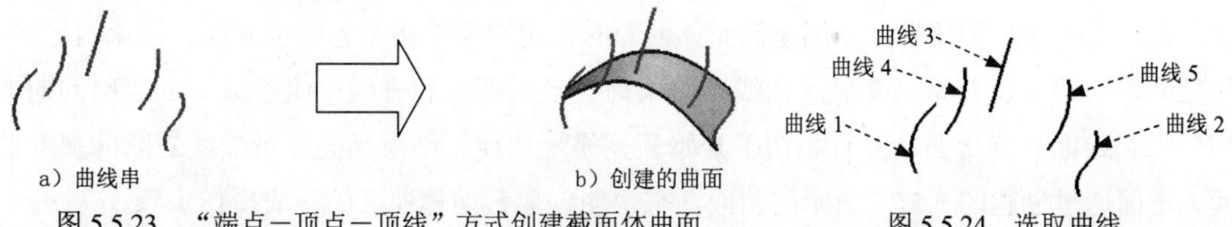

a）曲线串　b）创建的曲面

图 5.5.23　“端点－顶点－顶线”方式创建截面体曲面

图 5.5.24　选取曲线

说明：所创建的截面体曲面与以下三个直纹面都相切：起始引导线与顶线生成的直纹面、终止引导线与顶线生成的直纹面以及开始高亮显示曲线和结束高亮显示曲线生成的直纹面。

10. 端点－斜率－顶线

使用“端点－斜率－顶线”命令创建截面体曲面时，用户需要指定起始引导线、终止引导线、起始斜率曲线、终止斜率曲线、开始高亮显示曲线、结束高亮显示曲线和脊线七组曲线。创建出的曲面相切于起始引导线和起始斜率曲线的连线、终止引导线和终止斜率曲线的连线，还有开始高亮显示曲线、结束高亮显示曲线之间的连线。下面通过创建图 5.5.25

所示的曲面，来说明创建截面体曲面的一般操作步骤。

Step1. 打开文件 D:\ug6.8\work\ch05.05\section_surface_10.prt。

Step2. 选择下拉菜单插入(S) → 网格曲面(M) → 截面(S)...命令，系统弹出“剖切曲面”对话框。

Step3. 在“剖切曲面”对话框类型下拉列表中选择端点-斜率-顶线选项。

Step4. 选取图 5.5.26 所示的曲线 1 为起始引导线，单击鼠标中键确认。

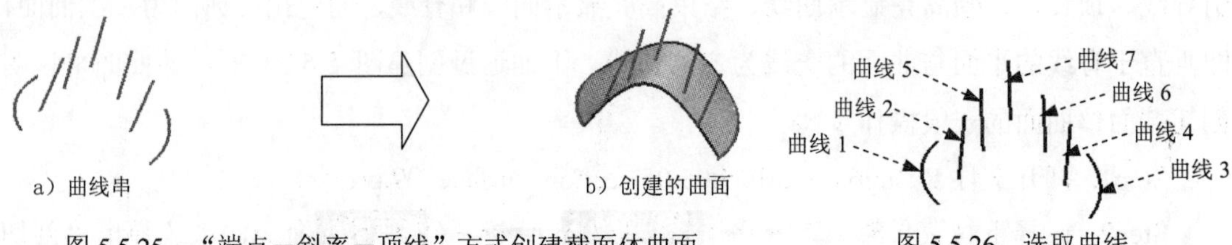

图 5.5.25 “端点－斜率－顶线”方式创建截面体曲面

图 5.5.26 选取曲线

Step5. 选取图 5.5.26 所示的曲线 3 为终止引导线，单击鼠标中键确认。

Step6. 选取图 5.5.26 所示的曲线 2 为起始斜率曲线，单击鼠标中键确认。

Step7. 选取图 5.5.26 所示的曲线 4 为终止斜率曲线，单击鼠标中键确认。

Step8. 选取图 5.5.26 所示的曲线 5 为开始高亮显示曲线，单击鼠标中键确认。

Step9. 选取图 5.5.26 所示的曲线 6 为结束高亮显示曲线，单击鼠标中键确认。

Step10. 选取图 5.5.26 所示的曲线 7 为脊线。

Step11. 单击确定按钮，完成曲面的创建。

11. 圆角－顶线

使用“圆角－顶线”命令创建截面体曲面时，用户需要指定起始引导线、终止引导线、起始面、终止面、开始高亮显示曲线、结束高亮显示曲线和脊线七组参数。创建出的曲面相切于起始面和终止面，并且相切于开始高亮显示曲线、结束高亮显示曲线之间的直纹曲面。下面通过创建图 5.5.27 所示的曲面，来说明创建截面体曲面的一般操作步骤。

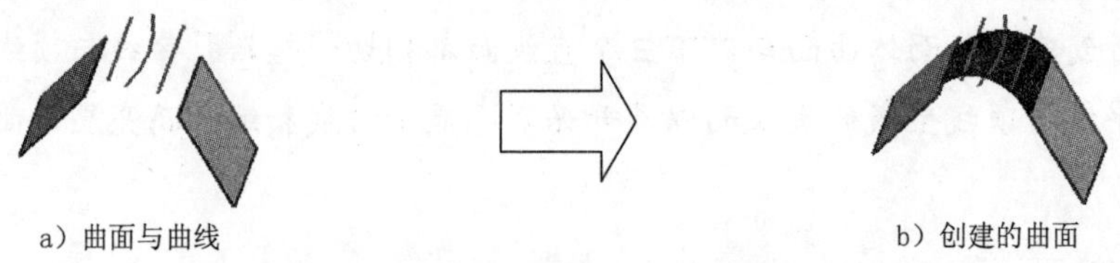

图 5.5.27 “圆角－顶线”方式创建截面体曲面

Step1. 打开文件 D:\ug6.8\work\ch05.05\section_surface_11.prt。

Step2. 选择下拉菜单插入(S) → 网格曲面(M) → 截面(S)...命令，系统弹出“剖切曲面”对话框。

Step3. 在“剖切曲面”对话框类型下拉列表中选择圆角-顶线选项。

Step4. 选取图 5.5.28 所示的曲线 1 为起始引导线，单击鼠标中键确认。

Step5. 选取图 5.5.28 所示的曲线 2 为终止引导线，单击鼠标中键确认。

Step6. 选取图 5.5.28 所示的曲面 1 为起始面，单击鼠标中键确认。

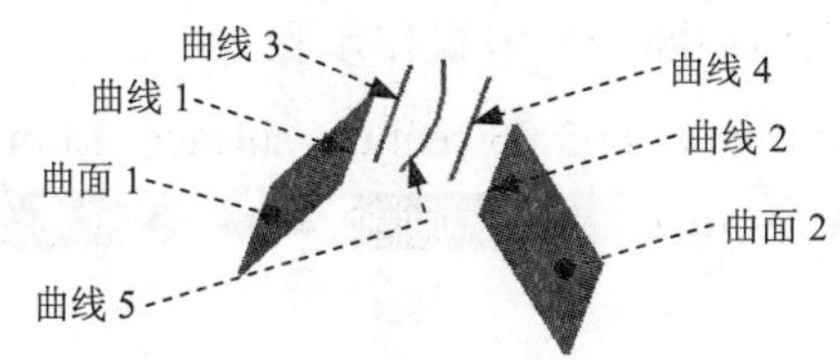

图 5.5.28　选取曲面与曲线

Step7. 选取图 5.5.28 所示的曲面 2 为终止面，单击鼠标中键确认。

Step8. 选取图 5.5.28 所示的曲线 3 为开始高亮显示曲线，单击鼠标中键确认。

Step9. 选取图 5.5.28 所示的曲线 4 为结束高亮显示曲线，单击鼠标中键确认。

Step10. 选取图 5.5.28 所示的曲线 5 为脊线。

Step11. 单击 确定 按钮，完成曲面的创建。

12. 端点－斜率－圆弧

使用“端点－斜率－圆弧”命令创建截面体曲面时，用户需要指定起始引导线、终止引导线、起始斜率曲线和脊线四组曲线。创建出的曲面是圆弧曲面。下面通过创建图 5.5.29 所示的曲面，来说明创建截面体曲面的一般操作步骤。

Step1. 打开文件 D:\ug6.8\work\ch05.05\section_surface_12.prt。

Step2. 选择下拉菜单 插入(S) → 网格曲面(M) → 截面(S)... 命令，系统弹出“剖切曲面”对话框。

Step3. 在“剖切曲面”对话框 类型 下拉列表中选择 端点-斜率-圆弧 选项。

Step4. 选取图 5.5.30 所示的曲线 1 为起始引导线，单击鼠标中键确认。

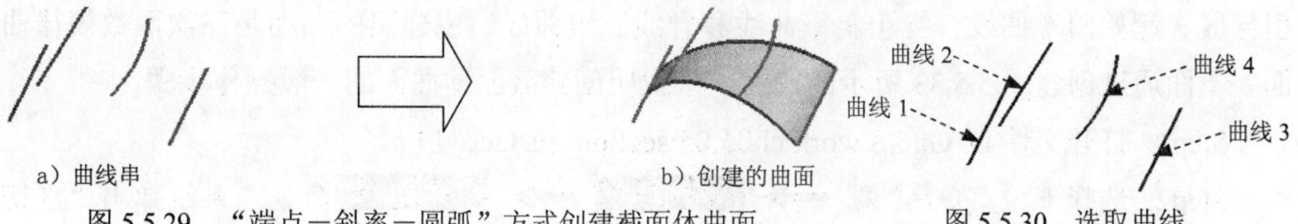

a）曲线串　　b）创建的曲面

图 5.5.29　“端点－斜率－圆弧”方式创建截面体曲面　　图 5.5.30　选取曲线

Step5. 选取图 5.5.30 所示的曲线 3 为终止引导线，单击鼠标中键确认。

Step6. 选取图 5.5.30 所示的曲线 2 为起始斜率曲线，单击鼠标中键确认。

Step7. 选取图 5.5.30 所示的曲线 4 为脊线。

Step8. 单击 确定 按钮，完成曲面的创建。

13. 四点－斜率

使用“四点－斜率”命令创建截面体曲面时，用户需要指定起始引导线、终止引导线、第一内部引导线 1、第二内部引导线 2、起始斜率曲线和脊线六组曲线。创建出的曲面通过起始引导线、终止引导线、第一内部引导线 1、第二内部引导线 2。下面通过创建图 5.5.31 所示的曲面，来说明创建截面体曲面的一般操作步骤。

Step1. 打开文件 D:\ug6.8\work\ch05.05\section_surface_13.prt。

Step2. 选择下拉菜单 插入(S) → 网格曲面(M) → 截面(S)... 命令，系统弹出“剖切曲面”对话框。

Step3. 在“剖切曲面”对话框 类型 下拉列表中选择 四点-斜率 选项。

Step4. 选取图 5.5.32 所示的曲线 1 为起始引导线，单击鼠标中键确认。

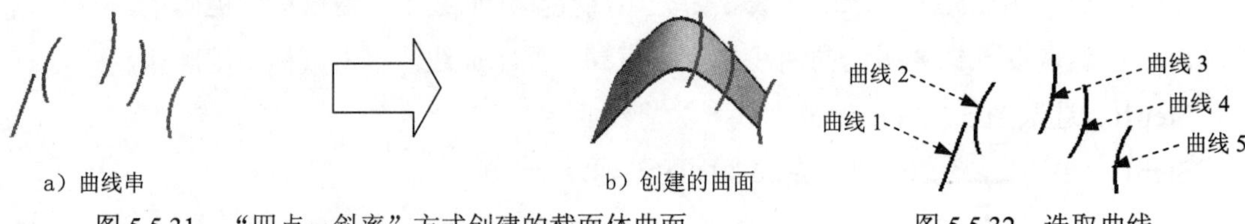

图 5.5.31 “四点－斜率”方式创建的截面体曲面　　图 5.5.32 选取曲线

Step5. 选取图 5.5.32 所示的曲线 5 为终止引导线，单击鼠标中键确认。

Step6. 选取图 5.5.32 所示的曲线 3 为第一内部引导线 1，单击鼠标中键确认。

Step7. 选取图 5.5.32 所示的曲线 4 为第二内部引导线 2，单击鼠标中键确认。

Step8. 选取图 5.5.32 所示的曲线 2 为起始斜率曲线，单击鼠标中键确认。

Step9. 选取图 5.5.32 所示的曲线 5 为脊线。

Step10. 单击 确定 按钮，完成曲面的创建。

14. 端点－斜率－三次

使用“端点－斜率－三次”命令创建截面体曲面时，用户需要指定起始引导线、终止引导线、起始斜率曲线、终止斜率曲线和脊线五组曲线。创建出的曲面是三次函数规律曲面。下面通过创建图 5.5.33 所示的曲面，来说明创建截面体曲面的一般操作步骤。

Step1. 打开文件 D:\ug6.8\work\ch05.05\section_surface_14.prt。

Step2. 选择下拉菜单 插入(S) → 网格曲面(M) → 截面(S)... 命令，系统弹出“剖切曲面”对话框。

Step3. 在“剖切曲面”对话框 类型 下拉列表中选择 端点-斜率-三次 选项。

Step4. 选取图 5.5.34 所示的曲线 1 为起始引导线，单击鼠标中键确认。

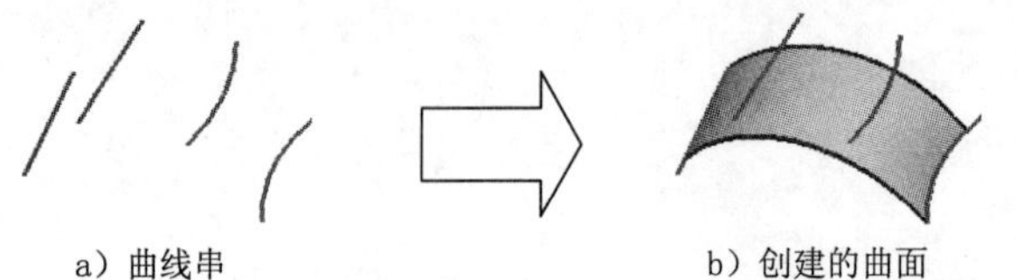

图 5.5.33 “端点－斜率－三次”方式创建截面体曲面

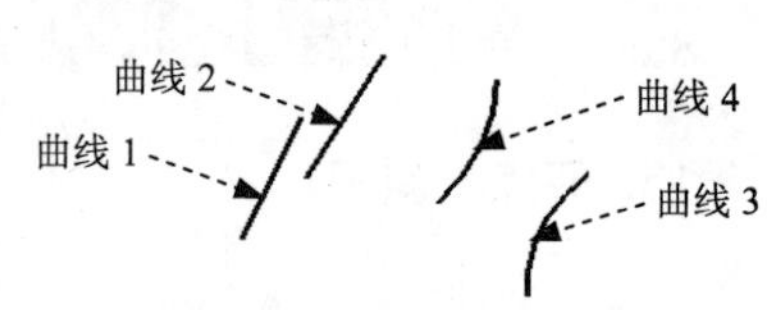

图 5.5.34 选取曲线

Step5. 选取图 5.5.34 所示的曲线 3 终止引导线，单击鼠标中键确认。

Step6. 选取图 5.5.34 所示的曲线 2 为起始斜率曲线，单击鼠标中键确认。

Step7. 选取图 5.5.34 所示的曲线 4 为终止斜率曲线，单击鼠标中键确认。

Step8. 选取图 5.5.34 所示的曲线 2 为脊线。

Step9. 单击 确定 按钮，完成曲面的创建。

15. 圆角－桥接

使用“圆角－桥接”命令创建截面体曲面时，用户需要指定起始引导线、终止引导线、起始面、终止面和脊线五组曲线。创建出的曲面是可与起始面和终止面相切或者曲率连续。截面控制方法共有两种方式，分别是连续性和继承形状，连续性方式中又包括 G1(相切)、G2（曲率）和 G3（流）。下面只对 G1(相切)和继承形状这两种方式进行介绍。

方式一. G1(相切)

下面通过创建图 5.5.35 所示的曲面，来说明创建圆角－桥接截面体曲面的一般操作步骤。

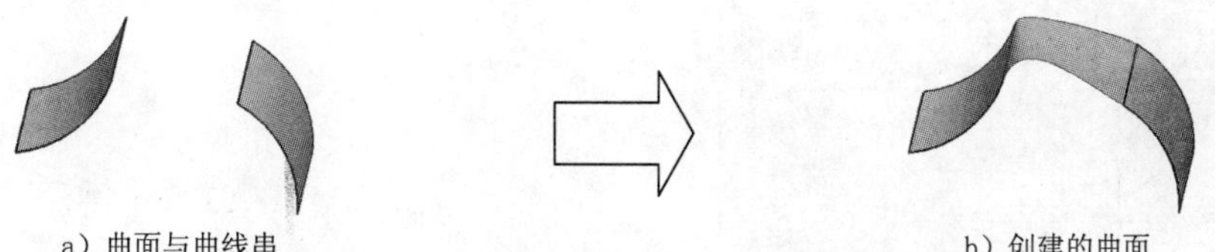

a）曲面与曲线串　　b）创建的曲面

图 5.5.35　“G1(相切)”方式创建桥接截面体曲面

Step1. 打开文件 D:\ug6.8\work\ch05.05\section_surface_15_01.prt。

Step2. 选择下拉菜单 插入(S) → 网格曲面(M) → 截面(S)... 命令，系统弹出“剖切曲面”对话框。

Step3. 在图 5.5.36 所示的“剖切曲面”对话框 类型 下拉列表中选择 圆角-桥接 选项。

Step4. 选取图 5.5.37 所示的曲线 1 为起始引导线，单击鼠标中键确认。

Step5. 选取图 5.5.37 所示的曲线 2 为终止引导线，单击鼠标中键确认。

Step6. 选取图 5.5.37 所示的曲面 1 为起始面，单击鼠标中键确认。

Step7. 选取图 5.5.37 所示的曲面 2 为终止面，单击鼠标中键确认。

Step8. 在“剖切曲面”对话框 截面控制 区域中 剖切方法 下拉列表中选择 连续性 选项，在 连续性 区域的 开始连续性、结束连续性 下拉列表中都选择 G1（相切）选项。

图 5.5.36 所示“剖切曲面”对话框中部分选项的说明如下：

- 控制区域 区域：定义曲面形状的控制区域。
  - ☑ ⊙ 整个：控制整个曲面的形状。
  - ☑ ⊙ 开始：只控制曲面起始边那一侧的形状。
  - ☑ ⊙ 结束：只控制曲面终止边那一侧的形状。

- 深度：拖动滑块可以改变曲面 U 向二次曲线的 Rho 值，范围是 0～100。
- 歪斜：拖动滑块可以改变曲面靠近起始面还是终止面，范围是 0～100。

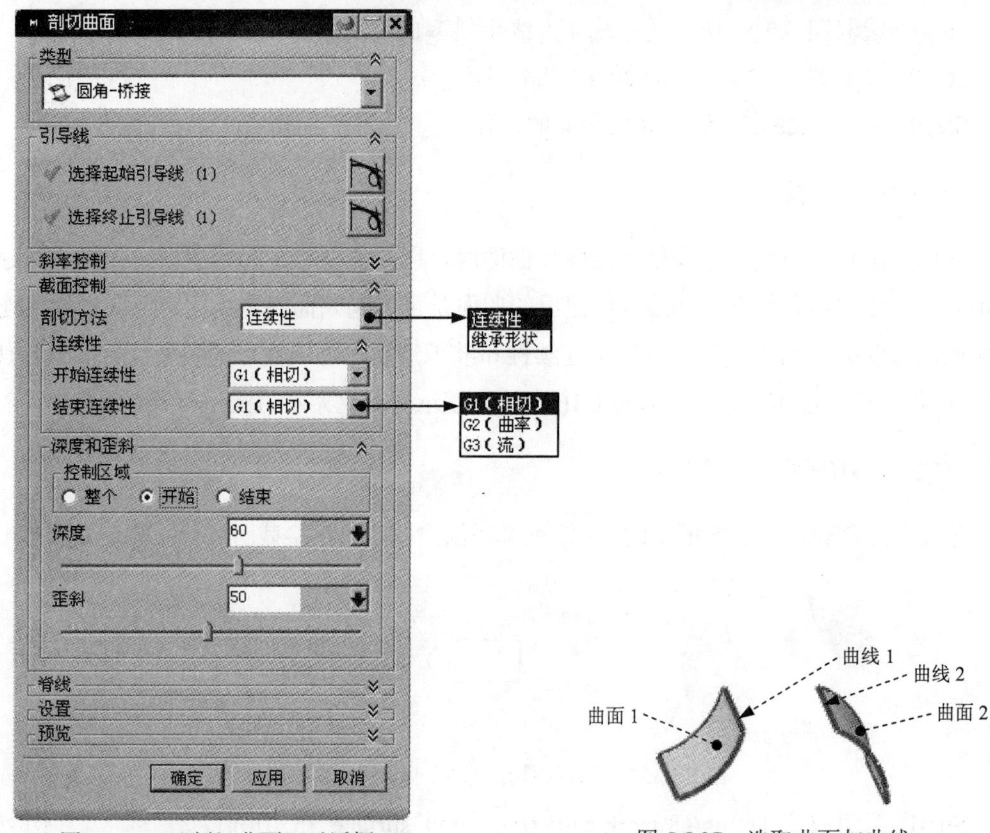

图 5.5.36　“剖切曲面”对话框　　图 5.5.37　选取曲面与曲线

Step9. 在控制区域区域中选择开始选项，把深度滑块调成 60 左右；选择结束选项，把深度滑块调成 20 左右；曲面形状发生改变。

说明：单击滑块后，可以利用键盘上的方向键进行微调。

Step10. 单击确定按钮，完成曲面的创建。

方式二. 继承形状方式

下面通过创建图 5.5.38 所示的曲面来说明创建圆角－桥接截面体曲面的一般操作步骤。

Step1. 打开文件 D:\ug6.8\work\ch05.05\section_surface_15_02.prt。

Step2. 选择下拉菜单插入(S) → 网格曲面(M) → 截面(S)... 命令，系统弹出“剖切曲面”对话框。

Step3. 在“剖切曲面”对话框类型下拉列表中选择圆角-桥接选项；在截面控制区域中剖切方法下拉列表中选择继承形状选项。

Step4. 选取图 5.5.39 所示的曲线 1 为起始引导线，单击鼠标中键确认。

Step5. 选取图 5.5.39 所示的曲线 2 为终止引导线，单击鼠标中键确认。

Step6. 选取图 5.5.39 所示的曲面 1 为起始面，单击鼠标中键确认。

Step7. 选取图 5.5.39 所示的曲面 2 为终止面，单击鼠标中键确认。

Step8. 选取图 5.5.39 所示的曲线 3 为起始形状曲线，单击鼠标中键确认。

Step9. 单击选择终止形状曲线右侧的按钮，选取图 5.5.47 所示的曲线 4 为起始形状曲线，单击鼠标中键确认。

Step10. 选取图 5.5.39 所示的曲线 1 为脊线。

a）曲面与曲线串

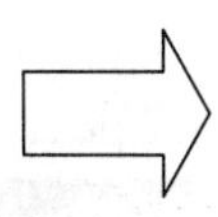

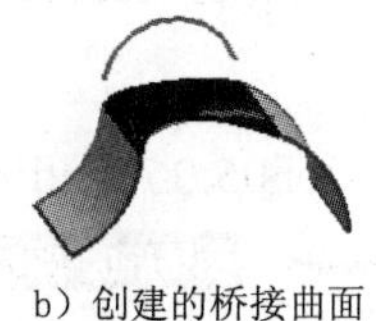

b）创建的桥接曲面

图 5.5.38　“继承形状”方式创建桥接截面体曲面

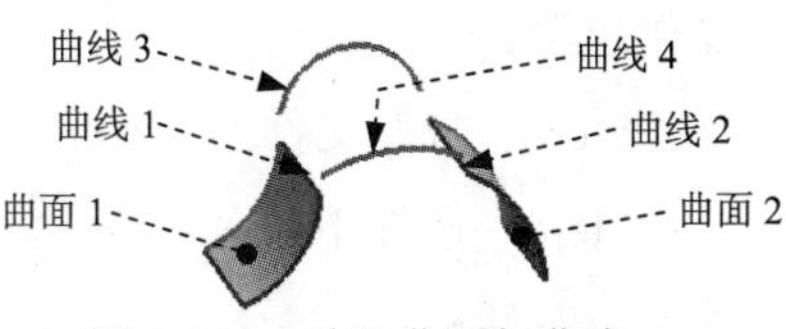

图 5.5.39　选取曲面与曲线

Step11. 单击确定按钮，完成曲面的创建。

16. 点－半径－角度—圆弧

使用“点－半径－角度—圆弧”命令创建截面体曲面时，用户需要指定起始引导线、起始面、半径、角度和脊线。创建出的曲面是圆弧面并与起始面相切。下面通过创建图 5.5.40 所示的曲面来说明创建截面体曲面的一般步骤。

Step1. 打开文件 D:\ug6.8\work\ch05.05\section_surface_16.prt。

Step2. 选择下拉菜单插入(S) → 网格曲面(M) → 截面(S)...命令，系统弹出“剖切曲面”对话框。

Step3. 在“剖切曲面”对话框类型下拉列表中选择点-半径-角度-圆弧选项。

Step4. 选取图 5.5.41 所示的曲线 1 为而起始引导线，单击鼠标中键确认。

Step5. 选取图 5.5.41 所示的曲面 1 为起始面，并单击反向后的按钮，单击鼠标中键确认。

Step6. 选取图 5.5.41 所示的曲线 2 为脊线。

Step7. 在“剖切曲面”对话框截面控制区域中半径规律下的规律类型下拉列表中选择三次选项，在开始文本框中输入 10，在结束文本框中输入 20。

Step8. 在“剖切曲面”对话框截面控制区域中角度规律下的规律类型下拉列表中选择三次选项，在开始文本框中输入 90，在结束文本框中输入 120。

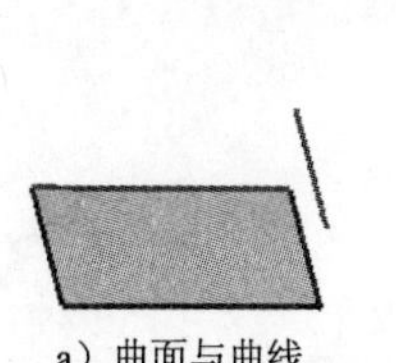

a）曲面与曲线

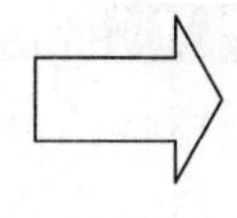

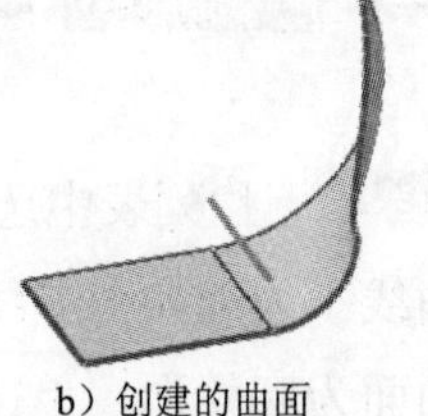

b）创建的曲面

图 5.5.40　“点－半径－角度—圆弧”方式创建截面体曲面

曲面 1　曲线 2　曲线 1

图 5.5.41　选取曲面与曲线

Step9. 在“剖切曲面”对话框的脊线区域中单击按钮，改变相切方向。

Step10. 单击确定按钮，完成曲面的创建。

17. 五点

使用“五点”方式创建截面体曲面时，用户需要指定起始引导线、终止引导线、第一内部引导线 1、内部引导线 2、内部引导线 3 和脊线六组曲线。创建出的曲面完全通过除脊线以外的其他五组曲线。下面通过创建图 5.5.42 所示的曲面来说明创建截面体曲面的一般操作步骤。

Step1. 打开文件 D:\ug6.8\work\ch05.05\section_surface_17.prt。

Step2. 选择下拉菜单插入(S) ➡ 网格曲面(M) ➡ 截面(S)...命令，系统弹出“剖切曲面”对话框。

Step3. 在“剖切曲面”对话框类型下拉列表中选择五点选项。

Step4. 选取图 5.5.43 所示的曲线 1 为起始引导线，单击鼠标中键确认。

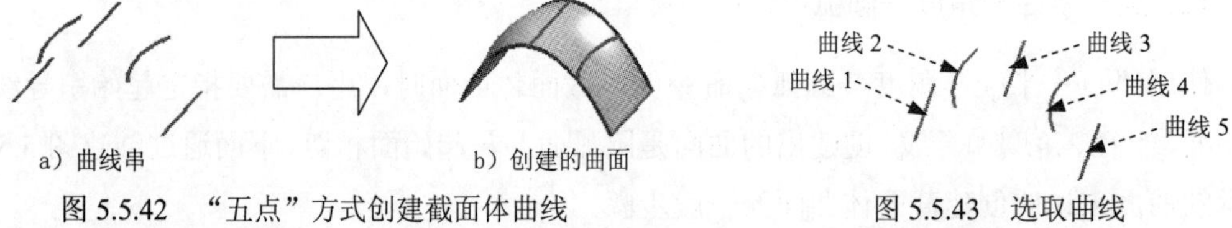

a）曲线串　　b）创建的曲面

图 5.5.42 “五点”方式创建截面体曲线　　图 5.5.43 选取曲线

Step5. 选取图 5.5.43 所示的曲线 5 为终止引导线，单击鼠标中键确认。

Step6. 选取图 5.5.43 所示的曲线 2 为第一内部引导线 1，单击鼠标中键确认。

Step7. 选取图 5.5.43 所示的曲线 3 为内部引导线 2，单击鼠标中键确认。

Step8. 选取图 5.5.43 所示的曲线 4 为内部引导线 3，单击鼠标中键确认。

Step9. 选取图 5.5.43 所示的曲线 5 为脊线。

Step10. 单击确定按钮，完成曲面的创建。

18. 线性－相切

使用“线性－相切”命令创建截面体曲面时，用户需要指定起始引导线、起始面和脊线，并且还需要定义角度规律。创建出的曲面通过起始引导线，相切于起始面。下面通过创建图 5.5.44 所示的曲面来说明创建截面体曲面的一般操作步骤。

Step1. 打开文件 D:\ug6.8\work\ch05.05\section surface_18.prt。

Step2. 选择下拉菜单插入(S) ➡ 网格曲面(M) ➡ 截面(S)...命令，系统弹出“剖切曲面”对话框。

Step3. 在“剖切曲面”对话框类型下拉列表中选择线性-相切选项。

Step4. 选取图 5.5.45 所示的曲线 1 为起始引导线，单击鼠标中键确认。

Step5. 选取图 5.5.45 所示的曲面为起始面，单击鼠标中键确认。

图 5.5.44 “线性－相切”方式创建截面体曲面　　图 5.5.45 选取曲面与曲线

Step6. 选取图 5.5.45 所示的曲线 2 为脊线。

Step7. 在“剖切曲面”对话框截面控制区域中角度规律下的规律类型下拉列表中选择恒定选项；多次单击显示备选解右侧的按钮，图形区会依次出现多个解的不同结果，如图 5.5.46 所示，找到用户所需要的结果。

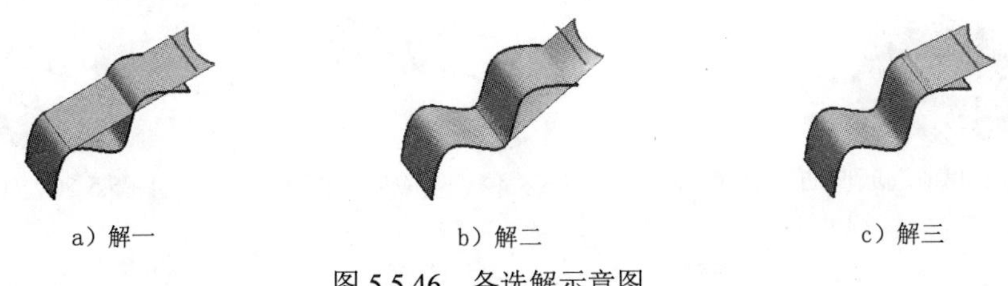

图 5.5.46 备选解示意图

Step8. 单击确定按钮，完成曲面的创建。

19. 圆相切

使用“圆相切”命令创建截面体曲面时，用户需要指定起始引导线、起始面和脊线，还需要定义半径规律。创建出的曲面为圆弧面，相切于起始面，通过起始引导线。下面通过创建图 5.5.47 所示的曲面来说明创建截面体曲面的一般操作步骤。

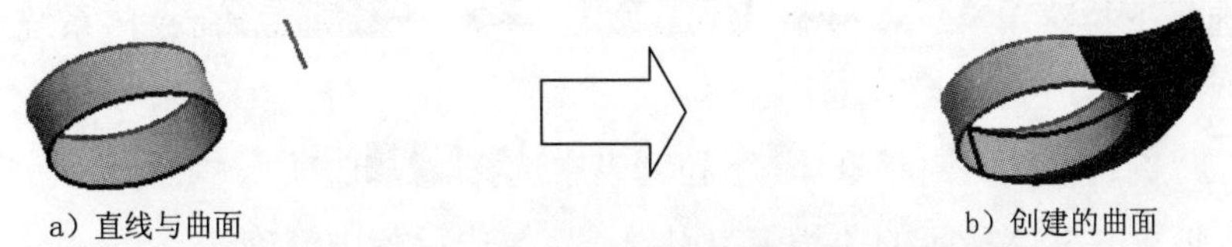

图 5.5.47 “圆相切”方式创建截面体曲面

Step1. 打开文件 D:\ug6.8\work\ch05.05\section_surface_19.prt。

Step2. 选择下拉菜单插入(S) → 网格曲面(M) → 截面(S)...命令，系统弹出“剖切曲面”对话框。

Step3. 在“剖切曲面”对话框类型下拉列表中选择圆相切选项。

Step4. 选取图 5.5.48 所示的曲线 1 为起始引导线，单击鼠标中键确认。

Step5. 选取图 5.5.48 所示的曲面 1 为起始面，单击鼠标中键确认。

Step6. 选取图 5.5.48 所示的曲线 1 为脊线。

Step7. 在“剖切曲面”对话框截面控制区域中剖切方法下拉列表中选择圆角圆弧选项，半径规律下的规律类型下拉列表中选择三次选项，在开始文本框中输入 30，在结束文本框中输入 40。

Step8. 多次单击显示备选解右侧的按钮，图形区会依次出现多个解的不同结果，找到用户所需要的结果，单击确定按钮，完成图 5.5.49 所示曲面 1 的创建。

Step9. 重复 Step2 到 Step6 的操作。

Step10. 在“剖切曲面”对话框截面控制区域中剖切方法下拉列表中选择补圆弧选项，半径规律下的规律类型下拉列表中选择恒定选项，在值文本框中输入 40。

Step11. 多次单击显示备选解右侧的按钮，图形区会依次出现多个解的不同结果，找到用户所需要的结果，单击确定按钮，完成图 5.5.50 所示曲面 2 的创建。

图 5.5.48　选取曲面与直线

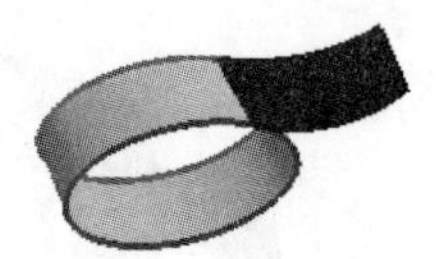
图 5.5.49　生成的曲面 1

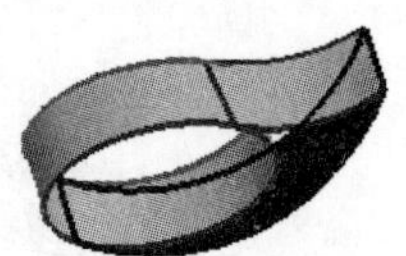
图 5.5.50　生成的曲面 2

20. 圆

使用“圆”命令创建截面体时，用户需要指定起始引导线、方位引导线、脊线和半径规律。下面通过创建图 5.5.51 所示的曲面来说明创建截面体曲面的一般操作步骤。

Step1. 打开文件 D:\ug6.8\work\ch05.05\section_surface_20.prt。

注意：由于系统默认设置体类型为“实体”，而本例中要生成曲面，所以需要进行调整。方法简述如下：选取下拉菜单首选项(P) → 建模(G)命令，然后在“建模首选项”对话框中的常规选项卡中，将“体类型”设为 ⊙ 片体，单击确定按钮即可。

Step2. 选择下拉菜单插入(S) → 网格曲面(M) → 截面(S)...命令，系统弹出“剖切曲面”对话框。

Step3. 在“剖切曲面”对话框类型下拉列表中选择圆选项。

Step4. 选取图 5.5.52 所示的曲线 1 为引导线，单击鼠标中键确认。

Step5. 选取图 5.5.52 所示的曲线 1 为脊线，单击鼠标中键确认。

Step6. 在“剖切曲面”对话框截面控制区域中半径规律下的规律类型下拉列表中选择沿脊线的三次选项，单击指定新的位置 (0)右侧下拉列表中单击按钮，选取图 5.5.60 所示的点 1，在弹出的动态文本框Pt 1后的文本框中输入 2 并按 Enter 确定。

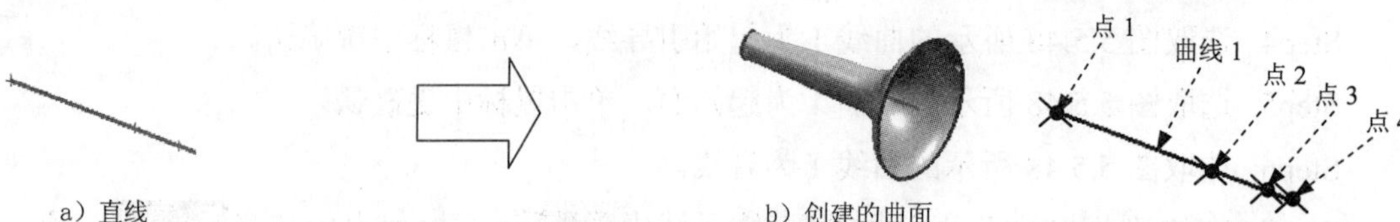

图 5.5.51　“圆”方式创建截面体曲面　　图 5.5.52　选择直线与点

Step7. 参照 Step6 的操作，按顺序定义图 5.5.52 所示点 2、点 3、点 4，在弹出的动态文本框中Pt 2、Pt 3、Pt 4后的文本框中分别输入 3、7、10。

Step8. 单击确定按钮，完成曲面的创建。

5.6 N 边 曲 面

使用N 边曲面(N)...命令可以通过使用不限数目的曲线或边建立一个曲面，并指定其与外部曲面的连续性，所用的曲线或边组成一个简单的、封闭的环，可以用来填补曲面上的洞。形状控制选项可用来修复中心点处的尖角，同时保持与原曲面之间的连续性约束。该操作有两种生成曲面的类型，下面分别对其进行介绍。

1. 已修剪的 N 边曲面

已修剪的类型用于创建单个 N 边曲面，并且覆盖选定曲面的封闭环内的整个区域。下面通过创建图 5.6.1 所示的曲面来说明创建已修剪的 N 边曲面的一般操作步骤。

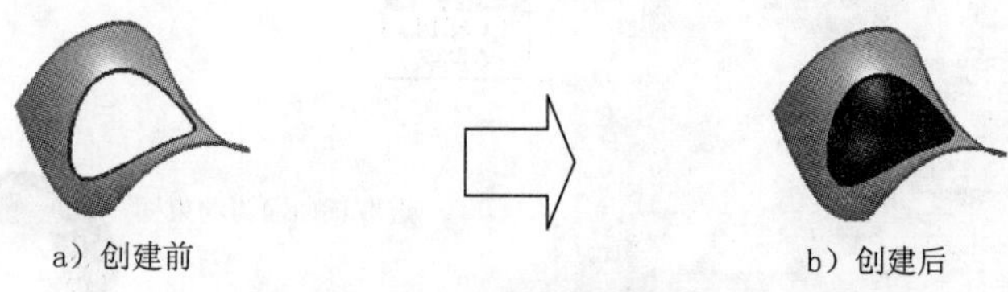

a）创建前　　b）创建后

图 5.6.1　创建 N 边曲面

Step1. 打开文件 D:\ug6.8\work\ch05.06\N_side_surface_1.prt。

Step2. 选择下拉菜单插入(S) → 网格曲面(M) → N 边曲面(N)...命令，系统弹出图 5.6.2 所示的“N 边曲面”对话框。

Step3. 在类型区域下选择已修剪选项，在图形区选取图 5.6.3 所示的曲线为边界曲线。

Step4. 单击约束面区域下选择面 (0)右侧的按钮，选取图 5.6.4 所示的曲面为约束面，在UV 方位下拉列表中选择面积选项，在设置区域选中☑修剪到边界复选框。

Step5. 在“N 边曲面”对话框中单击确定按钮，完成 N 边曲面的创建。

图 5.6.2 所示“N 边曲面”对话框中部分选项的说明如下：

- 类型区域：
  - ☑ 已修剪：用于创建单个曲面，覆盖选定曲面中封闭环内的整个区域。
  - ☑ 三角形：用于创建一个由单独的、三角形补片构成的曲面，每个补片由各条边和公共中心点之间的三角形区域组成。
- UV 方位下拉列表：
  - ☑ 脊线：选取脊线曲线来定义新曲面的 V 方向。
  - ☑ 矢量：通过“矢量方法”来定义新曲面的 V 方向。
  - ☑ 面积：通过两个对角点来定义 WCS 平面上新曲面的矩形 UV 方向。

- ☑ 修剪到边界：指定是否按边界曲线对所生成的曲面进行修剪。
- ☑ 尽可能合并面：系统把环上相切连续的部分视为单个的曲线，并为每个相切连续的截面建立一个面。

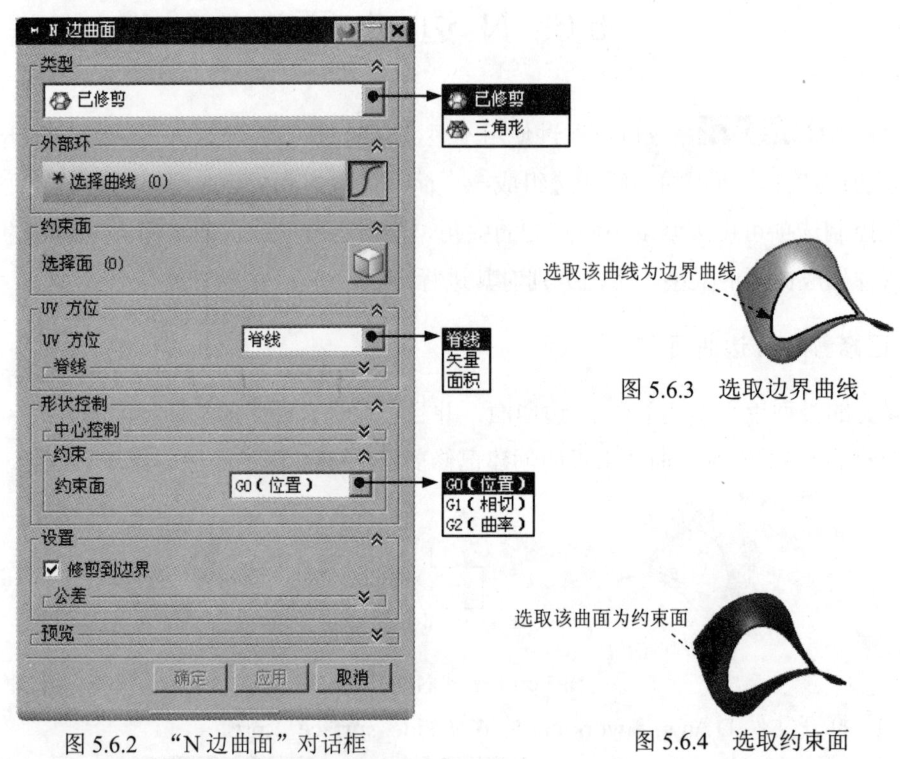

图 5.6.2 “N 边曲面”对话框

图 5.6.3 选取边界曲线

图 5.6.4 选取约束面

2. 三角形 N 边曲面

三角形类型可以创建一个由单独的、三角形补片构成的曲面，每个补片由各条边和公共中心点之间的三角形区域组成。下面通过创建图 5.6.5 所示的曲面来说明创建三角形 N 边曲面的一般操作步骤。

Step1. 打开文件 D:\ug6.8\work\ch05.06\N_side_surface_2.prt。

Step2. 选择下拉菜单 插入(S) ➡ 网格曲面(M) ➡ N 边曲面(N)... 命令，在系统弹出的图 5.6.6 所示的“N 边曲面”对话框，在 类型 下拉列表中选择 三角形 选项。

Step3. 选取图 5.6.7 所示的 6 条曲线为边界曲线。

Step4. 单击 选择面 (0) 右侧的按钮，选取图 5.6.8 所示的六个曲面为约束面。

Step5. 在 “N 边曲面”对话框中单击 确定 按钮，完成 N 边曲面的创建。

图 5.6.6 所示“N 边曲面”对话框中部分选项的说明如下：

- 中心控制 区域的 控制 下拉列表：
  - ☑ 位置：将 X、Y、Z 滑块设定为“位置”模式来移动曲面中心点的位置，当拖动 X、Y 或 Z 滑块时，中心点在指明的方向上移动。

☑ 倾斜：将 X 滑块和 Y 滑块设定为“倾斜”模式，用来倾斜曲面中心点所在的 X 平面和 Y 平面。当拖动 X 滑块或 Y 滑块时，中心点的平面法向在指明的方向倾斜，中心点的位置不改变。在使用“倾斜”模式时，Z 滑块不可用。

- X：沿着曲面中心点的 X 法向轴重定位或倾斜。
- Y：沿着曲面中心点的 Y 法向轴重定位或倾斜。
- Z：沿着曲面中心点的 Z 法向轴重定位或倾斜。

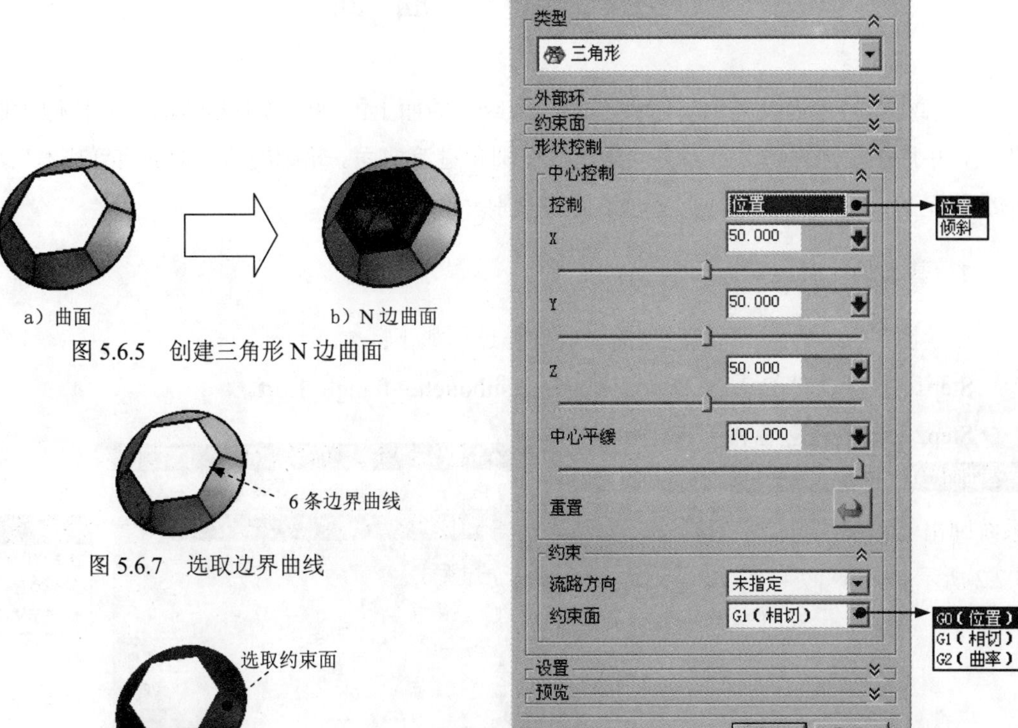

图 5.6.5　创建三角形 N 边曲面

图 5.6.7　选取边界曲线

图 5.6.8　选取约束面

图 5.6.6　“N 边曲面”对话框

- 中心平缓：用户可借助此滑块使曲面上下凹凸，如同泡沫的效果。如果采用“三角形”方式，则中心点不受此选项的影响。
- 流路方向下拉列表：包含未指定、垂直、等 U/V 线和相邻边四个选项。

☑ 未指定：生成片体的 UV 参数和中心点等距。

☑ 垂直：生成曲面的 V 方向等参数的直线，以垂直于该边的方向开始于外侧边。只有当环中所有的曲线或边至少连续相切时，才可用。

☑ 等 U/V 线：生成曲面的 V 方向等参数直线开始于外侧边并沿着外侧表面的 U/V 方向，只有当边界约束为斜率或曲率且已经选取了面时，才可用。

☑ 相邻边：生成曲面的 V 方向等参数线将沿着约束面的侧边。

- ：把“形状控制”对话框的所有设置返回到系统默认位置。

● 约束面 下拉列表各个选项生成曲面的不同形状，如图 5.6.9 ~ 图 5.6.11 所示。

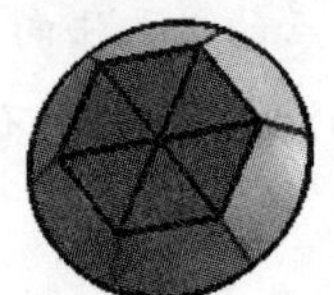
图 5.6.9 G0(位置)

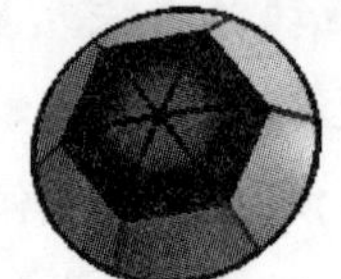
图 5.6.10 G1（相切）

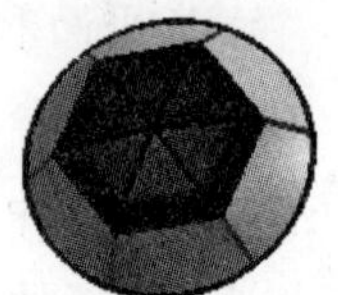
图 5.6.11 G2（曲率）

5.7 弯边曲面

轮廓线弯边曲面就是用参考曲面的边缘或者曲面上的曲线按照指定的方向拉伸生成一张面，并且在拉伸面与参考面之间创建一个圆角过渡曲面。轮廓线弯边曲面有“基本”、“绝对缝隙”和“视觉差”三种类型，下面将分别介绍。

1. 基本的轮廓线弯边

创建图 5.7.1 所示轮廓线弯边的一般操作过程如下：

Step1. 打开文件 D:\ug6.8\work\ch05.07\silhouette_flange_1.prt。

Step2. 选择下拉菜单 插入(S) ➡ 弯边曲面(G) ➡ 轮廓线弯边(F)... 命令，系统弹出“轮廓线弯边”对话框，如图 5.7.2 所示。

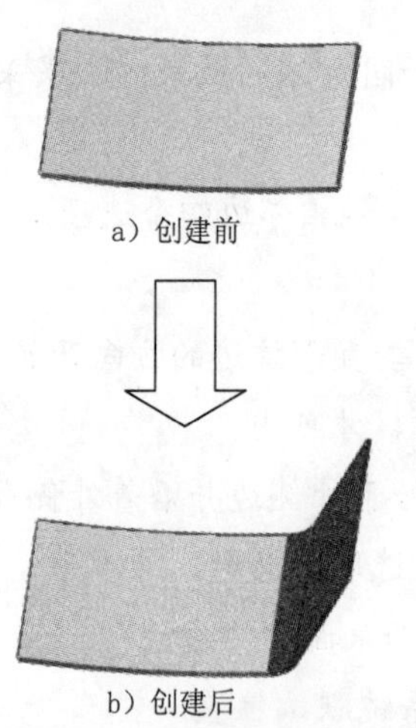

图 5.7.1 创建基本的轮廓线弯边曲面

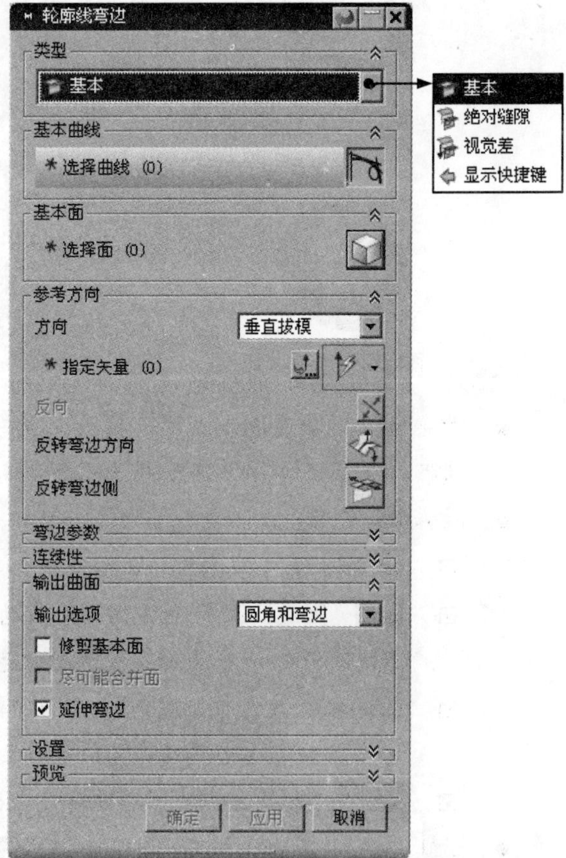

图 5.7.2 “轮廓线弯边”对话框

Step3. 在“轮廓线弯边”对话框类型下拉列表中选择基本选项，在图形区中选取图 5.7.3 所示的曲面边缘，单击中键确定。

Step4. 选取图 5.7.3 所示的曲面，单击中键；在方向下拉列表选择垂直拔模选项，并在* 指定矢量 (0)右侧的下拉列表中选择-YC选项。

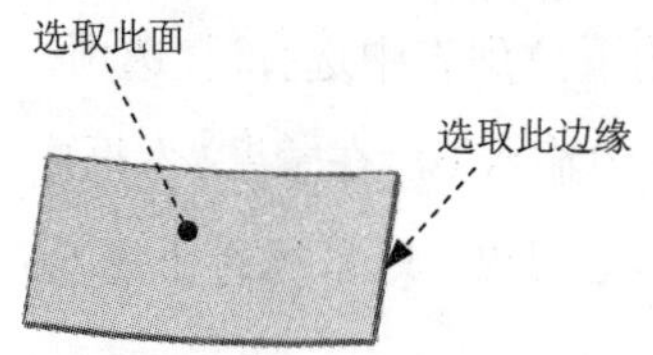

图 5.7.3　选取曲面和边缘

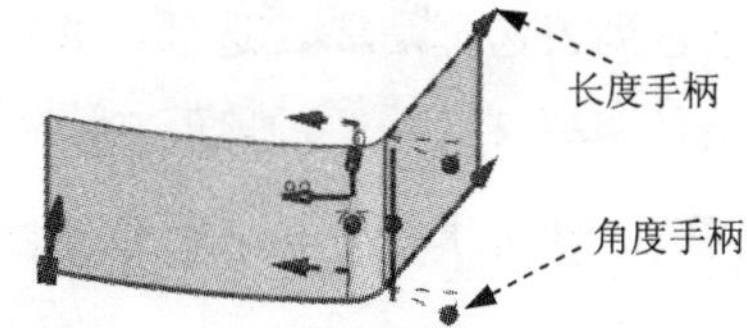

图 5.7.4　预览曲面

Step5. 图形区中显示图 5.7.4 所示的预览曲面及长度手柄和角度手柄，单击起始端或终止端处的长度手柄，在弹出的长度动态文本输入框（图 5.7.5）中输入 25，

Step6. 单击起始端或终止端处的角度手柄，在弹出的角度动态文本输入框（图 5.7.6）中输入-25。

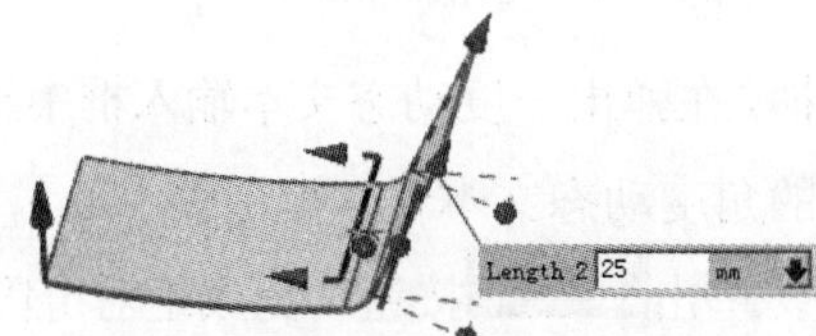

图 5.7.5　长度动态文本输入框

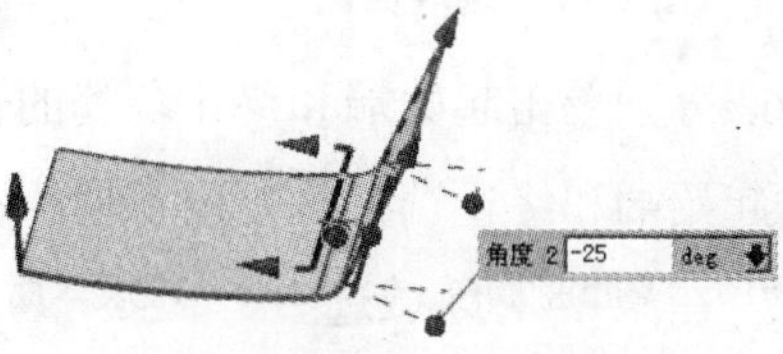

图 5.7.6　角度动态文本输入框

Step7. 在弯边参数区域沿着脊线的值下的半径 1文本框中输入 6。

Step8. 在输出曲面区域选中☑ 修剪基本面复选框，单击确定按钮，完成基本的轮廓边弯边的创建。

图 5.7.2 所示“轮廓线弯边”对话框中部分选项的说明如下：

- 类型区域：用于选择轮廓线弯边的类型。
  - ☑ 基本：用于选择片体边缘或曲线创建弯边曲面。
  - ☑ 绝对缝隙：相对于现有的弯边创建弯边曲面，且采用恒定间隙来分隔弯边元素。
  - ☑ 视觉差：相对于现有的弯边创建弯边曲面，且采用视觉差来分隔弯边元素。

2. 绝对缝隙的轮廓线弯边

创建图 5.7.7 所示的绝对缝隙的轮廓线弯边的一般操作过程如下：

Step1. 打开文件 D:\ug6.8\work\ch05.07\ silhouette_flange_2.prt。

a）创建前

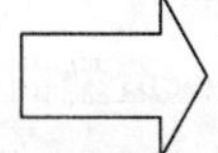

b）创建后

图 5.7.7　创建绝对间隙轮廓线弯边曲面

Step2. 选择下拉菜单插入(S) → 弯边曲面(G)▸ → 轮廓线弯边(F)...命令，系统弹出“轮廓线弯边”对话框。

Step3. 在“轮廓线弯边”对话框中，选择类型下拉列表中的绝对缝隙选项。

Step4. 在图形区中选取图 5.7.8 所示的曲面 1，单击中键确认；再选取图 5.7.8 所示的曲面 2；在方向下拉列表选择垂直拔模选项，并在右侧的下拉列表中选择YC选项。

Step5. 在弯边参数区域沿着脊线的值下半径 1文本框中输入 6，在缝隙文本框中输入 10。

说明：如果在缝隙文本框中输入的值不在允许的范围内，则系统弹出图 5.7.9 所示的“警报”信息。

图 5.7.8 选取曲面　　图 5.7.9 “警报”信息

Step6. 分别单击起始端和终止端处的长度手柄，在弹出长度动态文本输入框中输入 15；分别单击起始端和终止端处的角度手柄，在弹出的角度动态文本输入框中输入 0。

Step7. 在输出曲面区域选中☑修剪基本面复选框，单击确定按钮，完成绝对缝隙的轮廓边弯边的创建。

3. 视觉差轮廓线弯边

图 5.7.10 所示视觉差轮廓线弯边的一般操作过程与绝对缝隙的轮廓线弯边基本一致，请读者自行练习。

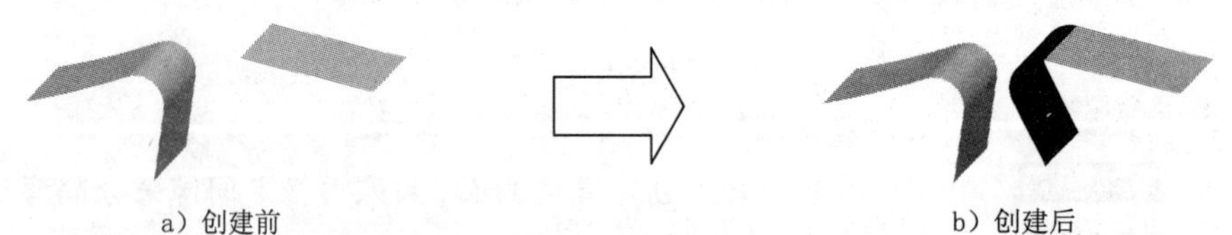

图 5.7.10 创建视觉差轮廓线弯边曲面

5.8 渐消曲面的构建

5.8.1 渐消曲面的概念

“渐消曲面”（Fading Surface）是指：造型曲面的一端逐渐消失于一“点”（可以理解为造型曲面从有到无逐渐消失的过渡面，如图 5.8.1 所示）。在 3C 产品或一般家用电器的外观产品中，常出现渐消曲面。因为渐消曲面以其活泼的外观使产品更显灵活性，往往能提升质感并且能吸引消费者目光并增强其购买欲，因此也为广大设计人员所青睐。本节将通过两个范例简单介绍渐消曲面的创建方法。

a）渐消曲面 1　　b）渐消曲面 2

图 5.8.1　渐消曲面造型

5.8.2　渐消曲面的构建——范例 1

下面以图 5.8.2 所示的渐消曲面为例说明其创建的一般操作过程。

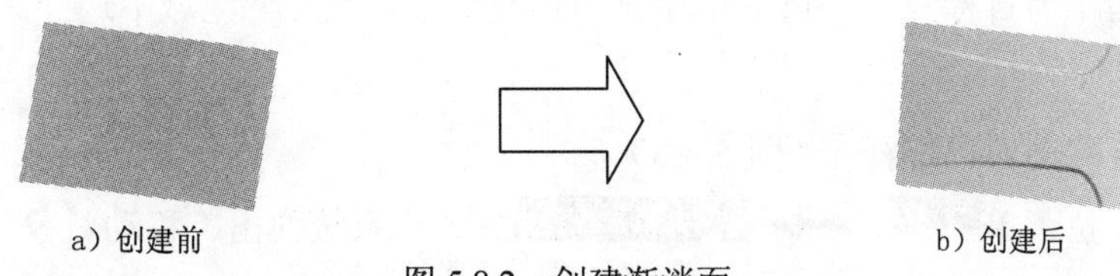

a）创建前　　b）创建后

图 5.8.2　创建渐消面

Step1. 打开文件 D:\ug6.8\work\ch05.08\disappear_1.prt。

Step2. 创建草图 1。

（1）选择下拉菜单 插入(S) ➡ 草图(S)... 命令（或单击按钮），系统弹出“创建草图”对话框。

（2）选取 YC-XC 基准平面为草图平面，单击 确定 按钮，进入草图环境，创建图 5.8.3 所示的草图 1。

（3）单击 完成草图 按钮，退出草图环境。

Step3. 创建偏置曲面 1。

（1）选择下拉菜单 插入(S) ➡ 偏置/缩放(O) ➡ 偏置曲面(O)... 命令，系统弹出“偏置曲面”对话框。

（2）选取图 5.8.4 所示的面为偏置曲面。在 偏置 1 的文本框中输入 0，其他参数采用系统默认设置。

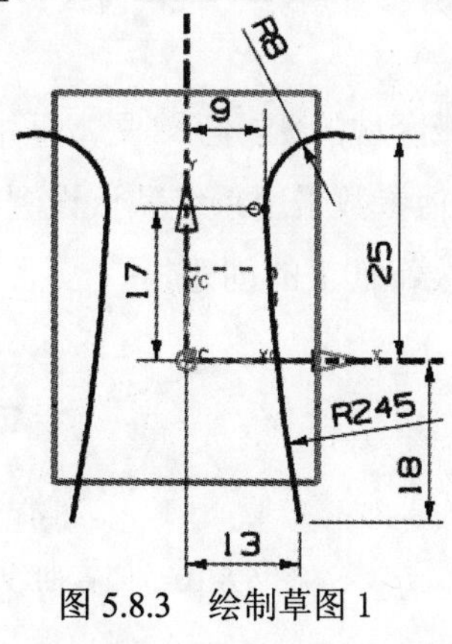

图 5.8.3　绘制草图 1

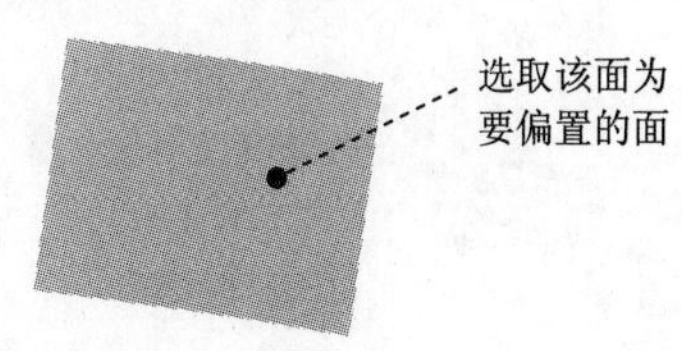

图 5.8.4　选取参照曲面

（3）单击确定按钮，完成偏置曲面 1 的创建，并将此面进行隐藏。

Step4. 创建修剪特征 1。

（1）选择下拉菜单插入(S) → 修剪(M) → 修剪的片体(R)...命令，系统弹出“修剪的片体”对话框。

（2）选取图 5.8.4 所示的面为目标片体，选取草图 1 为边界对象；在投影方向下拉列表中选择沿矢量选项，在指定矢量下拉列表中选择ZC方向；在区域区域中选择⊙保持单选项，其他参数采用系统默认设置。

（3）单击确定按钮，完成图 5.8.5 所示修剪特征 1 的创建，并隐藏修剪特征 1。

Step5. 显示 Step3 所创建的偏置曲面 1。

Step6. 创建图 5.8.6 所示的修剪特征 2。操作步骤和参数设置参照 Step4，选取 Step3 所创建的偏置曲面 1 为目标片体，选取草图 1 为边界对象，在区域区域中选择⊙舍弃单选项。完成后隐藏草图 1。

Step7. 创建移动对象特征 1（图 5.8.8）。

（1）选择下拉菜单编辑(E) → 移动对象(O)...命令，系统弹出“移动对象”对话框。

（2）选取修剪特征 2 为要移动的对象。

（3）在运动下拉列表中选择角度选项，单击* 指定矢量 (0)选取图 5.8.7 所示的边线为参照边，在角度的文本框中输入 3。

（4）在结果区域中选择⊙复制原先的单选项，在非关联副本数文本框中输入 1。

（5）单击确定按钮，完成移动对象特征 1 的创建。

图 5.8.5 修剪特征 1

图 5.8.6 修剪特征 2

图 5.8.7 选取参照曲线

Step8. 将修剪特征 2 进行隐藏，并显示修剪特征 1。

Step9. 创建偏置曲线特征 1。

（1）选择下拉菜单插入(S) → 来自曲线集的曲线(F) → 在面上偏置...命令，系统弹出“面中的偏置曲线”对话框。

（2）选取图 5.8.9 所示的边线为要偏置的曲线，在曲线区域的截面1:偏置1文本框中输入 2；在修剪和延伸偏置曲线区域中选中☑延伸至面的边缘复选框；其他参数采用系统默认设置。

（3）单击确定按钮，完成图 5.8.10 所示的偏置曲线特征 1 的创建。

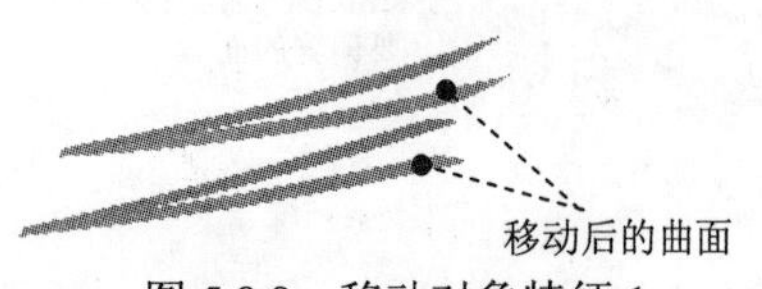

图 5.8.8 移动对象特征 1

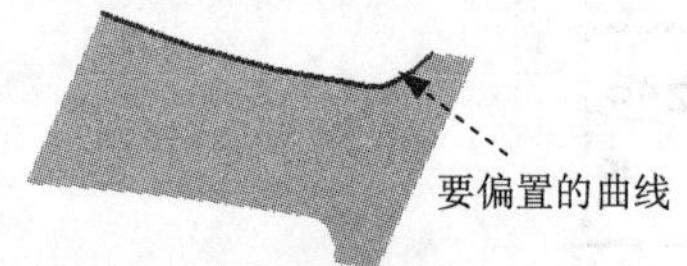

图 5.8.9 选取要偏置的曲线

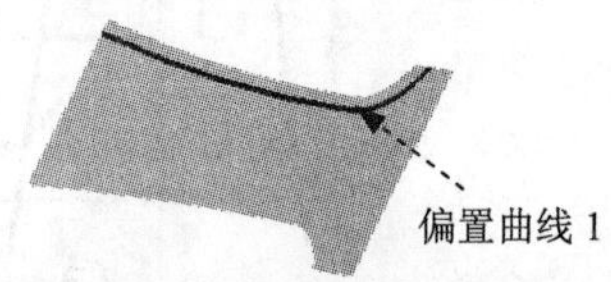

图 5.8.10 偏置曲线特征 1

Step10. 创建图 5.8.12 所示的偏置曲线特征 2，选取图 5.8.11 所示的曲线为要偏置的曲线（操作步骤和参数设置参见 Step9）。

Step11. 创建修剪特征 3。

（1）选择下拉菜单插入(S) → 修剪(M) → 修剪的片体(R)... 命令，系统弹出“修剪的片体”对话框。

（2）选取图 5.8.13 所示的面为目标片体，选取偏置曲线特征 1 和偏置曲线特征 2 为边界对象，在区域区域中选择⊙保持单选项，其他参数采用系统默认设置。

（3）单击确定按钮，完成图 5.8.14 所示的修剪特征 3 的创建。

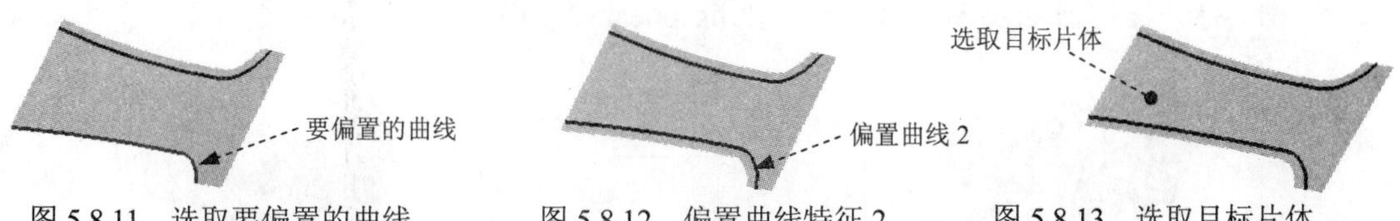

图 5.8.11　选取要偏置的曲线　　图 5.8.12　偏置曲线特征 2　　图 5.8.13　选取目标片体

Step12. 创建图 5.8.15 所示的曲面特征 1。

（1）选择下拉菜单插入(S) → 网格曲面(M) → 通过曲线组(T)... 命令，系统弹出“通过曲线组”对话框。

（2）依次选取图 5.8.16 所示的曲线 1 和曲线 2 为截面曲线，并分别单击中键确认。

（3）在连续性区域第一截面下拉列表中选择G1（相切）选项，选择曲线所在曲面为约束面；在最后截面下拉列表中选择G1（相切）选项，选取曲线 2 所在曲面为约束面，在对齐区域下拉列表中选择参数选项。

（4）其他参数采用默认设置，单击确定按钮，完成曲面特征 1 的创建。

Step13. 创建图 5.8.17 所示的曲面特征 2（步骤参照 Step11）。

图 5.8.14　修剪特征 3

图 5.8.15　曲面特征 1

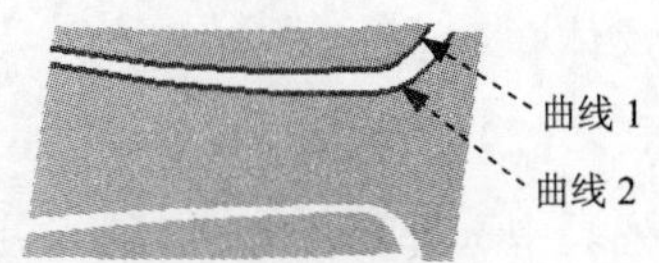

图 5.8.16　选取截面曲线

Step14. 创建曲面缝合特征。

（1）选择命令。选择下拉菜单插入(S) → 组合体(B) → 缝合(W)... 命令，系统弹出“缝合”对话框。

（2）设置对话框选项。在类型区域的下拉列表中选择片体选项。

（3）定义目标体和刀具体。选取图 5.8.18 所示曲面 1 为目标体，曲面 2、曲面 3、曲面 4 和曲面 5 为刀具体。

（4）单击确定按钮，完成曲面缝合特征的创建。

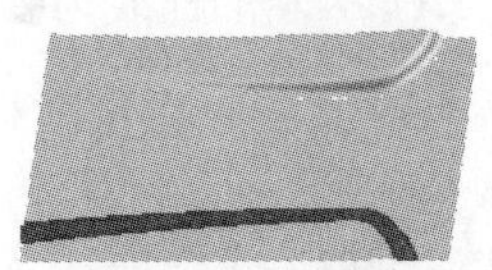

图 5.8.17 曲面特征 2

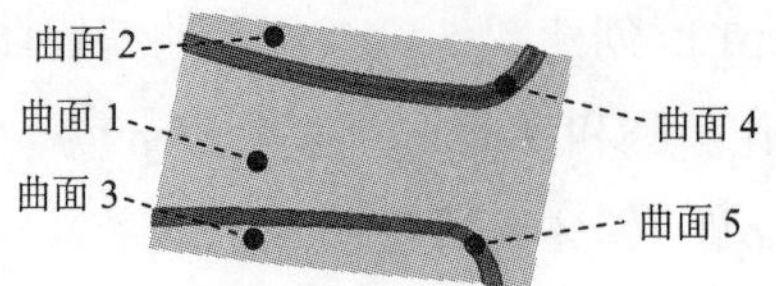

图 5.8.18 选取缝合特征参照

5.8.3 渐消曲面的构建——范例 2

下面以图 5.8.19 所示的渐消曲面为例说明其创建的一般操作过程。

Step1. 打开文件 D:\ug6.8\work\ch05.08\disappear_2.prt。

图 5.8.19 渐消面 2

Step2. 创建草图 1。

（1）选择下拉菜单插入(S) → 草图(S)... 命令（或单击按钮），系统弹出“创建草图”对话框。

（2）选取 YC-ZC 基准平面为草图平面，单击确定按钮，进入草图环境，绘制图 5.8.20 所示的草图 1。

（3）单击完成草图按钮，退出草图环境。

Step3. 创建修剪特征 1。

（1）选择下拉菜单插入(S) → 修剪(M) → 修剪的片体(R)... 命令，系统弹出“修剪的片体”对话框。

（2）选取图 5.8.19a 所示的曲面 1 为目标片体，选取草图 1 为边界对象；在投影方向下拉列表中选择沿矢量选项，并在指定矢量右侧的下拉列表中选择 -XC 选项；在区域区域中选取保持单选项，其他参数采用系统默认设置。

（3）单击确定按钮，完成修剪特征 1 的创建，如图 5.8.21 所示。

Step4. 创建基准平面 1。

（1）选择下拉菜单插入(S) → 基准/点(D) → 基准平面(D)... 命令，系统弹出“基准平面”对话框。

（2）在类型区域的下拉列表中选择按某一距离选项，选取 XC-ZC 基准平面为参考平面；在偏置文本框中输入 20，单击确定按钮，完成基准平面 1 的创建，如图 5.8.22 所示。

Step5. 创建图 5.8.23 所示草图 2。

（1）选择下拉菜单插入(S) → 草图(S)... 命令，系统弹出“创建草图”对话框。

（2）定义草图平面。选取基准平面1为草图平面，单击确定按钮，进入草图环境。

（3）创建点。选择下拉菜单插入(S) → 来自曲线集的曲线(F) → 交点(N)...命令，分别选取图5.8.24所示的两条曲线为参照曲线，单击确定按钮，完成两个交点的创建。

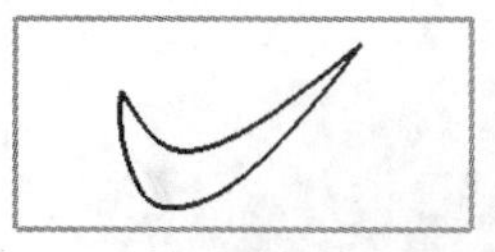

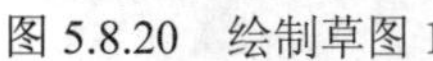

图5.8.20　绘制草图1

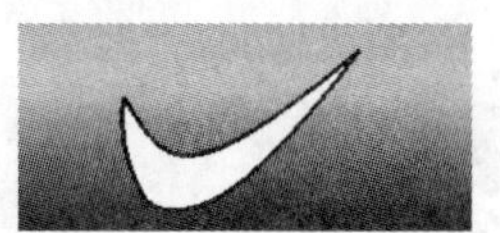

图5.8.21　修剪特征1

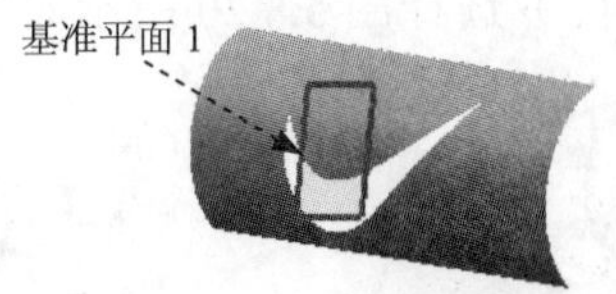

图5.8.22　创建基准平面1

（4）创建圆弧。绘制图5.8.25所示的圆弧，圆弧两端点为步骤（3）中创建的两交点。

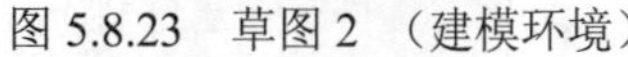

图5.8.23　草图2（建模环境）

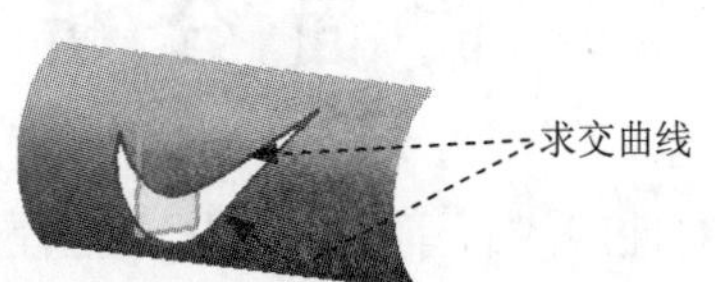

图5.8.24　选取参照曲线

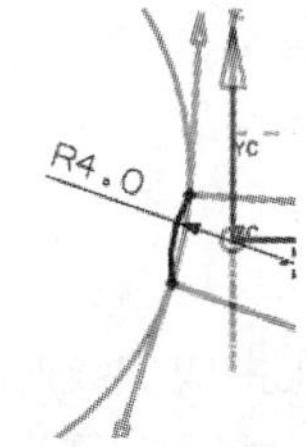

图5.8.25　绘制草图2（草图环境）

Step6. 创建样条曲线1。

（1）选择下拉菜单插入(S) → 曲线(C) → 艺术样条(D)...命令，系统弹出“艺术样条”对话框。

（2）通过草图2中曲线的中点绘制图5.8.26所示的空间样条曲线1。

（3）单击确定按钮，完成样条曲线1的创建。

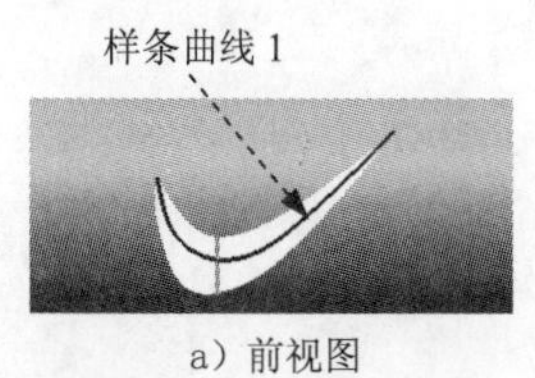

a）前视图

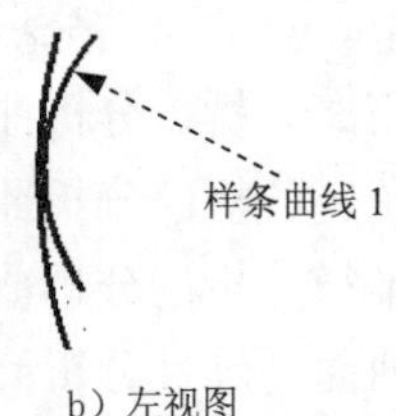

b）左视图

图5.8.26　样条曲线1

说明：样条曲线1通过草图2。

Step7. 创建图5.8.27所示的曲面特征。

（1）选择下拉菜单插入(S) → 网格曲面(M) → 通过曲线组(T)...命令，系统弹出“通过曲线组”对话框。

（2）选取图5.8.28所示的曲线1、曲线2和曲线3为截面曲线，分别按中键确认；在“通过曲线组”对话框连续性区域的第一截面线串和最后截面线串的下拉列表中分别选取G1（相切）选项，并选取图5.8.28所示的曲面1为约束面，其他参数采用系统默认设置。

（3）在“通过曲线组”对话框中单击确定按钮，完成曲面特征的创建。

Step8. 创建曲面缝合特征。

（1）选择命令。选择下拉菜单插入(S) → 组合体(B) → 缝合(W)...命令。

（2）在“缝合”对话框类型区域的下拉列表中选择片体选项。

（3）选择图 5.8.29 所示曲面 1 为目标体，曲面 2 为刀具体。

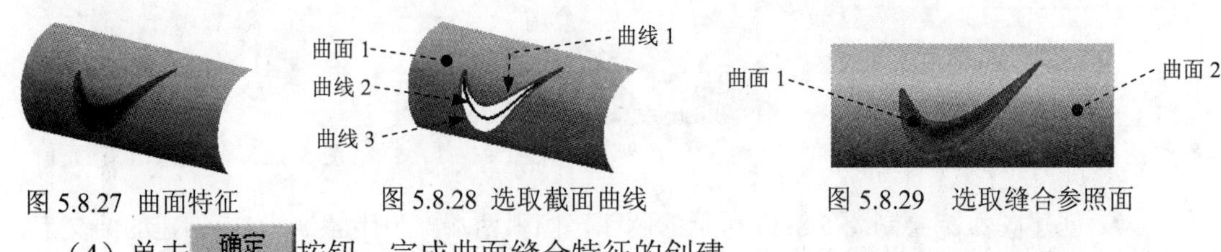

图 5.8.27 曲面特征　　图 5.8.28 选取截面曲线　　图 5.8.29 选取缝合参照面

（4）单击确定按钮，完成曲面缝合特征的创建。

5.9 曲 面 分 析

虽然在生成曲线时，已经对曲线进行了分析，从一定程度上保证了曲面的质量，但在曲面生成完成后，同样非常有必要对曲面的一些特性（如半径、反射、斜率）进行评估，以确定曲面是否达到设计要求，并找出曲面的缺陷位置，从而方便修改和编辑曲面，以保证曲面的质量。下面将具体介绍 UG NX 7.0 中的一些曲面分析功能。

5.9.1 曲面分析概述

对于曲面，特别是自由曲面，需要应用曲面的分析功能来检查曲面的性质，从而保证曲面的质量。对曲面的分析类型有以下几种：

- 距离分析：分析曲面与指定的参考平面的距离。
- 角度分析：分析曲线和曲面以及曲面和曲面之间的角度。
- 半径分析：分析曲面的曲率半径。
- 曲面连续性分析：分析两组曲面之间的连续性。
- 截面分析：分析指定平面与曲面交线的曲率、峰值点和拐点等。
- 高亮反射线分析：在曲面上生成一组高亮反射曲线。
- 反射分析：分析曲面的放射特性。
- 偏差分析：根据点/斜率连续性检查面和曲线的连续性、相切和边界对齐。
- 斜率分析：分析曲面上每一点的法向与指定方向之间的夹角。
- 拔模分析：显示曲面的拔模角度。

5.9.2 曲面分析

1. 距离分析

距离分析的目的是测量曲面之间的距离或与参考平面之间的距离。下面以图 5.9.1 所示的曲面为例，来说明测量曲面之间的距离和与参考平面之间的距离的一般操作过程。

Step1. 打开文件 D:\ug6.8\work\ch05.09\distance.prt。

Step2. 选择下拉菜单分析(L) ➡ 测量距离(D)...命令，系统弹出图 5.9.1 所示的“测量距离”对话框。

Step3. 在类型区域的下拉列表中选择 距离选项。

Step4. 分别选取图 5.9.2 所示的两曲面为测量对象，图形区显示两曲面之间的最小距离如图 5.9.3 所示。

Step5. 单击“测量距离”对话框中的 取消 按钮，取消距离测量操作。

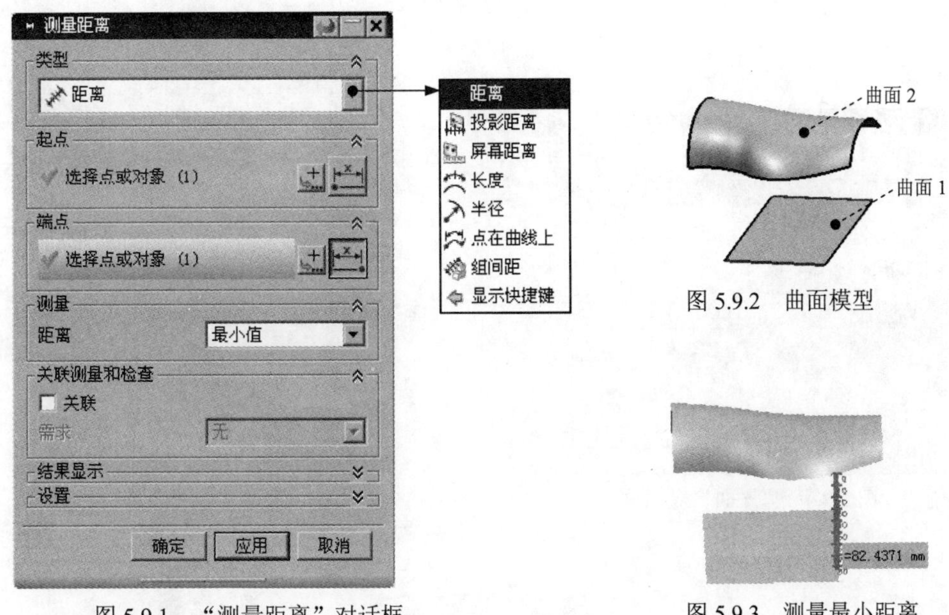

图 5.9.1　“测量距离”对话框

图 5.9.2　曲面模型

图 5.9.3　测量最小距离

Step6. 选择下拉菜单分析(L) ➡ 形状(S)▸ ➡ 面(F)▸ ➡ 距离(D)...命令，系统弹出图 5.9.4 所示的“平面”对话框。

Step7. 选取图 5.9.2 所示的曲面 1 为定义平面参照，输入偏置值-30，单击 确定 按钮，完成参考平面的定义；此时系统自动弹出图 5.9.5 所示的“面分析－距离”对话框。

Step8. 选取图 5.9.2 所示的两曲面为要显示距离的面，在“面分析－距离”对话框中单击 应用 按钮，完成图 5.9.6 所示的距离分析，其中图 5.9.6b 为色标，不同的颜色代表曲面到参考平面之间的距离。

图 5.9.1 所示“距离”对话框中类型区域的下拉列表中各选项说明如下：

- 距离：测量两对象之间的空间距离。
- 投影距离：沿设定的方向矢量来测量两对象之间的距离。
- 屏幕距离：在屏幕平面内测量所选对象之间的距离。

- 长度：测量曲线的弧长。
- 半径：测量某圆弧的半径。
- 点在曲线上：用于测量两点在曲线上之间的最短距离。
- 组间距：测量两个组件之间的距离。

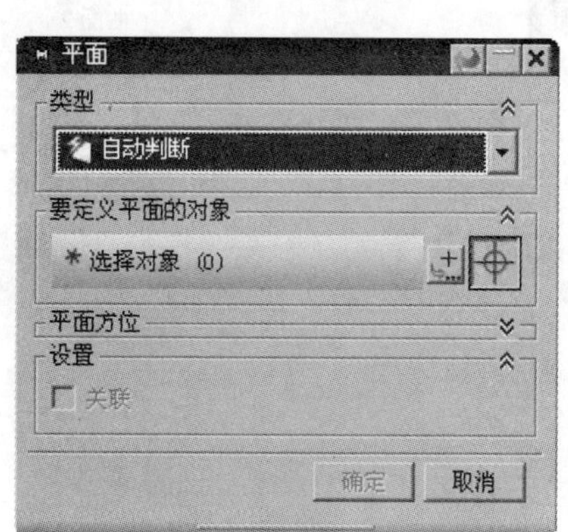

图 5.9.4 “平面”对话框

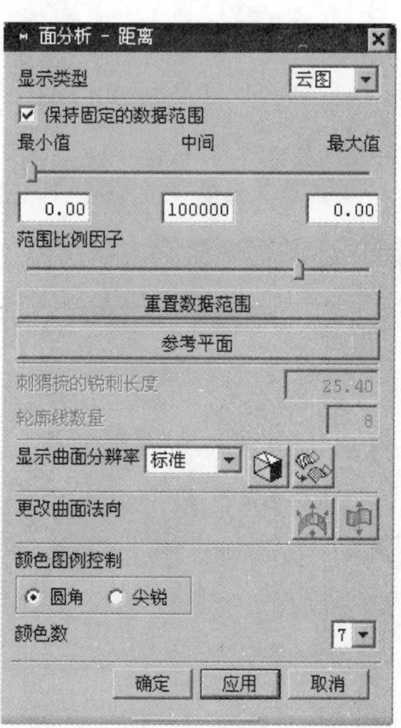

图 5.9.5 “面分析－距离”对话框

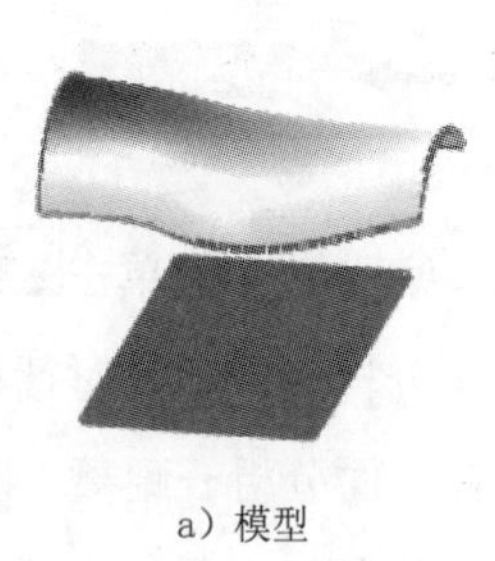

a）模型

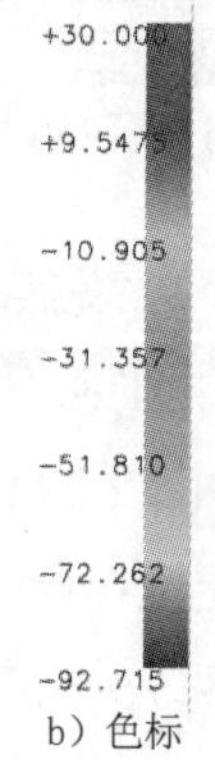

b）色标

图 5.9.6 距离分析结果

2. 角度分析

曲面的角度测量功能主要是测量曲面和曲面之间的角度。下面以图 5.9.7 所示的曲面为例，说明角度测量的一般操作过程。

Step1. 打开文件 D:\ug6.8\work\ch05.09\angle.prt。

Step2. 选择下拉菜单 分析(L) → 测量角度(A)... 命令，系统弹出图 5.9.8 所示的“测量角度”对话框。

Step3. 在“测量角度”对话框类型区域的下拉列表中选择按对象选项。

Step4. 分别选取图 5.9.7 所示的两曲面为测量对象，系统自动显示两曲面中心法向的夹角，结果如图 5.9.9 所示。

图 5.9.7　曲面模型

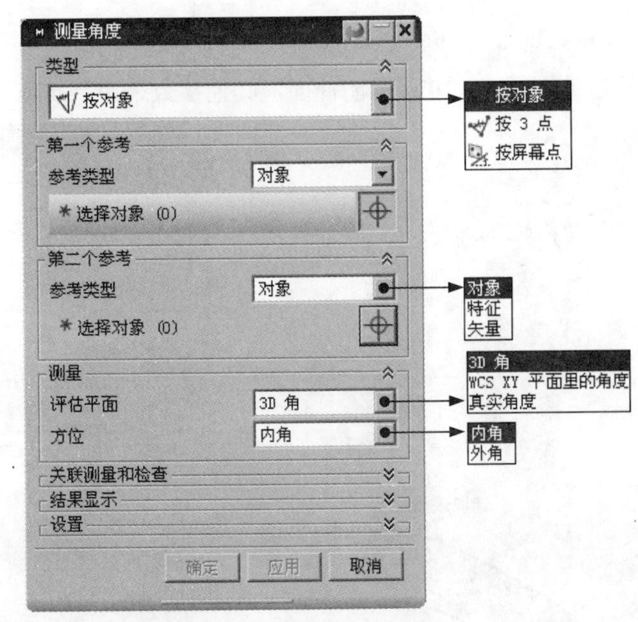

图 5.9.8　“测量角度”对话框

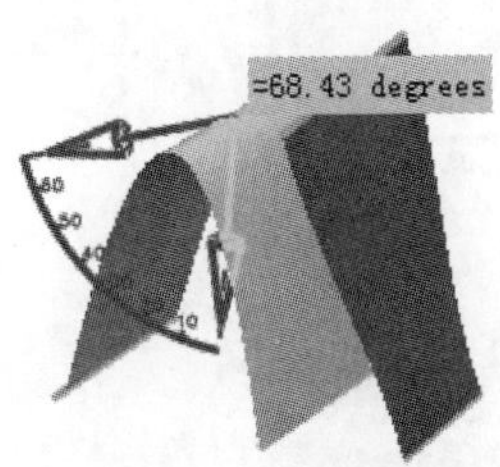

图 5.9.9　角度分析

图 5.9.8 所示“角度测量”对话框中部分选项说明如下：

- 按对象（按对象）：通过选择曲线或曲面进行测量。
- 按 3 点（按 3 点）：通过三点进行角度测量。
- 按屏幕点（按屏幕点）：通过选择测量对象上的点到屏幕上的投影来进行测量。
- 对象（对象）：用以辅助选择第一条曲线或曲面。
- 特征（特征）：用以辅助选择特征的方向。
- 矢量（矢量）：用于设定矢量，以测量对象与矢量之间的角度。
- 3D 角（3D 角）：直接测量两对象的空间角度。
- WCS XY 平面里的角度（WCS XY 平面里的角度）：将测量对象投影到 XY 平面内进行测量。
- 内角（内角）：测量夹角小于 180° 的两条线的角度。
- 外角（外角）：测量夹角大于 180° 的两条线的角度。

3. 半径分析

曲面的半径功能主要用于检查曲面的曲率特性，系统会在曲面上不同曲率半径的区域以不同的颜色显示出来，以方便观看曲率半径的分布情况。下面以图 5.9.10 所示的曲面为例，说明半径分析的一般操作过程。

Step1. 打开文件 D:\ug6.8\work\ch05.09\radius.prt。

Step2. 选择下拉菜单分析(L) → 形状(S)▸ → 面(F)▸ → 半径(R)...命令，系统弹出图 5.9.11 所示的“面分析－半径”对话框。

Step3. 在“面分析－半径”对话框半径类型和显示类型下拉列表中分别选择高斯和云图选项，在图形区选取图 5.9.10 所示的曲面，其他参数采用系统默认设置。

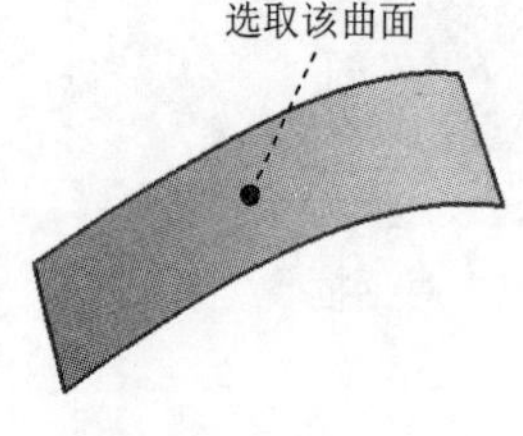

图 5.9.10　曲面模型

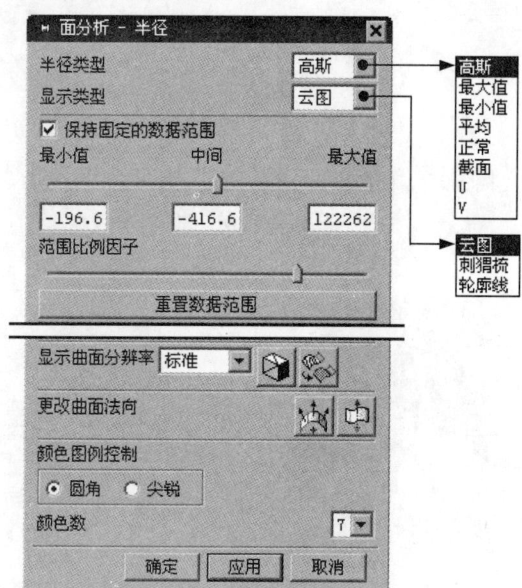

图 5.9.11　“面分析－半径”对话框

Step4. 单击“面分析－半径”对话框中的确定按钮，高斯曲率显示如图 5.9.12 所示。

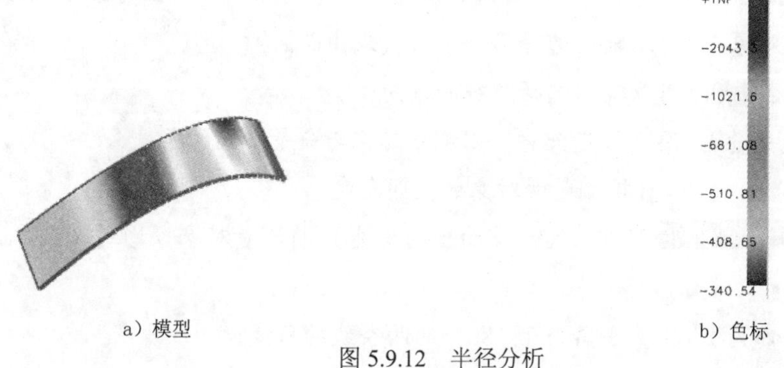

图 5.9.12　半径分析

图 5.9.11 所示“面分析－半径”对话框的选项及按钮说明如下：

- 半径类型下拉列表：用于指定半径分析的类型。
  - ☑ 高斯：显示曲面上每一个分析点的高斯曲率半径。
  - ☑ 最大值：显示曲面上每一个分析点的最大曲率半径。

☑ 最小值：显示曲面上每一个分析点的最小曲率半径。

☑ 平均：显示曲面上每一个分析点的平均曲率半径。

☑ 正常：显示基于法向截平面的曲率半径。法向截平面由曲面法向和每一个分析点的参考矢量来确定。该选项一般用来分析曲面在某一个参考矢量方向上的流体动力。

☑ 截面：使用平行于参考面的一个截面所产生的半径作为分析对象。

☑ U：曲面 U 方向的曲率半径。

☑ V：曲面 V 方向的曲率半径。

- 显示类型下拉列表：用于指定分析结果的显示方式，包括云图、刺猬梳和轮廓线三种方式。

☑ 云图：使用着色来显示曲率的半径值。

☑ 刺猬梳：显示曲面上各栅格点的曲率半径梳状图。

☑ 轮廓线：显示轮廓线为常数的曲线，每条轮廓线以不同的颜色显示。

- ☑ 保持固定的数据范围复选框：用于指定曲率半径的最小值、中间值和最大值。
- 范围比例因子滑块：用于控制与所显示的颜色相对应的数值的范围。
- 显示曲面分辨率下拉列表：用于调整曲率半径显示的质量。
- 更改曲面法向区域：改变曲率半径的方向。
- 颜色图例控制区域：控制曲率半径颜色变化的过渡方式。
- 颜色数下拉列表：在其后的下拉列表中可以改变色标颜色的数量。

4．曲面连续性分析

曲面的连续性分析功能主要用于分析曲面之间的位置连续、斜率连续、曲率连续和曲率斜率的连续性。下面以图 5.9.13 所示的曲面为例，介绍如何分析曲面连续性。

Step1．打开文件 D:\ug6.8\work\ch05.09\continuity.prt。

Step2．选择下拉菜单 分析(L) → 形状(S) → 曲面连续性(C)... 命令，系统弹出图 5.9.14 所示的“曲面连续性”对话框。

Step3．在“曲面连续性”对话框类型下拉列表中选择 边到面选项。

Step4．在图形区选取图 5.9.13 所示的曲线 1，单击中键， 然后选取图 5.9.13 所示的曲面 2。

Step5．定义连续性分析类型。在连续性检查区域中取消选中 ☐ G0(位置) 复选框，选中 ☑ G2(曲率) 复选框。

Step6．定义显示方式。在针显示区域中，选中 ☑ 显示连续性针和复选框，单击鼠标中键完成曲面连续性分析，如图 5.9.15 所示。

图 5.9.14 所示“曲面连续性”对话框的选项及按钮说明如下：

- 类型区域：

☑ 边到边：分析边缘与边缘之间的连续性。

☑ 边到面：分析边缘与曲面之间的连续性。

- 连续性检查区域：
  - ☑ G0（位置）：分析位置连续性，显示两条边缘线之间的距离分布。
  - ☑ G1（相切）：分析斜率连续性，检查两组曲面在指定边缘处的斜率连续性。
  - ☑ G2（曲率）：分析曲率连续性，检查两组曲面之间的曲率误差分布。
  - ☑ G3（流）：分析曲率的斜率连续性，显示曲率变化率的分布。
- 曲率检查下拉列表：用于指定曲率分析的类型。
- 针显示区域：用于设定曲面边缘之间的不同连续性的梳妆显示。
  - ☑ 显示连续性针（梳状显示）：以梳妆显示曲面边缘之间的不同连续性。
  - ☑ 建议比例因子（自动缩放梳状显示）：将梳放大到合适的长度。
  - ☑ 针比例：在比例后的文本框中和滑动条可以设置梳的放大系数。
  - ☑ 针数：在密度后的文本框中和滑动条可以设置梳的密度。
  - ☑ 显示标签：选中其后的☑ 最小值和☑ 最大值复选框在曲率梳上以标签显示最大曲率和最小曲率。
  - ☑ 最小值（显示最小标签）：显示最小值。
  - ☑ 最大值（显示最大标签）：显示最大值。

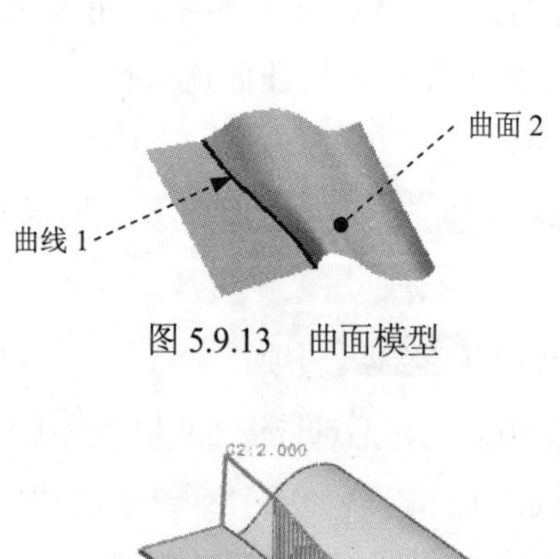

图 5.9.13 曲面模型

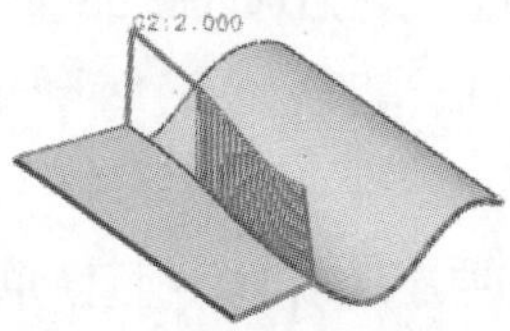

图 5.9.15 曲率连续性分析

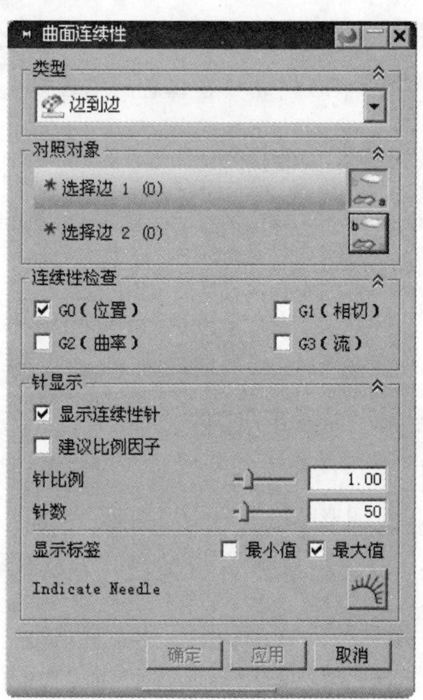

图 5.9.14 “曲面连续性”对话框

5．截面分析

截面分析功能可以分析指定平面与曲面交线的曲率、峰值点和拐点等。下面以图 5.9.16 所示的曲面为例，介绍截面分析的一般操作过程。

Step1. 打开文件 D:\ug6.8\work\ch05.09\section.prt。

Step2. 选择下拉菜单 分析(L) → 形状(S)▸ → 截面(S)... 命令，系统弹出图 5.9.17 所示的“截面分析”对话框。

Step3. 选择分析目标。选取图 5.9.18 所示的曲面为分析对象。

Step4. 定义剖切方法并设置相关参数。在 定义 区域 截面放置 下拉列表中选择 均匀 选项，在 截面对齐 后的下拉列表中选择 XYZ 平面 选项，在 切削平面 后选中 ☑X 复选框，取消选中 ☐Y、☐Z 和 ☐数量 复选框，在 间距 后的文本框中输入 10.0，在此时在图形区显示 X 方向的截面线及动态坐标系，如图 5.9.19 所示。

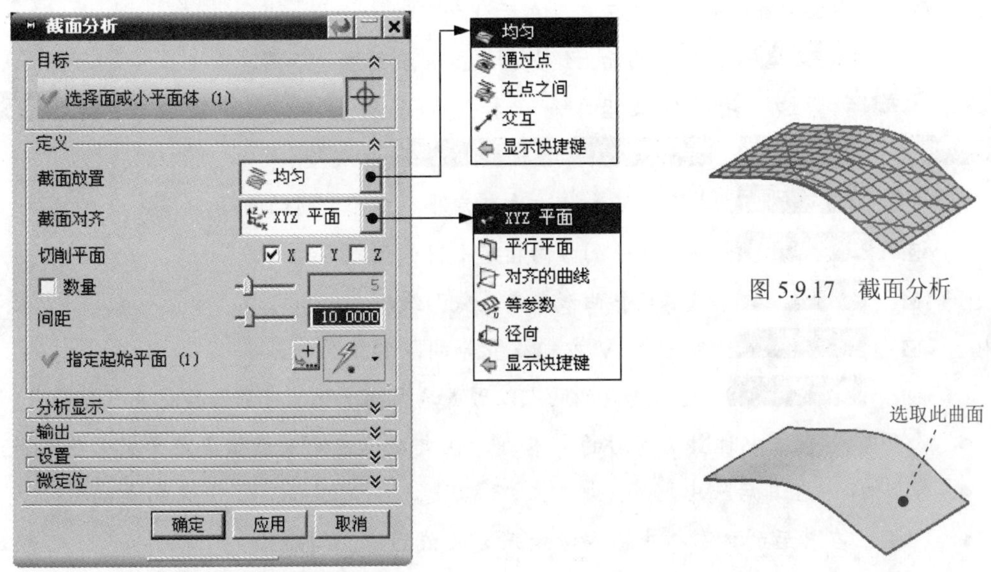

图 5.9.16 “截面分析”对话框

图 5.9.17 截面分析

图 5.9.18 曲面模型

Step5. 调整坐标系位置。移动动态坐标系到曲面外，此时系统自动显示 X 方向的截面线并且在曲面上的位置发生变化，如图 5.9.20 所示。

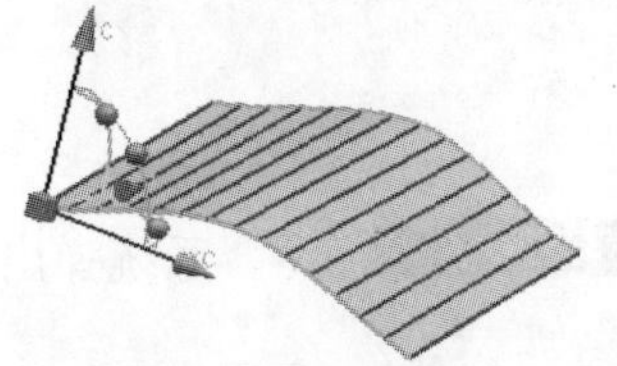

图 5.9.19 截面及动态坐标系

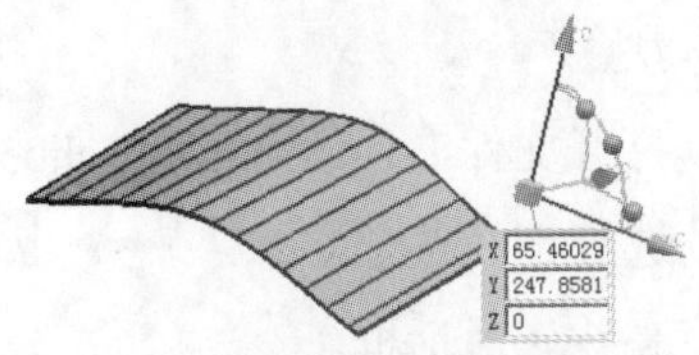

图 5.9.20 调整坐标系位置

Step6. 在 切削平面 后选中 ☑Y 和 ☑Z 复选框。此时在曲面上显示的 Y 方向（图 5.9.21）和 Z 方向（图 5.9.22）截面线曲率梳。

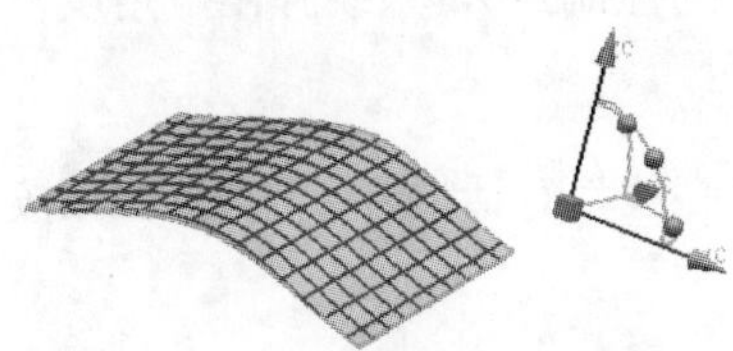

图 5.9.21 显示 Y 方向的截面线

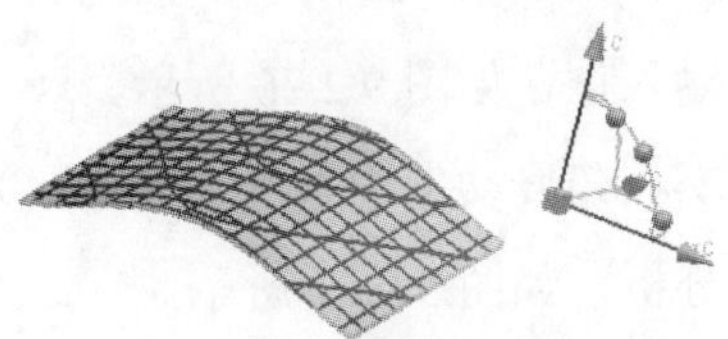

图 5.9.22 显示 Z 方向的截面线

Step7. 单击 确定 按钮，完成截面分析，如图 5.9.17 所示。

图 5.9.16 所示“截面分析”对话框中的选项及按钮说明如下：

- 目标区域：在 * 选择面或小平面体 (0) 按钮被激活时选取要进行截面分析的目标。
- 定义区域：用于指定进行截面分析的方法。
  - 截面放置：用于定义截面放置的方式，共有四种放置方式，包括 均匀、通过点、在点之间和 交互。
    - ☑ 均匀：将截面线均匀地分布在所选的曲面上。
    - ☑ 通过点：通过一个或多个点来定义截面线的范围。
    - ☑ 在点之间：通过两点来定义截面线的范围。
    - ☑ 交互：通过在曲面上绘范围来定义截面线的范围。
  - 截面对齐区域：用于定义沿平行于指定的平面来指定截面，包括 XYZ 平面、平行平面、对齐的曲线、等参数和 径向五种类型。
    - ☑ XYZ 平面：按 X、Y 和 Z 方向指定平行截面之间的间隔。
    - ☑ 平行平面：按单个平面方向指定平行截面之间的间隔。
    - ☑ 对齐的曲线：选取已知曲线来定义截面线的方向和间隔。
    - ☑ 等参数：按 U 和 V 方向放置等间隔的截面线。
    - ☑ 径向：通过选定的两点以形成扇形的范围，在扇形径向分布截面线。
  - ☑ 数量：在选中时激活其后的文本框，在文本框中输入数值来定义截面线的数量。
  - 切削平面：在其后选中 ☑ X、☑ Y、☑ Z 复选框来定义 X、Y、Z 方向上的截面线。
  - 间距：在其后的文本框中输入数值来定义截面线的间距。

6．高亮线分析

高亮线分析就是将一组指定的光源投影到曲面上，形成反射线，从而方便观察曲面。当曲面被修改后，高亮放射线也会随着更新。下面以图 5.9.23 所示的曲面为例，介绍高亮线分析的方法。

Step1. 打开文件 D:\ug6.8\work\ch05.09\highlight.prt。

Step2. 选择下拉菜单 分析(L) → 形状(S) → 高亮线(H)... 命令，系统弹出图 5.9.24 所示的“高亮线”对话框。

Step3. 选取图 5.9.23 所示的曲面为高亮线分析对象，此时绘图区显示图 5.9.25 所示的动态坐标系。

Step4. 单击图 5.9.25 所示的控制点（ZC-YC 面上的控制点），系统弹出“角度”和“捕捉”动态输入框，如图 9.2.26 所示。

Step5. 在角度动态输入框中输入-40，然后在“高亮线”对话框中单击 确定 按钮，完成高亮线分析，如图 5.9.27 所示。

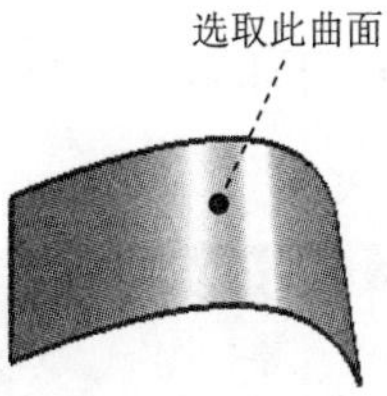

选取此曲面

图 5.9.23　曲面模型

图 5.9.24　“高亮线”对话框

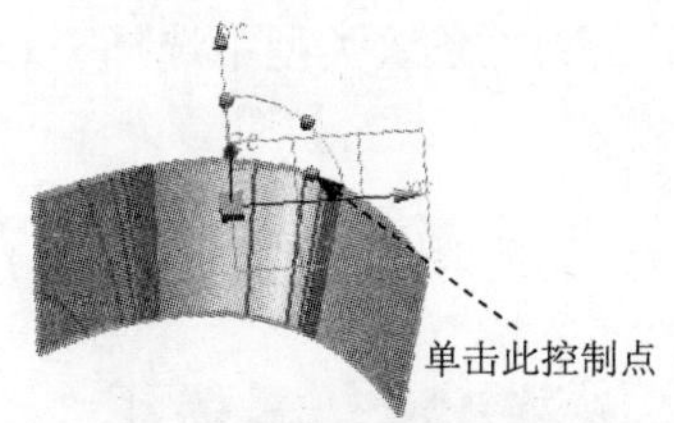

图 5.9.25　动态坐标系

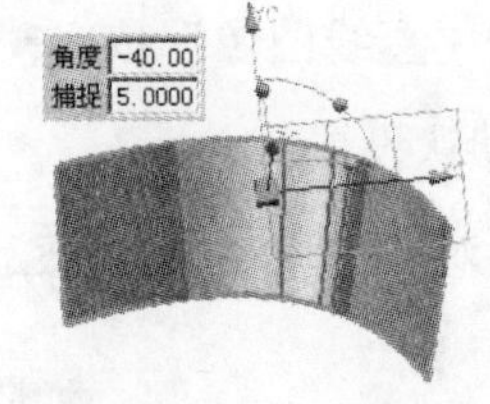

图 5.9.26　动态文本输入框

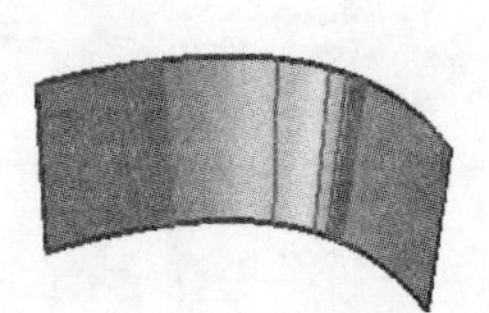

图 5.9.27　高亮线分析

说明：图 5.9.27 所示的结果与其所处的视图方位有关，如果调整模型的方位，会得到不同的显示结果。

图 5.9.24 所示“高亮线”对话框的选项及按钮说明如下：

- 类型下拉列表：用于指定光源的类型，包括均匀、通过点、在点之间和交互四种类型。
  - ☑ 均匀：将光线均匀地分布在所选的曲面上。
  - ☑ 通过点：通过指定点定义创建高亮线。
  - ☑ 在点之间：在指定曲面上的两点之间创建高亮线。
  - ☑ 交互：通过在曲面上绘范围来定义高亮线。
- 光源平面设置区域：用于定义光源参数。
- 光源数：设定反射或投影到部件上光的数量。
- 重置光源平面：单击其后的按钮，对重设置光源效果刷新。
- 光源间距：设定光源之间的距离。

- 显示：用于设定投影方式，下拉列表包括反射和投影两种方式。
  - ☑ 反射：使用当前视图方向作为光源的投射方向。
  - ☑ 投影：使用指定的方向作为光源的投射方向。
- ☑ 锁定反射：将反射线光源锁定在曲面上。
- 分辨率：设定高亮线的清晰度。

7. 反射分析

反射分析主要用于分析曲面的反射特性，使用反射分析可显示从指定方向观察曲面上自光源发出的反射线。下面以图 5.9.28 所示的曲面为例，介绍反射分析的方法。

Step1. 打开文件 D:\ug6.8\work\ch05.09\reflection.prt。

Step2. 选择下拉菜单 分析(L) → 形状(S) → 面(F) → 反射(F)... 命令，系统弹出图 5.9.29 所示的“面分析－反射”对话框。

Step3. 选取图 5.9.28 所示的曲面为反射分析的对象。

Step4. 在图像类型区域中单击“直线图像”按钮，然后在颜色条纹类型中选择“彩色线条”，其他参数采用系统默认设置。

Step5. 在“面分析－反射”对话框中单击 确定 按钮，完成反射分析，如图 5.9.30 所示。

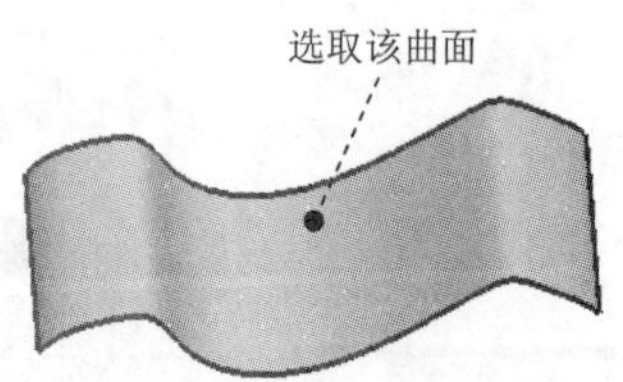

图 5.9.28 曲面模型

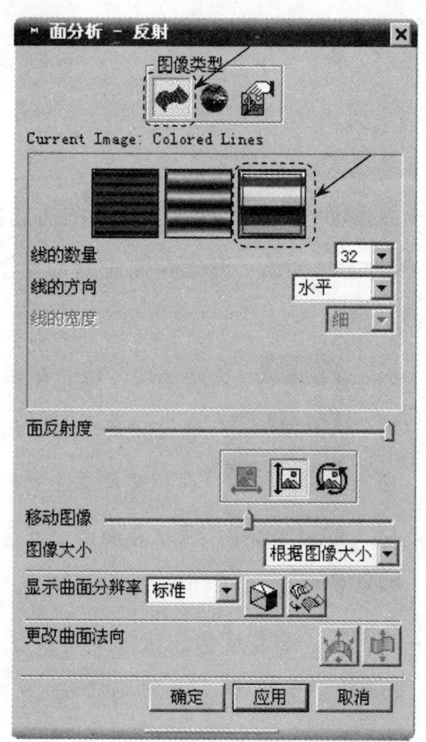

图 5.9.29 “面分析－反射”对话框

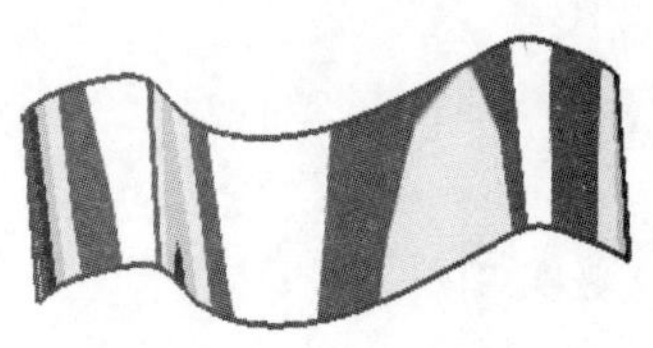

图 5.9.30 反射分析

图 5.9.29 所示“面分析－反射”对话框中的部分选项及按钮说明如下：

- 图像类型区域：用于指定图像显示的类型，包括、和三种类型。
  - ☑ （直线图像）：用直线图形进行反射分析。
  - ☑ （场景图像）：使用场景图像进行反射分析。
  - ☑ （用户指定的图像）：使用用户自定义的图像进行反射分析。
- 线的数量：在其后的下拉列表中选择数值，可指定反射线条的数量。
- 线的方向：在其后的下拉列表中选择方式指定反射线的方向。
- 移动图像滑块：拖动其后的滑块，可以对反射图像进行水平、竖直的移动或旋转。
- 图像大小下拉列表：该下拉列表用于指定是图像的大小。
- 显示曲面分辨率下拉列表：该下拉列表设置面分析显示的公差。
- （显示小平面边）：使用高亮显示边界来显示所选择的面。
- （重新高亮显示面）：重新高亮显示被选择的面。
- 更改曲面法向区域：设置分析面的法向方向。
  - ☑ （指定内部位置）：使用单点定义全部所选的分析面的面法向。
  - ☑ （使面法向反向）：反向分析面的法向矢量。

说明：图 5.9.30 所示的结果与其所处的视图方位有关，如果调整模型的方位，会得到不同的显示结果。

8．偏差分析

偏差分析主要用于显示曲面与点或曲线相对于曲面法向的偏差。在 UG NX 7.0 中偏差分析包括“检查”和“度量”两种类型。下面以具体的范例介绍偏差分析的方法。

方式一．偏差检查

Step1．打开文件 D:\ug6.8\work\ch05.09\offset_1.prt，如图 5.9.31 所示。

Step2．选择下拉菜单 分析(L) ➡ 偏差(V)▸ ➡ 检查(C)... 命令，系统弹出图 5.9.32 所示的“偏差检查”对话框。

Step3．定义偏差检查类型。在类型后的下拉列表中选择 面至面 选项。

Step4．选择要检查的对象。依次选取图 5.9.31 所的曲面 1 和曲面 2 作为要检查的对象。

Step5．设置要检查的参数。在 设置 区域 U 向检查点 后的文本框中输入 10，在 V 向检查点 后的文本框中输入 10，在偏差选项后的下拉列表中选择 无偏差 选项，其他参数采用默认值。

Step6．在“偏差检查”对话框中单击 检查 按钮，系统弹出图 5.9.33 所示的“信息”窗口（在该对话框中显示了两曲面所有检查点的相关信息）并且在曲面 1 上显示出图 5.9.34 所示的点。

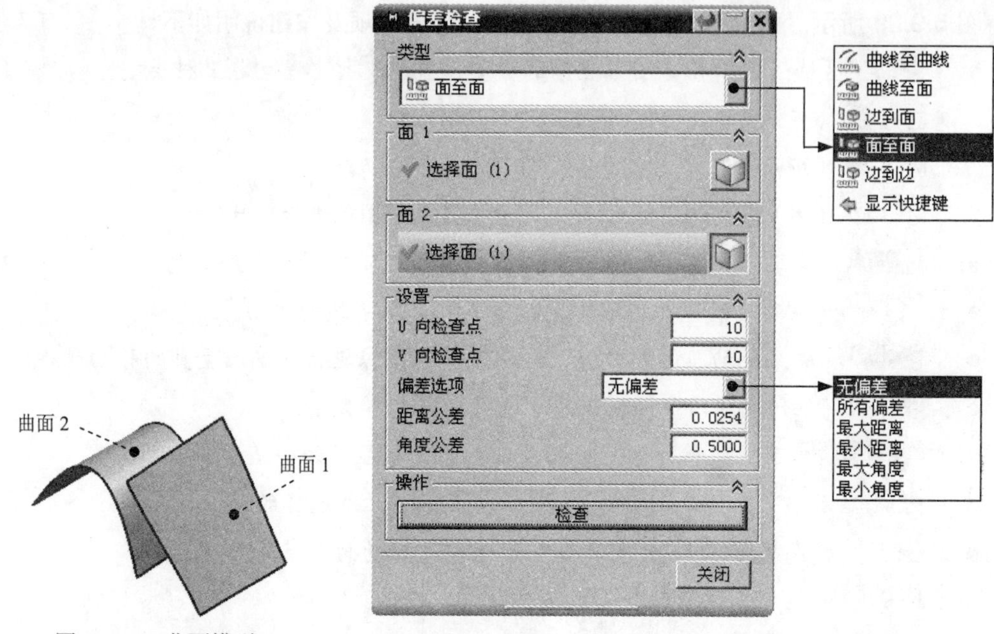

图 5.9.31 曲面模型　　　　图 5.9.32 “偏差检查”对话框

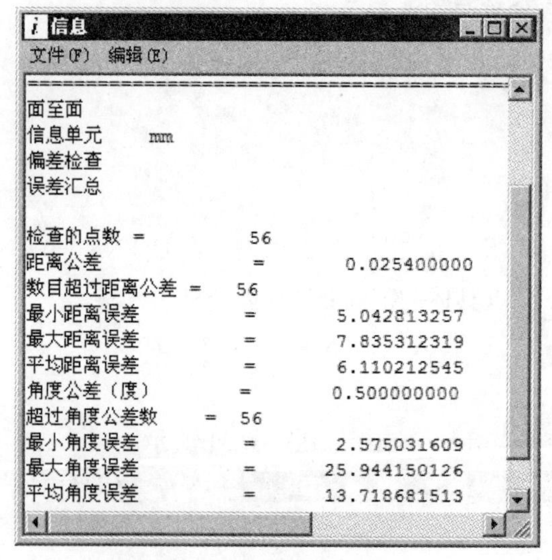

图 5.9.33 “信息”窗口

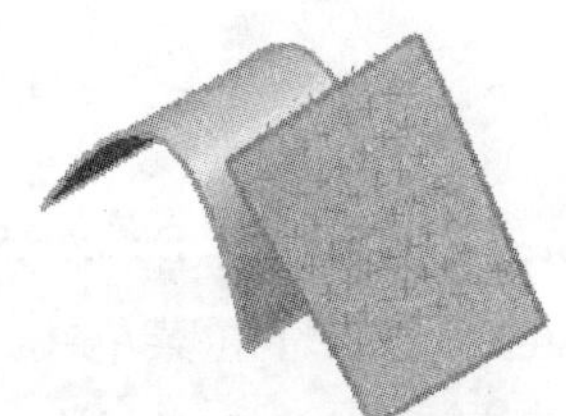

图 5.9.34 偏差检查

方式二. 偏差度量

偏差度量功能主要用于显示曲面与参考对象之间的偏差数据，它可指出几何体中偏差超出指定公差的位置以及最大和最小偏差的位置。下面以一个范例说明偏差测量的一般操作过程。

Step1. 打开文件 D:\ug6.8\work\ch05.09\offset_2.prt，如图 5.9.35 所示。

Step2. 选择下拉菜单 分析(L) → 偏差(V) ▸ → 度量(G)... 命令，系统弹出图 5.9.36 所示的“偏差度量”对话框。

Step3. 选取图 5.9.35 所示的曲面 1 为目标对象，然后单击中键确认。

Step4. 选取图 5.9.35 所示的曲面 2 为参考对象，系统自动显示偏差矢量。

Step5. 在“偏差测量”对话框显示区域中选择 ⊙ 3D 单选项，在最大检查距离后的文本框中输入 100，在最大检查角度后的文本框中输入 5，在样本分辨率后的文本框中输入 1.25。

Step6. 设置偏差度量显示效果。在绘图区域选中 ☑ 针、☑ 标记及 ☑ 彩色图复选框，在针比例后的文本框中输入 0.5，此时在曲面 1 上会显示色标图以及参考对象的针，在绘图区右下角显示图 5.9.38 所示的色标。

Step7. 设置标签显示。在标签区域中选中 ☑ 最小值、☑ 内公差及 ☑ 最大值复选框。

Step8. 单击 确定 按钮，完成偏差度量，如图 5.9.37 所示。

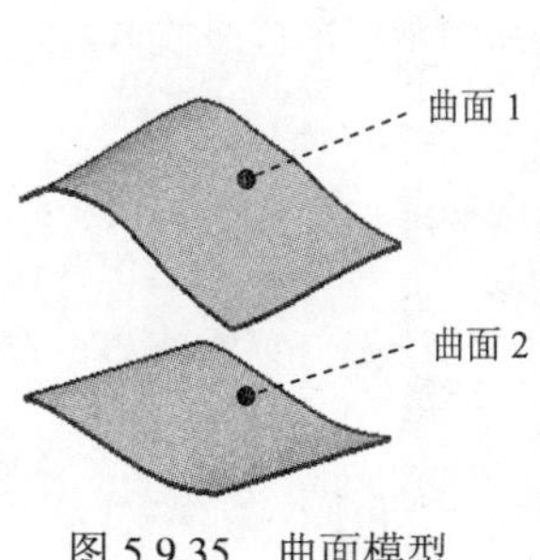

图 5.9.35　曲面模型

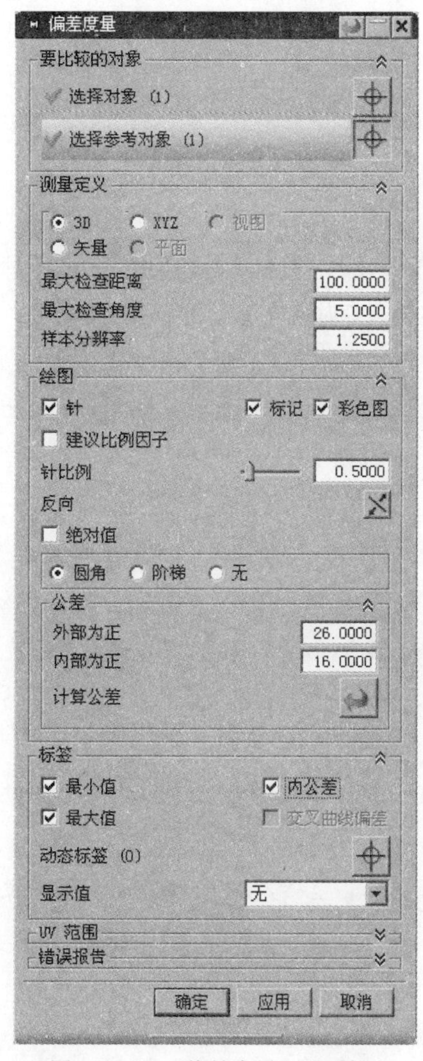

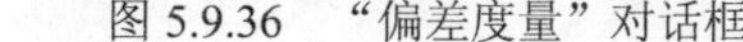

图 5.9.36　“偏差度量”对话框

图 5.9.37　偏差测量

图 5.9.38　色标

说明：如果偏差矢量的颜色为红色，则表示曲面的偏差度超过了允许的公差；如果偏差矢量的颜色为绿色，则表示曲面的偏差度在公差范围内。

图 5.9.38 所示“偏差度量”对话框中的选项及按钮说明如下：

- 测量定义 区域：为用户提供以下 3 种不同的测量方法。
  - ☑ ⊙ 3D：以 3D 空间计算偏差。
  - ☑ ○ XYZ：沿选定的 X、Y、Z 轴方向的分量来计算偏差。
  - ☑ ○ 矢量：沿指定矢量的分量来计算偏差。
  - ☑ 最大检查距离：在其后的文本框中定义最大度量距离为分析指定最大距离。若选所选对象或所选对象的某些部分远离目标对象的程度大于定义的值，就不会包括在分析中。
  - ☑ 最大检查角度：在其后的文本框中定义最大度量角度。若所选对象或所选对象的某些部分与目标对象形成的角度大于定义的值，就不会包括在分析中。
  - ☑ 样本分辨率：在其后的文本框中定义度量偏差针的疏密程度。
- 绘图：为用户提供分析视觉效果显示。
  - ☑ ☑ 针：选中该复选框时，度量计算以针的样式显示在曲面的法线方向。
  - ☑ ☑ 标记：选中该复选框时，度量计算使用标签在曲面上标示。
  - ☑ ☑ 彩色图：选中该复选框时，度量偏差以色标图的形式表现在曲面上，并且在绘图区右下角显示出图 5.9.38 所示的色标。
  - ☑ □ 建议比例因子：选中该复选框时使用系统自定义的针比例。
  - ☑ 针比例：在其后的文本框中输入值可定义针的长度，也可拖动滑块来定义，在选中 ☑ 建议比例因子 复选框之后不可用。
  - ☑ 反向：单击其后的按钮，可使度量偏差针反向显示。
  - ☑ ⊙ 圆角：选中该单选项时，度量偏差范围在曲面上平滑显示。
  - ☑ ○ 阶梯：选中该单选项时，度量偏差范围在曲面上梯度显示。
  - ☑ ○ 无：选中该单选项时，度量偏差以系统默认计算的方式在曲面上显示。
- 公差 区域：设定公差范围。
  - ☑ 外部为正：设定度量计算正外公差值。公差等于目标对象与参考对象之间的最大正偏差。
  - ☑ 内部为正：设定度量计算正内公差值。公差等于目标对象与参考对象之间的最小正偏差。
  - ☑ 计算公差：在设定好公差值之后单击按钮，自动更新外公差。
- 标签 区域：用于指定显示类型和报告对象等。
  - ☑ ☑ 最小值：显示最小值标签。
  - ☑ ☑ 内公差：在分析对象上的适当位置激活内公差。

☑ 最大值：显示最大值标签。

9．斜率分析

斜率分析功能主要用于分析曲面上每一点的法向与指定的矢量之间的夹角。下面以图 5.9.39 所示的曲面为例，介绍斜率分析的一般操作过程。

Step1．打开文件 D:\ug6.8\work\ch05.09\slope.prt，如图 5.9.39 所示。

Step2．选择下拉菜单 分析(L) ➡ 形状(S) ➡ 面(F) ➡ 斜率(S)... 命令，系统弹出“矢量”对话框。

Step3．定义参考矢量。在“矢量”对话框的 类型 区域中选择 XC 轴 为参考矢量，单击 确定 按钮，系统弹出图 5.9.41 所示的“面分析—斜率”对话框。

Step4．定义分析对象。选取图 5.9.39 所示的曲面为斜率分析对象。

Step5．在“面分析—斜率”对话框中单击 确定 按钮，完成斜率分析，如图 5.9.40 所示。

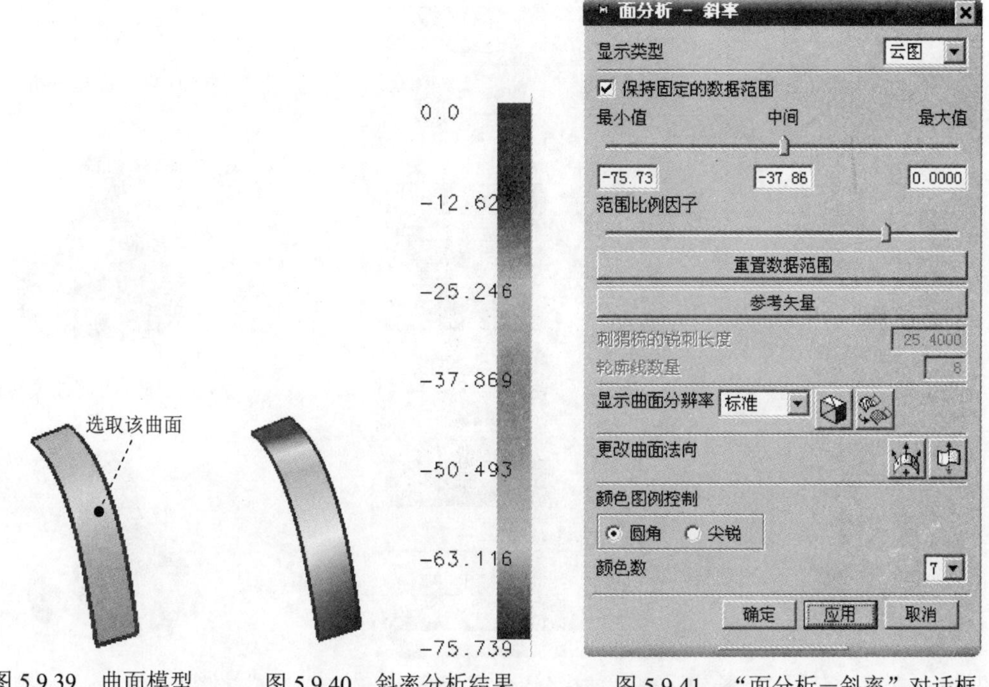

图 5.9.39　曲面模型　　图 5.9.40　斜率分析结果　　图 5.9.41　“面分析—斜率”对话框

说明： 图 5.9.40 中色标的不同颜色对应着曲面上不同点的法向与参考矢量的夹角值。如果要改变分析的参考矢量，可以再单击 参考矢量 按钮，在“矢量构造器”对话框中设置新的参考矢量。

10．拔模分析

通过拔模分析，可以检查曲面的拔模角度，从而识别出产品在生产过程中从模具中脱模时可能出现问题的区域。下面以图 5.9.42 所示的曲面为例，介绍拔模分析的一般操作过程。

Step1. 打开文件 D:\ug6.8\work\ch05.09\draft.prt。

Step2. 选择下拉菜单分析(L) → 形状(S) → 拔模(T)...命令，系统弹出图 5.9.43 所示的“拔模分析”对话框，并在模型上显示出拔模分析结果，如图 5.9.44 所示。

Step3. 通过拖动动态坐标系中的控制点来转动坐标轴，可以改变颜色分区。转动 Z 轴，模型的颜色显示随之改变，如图 5.9.45 所示。

Step4. 在“拔模分析”对话框中选中☑显示等斜线复选框（三个），然后单击保存等斜线按钮，系统显示两种颜色之间的分界线，如图 5.9.46 所示。

Step5. 单击确定按钮，完成拔模分析。

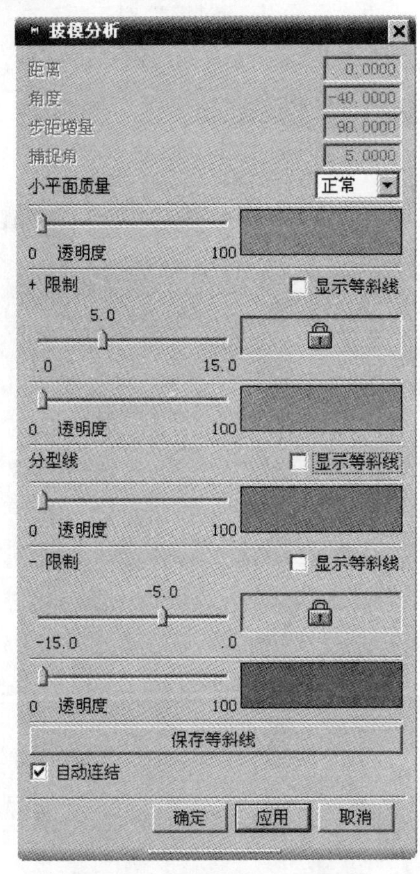

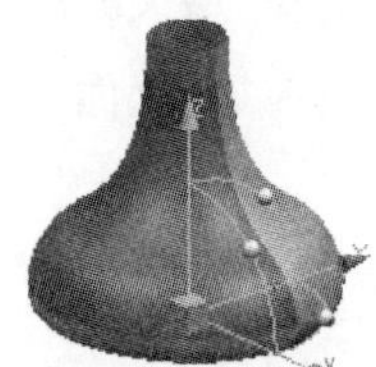

图 5.9.44 拔模分析

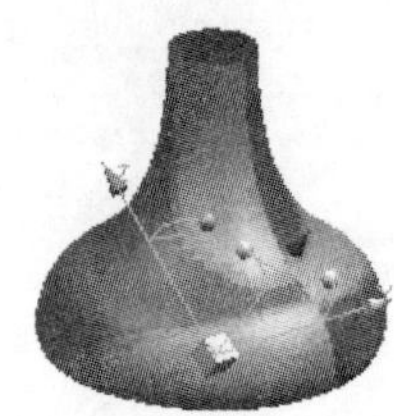

图 5.9.45 改变拔模方向

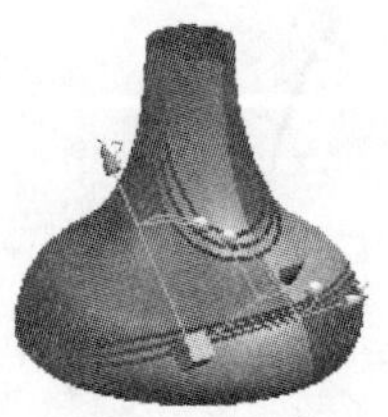

图 5.9.46 显示等斜线

图 5.9.42 曲面模型

图 5.9.43 “拔模分析”对话框

说明：拔模分析中用三种不同颜色来区分不同的拔模区域。当曲面法向与拔模正方向的夹角小于 90° 时，则以绿色表示该区域；当曲面法向与拔模负方向的夹角小于 90° 时，则以红色表示该区域。并且在红色和绿色之间有一段过渡区域，可以通过拖动限制下方的滑块改变该区域。

图 5.9.43 所示“拔模分析”对话框中的部分选项及按钮说明：

- 距离文本框：用于显示由拖动工作坐标系引起的偏置距离。在此文本框中也可以通过输入数值来移动工作坐标系。

- 角度文本框：用于显示由拖动操作引起的工作坐标系旋转角度。在此文本框中也可以通过输入数值旋转工作坐标系。
- 步距增量文本框：用于将工作坐标系旋转或平移一个增量。
- 捕捉角文本框：使用旋转手柄，当在“捕捉角”公差范围内旋转时，可以捕捉到工作坐标系的 45°。公差的默认值为 5°，但是可以更改捕捉角文本框中的数值来调整此公差。
- 小平面质量下拉列表：用于设置平面的质量，包括粗糙、正常、精细、特精细和极精细四个选项，默认为正常。该下拉列表可以控制性能和细节之间的折衷。如果模型很复杂，当拖动旋转手柄时，性能可能会变慢。此时，选择的质量应为粗糙。
- 透明度滑块：设置颜色区域的透明度。“拔模角分析”对话框中包括四个透明度滑块，每个颜色区域各有一个滑块。
- + 限制滑块：该滑块用于控制拔模角，此拔模角决定了第一和第二个颜色区域间的分界线。
- - 限制滑块：该滑块的功能同上述+ 限制的一样，但是它控制着第三和第四颜色区域间的分界线。
- ☑ 自动连结复选框：此切换开关通过保存等斜线来控制曲线输出。如果选中该选项，则当端点在建模距离公差的范围内时，程序会合并段。
- 保存等斜线按钮：将当前显示的等斜线创建为新的曲线。

第 6 章　曲面的编辑

本章提要　在完成曲面的构造后，通常需要对现有的曲面进行编辑以达到用户的要求。本章将对曲面的编辑进行详细的讲解，主要内容包括：

- 曲面的修剪
- X-成形
- 曲面的边缘
- 曲面的延伸
- 曲面的变形与变换
- 曲面的实体化

6.1　曲面的修剪

曲面的修剪（Trim）就是将选定曲面上的某一部分去除。曲面的修剪有多种方法，下面对其分别进行介绍。

6.1.1　一般的曲面修剪

一般的曲面修剪就是在使用拉伸、旋转等操作时，通过布尔求差运算将选定曲面上的某部分去除。下面以图 6.1.1 所示的手机盖曲面的修剪为例，说明曲面修剪的一般操作过程。

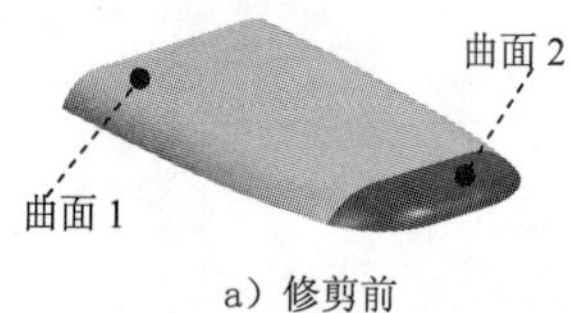

a）修剪前

b）修剪后

图 6.1.1　一般的曲面修剪

说明：本例中的曲面存在收敛点，无法直接加厚，所以在加厚之前必须通过修剪、补片和缝合等操作去除收敛点。

Step1. 打开文件 D:\ug6.8\work\ch06.01\trim.prt。

Step2. 选择下拉菜单 插入(S) → 设计特征(E) → 拉伸(E)... 命令，弹出“拉伸”对话框。

Step3. 单击“拉伸”对话框截面区域中的“绘制截面”按钮，选取 XC-YC 基准平面为草图平面，接受系统默认的方向。单击“创建草图”对话框中的 确定 按钮，进入草图环境。

Step4. 绘制图 6.1.2 所示的截面草图。

Step5. 选择下拉菜单 草图(K) → 完成草图(K) 命令。

Step6. 在“拉伸”对话框限制区域的开始下拉列表中选择值选项，并在其下的距离文本框中输入 0；在限制区域的结束下拉列表中选择值选项，并在其下的距离文本框中输入 15，在方向区域的* 指定矢量 (0)下拉列表中选择ZC选项；在布尔区域的下拉列表中选择求差选项，在图形区选取图 6.1.1a 所示的曲面 2 为求差对象，单击确定按钮，完成曲面的修剪，结果如图 6.1.3 所示。

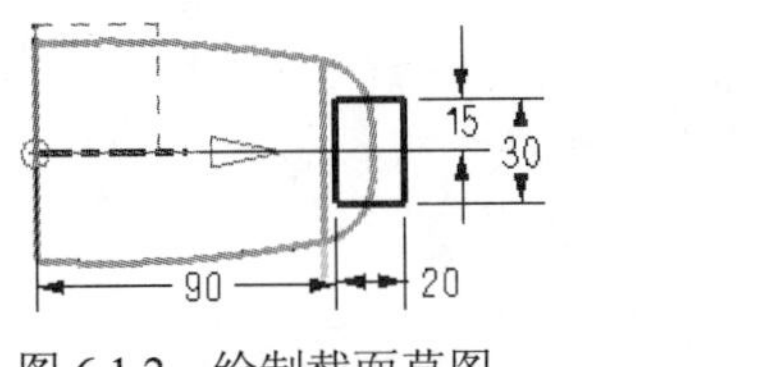

图 6.1.2　绘制截面草图

图 6.1.3　修剪后的曲面

说明：用“旋转”命令也可以对曲面进行修剪，这里就不再赘述。

6.1.2　修整片体

修整片体就是以一些曲线和曲面作为边界，对指定的曲面进行修剪，形成新的曲面边界。所选的边界可以在将要修剪的曲面上，也可以在要修剪的曲面外通过投影方向来确定修剪的边界。图 6.1.4 所示的修整片体的一般操作过程如下：

Step1. 打开文件 D:\ug6.8\work\ch06.01\trim_surface.prt。

Step2. 选择命令。选择下拉菜单插入(S) → 修剪(T) → 修剪的片体(R)... 命令（或者在“曲面”工具栏中单击按钮），系统弹出图 6.1.5 所示的“修剪的片体”对话框。

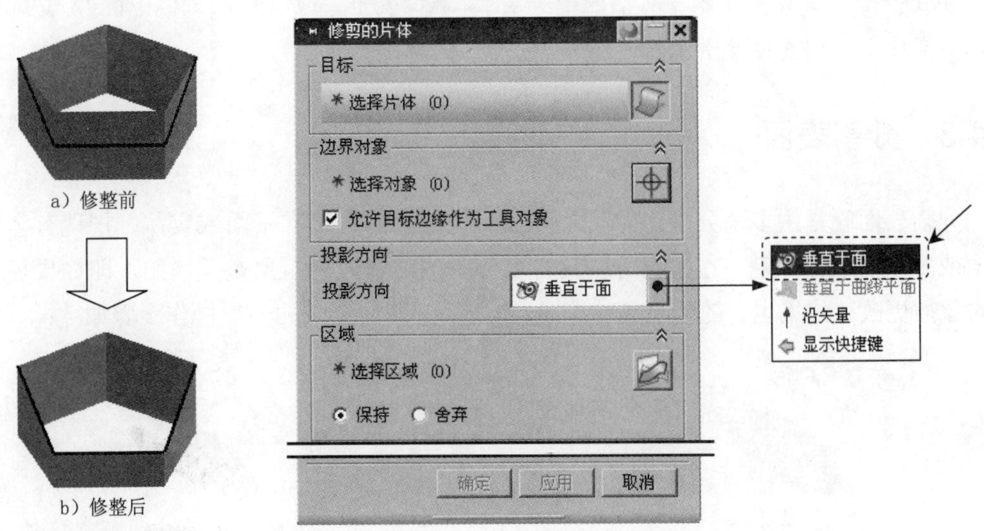

图 6.1.4　修整片体　　图 6.1.5　“修剪的片体”对话框

图 6.1.5 所示“修剪的片体”对话框中部分选项说明如下：

- 目标区域：用来定义“修剪片体”命令所需要的目标片体面。

☑ ：定义需要进行修剪的目标片体。

- 边界对象区域：用来定义“修剪片体”命令所需要的修剪边界。

☑ ：定义需要进行修剪的修剪边界。

- 投影方向下拉列表：定义要做标记的曲面的投影方向。该下拉列表包含垂直于面、垂直于曲线平面和沿矢量选项。

☑ 垂直于面：定义修剪边界投影方向是选定边界面的垂直投影。

☑ 垂直于曲线平面：定义修剪边界投影方向是选定边界曲面的垂直投影。

☑ 沿矢量：定义修剪边界投影方向是用户指定方向投影。

- 区域区域：定义所选的区域是被保留还是被舍弃。

☑ 保持：定义修剪曲面是选定的区域保留。

☑ 舍弃：定义修剪曲面是选定的区域舍弃。

Step3. 设置对话框选项。在“修剪的片体”对话框投影方向区域的投影方向下拉列表中选择垂直于面选项，选择区域区域中的保持单选项，如图 6.1.5 所示。

Step4. 定义目标片体和修剪边界。在图形区选取图 6.1.6 所示的曲面作为目标片体，单击中键确认；选取图 6.1.6 所示的曲线作为修剪边界。

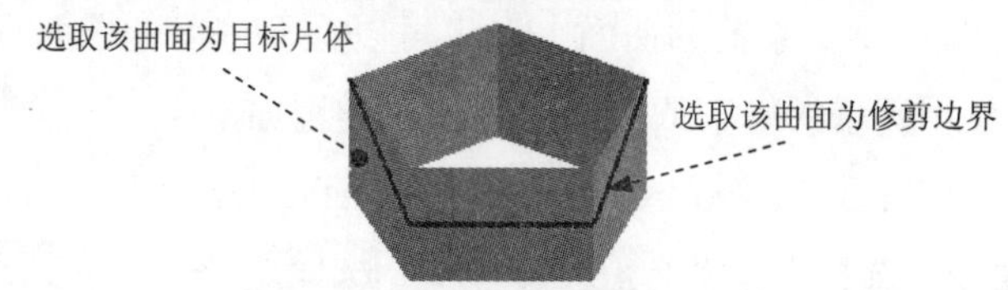

图 6.1.6　选取曲面和裁剪曲线

Step5. 在“修剪的片体”对话框中单击确定按钮（或者单击鼠标中键），完成曲面的修剪操作，如图 6.1.4b 所示。

6.1.3　分割表面

分割表面就是用多个分割对象，如曲线、边缘、面、基准平面或实体，把现有体的一个面或多个面进行分割。在进行分割后，要分割的面和分割对象是关联的，即如果任一输入对象被更改，结果也会随之更新。图 6.1.7 所示的曲面分割的一般操作步骤如下：

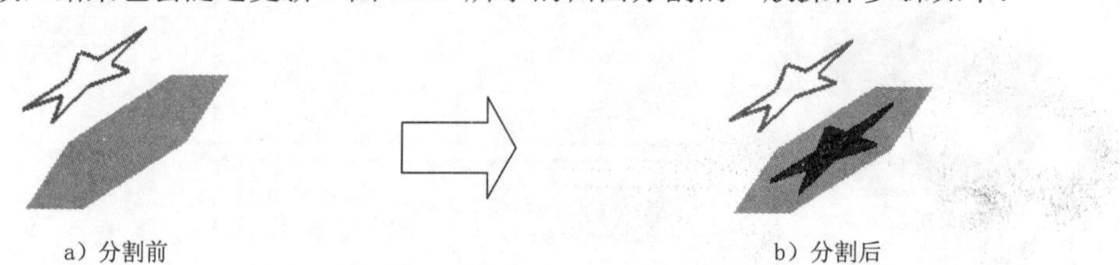

图 6.1.7　分割表面

Step1. 打开文件 D:\ug6.8\work\ch06.01\divide_face.prt。

Step2. 选择下拉菜单插入(S) → 修剪(T) → 分割面(D)... 命令，系统弹出图 6.1.8

所示的“分割面”对话框。

Step3. 定义需要分割的面。在图形区选取图 6.1.9 所示的曲面为被分割的曲面，单击鼠标中键确认。

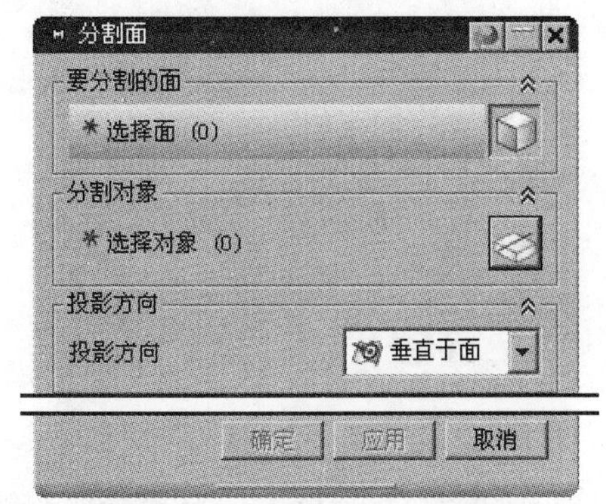

图 6.1.8　“分割面”对话框

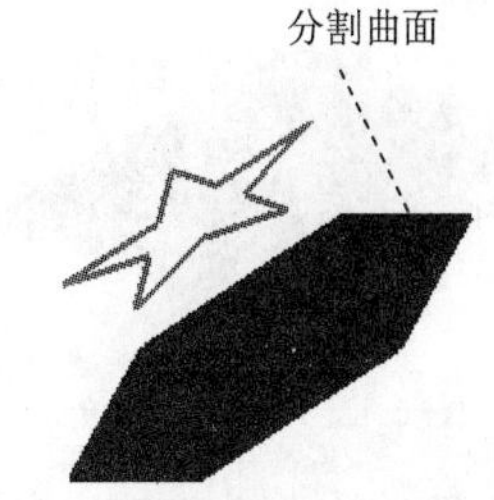

图 6.1.9　选取要分割的曲面

Step4. 定义分割对象。在图形区选取图 6.1.10 所示的曲线串为分割对象，单击“反向”按钮，生成图 6.1.11 所示的曲面分割预览。

图 6.1.10　选取曲线串

图 6.1.11　曲面分割预览

Step5. 在“分割面”对话框中单击 确定 按钮，完成曲面的分割操作。

6.1.4　等参数修剪/分割

等参数修剪/分割可以根据 U 方向（V 方向）的百分比参数来修剪或分割 B 曲面，指定的参数可以是任意方向的正值或负值。当指定的参数为 0～100 时，是修剪或分割一个片体；参数在 0～100 之外时，则是延伸片体。该命令编辑后的曲面将丢失参数，属于非参数化编辑命令。下面将介绍等参数修剪/分割的一般操作过程。

Step1. 打开文件 D:\ug6.8\work\ch06.01\trim_1.prt。

Step2. 选择下拉菜单 编辑(E) → 曲面(R) → 等参数修剪/分割(I)... 命令，系统弹出图 6.1.12 所示的“修剪/分割”对话框（一）。

Step3. 在“修剪/分割”对话框（一）中，单击 等参数分割 按钮，系统弹出图 6.1.13 所示的“修剪/分割”对话框（二）。

Step4. 定义需要分割的面。在图形区选取图 6.1.14 所示的曲面，系统弹出图 6.1.15 所示的“警告”信息。单击 确定(O) 按钮，系统弹出图 6.1.16 所示的“等参数分割”对话框。

图 6.1.12 “修剪/分割”对话框（一）

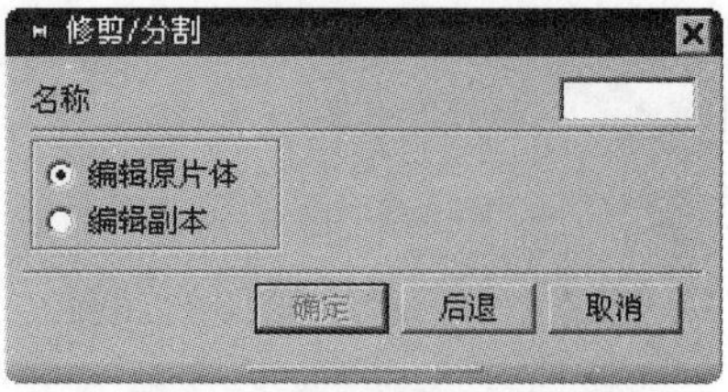

图 6.1.13 “修剪/分割”对话框（二）

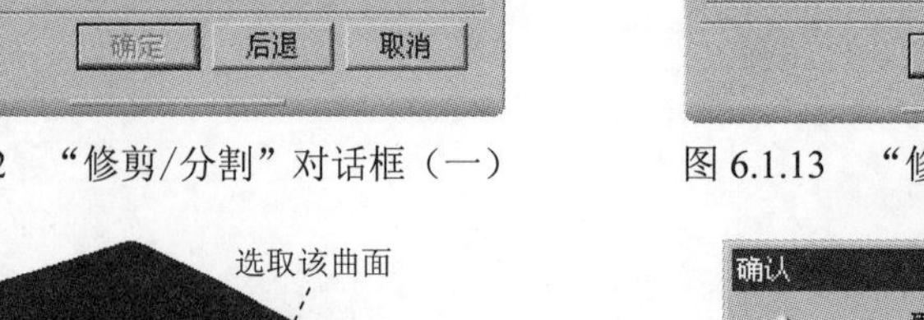

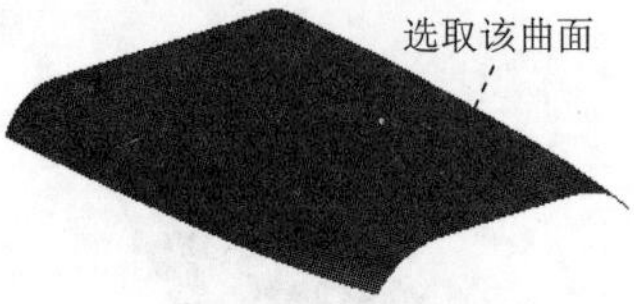

图 6.1.14 选取曲面

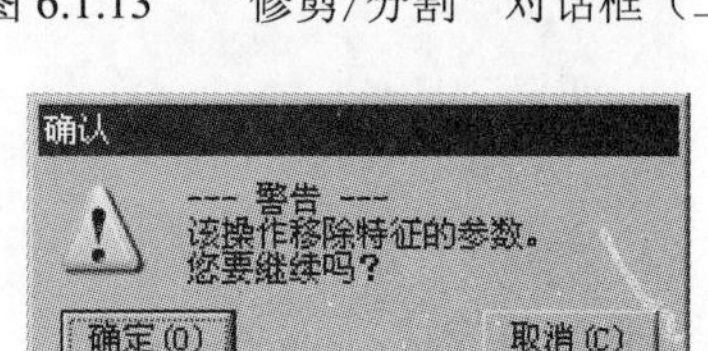

图 6.1.15 “警告”信息

Step5. 设置参数。在“等参数分割”对话框中设置图 6.1.16 所示的参数，单击 确定 按钮，完成曲面的等参数分割操作，如图 6.1.17 所示。

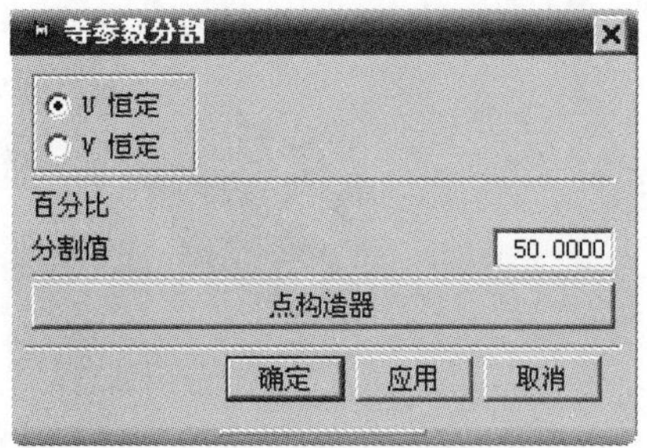

图 6.1.16 “等参数分割”对话框

图 6.1.17 等参数分割后的曲面

图 6.1.16 所示“等参数分割”对话框中的各选项说明如下：

- U 恒定：用于在常数 U 方向分割片体。
- V 恒定：用于在常数 V 方向分割片体。
- 百分比 分割值 文本框：用于输入数值来定义分割时 U 和 V 方向的百分比参数。

Step6. 选择下拉菜单 编辑(E) → 曲面(R) → 等参数修剪/分割(I)... 命令，系统弹出“修剪/分割”对话框（一）。

Step7. 在“修剪/分割”对话框（一）中单击 等参数修剪 按钮，系统弹出“修剪/分割”对话框（二）。

Step8. 定义修剪曲面。在图形区选取图 6.1.18 所示的曲面，系统弹出图 6.1.19 所示的“等参数修剪”对话框。

Step9. 设置参数。在“等参数修剪”对话框中设置图 6.1.19 所示的参数，单击三次 确定 按钮完成曲面的等参数修剪操作，如图 6.1.20 所示。

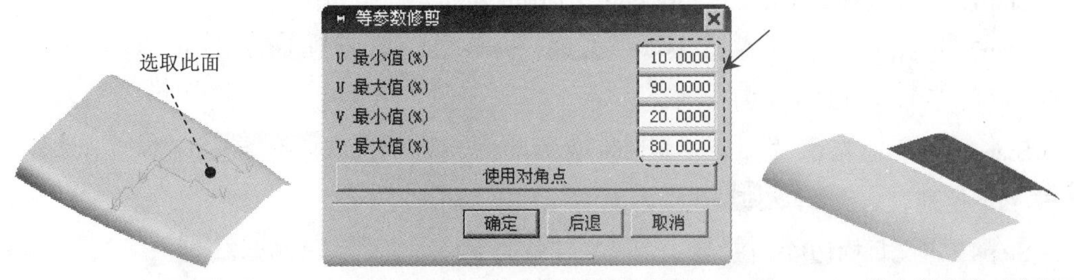

图 6.1.18　选取曲面　　图 6.1.19　“等参数修剪”对话框　　图 6.1.20　等参数修剪后的曲面

图 6.1.19 所示“等参数修剪”对话框中的各选项说明如下：

- U 最小值(%) 文本框：可以指定 U 方向的最小参数百分比值。
- U 最大值(%) 文本框：可以指定 U 方向的最大参数百分比值。
- V 最小值(%) 文本框：可以指定 V 方向的最小参数百分比值。
- V 最大值(%) 文本框：可以指定 V 方向的最大参数百分比值。
- 使用对角点：单击该按钮，系统会弹出“对角点”对话框，用户可以用该对话框指定两个点为 UV 矩形的对角点，从而确定 UV 方向的参数。

6.1.5　修剪与延伸

使用 修剪与延伸(N)... 命令可以创建修剪曲面，也可以通过延伸所选定的曲面创建拐角，以达到修剪或延伸的效果。选择下拉菜单 插入(S) → 修剪(T) → 修剪与延伸(N)... 命令，系统弹出图 6.1.21 所示的“修剪与延伸”对话框。该对话框提供了“距离”、“百分比”、“直至选定对象”及“制作拐角”四种修剪与延伸方式。“距离”和“百分比”方式与下一节中“相切的”延伸用法相同，这里不作介绍。下面将以图 6.1.22 所示的修剪与延伸曲面为例，来说明“直至选定对象”修剪与延伸方式的一般操作过程。

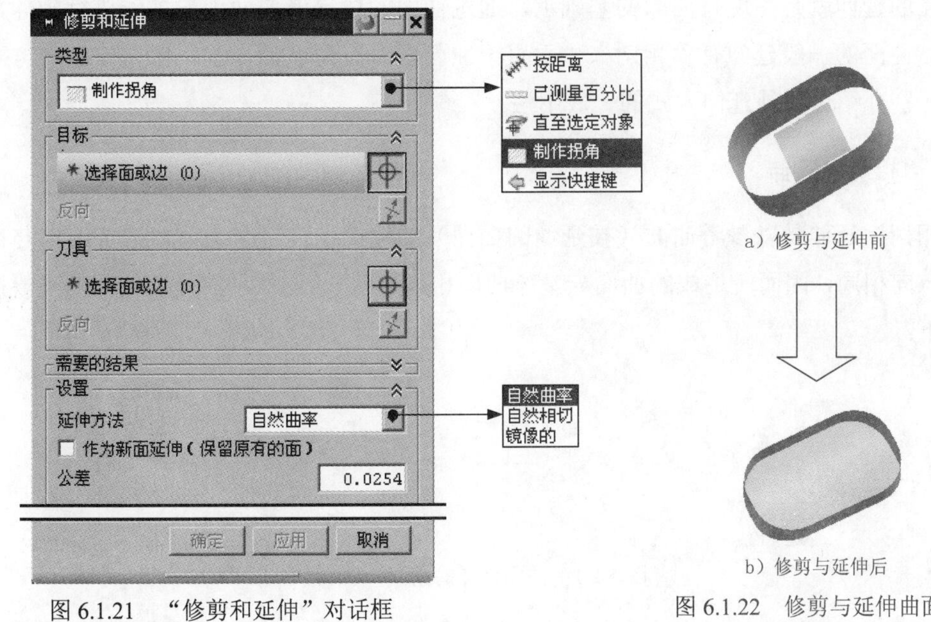

图 6.1.21　“修剪和延伸”对话框　　图 6.1.22　修剪与延伸曲面

Step1. 打开文件 D:\ug6.8\work\ch06.01\trim_and_extend.prt。

Step2. 选择下拉菜单插入(S) ➡ 修剪(T)▸ ➡ 修剪与延伸(N)...命令，系统弹出“修剪与延伸”对话框，如图 6.1.21 所示。

Step3. 设置对话框选项。在类型区域的下拉列表中选择制作拐角选项，在设置区域延伸方法下拉列表中选择自然曲率选项，如图 6.1.21 所示。

Step4. 定义目标边缘。在“选择杆”工具条的下拉列表中选择片体边缘选项，如图 6.1.23 所示，然后在图形区选取图 6.1.24 所示的片体边缘，单击中键确定。

Step5. 定义刀具面。在图形区选取图 6.1.24 所示的曲面。

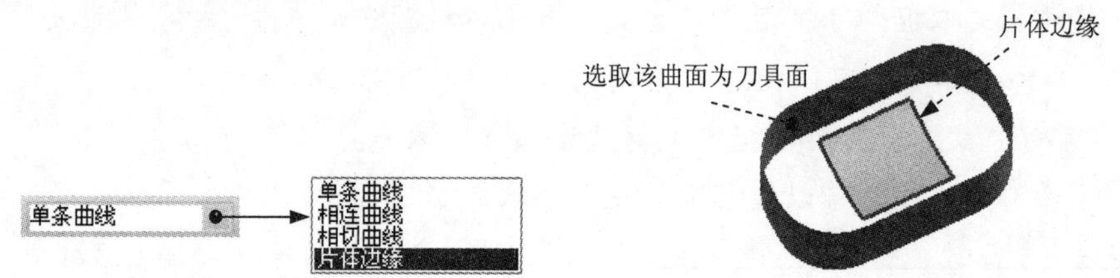

图 6.1.23　“选择杆”工具条　　　　图 6.1.24　目标边缘和道具面

Step6. 定义修剪方向。在图形区中出现了修剪与延伸预览和修剪方向箭头。在刀具区域单击反向后的按钮。在“修剪和延伸”对话框中单击确定按钮，完成曲面的修剪与延伸操作，如图 6.1.22b 所示。

6.2　曲面的延伸

6.2.1　延伸

曲面的延伸就是在现有曲面的基础上，通过曲面的边界或曲面上的曲线进行延伸，扩大曲面。曲面的一般延伸有“相切”、“垂直于曲面”、“有角度的”和“圆形”四种方式，下面将分别介绍这四种延伸方式的一般用法。

1. “相切”延伸

“相切”延伸是以参考曲面（被延伸的曲面）的边缘拉伸一个曲面，拉伸方向与曲面的切线方向相同，因而所生成的曲面与参考曲面相切。图 6.2.1 所示的延伸曲面的一般操作过程如下：

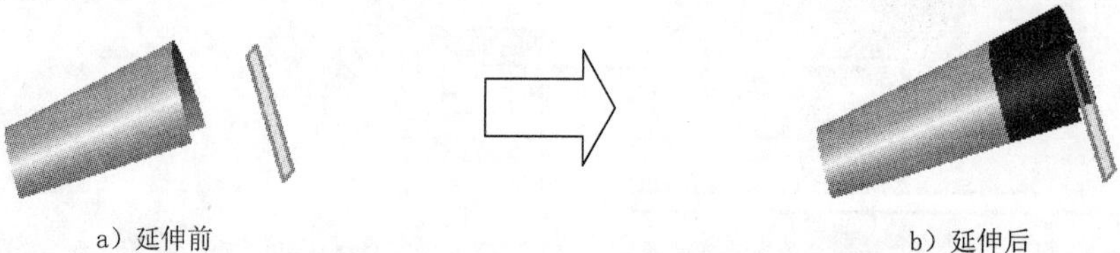

a）延伸前　　　　b）延伸后

图 6.2.1　曲面延伸的创建

Step1. 打开文件 D:\ug6.8\work\ch06.02\extension_1.prt。

Step2. 选择下拉菜单 插入(S) ➡ 曲面(R) ➡ 延伸(X)... 命令（或者在“曲面”工具栏中单击按钮），系统弹出图 6.2.2 所示的“延伸”对话框。

Step3. 定义曲面的延伸方式。在“延伸”对话框中单击 相切的 按钮，系统弹出图 6.2.3 所示的“相切延伸”对话框（一）。

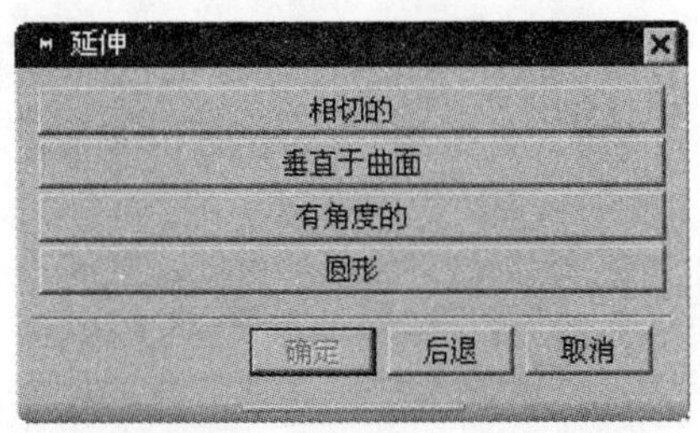

图 6.2.2 “延伸”对话框

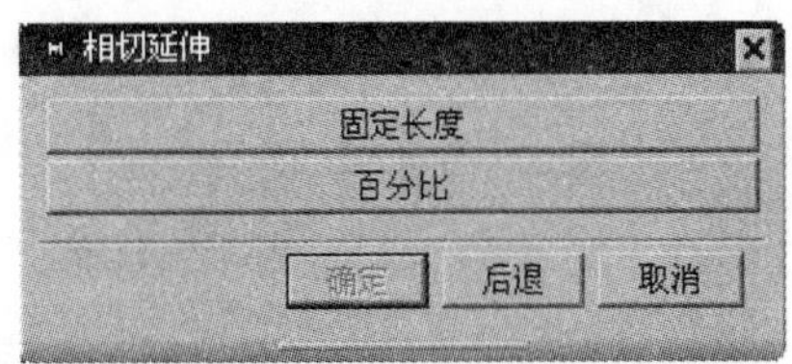

图 6.2.3 “相切延伸”对话框（一）

图 6.2.2 所示“延伸”对话框中的按钮说明如下：

- 相切的：该按钮用于生成相切于面、边或拐角的曲面。相切的延伸通常是相邻于现有基面的边或拐角生成，是一种扩展基面的方法。
- 垂直于曲面：该按钮用于沿着位于一个面上的现有曲线生成一个该面法向的延伸曲面。
- 有角度的：该按钮用于沿着位于一个面上的现有曲线以指定相对于现有面的角度来生成一个延伸曲面。
- 圆形：该按钮用于从光顺曲面的边上生成一个圆弧的延伸曲面。

Step4. 定义延伸长度方式。单击“相切延伸”对话框中的 固定长度 按钮，系统弹出图 6.2.4 所示的“固定的延伸”对话框（一）。

Step5. 在图形区选取图 6.2.5 所示的曲面作为需要延伸的曲面，系统弹出“固定的延伸”对话框。

Step6. 选取图 6.2.5 所示曲面的边缘，此时图形区中出现曲面的延伸方向，如图 6.2.6 所示，同时系统弹出图 6.2.7 所示的“相切延伸”对话框（二）。

图 6.2.4 “固定的延伸”对话框（一）

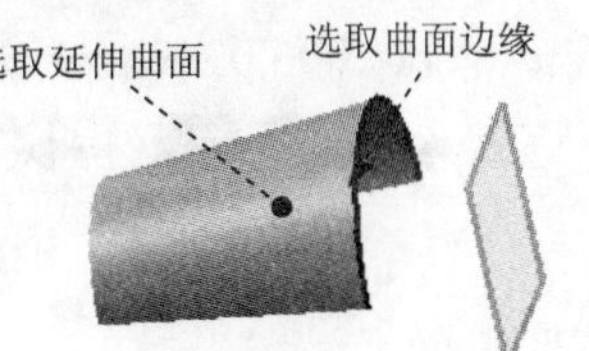

图 6.2.5 选择延伸曲面

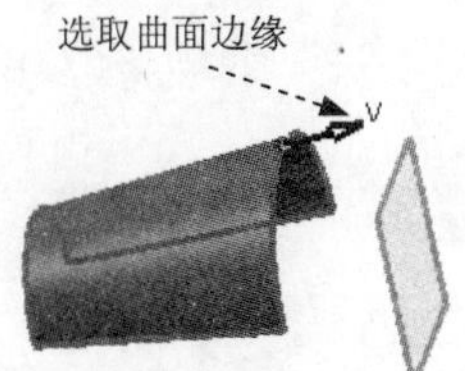

图 6.2.6 选择曲面边缘

Step7. 定义延伸长度。在“相切延伸”对话框（二）中，单击长度文本框后的按钮，系统弹出图 6.2.8 所示的快捷菜单。在该快捷菜单中选择测量(M)...命令，系统弹出图 6.2.9 所示的“测量距离”对话框。

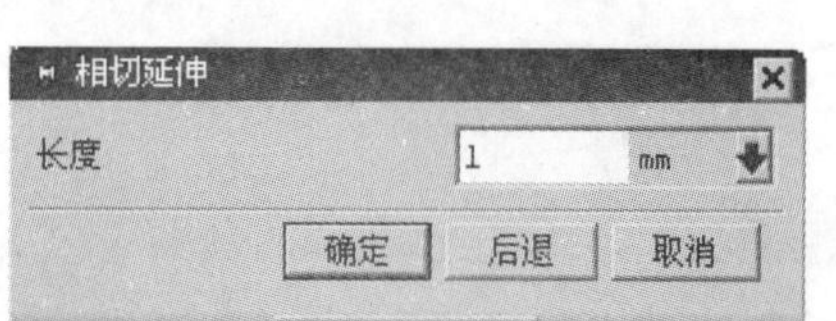

图 6.2.7 “相切延伸”对话框（二）

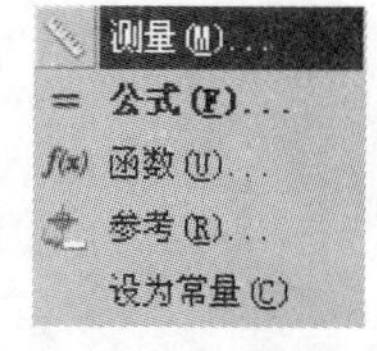

图 6.2.8 快捷菜单

图 6.2.9 “测量距离”对话框

Step8. 在图形区选取图 6.2.10 所示的曲面边缘和基准平面 1 作为测量对象，单击“测量距离”对话框中的确定按钮完成测量操作，再单击“相切延伸”对话框(二)中的确定按钮，系统弹出图 6.2.11 所示的“固定的延伸”对话框（二）。

Step9. 在“固定的延伸”对话框（二）中单击取消按钮，完成延伸曲面的创建。

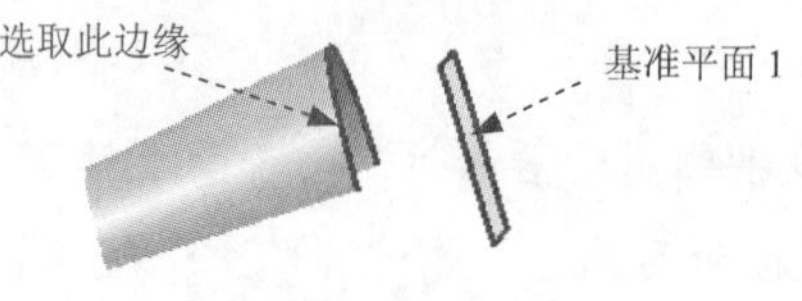

图 6.2.10 选取特征

图 6.2.11 “固定的延伸”对话框（二）

2. “垂直于曲面”延伸

“垂直于曲面”延伸可以根据参考曲面上的曲线创建一张垂直于参考曲面的曲面。图 6.2.12 所示的延伸曲面的一般操作过程如下：

图 6.2.12 创建延伸曲面

Step1. 打开文件 D:\ug6.8\work\ch06.02\extension_2.prt。

Step2. 选择下拉菜单插入(S) → 曲面(R) → 延伸(X)...命令，系统弹出“延伸”对话框。

Step3. 在“延伸”对话框中单击垂直于曲面按钮，系统弹出图 6.2.13 所示的“法向延伸”对话框（一）。

图 6.2.13 “法向延伸”对话框（一）

Step4. 在图形区选取图 6.2.12 所示的曲面，选取图 6.2.12 所示的曲面边缘，此时图形区显示图 6.2.14 所示的延伸方向，同时弹出图 6.2.15 所示的“法向延伸”对话框（二）。在长度文本框中输入-20，单击确定按钮，完成法向延伸曲面的创建，同时系统弹出“法向延伸”对话框（一）。

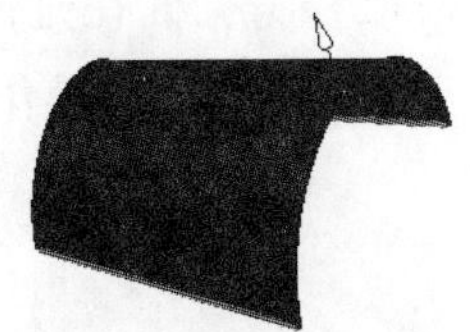

图 6.2.14　显示的延伸方向

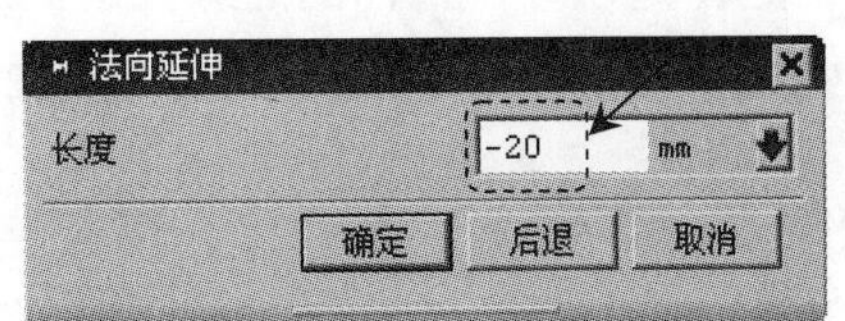

图 6.2.15 “法向延伸”对话框（二）

Step5. 在“法向延伸”对话框（一）中单击取消按钮，完成延伸曲面的创建。

说明：在“法向延伸”对话框（二）的长度文本框中输入的值为正时，延伸方向与图形区中显示的延伸方向一致；如果输入负值，则延伸方向与图形区中显示的方向相反。

3. “有角度的”延伸

“有角度的”延伸可以创建一张与参考曲面成一定角度的曲面。图 6.2.16 所示的延伸曲面的一般操作过程如下：

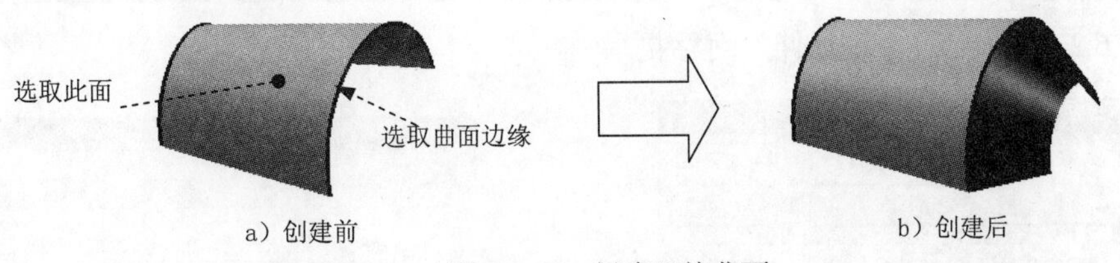

图 6.2.16　创建延伸曲面

Step1. 打开文件 D:\ug6.8\work\ch06.02\extension_3.prt。

Step2. 选择下拉菜单插入(S) → 曲面(R) → 延伸(X)...命令，系统弹出“延伸”对话框。

Step3. 在“延伸”对话框中单击有角度的按钮，系统弹出图 6.2.17 所示的“沿角度延伸”对话框。

Step4. 在图形区选取图 6.2.16 所示的曲面，然后选取图 6.2.16 所示的曲面边缘，系统弹出图 6.2.18 所示的“角度延伸”对话框。

Step5. 在“角度延伸”对话框中输入图 6.2.18 所示的参数，单击确定按钮完成法向延伸曲面的创建，同时重新弹出的“沿角度延伸”对话框。

Step6. 在“沿角度延伸”对话框中单击取消按钮，完成延伸曲面的创建。

图 6.2.17　“沿角度延伸”对话框

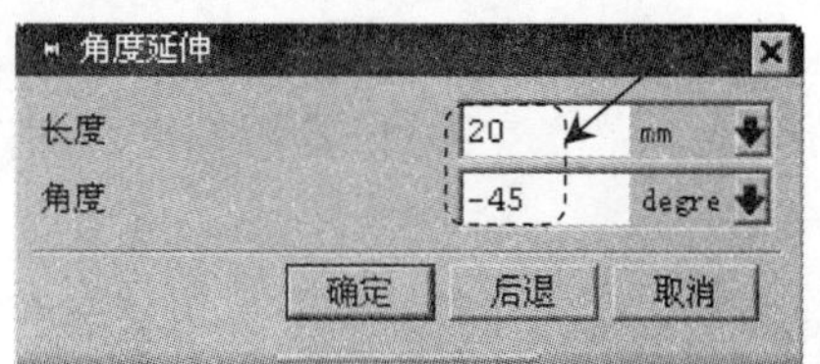

图 6.2.18　“角度延伸”对话框

4. “圆形”延伸

“圆形”延伸是以参考曲面的边缘为延伸的起始曲线，以参考曲面在延伸边缘处的曲率半径为圆弧半径，创建一张圆的曲面。图 6.2.19 所示的延伸曲面的一般操作过程如下：

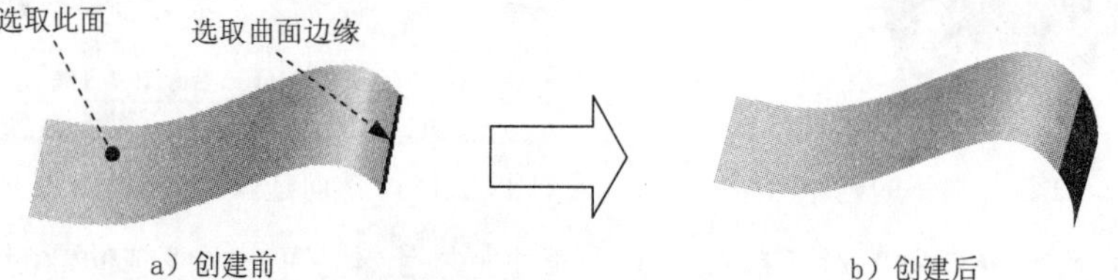

图 6.2.19　创建延伸曲面

Step1. 打开文件 D:\ug6.8\work\ch06.02\extension_4.prt。

Step2. 选择下拉菜单插入(S) → 曲面(R) → 延伸(X)...命令，系统弹出“延伸”对话框。

Step3. 在“延伸”对话框中单击圆形按钮，系统弹出图 6.2.20 所示的“圆形延伸”对话框。

Step4. 单击“圆形延伸”对话框中的百分比按钮，系统弹出图 6.2.21 所示的“边延伸”对话框（一）。

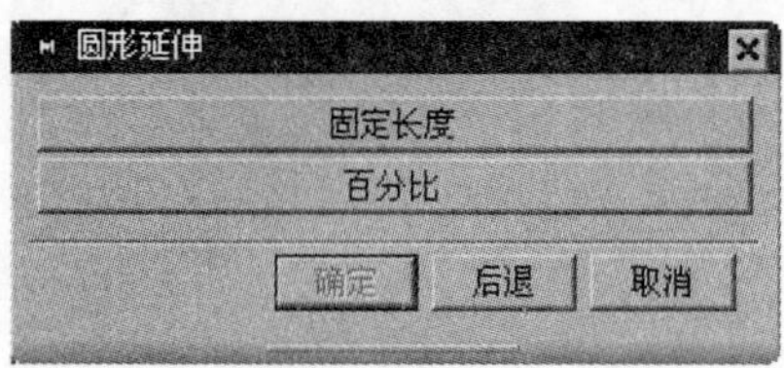

图 6.2.20　“圆形延伸”对话框

图 6.2.21　“边延伸”对话框（一）

Step5. 在图形区选取图 6.2.19 所示的曲面，系统弹出如图 6.2.22 所示的“边延伸”对话框（二）。选取图 6.2.19 所示的曲面边缘，系统弹出图 6.2.23 所示的“相切延伸”对话框。

Step6. 在“相切延伸”对话框中的百分比文本框中输入 20，如图 6.2.23 所示，单击确定按钮完成延伸曲面的创建，系统弹出“边延伸”对话框。

Step7. 在“边延伸”对话框中单击取消按钮，完成延伸曲面的创建。

图 6.2.22　“边延伸”对话框（二）

图 6.2.23　“相切延伸”对话框

6.2.2　规律延伸

使用 规律延伸(L)... 命令可以动态地或根据距离和角度规律为现有的基本片体创建规律控制的延伸曲面。当某特殊方向很重要或有必要参考现有的面时（例如，在模具设计中，拔模方向在创建分型面时起着重要作用），就可以创建弯边或延伸。规律延伸有“参考面”和“参考矢量”两种方式，下面分别进行介绍。

1. “参考面”方式

下面以图 6.2.24 所示的曲面为例，说明通过“参考面”方式延伸曲面的一般操作过程。

Step1. 打开文件 D:\ug6.8\work\ch06.02\law_extension.prt。

Step2. 选择下拉菜单 插入(S) → 弯边曲面(G) → 规律延伸(L)... 命令，系统弹出图 6.2.25 所示的“规律延伸”对话框。

Step3. 定义延伸类型。在“规律延伸”对话框 类型 下拉列表中选择 面 选项。

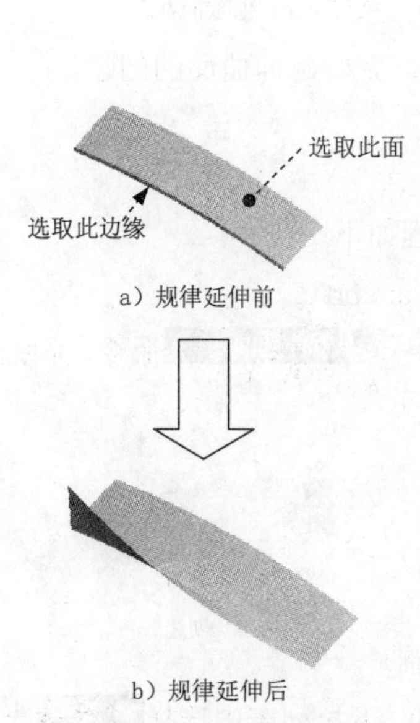

图 6.2.24　创建规律延伸曲面

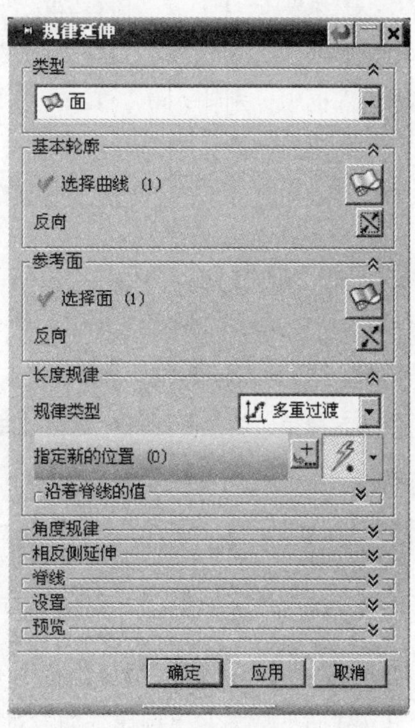

图 6.2.25　“规律延伸”对话框

Step4. 定义基本轮廓和参考面。在 基本轮廓 区域单击按钮，在图形区中选取图 6.2.24a 所示的曲面边缘，单击中键确认；选取图 6.2.24a 所示的曲面，单击中键确认，此时图形区中显示图 6.2.26 所示的起始手柄和终止手柄。

Step5. 单击图 6.2.26 所示的曲面边缘，选取中间点，图形区中显示图 6.2.27 所示的中间手柄。

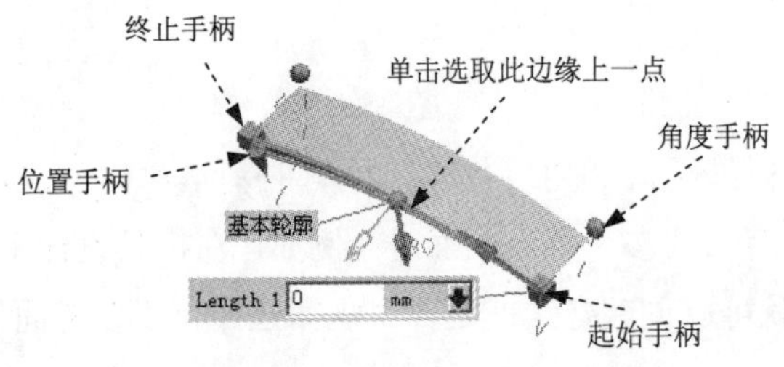

图 6.2.26 显示的起始和终止手柄

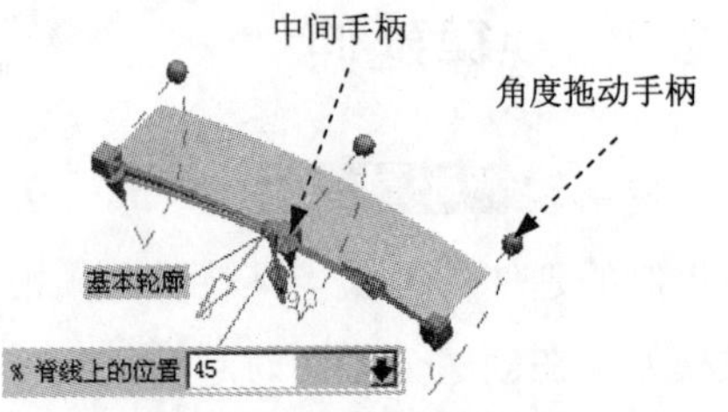

图 6.2.27 显示的中间手柄

Step6. 分别右击起始手柄、中间手柄和终止手柄中的角度拖动手柄，系统弹出图 6.2.28、图 6.2.29 和图 6.2.30 所示的快捷菜单，分别选择其中的 ✔ 线性、✔ 未知 和 ✔ 圆角 选项。

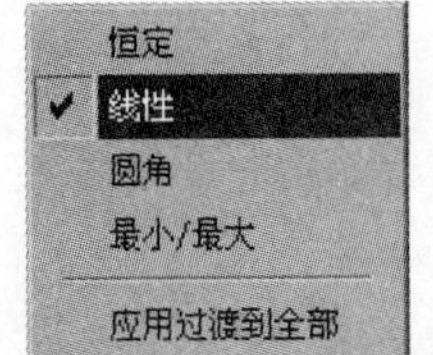

图 6.2.28 快捷菜单（一）

图 6.2.29 快捷菜单（二）

图 6.2.30 快捷菜单（三）

Step7. 定义延伸角度和长度。分别单击起始手柄和终止手柄中的角度拖动手柄，在弹出的动态文本输入框中分别输入 0、-120，按 Enter 键确认；分别单击始手柄和终止手柄中的位置手柄，在弹出的动态文本框中分别输入 0、20.0，按 Enter 键确认。

Step8. 单击"规律延伸"对话框中的 确定 按钮，完成延伸曲面的创建。

2. "参考矢量"方式

图 6.2.31 所示的创建规律延伸曲面的一般操作过程如下：

Step1. 打开文件 D:\ug6.8\work\ch06.02\law_extension.prt。

Step2. 选择下拉菜单 插入(S) → 弯边曲面(G) → 规律延伸(L)... 命令，系统弹出"规律延伸"对话框。

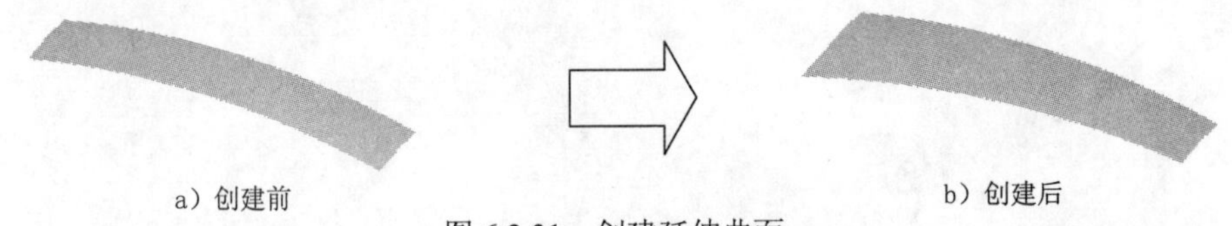

图 6.2.31 创建延伸曲面

Step3. 定义延伸类型。在"规律延伸"对话框 类型 下拉列表中选择 矢量 选项。

Step4. 定义基本轮廓和参考矢量。在 基本轮廓 区域单击按钮，选取图 6.2.32 所示的曲面边缘，单击中键确认；在“规律延伸”对话框 参考矢量 下拉列表中选择 -XC 选项，单击中键确认。此时，图形区中显示图 6.2.33 所示的起始手柄、终止手柄和参考方向箭头。

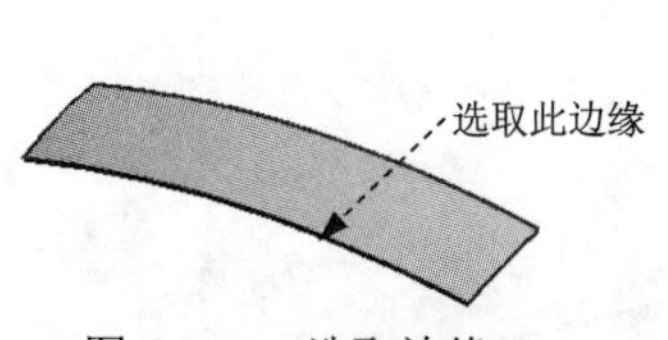

图 6.2.32　选取边缘

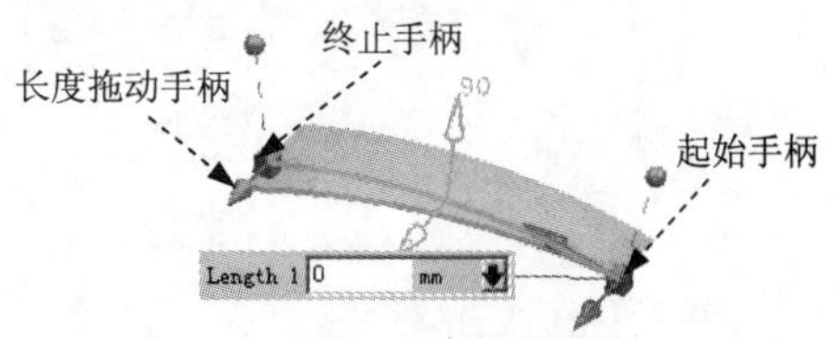

图 6.2.33　显示手柄和参考方向

Step5. 分别右击起始手柄和终止手柄中的长度拖动手柄，在弹出的快捷菜单中，分别选择其中的 ✔ 线性 和 ✔ 圆角 选项。

Step6. 定义延伸角度和长度。分别单击起始手柄和终止手柄中的角度拖动手柄，在弹出的动态文本输入框中分别输入 0、0，按 Enter 键确认；分别单击始手柄和终止手柄中的位置手柄，在弹出的动态文本框中分别输入 0、20.0，按 Enter 键确认。

Step7. 单击“规律延伸”对话框中的 确定 按钮，完成延伸曲面的创建。

6.2.3　扩大曲面

使用 扩大(A)... 命令可以对未修剪过的曲面的大小进行编辑，编辑后的曲面将丢失参数，属于非参数化编辑命令。用户也可以设定“编辑一个副本”选项使创建的新曲面与源曲面相关联，而且允许改变各个未修剪边的尺寸。图 6.2.34 所示创建扩大曲面的一般操作过程如下：

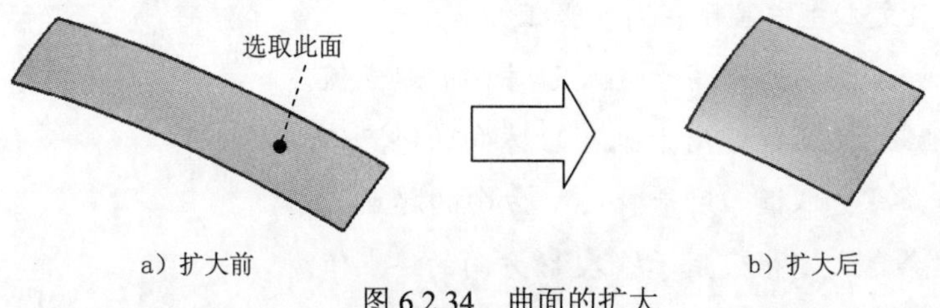

图 6.2.34　曲面的扩大

Step1. 打开文件 D:\ug6.8\work\ch06.02\enlarge.prt。

Step2. 选择下拉菜单 编辑(E) → 曲面(R) → 扩大(A)... 命令，系统弹出“扩大”对话框（此时“扩大”对话框（一）中的所有选项均不可用）。

Step3. 在图形区选取图 6.2.34a 所示的曲面，此时“扩大”对话框（一）中的各个选项均激活，如图 6.2.35 所示，图形区中显示图 6.2.36 所示的可沿 U、V 方向拖动的控制点。

Step4. 在“扩大”对话框（一）中设置图 6.2.35 所示的参数（可以在文本框中直接输入，也可以移动文本框后的滑块），单击 确定 按钮，系统弹出图 6.2.37 所示的“扩大”对话框（二），单击 是(Y) 按钮，完成曲面的扩大操作。

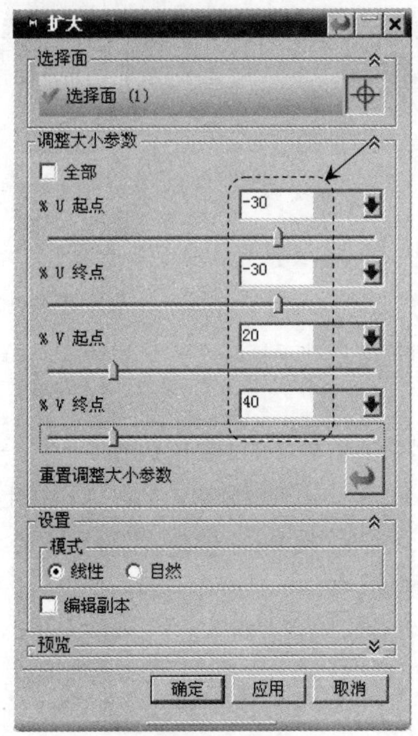

图 6.2.35　“扩大”对话框（一）

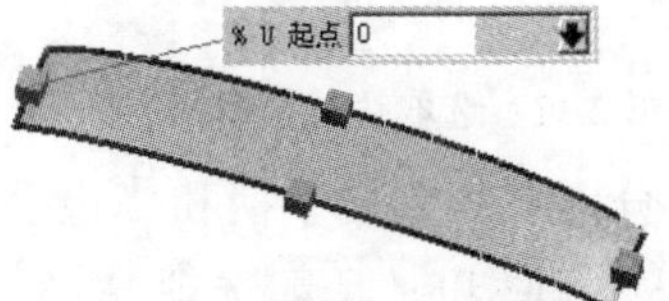

图 6.2.36　U、V 方向的控制点

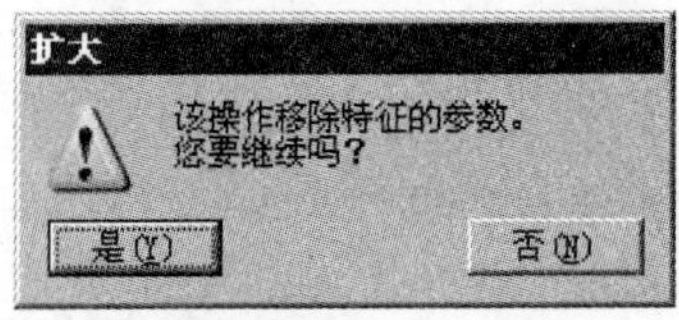

图 6.2.37　“扩大”对话框（二）

图 6.2.35 所示“扩大”对话框（一）中的各选项按钮说明如下：

- 调整大小参数 区域：用于设置扩大面的大小参数。
  - ☑ 全部：选中该复选项后，移动下面的任一单个的滑块，所有的滑块会同时移动且文本框中显示相同的数值。
  - ☑ % U 起点文本框：用于输入 U 方向的起点值。
  - ☑ % U 终点文本框：用于输入 U 方向的终点值。
  - ☑ % V 起点文本框：用于输入 V 方向的起点值。
  - ☑ % V 终点文本框：用于输入 V 方向的终点值。
  - ☑ 重置调整大小参数：当对扩大面大小参数调整之后单击其后的按钮，刷新扩大面效果。
- 设置 区域：定义扩大曲面的方法。
  - ☑ 线性：用于在单一方向上线性地延伸扩大片体的边。选择该单选项，则只能增大曲面，而不能减小曲面。
  - ☑ 自然：用于自然地延伸扩大片体的边。选择该单选项，可以增大曲面，也可以减小曲面。
  - ☑ 编辑副本：取消选中此复选框时，所得的结果是一个不可再编辑的曲面；当选中此复选框时，将从源曲面复制出一个曲面进行扩大，并且扩大后的曲面是可再次编辑的参数化曲面。

6.3 X－成形

在 UG NX6.0 中，使用 X-成形功能可以对样条曲线、曲面等复杂曲面的极点和点进行平移、旋转、缩放，也可以锁定样条或者曲面的区域以保持曲面的形状。用 X 成形... 命令编辑后的曲面将丢失参数，属于非参数化编辑命令。

6.3.1 平移

平移功能是指用户可以通过拖动鼠标对单个或多个点进行移动。下面以图 6.3.1 所示的曲面为例，说明用平移功能来编辑曲面的一般操作步骤。

Step1. 打开文件 D:\ug6.8\work\ch06.03\xform1.prt，如图 6.3.1 所示。

Step2. 选择下拉菜单 编辑(E) → 曲面(R) → X 成形... 命令，系统弹出图 6.3.2 所示的“X-成形”对话框（一）。

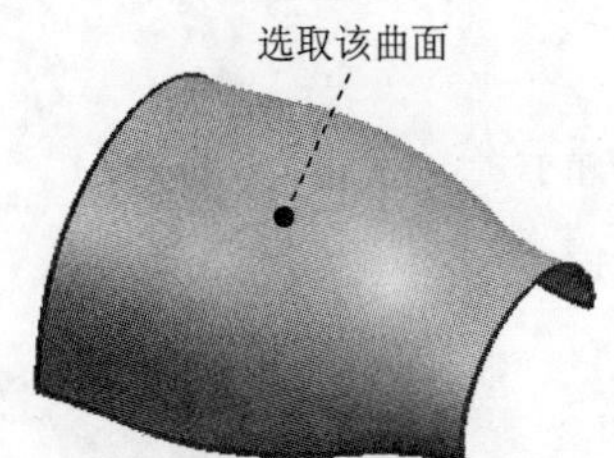

图 6.3.1　曲面模型

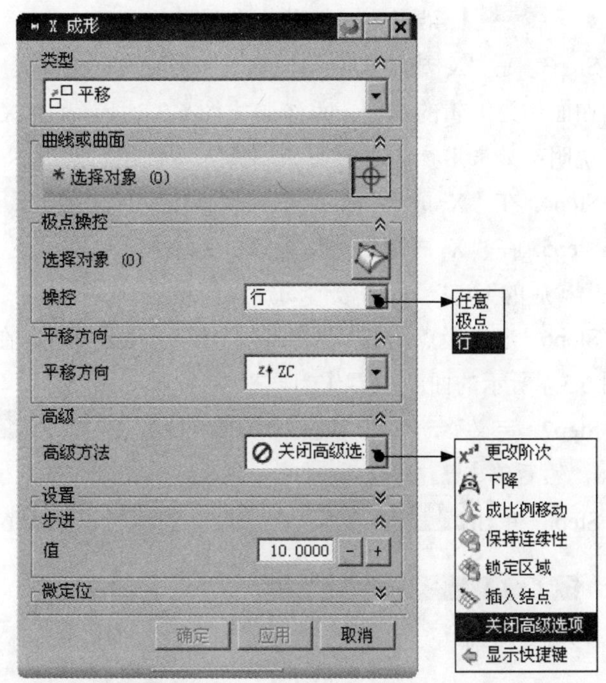

图 6.3.2　“X-成形”对话框（一）

图 6.3.2 所示“X-成形”对话框中的选项及按钮说明如下：

- 类型 区域：指定变换点的方式，共有六种方式。
  - ☑ 平移：通过鼠标来移动单个或多个点来编辑曲面。
  - ☑ 旋转：绕指定的枢轴和矢量方向来旋转点。
  - ☑ 刻度尺：绕指定的中心点来对点进行缩放。

☑ 垂直于面/曲线平移：沿面或曲线的法向移动点。

☑ 沿控制多边形平移：沿选定的控制多边形边的其中一段平移选定的极点。

☑ 极点行平面化：把所选极点移动到指定平面上。

- 操控：在该区域中用于指定操控选择的类型。
- 高级方法下拉列表：包含更改阶次、下降、成比例移动、保持连续性、锁定区域、插入结点及关闭高级选项六个选项。

☑ 更改阶次：增加或减少选定曲线或曲面的阶次和补片数。

☑ 下降：在影响凹度和凸度但不影响极点的情况下，对所选的极点组进行变形。

☑ 成比例移动：按比例对曲面变形。

☑ 保持连续性：在保持边缘处曲率不变的情况下，沿切矢方向对极点进行变换。

☑ 锁定区域：设定一个区域，使该区域的极点不能被编辑。

☑ 插入结点：在指定的 U、V 方向上插入节点。

☑ 关闭高级选项：不使用高级方法。

- 微定位：沿指定的矢量方向微移极点。

Step3. 在“X-成形”对话框（一）类型的下拉列表中选择平移选项，选取图 6.3.1 所示的曲面作为编辑的曲面，系统弹出图 6.3.3 所示的“X-成形”对话框（二）。

说明：如果用户选中的曲面不具有参数性，系统不会出现图 6.3.3 所示的对话框。

Step4. 在“X-成形”对话框（二）中，单击是(Y)按钮。

Step5. 在“X-成形”对话框（一）高级区域高级方法下拉列表中选择更改阶次选项，然后在补片后的 U 向、V 向数值均定义为 4。

Step6. 定义极点。在极点操控区域中单击按钮，在操控下拉列表中选择行选项，选取图 6.3.4 所示的曲面边界作为要平移的极点。

Step7. 定义移动矢量。在平移方向下拉列表中选择ZC选项，并在步进区域中将值定义为 10，然后单击+按钮。

Step8. 单击确定按钮，完成曲面的编辑，如图 6.3.5 所示。

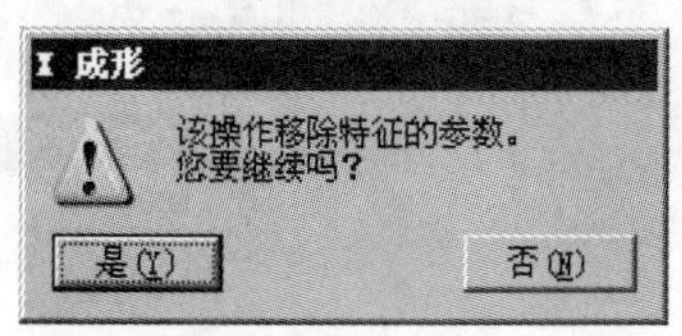

图 6.3.3 “X-成形”对话框（二）

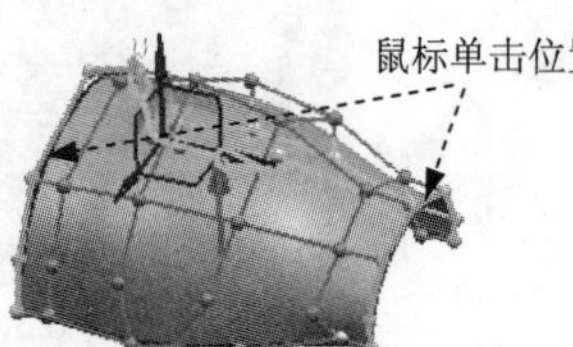

图 6.3.4 选择平移点

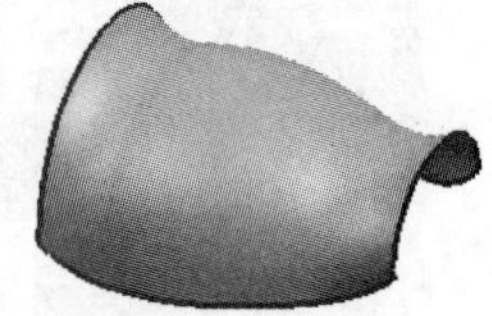

图 6.3.5 编辑曲面

6.3.2 旋转

旋转功能允许用户通过指定枢轴和矢量方向来旋转极点。下面以图 6.3.6 所示的曲面为例，说明用旋转功能来编辑曲面的一般操作步骤。

Step1. 打开文件 D:\ug6.8\work\ch06.03\xform2.prt。

Step2. 选择下拉菜单 编辑(E) → 曲面(R) → X 成形... 命令，系统弹出“X-成形”对话框（一）。

Step3. 在“X-成形”对话框（一）类型 的下拉列表中选择 旋转 选项，统弹出图 6.3.7 所示的“X-成形”对话框（三）。

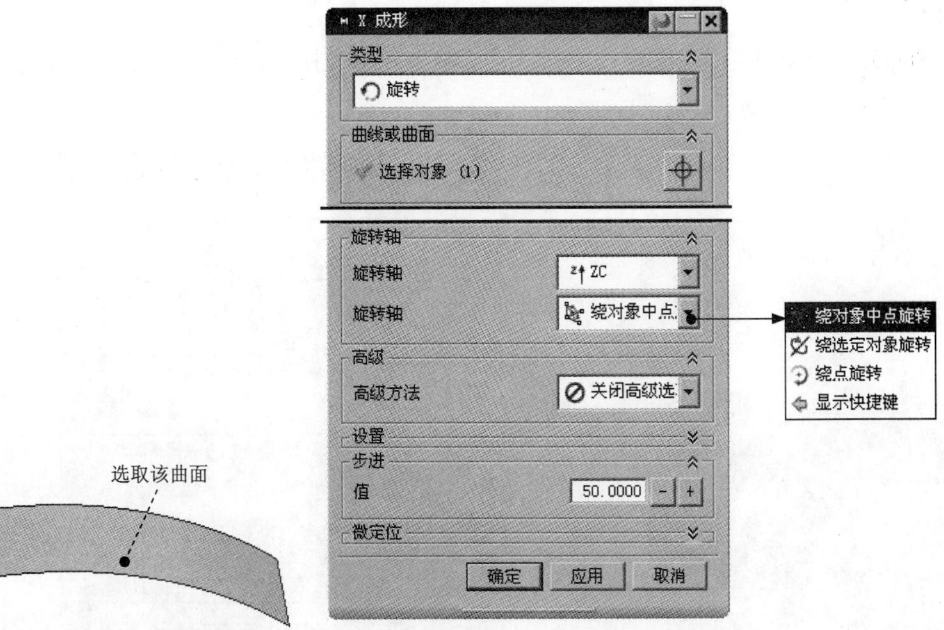

图 6.3.6　曲面模型　　　图 6.3.7　“X-成形”对话框（三）

Step4. 选取图 6.3.6 所示的曲面作为编辑的曲面，在“X-成形”对话框（三）高级 区域 高级方法 下拉列表中选择 更改阶次 选项，然后在 补片 后的 U 向数值定义为 2，V 向数值定义为 1。

Step5. 定义旋转极点。在 极点操控 区域中单击 按钮，在 操控 下拉列表中选择 行 选项，选取图 6.3.8 所示的曲面边界作为要旋转的极点。

Step6. 定义旋转中心轴及旋转参数。在 旋转轴 下拉列表中选择 XC 选项，然后在第二个 旋转轴 的下拉列表中选择 绕对象中点旋转 选项，并在 步进 区域中将 值 值定义为 50.0，然后单击 + 按钮。

Step7. 单击 确定 按钮，完成图 6.3.9 所示的曲面编辑。

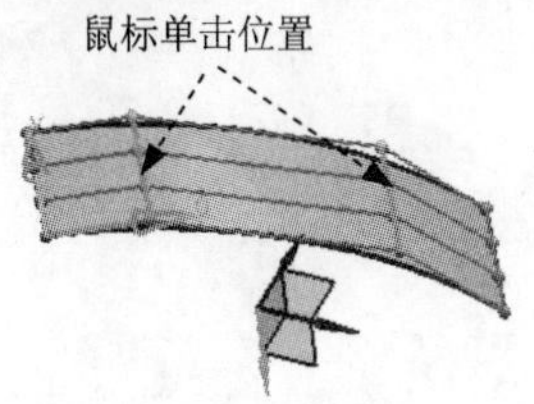

图 6.3.8　选择旋转点

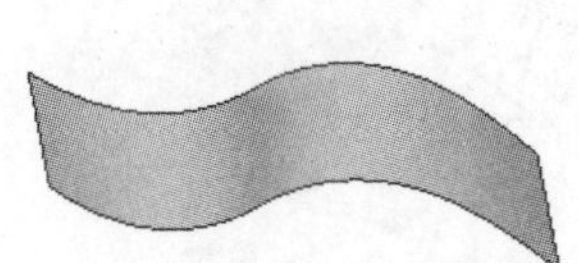

图 6.3.9　编辑后的曲面

6.3.3 比例

比例功能是指通过指定一个中心点来对极点进行缩放。下面以图 6.3.10 所示的曲面为例，说明用比例功能来编辑曲面的一般操作步骤。

Step1. 打开文件 D:\ug6.8\work\ch06.03\xform3.prt。

Step2. 选择下拉菜单编辑(E) → 曲面(R) → X成形...命令，系统弹出“X-成形”对话框（一）。

Step3. 在“X-成形”对话框（一）类型的下拉列表中选择刻度尺选项，系统弹出图 6.3.11 所示的“X-成形”对话框（四）。

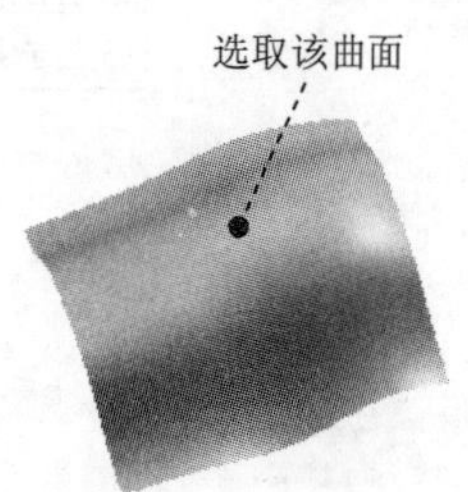

图 6.3.10 曲面模型

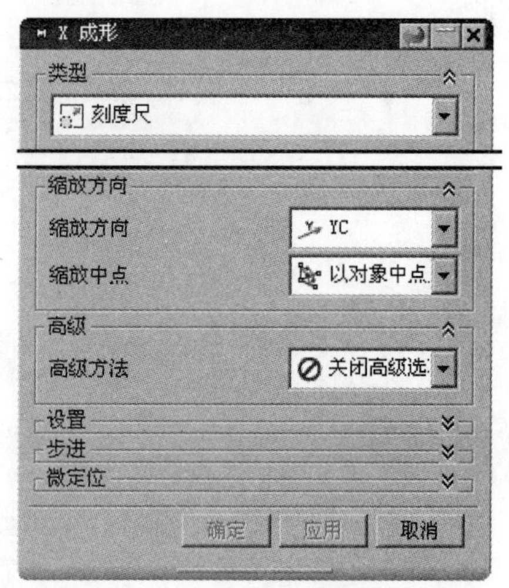

图 6.3.11 “X－成形”对话框（四）

Step4. 选取图 6.3.10 所示的曲面作为要编辑的曲面，系统弹出图 6.3.3 所示的“X-成形”对话框（二），单击是(Y)按钮。在“X-成形”对话框（四）高级区域高级方法下拉列表中选择更改阶次选项，然后在补片后的 U 向数值定义为 5，V 向数值定义为 1。

Step5. 定义缩放极点。在极点操控区域中单击按钮，在操控下拉列表中选择行选项，选取图 6.3.12 所示的曲面边界作为要缩放的极点。

Step6. 定义缩放边线和方向。在缩放方向下拉列表中选择YC选项，在缩放中点下拉列表中选择以对象中点为中心缩放选项，用鼠标沿 YC 轴方向拖动图 6.3.12 中所选择的极点。

Step7. 单击确定按钮，完成图 6.3.13 所示的曲面编辑。

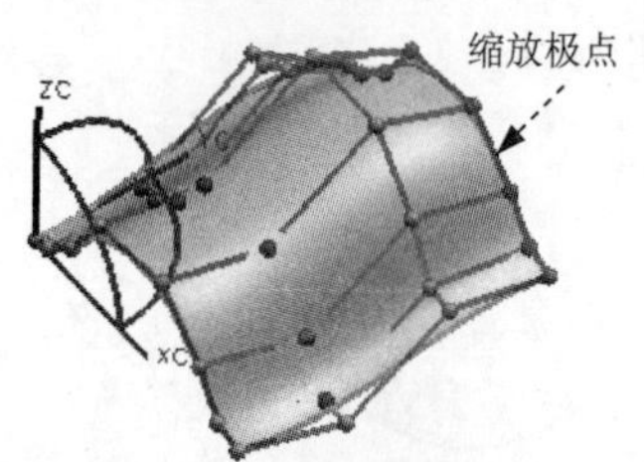

图 6.3.12 拖动缩放极点

图 6.3.13 编辑曲面

6.3.4　极点行平面化

极点行平面化功能是将曲面上的极点沿着选定面的法线方向投影到选定的平面上。下面以图 6.3.14 所示的曲面为例，说明将曲面极点行平面化的一般操作步骤。

Step1. 打开文件 D:\ug6.8\work\ch06.03\xform4.prt。

Step2. 选择下拉菜单 编辑(E) → 曲面(R) → X 成形... 命令，系统弹出"X-成形"对话框（一）。

Step3. 在"X-成形"对话框（一）类型 的下拉列表中选择 极点行平面化 选项，系统弹出图 6.3.15 所示的"X-成形"对话框（五）。

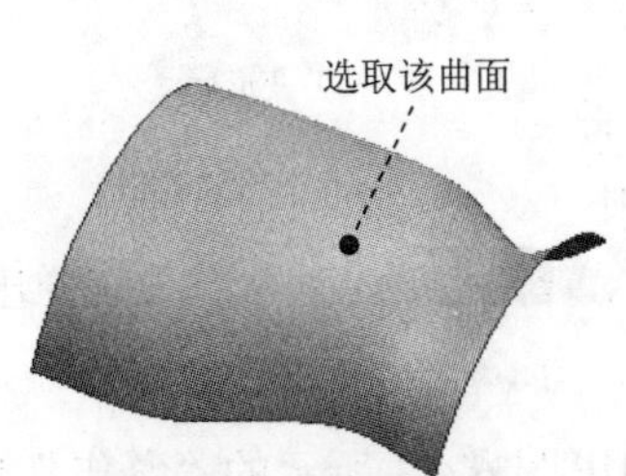

图 6.3.14　曲面模型

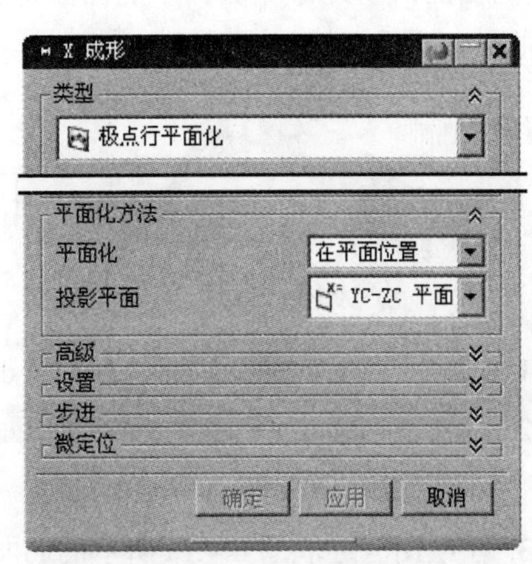

图 6.3.15　"X－成形"对话框（五）

Step4. 选取图 6.3.14 所示的曲面作为要编辑的曲面，系统弹出图 6.3.3 所示的"X-成形"对话框（二），单击 是(Y) 按钮。

Step5. 定义平面化方式和投影平面。在 平面化 下拉列表中选择 在平面位置 选项，在 投影平面 下拉列表中选择 XC-YC 平面 选项。

Step6. 在 极点选择 区域中单击 按钮，在 操控 下拉列表中选择 行 选项，选取图 6.3.16 所示的曲面边界上的定点作为要平面化的极点。

Step7. 单击 确定 按钮，完成图 6.3.17 所示的曲面编辑。

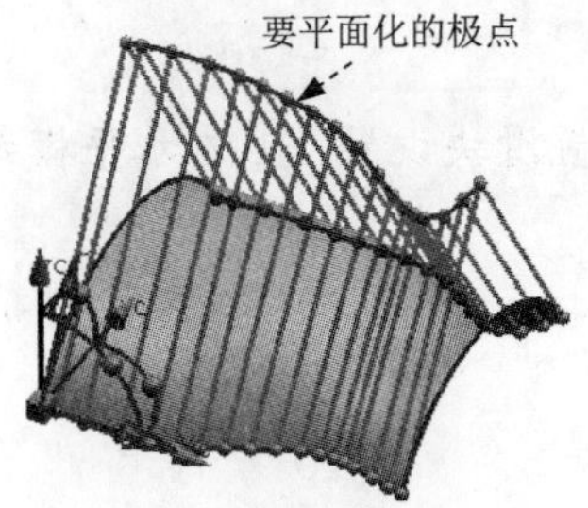

图 6.3.16　要平面化的极点

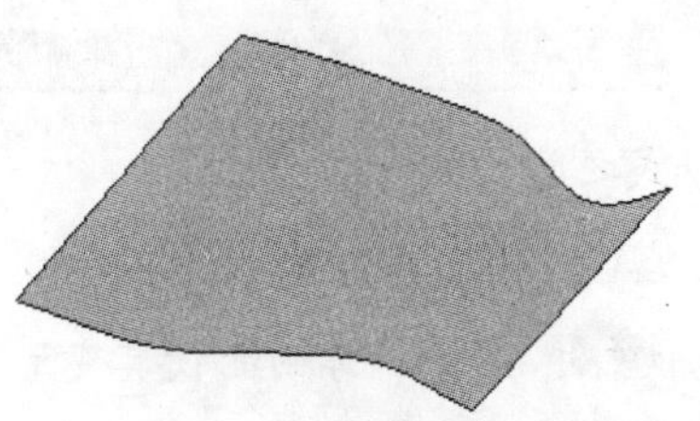

图 6.3.17　编辑曲面

6.4 曲面的变形与变换

曲面的变形与变换包括曲面的变形、曲面的变换和整体突变等，下面分别进行介绍。

6.4.1 曲面的变形

曲面的变形用于动态快速地修改 B 曲面，可以使用拉伸、折弯、歪斜和扭转等操作来得到需要的曲面，用此命令编辑后的曲面将丢失参数，属于非参数化编辑命令。下面以图 6.4.1 所示的曲面变形为例来说明其一般操作过程。

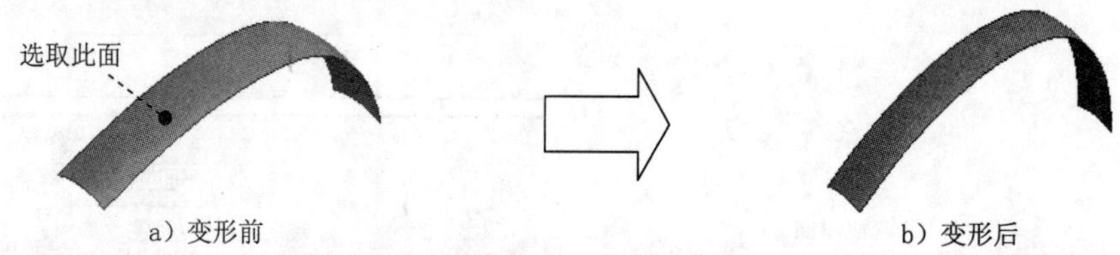

图 6.4.1 曲面的变形

Step1. 打开文件 D:\ug6.8\work\ch06.04\distortion.prt。

Step2. 选择下拉菜单 编辑(E) → 曲面(R) → 变形(D)... 命令，系统弹出图 6.4.2 所示的“使曲面变形”对话框（一）。

Step3. 在绘图区选取图 6.4.1a 所示的曲面，系统弹出图 6.4.3 所示的“警告”信息。单击 确定(O) 按钮，系统弹出图 6.4.4 所示的“使曲面变形”对话框（二），同时图形区中显示“水平”和“竖直”方向。

图 6.4.4 所示“使曲面变形”对话框（二）中的各选项按钮说明如下：

- 中心点控制 区域：用于设置进行变形的参考位置和方向。
  - ☑ 水平：曲面在水平方向上变形。
  - ☑ 竖直：曲面在竖直方向上变形。
  - ☑ V 低：变形从曲面的最低位置开始。
  - ☑ V 高：变形从曲面的最高位置开始。
  - ☑ V 中间：变形从曲面的中间位置开始。
- 切换 H 和 V：重置滑块设置，且在水平模式和竖直模式之间切换中心点控制。
- 拉长：用于拉伸曲面使其变形。
- 折弯：用于折弯曲面使其变形。
- 歪斜：用于歪斜曲面使其变形。
- 扭转：用于扭转曲面使其变形。

- 移位：用于移动曲面。
- 重置：取消所有滑块的设置，重置曲面使其返回到原始状态。
- 截面分析：单击此按钮打开“截面分析”对话框，用于动态地分析指定剖面上的曲率。
- 偏差检查：单击此按钮打开“偏差度量”对话框，用于动态地生成图形偏差数据和数字偏差数据。

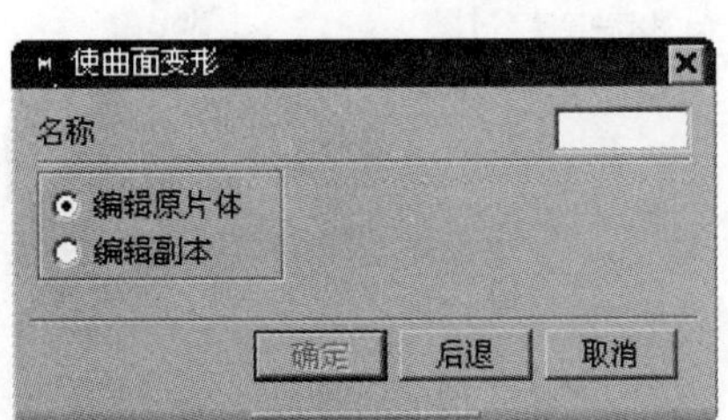

图 6.4.2　“使曲面变形”对话框（一）

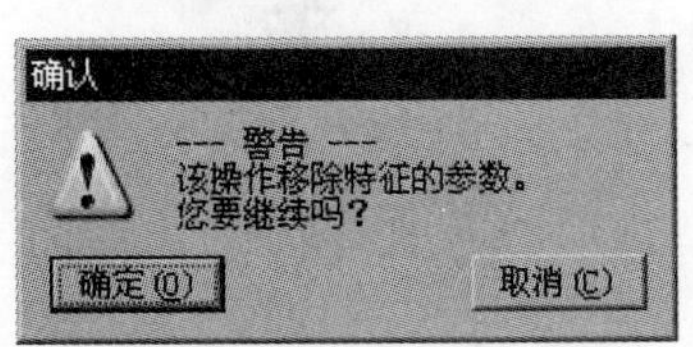

图 6.4.3　“警告”信息

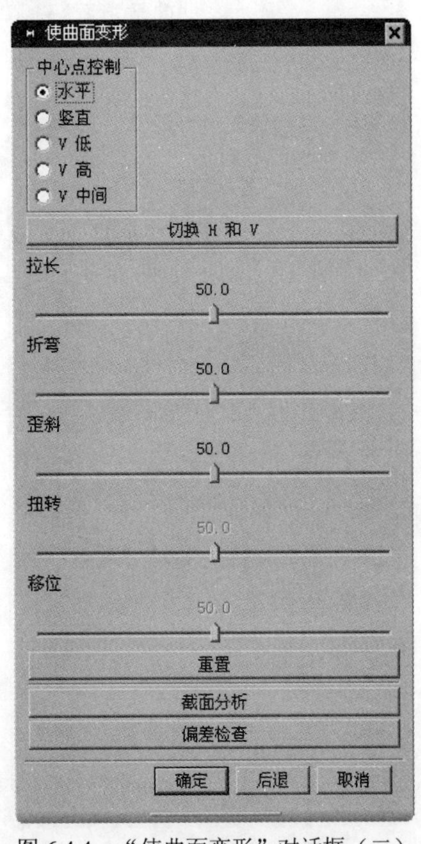

图 6.4.4　“使曲面变形”对话框（二）

Step4. 在“使曲面变形”对话框（二）中单击截面分析按钮，系统弹出图 6.4.5 所示的“截面分析”对话框。在截面规格区域方法下拉列表中选择XYZ 平面选项，在平面后选中X复选框，取消选中Z、Y和数量复选框，在截面间距区域间隔下的文本框中输入 10，在截面分析区域选中显示曲率针和建议比例因子复选框，在针密度后的文本框中输入值 10，其他参数采用默认设置。此时在图形区显示 X 方向的截面线、曲率梳及动态坐标系，如图 6.4.6 所示。单击确定按钮，系统返回到“使曲面变形”对话框（二）。

说明：在曲面变形的过程中，各种“中心点控制”类型产生的变形可以叠加。

Step5. 分别拖动拉长、折弯、歪斜下面的滑块，可以看到图形区中的曲率梳图随之而变化，滑块上方显示的参数分别接近为 60、86、30 即可，其曲率梳图如图 6.4.7 所示。单击确定按钮，完成曲面的变形操作。

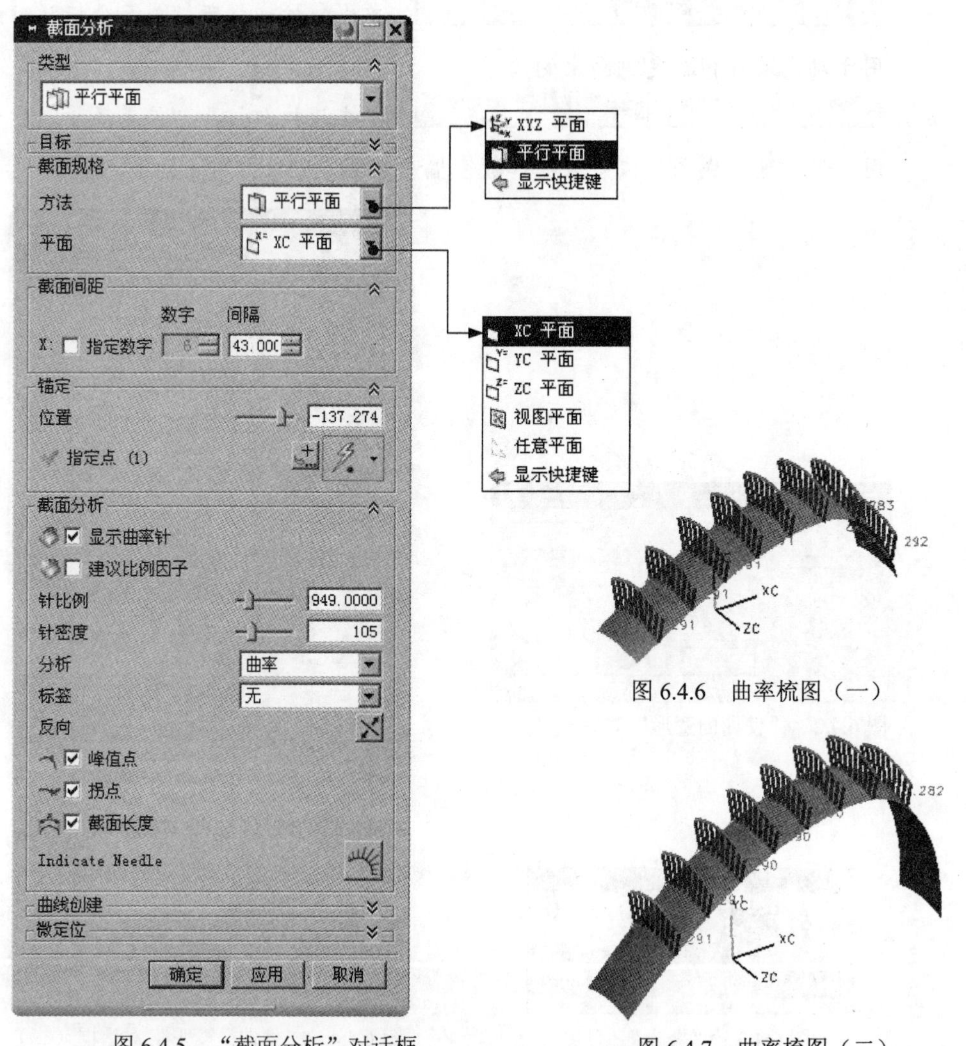

图 6.4.6　曲率梳图（一）

图 6.4.5　“截面分析”对话框

图 6.4.7　曲率梳图（二）

图 6.4.5 所示“截面分析”对话框中的部分按钮说明如下：

- 类型下拉列表：用于定义截面放置的方式，共有六种放置方式，包括平行平面、等参栅格、垂直于曲线、四边形栅格、三角形栅格、和圆栅格。
  - ☑ 平行平面：将截面沿平行平面线性的分布在所选的曲面上。
  - ☑ 等参栅格：通过 U 和 V 向放置均匀间隔的分析线。
  - ☑ 垂直于曲线：通过垂直与曲线的方式来定义截面。
  - ☑ 四边形栅格：截面由四边形栅格模板的侧边按比例偏移而形成。
  - ☑ 三角形栅格：形成的截面相对一个顶点（角）呈放射状，并与某三角形栅格模板上该顶点处的相对侧边平行。

☑ 圆栅格：形成的截面呈放射状，并与圆形栅格模板的中心点同心。

- 目标区域：在 * 选择面或小平面体 (0) 被激活时选取要进行截面分析的目标。
- 截面规格区域：用于指定进行截面分析的方法及参考平面。
- 截面间距区域：用于指定进行截面分析的截面数字和间距。
- 截面分析区域：用于设置截面分析针的显示、比例、密度、曲率以及峰值点，拐点，截面长度的显示。
- 曲线创建区域：根据分析曲线在选中的面上创建简单的截面曲线（B 样条或直线）。

6.4.2 曲面的变换

使用 变换(T)... 命令可以动态地缩放、旋转及平移单个 B 曲面，同时实时地从显示内容中获取反馈。缩放、旋转和平移变换及其组合组成了所谓的仿射映射，该功能通常用于 CAD 或其他计算机图形环境中，该命令编辑后的曲面将丢失参数，属于非参数化编辑命令。下面以图 6.4.8 为例来说明使用“变换”命令编辑曲面的一般操作过程。

Step1. 打开文件 D:\ug6.8\work\ch06.04\transform.prt。

Step2. 选择下拉菜单 编辑(E) ➡ 曲面(R) ➡ 变换(T)... 命令，系统弹出“变换曲面”对话框（一）。

Step3. 在绘图区选取图 6.4.8a 所示的曲面，系统弹出“警告”信息。单击 确定(O) 按钮，系统弹出“点”对话框。

Step4. 在“点”对话框中采用系统默认的原点为基点，单击 确定 按钮，系统弹出图 6.4.9 所示的“变换曲面”对话框（二）。

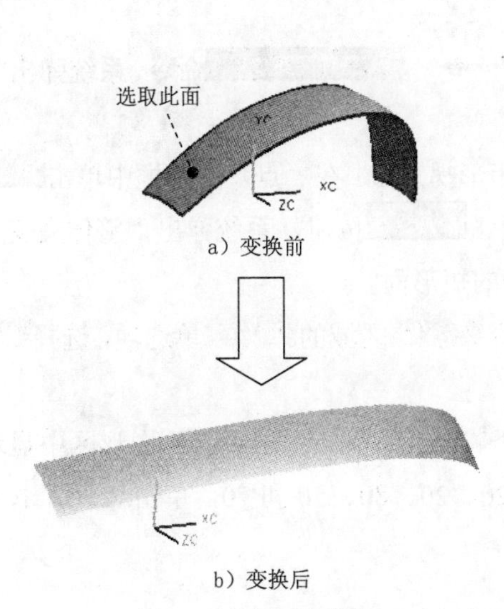

图 6.4.8 曲面的变换

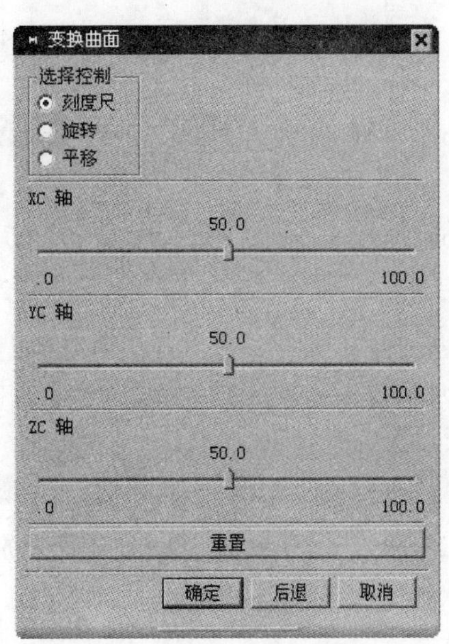

图 6.4.9 “变换曲面”对话框（二）

Step5. 在“变换曲面”对话框（二）中，选择 刻度尺 单选项，分别拖动 XC 轴、YC 轴、ZC 轴 滑块使其上的参数值分别接近为 55、27 和 50。

图 6.4.9 所示“变换曲面”对话框中的各选项按钮说明如下：

- 选择控制 区域：用于选择变换的控制类型。
  - ☑ 刻度尺：绕选定的轴或点缩放曲面。
  - ☑ 旋转：绕选定的轴或点旋转曲面。
  - ☑ 平移：绕选定的方向移动曲面。
- XC 轴：沿 X 轴方向缩放、旋转或平移曲面。
- YC 轴：沿 Y 轴方向缩放、旋转或平移曲面。
- ZC 轴：沿 Z 轴方向缩放、旋转或平移曲面。

Step6. 在“变换曲面”对话框（二）中，选择 旋转 单选项，分别拖动 XC 轴、YC 轴 和 ZC 轴 滑块，使其上的参数值分别接近为 30、50 和 50。

Step7. 在“变换曲面”对话框（二）中，选择 平移 单选项，分别拖动 XC 轴、YC 轴 和 ZC 轴 滑块，使其上的参数值分别接近为 62、59 和 50。

Step8. 在“变换曲面”对话框（二）中，单击 确定 按钮，完成曲面的变换操作。

6.4.3 整体突变

整体突变用于快速动态地创建、定形和编辑光顺的曲面。下面将通过范例来说明“整体突变”的一般操作过程。

Step1. 新建文件。选择下拉菜单 文件(F) → 新建(N)... 命令，系统弹出“文件新建”对话框。在 模型 选项卡的 模板 区域中选取模板类型为 外观造型设计，在 名称 文本框中输入文件名称 swoop，进入外观造型设计环境。

Step2. 选择下拉菜单 插入(S) → 曲面(R) → 整体突变(S)... 命令，系统弹出“点”对话框。

Step3. 采用系统默认的原点（0，0，0）为矩形拐点 1，在“点”对话框中单击 确定 按钮。定义点（100，100，0）为矩形拐点 2，单击 确定 按钮，系统弹出“整体突变形状控制”对话框，同时图形区中显示图 6.4.10 所示的矩形面。

Step4. 在“整体突变形状控制”对话框中选择 选择控制 区域的 V-左 单选项，选择 阶次 区域中的 五次 单选项。

Step5. 分别拖动 拉长、折弯、歪斜、扭转 和 移位 下的滑块（可以看到图形区中显示的曲面随之更新），使滑块上方显示的参数分别为 20、20、80、50 和 70，单击 确定 按钮，系统再次弹出“点”对话框。

Step6. 单击"点"对话框中的 取消 按钮，完成曲面的创建与编辑，结果如图 6.4.11 所示。

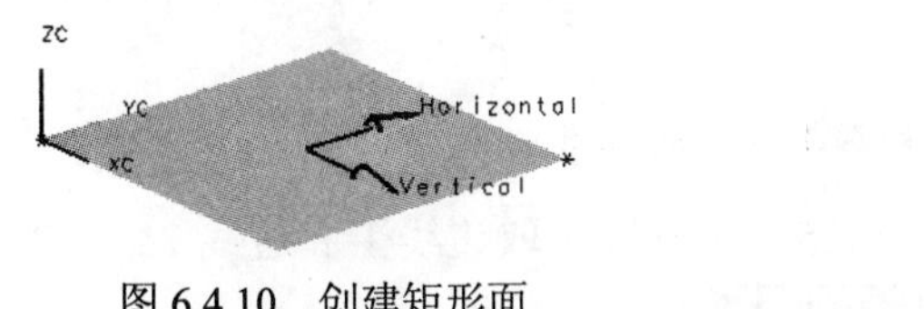

图 6.4.10　创建矩形面

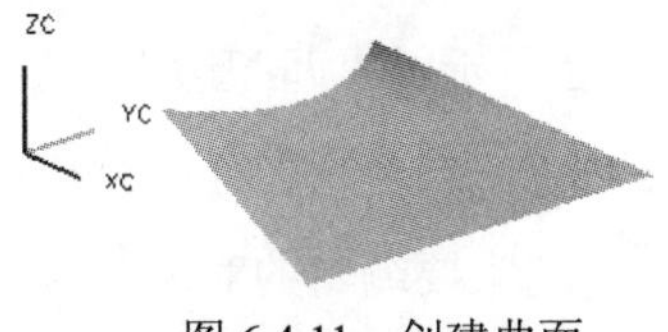

图 6.4.11　创建曲面

6.5　曲面边缘的编辑

UG NX 6.0 中提供了匹配边、编辑片体边界、更改片体边缘等方法，对曲面边缘进行修改和编辑。使用这些命令编辑后的曲面将丢失参数，属于非参数化编辑命令。

6.5.1　匹配边

使用 匹配边(M) 命令可以修改选中的曲面，使它与参考对象的边界保持几何连续，并且能去除曲面间的缝隙，但只能用于编辑未修剪过的曲面，否则系统会弹出"警告"信息。下面以图 6.5.1 为例来说明使用"匹配边"编辑曲面的一般操作过程。

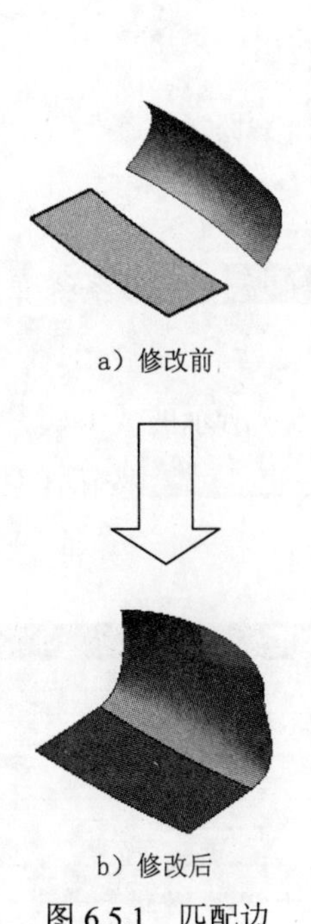

图 6.5.1　匹配边

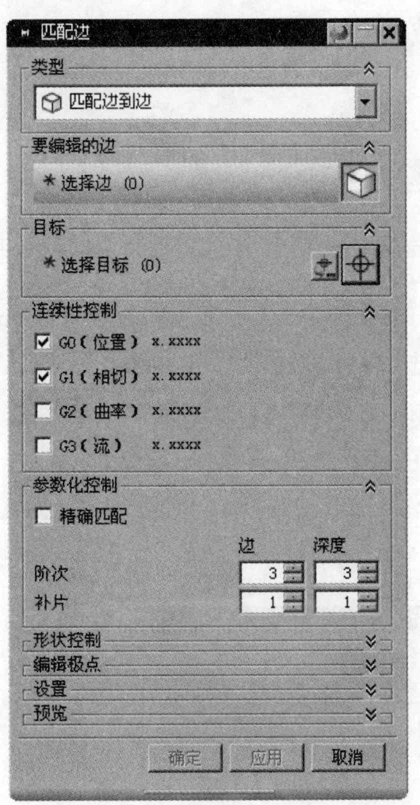

图 6.5.2　"匹配边"对话框

Step1. 打开文件 D:\ug6.8\work\ch06.05\matching_edge.prt。

Step2. 选择命令。选择下拉菜单 编辑(E) → 曲面(R) → 匹配边(M) 命令，系统弹出图 6.5.2 所示的“匹配边”对话框。

Step3. 定义类型。在“匹配边”对话框 类型 下拉列表中选择 匹配边到边 选项。

Step4. 选中要编辑的对象和参考。在图 6.5.3 中分别选取边线 1 和边线 2。其他参数采用默认设置，在“匹配边”对话框中单击 确定 按钮，完成匹配边操作。

6.5.2 编辑片体边界

边界(B)... 命令用于修改或替换片体的现有边界，也可以移除修剪、移除片体上独立的孔和延伸边界，使用此命令编辑后的曲面将丢失参数，属于非参数化编辑命令，下面将具体介绍。

1. 移除孔

使用“移除孔”功能允许用户移除曲面上的孔。下面以图 6.5.4 为例来说明从片体中移除孔的一般操作过程。

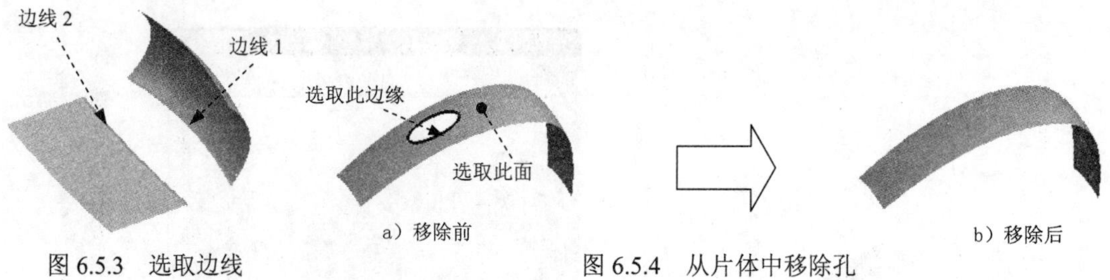

图 6.5.3 选取边线　　图 6.5.4 从片体中移除孔

Step1. 打开文件 D:\ug6.8\work\ch06.05\boundary_1.prt。

Step2. 选择下拉菜单 编辑(E) → 曲面(R) → 边界(B)... 命令，系统弹出图 6.5.5 所示的“编辑片体边界”对话框（一）。

Step3. 在图形区选取图 6.5.4a 所示的曲面，系统弹出图 6.5.6 所示的“编辑片体边界”对话框（二）。单击其对话框中的 移除孔 按钮，系统弹出图 6.5.7 所示的“警告”信息。

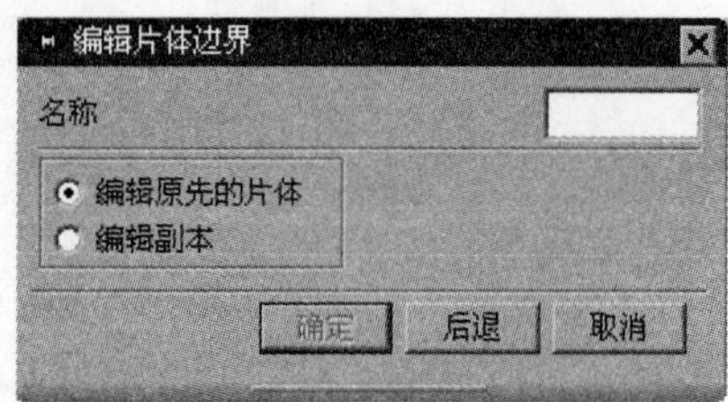

图 6.5.5 “编辑片体边界”对话框（一）

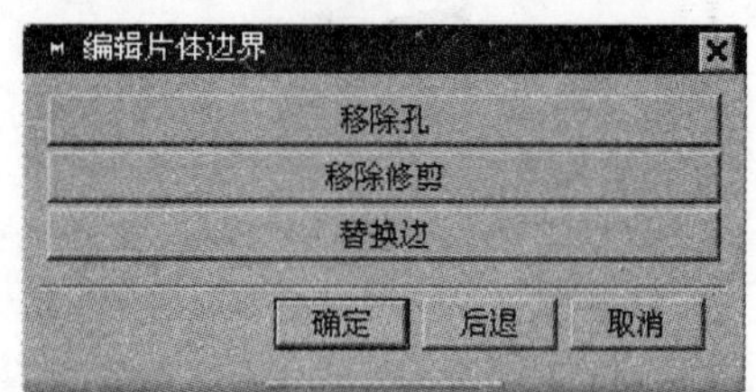

图 6.5.6 “编辑片体边界”对话框（二）

Step4. 单击 确定(O) 按钮，系统弹出图 6.5.8 所示的“选择要移除的孔”对话框。

Step5. 在绘图区选取图 6.5.4a 所示的曲面边缘，单击 确定 按钮，系统弹出“编辑片体边界”对话框（一），单击其对话框中的 取消 按钮，完成移除孔操作。

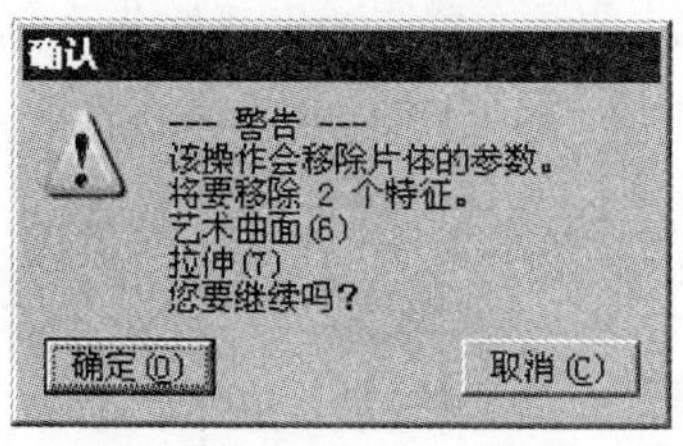

图 6.5.7　“警告”信息

图 6.5.8　“选择要移除的孔”对话框

2．移除修剪

使用“移除修剪”功能可以移除在片体上所做的修剪（如边界修剪和孔），或将片体恢复至参数四边形的形状。下面以图 6.5.9 为例来说明将多边形面恢复至四边形面的一般操作过程。

Step1. 打开文件 D:\ug6.8\work\ch06.05\boundary_2.prt。

Step2. 选择下拉菜单 编辑(E) → 曲面(R) → 边界(B)... 命令，系统弹出“编辑片体边界”对话框（一）。

Step3. 在图形区选取图 6.5.10 所示的面，系统弹出“编辑片体边界”对话框（二）。单击其对话框中的 移除修剪 按钮，系统弹出“警告”信息。

Step4. 在系统弹出的“警告”信息对话框中单击 确定(O) 按钮，系统弹出“编辑片体边界”对话框（一），单击其对话框中的 取消 按钮，完成曲面的移除修剪操作。

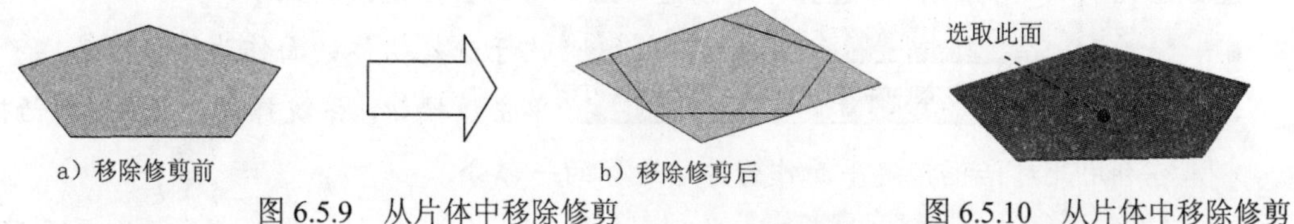

图 6.5.9　从片体中移除修剪　　图 6.5.10　从片体中移除修剪

3．替换边

替换边就是用片体内或片体外的新边来替换原来的边缘。下面以图 6.5.11 为例来说明利用片体替换边的一般操作过程。

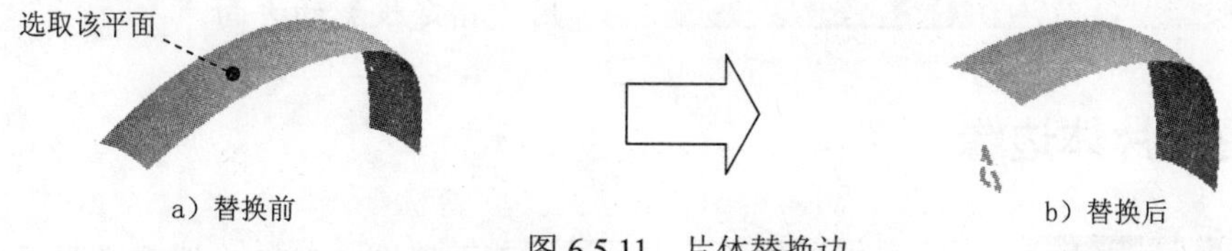

图 6.5.11　片体替换边

Step1. 打开文件 D:\ug6.8\work\ch06.05\boundary_3.prt。

Step2. 选择下拉菜单编辑(E) → 曲面(R) → 边界(B)...命令，系统弹出“编辑片体边界”对话框（一）。

Step3. 在图形区选取图 6.5.11a 所示的曲面，系统弹出“编辑片体边界”对话框（二）。单击其对话框中的替换边按钮，系统弹出“警告”信息。

Step4. 单击确定(O)按钮，系统弹出“类选择”对话框。在图形区选取图 6.5.12 所示的曲面边缘，然后单击确定按钮，系统弹出图 6.5.13 所示的“编辑片体边界”对话框（三）。

Step5. 在“编辑片体边界”对话框（三）中单击指定平面按钮，系统弹出“平面”对话框，在类型下拉列表中选择YC-ZC 平面选项，在偏置区域的距离文本框中输入 0，单击其对话框中的确定按钮，然后在弹出的“编辑片体边界”对话框中单击确定按钮，系统再次弹出“类选择”对话框。

Step6. 单击“类选择”对话框中的确定按钮，在绘图区选取图 6.5.14 所示的曲面为保留部分，然后单击确定按钮，系统弹出“编辑片体边界”对话框（一）。

图 6.5.12 选取边缘曲线

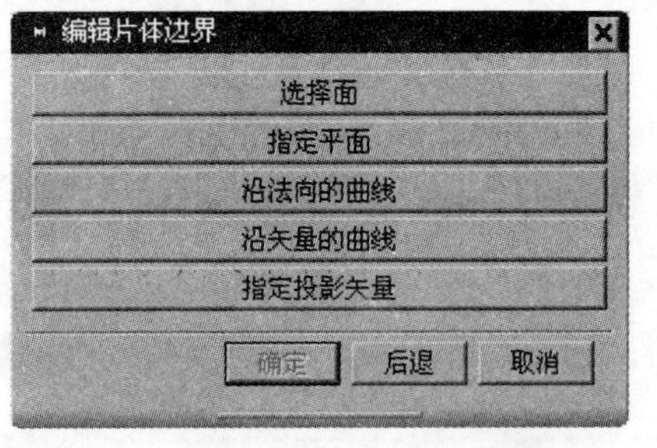

图 6.5.13 “编辑片体边界”对话框（三）

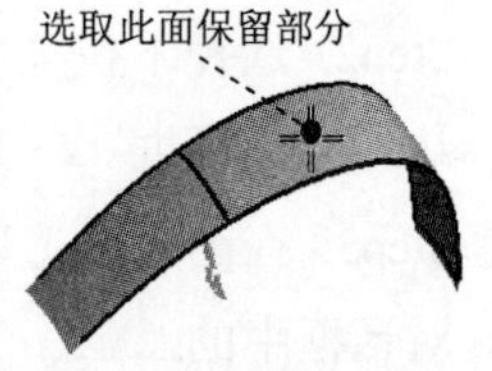

图 6.5.14 选取保留部分

Step7. 单击“编辑片体边界”对话框（一）中的取消按钮，完成替换边操作。

图 6.5.13 所示“编辑片体边界”对话框（三）中的各按钮说明如下：

- 选择面：用于选择实体的面作为修剪对象。
- 指定平面：单击该按钮，系统弹出“平面”对话框，可利用此对话框指定平面作为片体边界的一部分。
- 沿法向的曲线：沿片体的法向投影曲线和边，从而确定片体的边界。
- 沿矢量的曲线：沿指定的方向矢量投影曲线和边，从而确定片体的边界。
- 指定投影矢量：用于指定投影的方向。

6.5.3 更改片体边缘

使用更改边缘(C)...命令可以用于修改曲面的边。下面以图 6.5.15 为例来说明更改片体边缘的一般操作过程。

Step1. 打开文件 D:\ug6.8\work\ch06.05\change_edge.prt。

Step2. 选择下拉菜单 编辑(E) → 曲面(R) → 更改边缘(C)... 命令，系统弹出“更改边”对话框（一）。

Step3. 在图形区选取图 6.5.15a 所示的曲面，系统弹出“警告”信息对话框。单击其对话框中的 确定(O) 按钮，系统弹出“更改边”对话框（二）。

Step4. 在图形区选取图 6.5.16 所示的曲面边缘，系统弹出图 6.5.17 所示的“更改边”对话框（三）。单击其对话框中的 仅边 按钮，系统弹出图 6.5.18 所示的“更改边”对话框（四）。

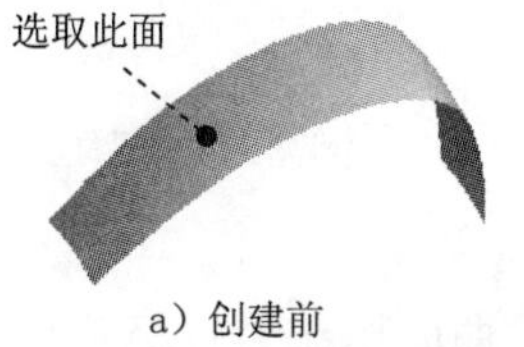

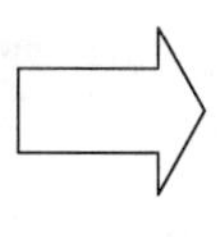

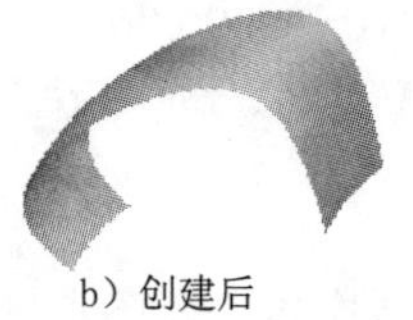

a）创建前　b）创建后

图 6.5.15　更改片体边缘

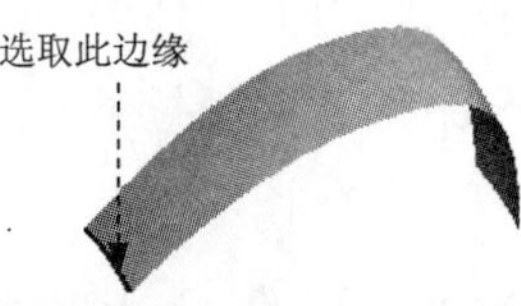

图 6.5.16　选取边缘曲线

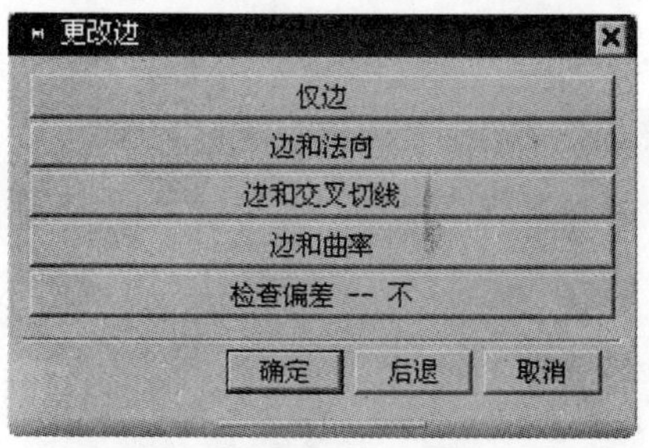

图 6.5.17　“更改边”对话框（三）

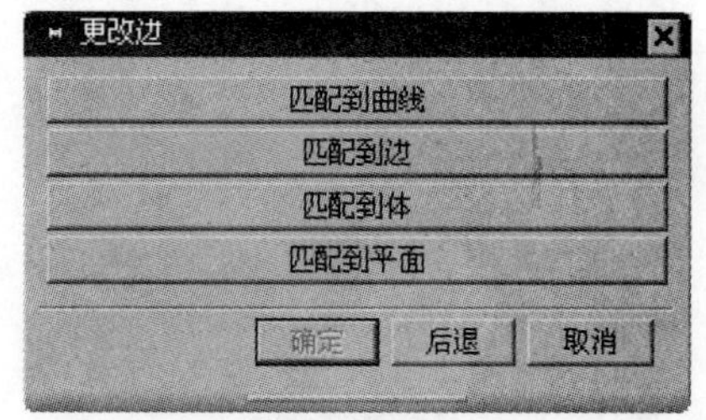

图 6.5.18　“更改边”对话框（四）

Step5. 在“更改边”对话框（四）对话框中单击 匹配到平面 按钮，系统弹出“平面”对话框，在 类型 下拉列表中选择 YC-ZC 平面 选项，在 偏置 区域的 距离 文本框中输入 0，单击其对话框中的 确定 按钮，系统弹出“更改边”对话框（一）。

Step6. 单击“更改边”对话框（一）中的 取消 按钮，完成片体边缘的更改。

图 6.5.17 所示“更改边”对话框（三）中的各按钮说明如下：

- 仅边：用于修改选中的边。
- 边和法向：用于修改选中的边及其法向。
- 边和交叉切线：用于修改选中的边及它的横向斜率。
- 边和曲率：将选中的边及它的横向斜率与其他对象相匹配，且可以使曲面间的曲率连续。
- 检查偏差 -- 不：当匹配用于定位和相切的自由曲面时，选择“检查偏差”可提供曲面变形程度的信息。

图 6.5.18 所示“更改边”对话框（四）中的各按钮说明如下：

- 匹配到曲线：用于将曲面的边缘与选定的曲线匹配。

- 匹配到边：用于将曲面的边缘与其他实体的边缘匹配。
- 匹配到体：用于将实体的边缘与其他实体匹配。
- 匹配到平面：使实体边缘位于指定平面内。

6.6 曲面的缝合

曲面的缝合功能可以将两个或两个以上的曲面连接形成一张曲面。图 6.6.1 所示的曲面缝合的一般操作过程如下：

Step1. 打开文件 D:\ug6.8\work\ch06.06\sew.prt。

Step2. 选择下拉菜单插入(S) → 组合体(B) → 缝合(W)...命令，系统弹出“缝合”对话框。

Step3. 定义目标片体和工具片体。在图形区选取图 6.6.1 所示的曲面 1 作为目标片体，选取曲面 2 为工具片体。

Step4. 设置对话框选项。在“缝合”对话框设置区域中选中☑输出多个片体复选项，在公差文本框中输入 2。单击确定按钮（或单击鼠标中键），完成曲面的缝合操作。

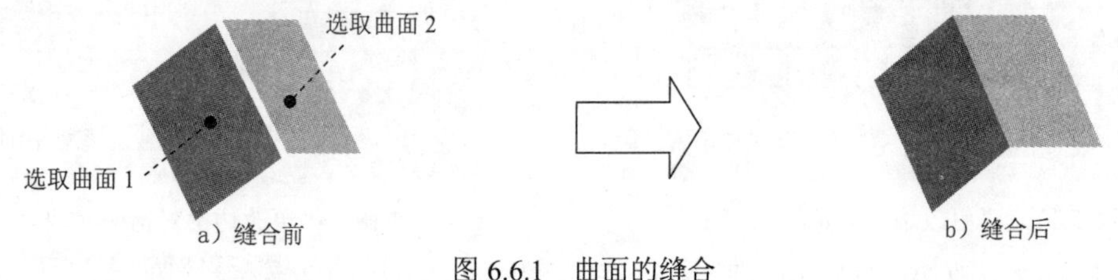

图 6.6.1 曲面的缝合

6.7 曲面的实体化

曲面的创建最终是为了生成实体，所以曲面的实体化在设计过程中是非常重要的。曲面的实体化有多种类型，下面将分别介绍。

6.7.1 开放曲面的加厚

曲面加厚功能可以将曲面进行偏置生成实体，并且生成的实体可以和已有的实体进行布尔运算。图 6.7.1 所示的曲面加厚的一般过程如下：

Step1. 打开文件 D:\ug6.8\work\ch06.07\ thicken.prt。

Step2. 创建图 6.7.2 所示的曲面 1。

（1）选择下拉菜插入(S) → 网格曲面(M) → 通过曲线网格(M)...命令，系统弹出“通过曲线网格”对话框。

（2）在绘图区选取图 6.7.3 所示的曲线 1 和曲线链为主曲线，分别单击鼠标中键确认，再次单击鼠标中键完成主线串的选取；在图形区选取图 6.7.4 所示的曲线 2 和曲线 3 为交叉线曲串，分别单击鼠标中键确认。

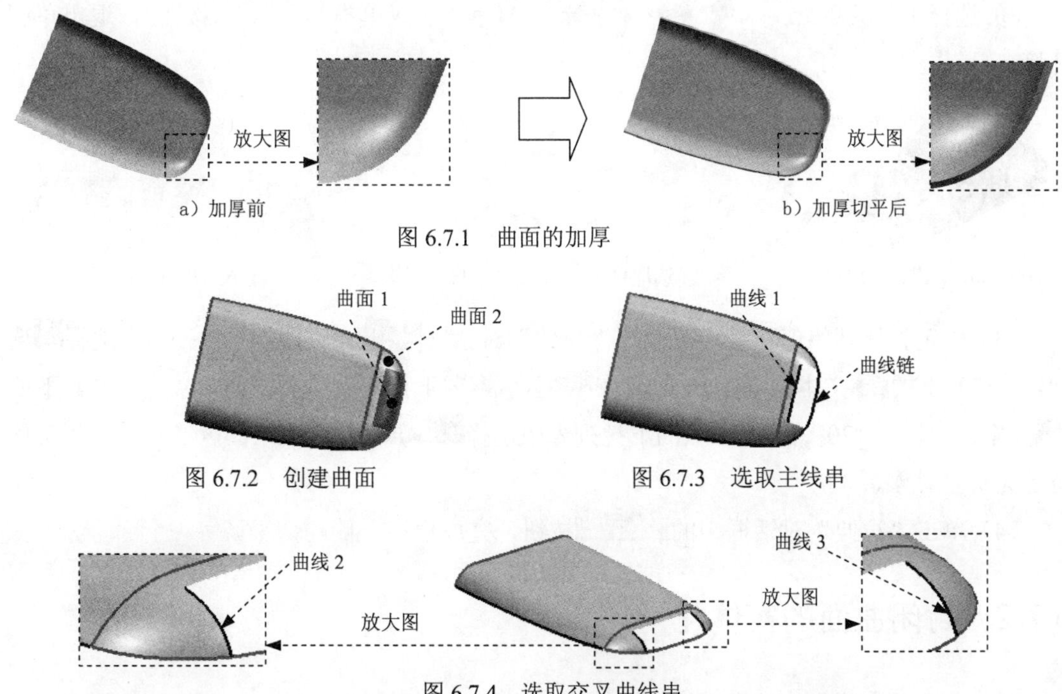

图 6.7.1　曲面的加厚

图 6.7.2　创建曲面

图 6.7.3　选取主线串

图 6.7.4　选取交叉曲线串

（3）定义约束面。在“通过曲线网格”对话框 连续性 区域中 第一主线串 的下拉列表中选择 G1（相切） 选项，在绘图区选取图 6.7.2 所示的曲面 2；在此区域中 第一交叉线串 和 最后交叉线串 的下拉列表中分别选择 G1（相切） 选项，分别在绘图区选取图 6.7.2 所示的曲面 2。

（4）在“通过曲线网格”对话框中单击 确定 按钮，完成曲面的创建。

Step3. 将曲面 1 与曲面 2 缝合。选择下拉菜单 插入(S) → 组合体(B) → 缝合(W)... 命令，系统弹出“缝合”对话框。在绘图区选取图 6.7.5 所示的曲面 1 为目标体，选取图 6.7.6 所示的曲面 2 为刀具体。单击 确定 按钮，完成缝合特征的创建。

Step4. 选择下拉菜单 插入(S) → 偏置/缩放(O) → 加厚(T)... 命令，系统弹出“加厚”对话框。

Step5. 在“加厚”对话框中的 偏置 1 文本框中输入 1，其他参数采用默认设置，在绘图区选取缝合后的曲面为加厚的面，定义 ZC 基准轴的反方向为加厚方向。单击 确定 按钮（或者单击鼠标中键）完成曲面加厚操作。

说明：曲面加厚完成后，它的剖面是不平整的，所以加厚后一般还需切平。

Step6. 创建图 6.7.7 所示的一个拉伸特征模型，将模型一侧切平。

（1）选择命令。选择下拉菜单 插入(S) → 设计特征(E) ▸ → 拉伸(E)... 命令（或单击按钮)，系统弹出“拉伸”对话框。

(2) 单击“拉伸”对话框中的“绘制截面”按钮，系统弹出“创建草图”对话框。

① 定义草图平面。单击按钮，选取 ZC-YC 基准平面为草图平面，单击 确定 按钮。

② 进入草图环境，绘制图 6.7.8 所示的截面草图。

③ 选择下拉菜单 草图(K) → 完成草图(K) 命令（或单击 完成草图 按钮），退出草图环境。

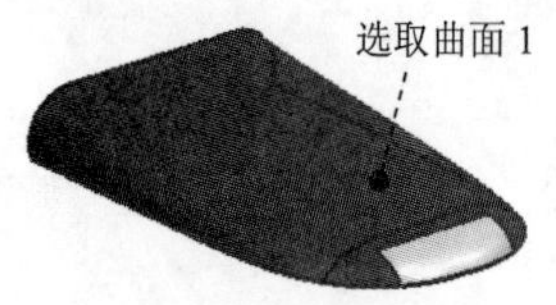

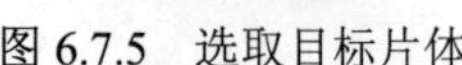
图 6.7.5 选取目标片体

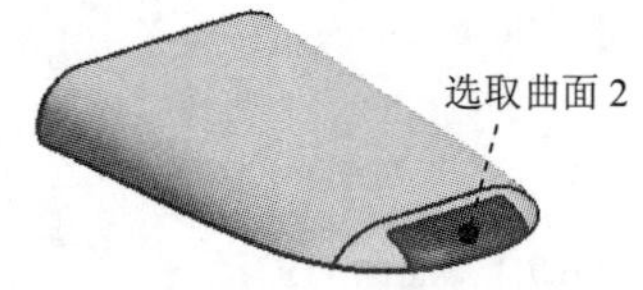

选取图 6.7.6 选取刀具片体

图 6.7.7 拉伸特征

(3) 确定拉伸开始值和终点值。在“拉伸”对话框 限制 区域的 开始 下拉列表中选择 值 选项，并在其下的 距离 文本框中输入 - 5；在 限制 区域 结束 下拉列表中选择 值 选项，并在其下的 距离 文本框中输入 120；在 布尔 区域的下拉列表中选择 求差 选项，在绘图区选取加厚的实体特征为求差对象。

(4) 单击“拉伸”对话框中的 确定 按钮，完成模型一侧的切平。

6.7.2 封闭曲面的实体化

封闭曲面的实体化就是将一组封闭的曲面转化为实体特征。图 6.7.9 所示的封闭曲面实体化的一般操作过程如下：

Step1. 打开文件 D:\ug6.8\work\ch06.07\ surface_solid.prt。

Step2. 选择下拉菜单 视图(V) → 操作(O) → 新建截面(T)... 命令，系统弹出“查看截面”对话框。在 类型 区域中选择 一个平面 选项；在 剖切平面 区域中单击按钮，此时可看到在图形区中显示的特征为片体，如图 6.7.10 所示。单击此对话框中的 取消 按钮。

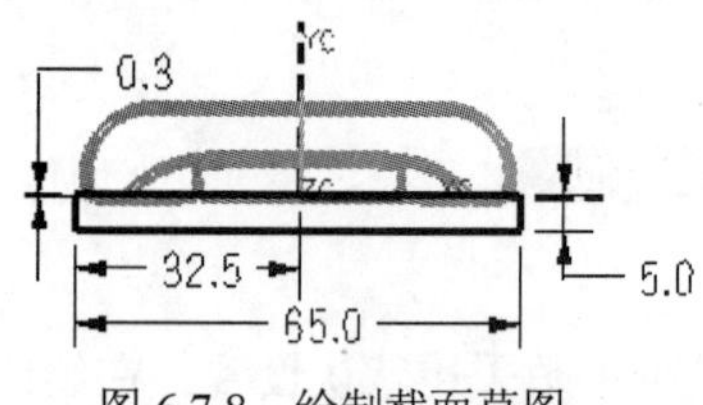

图 6.7.8 绘制截面草图

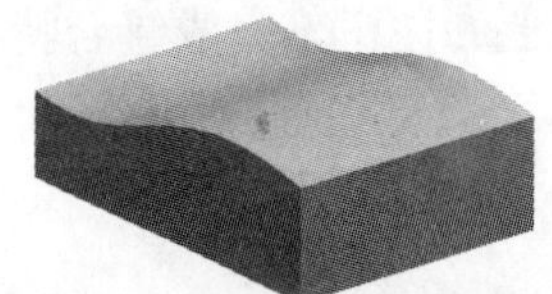

图 6.7.9 封闭曲面的实体化

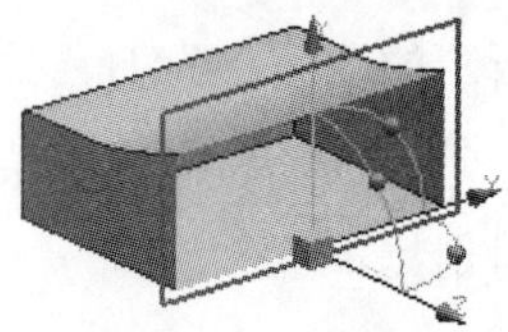

图 6.7.10 剖面视图

Step3. 选择下拉菜单 插入(S) → 组合体(B) → 缝合(W)... 命令，系统弹出“缝合”对话框。在绘图区选取图 6.7.11 所示的曲面和片体特征，其他参数均采用默认设置。单击“缝合”对话框中的 确定 按钮，完成实体化操作。

Step4. 选择下拉菜单 视图(V) → 操作(O) → 新建截面(T)... 命令，系统弹出“查看截面”对话框。在类型区域中选择一个平面选项；在剖切平面区域中单击按钮，此时可看到在图形区中显示的特征为实体（图 6.7.12）。单击此对话框中的取消按钮。

说明：在以上缝合步骤的操作过程中要确认模型真正缝合成实体。

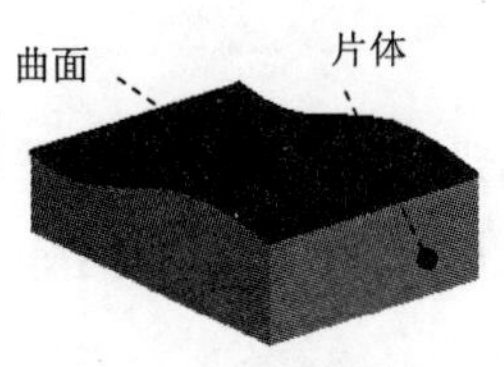

图 6.7.11　选取特征

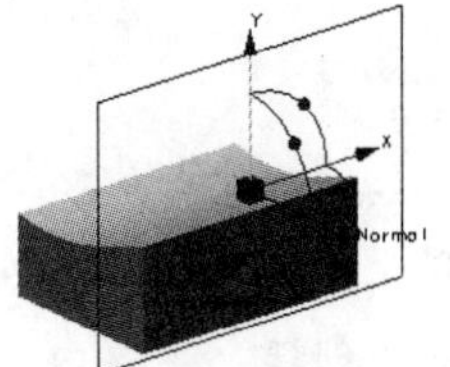

图 6.7.12　剖面视图

6.7.3　使用补片创建实体

曲面的补片功能就是使用片体替换实体上的某些面，或者将一个片体补到另一个片体上。图 6.7.13 所示的使用补片创建实体的一般过程如下：

Step1. 打开文件 D:\ug6.8\work\ch06.07\ surface_solid_replace.prt。

Step2. 选择下拉菜单插入(S) → 组合体(B) → 补片(C)...命令，系统弹出“补片”对话框。

Step3. 在绘图区选取图 6.7.13a 所示的实体为要修补的体特征，选取图 6.7.13a 所示的片体为用于修补的体特征。单击“反向”按钮，使其与图 6.7.14 所示的方向一致。

Step4. 单击“补片”对话框中的确定按钮，完成补片操作。

注意：在进行补片操作时，工具片体的所有边缘必须在目标体的面上，而且工具片体必须在目标体上创建一个封闭的环，否则系统会提示出错。

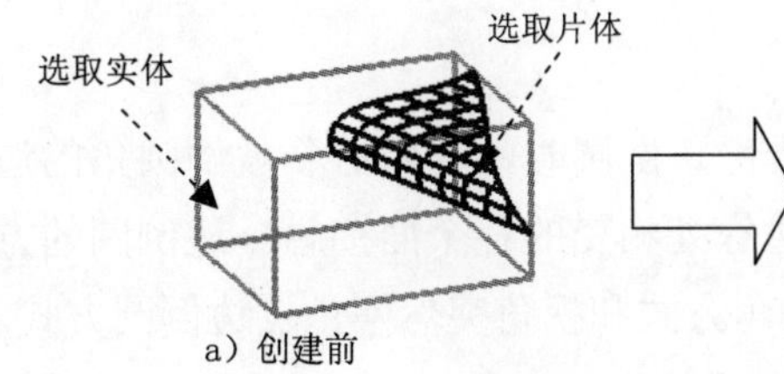

a）创建前

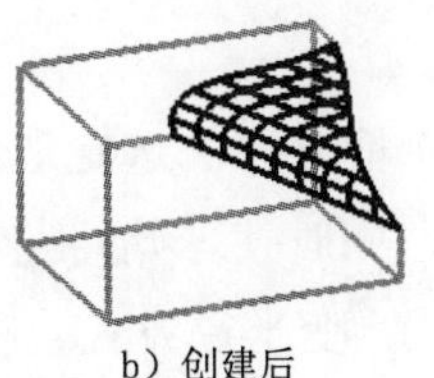

b）创建后

图 6.7.13　使用补片创建实体

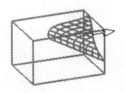

图 6.7.14　移除方向

第 7 章　曲面中的倒圆角

本章提要　圆角不只出现在产品设计中，在工艺设计中也常常应用，因为圆角不但使产品在外观上看起来没有了生硬的感觉，而且在工艺上起着消除应力的作用。本章将介绍曲面中圆角的创建，主要内容包括：

- 面倒圆
- 软倒圆
- 样式圆角
- 圆角失败处理

倒圆角在曲面建模中具有相当重要的地位。倒圆角功能可以在两组曲面或者实体表面之间建立光滑连接的过渡曲面，创建过渡曲面的截面线可以是圆弧、二次曲线和等参数曲线等。在 UG NX 6.0 中，可以创建四种不同类型的圆角：边倒圆、面倒圆、软倒圆和样式圆角。在创建圆角时，应注意：为了避免创建从属于圆角特征的子项，标注时，不要以圆角创建的边或相切边为参照；在设计中要尽可能晚些添加圆角特征。

7.1　倒圆角类型

倒圆角的类型主要包括边倒圆、面倒圆、软倒圆和样式圆角四种。下面介绍这几种倒圆角的具体用法。

7.1.1　边倒圆

边倒圆可以使至少由两个面共享的选定边缘变光滑。倒圆时，就像沿着被倒圆角的边缘（圆角半径）滚动一个球，同时使球始终与在此边缘处相交的各个面接触。边倒圆的方式有以下四种：恒定半径方式、变半径方式、空间倒角方式和拐角突然停止点边倒圆方式。下面通过创建图 7.1.1 所示的模型对这四种方式进行说明。

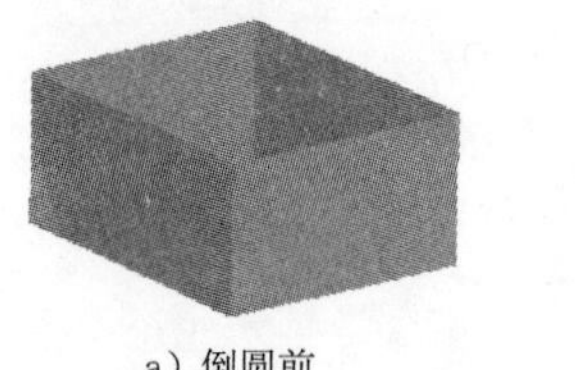

a）倒圆前

b）倒圆后

图 7.1.1　边倒圆实例

1．恒定半径方式

创建图 7.1.2 所示的恒定半径方式边倒圆的一般操作过程如下：

图 7.1.2　恒定半径方式边倒圆

Step1. 打开文件 D:\ug6.8\work\ch07.01\blend.prt。

Step2. 选择下拉菜单 插入(S) → 细节特征(L) → 边倒圆(E)... 命令（或单击按钮），系统弹出“边倒圆”对话框。

Step3. 在绘图区选取图 7.1.2a 所示的边线，在 要倒圆的边 区域的 Radius 1 文本框中输入 5.0。

Step4. 单击“边倒圆”对话框中的 确定 按钮，完成恒定半径方式的边倒圆操作。

2．变半径方式

下面通过变半径方式创建图 7.1.3 所示的边倒圆（接上例继续操作）。

Step1. 选择下拉菜单 插入(S) → 细节特征(L) → 边倒圆(E)... 命令（或单击按钮），系统弹出“边倒圆”对话框。

Step2. 在绘图区选取图 7.1.3a 所示的边线，在 可变半径点 区域中单击 指定新的位置 (0) 按钮，选取图 7.1.3a 所示边线的上端点，在 V 半径 1 文本框中输入 5，在 位置 文本框中选择 % 圆弧长 选项，在 % 圆弧长 文本框中输入 100。

Step3. 单击图 7.1.3a 所示边线的中点，在系统弹出的 V 半径 2 文本框中输入 10，在 % 圆弧长 文本框中输入 50。

Step4. 单击图 7.1.3a 所示边线的下端点，在系统弹出的 V 半径 3 文本框中输入 5，在 % 圆弧长 文本框中输入 0。

Step5. 单击“边倒圆”对话框中的 确定 按钮，完成变半径方式边倒圆操作。

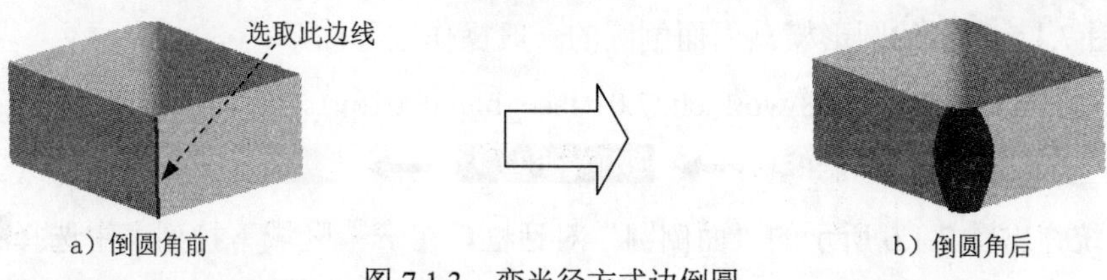

图 7.1.3　变半径方式边倒圆

3．拐角突然停止点和拐角回切方式

下面通过空间角倒圆和拐角突然停止点创建图 7.1.4 所示的边倒圆（接上例继续操作）。

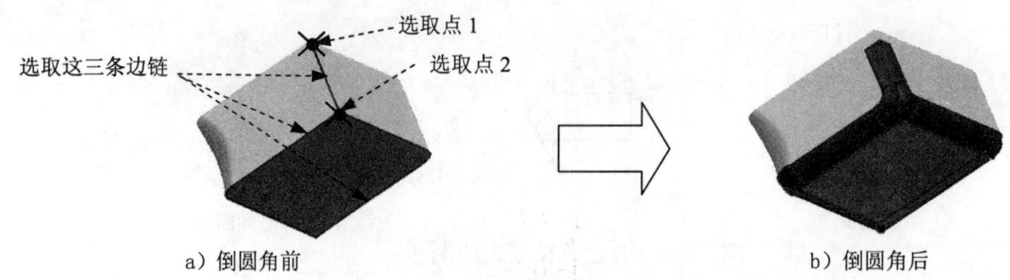

a）倒圆角前 b）倒圆角后

图 7.1.4 空间倒角方式和拐角突然停止点方式

Step1. 选择下拉菜单插入(S) → 细节特征(L) → 边倒圆(E)...命令（或单击按钮），系统弹出“边倒圆”对话框。

Step2. 使用拐角突然停止方式。在要倒圆的边区域'Radius 1后的文本框中输入 5，在绘图区选取图 7.1.4a 所示的三条边链，在拐角突然停止区域中单击选择终点 (0)按钮，选取图 7.1.4a 所示的点 1，在停止位置文本框中选择按某一距离选项，在位置文本框中选择% 圆弧长选项，在% 圆弧长文本框中输入 15。

Step3. 使用拐角回切方式。在拐角回切区域中单击选择终点 (0)按钮，在选取图 7.1.4a 所示的点 2，分别在拐角回切区域列表下单击点 1 回切 1 2.5 p66=2.5、点 1 回切 2 2.5 p67=2.5和点 1 回切 3 2.5 p68=2.5，分别在点 1 回切 1、点 1 回切 2和点 1 回切 3后的文本框中输入值 2.5、5 和 3.5。

Step4. 单击“边倒圆”对话框中的确定按钮，完成拐角突然停止和拐角回切边倒圆操作。

7.1.2 面倒圆

面倒圆(F)...命令可用于创建复杂的圆角面，该圆角面与两组输入曲面相切，并且可以对两组曲面进行裁剪和缝合。圆角面的横截面可以是圆弧或二次曲线。

1．用圆形横截面创建面倒圆

创建图 7.1.5 所示的圆形横截面面倒圆的一般操作过程如下：

Step1. 打开文件 D:\ug6.8\work\ch07.01\face_blend_01.prt。

Step2. 选择下拉菜单插入(S) → 细节特征(L) → 面倒圆(F)...命令（或单击按钮），系统弹出图 7.1.6 所示的“面倒圆”对话框，在类型区域下拉列表中选择滚动球选项。

Step3. 在绘图区选取图 7.1.5 所示的面 1，单击鼠标中键，选取图 7.1.5 所示的面 2，在倒圆横截面区域的形状下拉列表中选择圆形选项，在半径方法下拉列表中选择恒定选项，在半径文本框中输入 10。在“面倒圆”对话框中单击应用按钮，系统弹出“面倒圆”对话框。

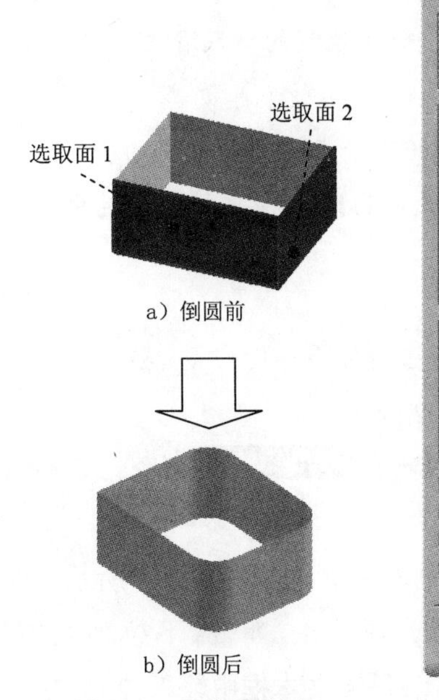

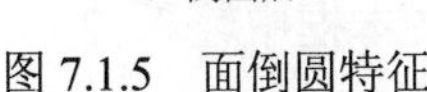

a）倒圆前

b）倒圆后

图 7.1.5　面倒圆特征

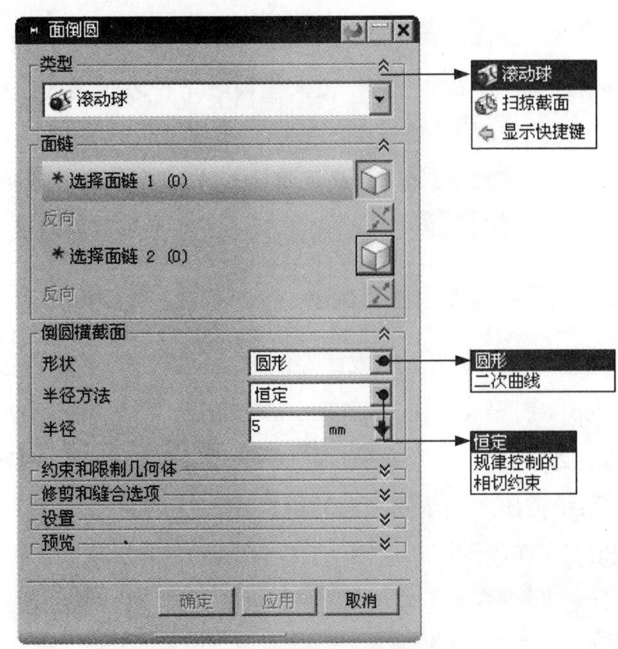

图 7.1.6 “面倒圆”对话框

Step4. 在绘图区选取图 7.1.7 所示的面 2，单击鼠标中键，选取图 7.1.7 所示的面 3，在半径文本框中输入 10，其他参数采用系统默认设置。在“面倒圆”对话框中单击 应用 按钮，系统再次弹出“面倒圆”对话框。

Step5. 在绘图区选取图 7.1.8 所示的面，单击鼠标中键，选取图 7.1.9 所示的面 4，在半径文本框中输入 10，其他参数采用系统默认设置。单击“面倒圆”对话框中的 确定 按钮，完成面倒圆操作。

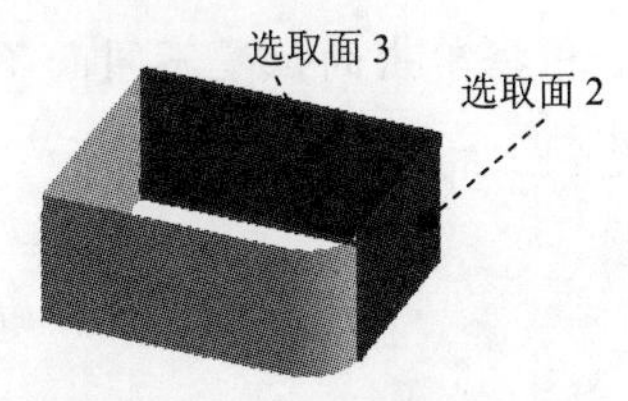

图 7.1.7　面倒圆参照

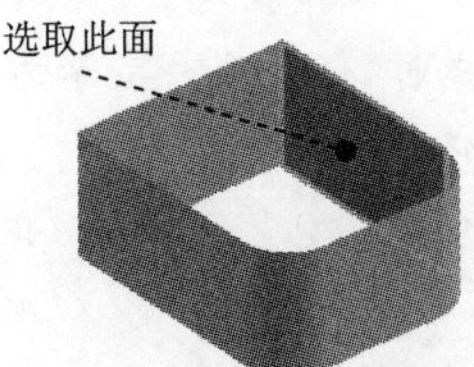

图 7.1.8　面倒圆参照

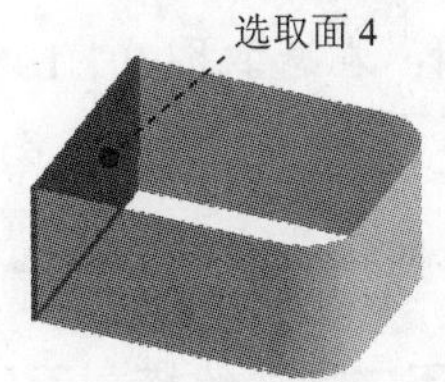

图 7.1.9　面倒圆参照

图 7.1.6 所示“面倒圆”对话框中的各个选项的说明如下：

- 类型区域：可以定义“滚动球”和“扫掠剖面”两种面倒圆的方式。
  - ☑ 滚动球（滚动球）：使用滚动的球体创建面倒圆，倒圆截面线由球体与两组曲面的交点确定。
  - ☑ 扫掠截面（扫掠截面）：沿着脊线曲线扫掠横截面，倒圆横截面的平面始终垂直于脊线曲线。
- 形状区域：定义倒圆横截面是圆弧线或者二次曲线。
  - ☑ 圆形：定义倒圆横截面的形状为圆形。

☑ 二次曲线：定义倒圆横截面的形状为二次曲线形式。

- 半径方法下拉列表：定义倒圆时半径为恒定的、规律控制的，或者为相切约束。

☑ 恒定：使用恒定半径（正值）进行倒圆。

☑ 规律控制的：依照规律函数在沿着脊线曲线的单个点处定义可变的半径。

☑ 相切约束：控制倒圆半径，其中倒圆面与选定曲线/边缘保持相切约束。

2. 用规律控制创建面倒圆

创建图 7.1.10 所示的规律控制的面倒圆的一般操作过程如下。

Step1. 打开文件 D:\ug6.8\work\ch07.01\face_blend02.prt。

Step2. 选择下拉菜单插入(S) ➡ 细节特征(L) ▸ ➡ 面倒圆(F)...命令（或单击按钮），系统弹出“面倒圆”对话框。

Step3. 在绘图区选取图 7.1.11 所示的面 1，单击鼠标中键，选取图 7.1.11 所示的面 2，在对话框倒圆横截面区域的形状下拉列表中选择圆形选项，在半径方法下拉列表中选择规律控制的选项，在规律类型下拉列表中选择三次选项，在开始文本框中输入 20，在结束文本框中输入 10，在倒圆横截面区域中单击* 选择脊线 (0)按钮，选取图 7.1.10a 所示的边线。

Step4. 单击“面倒圆”对话框中的确定按钮，完成面倒圆操作。

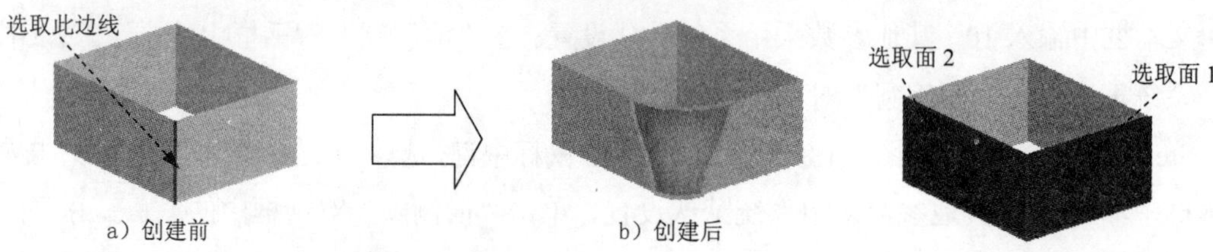

a）创建前　b）创建后

图 7.1.10　规律控制创建的面倒圆　　图 7.1.11　面倒圆参照

说明：在选取图 7.1.10a 所示边线时，边线的显示方向会根据单击的位置不同而不同，单击位置靠上时，直线方向朝下；单击位置靠下时，方向是朝上的。边线的方向和“规律控制的”对话框中的起始值和终止值是相对应的。

3. 用二次曲线横截面创建面倒圆

创建图 7.1.12 所示的二次曲线横截面方式的面倒圆的一般操作过程如下。

Step1. 打开文件 D:\ug6.8\work\ch07.01\face_blend03.prt。

Step2. 选择下拉菜单插入(S) ➡ 细节特征(L) ▸ ➡ 面倒圆(F)...命令（或单击按钮），系统弹出图 7.1.13 所示的“面倒圆”对话框。

Step3. 在倒圆横截面区域的形状下拉列表中选择二次曲线选项。在绘图区选取图 7.1.12 所示的面 1，单击鼠标中键选取面 2；在偏置 1 方法下拉列表中选择恒定选项；在偏置 1 距离文本框中输入 10；在偏置 2 方法下拉列表中选择规律控制的选项；单击* 选择脊线 (0)按钮，在绘图区选取图 7.1.12a 所示的边线，在规律类型下拉列表中选择线性选项；在开始文本框中输入 10，在结束文本框中输入 15；在Rho 方法下拉列表中选择恒定选项；在Rho文本框中输入 0.4。

Step4. 单击“面倒圆”对话框中的确定按钮，完成面倒圆操作。

注意：在选取图 7.1.12a 所示的面 1 和面 2，可通过单击“反向”按钮，使箭头指向另一个方向。

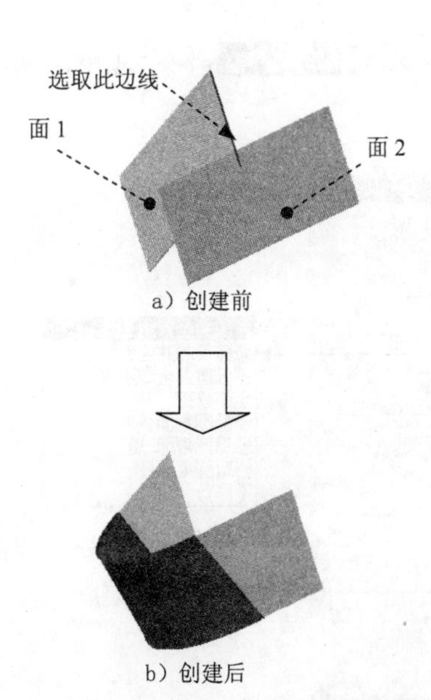

图 7.1.12　二次曲线方式创建面倒圆

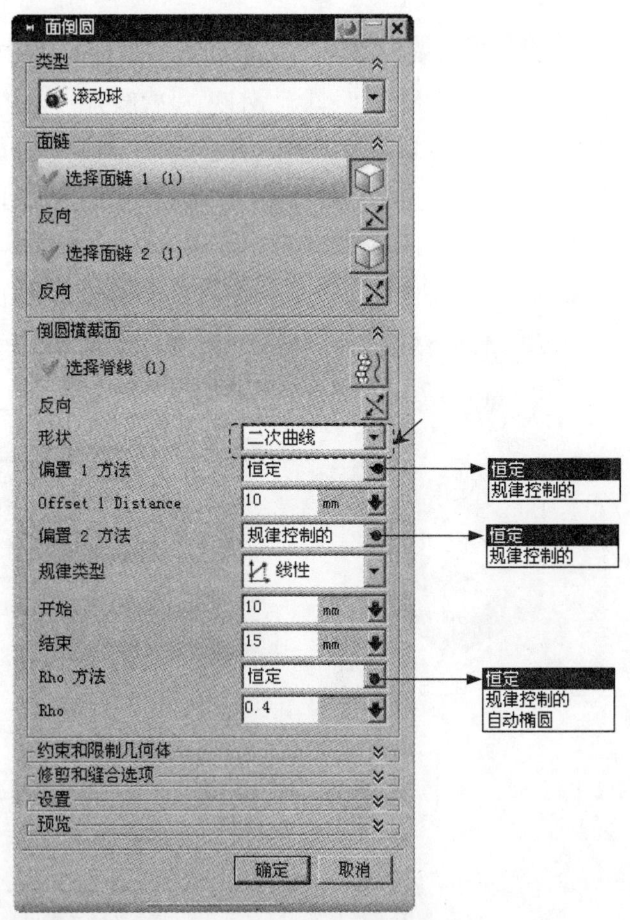

图 7.1.13　“面倒圆”对话框

图 7.1.13 所示“面倒圆”对话框中的新选项说明如下：

- 偏置 1 方法下拉列表：定义第一偏置是“恒定”的或者“规律控制”的。
  - ☑ 恒定：为第一偏置定义一个恒定的值。
  - ☑ 规律控制的：从规律函数中选择一个规律定义第一偏置。
- 偏置 2 方法下拉列表：定义第二偏置是“恒定”的或者“规律控制”的。
  - ☑ 恒定：为第二偏置定义一个恒定的值。
  - ☑ 规律控制的：从规律函数中选择一个规律定义第二偏置。
- Rho 方法下拉列表：定义二次曲线倒圆横截面的锐度。

☑ 恒定：二次曲线倒圆横截面的锐度是恒定的。

☑ 规律控制的：二次曲线倒圆横截面的锐度通过规律函数确定。

☑ 自动椭圆：二次曲线倒圆横截面的锐度是自动的椭圆参数。

7.1.3 软倒圆

软倒圆(S)...命令用于创建其横截面形状不是圆弧的圆角，这可以避免有时产生的与圆弧圆角相关的生硬的“机械”外观。“软倒圆”功能可以对圆角过渡横截面形状有更多的控制，并允许创建比其他圆角类型更美观悦目的设计。调整圆角的外形可以产生具有更小重量或更好的抗应力属性的设计。下面通过创建图 7.1.14 所示的圆角，来说明创建软倒圆的一般操作过程。

Step1. 打开文件 D:\ug6.8\work\ch07.01\soft_blend.prt。

Step2. 选择下拉菜单插入(S) ➡ 细节特征(L) ▸ ➡ 软倒圆(S)...命令(或单击按钮)，系统弹出图 7.1.15 所示的“软倒圆”对话框。

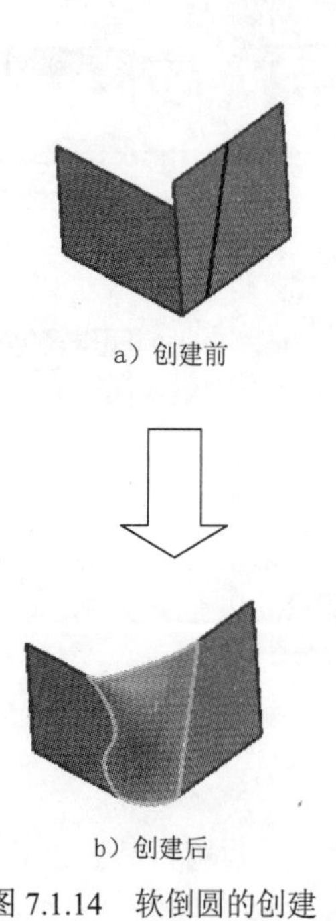

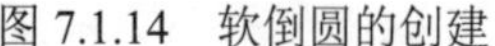

图 7.1.14 软倒圆的创建

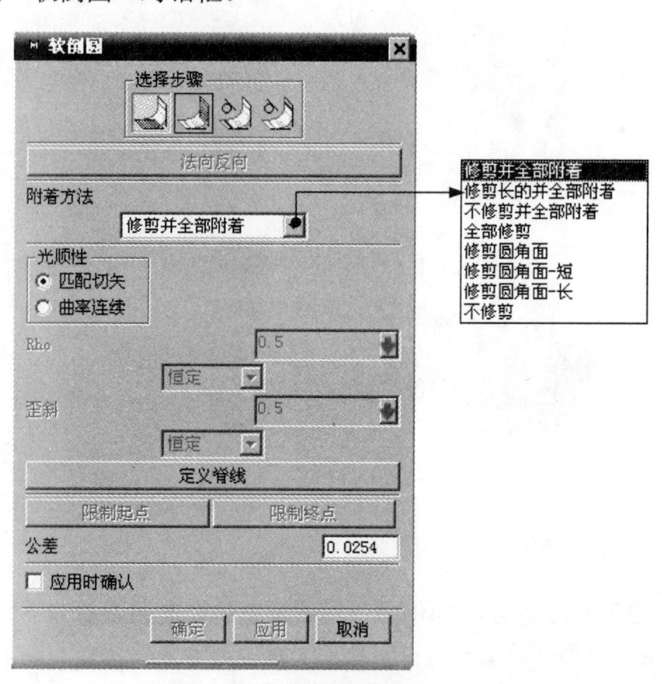

图 7.1.15 “软倒圆”对话框

Step3. 在绘图区选取图 7.1.16 所示的面 1，单击 法向反向 按钮调整方向，使其与图 7.1.16 所示的方向一致；单击鼠标中键，选取面 2，单击 法向反向 按钮调整方向；单击第一相切曲线按钮，在绘图区选取图 7.1.16 所示的曲线 1；单击第二条相切曲线，在绘图区选取图 7.1.16 所示的曲线 2。

Step4. 在“软倒圆”对话框 附着方法 下拉列表中选择 修剪并全部附着 选项，在 光顺性 区域中选择 ⊙ 匹配切矢 单选项。

Step5. 定义脊线串。单击 定义脊线 按钮，系统弹出“脊线”对话框，选取图 7.1.17 所示的边线。单击“脊线”对话框中的 确定 按钮，关闭脊线对话框，此时系统弹出“软倒圆”对话框，单击 确定 按钮，完成软倒圆操作。

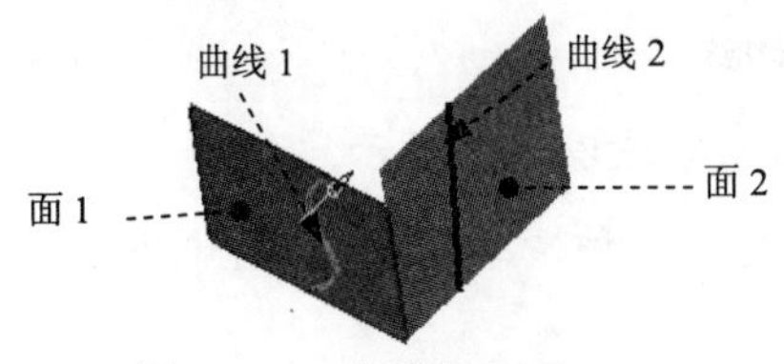

图 7.1.16　曲线与曲面

图 7.1.17　脊线

图 7.1.15 所示“软倒圆”对话框中各个选项的说明如下：

- 选择步骤 区域：定义软倒圆命令中的输入面和相切曲线。
  - ☑ （第一组）：用于选取软倒圆的第一组面，选取此面后，会显示倒圆矢量的箭头，单击“法向反向”按钮可以改变倒圆矢量箭头的方向。
  - ☑ （第二组）：用于选取软倒圆的第二组面，选取此面后，会显示倒圆矢量的箭头，单击“法向反向”按钮可以改变倒圆矢量箭头的方向。
  - ☑ （第一相切曲线）：用于选取第一组相切曲线，如果曲线不在第一组曲面上，系统会将曲线沿面的法向投影至第一组曲面上的线串作为第一组相切曲线。
  - ☑ （第二相切曲线）：用于选取第二组相切曲线，如果曲线不在第二组曲面上，系统会将曲线沿面的法向投影至第二组曲面上的线串作为第二组相切曲线。
- 法向反向 ：单击此按钮，将改变面集后显示的矢量方向。
- 附着方式 下拉列表：定义软倒圆角曲面的修剪和附着方式。
  - ☑ 修剪并全部附着：修剪与圆角面相连的两组曲面，软圆角曲面也被修剪，并且修剪的圆角附着到底层的面集上。
  - ☑ 修剪长的并全部附着：修剪与圆角面相连的两组曲面，根据较长的一组曲面的长度修剪软圆角曲面，并且修剪的圆角附着到底层的面集上。
  - ☑ 不修剪并全部附着：修剪与圆角面相连的两组曲面，不对软圆角曲面进行修剪，软圆角将被附着到底层的面集上。
  - ☑ 全部修剪：修剪与圆角面相连的两组曲面，软圆角曲面也被修剪，但不将圆角附着到面上。
  - ☑ 修剪圆角面：只将软圆角曲面修剪到底层面集的限制边上或指定的限制平面上。

☑ 修剪圆角面-短：根据较短的一组曲面的长度只对软圆角曲面进行修剪。

☑ 修剪圆角面-长：根据较长的一组曲面的长度只对软圆角曲面进行修剪。

☑ 不修剪：既不修剪与圆角面相连的两组曲面，也不修剪软圆角曲面。

对于选择不同的附着方式下拉选项后，生成的软倒圆的形状如图 7.1.18 所示。

● 光顺性区域：定义软倒圆角连续方式是“切矢匹配”或者是“曲率连续”。

☑ 匹配切矢单选项：只与相邻曲面的切线匹配。这种情况下，圆角的横截面的外形是椭圆形，并且 Rho 和“扭曲”字段以灰色显示。

☑ 曲率连续单选项：斜率和曲率都连续。这种情况下，有两个外形控制参数：Rho 和扭曲。

● Rho 下拉列表：定义 Rho 值来控制截面的形状。

☑ 恒定：对软倒圆 Rho 值使用恒定值。

☑ 规律控制的：允许用户依照规律函数在沿着脊线曲线的单个点处定义可变软倒圆 Rho 值。

● 歪斜下拉列表：定义歪斜值来控制截面的形状。

☑ 恒定：对软倒圆歪斜值使用恒定值。

☑ 规律控制的：允许用户依照规律函数在沿着脊线曲线的单个点处定义软倒圆歪斜值。

● 定义脊线：用户通过定义软倒圆的脊线串，使软倒圆的截面线均垂直于脊线的法向平面。

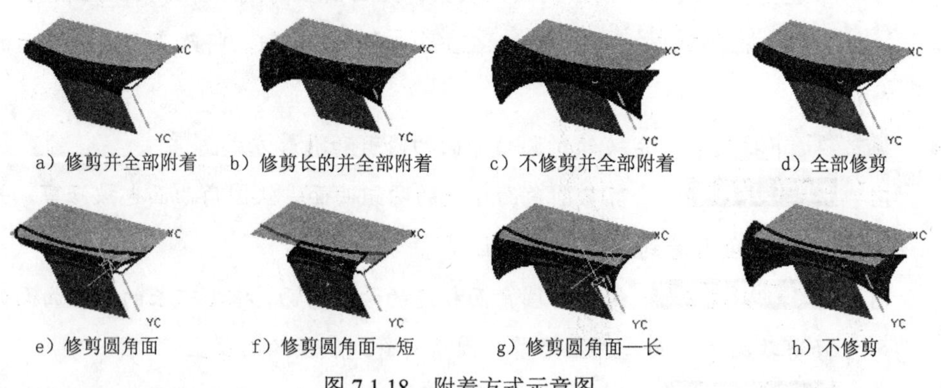

a）修剪并全部附着　b）修剪长的并全部附着　c）不修剪并全部附着　d）全部修剪

e）修剪圆角面　f）修剪圆角面—短　g）修剪圆角面—长　h）不修剪

图 7.1.18　附着方式示意图

7.1.4 样式圆角

创建样式圆角的类型有三种，分别是根据规律方式、根据曲线方式和根据配置文件方式。下面分别对这三种类型进行介绍。

1. 根据规律方式

下面以图 7.1.19 为例来说明根据规律方式创建样式圆角的一般操作过程。

Step1. 打开文件 D:\ug6.8\work\ch07.01\styled_blend.prt。

Step2. 选择下拉菜单 插入(S) ➡ 细节特征(L) ▸ ➡ 样式圆角(Y)... 命令，系统弹出图 7.1.20 所示的“样式圆角”对话框。

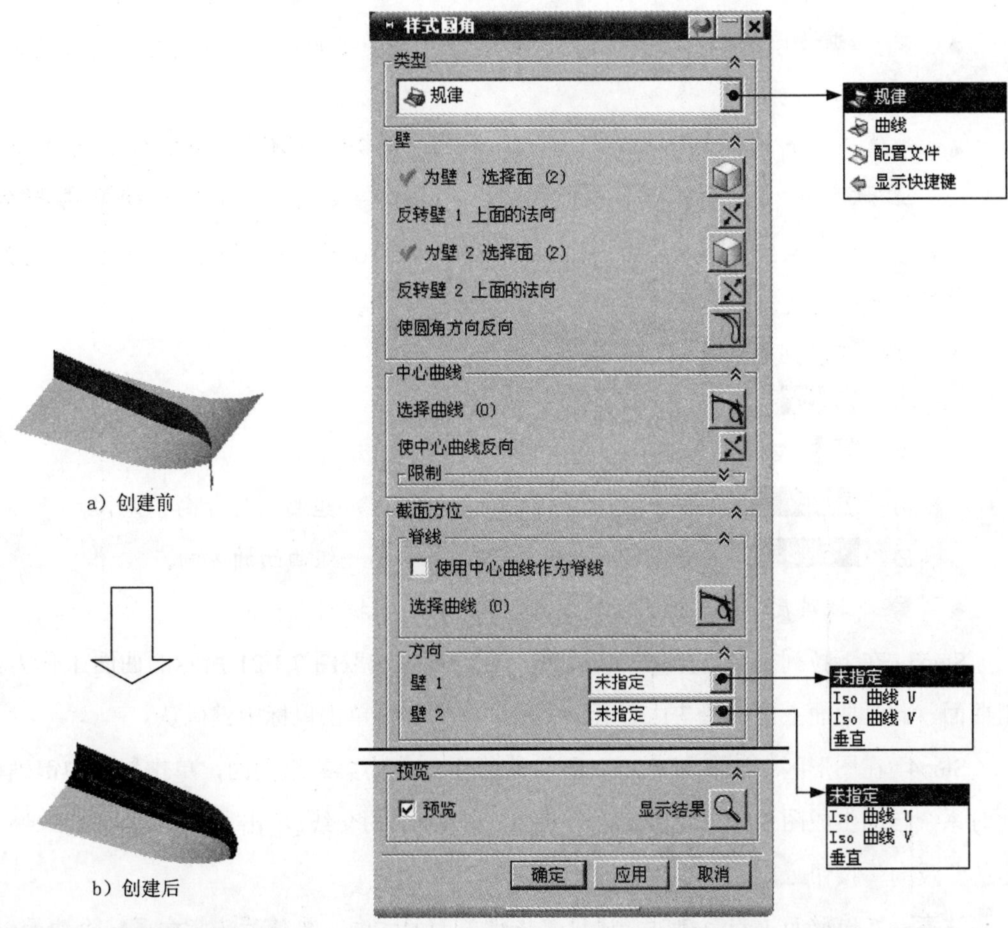

图 7.1.19　样式圆角的创建

图 7.1.20　“样式圆角”对话框

图 7.1.20 所示“样式圆角”对话框中各个选项的说明如下：

类型 下拉列表：包含“规律”、“曲线”和“轮廓”三种创建过渡曲面的方式。

- 规律：使用圆管道与曲面的相交线作为相切约束线来创建过渡曲面。
- 曲线：使用用户定义的相切线来创建过渡曲面。
- 配置文件：使用通过轮廓曲线的圆管道与两组曲面的相交线作为相切约束线来创建过渡曲面。

壁 区域：定义“样式圆角”命令的操作步骤。

- * 为壁 1 选择面 (0)：选取要创建圆角面的第一组曲面。
- * 为壁 2 选择面 (0)：选取要创建圆角面的第二组曲面。

- 使圆角方向反向：单击其后的按钮，可使圆角方向变为反向。
- 中心曲线：单击区域中的按钮，可在图形区选取一曲线作为圆角面的中心线，如果用户不选取中心线，则系统会自动将第一组曲面和第二组曲面的交线作为中心线。
- 使中心曲线反向：单击其后的反向按钮，可使中心曲线的方向变为系统默认方向的反方向。
- 脊线：圆角面的控制脊线。取消选中 □ 使用中心曲线作为脊线 复选框时可单击 选择曲线 (0) 后的按钮在图形区选择一曲线作为脊线，当选中 ☑ 使用中心曲线作为脊线 复选框时系统会自动将第一组曲面和第二组曲面的交线作为圆角面的控制脊线。

方向区域：定义与曲面相连接的样式圆角曲面 V 向。

- 壁 1 下拉列表：第一组曲面的方向。
  - ☑ 未指定：不指定方向。
  - ☑ 垂直：垂直于第一组曲面。
  - ☑ Iso 曲线 U：以等参数曲线的 U 方向作为第一组曲面的方向。
  - ☑ Iso 曲线 V：以等参数曲线的 V 方向作为第一组曲面的方向。
- 壁 2 下拉列表：第二组曲面的方向与“壁 1”下拉列表相似。

Step3. 在下拉列表中选择 规律 选项，在绘图区选取图 7.1.21 所示的曲面 1 作为第一组曲面，此时曲面上出现图 7.1.22 所示的法向箭头，再单击鼠标中键确认。

Step4. 在图形区中选取图 7.1.22 所示的曲面 2 作为第二组曲面，单击鼠标中键确认。此时系统自动生成图 7.1.23 所示的中心曲线，即两曲面的交线。单击中心曲线区域使中心曲线反向后的“反向”按钮使其方向如图 7.1.23 所示。

注意：在选取面 1 和面 2 时，通过单击调整面的方向，要使箭头指向另一个曲面。

Step5. 在图 7.1.24 所示的“样式圆角”对话框形状控制区域中选中 ☑ 单个管道 复选框，在控制类型下拉列表中选择 管道半径 1 选项，在规律类型类型下拉列表中选择 多重过渡 选项，单击列表中的 Tube Radius 1 1 0.000，在 Tube Radius 1 1 文本框中输入 10，在过渡下拉列表中选择 恒定 选项；单击列表中的 Tube Radius 1 2 100.000，在 Tube Radius 1 2 文本框中输入 1，在过渡下拉列表中选择 圆角 选项。

Step6. 在“样式圆角”对话框圆角输出区域中选择修剪和附着选项；在重新构建区域阶次下拉列表中选择 三次 选项。

Step7. 在“样式圆角”对话框中单击 确定 按钮，完成圆角的创建。

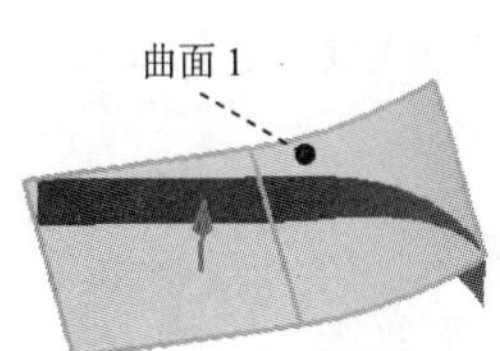

图 7.1.21　选取曲面 1

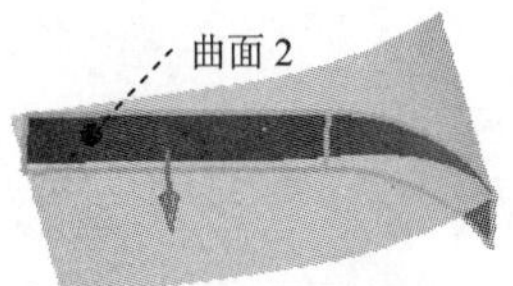

图 7.1.22　选取曲面 2

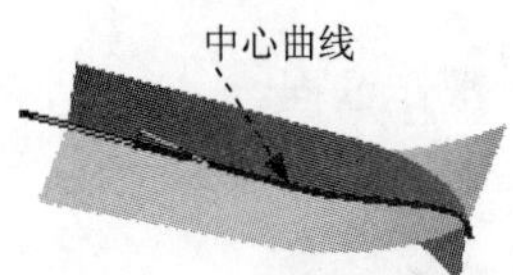

图 7.1.23　中心曲线

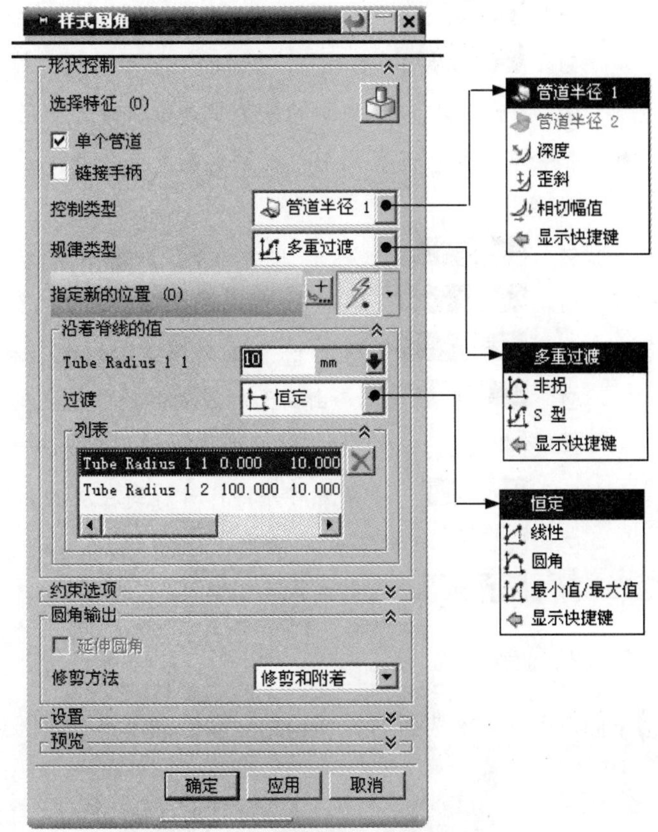

图 7.1.24　“样式圆角”对话框

图 7.1.24 所示“样式圆角”对话框中新选项的说明如下：

➢ 形状控件区域：用于控制曲面的形状。

- ☑ 单个管道（单个管道）：选中此复选框用于开启和关闭单个管道控制圆角。该选项在参数更改的同时，关联运用到所有的曲面。
- ☐ 链接手柄（链接接手柄）：选中此复选框用于开启和关闭链接接手柄。除了非拐、S 型和动态过渡类型外，该选项可以连接图形窗口中所有可用的手柄，系统将以用户拖动手柄的相同距离移动其他的手柄。
- 控制类型下拉列表：定义圆角面的形状控制类型。
  - ☑ 管道半径 1（管道半径 1）：选取第一条管道用管道的半径来控制圆角面。
  - ☑ 管道半径 2（管道半径 2）：选取第二条管道用管道的半径来来控制圆角面。
  - ☑ 深度（深度）：以深度的形式定义控制类型。
  - ☑ 歪斜（歪斜）：以歪斜的形式定义控制类型。
  - ☑ 相切幅值（相切幅值）：以幅值的形式定义控制类型。
- 规律类型下拉列表：包含多重过渡、非拐、S 型三个选项。
  - ☑ 多重过渡（多重过渡）：定义多个参数来控制圆角的形状变化。

☑ 非拐（非拐）：曲面的半径顺着中心线方向三次变化。

☑ S 型（S 形）：曲面的半径顺着中心线方向呈 S 形变化。

☑ （动态）：曲面的半径顺着中心线方向动态变化。

- 过渡下拉列表：定义圆角过渡类型，包含恒定、线性、圆角和最大值/最小值四种类型。

☑ 恒定（恒定）：曲面的半径顺着中心线方向是恒定的。

☑ 线性（线性）：曲面的半径顺着中心线方向线性变化。

☑ 圆角（圆角）：曲面的圆角由此命令来控制过渡。

☑ 最小值/最大值：由曲面的最大和最小值之间的过渡来确定曲面的过渡。

- 圆角输出区域：定义样式圆角曲面的修剪和附着方式。

☑ 修剪和附着：修剪圆角并将其附着到底层的面集上。

☑ 不修剪：不修剪输入曲面。

☑ 修剪输入壁：修剪输入曲面。

2. 根据曲线方式

下面以图 7.1.25 为例来说明根据曲线方式创建样式圆角的一般操作过程。

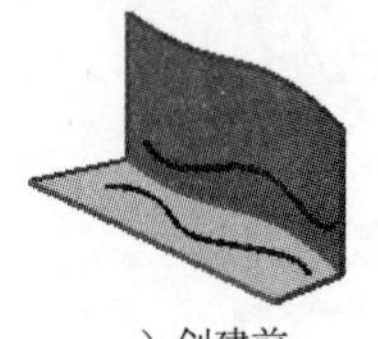
a）创建前

b）创建后

图 7.1.25 根据曲线方式创建样式圆角

Step1. 打开文件 D:\ug6.8\work\ch07.01\styled_blend_1.prt。

Step2. 选择下拉菜单插入(S) ➡ 细节特征(L) ▸ ➡ 样式圆角(Y)...命令，系统弹出图 7.1.26 所示的“样式圆角”对话框。

Step3. 在“样式圆角”对话框类型下拉列表中选择曲线选项。

Step4. 定义曲面。在绘图区选取图 7.1.27 所示的曲面 1 作为第一组曲面，单击中键确认；选取图 7.1.28 所示的曲面 2 作为第二组曲面，单击中键确认。

Step5. 定义轮廓线。在绘图区选取图 7.1.29 所示的曲线集 1 作为第一面上的样式圆角轮廓线，单击中键确认；选取图 7.1.30 所示的曲线集 2 作为第二面上的样式圆角轮廓线，单击中键确认。

Step6. 定义脊线。在脊线区域单击选择曲线 (0)按钮，选择两曲面的交线为脊线。

Step7. 定义形状控制。在形状控制区域控制类型下拉列表中选择深度选项，在规律类型下拉列表中选择非拐选项。

Step8. 定义样式圆角的连续性。在连续性区域壁 1 下拉列表中选择G1（相切）选项，在壁 2 下拉列表中选择G1（相切）选项；其他参数采用系统默认设置。在圆角输出区域修剪方法下拉列表选择不修剪选项，其他参数采用系统默认设置。

Step9. 在“样式圆角”对话框中单击确定按钮，完成圆角的创建。

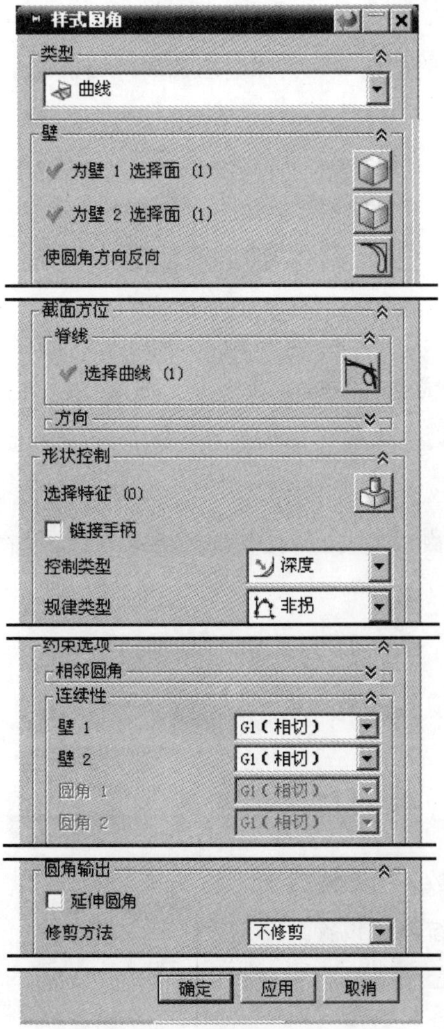

图 7.1.26　“样式圆角”对话框

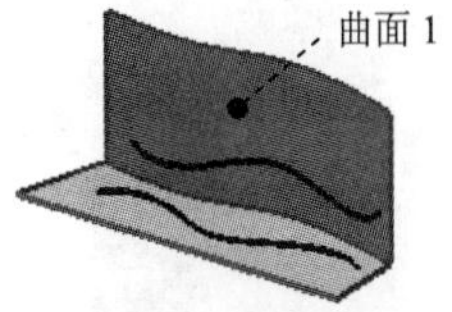

图 7.1.27　选取曲面 1

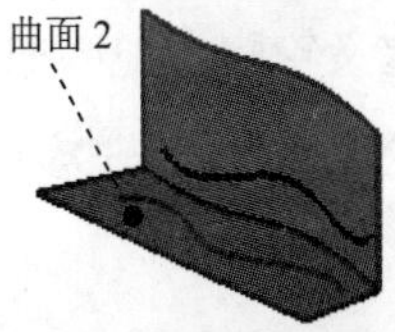

图 7.1.28　选取曲面 2

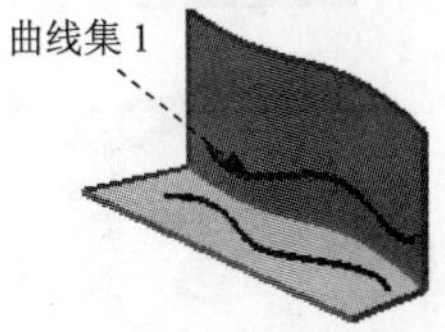

图 7.1.29　选取曲线集 1

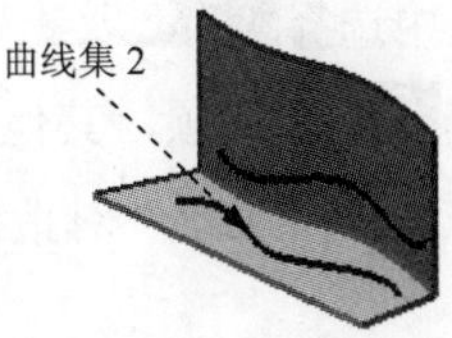

图 7.1.30　选取曲线集 2

3. 根据配置文件方式

下面以图 7.1.31 为例来说明根据配置文件方式创建样式圆角的一般操作过程。

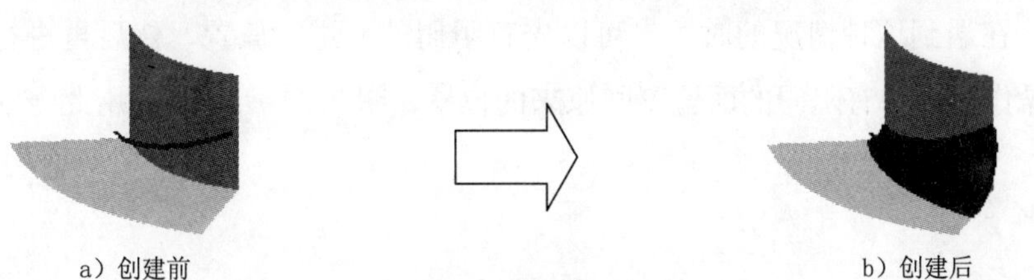

图 7.1.31　根据配置文件方式创建样式圆角

Step1. 打开文件 D:\ug6.8\work\ch07.01\styled_blend_2.prt。

Step2. 选择下拉菜单插入(S) → 细节特征(L) ▸ → 样式圆角(Y)... 命令，系统弹出“样式圆角”对话框。

Step3. 在“样式圆角”对话框类型区域下拉列表中选择配置文件选项。

Step4. 定义曲面。在图形区选取图 7.1.32 所示的曲面 1 作为第一组曲面，单击“反向”按钮，单击中键确认；选取图 7.1.33 所示的曲面 2 作为第二组曲面，调整曲面的方向如图 7.1.33 所示。

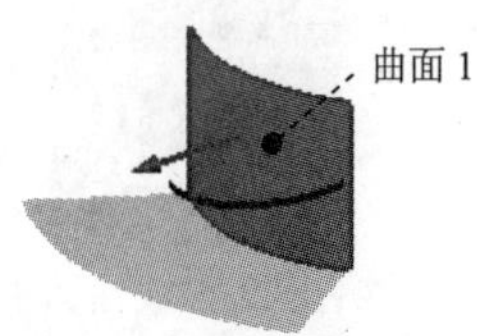

图 7.1.32 选取曲面 1

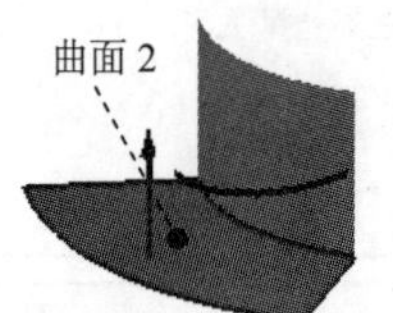

图 7.1.33 选取曲面 2

Step5. 定义轮廓和中心曲线。在轮廓区域单击选择曲线 (0)按钮，选择图 7.1.34 所示的曲面边线为轮廓，在中心曲线区域单击选择曲线 (0)按钮，选择图 7.1.35 所示的曲面边线为中心曲线。

Step6. 定义形状控制。在形状控制区域控制类型下拉列表中选择深度选项，在规律类型下拉列表中选择非拐选项。

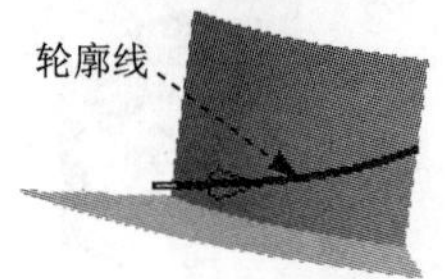

图 7.1.34 选取轮廓线

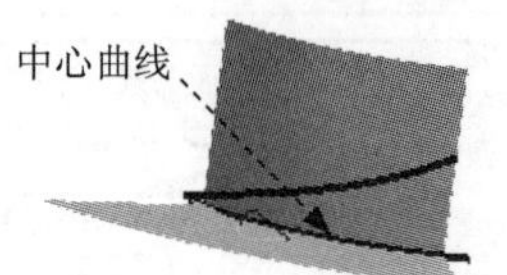

图 7.1.35 选取中心曲线

Step7. 定义样式圆角的连续性。在连续性区域壁 1下拉列表中选择G1(相切)选项，在壁 2下拉列表中选择G1(相切)选项；其他参数采用系统默认设置。在圆角输出区域修剪方法下拉列表选择不修剪选项，其他参数采用系统默认设置。

Step8. 在“样式圆角”对话框中单击确定按钮，完成圆角的创建。

7.2 倒圆角失败处理

在对创建的模型进行倒圆角的时候，模型的有些面会对倒圆角造成阻碍，致使倒圆角失败或报错。在遇到这种情况的时候，可以先对阻碍的面进行偏置，然后再进行倒圆角，完成倒圆角操作后再将有阻碍的面偏置回原来的位置，图 7.2.1 所示为使用此方法处理后的倒圆角结果。

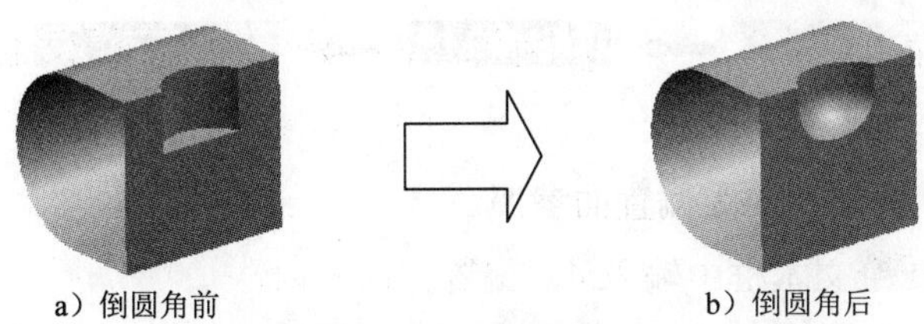

图 7.2.1 倒圆角处理

其一般操作步骤如下：

Step1. 打开文件 D:\ug6.8\work\ch07.02\ corner.prt

Step2. 选择下拉菜单插入(S) → 细节特征(L) → 边倒圆(E)...命令，系统弹出“边倒圆”对话框。

（1）在要倒圆的边区域'Radius 1的文本框中输入 6; 在溢出解区域取消选中□ 保持圆角并移动锐边复选框。

（2）选取图 7.2.2 所示的边为边倒圆参照，并单击确定按钮。

（3）系统提示：不能终止面倒圆，现对相邻边缘倒圆以减小半径（图 7.2.3），关闭“边倒圆”对话框。

图 7.2.2 选取边倒圆参照　　图 7.2.3 “边倒圆”对话框

Step3. 选择下拉菜单插入(S) → 偏置/缩放(O) → 偏置面(F)...命令，系统弹出“偏置面”对话框。

（1）选取图 7.2.4 所示的平面为偏置面参照。

（2）在偏置区域偏置的文本框中输入 4，单击按钮使偏置方向向外。

（3）在“偏置面”对话框中单击确定按钮，完成偏置面的操作。

Step4. 选择下拉菜单插入(S) → 细节特征(L) → 边倒圆(E)...命令，系统弹出“边倒圆”对话框。

（1）在要倒圆的边区域'Radius 1的文本框中输入 6。

（2）选取图 7.2.5 所示的边为边倒圆参照。

（3）在“边倒圆”对话框中单击确定按钮，完成边倒圆的创建。

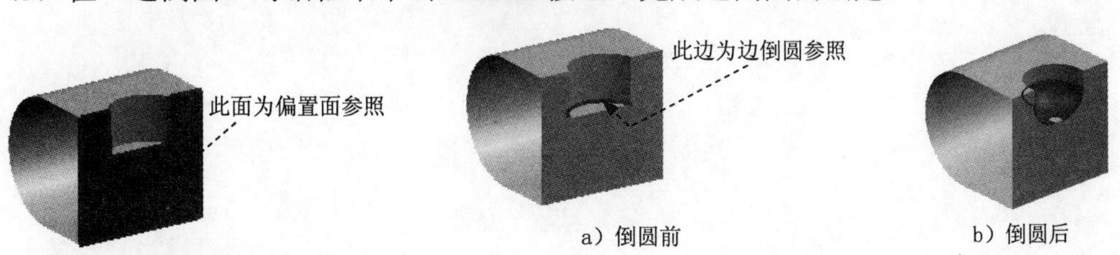

图 7.2.4 选取偏置面参照　　图 7.2.5 边倒圆特征

Step5. 选择下拉菜单插入(S) → 偏置/缩放(O)▸ → 偏置面(F)... 命令，系统弹出“偏置面”对话框。

（1）选取 Step3 创建的平面为偏置面参照。

（2）在偏置区域的偏置文本框中输入 4，偏置方向向内。

（3）在“偏置面”对话框中单击 确定 按钮，完成偏置面的操作。

说明：此处只是针对一种情况的讲解，对于此种情况可能还有其他解决方法，不再一一列举。当然，在做非设计圆角时也可以尝试用作曲面的方法创建，也能收到同样的效果。

第 8 章　TOP_DOWN 自顶向下产品设计

本章提要　TOP_DOWN 的设计方法在产品设计中广泛应用，因为其强大的相关性使产品的设计更改得以更快实现。在 UG 中实现产品间的关联复制以及特征的传递作用是系统提供的 WAVE 几何链接器。本章将对其进行讲解，主要内容包括：

- WAVE 几何链接器
- WAVE 模式下建模
- 自顶向下设计
- 自顶向下设计实例

8.1　WAVE 几何链接器

WAVE（What-if Alternative Value Engineering）是美国 UGS 公司在其核心产品 Unigraphics（简称 UG）上进行的一项软件开发，是一种实现产品装配的各组件间关联建模的技术，提供了实际工程产品设计中所需要的自顶向下的设计环境。WAVE 的存在不仅使得上下级之间的部件实现了外形和尺寸等的传递性（相关性），在同级别中也需要有传递性的存在。本节将介绍创建同级别间传递性的一般操作过程。

1．创建链接部件

WAVE 几何链接器是用于组件之间关联性复制几何体的工具。一般来讲，关联性复制几何体可以在任意两个组件之间进行，可以是同级组件，也可以在上下级组件之间。创建链接部件的一般操作过程：

Step1．打开文件 D:\ug6.8\work\ch08.01\moxing.prt。

Step2．在左侧的资源工具条区单击装配导航器按钮，在装配导航器区的空白处右击，在弹出的快捷菜单中选择 WAVE 模式 选项。

Step3．在装配导航器区选择 moxing 选项并右击，在弹出的快捷菜单中选择 WAVE ▸ → 创建链接部件 命令，系统弹出图 8.1.1 所示的“创建链接部件”对话框。

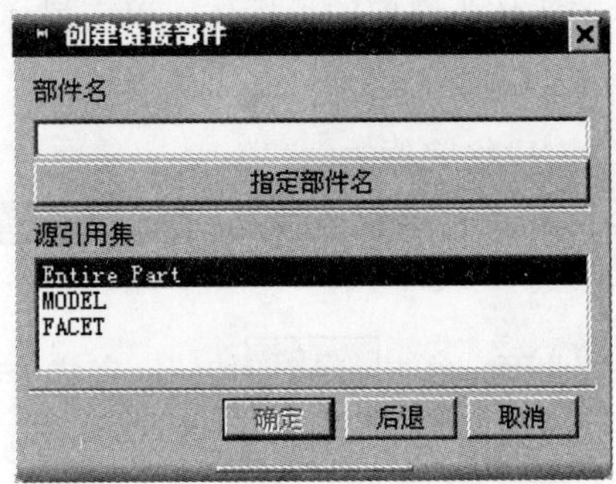

图 8.1.1　“创建链接部件”对话框

Step4. 在“创建链接部件”对话框中单击 指定部件名 按钮，系统弹出图 8.1.2 所示的“选择部件名”对话框。

Step5. 在“选择部件名”对话框中 文件名(N): 文本框中输入链接部件名 moxing2，并单击 OK 按钮，系统回到“创建链接部件”对话框。

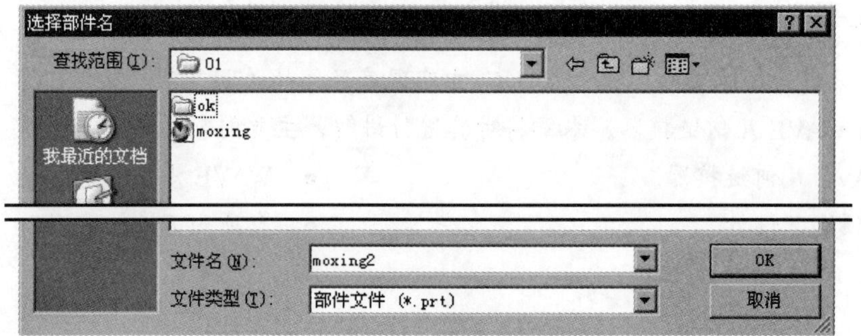

图 8.1.2 “选择部件名”对话框

Step6. 在“创建链接部件”对话框中选择 MODEL 选项，单击 确定 按钮，完成链接部件的创建，如图 8.1.3 所示。

图 8.1.3 创建链接部件

2. 编辑链接部件

从模型上得到所需的信息后要对创建的链接部件进一步细化。接着上面的例子讲解链接部件的编辑步骤。

Step1. 分割实体。选择下拉菜单 插入(S) → 修剪(M) → 修剪体(T)... 命令，系统弹出“修剪体”对话框。

Step2. 选取图 8.1.4 所示的实体为修剪的目标体，单击鼠标中键，然后选取图 8.1.4 所示的曲面为刀具体。

Step3. 单击 确定 按钮，完成修剪体的创建。

Step4. 隐藏分割面。选择下拉菜单 编辑(E) → 显示和隐藏(H) → 隐藏(H)... 命令，系统弹出“类选择”对话框。

Step5. 选取图 8.1.5 所示的曲面，单击 确定 按钮，完成分割面的隐藏操作，结果如图 8.1.6 所示。

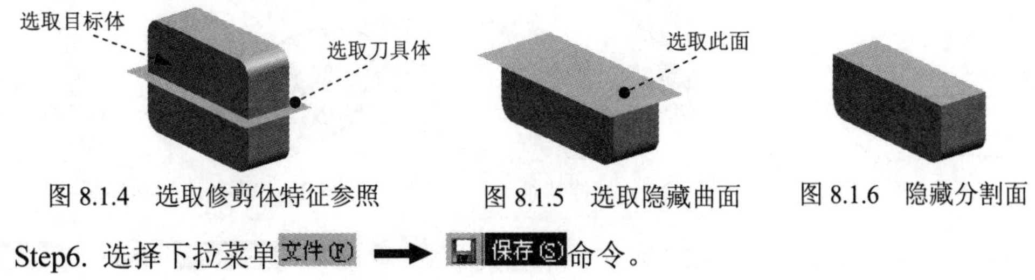

图 8.1.4 选取修剪体特征参照　　图 8.1.5 选取隐藏曲面　　图 8.1.6 隐藏分割面

Step6. 选择下拉菜单文件(F) → 保存(S)命令。

8.2 自顶向下设计的一般过程

自顶向下（Top_Down）产品设计（图 8.2.1）是 WAVE 的重要应用之一，通过在装配中建立产品的总体参数或整体造型，并将控制几何对象的关联性复制到相关组件，来实现控制产品的细节设计。

在自顶向下设计过程中，当产品的总体参数被修改时，则“装配”控制的相关组件的属性也会随着自动更新，但是被控组件参数的修改不能传递到总组件。下面以简单的肥皂盒设计为例，说明自顶向下设计的一般方法。

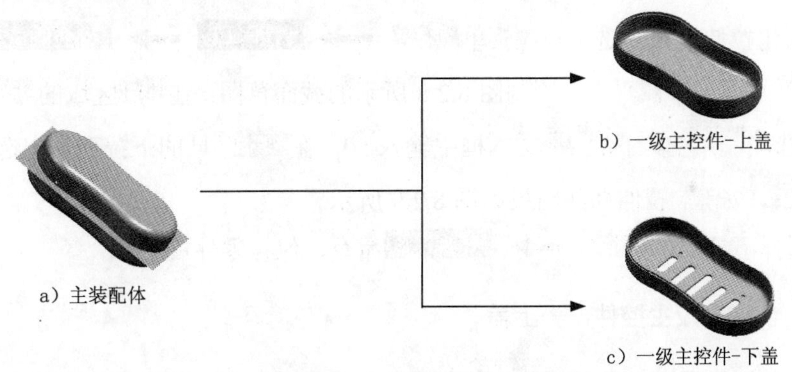

图 8.2.1 自顶向下设计

Stage1. 创建主装配体

Step1. 新建文件。新建一个模型文件，命名为 soap_box。

Step2. 创建拉伸特征 1。选择下拉菜单插入(S) → 设计特征(E) → 拉伸(E)...命令，选取 XC-YC 基准平面为草图平面，绘制图 8.2.2 所示的截面草图；在限制区域的开始下拉列表中选择值选项，并在其下的距离文本框中输入 0，在结束下拉列表中选择值选项，并在其下的距离文本框中输入 48，其他参数采用系统默认设置；拉伸特征 1 如图 8.2.3 所示

Step3. 选择下拉菜单插入(S) → 细节特征(L) → 边倒圆(E)...命令（或单击按钮），系统弹出“边倒圆”对话框。选取图 8.2.4 所示的两条曲线为边倒圆参照，并在'Radius 1文本框中输入 8，单击确定按钮，完成边倒圆特征操作，结果如图 8.2.5 所示。

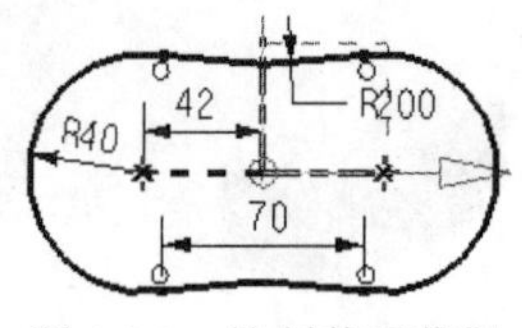

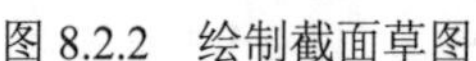
图 8.2.2 绘制截面草图

图 8.2.3 拉伸特征 1

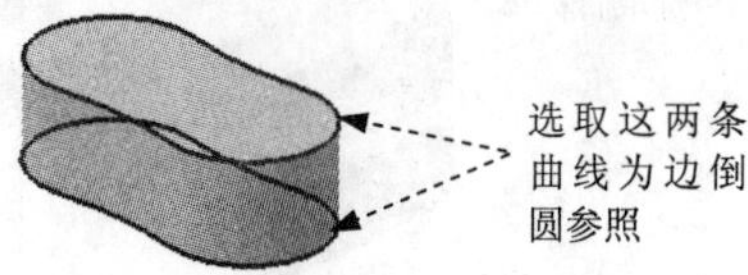

图 8.2.4 选择边倒圆参照

Step4. 创建拉伸特征 2（图 8.2.7）。选择下拉菜单插入(S) ➡ 设计特征(E) ➡ 拉伸(E)... 命令；选取 XC-YC 基准平面为草图平面；绘制图 8.2.6 所示的截面草图；在限制区域的开始下拉列表中选择值选项，并在其下的距离文本框中输入 0，在结束下拉列表中选择值选项，并在其下的距离文本框中输入 2；在方向区域中单击按钮；在布尔区域的下拉列表中选择求和选项，采用系统默认的求和对象。

图 8.2.5 边倒圆特征

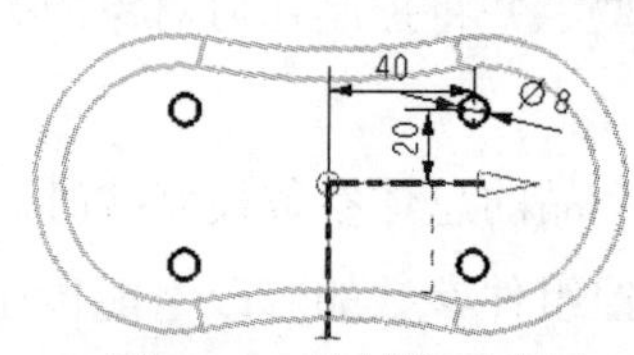

图 8.2.6 绘制截面草图

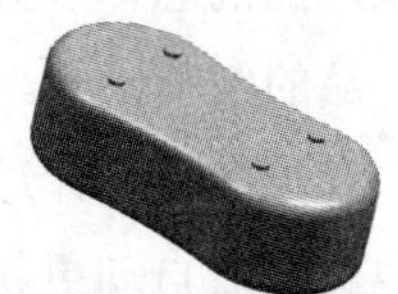
图 8.2.7 拉伸特征 2

Step5. 创建拉伸曲面。选择下拉菜单插入(S) ➡ 设计特征(E) ➡ 拉伸(E)... 命令；选取 ZC-XC 基准平面为草图平面；绘制图 8.2.8 所示的截面草图；在限制区域的开始下拉列表中选择对称值选项，并在其下的距离文本框中输入 50，在布尔区域的下拉列表中选择无选项，单击确定按钮，拉伸曲面结果如图 8.2.9 所示。

Step6. 选择下拉菜单文件(F) ➡ 保存(S)命令，保存零件模型。

Stage2. 创建一级主控件——上盖

Step1. 在左侧的资源工具条区单击装配导航器按钮，在装配导航器区的空白处右击，在弹出的快捷菜单中选择 WAVE 模式详细。

Step2. 在装配导航器区选择 soap_box 选项并右击，在系统弹出的快捷菜单中选择 WAVE ➡ 新建级别命令，系统弹出图 8.2.10 所示的“新建级别”对话框。

Step3. 在“新建级别”对话框中单击指定部件名按钮，系统弹出“选择部件名”对话框。

Step4. 在“选择部件名”对话框中的文件名(N):文本框中输入链接部件名 up_cover，并单击 OK 按钮，系统回到“新建级别”对话框。

Step5. 在“新建级别”对话框中单击类选择按钮，选取图 8.2.11 所示的实体和曲面，单击“类选择”对话框中的确定按钮；系统自动弹出“新建级别”对话框，然后单击确定按钮，完成层的创建。

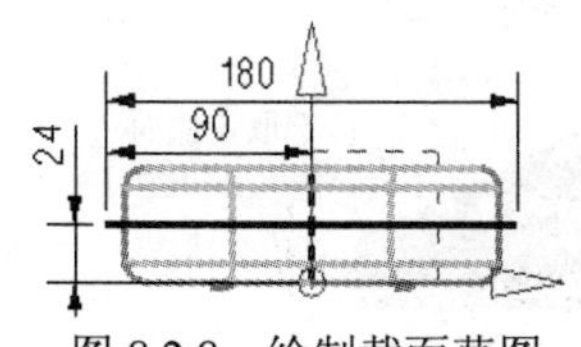

图 8.2.8　绘制截面草图

图 8.2.9　拉伸曲面

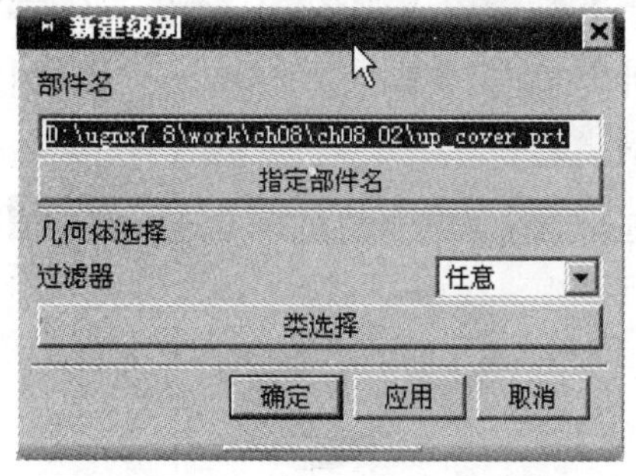

图 8.2.10　“新建级别”对话框

Step6. 分割实体。

（1）在左侧的资源工具条区单击装配导航器按钮，在装配导航器区选择 up_cover 选项并右击，在弹出的快捷菜单中选择 设为显示部件 选项，此时系统只显示一级主控件 up_cover。

（2）选择下拉菜单 插入(S) → 修剪(M) → 修剪体(T)... 命令，系统弹出“修剪体”对话框。

（3）选取图 8.2.11 所示的实体为修剪的目标体，单击鼠标中键，然后选取图 8.2.11 所示的曲面为刀具体。

（4）单击 确定 按钮，完成修剪体的创建。

（5）选择下拉菜单 编辑(E) → 显示和隐藏(H) → 隐藏(H)... 命令，系统弹出“类选择”对话框。选取图 8.2.11 所示的曲面，单击 确定 按钮，完成分割面的隐藏操作，结果如图 8.2.12 所示。

Step7. 创建如图 8.2.14 所示的抽壳。选择下拉菜单 插入(S) → 偏置/缩放(O) → 抽壳(H)... 命令；选取图 8.2.13 所示的表面为移除面，并在厚度文本框中输入 2，采用系统默认抽壳方向。

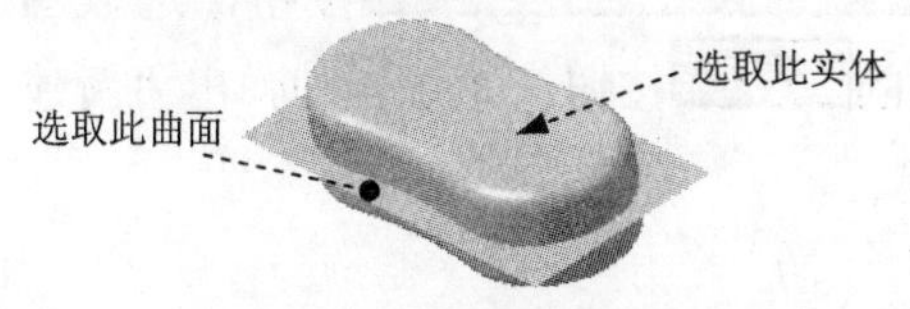

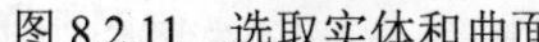
图 8.2.11　选取实体和曲面

图 8.2.12　修剪体

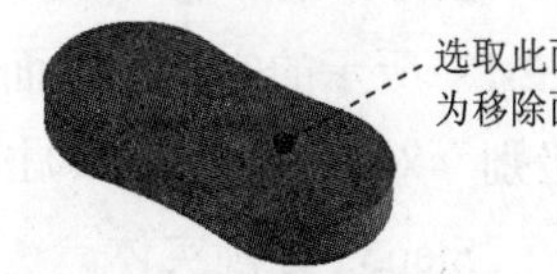

图 8.2.13　选取移除面

Step8. 创建如图 8.2.17 所示拉伸特征。选择下拉菜单 插入(S) → 草图(S)... 命令；选取图 8.2.15 所示的平面为草图平面；绘制图 8.2.16 所示的截面草图：选择下拉菜单 插入(S) → 来自曲线集的曲线(F) → 偏置曲线(O)... 命令，系统弹出“偏置曲线”对话框；选取图 8.2.16 所示的外边缘曲线为要偏置的曲线，在距离文本输入框中输入 1，单击按钮，调整偏置方向为向里；单击 确定 按钮，完成偏置曲线的创建；选择下拉菜单插入(S) → 设计特征(E) → 拉伸(E)...命令；选取图 8.2.16 所示的草图为拉伸截面；在“拉伸”对话框限制区域的开始下拉列表中选择值选项，并在其下的距离文本框中输入 0；在限制区域结束下拉列表中选择值选项，并在其下的距离文本框中输入 2；在方向区域中单击按钮，在布尔区域的下拉列表中选择求差选项，采用系统默认的求差对象。

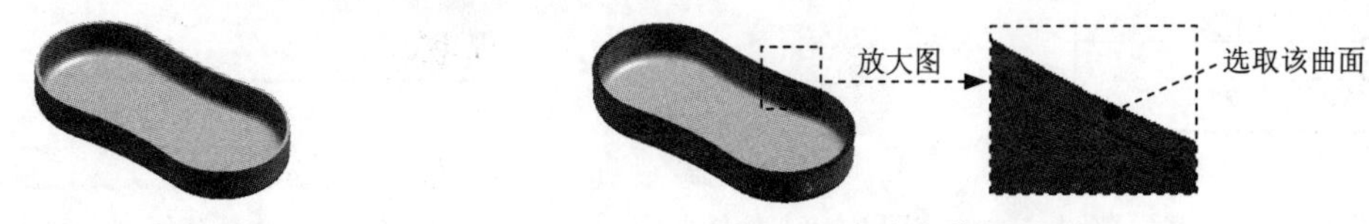

图 8.2.14 抽壳特征　　图 8.2.15 选取草图平面

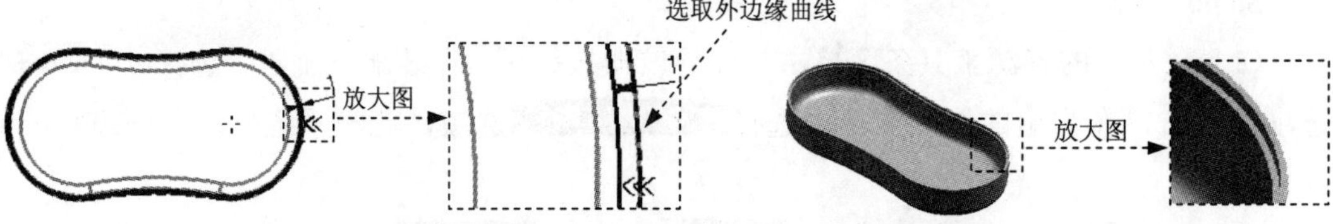

图 8.2.16 绘制截面草图　　图 8.2.17 创建拉伸特征

Step9. 选择下拉菜单文件(F) → 保存(S)命令，保存零件模型。

Step10. 在左侧的资源工具条区单击装配导航器按钮，在装配导航器区选择 up_cover选项并右击，在弹出的快捷菜单中依次选择显示父项 → soap_box命令。

Stage3. 创建一级主控件——下盖

Step1. 在装配导航器区选择 soap_box选项并右击，在弹出的快捷菜单中选择 WAVE → 新建级别命令，系统弹出“新建级别”对话框。

Step2. 在“新建级别”对话框中单击指定部件名按钮，系统弹出“选择部件名”对话框。

Step3. 在“选择部件名”对话框的文件名(N):文本框中输入链接部件名 down_cover，并单击OK按钮，回到“新建级别”对话框。

Step4. 在“新建级别”对话框中单击类选择按钮，选取图 8.2.18 所示的实体和曲面，单击“类选择”对话框中的确定按钮；系统自动弹出“新建级别”对话框，然后单击确定按钮，完成层的创建。

Step5. 分割实体。

（1）在左侧的资源工具条区单击装配导航器按钮，在装配导航器区选择 down_cover选项并右击，在弹出的快捷菜单中选择设为显示部件选项，此时系统只显示一级主控件 down_cover。

（2）选择下拉菜单插入(S) → 修剪(M) → 修剪体(T)...命令，系统弹出“修剪体”对话框。

（3）选取图 8.2.18 所示的实体为修剪的目标体，单击鼠标中键，然后选取图 8.2.18 所示的曲面为刀具体，单击按钮定义修剪方向。

（4）单击 确定 按钮，完成修剪体的创建。

（5）选择下拉菜单 编辑(E) → 显示和隐藏(H) → 隐藏(H)... 命令，系统弹出“类选择”对话框。选取图 8.2.18 所示的曲面，单击 确定 按钮，完成分割面的隐藏操作，结果如图 8.2.19 所示。

Step6. 创建图图 8.2.21 的抽壳抽壳。选择下拉菜单 插入(S) → 偏置/缩放(O) → 抽壳(H)... 命令；选取图 8.2.20 所示的表面为移除面，并在 厚度 文本框中输入 2，采用系统默认抽壳方向。

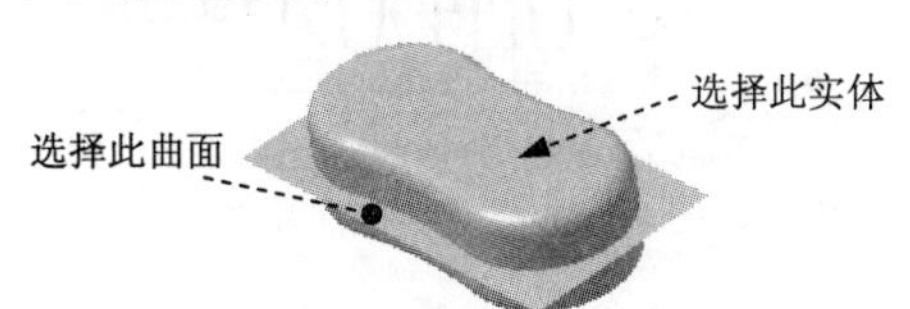

图 8.2.18　选择实体和曲面

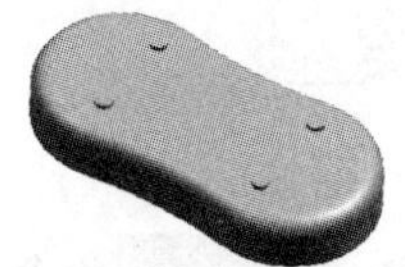
图 8.2.19　修剪体

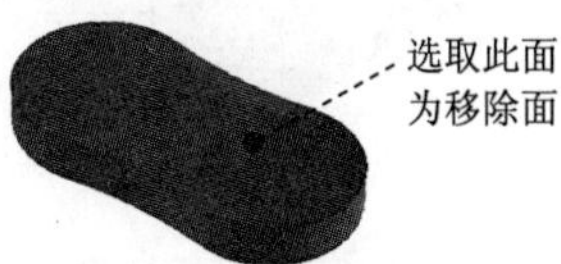

图 8.2.20　选取移除面

Step7. 创建拉伸特征 1。

（1）选择下拉菜单 插入(S) → 草图(S)... 命令，选取图 8.2.22 所示的平面为草图平面，绘制截面草图。

图 8.2.21 抽壳特征

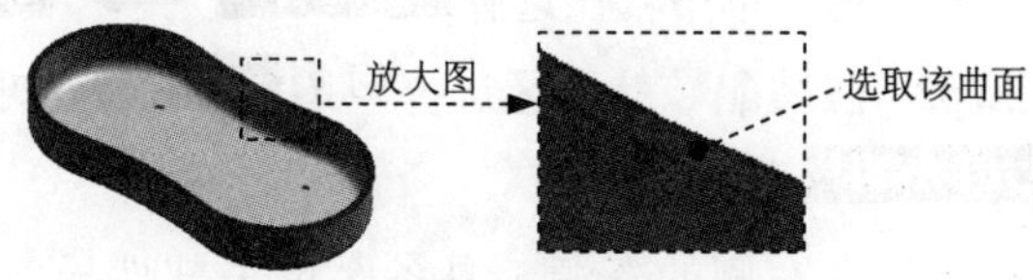

图 8.2.22　选取草图平面

（2）创建图 8.2.23 所示的偏置曲线。选择下拉菜单 插入(S) → 来自曲线集的曲线(F) → 偏置曲线(O)... 命令，系统弹出“偏置曲线”对话框；选取图 8.2.23 所示的外边缘曲线为要偏置的曲线，在 距离 文本框中输入 1，单击 按钮，调整偏置方向为向里；单击 确定 按钮，完成偏置曲线的创建。

（3）选择下拉菜单 插入(S) → 处方曲线(U) → 投影曲线(J)... 命令，系统弹出“投影曲线”对话框。选取图 8.2.24 所示的边链为要投影的对象，单击 确定 按钮，完成投影曲线的创建。

（4）在工具条中单击 完成草图 按钮，退出草图环境。

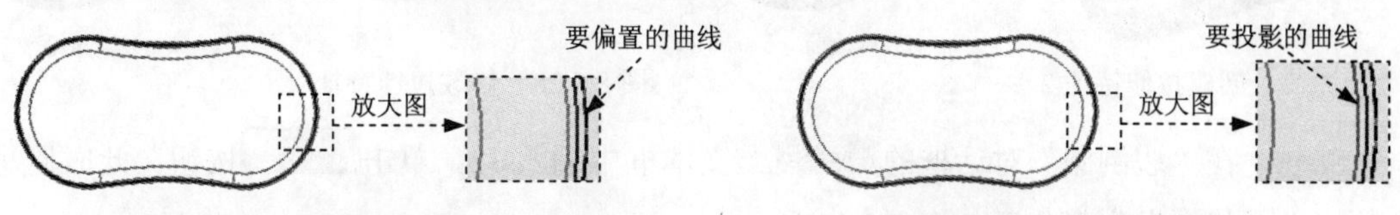

图 8.2.23　创建偏置曲线　　图 8.2.24　创建投影曲线

（5）选择下拉菜单 插入(S) → 设计特征(E) → 拉伸(E)... 命令（或单击 按钮），系统弹出“拉伸”对话框。

（6）选取步骤（1）中绘制的草图为拉伸截面；在“拉伸”对话框 限制 区域的 开始 下拉列表中选择 值 选项，并在其下的 距离 文本框中输入 0；在 限制 区域 结束 下拉列表中选择 值 选项，并在其下的 距离 文本框中输入 2；在 布尔 区域的下拉列表中选择 求和 选项，采用系统默认的求和对象。

（7）单击 确定 按钮，完成拉伸特征的创建，如图 8.2.25 所示。

Step8. 创建拉伸特征 2。以 XC-YC 基准平面为草图平面，绘制图 8.2.26 所示的截面草图，创建图 8.2.27 所示的拉伸特征 2。

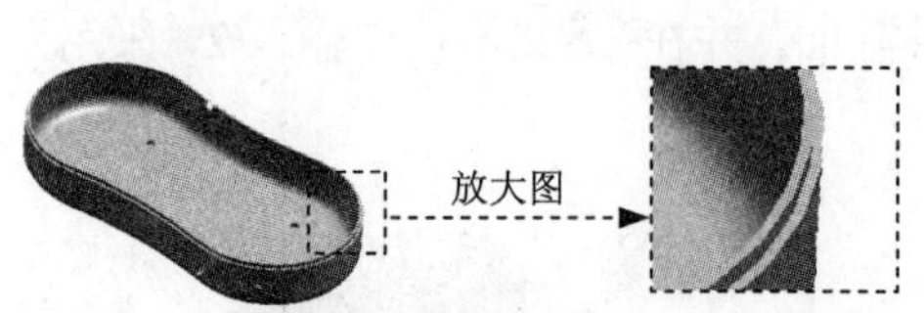

图 8.2.25 创建拉伸特征 1

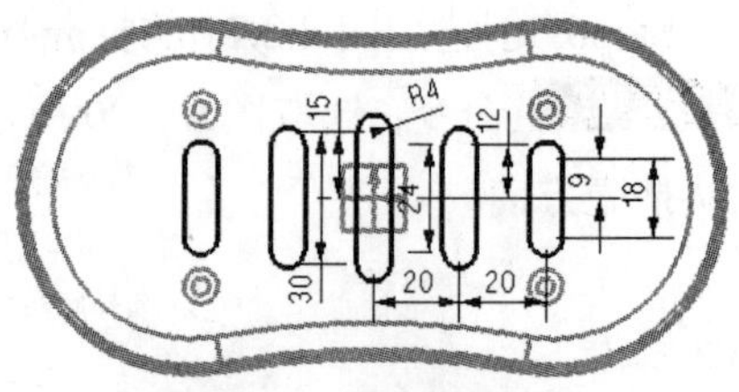

图 8.2.26 绘制截面草图

Step9. 选择下拉菜单 文件(F) → 保存(S) 命令，保存零件模型。

Stage4. 修改主装配体

Step1. 在左侧的资源工具条区单击装配导航器按钮，选择 down_cover 选项并右击，在弹出的快捷菜单中依次选择 显示父项 ▸ → soap_box 命令。

Step2. 在装配导航器区选择 soap_box 选项并右击，在系统弹出的快捷菜单中选择 设为工作部件 选项。

Step3. 在左侧的资源工具条区单击部件导航器按钮，在弹出的部件导航器区双击 拉伸 (1) 选项，系统弹出“拉伸”对话框。

Step4. 在 限制 区域 结束 下面的 距离 文本框中输入 60，单击 确定 按钮。此时上盖的高度会发生变化，如图 8.2.28 所示。

Step5. 在左侧的资源工具条区单击部件导航器按钮，在弹出的部件导航器区双击 边倒圆 (2) 选项，系统弹出“边倒圆”对话框。

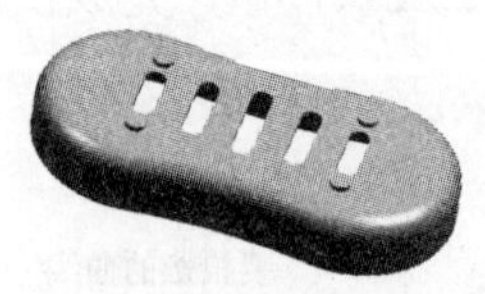

图 8.2.27 创建拉伸特征 2

a）修改前

b）修改后

图 8.2.28 修改拉伸特征

Step6. 在“边倒圆”对话框的 'Radius 1 文本框中输入 12，单击 确定 按钮。此时肥皂盒的边缘形状会发生变化，如图 8.2.29 所示。

a）修改前

b）修改后

图 8.2.29 修改边倒圆特征

Step7. 隐藏片体和草图。选择下拉菜单 编辑(E) → 显示和隐藏(H) → 显示和隐藏(O)... 命令，系统弹出“显示和隐藏”对话框；在对话框内分别单击 片体 和 草图 后的 按钮，单击 关闭 按钮，完成草图和片体的隐藏。

Step8. 隐藏控件。在右侧的装配导航器中右击 soap_box，在系统弹出的快捷菜单中选择 显示和隐藏 → 隐藏节点 命令，隐藏控件。

Step9. 选择下拉菜单 文件(F) → 保存(S) 命令，保存零件模型。

8.3 范例——手机的自顶向下设计

8.3.1 范例概述

本范例详细讲解了一款手机的整个设计过程，该设计过程中采用了最先进的设计方法——自顶向下（Top_down Design）。这种自顶向下的设计方法可以加快产品更新换代的速度，极大地缩短了新产品的上市时间，并且可以获得较好的整体造型。许多家用电器（如电脑机箱、吹风机以及电脑鼠标）都可以采用这种方法进行设计。本例设计的产品成品模型如图 8.3.1 所示。

图 8.3.1　手机模型

在使用自顶向下的设计方法进行设计时，我们先引入一个新的概念——控件。控件即控制元件，用于控制模型的外观及尺寸等，控件在设计过程中起着承上启下的作用。最高级别的控件（通常称之为“一级控件”，是在整个设计开始时创建的原始结构模型）所承接的是整体模型与所有零件之间的位置及配合关系；一级控件之外的控件（二级控件或更低级别的控件）从上一级别控件得到外形和尺寸等，再把这种关系传递给下一级控件或零件。在整个设计过程中一级控件的作用非常重要，创建之初就把整个模型的外观勾勒出来，后续工作都是对一级控件的分割或细化，在整个设计过程中创建的所有控件或零件都与一级控件存在着根本的联系。本例中一级控件是一种特殊的零件模型，或者说它是一个装配体的 3D 布局。

使用自顶向下的设计方法有如下两种方法。

方法一：首先创建产品的整体外形，然后分割产品从而得到各个零部件，再对零部件各结构进行设计。

方法二：首先创建产品中的重要结构，然后将装配几何关系的线与面复制到各零件，再插入新的零件并进行细节的设计。

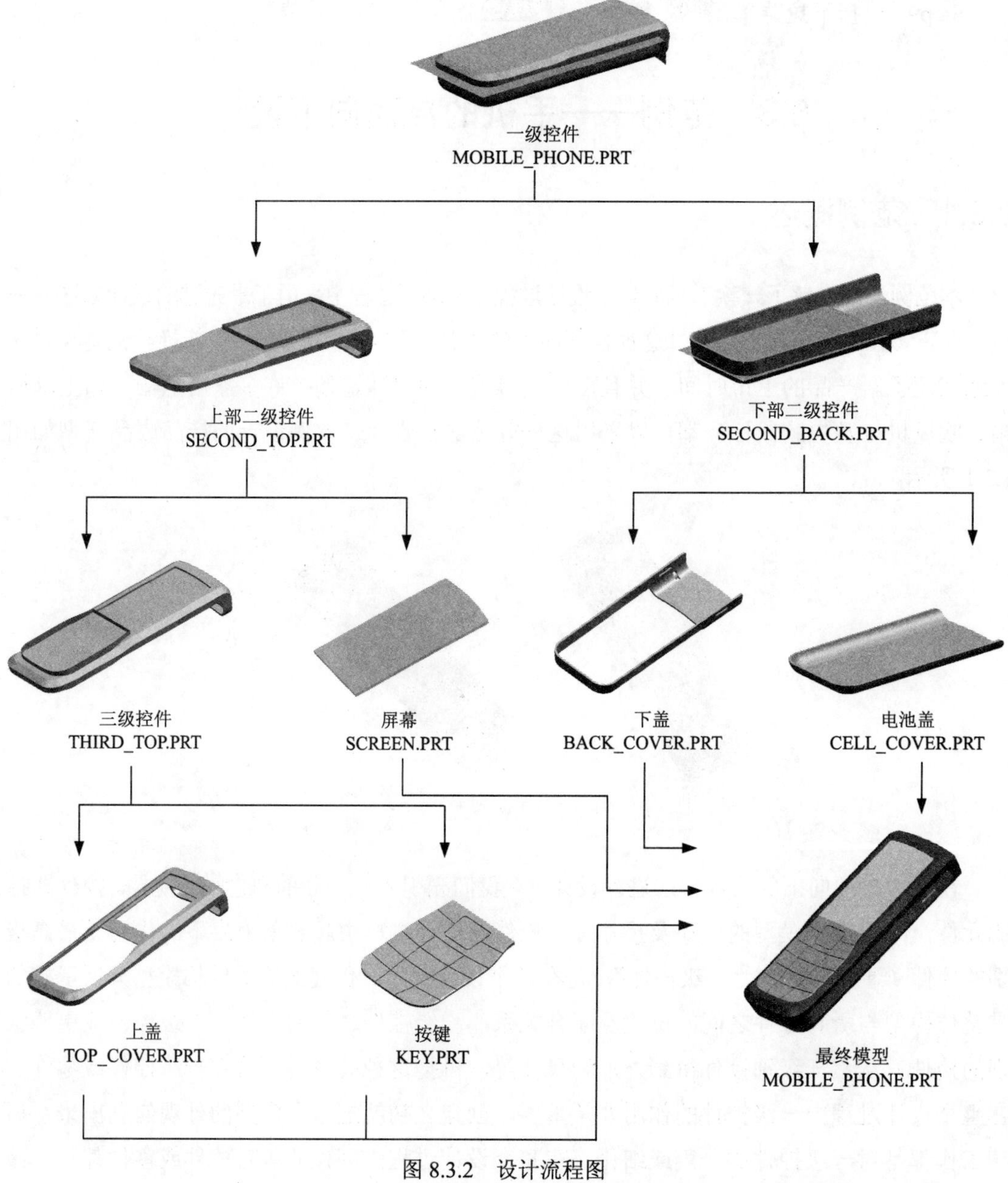

图 8.3.2 设计流程图

本范例采用第一种设计方法，即将创建的产品的整体外形分割而得到各个零件。在 UG NX 7.0 中，用户可以通过选择下拉菜单 工具(T) ➡ 装配导航器(A)▸ ➡ WAVE 模式(W) 命令或者在“装配导航器”窗口中右击，在弹出的快捷菜单中选择WAVE 模式选项进入 WAVE 装配环境。设置工作部件的方法是选择下拉菜单装配(A) ➡ 关联控制(O)▸ ➡ 设置工作部件(W)命令，选择要设计的工作部件，也可以在“装配导航器”窗口中要设置的部件上右击，在弹出的快捷菜单中选择设为工作部件选项，将选择的部件设置为工作部件。

本例中手机的设计流程图如图 8.3.2 所示。

8.3.2 创建一级控件

下面讲解一级控件（MOBILE_PHONE.PRT）的创建过程，一级控件在整个设计过程中起着十分重要的作用，它不仅为两个二级控件提供原始模型，并且确定了手机的整体外观形状。零件模型及相应的模型树如图 8.3.3 所示。

Step1. 新建文件。选择下拉菜单文件(F) ➡ 新建(N)...命令，系统弹出“新建”对话框。在模型选项卡的模板区域中选择模板类型为模型；在名称文本框中输入文件名称 mobile_phone，单击确定按钮，进入建模环境。

说明：本例所创建的所有模型应存放在同一文件夹下，制作完成后整个模型将以装配体的形式出现，并且本例所创建的一级控件，在所有的零件设计完成后对其做相应的编辑即是完成后的手机模型。

Step2. 创建图 8.3.4 所示的拉伸特征 1。选择下拉菜单插入(S) ➡ 设计特征(E)▸ ➡ 拉伸(E)...命令；选取 XC-YC 基准平面为草图平面；绘制图 8.3.5 所示的截面草图；在“拉伸”对话框限制区域的开始下拉列表中选择对称值选项，并在其下的距离文本框中输入 8，其他参数采用系统默认设置。

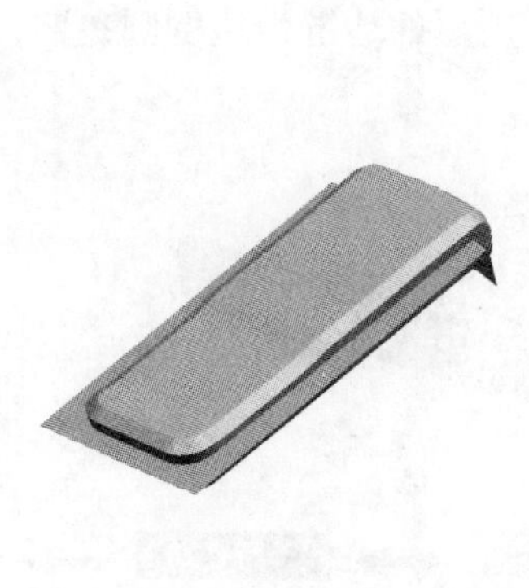

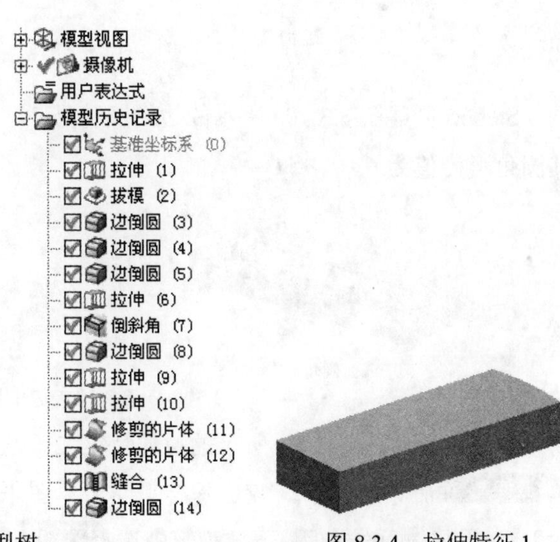

图 8.3.3 零件模型及模型树

图 8.3.4 拉伸特征 1

Step3. 创建拔模特征 1。选择下拉菜单插入(S) ➡ 细节特征(L)▸ ➡ 拔模(T)...命令；

在拔模方向区域的*指定矢量下拉列表中选择-Z选项；选取图 8.3.6 所示的面为固定平面；选取图 8.3.7 所示的面为拔模面，在角度 1 文本框中输入 5，其他参数采用系统默认设置值。

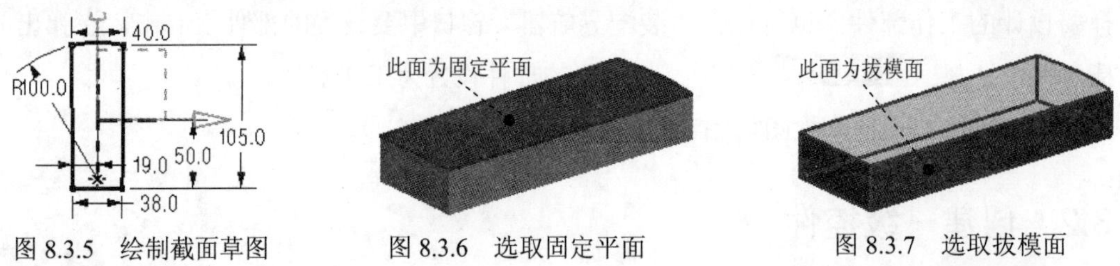

图 8.3.5　绘制截面草图　　图 8.3.6　选取固定平面　　图 8.3.7　选取拔模面

Step4. 创建图 8.3.8a 所示的边倒圆特征 1。选择下拉菜单插入(S) → 细节特征(L) → 边倒圆(E)...命令；选取图 8.3.8b 所示的两条边为边倒圆参照，并在 'Radius 1 文本框中输入 8。

a）圆角后　　b）圆角前

图 8.3.8　边倒圆特征 1

Step5. 创建图 8.3.9a 所示的边倒圆特征 2。选取图 8.3.9b 所示的边为边倒圆参照，其圆角半径值为 6。

a）圆角后　　b）圆角前

图 8.3.9　边倒圆特征 2

Step6. 创建图 8.3.10a 所示的边倒圆特征 3。选取图 8.3.10b 所示的边链为边倒圆参照，其圆角半径值为 6。

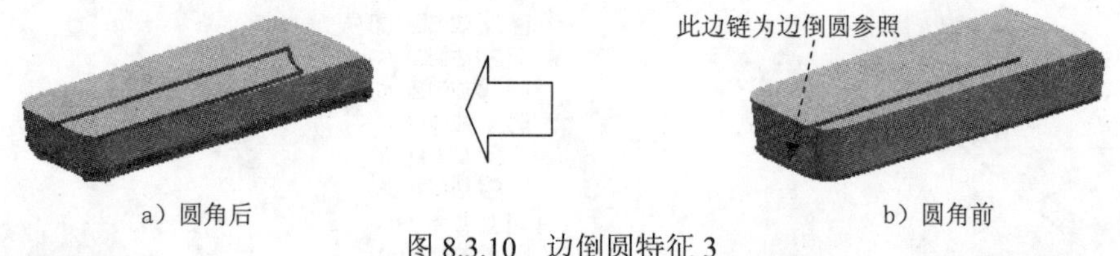

a）圆角后　　b）圆角前

图 8.3.10　边倒圆特征 3

Step7. 创建图 8.3.11 所示的拉伸特征 2。选择下拉菜单插入(S) → 设计特征(E) → 拉伸(E)...命令；选取 YC-ZC 基准平面为草图平面；绘制图 8.3.12 所示的截面草图；在“拉伸”对话框限制区域的开始下拉列表中选择对称值选项，并在其下的距离文本框中输入 25；在方向区域的*指定矢量 (0)下拉列表中选择 X 选项；在布尔区域的下拉列表中选择求差选项，系统将自动与模型中唯一个体进行布尔求差运算；其他参数采用系统默认设置。

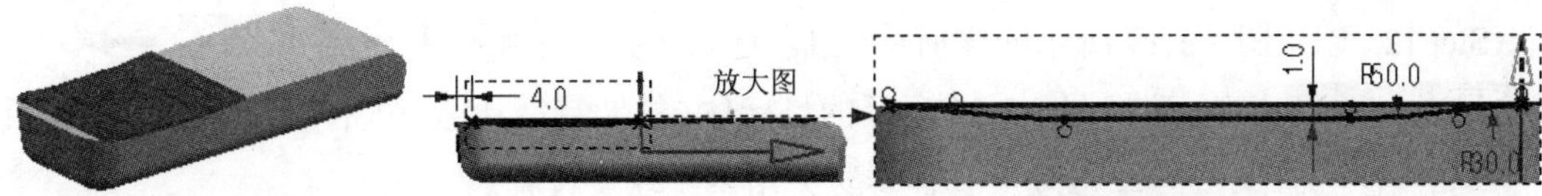

图 8.3.11 拉伸特征 2　　图 8.3.12 绘制截面草图

Step8. 创建图 8.3.13a 所示的倒斜角特征。选择下拉菜单 插入(S) ➡ 细节特征(L) ➡ 倒斜角(C)... 命令；选取图 8.3.13b 所示的边链为倒斜角参照，在 偏置 区域的 横截面 下拉列表中选择 非对称 选项；在 距离 1 文本框输入 3.5，在 距离 2 文本框中输入 1.9；在 设置 区域 偏置方法 下拉列表中选择 偏置面并修剪 选项，并选中 ☑ 对所有实例进行倒斜角 复选框；其他参数采用系统默认设置。

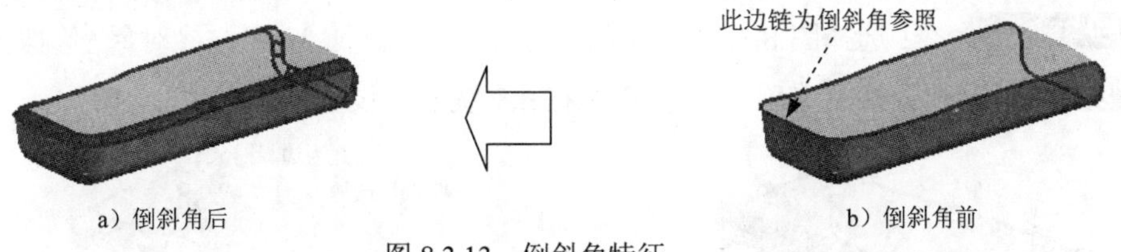

a）倒斜角后　　b）倒斜角前

图 8.3.13 倒斜角特征

Step9. 创建图 8.3.14a 所示的边倒圆特征 4。选择图 8.3.14b 所示的边链为边倒圆参照，其圆角半径值为 1。

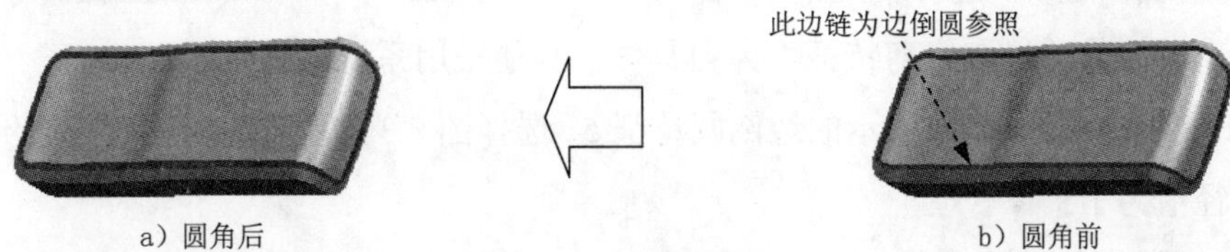

a）圆角后　　b）圆角前

图 8.3.14 边倒圆特征 4

Step10. 创建图 8.3.15 所示的拉伸特征 3。选择下拉菜单 插入(S) ➡ 设计特征(E) ➡ 拉伸(E)... 命令；选取 YC-ZC 基准平面为草图平面；绘制图 8.3.16 所示的截面草图；在“拉伸”对话框 限制 区域的 开始 下拉列表中选择 对称值 选项，并在其下的 距离 文本框中输入 25；在 方向 区域的 * 指定矢量 (0) 下拉列表中选择 选项；在 设置 区域 体类型 下拉列表中选择 片体 选项；在 布尔 区域的下拉列表中选择 无 选项，其他参数采用系统默认设置。

Step11. 创建图 8.3.17 所示的拉伸特征 4。选择下拉菜单 插入(S) ➡ 设计特征(E) ➡ 拉伸(E)... 命令；选取 XC-YC 基准平面为草图平面；绘制图 8.3.18 所示的截面草图；在“拉伸”对话框 限制 区域的 开始 下拉列表中选择 对称值 选项，并在其下的 距离 文本框中输入 10；在 方向 区域的 * 指定矢量 (0) 下拉列表中选择 选项；在 设置 区域 体类型 下拉列表中选择 片体 选项；其他参数采用系统默认设置。

图 8.3.15 拉伸特征 3

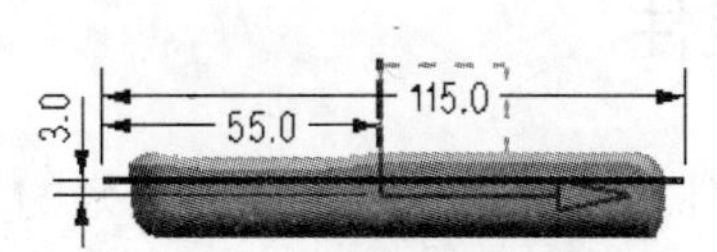

图 8.3.16 绘制截面草图

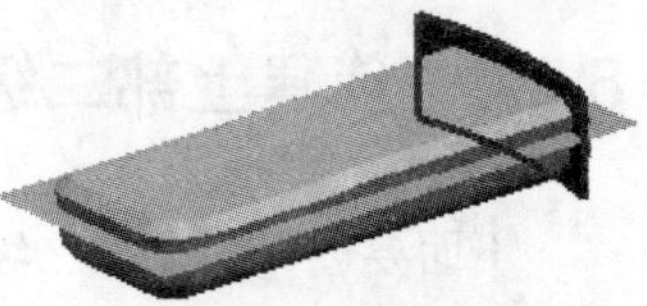
图 8.3.17 拉伸特征 4

Step12. 创建图 8.3.19 所示的修剪特征 1。选择下拉菜单插入(S) → 修剪(M) → 修剪的片体(R)...命令；选择图 8.3.20 所示的目标体（拉伸特征 4）和边界对象（拉伸特征 3）；在区域区域中选择⊙舍弃单选项；其他参数采用系统默认设置。

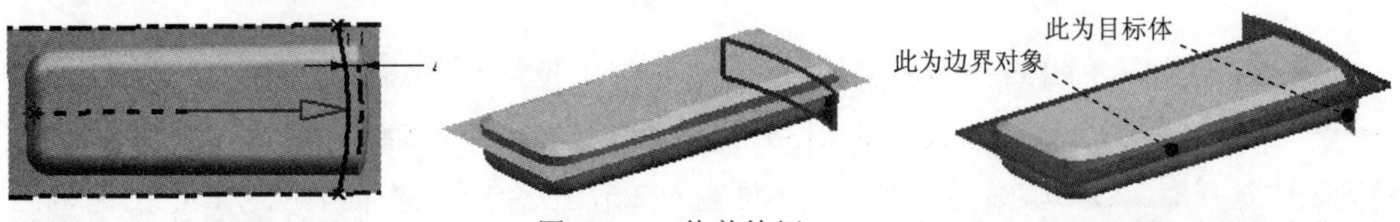

图 8.3.18　绘制截面草图　　图 8.3.19　修剪特征 1　　图 8.3.20　选取目标片体和边界对象

Step13. 创建图 8.3.21 所示的修剪特征 2。选择下拉菜单插入(S) → 修剪(M) → 修剪的片体(R)...命令；选择图 8.3.22 所示的目标体（拉伸特征 3）和边界对象（修剪特征 1）；在区域区域中选择⊙保持单选项；其他参数采用系统默认设置。

图 8.3.21　修剪特征 2

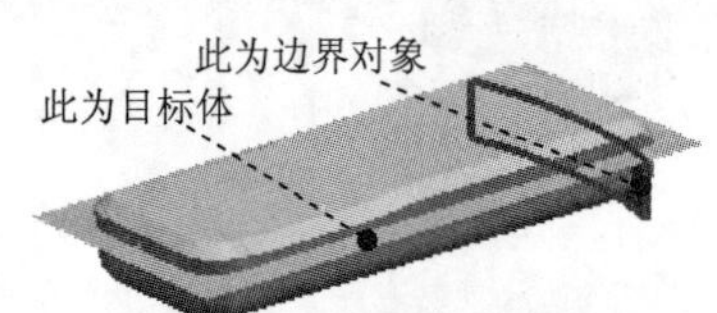

图 8.3.22　选取目标片体和边界对象

Step14. 曲面缝合。选择下拉菜单插入(S) → 组合体(B) → 缝合(W)...命令；选取修剪特征 2 为目标体，选取修剪特征 1 为刀具体，其他采用系统默认设置。

Step15. 创建图 8.3.23a 所示的边倒圆特征 5。选择图 8.3.23b 所示的边链为边倒圆参照，其圆角半径值为 1.5。

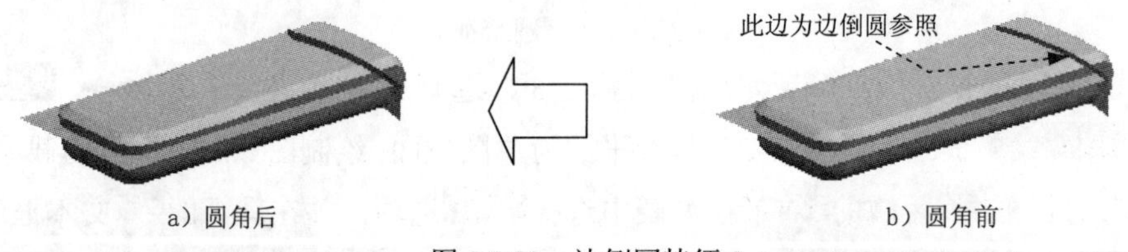

图 8.3.23　边倒圆特征 5

Step16. 设置隐藏。选择下拉菜单编辑(E) → 显示和隐藏(H) → 隐藏(H)...命令；单击“类选择”对话框过滤器区域的按钮，系统弹出“根据类型选择”对话框，选择对话框列表中的草图和基准选项，单击确定按钮。系统再次弹出“类选择”对话框，单击对话框对象区域的按钮；在“类选择”对话框中单击确定按钮，完成对设置对象的隐藏。

Step17. 保存零件模型。

8.3.3 创建上部二级控件

下面要创建的上部二级控件是从骨架模型中分割出来的一部分，它继承了一级控件的相应外观形状，同时它又作为控件模型为三级控件和屏幕提供相应外观和对应尺寸，也保证了设计零件的可装配性。下面讲解上部二级控件（second_top）的创建过程，零件模型及相应的模型树如图 8.3.24 所示。

图 8.3.24　零件模型及模型

Step1. 创建 second_01 层。

（1）在“装配导航器”窗口中右击弹出快捷菜单（一），在此快捷菜单中选择 WAVE 模式 选项，系统进入 WAVE 模式。

（2）在“装配导航器”窗口中的 mobile_phone 选项上右击，系统弹出快捷菜单（二），在此快捷菜单中选择 WAVE ⟶ 新建级别 命令，系统弹出“新建级别”对话框。

（3）单击“新建级别”对话框中的 指定部件名 按钮，在弹出的“选择部件名”对话框的 文件名(N): 文本框中输入文件名 second_top，单击 OK 按钮，系统再次弹出“新建级别”对话框。

（4）单击“新建级别”对话框中的 类选择 按钮，系统弹出“类选择”对话框，选取骨架模型作为要复制的几何体，单击 确定 按钮。系统重新弹出“新建级别”对话框。

（5）在“新建级别”对话框中单击 确定 按钮，完成 second_top 层的创建。

（6）在“装配导航器”窗口中的 second_top 选项上右击，系统弹出快捷菜单（三），在此快捷菜单中选择 设为显示部件 命令，对模型进行编辑。

Step2. 创建图 8.3.25 所示的修剪体特征 1。选择下拉菜单 插入(S) ⟶ 修剪(T) ⟶ 修剪体(T)... 命令；选取图 8.3.26 所示的目标体和刀具体；在 刀具 区域中单击 按钮，调整修剪方向，使修剪结果如图 8.3.25 所示。

图 8.3.25　修剪体特征 1

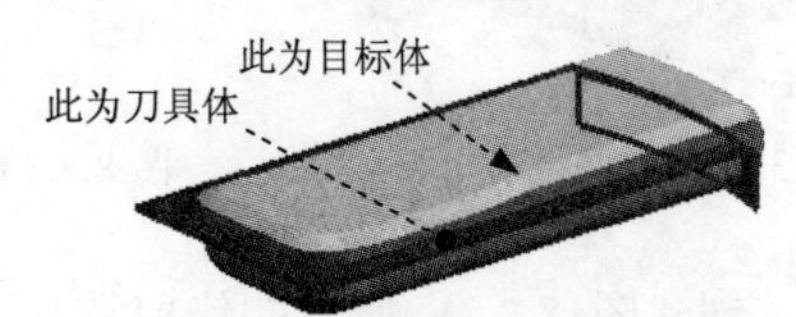

图 8.3.26　选取目标片体和刀具体

Step3. 创建图 8.3.27 的抽壳特征 1。选择下拉菜单插入(S) → 偏置/缩放(O) → 抽壳(H)... 命令；选取图 8.3.28 所示的面为移除面，在厚度区域厚度的文本框中输入 1；在备选厚度区域单击按钮，在面规则下拉列表中选择单个面选项，选取图 8.3.29 所示的平面，在厚度 1文本框中输入 1.5，其他参数采用系统默认设置。

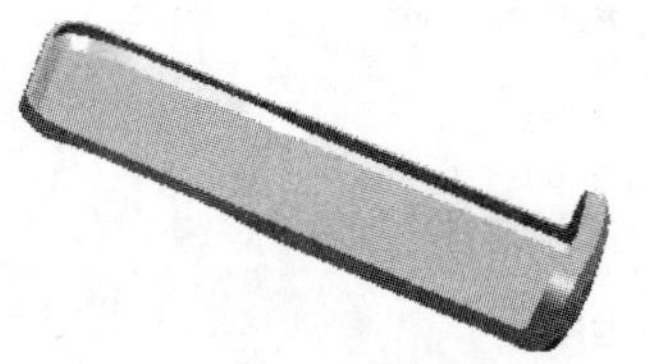
图 8.3.27 抽壳特征 1

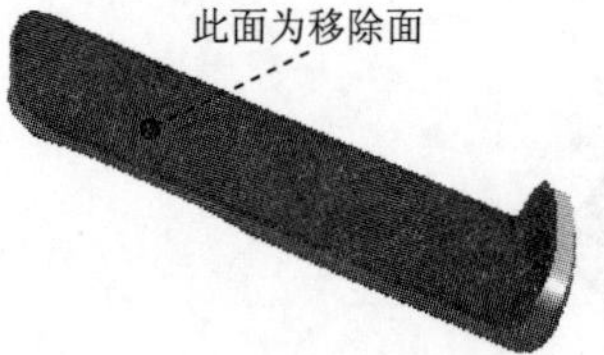

图 8.3.28 选取移除面

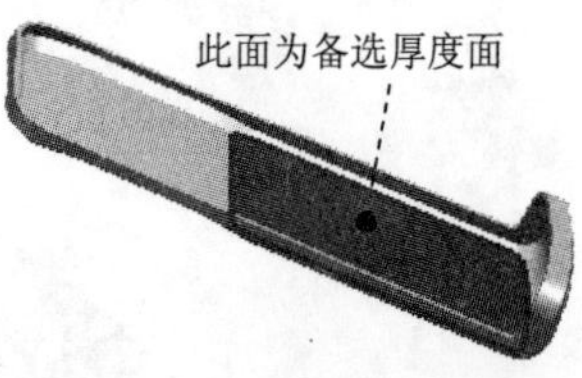

图 8.3.29 选取备选厚度面

Step4. 创建图 8.3.30 所示的偏置曲面 1。选择下拉菜单插入(S) → 偏置/缩放(O) → 偏置曲面(O)...命令；选取图 8.3.31 所示的面为偏置曲面；在偏置 1的文本框中输入 1，单击按钮调整偏置方向为 Z 轴负向，其他参数采用系统默认设置。

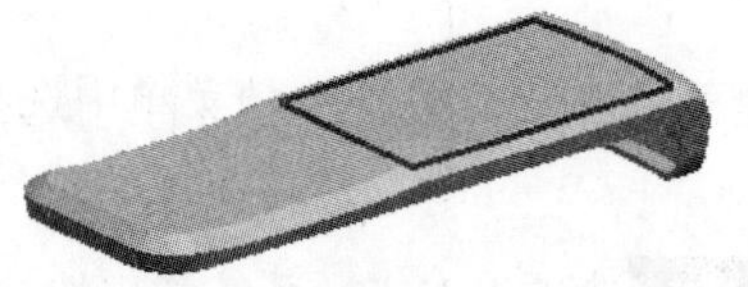
图 8.3.30 偏置曲面 1

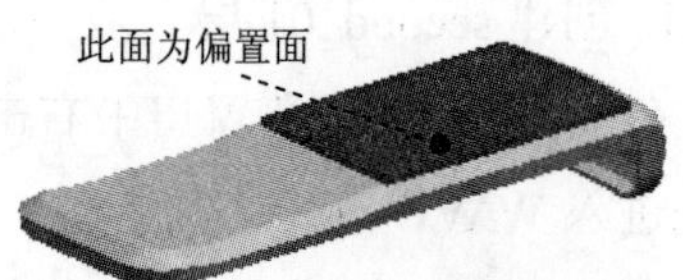

图 8.3.31 选取偏置面

Step5. 创建图 8.3.32 所示的拉伸特征 1。选择下拉菜单插入(S) → 设计特征(E) → 拉伸(E)...命令；选取 XC-YC 基准平面为草图平面；绘制图 8.3.33 所示的截面草图（草图中圆弧与偏置曲面 1 的上圆弧为等圆弧约束）；在"拉伸"对话框限制区域的开始下拉列表中选择对称值选项，并在其下的距离文本框中输入 10；在设置区域体类型的下拉列表中选择片体选项；其他参数采用系统默认设置。

Step6. 创建图 8.3.34 所示的修剪特征 1（隐藏实体）。选择下拉菜单插入(S) → 修剪(T) → 修剪的片体(R)...命令；选取图 8.3.35 所示的目标体（拉伸特征 1）和边界对象（偏置曲面 1），在区域区域中选择⊙舍弃单选项，其他参数采用系统默认设置。

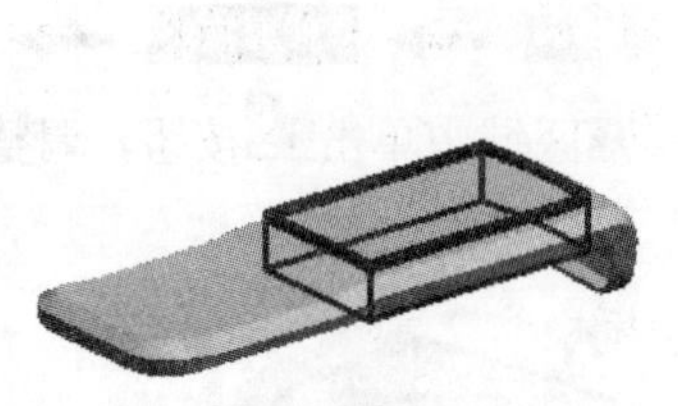
图 8.3.32 拉伸特征 1

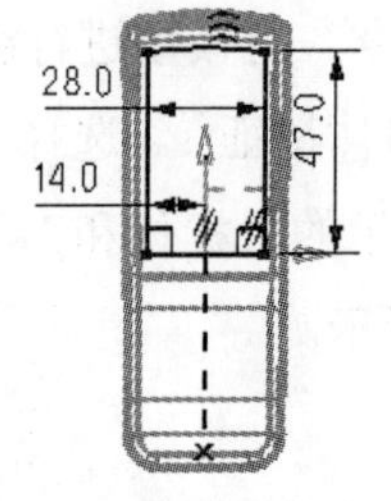

图 8.3.33 绘制截面草图

图 8.3.34 修剪特征 1

Step7. 创建图 8.3.36 所示的修剪特征 2。选择下拉菜单插入(S) → 修剪(T) →

修剪的片体(R)...命令；选取图 8.3.37 所示的目标体（拉伸特征 3）和边界对象（修剪特征 1）；在区域区域中选择保持单选项；其他参数采用系统默认设置。

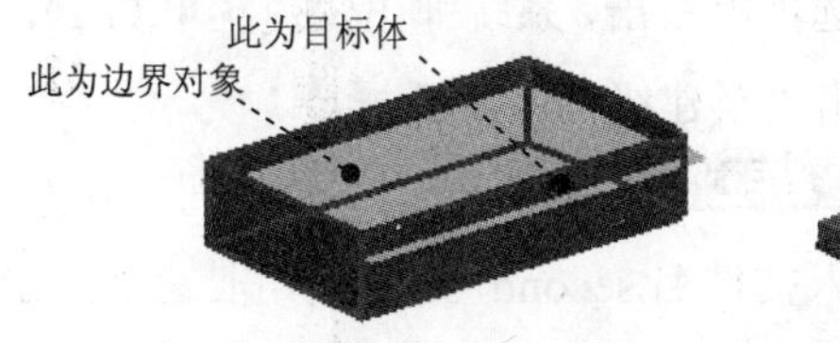

图 8.3.35　选取目标体和边界对象

图 8.3.36　修剪特征 2

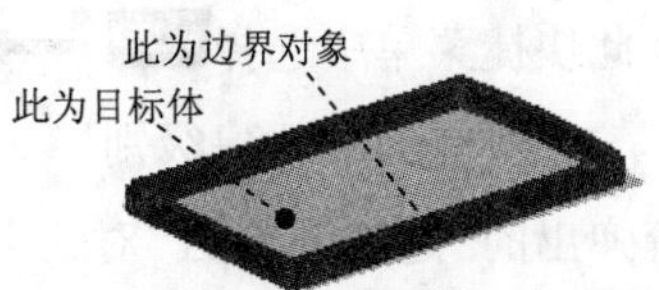

图 8.3.37　选取目标体和边界对象

Step8. 曲面缝合。选择下拉菜单插入(S) → 组合体(B) → 缝合(W)...命令；选取修剪特征 2 为目标体，选取修剪特征 1 为刀具体，其他参数采用系统默认设置。

Step9. 创建图 8.3.38a 所示的边倒圆特征 1。选择下拉菜单插入(S) → 细节特征(L) → 边倒圆(E)...命令；选取图 8.3.38b 所示的两条边为边倒圆参照，并在 Radius 1 文本框中输入 1。

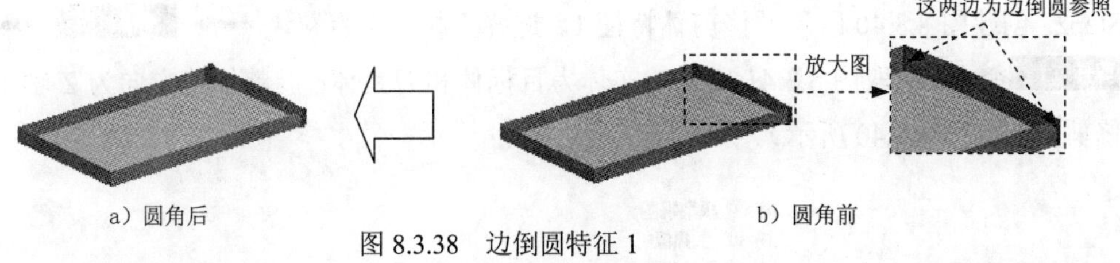

图 8.3.38　边倒圆特征 1

Step10. 设置隐藏（显示 Step6 中隐藏的实体）。选择下拉菜单编辑(E) → 显示和隐藏(H) → 隐藏(H)...命令；单击“类选择”对话框过滤器区域的按钮，系统弹出“根据类型选择”对话框，选择对话框列表中的草图和基准选项，单击确定按钮。系统再次弹出“类选择”对话框，单击对话框对象区域的按钮；在“类选择”对话框中单击确定按钮，完成对设置对象的隐藏。

Step11. 保存零件模型文件。

8.3.4　创建下部二级控件

此处得到的下部二级控件是从一级控件中分割出来的另一部分，它继承了一级控件除上部二级控件之外的外观形状，在后面的模型设计过程中它又被分割成下盖和电池盖两个零件。下面讲解下部二级控件（second_back）的创建过程，零件模型及相应的模型树如图 8.3.39 所示。

Step1. 创建 second_back 层。

（1）在“装配导航器”窗口中的 second_top 选项上右击，在系统弹出的快捷菜单（一）

中选择显示父项 ▸ ⟶ mobile_telephone命令，系统在“装配导航器”中显示 mobile_phone 部件。

（2）在“装配导航器”窗口中的☑ mobile_telephone选项上右击，系统弹出快捷菜单（二），在此快捷菜单中选择WAVE ▸ ⟶ 新建级别命令，系统弹出“新建级别”对话框。

（3）单击“新建级别”对话框中的 指定部件名 按钮，在系统弹出的“选择部件名”对话框的文件名(N): 文本框中输入文件名 second_back，单击 OK 按钮，系统再次弹出“新建级别”对话框。

（4）单击“新建级别”对话框中的 类选择 按钮，系统弹出“类选择”对话框，选取骨架模型作为要复制的几何体，单击 确定 按钮。系统重新弹出“新建级别”对话框。

（5）在“新建级别”对话框中单击 确定 按钮，完成 second_back 层的创建。

（6）在“装配导航器”窗口中的☑ second_back选项上右击，系统弹出快捷菜单（三），在此快捷菜单中选择 设为显示部件命令，对模型进行编辑。

Step2. 创建图 8.3.40 所示的修剪体特征 1。选择下拉菜单插入(S) ⟶ 修剪(T) ⟶ 修剪体(T)...命令；选取图 8.3.41 所示的实体为目标体和刀具体；调整修剪方向为 Z 轴正向（使修剪结果如图 8.3.40 所示）。

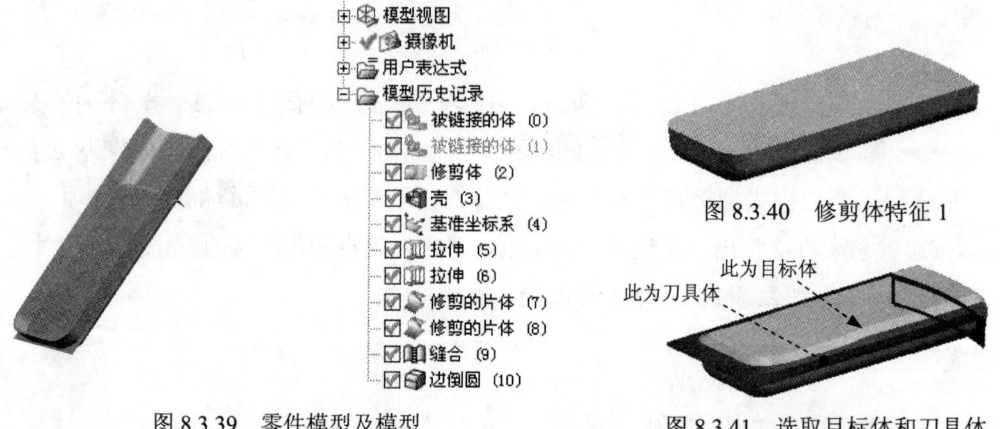

图 8.3.39　零件模型及模型

图 8.3.40　修剪体特征 1

图 8.3.41　选取目标体和刀具体

Step3. 创建图 8.3.42 的抽壳特征 1。选择下拉菜单插入(S) ⟶ 偏置/缩放(O) ▸ ⟶ 抽壳(H)... 命令；选取图 8.3.43 所示的面为移除面，在厚度区域厚度的文本框中输入 1，调整抽壳方向为向内，其他参数采用系统默认设置。

Step4. 创建图 8.3.44 所示的拉伸特征 1。选择下拉菜单插入(S) ⟶ 设计特征(E) ▸ ⟶ 拉伸(E)...命令；选取 YC-ZC 基准平面为草图平面；绘制图 8.3.45 所示的截面草图；在“拉伸”对话框限制区域的开始下拉列表中选择对称值选项，并在其下的距离文本框中输入 20；在方向区域的* 指定矢量 (0)下拉列表中选择 选项；在设置区域体类型的下拉列表中选择片体选项；其他参数采用系统默认设置。

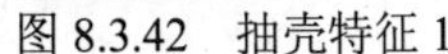
图 8.3.42　抽壳特征 1

图 8.3.43　选取移除面

图 8.3.44　拉伸特征 1

Step5. 创建图 8.3.46 所示的拉伸特征 2。选择下拉菜单 插入(S) → 设计特征(E) → 拉伸(E)... 命令；选取 XC-YC 基准平面为草图平面；绘制图 8.3.47 所示的截面草图；在“拉伸”对话框 限制 区域的 开始 下拉列表中选择 对称值 选项，并在其下的 距离 文本框中输入 10；在 方向 区域的 * 指定矢量 (0) 下拉列表中选择 zc↑ 选项；在 设置 区域 体类型 下拉列表中选择 片体 选项；其他参数采用系统默认设置；单击 确定 按钮，完成拉伸特征 2 的创建。

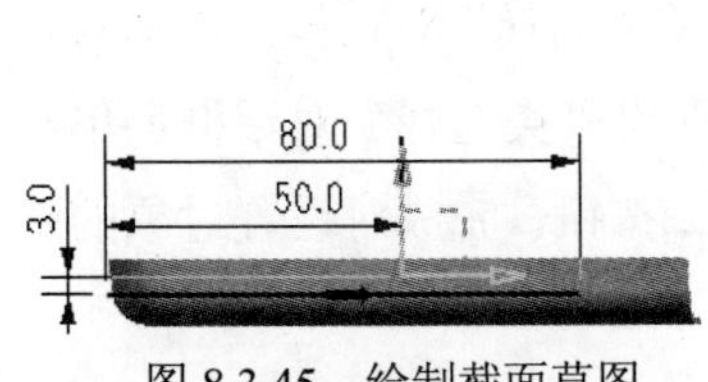

图 8.3.45　绘制截面草图

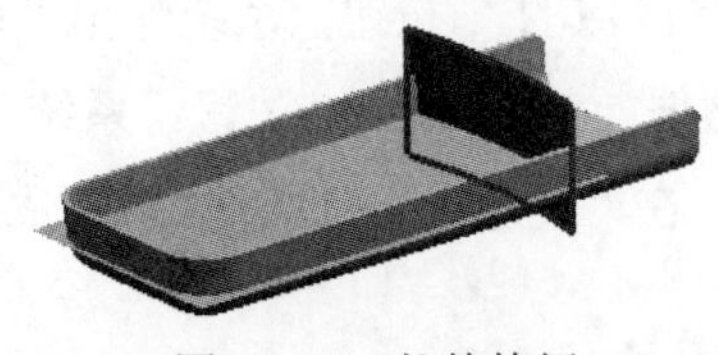
图 8.3.46　拉伸特征 2

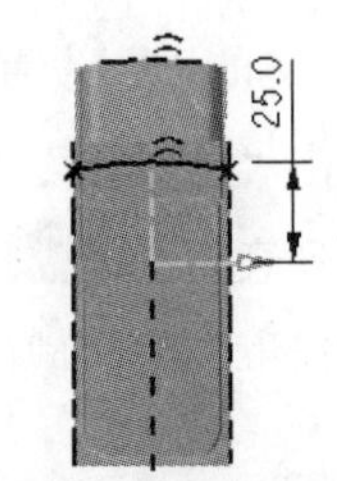

图 8.3.47　绘制截面草图

Step6. 创建图 8.3.48 所示的修剪特征 1。选择下拉菜单 插入(S) → 修剪(T) → 修剪的片体(R)... 命令；选取图 8.3.49 所示的目标体（拉伸特征 1）和边界对象（拉伸特征 2），在 区域 区域中选择 ⊙ 保持 单选项，其他参数采用系统默认设置。

图 8.3.48　修剪特征 1

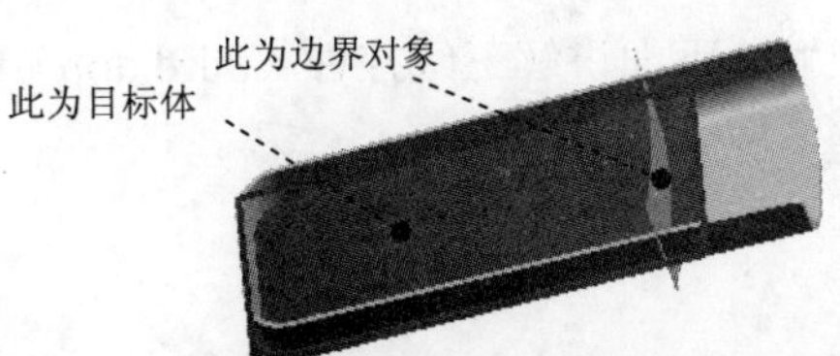

图 8.3.49　选取目标体和边界对象

Step7. 创建图 8.3.50 所示的修剪特征 2。选择下拉菜单 插入(S) → 修剪(T) → 修剪的片体(R)... 命令；选取图 8.3.51 所示的目标体（拉伸特征 3）和边界对象（修剪特征 1）；在 区域 区域中选择 ⊙ 舍弃 单选项；其他参数采用系统默认设置。

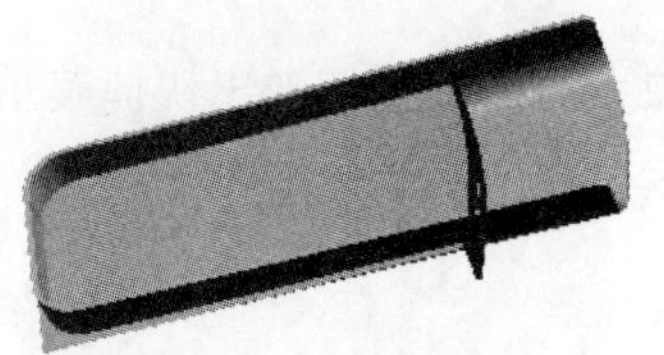
图 8.3.50　修剪特征 2

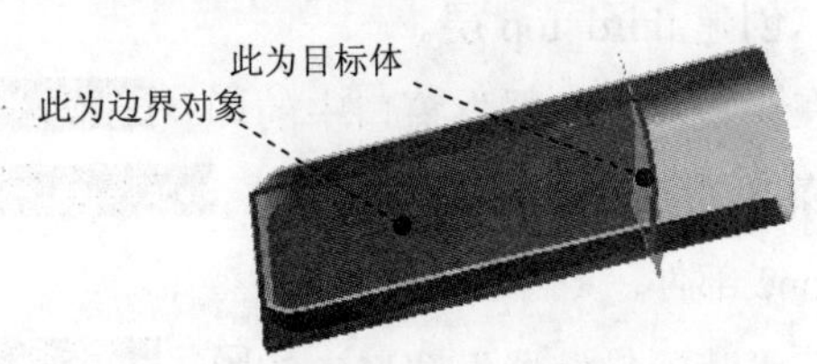

图 8.3.51　选取目标体和边界对象

Step8. 曲面缝合。选择下拉菜单 插入(S) ➡ 组合体(B)▶ ➡ 缝合(W)... 命令；选取修剪特征 1 为目标体；选取修剪特征 2 为刀具体；其他参数采用系统默认设置。

Step9. 创建图 8.3.52a 所示的边倒圆特征 1。选择下拉菜单 插入(S) ➡ 细节特征(L)▶ ➡ 边倒圆(E)... 命令；选取图 8.3.52b 所示的边为边倒圆参照，并在 'Radius 1 文本框中输入 2.5。

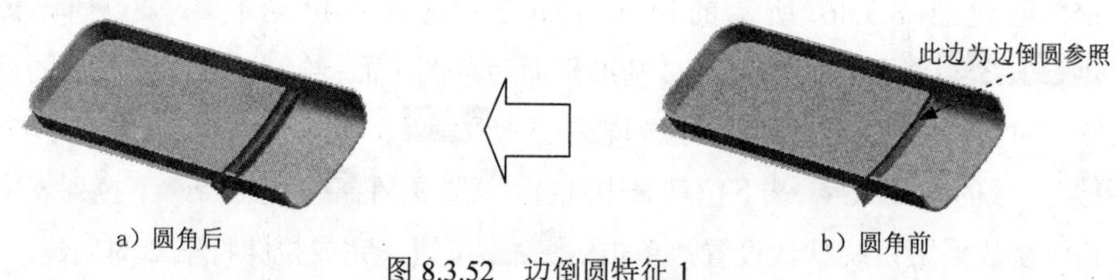

图 8.3.52 边倒圆特征 1

Step10. 设置隐藏。选择下拉菜单 编辑(E) ➡ 显示和隐藏(H) ➡ 隐藏(H)... 命令；单击“类选择”对话框 过滤器 区域的按钮，系统弹出“根据类型选择”对话框，选择对话框列表中的 草图 和 基准 选项，单击 确定 按钮。系统再次弹出“类选择”对话框，单击对话框 对象 区域的按钮；在“类选择”对话框中单击 确定 按钮，完成对设置对象的隐藏。

Step11. 保存零件模型。

8.3.5 创建三级控件

三级控件是从上部二级控件上分割出来的一部分，同时为上盖和屏幕的创建提供了参考外形及尺寸。下面讲解三级控件（third_top）的创建过程，零件模型及相应的模型树如图 8.3.53 所示。

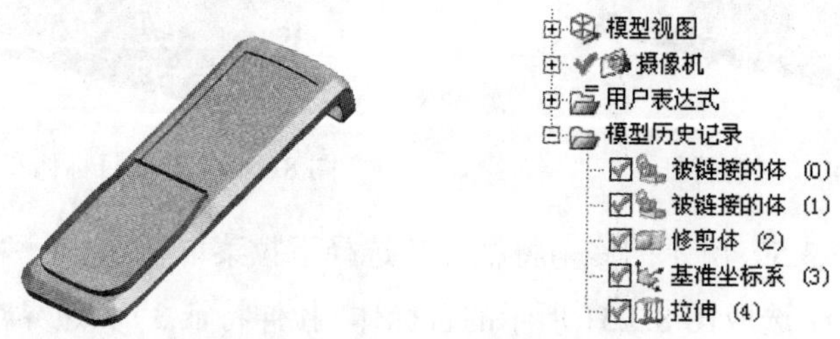

图 8.3.53 零件模型及模型树

Step1. 创建 third_top 层。

（1）在“装配导航器”窗口中的 second_back 选项上右击，系统弹出快捷菜单（一）在此快捷菜单中选择 显示父项 ▶ ➡ mobile_telephone 命令，系统在“装配导航器”中显示 mobile_phone 部件。

（2）在“装配导航器”窗口中的 second_top 选项上右击，系统弹出快捷菜单（二），在此快捷菜单中选择 设为显示部件 命令，对模型进行编辑。

（3）在“装配导航器”窗口中的 second_top 选项上右击，系统弹出快捷菜单（三），在此快捷菜单中选择 WAVE ➡ 新建级别 命令，系统弹出“新建级别”对话框。

（4）单击“新建级别”对话框中的 指定部件名 按钮，在系统弹出的“选择部件名”对话框的 文件名(N): 文本框中输入文件名 third_top，单击 OK 按钮，系统再次弹出“新建级别”对话框。

（5）单击“新建级别”对话框中的 类选择 按钮，系统弹出“类选择”对话框，选取上部二级控件作为要复制的几何体，单击 确定 按钮。系统重新弹出“新建级别”对话框。

（6）在“新建级别”对话框中单击 确定 按钮，完成 third_top 层的创建。

（7）在“装配导航器”窗口中的 third_top 装配部件上右击，系统弹出快捷菜单（四），在此快捷菜单中选择 设为显示部件 选项，对模型进行编辑。

Step2. 创建图 8.3.54 所示的修剪体特征 1。选择下拉菜单 插入(S) ➡ 修剪(T) ➡ 修剪体(T)... 命令；选取图 8.3.55 所示的实体为目标体和刀具体；调整修剪方向为 Z 轴正向，使修剪结果如图 8.3.54 所示。

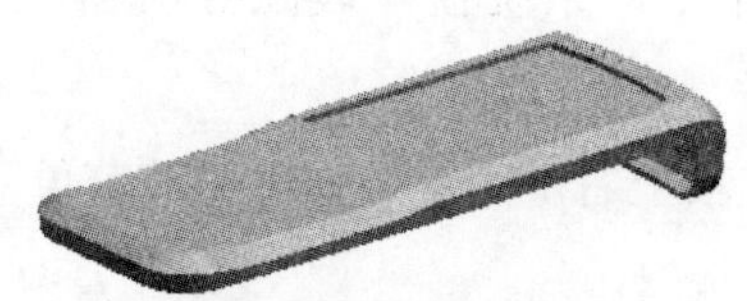

图 8.3.54　修剪体特征 1

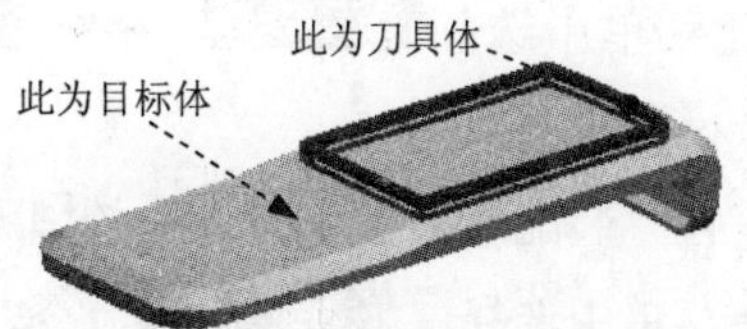

图 8.3.55　选取目标体和刀具体

Step3. 创建图 8.3.56 所示的拉伸特征 1。选择下拉菜单 插入(S) ➡ 设计特征(E) ➡ 拉伸(E)... 命令；选取 XC-YC 基准平面为草图平面；绘制图 8.3.57 所示的截面草图；在“拉伸”对话框 限制 区域的 开始 下拉列表中选择 值 选项，并在其下的 距离 文本框中输入 0；在 限制 区域的 结束 下拉列表中选择 值 选项，并在其下的 距离 文本框中输入 10，在 方向 区域的 * 指定矢量 (0) 下拉列表中选择 ZC↑ 选项；在 设置 区域的 体类型 下拉列表中选择 片体 选项；其他参数采用系统默认设置。

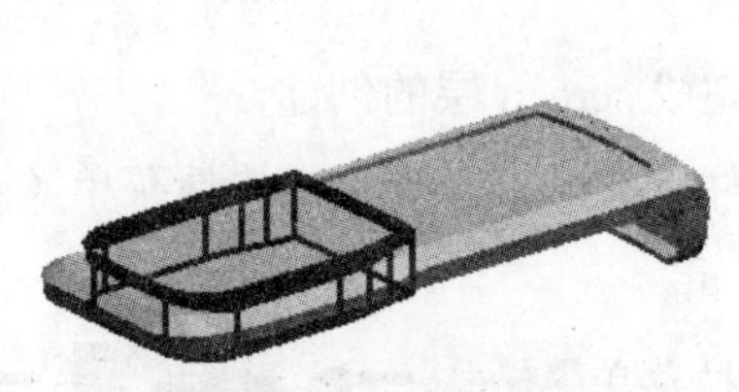

图 8.3.56　拉伸特征 1

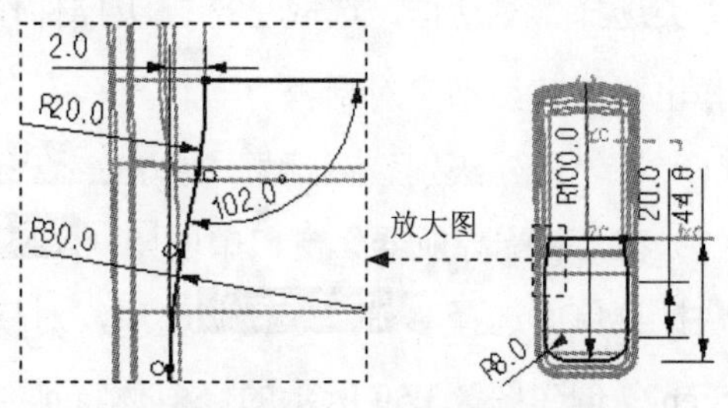

图 8.3.57　绘制截面草图

Step4. 设置隐藏。选择下拉菜单 编辑(E) ➡ 显示和隐藏(H) ➡ 隐藏(H)... 命令；单击“类选择”对话框 过滤器 区域的 按钮，系统弹出“根据类型选择”对话框，选择对话框列表中的 草图 和 基准 选项，单击 确定 按钮。系统再次弹出“类选择”对话框，单击对话框对象区域的按钮；在“类选择”对话框中单击确定按钮，完成对设置对象的隐藏。

Step5. 保存零件模型。

8.3.6 创建屏幕

屏幕作为三级控件的同级别零件在从二级控件中分割出来后经过细化就是最终的模型零件。下面讲解屏幕（screen）的创建过程，零件模型及相应的模型树如图 8.3.58 所示。

图 8.3.58 零件模型及模型树

Step1. 创建 screen 层。

（1）在“装配导航器”窗口中的third_top选项上右击，系统弹出快捷菜单（一），在此快捷菜单中选择显示父项 ▸ ➡ mobile_phone命令，系统在“装配导航器”中显示 second_top 部件。

（2）在“装配导航器”窗口中的second_top选项上右击，系统弹出快捷菜单（二），在此快捷菜单中选择设为显示部件命令，对模型进行编辑。

（3）在“装配导航器”窗口中的second_top选项上右击，系统弹出快捷菜单（三），在此快捷菜单中选择WAVE ➡ 新建级别命令，系统弹出 “新建级别”对话框。

（4）单击“新建级别”对话框中的指定部件名按钮，在系统弹出的“选择部件名”对话框的文件名(N):文本框中输入文件名 screen，单击OK按钮，系统再次弹出“新建级别”对话框。

（5）单击“新建级别”对话框中的类选择按钮，系统弹出“类选择”对话框，选取上部二级控件作为要复制的几何体，单击确定按钮。系统重新弹出“新建级别”对话框。

（6）在“新建级别”对话框中单击确定按钮，完成 screen 层的创建。

（7）在“装配导航器”窗口中的screen装配部件上右击，系统弹出快捷菜单（四），在此快捷菜单中选择设为显示部件选项，对模型进行编辑。

Step2. 创建图 8.3.59 所示的修剪体特征 1。选择下拉菜单插入(S) ➡ 修剪(T) ➡ 修剪体(T)...命令；选取图 8.3.60 所示的实体为目标体和刀具体；在刀具区域中单击按钮，调整修剪方向为 Z 轴负向。

Step3. 保存零件模型。

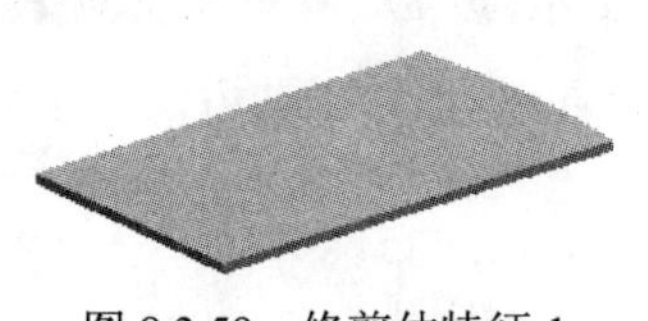
图 8.3.59 修剪体特征 1

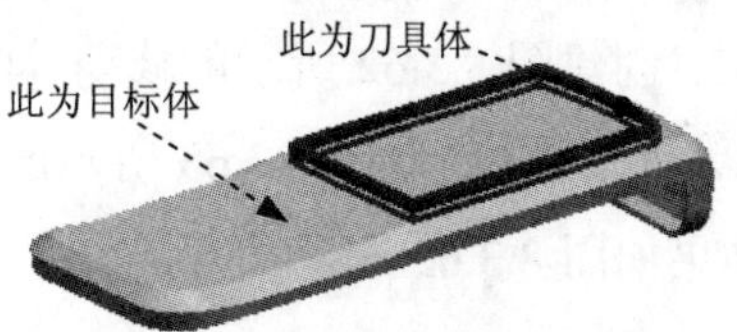

图 8.3.60 选取目标体和刀具体

8.3.7 创建下盖

下盖从下部二级控件中继承外观和必要的尺寸，以此为基础进行细化即得到完整的按键盖零件。下面讲解下盖（back_cover）的创建过程，零件模型及相应的模型树如图 8.3.61 所示。

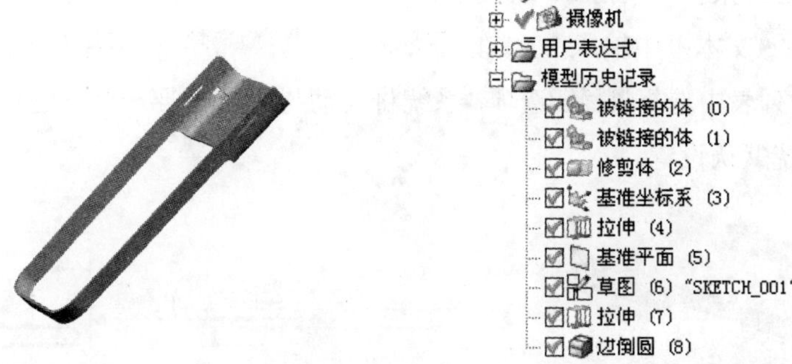

图 8.3.61 零件模型及模型树

Step1. 创建 back_cover 层。

（1）在“装配导航器”窗口中的 screen 选项上右击，系统弹出快捷菜单（一），在此快捷菜单中选择 显示父项 → mobile_telephone 命令，系统在“装配导航器”中显示 mobile_phone 部件。

（2）在“装配导航器”窗口中的 second_back 选项上右击，系统弹出快捷菜单（二），在此快捷菜单中选择 WAVE → 新建级别 命令，系统弹出 “新建级别”对话框。

（3）单击“新建级别”对话框中的 指定部件名 按钮，在系统弹出的“选择部件名”对话框的 文件名(N): 文本框中输入文件名 back_cover，单击 OK 按钮，系统再次弹出“新建级别”对话框。

（4）单击“新建级别”对话框中的 类选择 按钮，系统弹出“类选择”对话框，选取二级控件 1 作为要复制的几何体，单击 确定 按钮。系统重新弹出“新建级别”对话框。

（5）在“新建级别”对话框中单击 确定 按钮，完成 back_cover 层的创建。

（6）在“装配导航器”窗口中的 back_cover 选项上右击，系统弹出快捷菜单（三），在此快捷菜单中选择 设为显示部件 选项，对模型进行编辑。

Step2. 创建图 8.3.62 所示的修剪体特征 1。选择下拉菜单插入(S) → 修剪(T) → 修剪体(T)...命令；选取图 8.3.63 所示的实体为目标体和刀具体；调整修剪方向为 Z 轴负向，使修剪结果如图 8.3.62 所示。

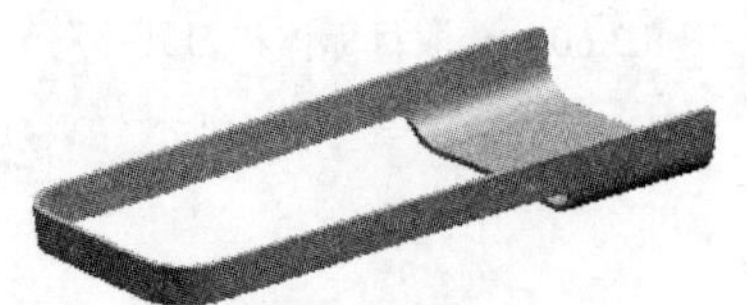

图 8.3.62　修剪体特征 1

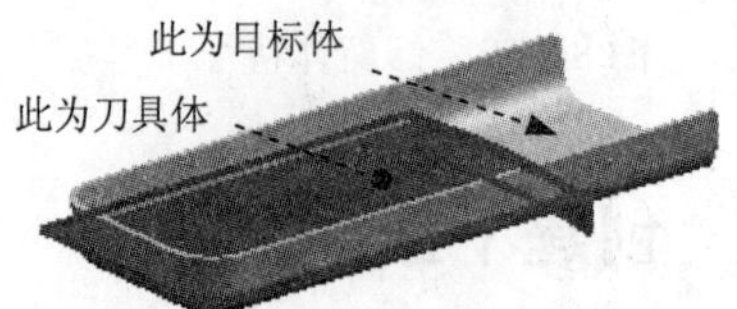

图 8.3.63　选取目标体和刀具体

Step3. 创建图 8.3.64 所示的拉伸特征 1。选择下拉菜单插入(S) → 设计特征(E) → 拉伸(E)...命令；选取 YC-ZC 基准平面为草图平面；绘制图 8.3.65 所示的截面草图（草图中两个圆弧的中心约束在 Y 轴上）；在“拉伸”对话框限制区域的开始下拉列表中选择对称值选项，并在其下的距离文本框中输入 20；在方向区域的*指定矢量(0)下拉列表中选择XC选项；在布尔区域的下拉列表中选择求差选项，系统将自动与模型中唯一一个体进行布尔求差运算；其他参数采用系统默认设置。

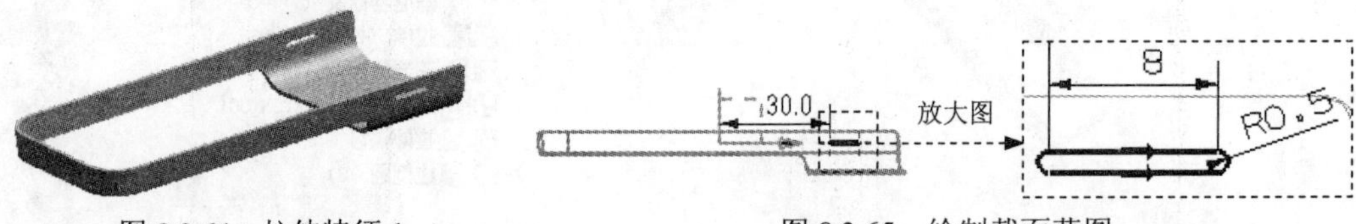

图 8.3.64　拉伸特征 1　　　　图 8.3.65　绘制截面草图

Step4. 创建图 8.3.66 所示的基准平面 1。选择下拉菜单插入(S) → 基准/点(D) → 基准平面(D)...命令；在类型区域的下拉列表中选择按某一距离选项。选取 XC-ZC 基准平面为对象平面；在偏置区域的距离文本框中输入 40，平面的方向如图 8.3.66 所示；其他参数采用系统默认设置。

Step5. 创建图 8.3.67 所示的草图 1。选择下拉菜单插入(S) → 草图(S)...命令；选取基准平面 1 为草图平面；绘制图 8.3.67 所示的草图 1。

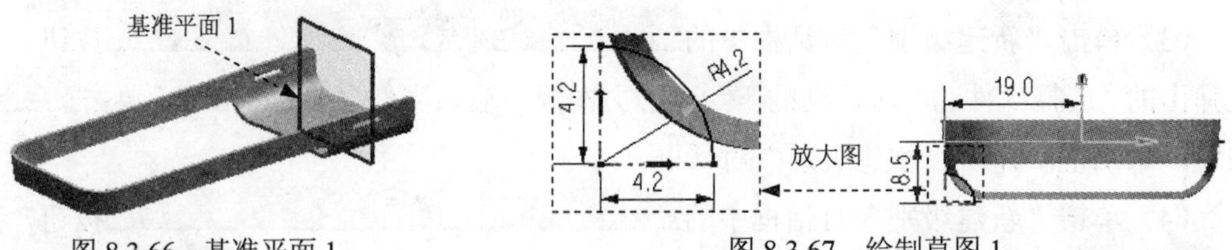

图 8.3.66　基准平面 1　　　　图 8.3.67　绘制草图 1

Step6. 创建图 8.3.68 所示的拉伸特征 2。选择下拉菜单插入(S) → 设计特征(E) → 拉伸(E)...命令，选取草图 1 为截面曲线；在“拉伸”对话框限制区域的开始下拉列表中选择对称值选项，并在其下的距离文本框中输入 1.25；在方向区域的*指定矢量(0)下拉列表中选择Y选项；在偏置区域偏置的下拉列表中选择对称选项，并在其下的开始文本框中输入

0.75；在布尔区域的下拉列表中选择求差选项，选取实体为求差对象；其他参数采用系统默认设置。

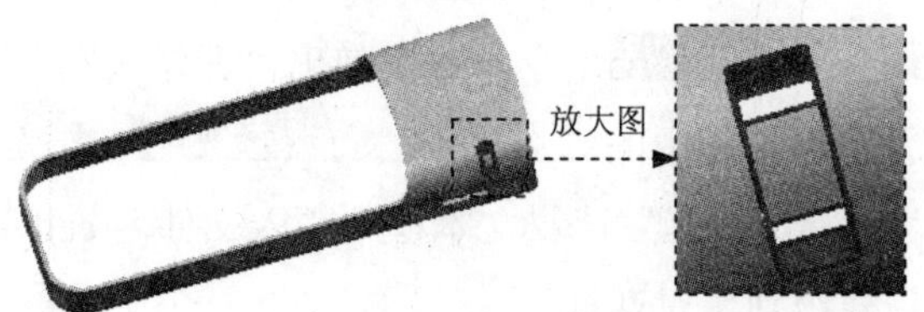

图 8.3.68　拉伸特征 2

Step7. 创建图 8.3.69a 所示的边倒圆特征 1。选择下拉菜单插入(S) ⟶ 细节特征(L) ⟶ 边倒圆(E)...命令；选取图 8.3.69b 所示的边为边倒圆参照，并在'Radius 1文本框中输入 0.5。

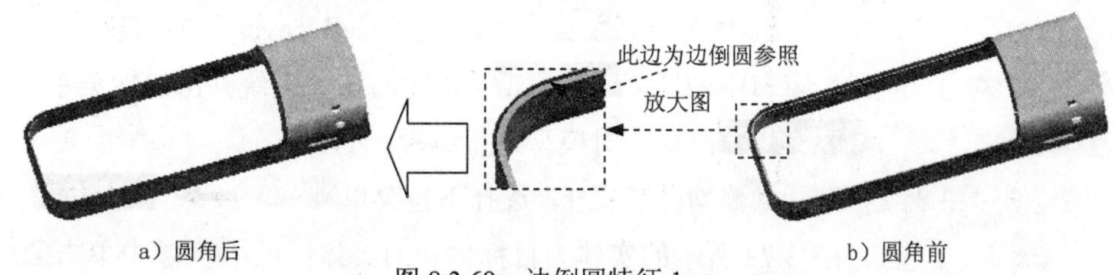

图 8.3.69　边倒圆特征 1

Step8. 设置隐藏。选择下拉菜单编辑(E) ⟶ 显示和隐藏(H) ⟶ 隐藏(H)...命令；单击“类选择”对话框过滤器区域的按钮，系统弹出“根据类型选择”对话框，选择对话框列表中的草图和基准选项，单击确定按钮。系统再次弹出“类选择”对话框，单击对话框对象区域的按钮。

Step9. 保存零件模型。

8.3.8　创建电池盖

电池盖是从下部二级控件得到必要的基础尺寸后，再对其进行细化设计同样得到完整的电池盖零件。下面讲解电池盖（cell_cover）的创建过程，零件模型及相应的模型树如图 8.3.70 所示。

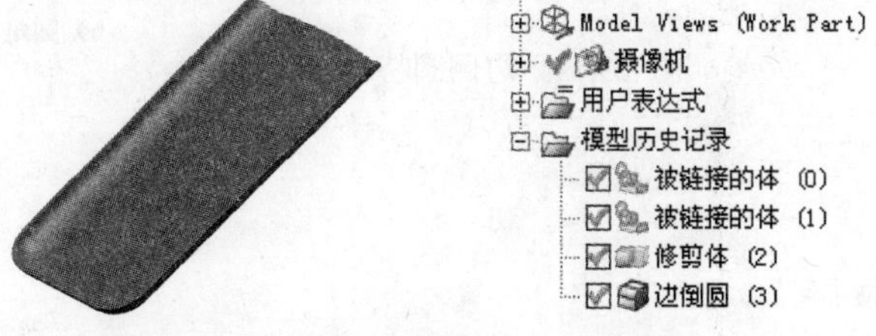

图 8.3.70　零件模型及模型树

Step1. 创建 cell_cover 层。

（1）在“装配导航器”窗口中的back_cover选项上右击，系统弹出快捷菜单（一），在此快捷菜单中选择显示父项 ⟶ second_back命令，系统在“装配导航器”中显示 second

部件。

（2）在“装配导航器”窗口中的☑ second_back选项上右击，系统弹出快捷菜单（二），在此快捷菜单中选择WAVE ➔ 新建级别命令，系统弹出“新建级别”对话框。

（3）单击“新建级别”对话框中的 指定部件名 按钮，在系统弹出的“选择部件名”对话框的文件名(N):文本框中输入文件名 cell_cover，单击 OK 按钮，系统再次弹出“新建级别”对话框。

（4）单击“新建级别”对话框中的 类选择 按钮，系统弹出“类选择”对话框，选取二级控件 1 作为要复制的几何体，单击 确定 按钮。系统重新弹出“新建级别”对话框。

（5）在“新建级别”对话框中单击 确定 按钮，完成 cell_cover 层的创建。

（6）在“装配导航器”窗口中的☑ cell_cover选项上右击，系统弹出快捷菜单（三），在此快捷菜单中选择 设为显示部件命令，对模型进行编辑。

Step2. 创建图 8.3.71 所示的修剪体特征 1。选择下拉菜单插入(S) ➔ 修剪(T) ➔ 修剪体(T)...命令；选取图 8.3.72 所示的实体为目标体和刀具体；在刀具区域中单击按钮，调整修剪方向为 Z 轴正向。

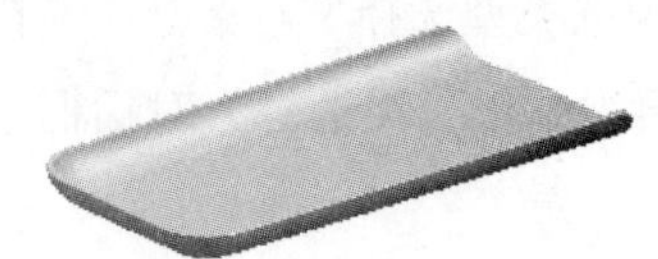

图 8.3.71　修剪体特征 1

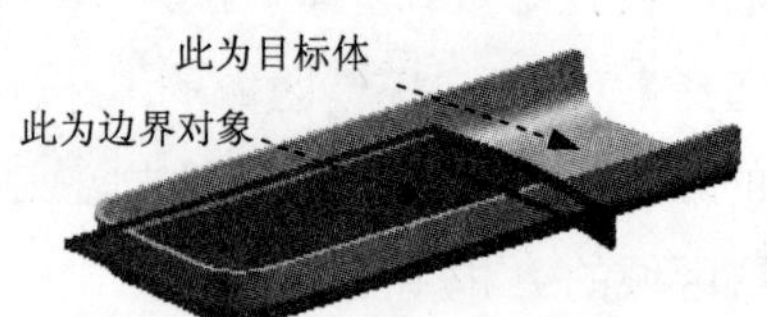

图 8.3.72　选取目标体和刀具体

Step3. 创建图 8.3.73a 所示的边倒圆特征 1。选择下拉菜单插入(S) ➔ 细节特征(L) ➔ 边倒圆(E)...命令；选取图 8.3.73b 所示的边为边倒圆参照，并在 Radius 1 文本框中输入 0.2。

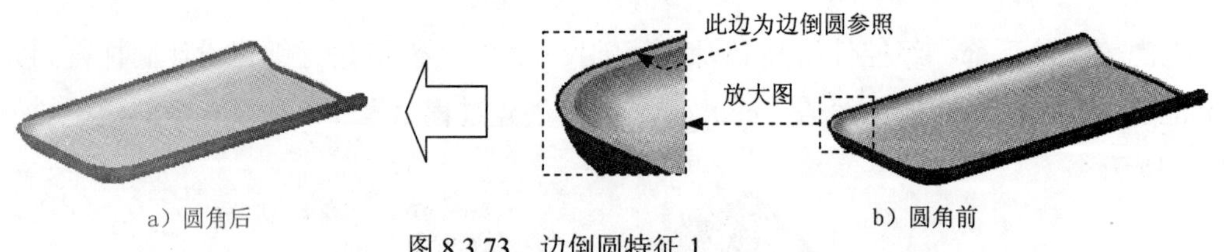

a）圆角后　　b）圆角前

图 8.3.73　边倒圆特征 1

Step4. 保存零件模型。

8.3.9　创建上盖

下面讲解上盖（top_cover）的创建过程，从三级控件继承相应尺寸后对其进行细化设计即得到完善的零件模型，零件模型及相应的模型树如图 8.3.74 所示。

Step1. 创建 top_cover 层。

（1）在“装配导航器”窗口中的☑cell_cover选项上右击，系统弹出快捷菜单（一），在此快捷菜单中选择显示父项 ▸ ➡ mobile_telephone命令，系统在“装配导航器”中显示 mobile_phone 部件。

（2）在“装配导航器”窗口中的☑second_top选项上右击，系统弹出快捷菜单（二），在此快捷菜单中选择设为显示部件命令，对模型进行编辑。

（3）在“装配导航器”窗口中的☑third_top选项上右击，系统弹出快捷菜单（三），在此快捷菜单中选择WAVE▸ ➡ 新建级别命令，系统弹出 “新建级别”对话框。

（4）单击“新建级别”对话框中的指定部件名按钮，在系统弹出的“选择部件名”对话框的文件名(N):文本框中输入文件名 top_cover，单击OK按钮，系统再次弹出“新建级别”对话框。

（5）单击“新建级别”对话框中的类选择按钮，系统弹出“类选择”对话框，选取上部三级控件作为要复制的几何体，单击确定按钮。系统重新弹出“新建级别”对话框。

（6）在“新建级别”对话框中单击确定按钮，完成 top_cover 层的创建。

（7）在“装配导航器”窗口中的☑top_cover装配部件上右击，系统弹出快捷菜单（四），在此快捷菜单中选择设为显示部件选项，对模型进行编辑。

Step2. 创建图 8.3.75 所示的修剪体特征 1。选择下拉菜单插入(S) ➡ 修剪(T) ➡ 修剪体(T)...命令；选取图 8.3.76 所示的实体为目标体和刀具体；在刀具区域中单击按钮，调整修剪方向向内。

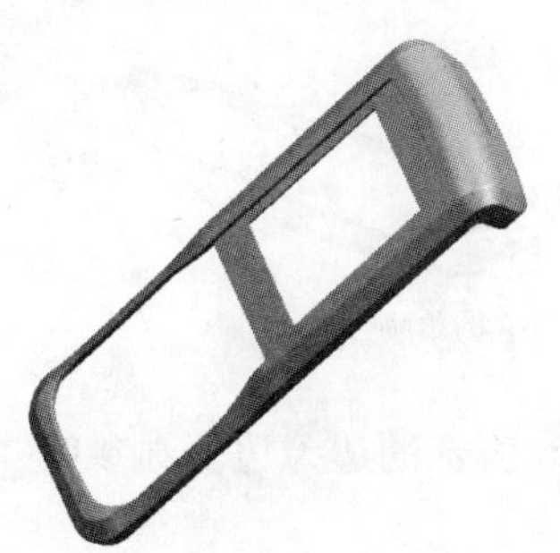

模型视图
摄像机
用户表达式
模型历史记录
被链接的体 (0)
被链接的体 (1)
修剪体 (2)
拉伸 (3)
基准坐标系 (4)
拉伸 (5)
边倒圆 (6)
边倒圆 (7)

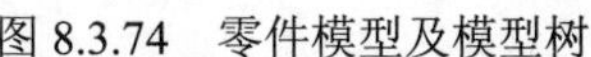

图 8.3.74　零件模型及模型树

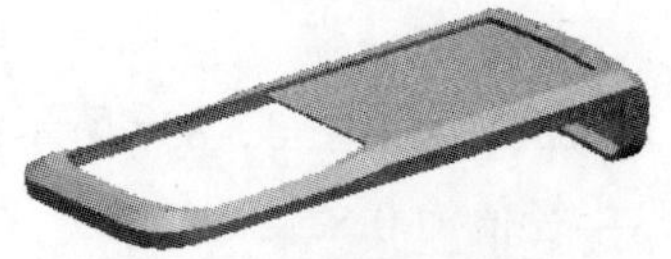

图 8.3.75　修剪体特征 1

Step3. 创建图 8.3.77 所示的拉伸特征 1。选择下拉菜单插入(S) ➡ 设计特征(E)▸ ➡ 拉伸(E)...命令；选取图 8.3.78 所示的模型表面为草图平面；绘制图 8.3.79 所示的截面草图；在“拉伸”对话框限制区域的开始下拉列表中选择值选项，并在其下的距离文本框中输入 0；在限制区域的结束下拉列表中选择贯通选项；在方向区域的* 指定矢量 (0)下拉列表中选择-ZC选项；在布尔区域的下拉列表中选择求差选项，系统将自动与模型中唯一个体进行布尔求差运算；其他参数采用系统默认设置。

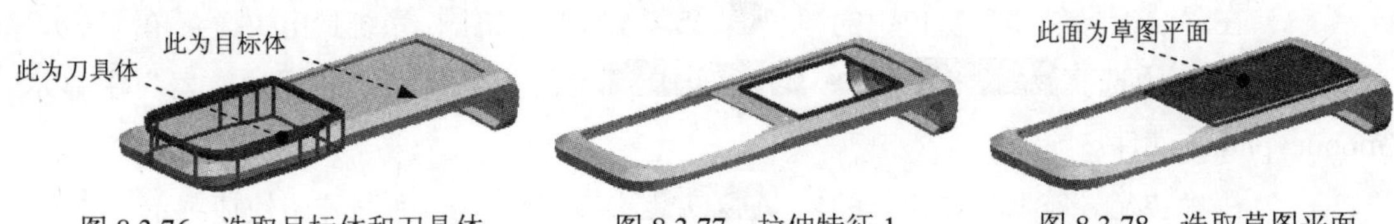

图 8.3.76 选取目标体和刀具体　　图 8.3.77 拉伸特征 1　　图 8.3.78 选取草图平面

Step4. 创建图 8.3.80 所示的拉伸特征 2。选择下拉菜单 插入(S) → 设计特征(E) → 拉伸(E)... 命令；选取 XC-ZC 基准平面为草图平面；绘制图 8.3.81 所示的截面草图；在“拉伸”对话框 限制 区域的 开始 下拉列表中选择 值 选项，并在其下的 距离 文本框中输入 0；在 限制 区域的 结束 下拉列表中选择 贯通 选项；在 方向 区域的 * 指定矢量 (0) 下拉列表中选择 选项；在 布尔 区域的下拉列表中选择 求差 选项，系统将自动与模型中唯一个体进行布尔求差运算；其他参数采用系统默认设置。

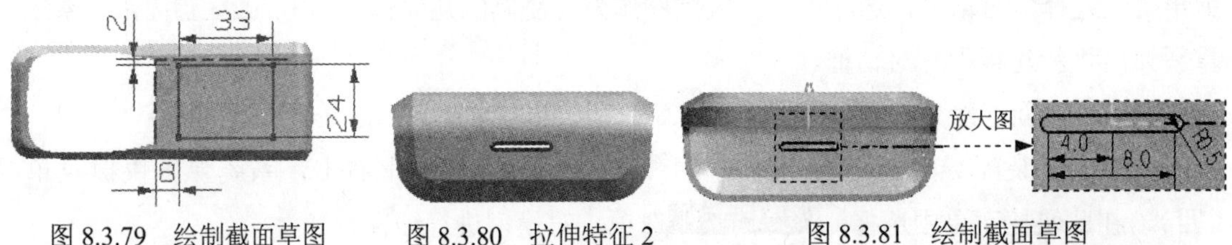

图 8.3.79 绘制截面草图　　图 8.3.80 拉伸特征 2　　图 8.3.81 绘制截面草图

Step5. 创建图 8.3.82a 所示的边倒圆特征 1。选择下拉菜单 插入(S) → 细节特征(L) → 边倒圆(E)... 命令；选取图 8.3.82b 所示的边链为边倒圆参照，并在 Radius 1 文本框中输入 0.2。

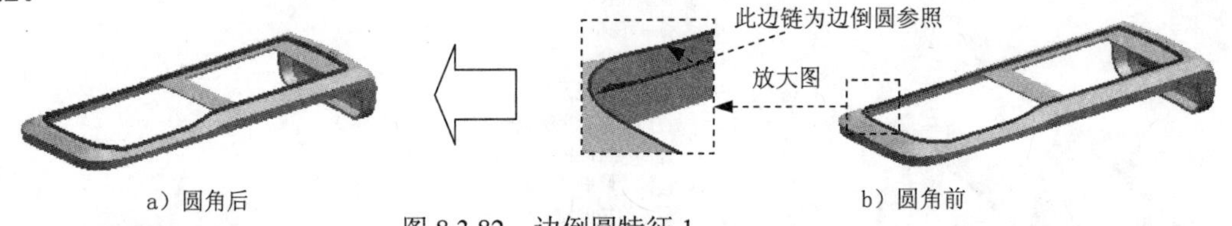

a）圆角后　　b）圆角前

图 8.3.82 边倒圆特征 1

Step6. 创建图 8.3.83a 所示的边倒圆特征 2。选取图 8.3.83b 所示的边为边倒圆参照，其圆角半径值为 0.5。

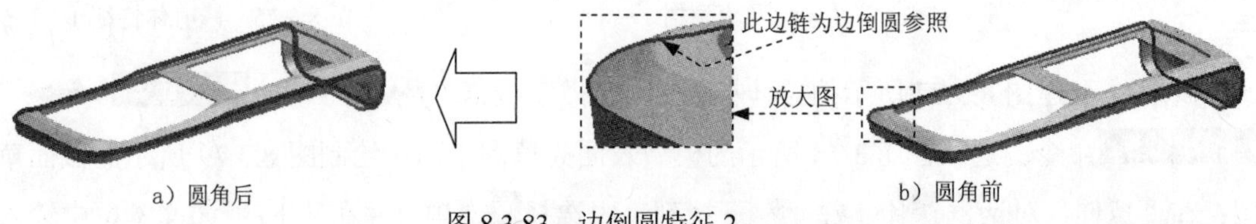

a）圆角后　　b）圆角前

图 8.3.83 边倒圆特征 2

Step7. 设置隐藏。选择下拉菜单 编辑(E) → 显示和隐藏(H) → 隐藏(H)... 命令；单击“类选择”对话框中的 按钮，系统弹出“根据类型选择”对话框，选择对话框列表中的 基准 选项，单击 确定 按钮。系统再次弹出“类选择”对话框，单击对话框中的 按钮；在“类选择”对话框中单击 确定 按钮，完成对设置对象的隐藏。

Step8. 保存零件模型。

8.3.10　创建按键

下面讲解按键（key）的创建过程，按键是从三级控件中分割出来的一部分，从而也继承了三级控件的相应外观形状，只要对其进行细化结构设计即可。零件模型及相应的模型树如图 8.3.84 所示。

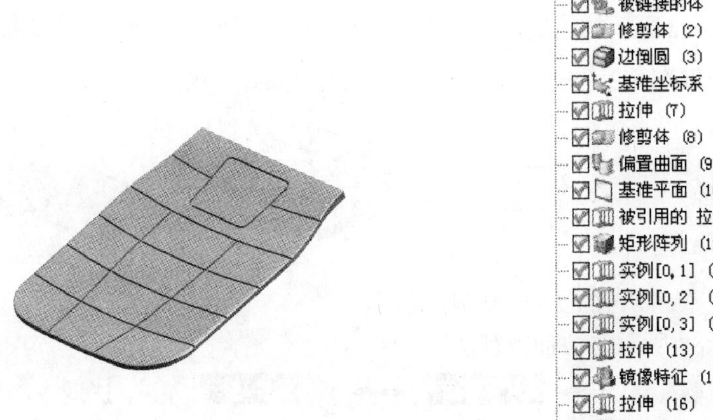

图 8.3.84　零件模型及模型树

Step1. 创建 key 层。

（1）在“装配导航器”窗口中的 top_cover 选项上右击，系统弹出快捷菜单（一），在此快捷菜单中选择 显示父项 → third_top 命令，系统在“装配导航器”中显示 third_top 部件。

（2）在“装配导航器”窗口中的 third_top 选项上右击，系统弹出快捷菜单（三），在此快捷菜单中选择 WAVE → 新建级别 命令，系统弹出“新建级别”对话框。

（3）单击“新建级别”对话框中的 指定部件名 按钮，在系统弹出的“选择部件名”对话框中的 文件名(N): 文本框中输入文件名 key，单击 OK 按钮，系统再次弹出“新建级别”对话框。

（4）单击“新建级别”对话框中的 类选择 按钮，系统弹出“类选择”对话框，选取三级控件作为要复制的几何体，单击 确定 按钮。系统重新弹出“新建级别”对话框。

（5）在“新建级别”对话框中单击 确定 按钮，完成 key 层的创建。

（6）在“装配导航器”窗口中的☑ key选项上右击，系统弹出快捷菜单（四），在此快捷菜单中选择 设为显示部件选项，对模型进行编辑。

Step2. 创建图 8.3.85 所示的修剪体特征 1。选择下拉菜单插入(S) → 修剪(T) → 修剪体(T)...命令；选取图 8.3.86 所示的实体为目标体和刀具体；在刀具区域中单击按钮，调整修剪方向向外。

图 8.3.85 修剪体特征 1

图 8.3.86 选取目标体和刀具体

Step3. 创建图 8.3.87a 所示的边倒圆特征 1。选择下拉菜单插入(S) → 细节特征(L) → 边倒圆(E)...命令；选取图 8.3.87b 所示的边链为边倒圆参照，并在半径 1文本框中输入 0.2。

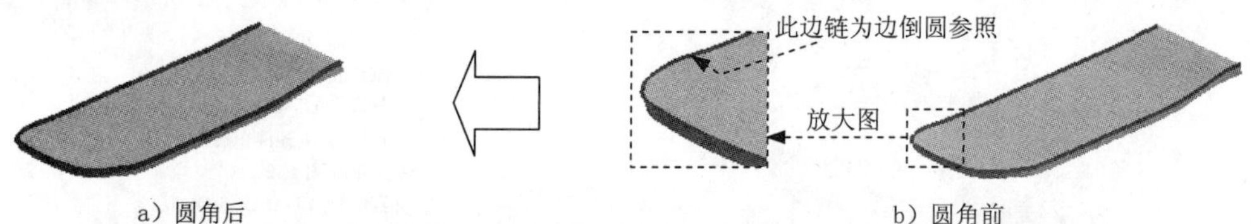

图 8.3.87 边倒圆特征 1

Step4. 创建图 8.3.88 所示的拉伸特征 1。

（1）选择下拉菜单插入(S) → 设计特征(E) → 拉伸(E)...命令；选取 YC-ZC 基准平面为草图平面。

（2）绘制图 8.3.89 所示的截面草图。

① 选择下拉菜单插入(S) → 曲线(C) → 艺术样条(D)...命令。

② 在“艺术样条”对话框中方法区域中单击“根据极点”按钮。

③ 绘制图 8.3.89 所示的截面草图，在“艺术样条”对话框中单击确定按钮。

（3）对截面草图进行编辑。

① 双击图 8.3.89 所示的截面草图。

② 选择下拉菜单分析(L) → 曲线(C) → 曲率梳(C)命令，在图形区显示草图曲线的曲率梳。

③ 拖动草图曲线控制点，使其曲率梳呈现图 8.3.90 所示的光滑形状。在“艺术样条”对话框中单击确定按钮。

④ 选择下拉菜单分析(L) → 曲线(C) → 曲率梳(C)命令，取消曲率梳的显示。

⑤ 选择下拉菜单草图(K) → 完成草图(K)命令，退出草图环境。

（4）在“拉伸”对话框限制区域的开始下拉列表中选择对称值选项，并在其下的距离文本框中输入 20；在方向区域的* 指定矢量 (0)下拉列表中选择选项；在布尔区域的下拉列表中选择无选项，其他参数采用系统默认设置。

（5）在设置区域的体类型下拉列表中选择片体选项。

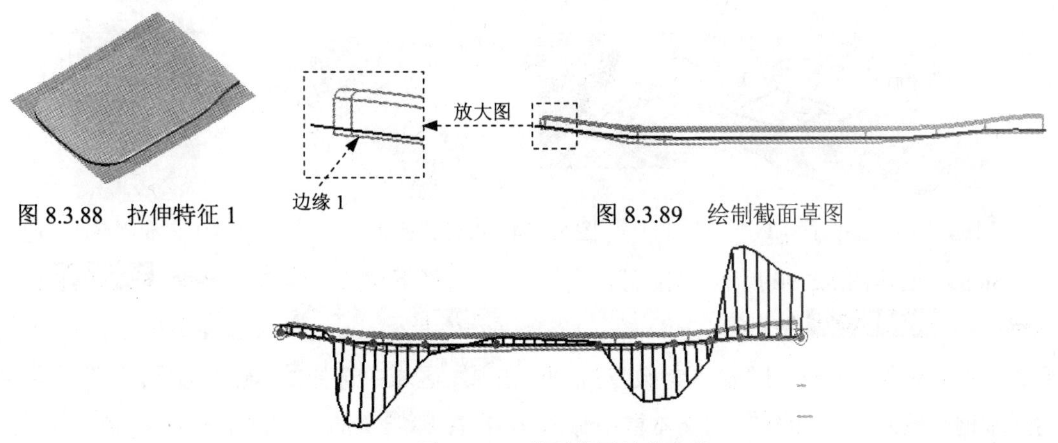

图 8.3.88　拉伸特征 1

图 8.3.89　绘制截面草图

图 8.3.90　截面草图的曲率梳

说明：截面草图中所绘的样条曲线与边缘 1 的距离值为 0.2。

Step5. 创建修剪体特征 2。选择下拉菜单插入(S) ➡ 修剪(M) ➡ 修剪体(T)...命令；选取图 8.3.91 所示的实体为目标体和刀具体；在刀具区域中单击按钮，调整修剪方向为 Z 轴负向；单击确定按钮，完成修剪体特征 2 的创建。

Step6. 创建偏置曲面 1。选择下拉菜单插入(S) ➡ 偏置/缩放(O) ➡ 偏置曲面(O)...命令；选取图 8.3.92 所示的面为偏置曲面；在偏置 1的文本框中输入 0.5，单击按钮调整偏置方向为 Z 轴正向，其他参数采用系统默认设置。

图 8.3.91　选取目标片体和刀具片体　　图 8.3.92　选取偏置面

Step7. 创建图 8.3.93 所示的基准平面 1。选择下拉菜单插入(S) ➡ 基准/点(D) ➡ 基准平面(D)...命令；在类型区域的下拉列表中选择按某一距离选项。选取 XC-YC 基准平面为对象平面；在偏置区域的距离文本框中输入 10，使用按钮调整平面的方向如图 8.3.93 所示；其他参数采用系统默认设置。

Step8. 创建图 8.3.94 所示的拉伸特征 2。选择下拉菜单插入(S) ➡ 设计特征(E) ➡ 拉伸(E)...命令；选取基准平面 1 为草图平面；绘制图 8.3.95 所示的截面草图；在偏置区域偏置的下拉列表中选择对称选项，并在其下的开始文本框中输入 0.15；在“拉伸”对话框限制区域的开始下拉列表中选择值选项，并在其下的距离文本框中输入 0；在限制区域的结束下拉列表中选择直到被延伸选项，选取偏置曲面 1 为被延伸对象；在方向区域的* 指定矢量 (0)下拉列表中选择-ZC选项；在布尔区域的下拉列表中选择求差选项，选取实体为求差对象；其他参数采用系统默认设置。

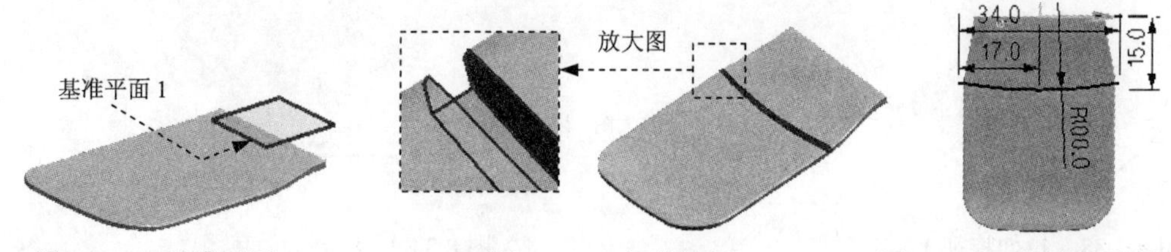

图 8.3.93 基准平面 1　　图 8.3.94 拉伸特征 2　　图 8.3.95 绘制截面草图

Step9. 创建图 8.3.96 所示的矩形阵列特征 1。选择下拉菜单 插入(S) ➡ 关联复制(A) ➡ 实例特征(I)... 命令；单击 矩形阵列 按钮；选择拉伸特征 2 为阵列对象。系统弹出“输入参数”对话框；在 方法 区域中选择 ⊙ 常规 单选项；在 XC 向的数量 的文本框中输入 1，在 XC 偏置 的文本框中输入 1，在 YC 向的数量 的文本框中输入 4，在 YC 偏置 的文本框中输入 - 7，单击 确定 按钮完成参数设置，系统弹出“创建实例”对话框；单击 是 按钮完成矩形阵列特征 1 的创建，并关闭弹出的对话框。

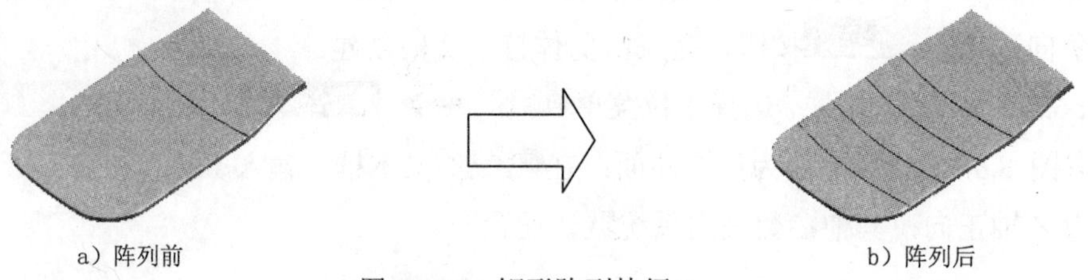

a）阵列前　　b）阵列后

图 8.3.96 矩形阵列特征 1

Step10. 创建图 8.3.97 所示的拉伸特征 3。选择下拉菜单 插入(S) ➡ 设计特征(E) ➡ 拉伸(E)... 命令；选取基准平面 1 为草图平面；绘制图 8.3.98 所示的截面草图；在 偏置 区域的 偏置 下拉列表中选择 对称 选项，并在其下的 开始 文本框中输入 0.15；在“拉伸”对话框 限制 区域的 开始 下拉列表中选择 值 选项，并在其下的 距离 文本框中输入 0；在 限制 区域的 结束 下拉列表中选择 直到被延伸 选项，选取偏置曲面 1 为被延伸对象；在 方向 区域的 * 指定矢量 (0) 下拉列表中选择 -ZC 选项；在 布尔 区域的下拉列表中选择 求差 选项，选取实体为求差对象；其他参数采用系统默认设置；单击 确定 按钮，完成拉伸特征 3 的创建。

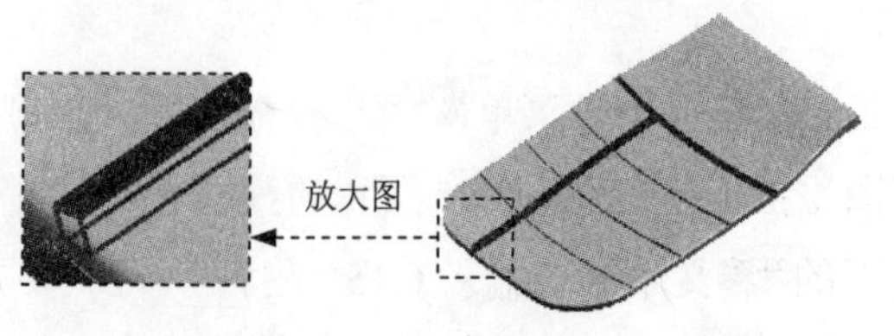

图 8.3.97 拉伸特征 3

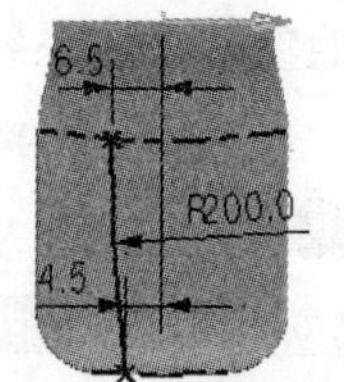

图 8.3.98 绘制截面草图

Step11. 创建图 8.3.99 所示的镜像特征 1。选择下拉菜单 插入(S) ➡ 关联复制(A) ➡ 镜像特征(M)... 命令；选取拉伸特征 3 为镜像特征对象；选取 YC-ZC 基准平面为镜像平面。

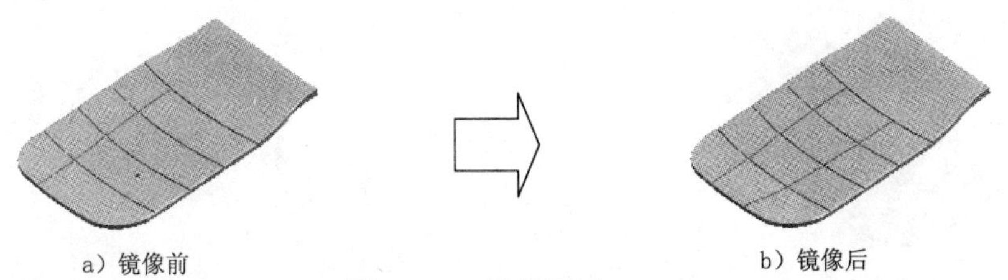

图 8.3.99 镜像特征 1

Step12. 创建图 8.3.100 所示的拉伸特征 4。选择下拉菜单插入(S) ➡ 设计特征(E) ➡ 拉伸(E)...命令；选取基准平面 1 为草图平面；绘制图 8.3.101 所示的截面草图；在“拉伸”对话框限制区域的开始下拉列表中选择值选项，并在其下的距离文本框中输入 0；在限制区域的结束下拉列表中选择直到被延伸选项，选取偏置曲面 1 为被延伸对象；在方向区域的* 指定矢量 (0)下拉列表中选择 -ZC 选项；在偏置区域的偏置下拉列表中选择对称选项，并在其下的开始文本框中输入 0.15；在布尔区域的下拉列表中选择求差选项，选取实体为求差对象；其他参数采用系统默认设置；单击确定按钮，完成拉伸特征 4 的创建。

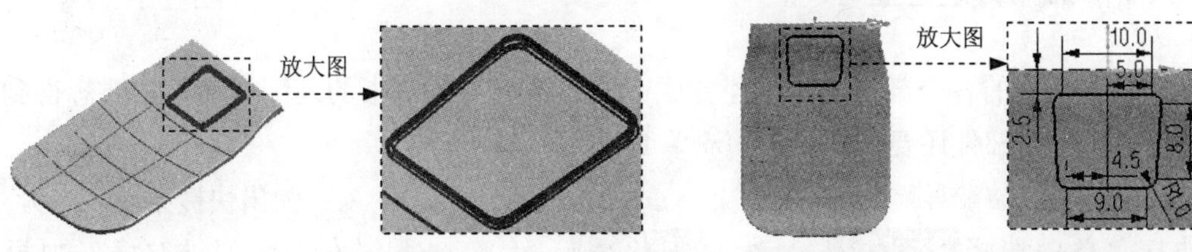

图 8.3.100 拉伸特征 4　　图 8.3.101 绘制截面草图

Step13. 创建图 8.3.102 所示的拉伸特征 5。选择下拉菜单插入(S) ➡ 设计特征(E) ➡ 拉伸(E)...命令；选取基准平面 1 为草图平面；绘制图 8.3.103 所示的截面草图；在偏置区域偏置的下拉列表中选择对称选项，并在其下的开始文本框中输入 0.15；在“拉伸”对话框限制区域的开始下拉列表中选择值选项，并在其下的距离文本框中输入 0；在限制区域的结束下拉列表中选择直到被延伸选项，选取偏置曲面 1 为被延伸对象；在方向区域的* 指定矢量 (0)下拉列表中选择 -ZC 选项；在布尔区域的下拉列表中选择求差选项，选取实体为求差对象；其他参数采用系统默认设置；单击确定按钮，完成拉伸特征 5 的创建。

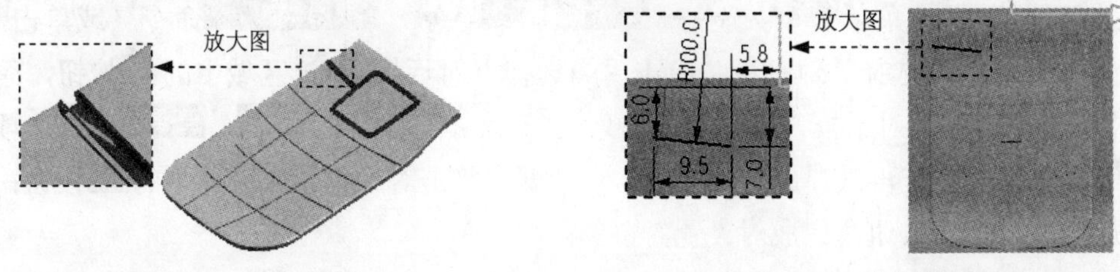

图 8.3.102 拉伸特征 5　　图 8.3.103 绘制截面草图

Step14. 创建图 8.3.104 所示的镜像特征 2。选择下拉菜单插入(S) ➡ 关联复制(A) ➡ 镜像特征(M)...命令；选取拉伸特征 5 为镜像对象；选取 YC-ZC 基准平面为镜像平面。

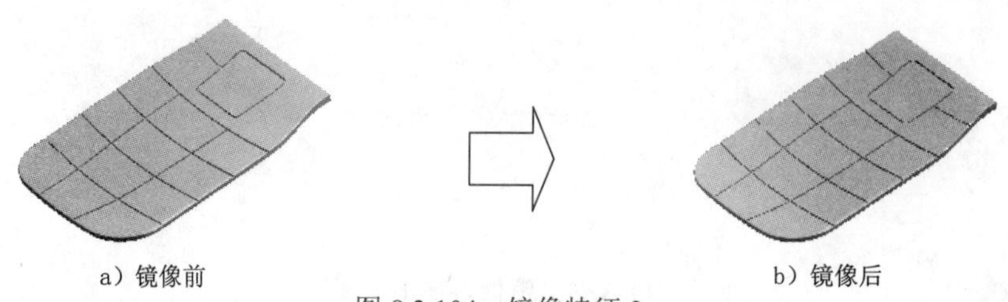

图 8.3.104　镜像特征 2

Step15. 设置隐藏。选择下拉菜单 编辑(E) → 显示和隐藏(H) → 隐藏(H)... 命令；单击“类选择”对话框 过滤器 区域的 按钮，系统弹出“根据类型选择”对话框，选择对话框列表中的 草图、片体 和 基准 选项，单击 确定 按钮。系统再次弹出“类选择”对话框，单击对话框 对象 区域的 按钮；在“类选择”对话框中单击 确定 按钮，完成对设置对象的隐藏。

Step16. 保存零件模型。

8.3.11　编辑模型显示

以上对模型的各个部件已经创建完成，但还不能得到清晰的装配体模型，要想得到比较清晰的装配体部件还要进行如下的简单编辑。

Step1. 在“装配导航器”窗口中的 key 选项上右击，系统弹出快捷菜单（一），在此快捷菜单中选择 显示父项 → mobile_telephone 命令，系统在“装配导航器”中显示 mobile_phone 部件。

Step2. 在“装配导航器”窗口中的 mobile_telephone 选项上右击，系统弹出快捷菜单（二），在此快捷菜单中选择 设为工作部件 命令，对模型进行编辑。

Step3. 在“模型树”窗口中的第一个拉伸特征上右击，系统弹出快捷菜单（三），在此快捷菜单中选择 隐藏(H) 命令。

Step4. 在“装配导航器”窗口中反选 second_back 选项，选中 cell_cover 选项和 back_cover 选项；反选 second_top 选项，选中 screen 选项、key 选项和 top_cover 选项。

Step5. 选择下拉菜单 编辑(E) → 显示和隐藏(H) → 隐藏(H)... 命令（或单击 按钮），系统弹出“类选择”对话框；单击“类选择”对话框 过滤器 区域中的 按钮，系统弹出“根据类型选择”对话框，选择对话框列表中的 曲线、草图、片体、基准 和 点 选项，单击 确定 按钮。系统再次弹出“类选择”对话框，单击对话框 对象 区域中的 按钮；单击对话框中的 确定 按钮，完成对设置对象的隐藏。

Step6. 至此，完整的手机模型已经完成，可以对整个部件进行保存。

第 9 章　逆向造型工程

本章提要　逆向工程（Reverse Engineering，RE）是一门比较新的造型技术，凭借其强大的成本优势和有效地缩短产品开发周期的特性在产品设计中有着不可替代的地位，并且在各国的工业领域被接收和推广。本章将介绍逆向工程的相关概念及在 UG 中的基本操作。

主要内容包括:

- 逆向工程基本概念
- 由点创建曲线
- 由点创建曲面
- 逆向造型范例

9.1　逆向工程基本概念

逆向工程的思想最初来自从油泥模型到产品实物的设计过程（这种思想大多起源于主机厂），目前对于实物的逆向造型被广泛地应用在对产品的复制（这一点对于热卖商品的大量生产及备模工作非常有利）或仿制方面，当然无论是被复制还是被仿制的产品基本都是外观产品，因为这些不涉及产品的热学、力学和材料等技术问题，并且容易实现。这种从已有产品获得数学模型并制造新产品的相关技术，已经成为产品设计中的一个重要角色，并发展成一个相对对立的领域。

基于此，我们可以给逆向工程这样一个定义：逆向工程是将现有产品通过技术手段得到工程人员能用的数据，再利用得到的数据制造新产品的一系列相关的技术活动的总和。

至此，我们对逆向工程的设计思路也有了一个比较清晰的认识，即先从现有产品上得到模型数据（一般是点数据，必要时要对数据进行相应处理，本书中如没有特别说明所用的数据都是经过处理的点数据），再利用 UG 软件（当然能用的软件不止此一种，此处只介绍 UG 软件，不涉及其他）对数据重新造型生成产品模型，然后用于实际生产。

在构造模型之前先对点云做一简单解释：点云是逆向造型的基础，是通过专业的测量设备得到的模型表面点的集合。一般得到点云数据后要进行必要的处理，本书中使用的点云数据已经通过了处理，并保存为 UG 中的.prt 格式文件。

9.2　由点云创建曲线

利用 UG 进行逆向造型时的基本思路是：从点云数据上创建曲线，对创建的曲线进行必要的编辑，然后利用编辑好的曲线创建曲面，对曲面的调整和编辑也是必要的，最后通过编辑好的曲面得到模型实体。曲线作为构建曲面的骨架被引起足够的重视，本节将介绍在 UG 逆向工程中创建曲线的方法。

9.2.1 创建一般曲线

这里所指的一般曲线是指利用“基本曲线”命令得到的曲线。在逆向工程中通过点创建曲线与正常建模时创建没有本质区别，但是要注意所创建的特征要无限接近点数据，保证创建出的产品没有失真。

下面通过几个范例说明创建的一般操作过程。

1.直线的创建

以图 9.2.1b 所示的直线为例，说明通过点创建直线的一般操作过程。

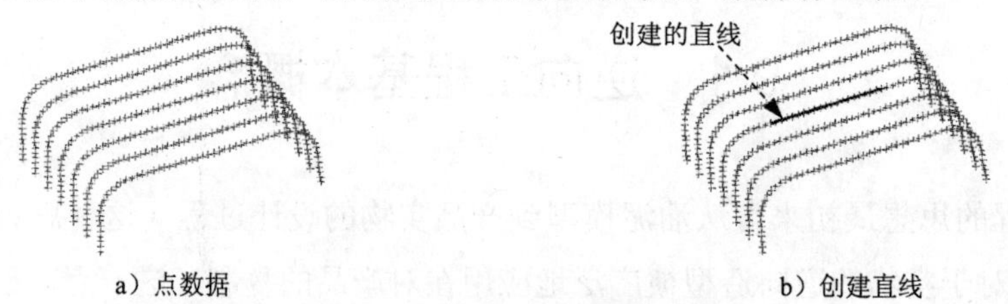

图 9.2.1 利用点数据创建直线

Step1. 打开文件 D:\ ug6.8\work\ch09.02\line.prt。

Step2. 选择下拉菜单 插入(S) → 曲线(C) → 直线(L)... 命令，系统弹出“直线”对话框。

Step3. 在“直线”对话框 起点 区域的 起点选项 下拉列表中选择 点 选项，选取图 9.2.2a 所示的点 1 为直线起点；在 终点或方向 区域的 终点选项 下拉列表中选择 点 选项，选取图 9.2.2b 所示的点 2 为直线终点。

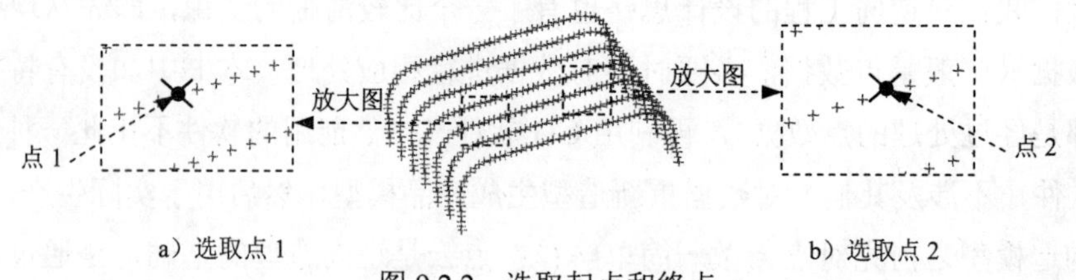

图 9.2.2 选取起点和终点

Step4. “直线”对话框中的其他参数设置保持系统默认，单击对话框中的 确定 按钮，完成直线的创建。

说明：在逆向工程中创建直线相当于建模中的利用已知点创建直线。

2.圆弧线的创建

在逆向工程中创建圆弧线多是用来测量圆角的尺寸。下面通过图 9.2.3 所示的圆弧来说明利用点云数据创建圆弧线的一般操作过程。

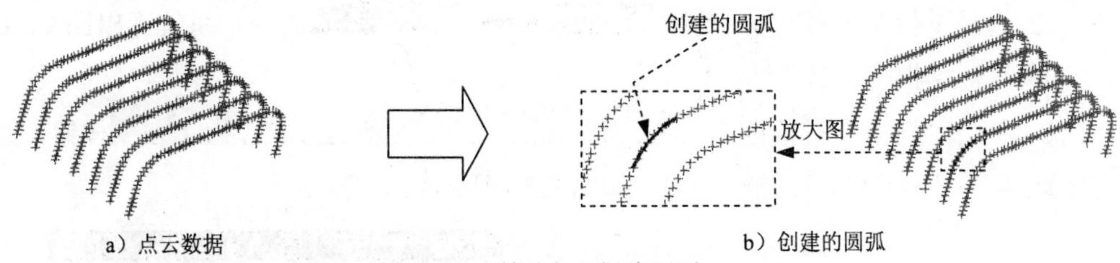

图 9.2.3　利用点云创建圆弧

Step1. 打开文件 D:\ ug6.8\work\ch09.02\arc.prt。

Step2. 选择下拉菜单 插入(S) → 曲线(C) → 圆弧/圆(C)... 命令，系统弹出“圆弧/圆”对话框。

Step3. 在“圆弧/圆”对话框 起点 区域的 起点选项 下拉列表中选择 点 选项，选取图 9.2.4 所示的点 1 为圆弧起点；在 端点 区域的 终点选项 下拉列表中选择 点 选项，选取图 9.2.4 所示的点 2 为圆弧终点；在 中点 区域的 中点选项 下拉列表中选择 点 选项，选取图 9.2.4 所示的点 3 为圆弧终点。

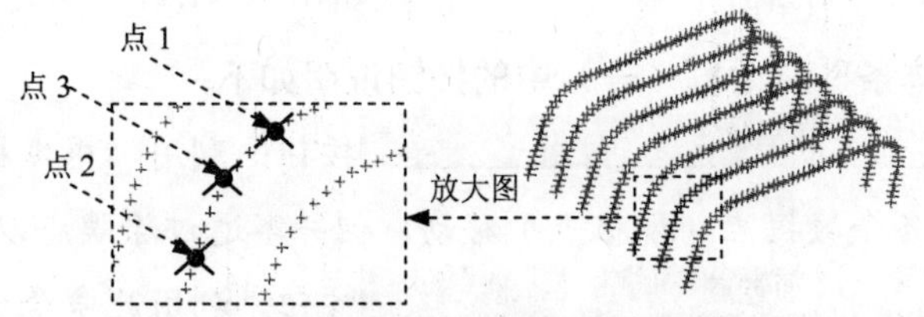

图 9.2.4　定义圆弧上的点

Step4. “圆弧/圆”对话框中的其他参数设置保持系统默认，单击对话框中的 确定 按钮，完成圆弧的创建。

9.2.2　创建样条曲线

在逆向工程当中，最重要的就是如何使构建的模型无限贴近点云数据，这时样条曲线的优势就比较明显。在创建样条曲线过程中 样条(S)... 命令比较常用，其下有“根据极点”、“通过点”、“拟合”和“垂直于平面”四个选项。下面通过范例主要说明利用 样条(S)... 命令中的“通过点”选项由点云创建样条曲线的一般操作步骤。

通过创建图 9.2.5 所示的样条曲线说明利用通过点命令创建曲线的一般操作步骤。

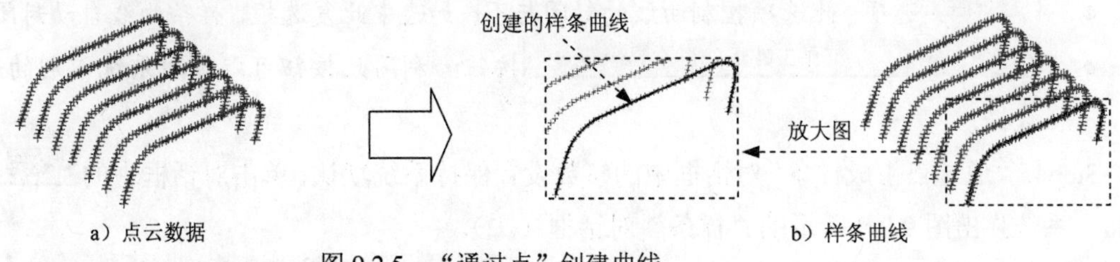

图 9.2.5　“通过点”创建曲线

Step1. 打开文件 D:\ ug6.8\work\ch09.02\sp_line.prt。

Step2. 选择下拉菜单插入(S) ➡ 曲线(C)▸ ➡ ～样条(S)...命令，系统弹出图 9.2.6 所示的“样条”对话框（一）。

Step3. 单击“样条”对话框中的 通过点 按钮，系统弹出“通过点生成样条”对话框（一），如图 9.2.7 所示。

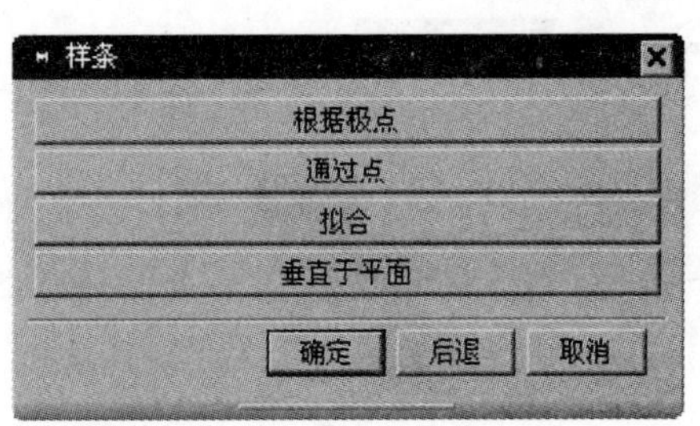

图 9.2.6 “样条”对话框（一）

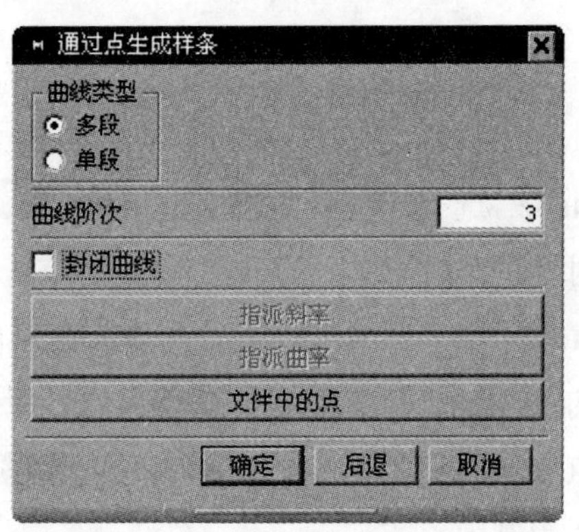

图 9.2.7 “通过点生成样条”对话框（一）

图 9.2.6 所示“样条”对话框（一）中的按钮说明如下：

- 根据极点 按钮：利用“根据极点”创建的样条曲线使样条向各个数据点（即极点）移动，但并不通过除端点以外的任意一点。
- 通过点 按钮：利用此命令创建的样条曲线通过一组指定的数据点。
- 拟合 按钮：此命令创建样条曲线在指定的公差范围内“通过”（不必一定通过选定点）选定点。
- 垂直于平面 按钮：创建的样条曲线通过并垂直于平面集中的各个平面。

图 9.2.7 所示“通过点生成样条”对话框（一）中的选项及按钮说明如下：

- 曲线类型区域：此区域用来控制生成的曲线的段数，包括 ⊙ 多段 和 ○ 单段 两个单选项。
  - ☑ ⊙ 多段：生成的曲线以多段形式存在。
  - ☑ ○ 单段：生成的曲线以一条曲线存在。如选择此单选项，曲线阶次文本框不可用。
- 曲线阶次文本框：此文本框用来控制曲线的阶次，在创建曲线时点数不可少于阶次。
- □ 封闭曲线选项：此选项控制曲线的封闭与否。如选中此复选框，样条曲线自动封闭。
- 文件中的点 按钮：利用此按钮可以调用系统识别的点数据。

Step4. “通过点生成样条”对话框中的参数设置保持系统默认，单击对话框中的 确定 按钮，系统弹出图 9.2.8 所示的“样条”对话框（二）。

Step5. 单击“样条”对话框（二）对话框中的 全部成链 按

钮，系统弹出“指定点”对话框。

Step6. 根据系统提示，选取图 9.2.9a 所示的点 1 为起点。选取图 9.2.9b 所示的点 2 为终点。此时系统弹出图 9.2.10 所示“通过点生成样条”对话框（二）。

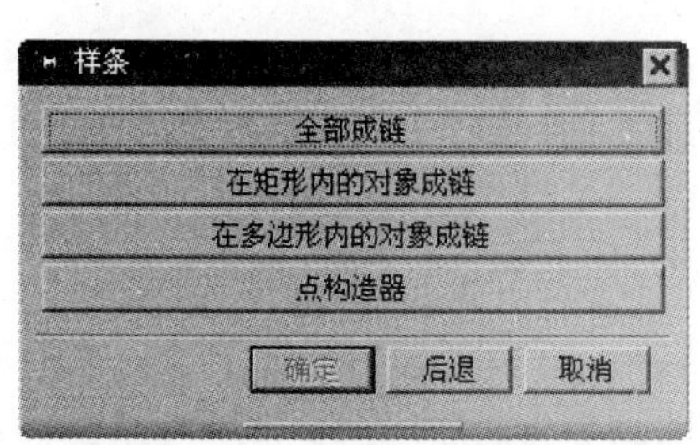

图 9.2.8　“样条”对话框（二）

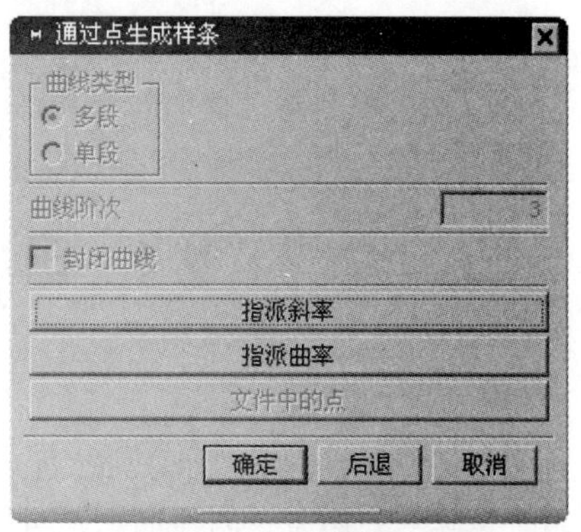

图 9.2.10　“通过点生成样条”对话框（二）

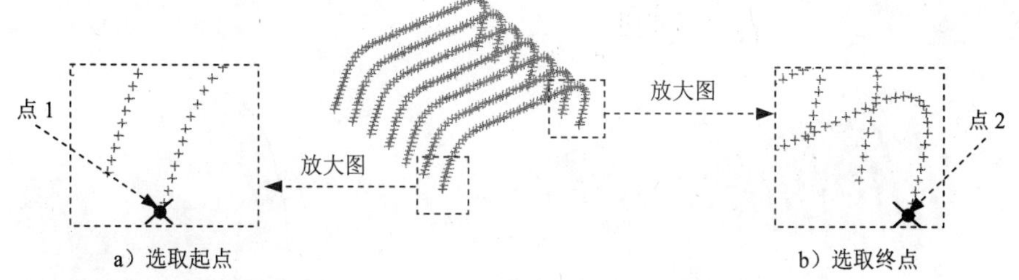

a）选取起点　　b）选取终点

图 9.2.9　定义样条曲线起点和终点

图 9.2.8 所示“样条”对话框（二）中的按钮说明如下：

- 全部成链按钮：需要指定起始点和终止点，在这两点之间的所有点被系统自动选中用来创建曲线。
- 在矩形内的对象成链按钮：在图形区点击一个矩形选择框，在矩形内的点用来创建曲线，但必须指点第一个点和最后一个点。
- 在多边形内的对象成链按钮：在图形区点击一个多边形选择框，在多边形内的点用来创建曲线，但必须指点第一个点和最后一个点。
- 点构造器按钮：用于通过“点”对话框指定样条点。

图 9.2.10 所示“通过点生成样条”对话框（二）中的部分按钮说明如下：

- 指派斜率按钮：此按钮用于给创建的样条曲线添加斜率约束，但要选择斜率参考对象。
- 指派曲率按钮：此按钮用于给创建的样条曲线添加曲率约束，但要选择曲率参考对象。

Step7. 本例中对所创建的曲线不设置约束，因此“通过点生成样条”对话框（二）中的参数设置保持系统默认，单击确定按钮，系统再次弹出“通过点生成样条”对话框(一)，单击取消按钮，完成样条曲线的创建，如图 9.2.5b 所示。

说明：

- 在本例创建曲线的过程中也可以通过指定少数的几个点来创建曲线，虽然创建的曲线不是十分准确，但得到的模型占用的空间较小。
- 在逆向造型过程中很多时候要用线构造线，即先创建几条有特性的线段，再通过这几段线段创建完整的轮廓线。

9.3 由点云创建曲面

9.3.1 通过点构面

使用 通过点(H)... 命令创建曲面，可以很好地控制创建的面，使它更好地贴合指定点。下面以图 9.3.1b（已将点云数据隐藏）所示的曲面为例，说明使用通过点创建曲面的一般操作过程。

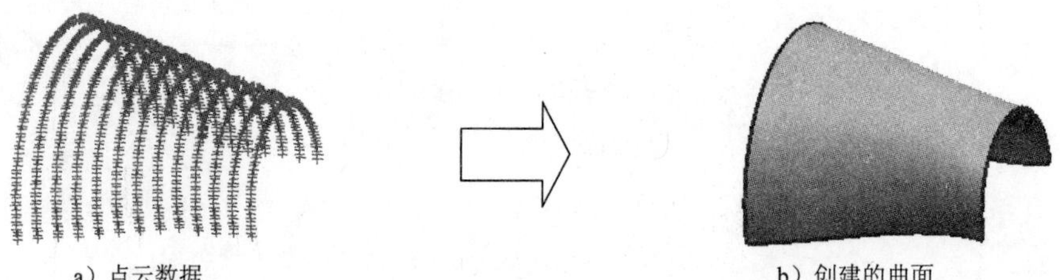

图 9.3.1 “通过点”创建曲面

Step1. 打开文件 D:\ ug6.8\work\ch09.03\surface01.prt。

Step2. 选择下拉菜单 插入(S) → 曲面(R) → 通过点(H)... 命令，系统弹出图 9.3.2 所示的“通过点”对话框。

Step3. “通过点”对话框中的参数设置保持系统默认，单击 确定 按钮，系统弹出图 9.3.3 所示“过点”对话框（一）。

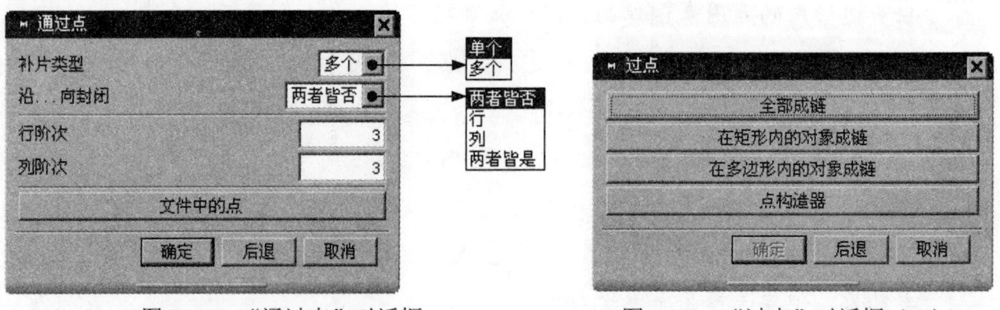

图 9.3.2 “通过点”对话框　　图 9.3.3 “过点”对话框（一）

图 9.3.2 所示“通过点”对话框中的部分选项按钮说明如下：

- 补片类型 下拉列表：此下拉列表用于设置要创建曲面的输出类型，包括 单个 和 多个 两个选项。

☑ 单个选项：选择此选项，创建的曲面为单个面。在选取点云创建曲面时每组点的数量最多为 24 个。

☑ 多个选项：选择此选项，创建的曲面为多个面。在选取点云创建曲面时每组点的数量不受限制。

- 沿...向封闭下拉列表：此下拉列表用于设置曲面的封闭情况，包括两者皆否、行、列和两者皆是四个选项。

☑ 两者皆否选项：选择此选项时创建的曲面不封闭。

☑ 行选项：选择此选项时创建的曲面在点云的行方向封闭。

☑ 列选项：选择此选项时创建的曲面在点云的列方向封闭。

☑ 两者皆是选项：选择此选项时创建的曲面在行和列方向上都封闭。

- 行阶次文本框：此文本框用于设置曲面行方向的阶次。
- 列阶次文本框：此文本框用于设置曲面列方向的阶次。
- 文件中的点按钮：利用此按钮可以调用系统识别的点数据。

说明：图 9.3.3 所示“过点”对话框（一）中的各个按钮与图 9.2.8 中的按钮含义相同（可参考），这里在选择点的过程可以理解为通过选择点组确定曲线，再由点组创建的曲线创建曲面。

Step4. 单击“过点”对话框（一）中的全部成链按钮，系统弹出“指定点”对话框，根据提示选择图 9.3.4 所示的四列点，（选取图 9.3.5 所示的点 1 和点 2 后同列中这两点之间的所有点都被选中，），当最后一组点选择完成时，系统弹出图 9.3.6“过点”对话框（二）。

说明：在选择时，各组起点应在同侧，否则创建的曲面会发生扭曲。

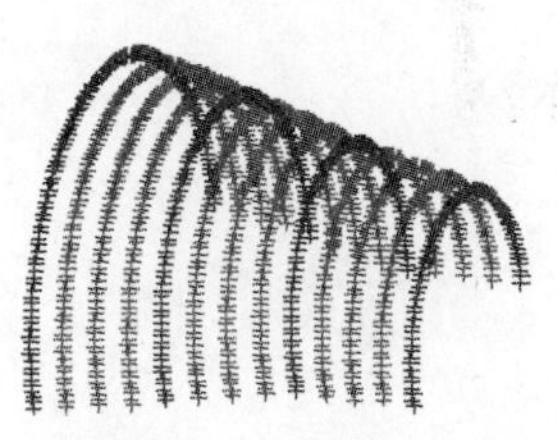

图 9.3.4　选取点

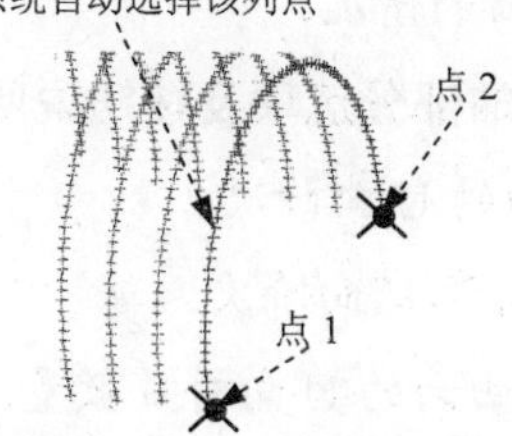

图 9.3.5　选取点组

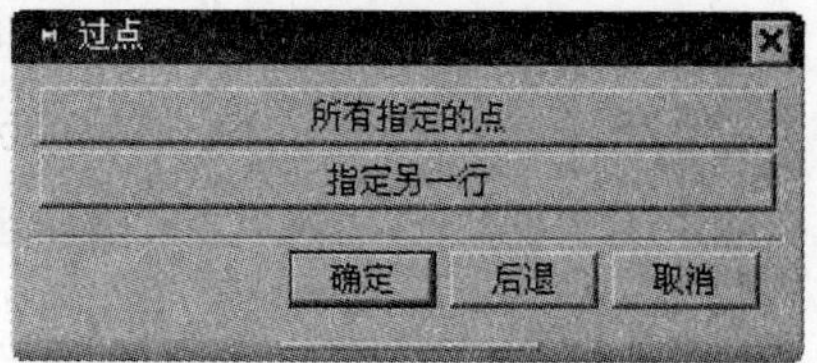

图 9.3.6　“过点”对话框（二）

图 9.3.6 所示“过点”对话框（二）中的部分按钮说明如下：

- 所有指定的点按钮：此按钮用于确认已选定的点创建曲面。
- 指定另一行按钮：此按钮用于再增加一组点创建曲面（再选点的多少依需要而定）。

Step5. 单击“过点”对话框（二）中的 所有指定的点 按钮，系统再次弹出“通过点”对话框，单击 取消 按钮，完成曲面的创建。

9.3.2 由点云构面

使用 从点云(C)... 命令创建曲面，可以得到很光顺的曲面，但不如使用通过点创建的曲面更接近原始点。

下面以图 9.3.7（已将点云数据隐藏）所示的曲面为例，说明使用从点云创建曲面的一般操作过程。

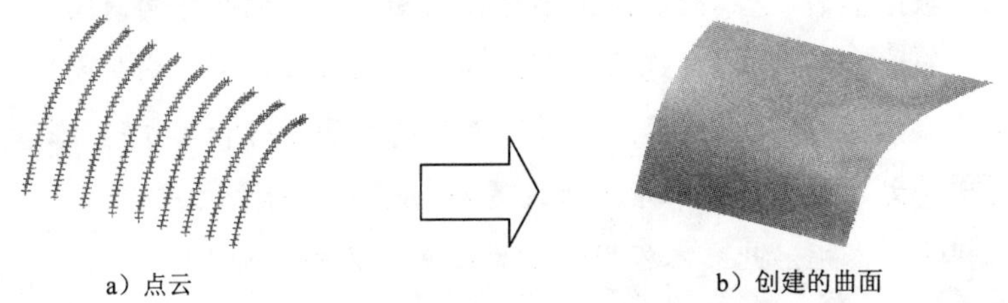

a）点云　　b）创建的曲面

图 9.3.7 由点云创建曲面

Step1. 打开文件 D:\ ug6.8\work\ch09.03\surface02.prt。

Step2. 选择下拉菜单 插入(S) → 曲面(R) → 从点云(C)... 命令，系统弹出图 9.3.8 所示的“从点云”对话框。

Step3. 设置点云。

（1）调整方向。将图形视图方向调整到图 9.3.9 所示的方位（从 Z 轴方向查看、俯视）。

（2）选择点云。选择图 9.3.9 所示的全部点。

（3）确定坐标系。在“从点云”对话框 坐标系 下拉列表中选择 当前视图 选项。

说明： 这里所指的 Z 轴是指从此方向看点云，点云自身没有折叠的片体的方向，本例中是 Z 轴方向(可以理解为点云投影面积最大的方向)，请读者注意区分。图 9.3.10 和图 9.3.11 所示是分别从 X 轴和 Y 轴方向查看点云的情况。

图 9.3.8 所示“从点云”对话框中的部分选项及按钮说明如下：

- U 向阶次 文本框：用于设置曲面的 U 向阶次。
- V 向阶次 文本框：用于设置曲面的 V 向阶次。
- U 向补片数 文本框：用于设置曲面的 U 向补片数量。
- V 向补片数 文本框：用于设置曲面的 V 向补片数量。
- 坐标系 下拉列表：用于设定控制曲面生成的坐标系，包括 选择视图、WCS、当前视图、指定的 CSYS 和 指定新的 CSYS... 五个选项。
  - ☑ 选择视图 选项：通过选择视图确定 U-V 平面，法向失量即视图的法向。
  - ☑ WCS 选项：选择此选项即是选择当前的“工作坐标系”。
  - ☑ 当前视图 选项：此选项用于选择当前视图的坐标系。

☑ 指定的 CSYS选项：在视图区选择一个坐标系。

☑ 指定新的 CSYS...选项：创建任意的新坐标系

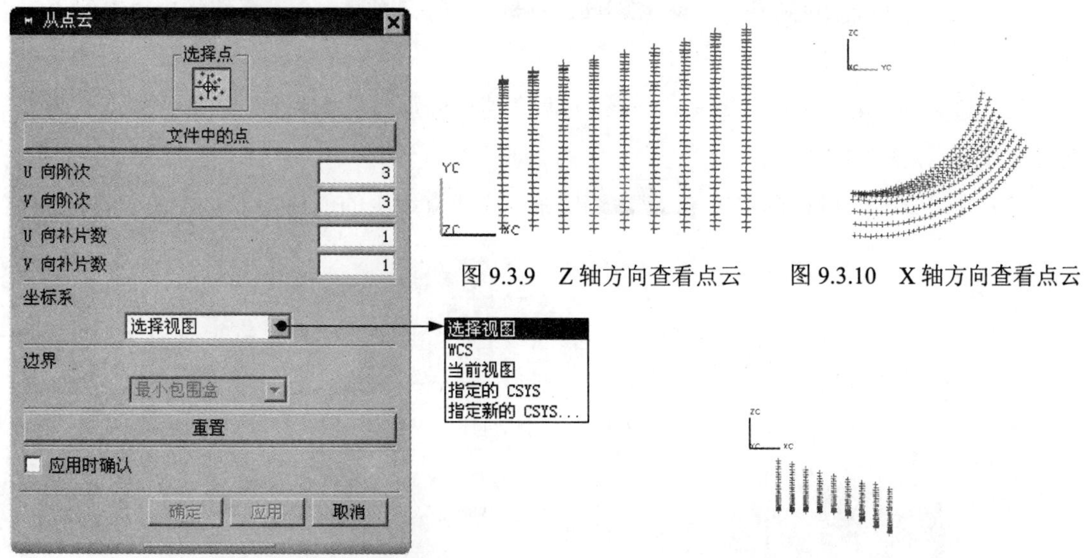

图 9.3.8　“从点云”对话框

图 9.3.9　Z 轴方向查看点云

图 9.3.10　X 轴方向查看点云

图 9.3.11　Y 轴方向查看点云

Step4. 对话框中的其他参数设置保持系统默认，单击 确定 按钮，系统弹出“拟合信息”对话框，单击此对话框中的 确定(O) 按钮，完成曲面的创建。

9.4　范例——电吹风的逆向造型设计

9.4.1　范例概述

在逆向造型过程中一般有两种方法创建模型，一种是先通过对点云的分析利用特性点构建骨架曲线，再由曲线得到曲面从而进一步得到模型实体；另一种是通过对点云进行必要的处理（稀释和取舍等操作），直接从点云得到模型大面，后续工作就是对面的调整，使其接近点云数据，再对面编辑而得到实体。本例中采用的是前一种方法，以创建电吹风的模型来说明其具体创建步骤。

9.4.2　操作过程

根据模型的不同特性会有不同的创建方法，此例是通过先创建主要的面特征再对其进行编辑。其一般操作过程如下：

Stage1. 创建主体特征 1

Step1. 打开文件 D:\ ug6.8\work\ch09.04\blower.prt。

Step2. 创建直线 1。

（1）选择下拉菜单插入(S) → 曲线(C) → 直线(L)...命令，系统弹出“直线”对话框。

（2）绘制图 9.4.1 所示的直线 1。直线的两个端点分别为点 1 和点 2（点 1 和点 2 为 Y 向最低点），如图 9.4.2 所示。

（3）在“直线”对话框中单击确定按钮，完成直线 1 的创建。

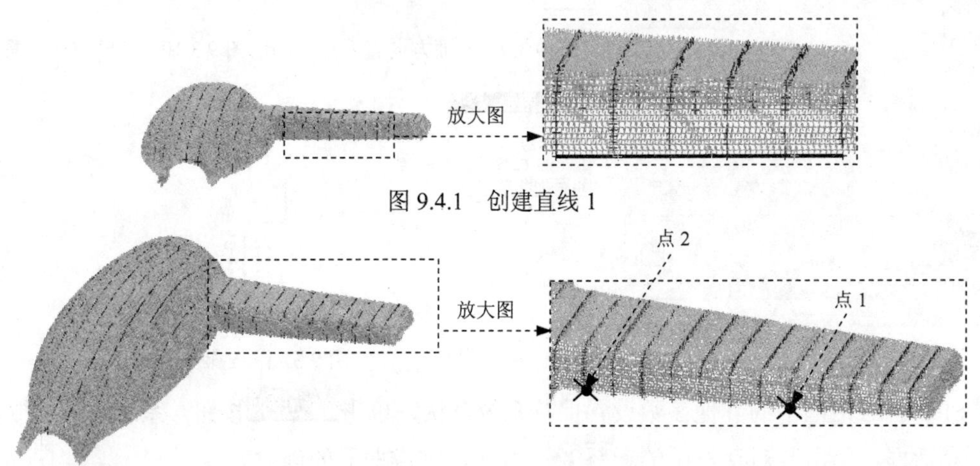

图 9.4.1 创建直线 1

图 9.4.2 定义直线端点

Step3. 编辑直线 1。

（1）选择下拉菜单编辑(E) → 曲线(V) → 长度(L)...命令，系统弹出“曲线长度”对话框。

（2）选取直线 1 为编辑对象；在设置区域取消选中□关联复选项，在输入曲线下拉列表中选择替换选项；拖动图 9.4.3 所示的开始端位置箭头和终点端位置箭头，使直线 1 略长于分布的点云，如图 9.4.4 所示。

（3）在“曲线长度”对话框中单击确定按钮，在弹出的对话框中单击是(Y)按钮，完成编辑直线 1 的操作。

图 9.4.3 定义端点　　图 9.4.4 编辑后直线 1

Step4. 创建拉伸平面 1。

（1）选择下拉菜单插入(S) → 设计特征(E) → 拉伸(E)...命令，系统弹出“拉伸”对话框。

（2）选取直线 1 为截面曲线。

（3）在方向区域*指定矢量的下拉列表中选择XC选项。

（4）拖动图 9.4.5 所示的“开始”端圆点矢量和“结束”端箭头矢量，使拉伸面略大于分布的点云，如图 9.4.6 所示；在限制区域的开始下拉列表中选择值选项，并在其下的距离文本框中输入 100；在限制区域的结束下拉列表中选择值选项，并在其下的距离文本框中输入-220。

（5）在设置区域体类型的下拉列表中选择片体选项。

（6）在“拉伸”对话框中单击确定按钮，完成拉伸平面 1 的创建。

Step5. 测量距离。

（1）选择下拉菜单分析(L) → 测量距离(D)...命令，系统弹出“测量距离”对话框。

（2）在类型区域选择距离选项，在测量区域距离的下拉列表中选择最小值选项；选取图 9.4.7 所示的任意一点，再选取拉伸平面 1。

（3）在“测量距离”对话框中单击应用按钮，测量距离。

（4）重复测量多点，检查分布在拉伸面上。

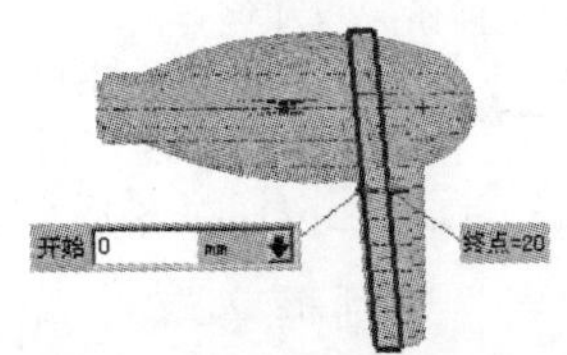

图 9.4.5　定义拉伸起始值和终止值

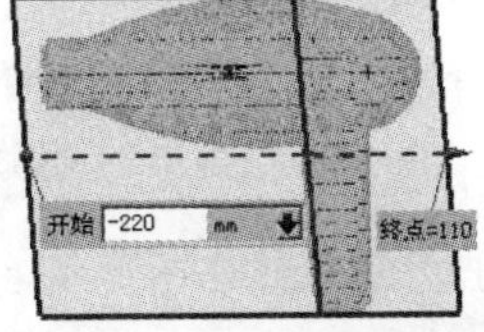

图 9.4.6　拉伸特征

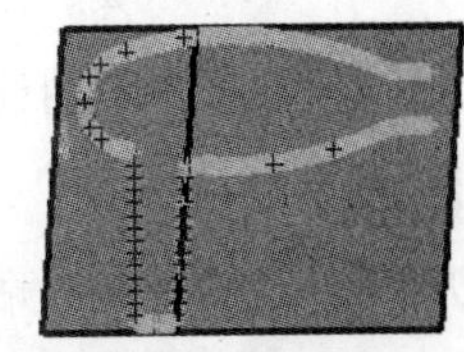
图 9.4.7　测量距离

说明：如果被测量的点大部分都在平面上（或两者之间的距离在给定的公差范围内），则此平面创建是成功的；反之，则需要重新创建平面。

Step6. 移动图层。

（1）选择下拉菜单格式(R) → 移动至图层(M)...命令，系统弹出“类选择”对话框。

（2）选取拉伸平面 1 为移动对象，在“类选择”对话框中单击确定按钮，系统弹出“图层移动”对话框。

（3）在目标图层或类别的文本框中输入 20。

（4）在“图层移动”对话框中单击确定按钮，完成移动图层的操作。

Step7. 设置图层。

（1）选择下拉菜单格式(R) → 图层设置(S)...命令，系统弹出“设置图层”对话框。

（2）在类别显示下的列表中选中☑20选项，单击图层控制区域设为不可见后的按钮。

（3）方法同上，设置☑4和☑2图层不可见。

Step8. 创建样条曲线 1。

（1）选择下拉菜单插入(S) → 曲线(C) → 样条(S)...命令，系统弹出“样条”对话框（一）。

（2）单击通过点按钮，系统弹出“通过点生成样条”对话框。

（3）单击确定按钮，系统弹出“样条”对话框（二）。

（4）单击在矩形内的对象成链按钮，系统弹出“指定点”对话框。

（5）依次在图 9.4.8 所示的点 1 和点 2 位置分别单击左键，选取最左端的点集；选取图 9.4.9 所示的点集所组成圆弧的端点，点 3 和点 4 为样条的起点和终点。系统重新弹出“通过点生成样条”对话框。

（6）在“通过点生成样条”对话框中单击确定按钮，完成样条曲线 1 的创建，并关闭弹出的“通过点生成样条”对话框。

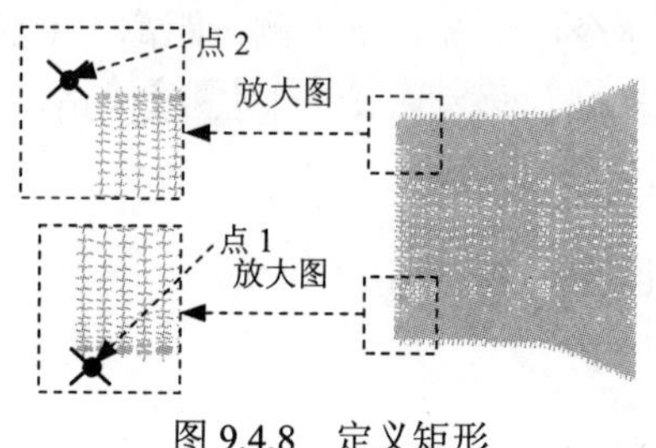

图 9.4.8　定义矩形

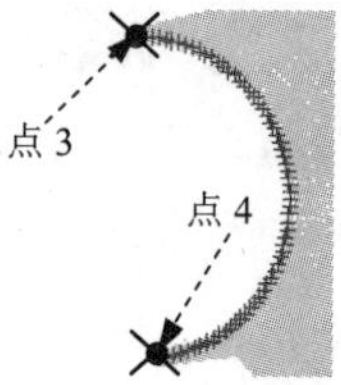

点 3
点 4

图 9.4.9　定义样条起点和终点

Step9. 创建样条曲线 2。选择下拉菜单插入(S) → 曲线(C) → 样条(S)...命令，系统弹出“样条”对话框（一）；单击通过点按钮，系统弹出“通过点生成样条”对话框；单击确定按钮，系统弹出“样条”对话框（二）；单击在矩形内的对象成链按钮，系统弹出“指定点”对话框；选取图 9.4.10 所示位置的点集；选取图 9.4.11 所示的点集所组成圆弧的端点，点 1 和点 2 为样条的起点和终点。系统重新弹出“通过点生成样条”对话框；单击确定按钮，完成样条曲线 2 的创建；并关闭弹出的“通过点生成样条”对话框。

Step10. 设置图层。选择下拉菜单格式(R) → 图层设置(S)...命令，系统弹出“设置图层”对话框。设置图层不可见状态。在类别显示下的列表中选中3选项，单击图层控制区域设为不可见后的按钮；在“图层设置”对话框中单击关闭按钮，完成设置图层的操作。

Step11. 创建点集 1。

（1）选择下拉菜单插入(S) → 基准/点(D) → 点集(S)...命令，系统弹出“点集”对话框。

（2）在类型下拉列表中选曲线点选项。

（3）在等圆弧长定义区域点数后的文本框中输入 5，并选取样条曲线 1。

（4）在“曲线上的点”对话框中单击确定按钮，完成点集 1 的创建。

Step12. 创建点集 2。选择下拉菜单插入(S) → 基准/点(D) → 点集(S)...命令，系统弹出“点集”对话框；在类型下拉列表中选择曲线点选项；在等圆弧长定义区域点数后的文本框中输入 7，并选取样条曲线 2；在“曲线上的点”对话框中单击确定按钮，完成点集 2 的创建。

Step13. 移动图层。选择下拉菜单格式(R) → 移动至图层(M)...命令，系统弹出“类选择”对话框；选取样条曲线 1 和样条曲线 2 为移动对象。在“类选择”对话框中单击确定按钮，系统弹出“图层移动”对话；在目标图层或类别的文本框中输入 100；单击确定按钮，完成移动图层的操作。

Step14. 设置图层。选择下拉菜单格式(R) → 图层设置(S)...命令，系统弹出“设置图层”对话框。设置图层不可见状态。在□类别显示下的列表中选中☑100选项，单击图层控制区域设为不可见后的按钮，在“图层设置”对话框中单击关闭按钮，完成设置图层的操作。

Step15. 创建艺术样条 1。

（1）选择下拉菜单插入(S) → 曲线(C) → 艺术样条(D)...命令，系统弹出“艺术样条”对话框。

（2）在样条设置区域阶次的文本框中输入 3，取消选中□关联复选框，从一端点依次选取点集 1 的点。

注意：在选取点时要将捕捉中现有点类型打开。

（3）在“艺术样条”对话框中单击确定按钮，完成艺术样条 1 的创建。

Step16. 创建艺术样条 2。选择下拉菜单插入(S) → 曲线(C) → 艺术样条(D)...命令，系统弹出“艺术样条”对话框；在样条设置区域阶次文本框中输入 3，取消选中□关联复选框；从一端点依次选取点集 2 的点，单击确定按钮，完成艺术样条 2 的创建。

Step17. 移动图层。选择下拉菜单格式(R) → 移动至图层(M)...命令，系统弹出“类选择”对话框；选取直线 1 为移动对象，在“类选择”对话框中单击确定按钮，系统弹出“移动图层”对话框；在目标图层或类别的文本框中输入 100；单击确定按钮，完成移动图层的操作。

Step18. 设置图层。选择下拉菜单格式(R) → 图层设置(S)...命令，系统弹出“设置图层”对话框。设置图层可选状态。在□类别显示下的列表中选中☑4选项，单击图层控制区域设为可选后的按钮，在“图层设置”对话框中单击关闭按钮，完成设置图层的操作。

Step19. 移动图层。调整视图为左视图，选择下拉菜单格式(R) → 移动至图层(M)...命令，系统弹出“类选择”对话框；选取图 9.4.12 所示的点（这些点为点云最左端的一列点）为移动对象。在“类选择”对话框中单击确定按钮，系统弹出“移动图层”对话框；在目标图层或类别的文本框中输入 10，单击确定按钮，完成移动图层的操作。

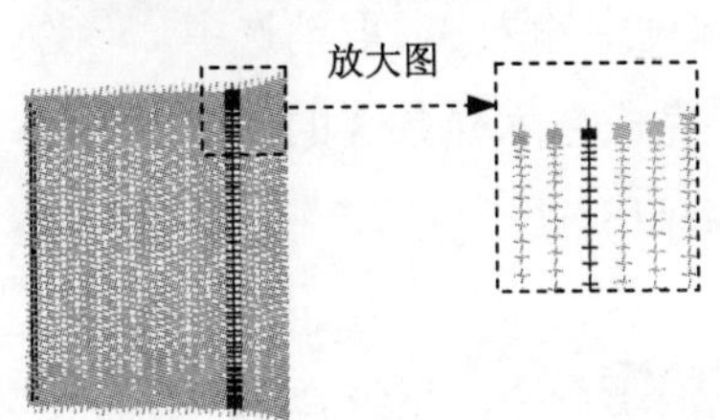

图 9.4.10　选取点集

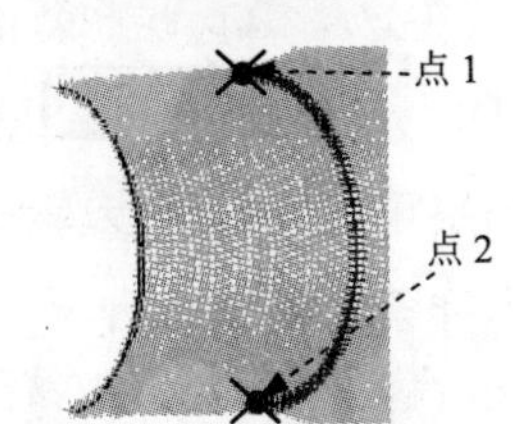

图 9.4.11　定义样条起点和终点

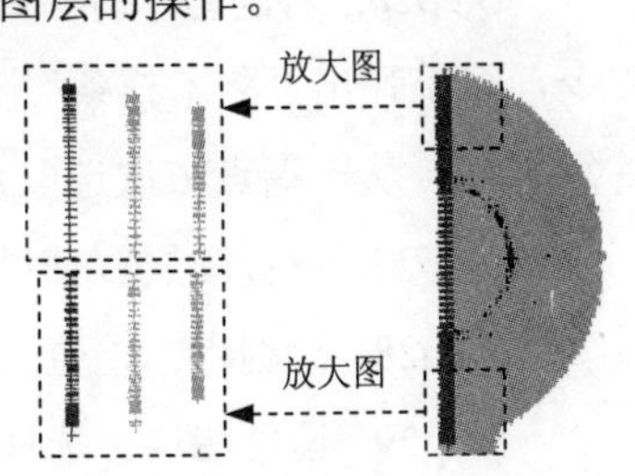

图 9.4.12　选取对象

Step20. 设置图层。选择下拉菜单格式(R) → 图层设置(S)...命令，系统弹出“设置图层”对话框；在□类别显示下的列表中选中☑4选项，单击图层控制区域设为不可见后的按钮，在“图层设置”对话框中单击关闭按钮，完成设置图层的操作。

Step21. 创建样条曲线 3。选择下拉菜单插入(S) → 曲线(C) → 样条(S)...命令，系统弹出“样条”对话框（一）；单击通过点按钮，系统弹出“通过点生成样条”对话框；单击确定按钮，系统弹出“样条”对话框（二）；单击全部成链按钮，系统弹出“指定点”对话框；依次选取图 9.4.13 所示的点 1 和点 2，系统重新弹出“通过点生成样条”对话框；单击确定按钮，完成样条曲线 3 的创建，并关闭弹出的“通过点生成样条”对话框。

图 9.4.13 定义起点和终点

Step22. 设置图层。选择下拉菜单格式(R) → 图层设置(S)...命令，系统弹出“设置图层”对话框；在□类别显示下的列表中选中☑10选项，单击图层控制区域设为不可见后的按钮，在“图层设置”对话框中单击关闭按钮，完成设置图层的操作。

Step23. 创建点集 3。选择下拉菜单插入(S) → 基准/点(D) → 点集(S)...命令，系统弹出“点集”对话框；在类型下拉列表中选择曲线点选项；在等圆弧长定义区域点数后的文本框中输入 40，并选取样条曲线 3；在“曲线上的点”对话框中单击确定按钮，完成点集 3 的创建。

Step24. 移动图层。选择下拉菜单格式(R) → 移动至图层(M)...命令，系统弹出“类选择”对话框；选取样条曲线 3 为移动对象。在“类选择”对话框中单击确定按钮，系统弹出“移动图层”对话框；在目标图层或类别的文本框中输入 101，单击确定按钮，完成移动图层的操作。

Step25. 设置图层。选择下拉菜单格式(R) → 图层设置(S)...命令，系统弹出“设置图层”对话框；在□类别显示下的列表中选中☑101选项，单击图层控制区域设为不可见后的按钮，在“图层设置”对话框中单击关闭按钮，完成设置图层的操作。

Step26. 创建艺术样条 3。选择下拉菜单插入(S) → 曲线(C) → 艺术样条(D)...命令，系统弹出“艺术样条”对话框；在样条设置区域阶次的文本框中输入 3，取消选中□关联复选框；从一端点依次选取点集 3 的点，单击确定按钮，完成艺术样条 3 的创建。

Step27. 设置图层。使☑10图层可见，具体步骤参见 Step18。

Step28. 检测点。检查一下艺术样条 3 是否符合原始点。

Step29. 设置图层。选择下拉菜单格式(R) → 图层设置(S)...命令，系统弹出“设置图层”对话框；在□类别显示下的列表中选中☑10选项，单击图层控制区域设为不可见后的按钮钮，单击“设置图层”对话框中应用按钮，完成设置图层的操作；在□类别显示下的列表中选中☑20选项，单击图层控制区域设为可选后的按钮，在“图层设置”对话框中单击关闭按钮，完成设置图层的操作。

Step30. 创建投影曲线 1。

（1）选择下拉菜单插入(S) → 来自曲线集的曲线(F) → 投影(P)...命令，系统弹出“投影曲线”对话框。

（2）选取艺术样条 3 为投影曲线，拉伸平面 1 为投影对象；在投影方向区域方向的下拉列表中选择沿矢量选项，在*指定矢量下拉列表中选择YC选项。

（3）在“投影曲线”对话框中单击确定按钮，完成投影曲线 1 的创建（隐藏艺术样条 3）。

Step31. 镜像曲线。

（1）选择下拉菜单插入(S) → 来自曲线集的曲线(F) → 镜像(M)...命令，系统弹出“镜像曲线”对话框。

（2）选取投影曲线 1 为镜像对象，并单击中键确认；在平面下拉列表中选择新平面选项，在*指定平面下拉列表中选择ZC（XC-YC）选项。

（3）在“镜像曲线”对话框中单击确定按钮，完成镜像曲线的创建，如图 9.4.14 所示。

Step32. 编辑曲线 1。

（1）选择下拉菜单编辑(E) → 曲线(V) → 长度(L)...命令，系统弹出“曲线长度”对话框。

（2）选取艺术样条 1 为编辑对象；在延伸区域侧的下拉列表中选择对称选项，在限制区域开始的文本框中输入 10；在设置区域取消选中□关联复选项，在输入曲线下拉列表中选择替换选项。

（3）在“曲线长度”对话框中单击确定按钮，完成编辑曲线 1 的操作，如图 9.4.15 所示。

Step33. 编辑曲线 2。选择下拉菜单编辑(E) → 曲线(V) → 长度(L)...命令，系统弹出“曲线长度”对话框；选取艺术样条 2 为编辑对象；在延伸区域侧的下拉列表中选择对称选项，在限制区域开始的文本框中输入 10；单击确定按钮，完成编辑曲线 2 的操作，如图 9.4.16 所示。

Step34. 修剪曲线 1。

（1）选择下拉菜单编辑(E) → 曲线(V) → 修剪(T)...命令，系统弹出“修剪曲线”对话框。

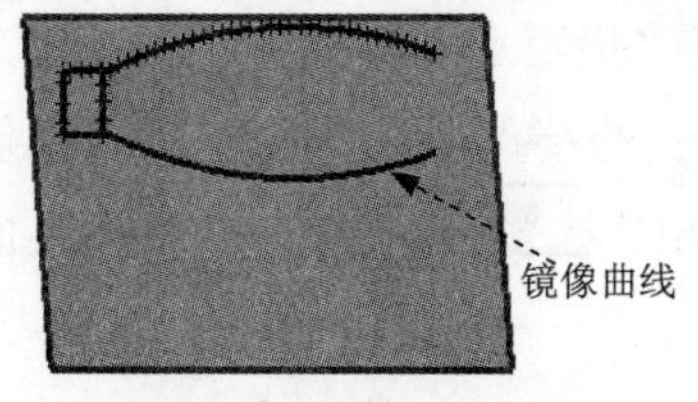

图 9.4.14　镜像曲线

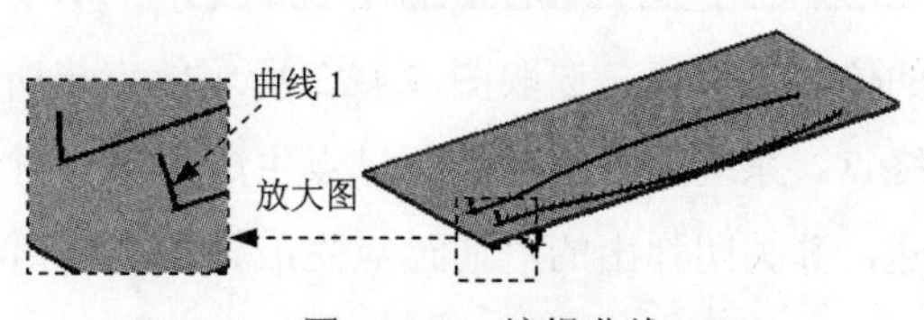

图 9.4.15　编辑曲线 1

（2）选取编辑曲线 1 为修剪曲线；在边界对象 1区域对象的下拉列表中选择指定平面选项，选取拉伸平面 1 为边界对象 1；在边界对象 2区域对象的下拉列表中选择指定平面选项，选取拉伸平面 1 为边界对象 2；在设置区域取消选中□ 关联复选项，在输入曲线下拉列表中选择替换选项。

（3）在“修剪曲线”对话框中单击确定按钮，完成修剪曲线 1 的操作，如图 9.4.17 所示。

Step35. 修剪曲线 2。选择下拉菜单编辑(E) → 曲线(V) → 修剪(T)...命令，系统弹出“修剪曲线”对话框；选取编辑曲线 2 为修剪曲线；在边界对象 1区域对象的下拉列表中选择指定平面选项，选取拉伸平面 1 为边界对象 1；在边界对象 2区域对象的下拉列表中选择指定平面选项，选取拉伸平面 1 为边界对象 2；单击确定按钮，完成修剪曲线 2 的操作，如图 9.4.18 所示。

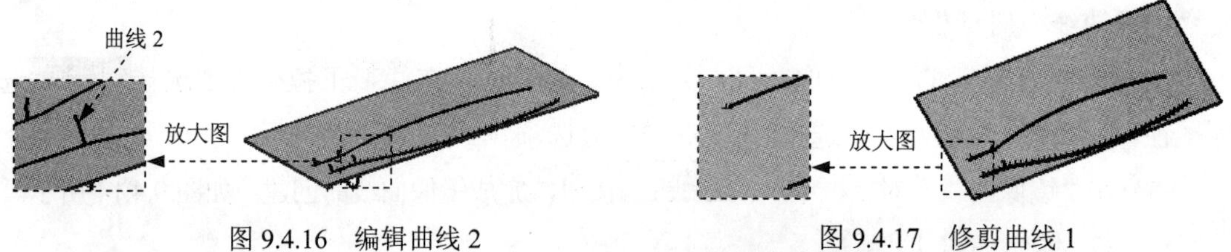

图 9.4.16 编辑曲线 2　　　　图 9.4.17 修剪曲线 1

Step36. 设置图层。选择下拉菜单格式(R) → 图层设置(S)...命令，系统弹出“设置图层”对话框；在□ 类别显示下的列表中选中☑20选项，单击图层控制区域设为不可见后的按钮，完成设置图层的操作；在□ 类别显示下的列表中选中☑3选项，单击图层控制区域设为可选后的按钮，在“图层设置”对话框中单击关闭按钮，完成设置图层的操作。

Step37. 创建样条曲线 4。选择下拉菜单插入(S) → 曲线(C) → 样条(S)...命令，系统弹出“样条”对话框（一）；单击通过点按钮，系统弹出“通过点生成样条”对话框；单击确定按钮，系统弹出“样条”对话框（二）；单击在矩形内的对象成链按钮，系统弹出“指定点”对话框；选取图 9.4.19 所示的位置的点集；选取图 9.4.20 所示的点集所组成圆弧的端点，点 1 和点 2 为样条的起点和终点。系统重新弹出“通过点生成样条”对话框；单击确定按钮，完成样条曲线 4 的创建，并关闭弹出的“通过点生成样条”对话框。

Step38. 创建样条曲线 5。选择下拉菜单插入(S) → 曲线(C) → 样条(S)...命令，系统弹出“样条”对话框（一）；单击通过点按钮，系统弹出“通过点生成样条”对话框；单击确定按钮，系统弹出“样条”对话框（二）；单击在矩形内的对象成链按钮，系统弹出“指定点”对话框；选取图 9.4.21 所示的位置的点集；选取图 9.4.22 所示的点集所组成圆弧的端点，点 1 和点 2 为样条的起点和终点。系统重新弹出“通过点生成样条”对话框；单击确定按钮，完成样条曲线 5 的创建，并关闭弹出的“通过点生成样条”对话框。

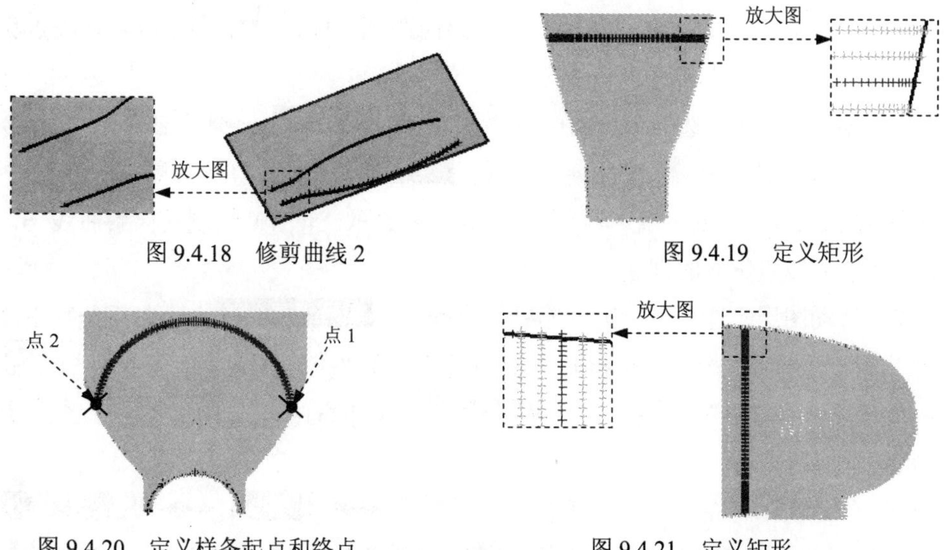

图 9.4.18　修剪曲线 2　　图 9.4.19　定义矩形

图 9.4.20　定义样条起点和终点　　图 9.4.21　定义矩形

Step39. 创建样条曲线 6。选择下拉菜单 插入(S) → 曲线(C) → 样条(S)... 命令，系统弹出“样条”对话框（一）；单击 通过点 按钮，系统弹出“通过点生成样条”对话框；单击 确定 按钮，系统弹出“样条”对话框（二）；单击 在矩形内的对象成链 按钮，系统弹出“指定点”对话框；选取图 9.4.23 所示的位置的点集；选取图 9.4.24 所示的点集所组成圆弧的端点，点 1 和点 2 为样条的起点和终点。系统重新弹出“通过点生成样条”对话框；单击 确定 按钮，完成样条曲线 6 的创建，并关闭弹出的“通过点生成样条”对话框。

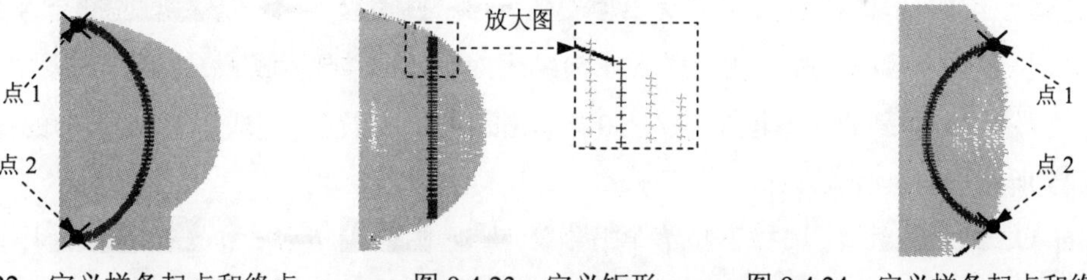

图 9.4.22　定义样条起点和终点　　图 9.4.23　定义矩形　　图 9.4.24　定义样条起点和终点

Step40. 设置图层。选择下拉菜单 格式(R) → 图层设置(S)... 命令，系统弹出“设置图层”对话框；在 类别显示 下的列表中选中 3 选项，单击 图层控制 区域 设为不可见 后的按钮，单击“设置图层”对话框中单击 关闭 按钮，完成设置图层的操作。

Step41. 创建点集 4。选择下拉菜单 插入(S) → 基准/点(D) → 点集(S)... 命令，系统弹出“点集”对话框；在 类型 下拉列表中选择 曲线点 选项；在 等圆弧长定义 区域 点数 后的文本框中输入 14，并选取 Step37 绘制的样条曲线 4，单击 确定 按钮，完成点集 4 的创建。

Step42. 创建点集 5。选择下拉菜单 插入(S) → 基准/点(D) → 点集(S)... 命令，系统弹出“点集”对话框；在 类型 下拉列表中选择 曲线点 选项；在 等圆弧长定义 区域 点数 后的文本框中输入 14，并选取 Step38 绘制的样条曲线 5，单击确定按钮，完成点集 4 的创建。

Step43. 创建点集 6。选择下拉菜单插入(S) → 基准/点(D) → 点集(S)...命令，系统弹出“点集”对话框；在类型下拉列表中选择曲线点选项；在等圆弧长定义区域点数后的文本框中输入 14，在点数的文本框中输入 14，并选取 Step39 绘制的样条曲线 6，单击确定按钮，完成点集 6 的创建。

Step44. 移动图层。选择下拉菜单格式(R) → 移动至图层(M)...命令，系统弹出“类选择”对话框；选取样条曲线 4、5 和 6 为移动对象，在“类选择”对话框中单击确定按钮，系统弹出“移动图层”对话框；在目标图层或类别的文本框中输入 101；单击确定按钮，完成移动图层的操作。

Step45. 创建艺术样条 4。选择下拉菜单插入(S) → 曲线(C) → 艺术样条(D)...命令，系统弹出“艺术样条”对话框；在样条设置区域阶次的文本框中输入 3，取消选中□关联复选框；从一端点依次选取点集 4 的点，单击确定按钮，完成艺术样条 4 的创建。

Step46. 创建艺术样条 5。选择下拉菜单插入(S) → 曲线(C) → 艺术样条(D)...命令，系统弹出“艺术样条”对话框；在样条设置区域阶次的文本框中输入 3，取消选中□关联复选框；从一端点依次选取点集 5 的点，单击确定按钮，完成艺术样条 5 的创建。

Step47. 创建艺术样条 6。选择下拉菜单插入(S) → 曲线(C) → 艺术样条(D)...命令，系统弹出“艺术样条”对话框；在样条设置区域阶次的文本框中输入 3，取消选中□关联复选框；从一端点依次选取点集 6 的点，单击确定按钮，完成艺术样条 6 的创建。

Step48. 编辑曲线 3。选择下拉菜单编辑(E) → 曲线(V) → 长度(L)...命令，系统弹出“曲线长度”对话框；选取艺术样条 4 为编辑对象；在延伸区域侧的下拉列表中选择对称选项，在限制区域开始的文本框中输入 10；单击确定按钮，完成编辑曲线 3 的操作，如图 9.4.25 所示。

Step49. 编辑曲线 4。选择下拉菜单编辑(E) → 曲线(V) → 长度(L)...命令，系统弹出“曲线长度”对话框；选取艺术样条 5 为编辑对象；在延伸区域侧的下拉列表中选择对称选项，在限制区域开始的文本框中输入 10；单击确定按钮，完成编辑曲线 4 的操作，如图 9.4.26 所示。

Step50. 编辑曲线 5。选择下拉菜单编辑(E) → 曲线(V) → 长度(L)...命令，系统弹出“曲线长度”对话框；选取艺术样条 6 为编辑对象；在延伸区域侧的下拉列表中选择对称选项，在限制区域开始的文本框中输入 10；单击确定按钮，完成编辑曲线 5 的操作，如图 9.4.27 所示。

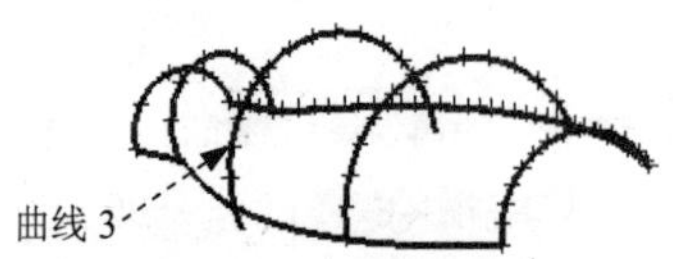

图 9.4.25 编辑曲线 3

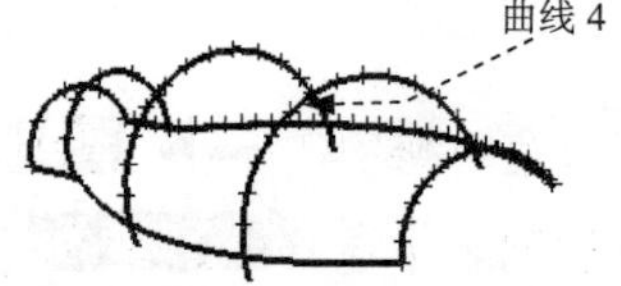

图 9.4.26 编辑曲线 4

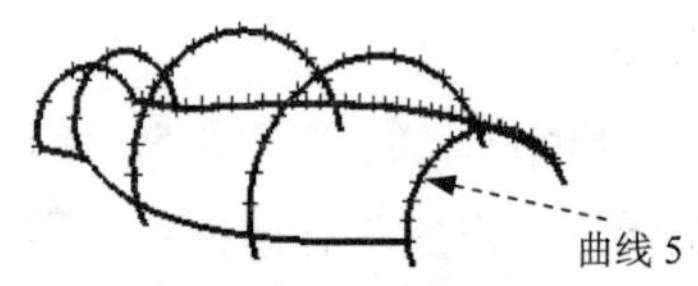

图 9.4.27 编辑曲线 5

Step51. 设置图层。选择下拉菜单格式(R) → 图层设置(S)...命令，系统弹出“设置图层”对话框。在□类别显示下的列表中选中☑20选项，单击图层控制区域设为可选后的按钮，在“图层设置”对话框中单击关闭按钮，完成设置图层的操作。

Step52. 修剪曲线 3。选择下拉菜单编辑(E) → 曲线(V) → 修剪(T)...命令，系统弹出“修剪曲线”对话框；选取编辑曲线 3 为修剪曲线；在边界对象 1区域对象的下拉列表中选择指定平面选项，选取拉伸平面 1 为边界对象 1；在边界对象 2区域对象的下拉列表中选择指定平面选项，选取拉伸平面 1 为边界对象 2；单击确定按钮，完成修剪曲线 3 的操作，如图 9.4.28 所示。

Step53. 修剪曲线 4。选择下拉菜单编辑(E) → 曲线(V) → 修剪(T)...命令，系统弹出“修剪曲线”对话框；选取编辑曲线 4 为修剪曲线；在边界对象 1区域对象的下拉列表中选择指定平面选项，选取拉伸平面 1 为边界对象 1；在边界对象 2区域对象的下拉列表中选择指定平面选项，选取拉伸平面 1 为边界对象 2；单击确定按钮，完成修剪曲线 4 的操作，如图 9.4.29 所示。

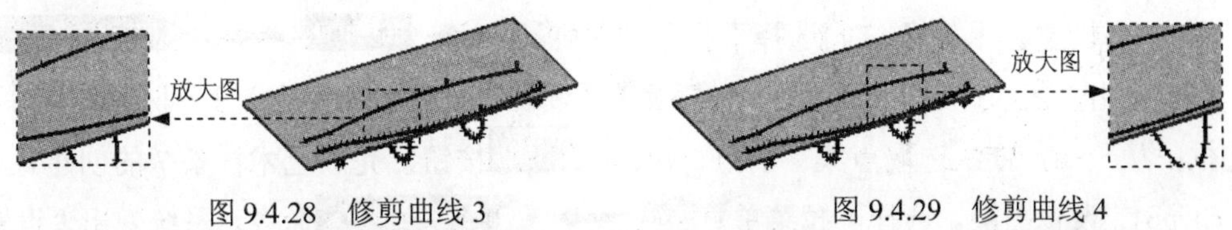

图 9.4.28　修剪曲线 3　　　图 9.4.29　修剪曲线 4

Step54. 修剪曲线 5。选择下拉菜单编辑(E) → 曲线(V) → 修剪(T)...命令，系统弹出“修剪曲线”对话框；选取编辑曲线 5 为修剪曲线，选取拉伸平面 1 为边界对象 1 和边界对象 2；在边界对象 1区域对象的下拉列表中选择指定平面选项，选取拉伸平面 1 为边界对象 1；在边界对象 2区域对象的下拉列表中选择指定平面选项，选取拉伸平面 1 为边界对象 2；单击确定按钮，完成修剪曲线 5 的操作，如图 9.4.30 所示。

Step55. 设置图层。选择下拉菜单格式(R) → 图层设置(S)...命令，系统弹出“设置图层”对话框。设置☑20图层为不可见状态；设置☑101图层和☑10图层为可选。

Step56. 创建样条曲线 7。选择下拉菜单插入(S) → 曲线(C) → 样条(S)...命令，系统弹出“样条”对话框（一）；单击通过点按钮，系统弹出“通过点生成样条”对话框；单击确定按钮，系统弹出“样条”对话框（二）；单击在矩形内的对象成链按钮，系统弹出“指定点”对话框；选取 Step54 中修剪曲线 5 右侧的点集；选取图 9.4.31 所示的点集所组成圆弧的端点，点 1 和点 2 为样条的起点和终点。系统重新弹出“通过点生成样条”对话框；单击确定按钮，完成样条曲线 7 的创建，并关闭系统弹出的“通过点生成样条”对话框。

Step57. 设置图层。选择下拉菜单格式(R) → 图层设置(S)...命令，系统弹出“设置图层”对话框。设置☑10图层和☑101图层为不可见。

Step58. 创建点集 7。选择下拉菜单插入(S) → 基准/点(D) → 点集(S)...命令，系统弹出“点集”对话框；在类型区域的下拉列表中选择曲线点选项，在点数的文本框中输入 14，并选取样条曲线 7，单击确定按钮，完成点集 7 的创建，并关闭重新弹出的“点集”对话框。

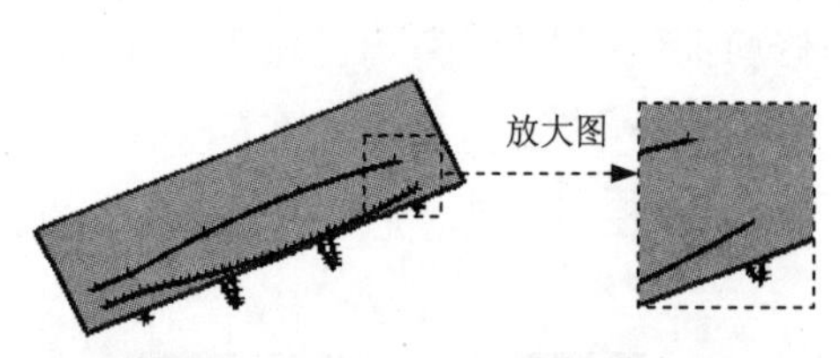

图 9.4.30 修剪曲线 5

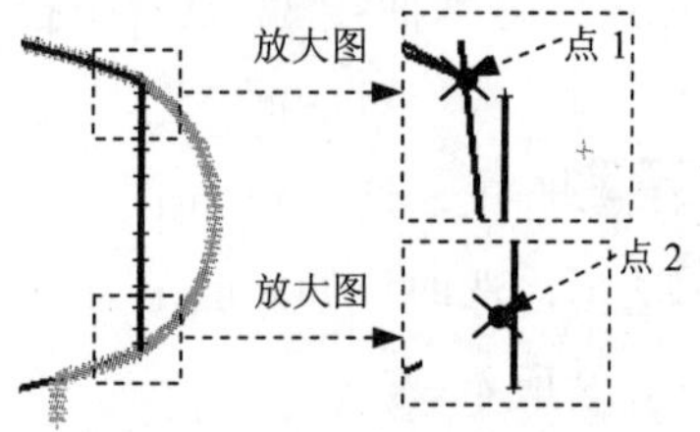

图 9.4.31 定义起点和终点

Step59. 移动图层。选择下拉菜单格式(R) → 移动至图层(M)... 命令，系统弹出“类选择”对话框；选取样条曲线 7 为移动对象。在“类选择”对话框中单击确定按钮，系统弹出“移动图层”对话框；定义移动图层，在目标图层或类别的文本框中输入 101，单击确定按钮，完成移动图层的操作。

Step60. 创建艺术样条 7。选择下拉菜单插入(S) → 曲线(C) → 艺术样条(D)... 命令，系统弹出“艺术样条”对话框；在样条设置区域阶次的文本框中输入 3，取消选中□关联复选框；从一端点依次选取点集 7 的点，单击确定按钮，完成艺术样条 7 的创建。

Step61. 设置图层。选择下拉菜单格式(R) → 图层设置(S)... 命令，系统弹出“设置图层”对话框。设置☑20图层可选。

Step62. 创建投影曲线 2。

（1）选择下拉菜单插入(S) → 来自曲线集的曲线(F) → 投影(P)... 命令，系统弹出“投影曲线”对话框。

（2）选取艺术样条 7 为投影曲线，拉伸平面 1 为投影对象；在投影方向区域方向的下拉列表中选择沿矢量选项，* 指定矢量下拉列表中选择-YC选项。

（3）在“投影曲线”对话框中单击确定按钮，完成投影曲线 2 的创建（隐藏艺术样条 7）。

Step63. 移动图层。选择下拉菜单格式(R) → 移动至图层(M)... 命令，系统弹出“类选择”对话框；选取所有点为移动对象。在“类选择”对话框中单击确定按钮，系统弹出“移动图层”对话框；在目标图层或类别的文本框中输入 120；单击确定按钮，完成移动图层的操作。

Step64. 设置图层。选择下拉菜单格式(R) → 图层设置(S)... 命令，系统弹出“设置图层”对话框。设置☑20图层和☑120图层为不可见。

Step65. 创建曲面 1。选择下拉菜单插入(S) → 网格曲面(M) → 通过曲线网格(M)... 命令，系统弹出“通过曲线网格”对话框；依次选取图 9.4.32 所示的曲线 1、曲线 2、曲线 3、曲线 4 和曲线 5 为主曲线，并分别单击中键确认，再单击中键确定；依次选取曲线 6 和曲线 7 为交叉曲线，并分别单击中键确认；在公差区域交点的文本框中输入 1；单击确定按钮，完成曲面 1 的创建，如图 9.4.33 所示。

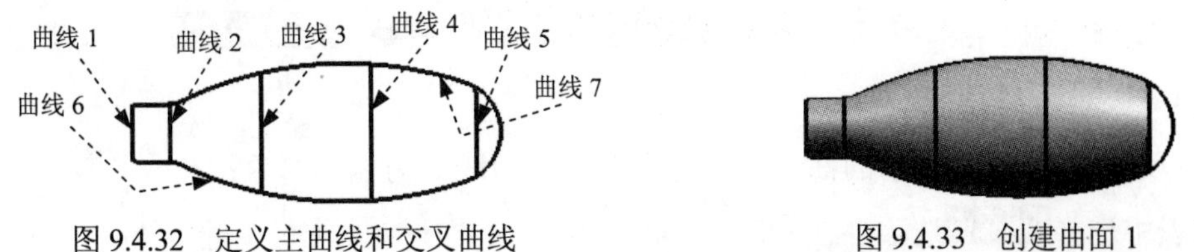

图 9.4.32 定义主曲线和交叉曲线　　图 9.4.33 创建曲面 1

Step66. 创建曲面 2。选择下拉菜单插入(S) → 网格曲面(M) → 通过曲线组(T)...命令，系统弹出“通过曲线组”对话框；依次选取图 9.4.34 所示的曲线 1（曲线 1 为曲面 1 的边线）和曲线 2 为截面曲线，并分别单击中键确认；在连续性区域第一截面线串的下拉列表中选择G1（相切）选项，选取曲面 1 为相切平面；单击确定按钮，完成曲面 2 的创建，如图 9.4.35 所示。

Step67. 移动图层。选择下拉菜单格式(R) → 移动至图层(M)...命令，系统弹出“类选择”对话框；选取所有曲线为移动对象。在“类选择”对话框中单击确定按钮，系统弹出“移动图层”对话框；在目标图层或类别的文本框中输入 101；单击确定按钮，完成移动图层的操作。

Step68. 缝合曲面 1。

（1）选择下拉菜单插入(S) → 组合体(B) → 缝合(W)...命令，系统弹出“缝合”对话框。

（2）选取曲面 1 为目标体，曲面 2 为刀具体。

（3）在“缝合”对话框中单击确定按钮，完成缝合曲面 1 的操作。

Step69. 设置图层。选择下拉菜单格式(R) → 图层设置(S)...命令，系统弹出“设置图层”对话框，设置☑61图层为可选。

Step70. 创建拉伸特征 1。选择下拉菜单插入(S) → 设计特征(E) → 拉伸(E)...命令，系统弹出“拉伸”对话框；选取 XC-ZC 基准平面为草图平面；绘制图 9.4.36 所示的截面草图；在“拉伸”对话框限制区域的开始下拉列表中选择值选项，并在其下的距离文本框中输入 - 10；在限制区域的结束下拉列表中选择值选项，并在其下的文本框中输入 50；在布尔区域布尔的下拉列表中选择求差选项，选取缝合体为求差对象；其他参数采用系统默认设置；单击确定按钮，完成拉伸特征 1 的创建，如图 9.4.37 所示。

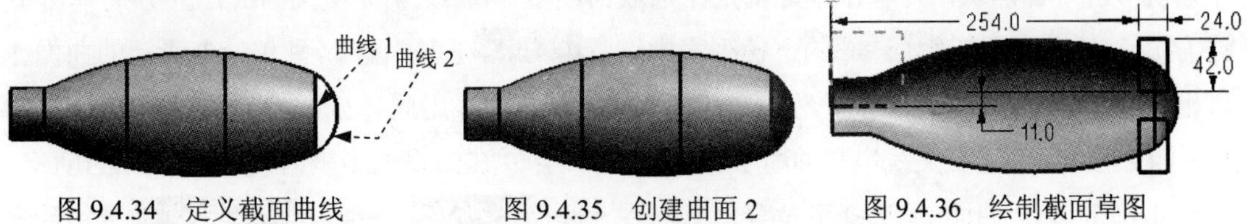

图 9.4.34 定义截面曲线　　图 9.4.35 创建曲面 2　　图 9.4.36 绘制截面草图

Step71. 创建桥接曲线 1。

（1）选择下拉菜单 插入(S) → 来自曲线集的曲线(F) → 桥接(B)... 命令，系统弹出“桥接曲线”对话框。

（2）选取图 9.4.38 所示的曲线 1 为起点对象，曲线 2 为端部对象；在 形状控制 区域 类型 的下拉列表中选择 相切幅值 选项，在 开始 文本框中输入 1，在 终点 文本框中输入 1。

（3）在“桥接曲线”对话框中单击 确定 按钮，完成桥接曲线 1 的创建。

Step72. 创建桥接曲线 2。选择下拉菜单 插入(S) → 来自曲线集的曲线(F) → 桥接(B)... 命令，系统弹出“桥接曲线”对话框；选取图 9.4.39 所示的曲线 1 为起点对象，曲线 2 为端部对象；在 形状控制 区域 类型 的下拉列表中选择 相切幅值 选项，在 开始 文本框中输入 1，在 终点 文本框中输入 1；单击 确定 按钮，完成桥接曲线 2 的创建。

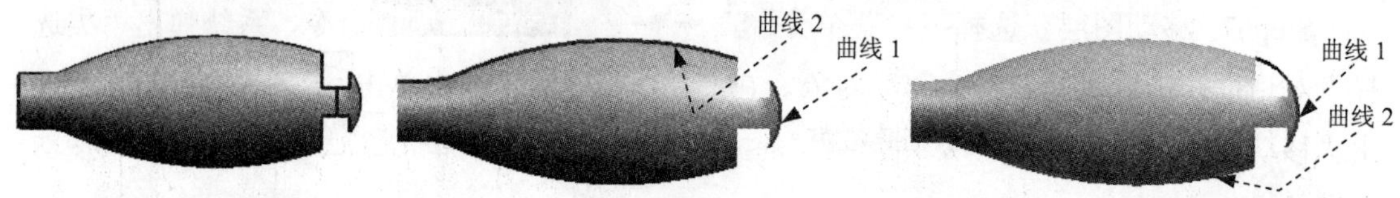

图 9.4.37 拉伸特征 1　　图 9.4.38 定义起点和端部对象　　图 9.4.39 定义起点和端部对象

Step73. 创建曲面 3。选择下拉菜单 插入(S) → 网格曲面(M) → 通过曲线网格(M)... 命令，系统弹出“通过曲线网格”对话框；选取图 9.4.40 所示的曲线 1 和曲线 2 为主曲线，并分别单击中键确认，再单击中键确定；选取曲线 3 和曲线 4 为交叉曲线，并分别单击中键确认；在 连续性 区域 第一主线串 的下拉列表中选择 G1（相切）选项，选取图 9.4.41 所示的曲面 1 为相切对象；用同样方法，设置最后主曲线串与曲面 2 相切，第二交叉线串与曲面 1 和曲面 2 相切；单击 确定 按钮，完成曲面 3 的创建。

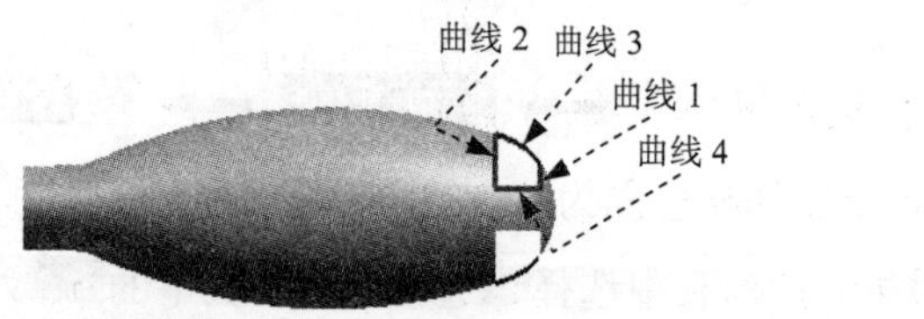

图 9.4.40 定义主曲线和交叉曲线

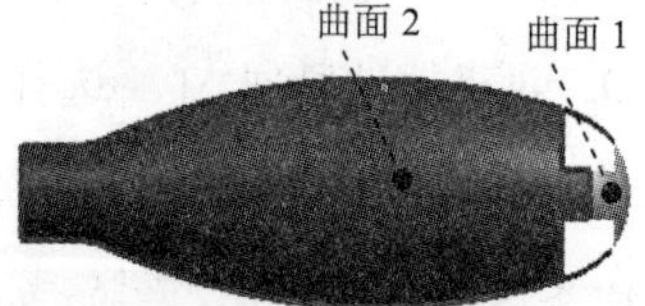

图 9.4.41 选取相切面

Step74. 创建曲面 4。选择下拉菜单 插入(S) → 网格曲面(M) → 通过曲线网格(M)... 命令，系统弹出“通过曲线网格”对话框；选取图 9.4.42 所示的曲线 1 和曲线 2 为主曲线，并分别单击中键确认，再单击中键确定；选取曲线 3 和曲线 4 为交叉曲线，并分别单击中键确认；在 连续性 区域 第一主线串 的下拉列表中选择 G1（相切）选项，选取图 9.4.43 所示的曲面 1 为相切对象；在 最后交叉线串 下拉列表中选择 G0（位置）选项；用同样方法，设置最后主曲线串与曲面 2 相切，第一交叉线串与曲面 1 和曲面 2 相切；单击 确定 按钮，完成曲面 4 的创建。

Step75. 缝合曲面 2。选择下拉菜单 插入(S) → 组合体(B) → 缝合(W)... 命令，系统弹出“缝合”对话框；选取缝合曲面 1 为目标体，曲面 3 和曲面 4 为刀具体；单击 确定按钮，完成缝合曲面 2 的操作。

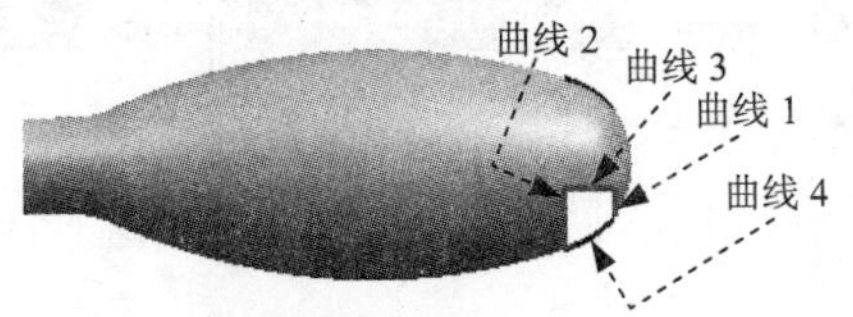

图 9.4.42 定义主曲线和交叉曲线

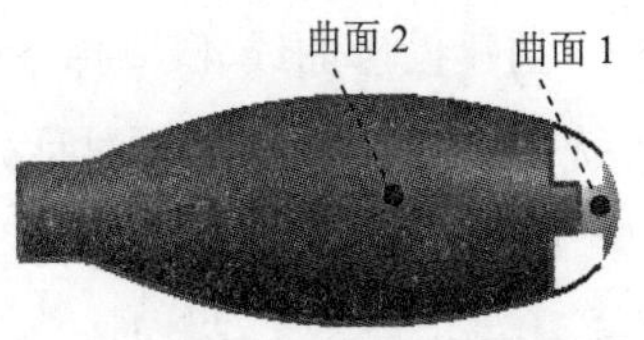

图 9.4.43 选取相切面

Step76. 编辑隐藏。

（1）选择下拉菜单 编辑(E) → 显示和隐藏(H) → 隐藏(H)... 命令（或单击按钮），系统弹出“类选择”对话框。

（2）单击 过滤器 区域的按钮，系统弹出“根据类型选择”对话框，选择对话框列表中的 曲线 和 基准 选项，单击 确定 按钮，系统再次弹出“类选择”对话框。

（3）在“类选择”对话框中单击 对象 区域的按钮；单击 确定 按钮，完成对设置对象的隐藏。

Stage2. 创建主体特征 2

Step1. 设置图层。选择下拉菜单 格式(R) → 图层设置(S)... 命令，系统弹出“设置图层”对话框。设置 ☑2 图层为可选。

Step2. 创建艺术样条 8。选择下拉菜单 插入(S) → 曲线(C) → 艺术样条(D)... 命令，系统弹出“艺术样条”对话框；在 样条设置 区域 阶次 的文本框中输入 3，取消选中 □ 关联 复选框；绘制图 9.4.44 所示的曲线，单击 确定 按钮，完成艺术样条 8 的创建。

Step3. 创建艺术样条 9。选择下拉菜单 插入(S) → 曲线(C) → 艺术样条(D)... 命令，系统弹出“艺术样条”对话框；在 样条设置 区域 阶次 的文本框中输入 3，取消选中 □ 关联 复选框；绘制图 9.4.45 所示的曲线，单击 确定 按钮，完成艺术样条 9 的创建。

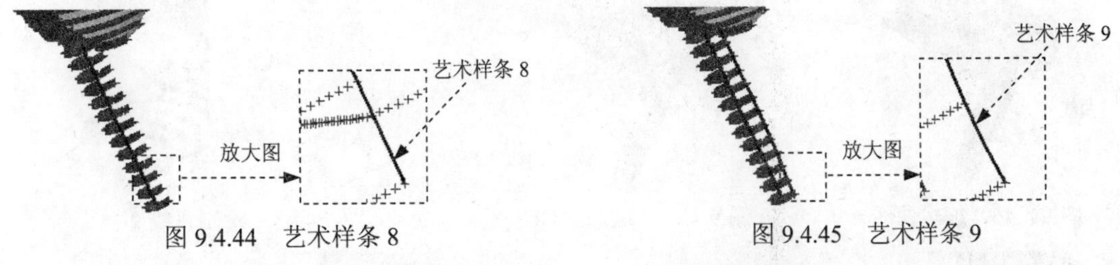

图 9.4.44 艺术样条 8　　图 9.4.45 艺术样条 9

Step4. 设置图层。选择下拉菜单 格式(R) → 图层设置(S)... 命令，系统弹出“设置图层”对话框。设置 ☑20 图层为可选。

Step5. 创建投影曲线 3。选择下拉菜单 插入(S) → 来自曲线集的曲线(F) → 投影(P)... 命令，系统弹出“投影曲线”对话框；选取艺术样条 8 为投影曲线，拉伸平面 1 为投影对象；在 投影方向 区域 方向 的下拉列表中选择 沿矢量 选项，在 * 指定矢量 下拉列表中选择 YC 选项；单击 确定 按钮，完成投影曲线 3 的创建。

注意：此处要选中设置中的关联选项。

Step6. 创建投影曲线 4。选择下拉菜单插入(S) → 来自曲线集的曲线(F) → 投影(P)...命令，系统弹出“投影曲线”对话框；选取艺术样条 9 为投影曲线，拉伸平面 1 为投影对象；在投影方向区域方向的下拉列表中选择沿矢量选项，在*指定矢量下拉列表中选择-YC选项；单击确定按钮，完成投影曲线 4 的创建。

Step7. 移动图层。将艺术样条 8 和艺术样条 9 移至 101 层中。

Step8. 设置图层。选择下拉菜单格式(R) → 图层设置(S)...命令，系统弹出“设置图层”对话框。设置☑20图层为不可见。

Step9. 编辑曲线 6。选择下拉菜单编辑(E) → 曲线(V) → 长度(L)...命令，系统弹出“曲线长度”对话框；选取投影曲线 1 为编辑对象；在延伸区域侧的下拉列表中选择对称选项，在限制区域开始的文本框中输入 30；单击确定按钮，完成编辑曲线 6 的操作，如图 9.4.46 所示。

Step10. 编辑曲线 7。选择下拉菜单编辑(E) → 曲线(V) → 长度(L)...命令，系统弹出“曲线长度”对话框；选取投影曲线 2 为编辑对象；在延伸区域侧的下拉列表中选择对称选项，在限制区域开始的文本框中输入 30；单击确定按钮，完成编辑曲线 7 的操作，如图 9.4.47 所示。

Step11. 创建直线 2。选择下拉菜单插入(S) → 曲线(C) → 直线(L)...命令，系统弹出“直线”对话框。绘制图 9.4.48 所示的直线 2。

Step12. 创建直线 3。选择下拉菜单插入(S) → 曲线(C) → 直线(L)...命令，系统弹出“直线”对话框。绘制图 9.4.49 所示的直线 3。

Step13. 创建直线 4。选择下拉菜单插入(S) → 曲线(C) → 直线(L)...命令，系统弹出“直线”对话框。绘制图 9.4.50 所示的直线 4。

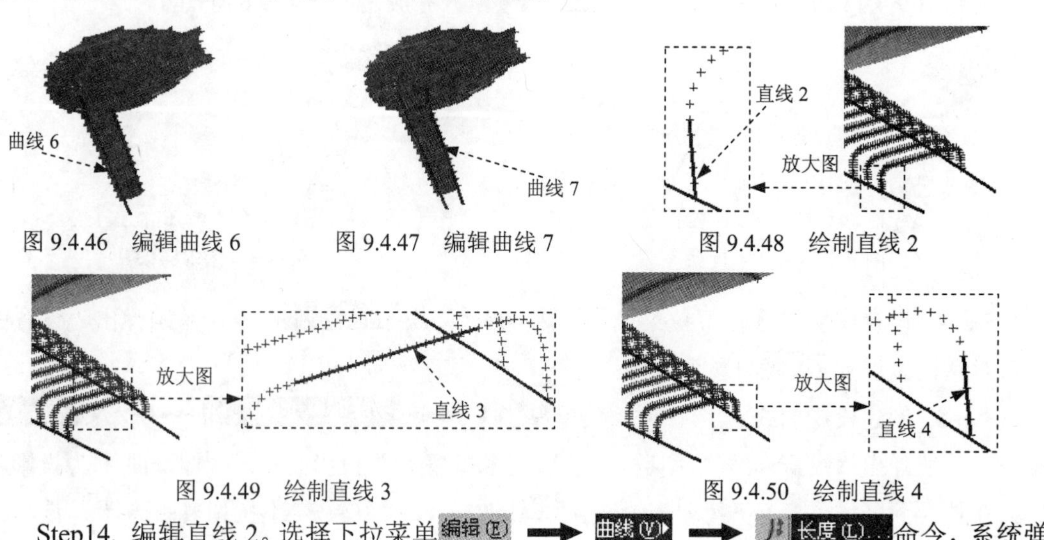

图 9.4.46　编辑曲线 6

图 9.4.47　编辑曲线 7

图 9.4.48　绘制直线 2

图 9.4.49　绘制直线 3

图 9.4.50　绘制直线 4

Step14. 编辑直线 2。选择下拉菜单编辑(E) → 曲线(V) → 长度(L)...命令，系统弹出“曲线长度”对话框；选取直线 2 为编辑对象；在延伸区域侧的下拉列表中选择对称选项，在限制区域开始的文本框中输入 10；单击确定按钮，完成编辑直线 2 的操作，如图 9.4.51 所示。

Step15. 编辑直线 3。选择下拉菜单编辑(E) → 曲线(V) → 长度(L)...命令，系统弹出“曲线长度”对话框；选取直线 3 为编辑对象；在延伸区域侧的下拉列表中选择对称选项，在限制区域开始的文本框中输入 10；单击确定按钮，完成编辑直线 3 的操作，如图 9.4.52 所示。

Step16. 编辑直线 4。选择下拉菜单编辑(E) → 曲线(V) → 长度(L)...命令，系统弹出“曲线长度”对话框；选取直线 4 为编辑对象；在延伸区域侧的下拉列表中选择对称选项，在限制区域开始的文本框中输入 10；单击确定按钮，完成编辑直线 4 的操作，如图 9.4.53 所示。

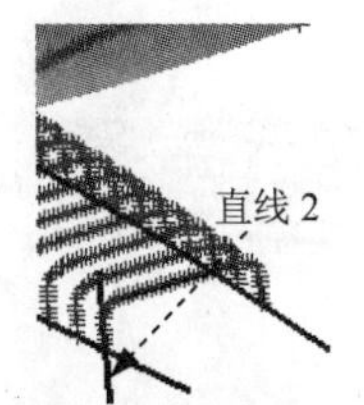

图 9.4.51 编辑直线 2

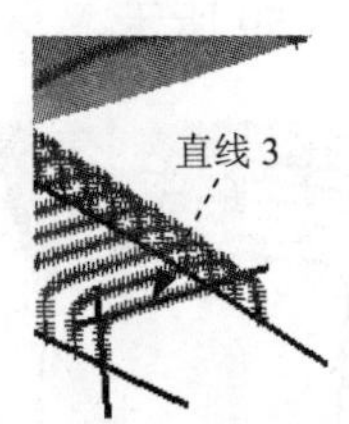

图 9.4.52 编辑直线 3

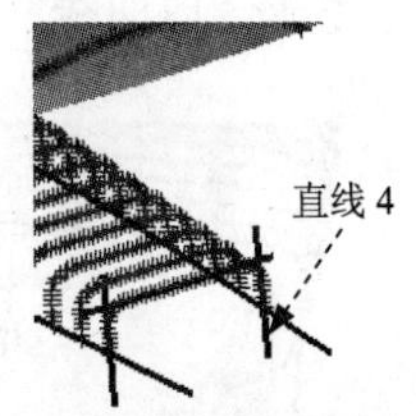

图 9.4.53 编辑直线 4

Step17. 创建圆弧 1。

（1）选择命令。选择下拉菜单插入(S) → 曲线(C) → 直线和圆弧(A) → 圆弧(相切-相切-半径)(E)...命令，系统弹出“圆弧”对话框。

（2）选取直线 2 和直线 3 为相切曲线，在动态文本框中输入 4。

（3）单击鼠标中键完成圆弧 1 的创建，并关闭系统重新弹出的“圆弧”对话框，完成后如图 9.4.54 所示。

Step18. 创建圆弧 2。选择下拉菜单插入(S) → 曲线(C) → 直线和圆弧(A) → 圆弧(相切-相切-半径)(E)...命令，系统弹出“圆弧”对话框；选取直线 3 和直线 4 为相切曲线；在动态文本框中输入 4；单击鼠标中键完成圆弧 2 的创建，并关闭系统重新弹出的“圆弧”对话框，完成后如图 9.4.55 所示。

Step19. 修剪曲线 6。选择下拉菜单编辑(E) → 曲线(V) → 修剪(T)...命令，系统弹出“修剪曲线”对话框；选取直线 2 为修剪曲线；选取圆弧 1 为边界对象 1；单击确定按钮，完成修剪曲线 6 的操作，如图 9.4.56 所示。

Step20. 修剪曲线 7。选择下拉菜单编辑(E) → 曲线(V) → 修剪(T)...命令，系统弹出“修剪曲线”对话框；选取直线 3 为修剪曲线；选取圆弧 1 为边界对象 1；单击确定按钮，完成修剪曲线 7 的操作，如图 9.4.57 所示。

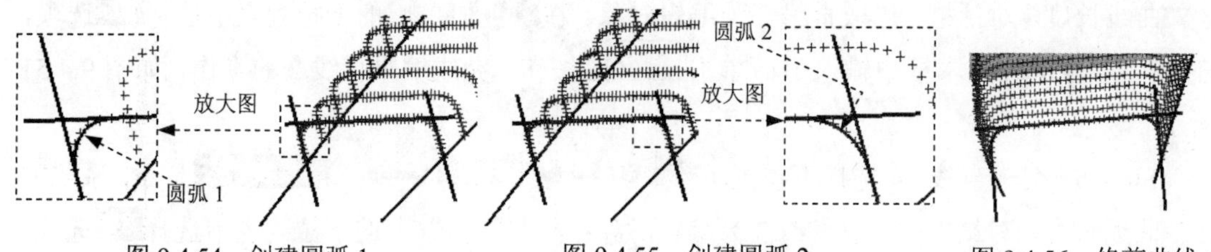

图 9.4.54 创建圆弧 1　　图 9.4.55 创建圆弧 2　　图 9.4.56 修剪曲线 6

Step21. 修剪曲线 8。选择下拉菜单编辑(E) → 曲线(V) → 修剪(T)...命令，系统弹出“修剪曲线”对话框；选取直线 3 为修剪曲线；选取圆弧 2 为边界对象 1；单击确定按钮，完成修剪曲线 8 的操作，如图 9.4.58 所示。

Step22. 修剪曲线 9。选择下拉菜单编辑(E) → 曲线(V) → 修剪(T)...命令，系统弹出“修剪曲线”对话框；选取直线 4 为修剪曲线；选取圆弧 2 为边界对象 1；单击确定按钮，完成修剪曲线 9 的操作，如图 9.4.59 所示。

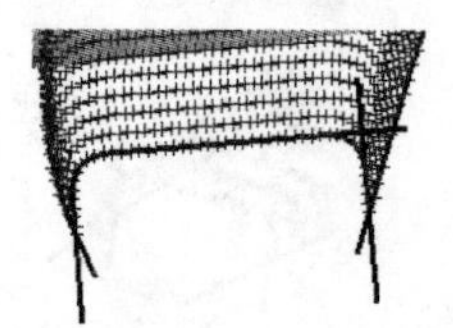

图 9.4.57 修剪曲线 7

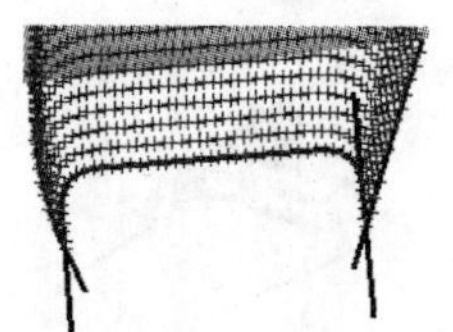

图 9.4.58 修剪曲线 8

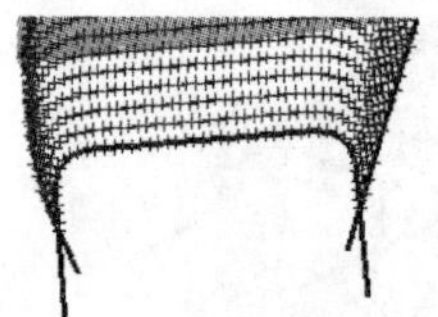

图 9.4.59 修剪曲线 9

Step23. 创建直线 5。选择下拉菜单插入(S) → 曲线(C) → 直线(L)...命令，系统弹出“直线”对话框。绘制图 9.4.60 所示的直线 5。

Step24. 创建直线 6。选择下拉菜单插入(S) → 曲线(C) → 直线(L)...命令，系统弹出“直线”对话框。绘制图 9.4.61 所示的直线 6。

Step25. 创建直线 7。选择下拉菜单插入(S) → 曲线(C) → 直线(L)...命令，系统弹出“直线”对话框。绘制图 9.4.62 所示的直线 7。

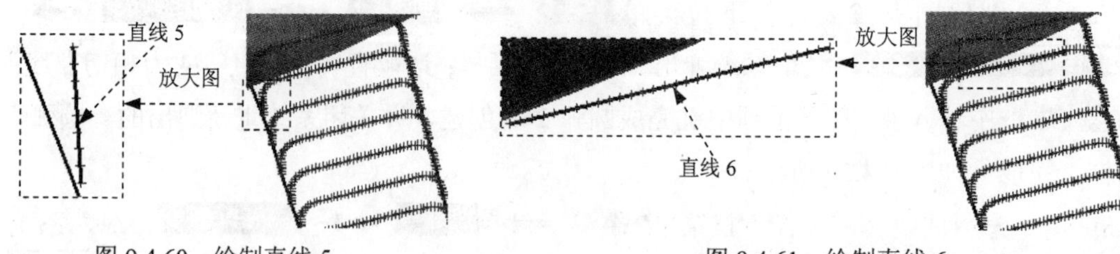

图 9.4.60 绘制直线 5　　图 9.4.61 绘制直线 6

Step26. 编辑直线 5。选择下拉菜单编辑(E) → 曲线(V) → 长度(L)...命令，系统弹出“曲线长度”对话框；选取编辑曲线。选取直线 5 为编辑对象；在延伸区域侧的下拉列表中选择对称选项，在限制区域开始的文本框中输入 10；单击确定按钮，完成编辑曲线 5 的操作，如图 9.4.63 所示。

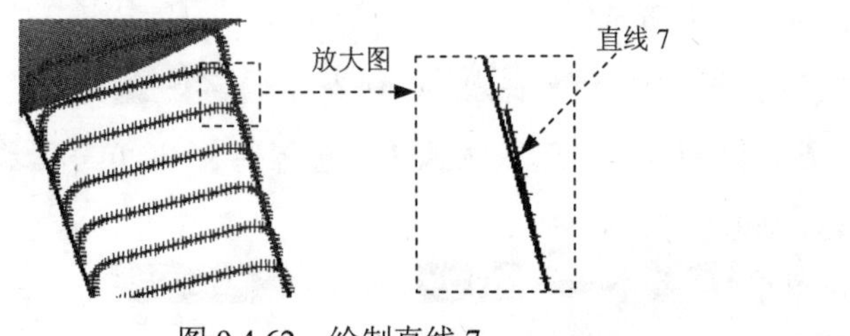

图 9.4.62　绘制直线 7

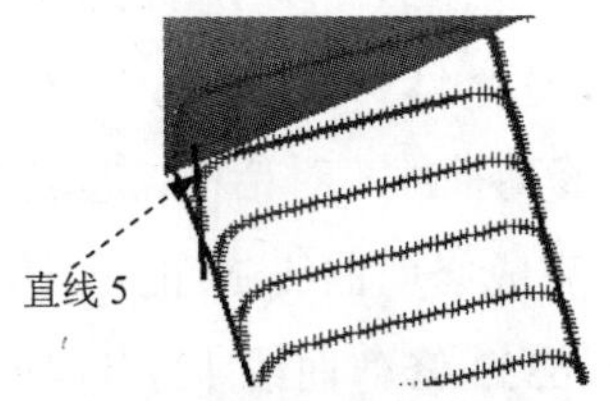

图 9.4.63　编辑直线 5

Step27. 编辑直线 6。选择下拉菜单编辑(E) → 曲线(V) → 长度(L)...命令，系统弹出“曲线长度”对话框；选取直线 6 为编辑对象；在延伸区域侧的下拉列表中选择对称选项，在限制区域开始的文本框中输入 10；单击确定按钮，完成编辑曲线 6 的操作，如图 9.4.64 所示。

Step28. 编辑直线 7。选择下拉菜单编辑(E) → 曲线(V) → 长度(L)...命令，系统弹出“曲线长度”对话框；选取直线 7 为编辑对象；在延伸区域侧的下拉列表中选择对称选项，在限制区域开始的文本框中输入 10；单击确定按钮，完成编辑曲线 7 的操作，如图 9.4.65 所示。

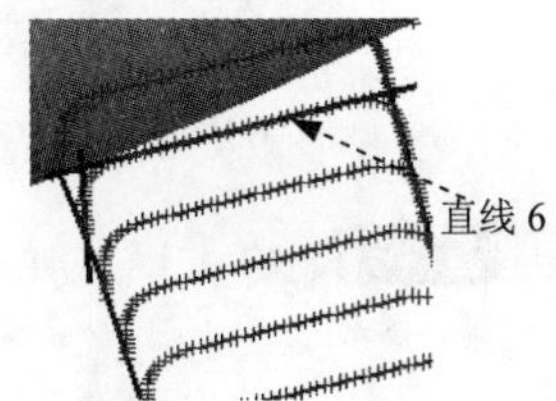

图 9.4.64　编辑直线 6

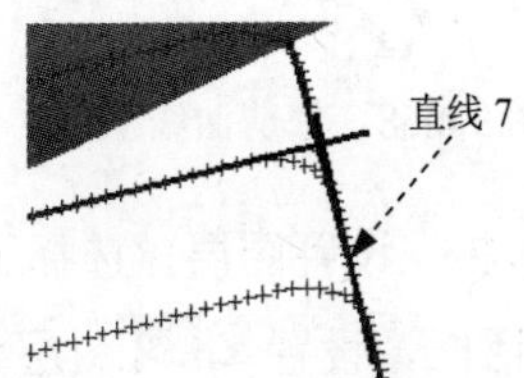

图 9.4.65　编辑直线 7

Step29. 创建圆弧 3。选择下拉菜单插入(S) → 曲线(C) → 直线和圆弧(A) → 圆弧(相切-相切-半径)(E)...命令，系统弹出“圆弧”对话框；选取直线 5 和直线 6 为相切曲线；在动态文本框中输入 6；单击鼠标中键完成圆弧 3 的创建，并关闭系统重新弹出的“圆弧”对话框，完成后如图 9.4.66 所示。

Step30. 创建圆弧 4。选择下拉菜单插入(S) → 曲线(C) → 直线和圆弧(A) → 圆弧(相切-相切-半径)(E)...命令，系统弹出“圆弧”对话框；选取直线 6 和直线 7 为相切曲线；在动态文本框中输入 6；单击鼠标中键完成圆弧 4 的创建，并关闭系统重新弹出的“圆弧”对话框，完成后如图 9.4.67 所示。

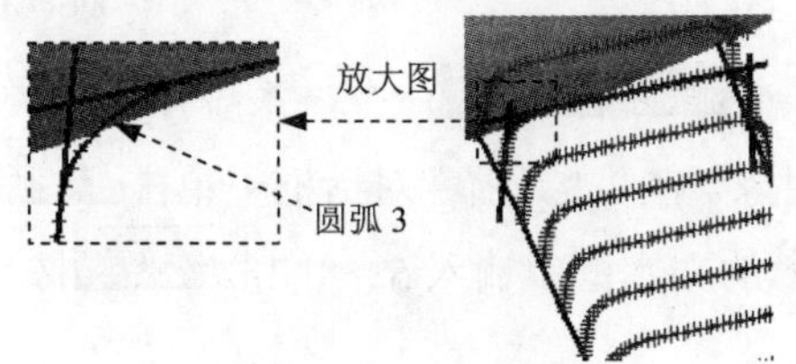

图 9.4.66　创建圆弧 3

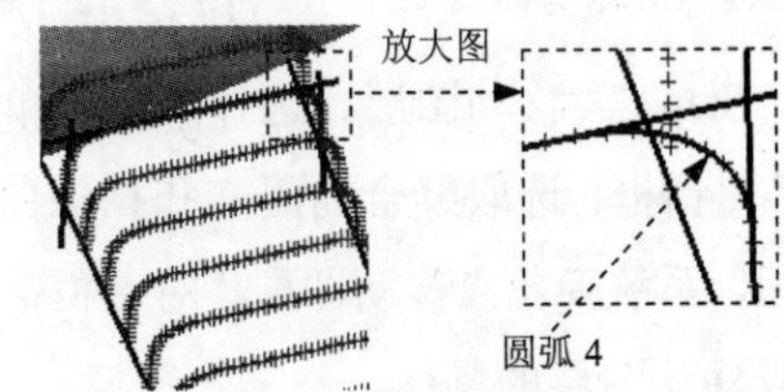

图 9.4.67　创建圆弧 4

Step31. 修剪曲线 10。选择下拉菜单编辑(E) → 曲线(V) → 修剪(T)...命令，系统弹出“修剪曲线”对话框；选取直线 5 为修剪曲线；选取圆弧 3 为边界对象 1；单击确定按钮，完成修剪曲线 10 的操作，如图 9.4.68 所示。

Step32. 修剪曲线 11。选择下拉菜单编辑(E) → 曲线(V) → 修剪(T)...命令，系统弹出“修剪曲线”对话框；选取直线 6 为修剪曲线；选取圆弧 3 为边界对象 1；单击确定按钮，完成修剪曲线 11 的操作，如图 9.4.69 所示。

Step33. 修剪曲线 12。选择下拉菜单编辑(E) → 曲线(V) → 修剪(T)...命令，系统弹出“修剪曲线”对话框；选取直线 6 为修剪曲线；选取圆弧 4 为边界对象 1；单击确定按钮，完成修剪曲线 12 的操作，如图 9.4.70 所示。

Step34. 修剪曲线 13。选择下拉菜单编辑(E) → 曲线(V) → 修剪(T)...命令，系统弹出“修剪曲线”对话框；选取直线 7 为修剪曲线；选取圆弧 4 为边界对象 1；单击确定按钮，完成修剪曲线 13 的操作，如图 9.4.71 所示。

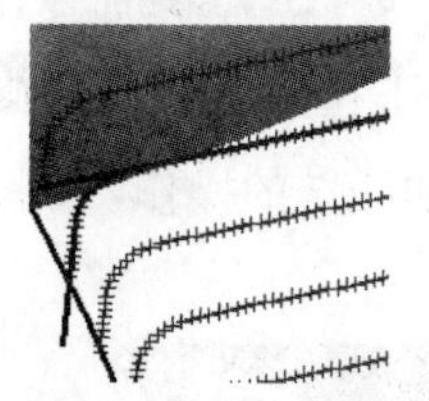

图 9.4.68 修剪曲线 10

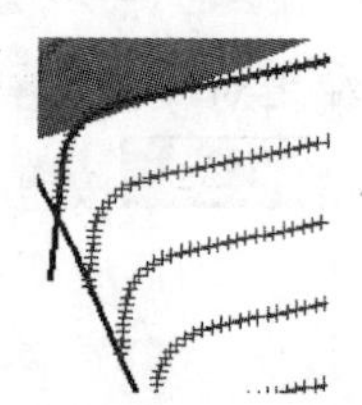

图 9.4.69 修剪曲线 11

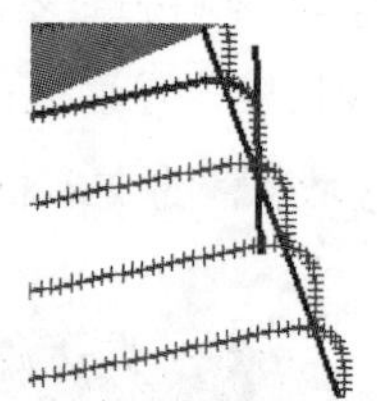

图 9.4.70 修剪曲线 12

Step35. 设置图层。选择下拉菜单格式(R) → 图层设置(S)...命令，系统弹出“设置图层”对话框。设置☑2图层为不可见。

Step36. 创建扫掠曲面 1。选择下拉菜单插入(S) → 扫掠(W) → 扫掠(S)...命令，系统弹出“扫掠”对话框；选取图 9.4.72 所示的曲线 1 和曲线 3 为截面曲线，并分别单击中键确认，再单击中键确定；选取曲线 2 和曲线 4 为引导曲线，并分别单击中键确认；单击确定按钮，完成扫掠曲面 1 的创建，如图 9.4.73 所示。

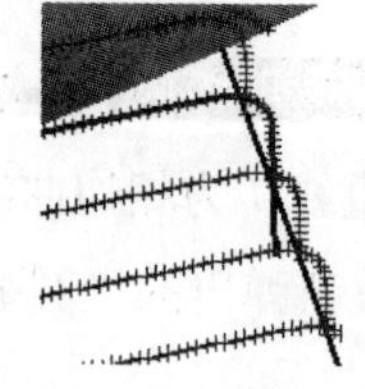

图 9.4.71 修剪曲线 13

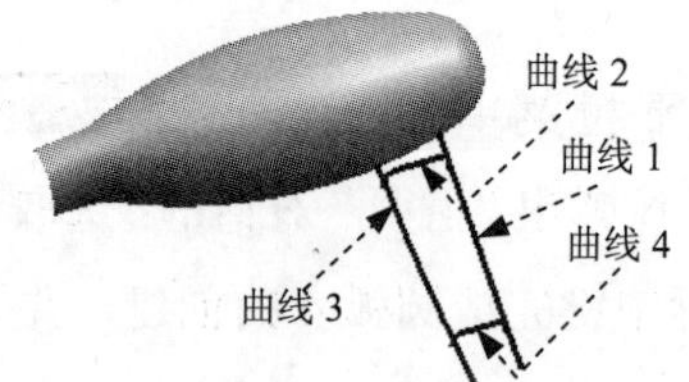

图 9.4.72 定义截面曲线和引导曲线

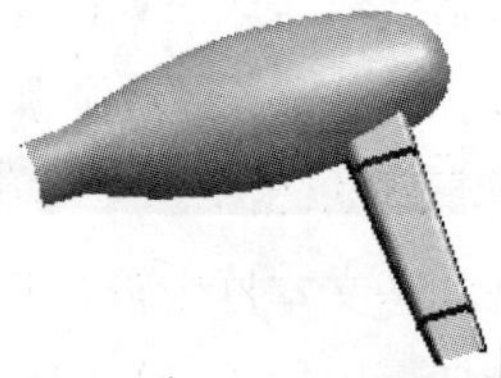

图 9.4.73 扫掠曲面 1

Step37. 移动图层。选择下拉菜单格式(R) → 移动至图层(M)...命令，系统弹出“类选择”对话框；选取缝合曲面 2 和扫掠曲面 1 为移动对象。在“类选择”对话框中单击确定按钮，系统弹出“移动图层”对话框；在目标图层或类别的文本框中输入 5；单击确定按钮，完成移动图层的操作。

Stage3. 创建细节特征 1

Step1. 设置图层。选择下拉菜单格式(R) → 图层设置(S)...命令，系统弹出“设置图层”对话框。设置图层☑61为可选。

Step2. 创建相交曲线 1。

（1）选择下拉菜单插入(S) → 来自体的曲线(U) → 求交(I)...命令，系统弹出“相交曲线”对话框。

（2）选取 XC-YC 基准平面为第一组对象，选取缝合曲面 2 为第二组对象。

（3）在“相交曲线”对话框中单击确定按钮，完成相交曲线 1 的创建。

Step3. 设置图层。选择下拉菜单格式(R) → 图层设置(S)...命令，系统弹出“设置图层”对话框。设置☑61图层和☑5图层为不可见，设置☑3图层为可选。

Step4. 创建样条曲线 8。选择下拉菜单插入(S) → 曲线(C) → 样条(S)...命令，系统弹出“样条”对话框（一）；单击通过点按钮，系统弹出“通过点生成样条”对话框；单击确定按钮，系统弹出“样条”对话框（二）；单击在矩形内的对象成链按钮，系统弹出“指定点”对话框；选取图 9.4.74 所示位置的点集；选取图 9.4.75 所示的点集所组成圆弧的端点，点 1 和点 2 为样条的起点和终点。系统重新弹出“通过点生成样条”对话框；单击确定按钮，完成样条曲线 8 的创建，并关闭弹出的“通过点生成样条”对话框。

Step5. 设置图层。选择下拉菜单格式(R) → 图层设置(S)...命令，系统弹出“设置图层”对话框。设置☑3图层为不可见，设置☑101图层为可选。

Step6. 创建点集 8。选择下拉菜单插入(S) → 基准/点(D) → 点集(S)...命令，系统弹出“点集”对话框在类型区域的下拉列表中选择曲线点选项，在点数的文本框中输入 5，并选取样条曲线 8，单击确定按钮，完成点集 8 的创建，并关闭重新弹出的“点集”对话框（隐藏样条曲线 8）。

Step7. 创建艺术样条 10。选择下拉菜单插入(S) → 曲线(C) → 艺术样条(D)...命令，系统弹出“艺术样条”对话框；在样条设置区域阶次的文本框中输入 3，取消选中☐关联复选框；从一端点依次选取点集 8 的点，单击确定按钮，完成艺术样条 10 的创建。

Step8. 编辑曲线 8。选择下拉菜单编辑(E) → 曲线(V) → 长度(L)...命令，系统弹出“曲线长度”对话框；选取艺术样条 10 为编辑对象；在延伸区域侧下拉列表中选择对称选项，在限制区域开始的文本框中输入 15；单击确定按钮，完成编辑曲线 8 的操作。

Step9. 修剪曲线 14。选择下拉菜单编辑(E) → 曲线(V) → 修剪(T)...命令，系统弹出“修剪曲线”对话框；选取相交曲线 1 为修剪曲线；选取图 9.4.76 所示的曲线为边界对象 1；单击确定按钮，完成修剪曲线 14 的操作，如图 9.4.77 所示。

Step10. 删除曲线。删除图 9.4.78 所示的曲线，删除后如图 9.4.79 所示。

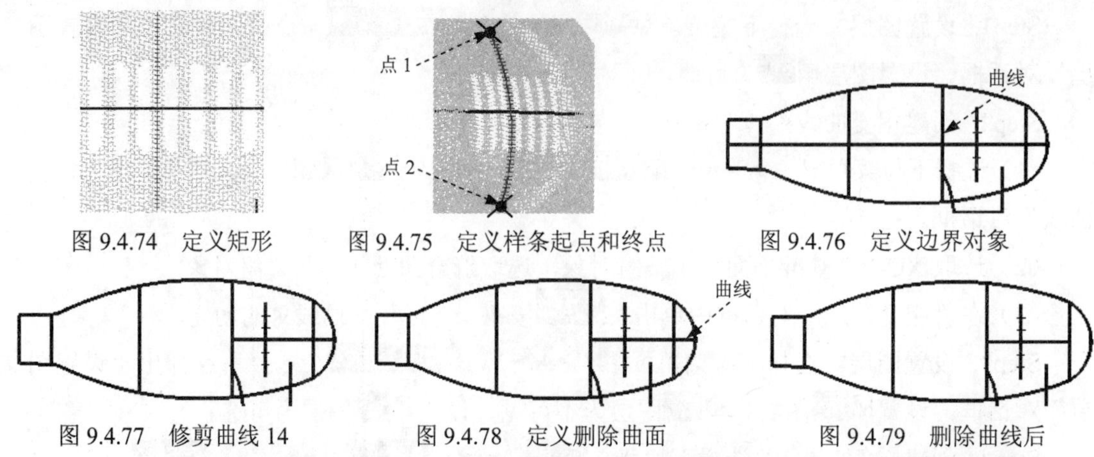

图 9.4.74 定义矩形　图 9.4.75 定义样条起点和终点　图 9.4.76 定义边界对象

图 9.4.77 修剪曲线 14　图 9.4.78 定义删除曲面　图 9.4.79 删除曲线后

Step11. 创建曲面 5。选择下拉菜单插入(S) → 网格曲面(M) → 艺术曲面(U)...命令，系统弹出"艺术曲面"对话框；选取图 9.4.80 所示的曲线 1 为截面曲线，并单击中键确认，再单击中键确定；选取曲线 2 为引导曲线；单击确定按钮，完成曲面 5 的创建，如图 9.4.81 所示。

说明：在连续性区域第一截面线串和第一引导线串的下拉列表中选择的是G0(位置)选项。

Step12. 移动图层。选择下拉菜单格式(R) → 移动至图层(M)...命令，系统弹出"类选择"对话框；选取曲面 5 为移动对象。在"类选择"对话框中单击确定按钮，系统弹出"移动图层"对话框；在目标图层或类别的文本框中输入 5。

Step13. 设置图层。选择下拉菜单格式(R) → 图层设置(S)...命令，系统弹出"设置图层"对话框。设置☑101图层为不可见，设置☑3图层为可选。

Step14. 创建圆弧 5。选择下拉菜单插入(S) → 曲线(C) → 圆弧/圆(C)...命令，系统弹出"圆弧/圆"对话框；在类型区域下拉列表中选择三点画圆弧选项，在图 9.4.82 所示的呈圆弧状分布的点云上，选取三点；在限制区域选中☑整圆复选项；在"圆弧/圆"对话框中单击确定按钮，完成圆弧 1 的创建，如图 9.4.83 所示。

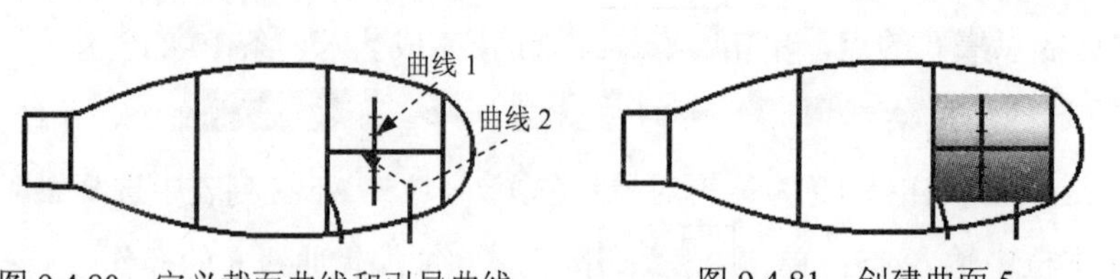

图 9.4.80 定义截面曲线和引导曲线　图 9.4.81 创建曲面 5　图 9.4.82 点云

Step15. 设置图层。选择下拉菜单格式(R) → 图层设置(S)...命令，系统弹出"设置图层"对话框。设置☑3图层为不可见，设置☑5图层为可选。

Step16. 创建投影曲线 5。选择下拉菜单插入(S) → 来自曲线集的曲线(F) → 投影(P)...命令，系统弹出"投影曲线"对话框；选取圆弧 1 为投影曲线，选取图 9.4.84

所示的曲面为投影对象；在投影方向区域方向的下拉列表中选择沿矢量选项，在*指定矢量下拉列表中选择YC选项；单击确定按钮，完成投影曲线 5 的创建（隐藏圆弧 1）。

Step17. 偏置曲线 1。选择下拉菜单插入(S) → 来自曲线集的曲线(F) → 在面上偏置...命令，系统弹出“面中的偏置曲线”对话框；选取投影曲线 4 为偏置曲线；在曲线区域截面1:偏置1的文本框中输入 5；调整偏置方向，偏置后如图 9.4.85 所示；在“面中的偏置曲线”对话框中单击确定按钮，完成偏置曲线 1 的创建。

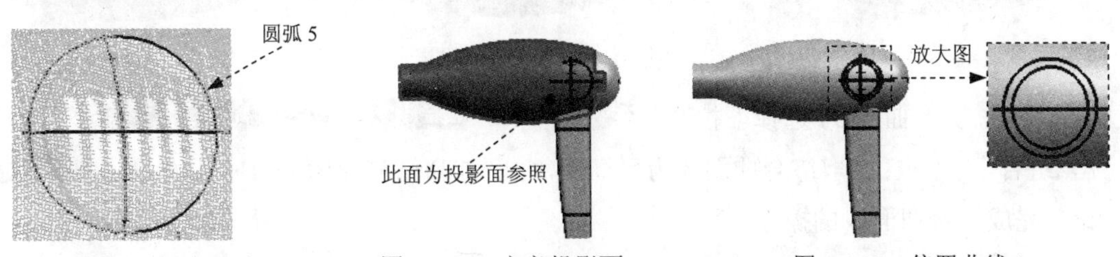

图 9.4.83　创建圆弧 5　　图 9.4.84　定义投影面　　图 9.4.85　偏置曲线 1

Step18. 修剪片体 1。选择下拉菜单插入(S) → 修剪(T) → 修剪的片体(R)...命令，系统弹出“修剪的片体”对话框；选取图 9.4.86 所示的曲面为目标体，并单击中键确认；选取投影曲线 4 为边界对象；在区域区域选择⊙保持单选项；单击确定按钮，完成修剪片体 1 的创建，如图 9.4.87 所示。

Step19. 修剪片体 2。选择下拉菜单插入(S) → 修剪(T) → 修剪的片体(R)...命令，系统弹出“修剪的片体”对话框；选取曲面 5 为目标体，并单击中键确认；选取偏置曲线 1 为边界对象；在区域区域选择⊙保持单选项；单击确定按钮，完成修剪片体 2 的创建，如图 9.4.88 所示。

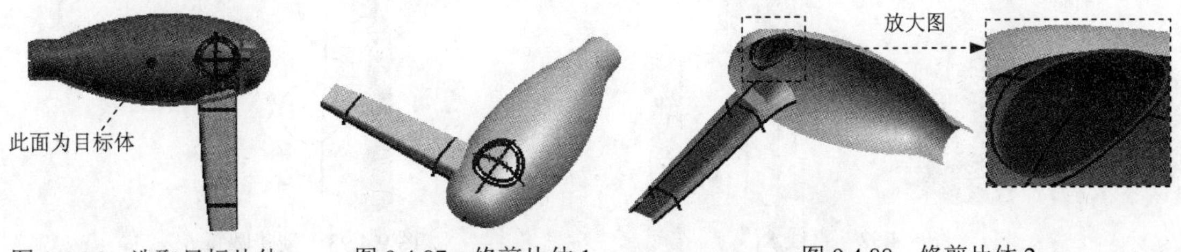

图 9.4.86　选取目标片体　　图 9.4.87　修剪片体 1　　图 9.4.88　修剪片体 2

Step20. 移动图层。选择下拉菜单格式(R) → 移动至图层(M)...命令，系统弹出“类选择”对话框；选取所有曲线为移动对象。在“类选择”对话框中单击确定按钮，系统弹出“移动图层”对话框；在目标图层或类别的文本框中输入 101。

Step21. 移动图层。选择下拉菜单格式(R) → 移动至图层(M)...命令，系统弹出“类选择”对话框；选取所有点为移动对象。在“类选择”对话框中单击确定按钮，系统弹出“移动图层”对话框；在目标图层或类别的文本框中输入 120。

Step22. 创建曲面 6。选择下拉菜单插入(S) → 网格曲面(M) → 通过曲线组(T)...命令，系统弹出“通过曲线组”对话框；依次选取图 9.4.89 所示的曲线 1 和曲线 2 为截面曲线，并分别单击中键确认；在连续性区域第一截面线串的下拉列表中选择G1（相切）选项，选取图9.4.90所示的曲面1为相切平面；在最后截面线串下拉列表中选择G1（相切）选项，选取图9.4.90所示的曲面2为相切平面；单击确定按钮，完成曲面6的创建，如图9.4.91所示。

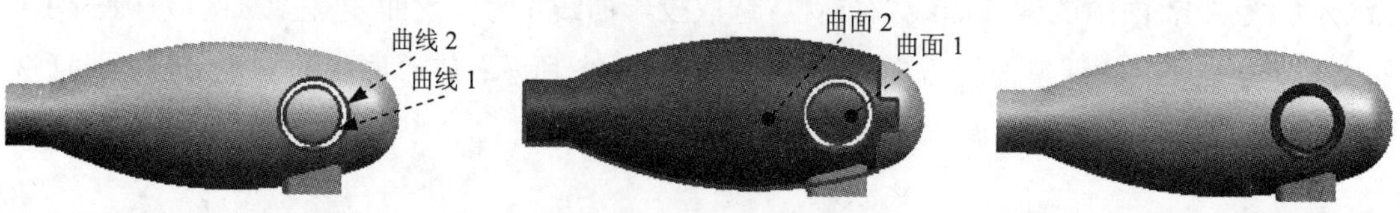

图 9.4.89 定义截面曲线　　图 9.4.90 定义相切面　　图 9.4.91 创建曲面 6

Step23. 缝合曲面3。选择下拉菜单插入(S) → 组合体(B) → 缝合(W)...命令，系统弹出“缝合”对话框；选取缝合曲面3为目标体，曲面6和修剪片体1为刀具体；单击确定按钮，完成缝合曲面3的操作。

Stage4. 创建细节特征 2

Step1. 设置图层。选择下拉菜单格式(R) → 图层设置(S)...命令，系统弹出“设置图层”对话框。设置☑4图层为可选。

Step2. 创建直线8。选择下拉菜单插入(S) → 曲线(C) → 直线(L)...命令，系统弹出“直线”对话框，绘制图9.4.92所示的直线8。

Step3. 创建圆弧6。选择下拉菜单插入(S) → 曲线(C) → 圆弧/圆(C)...命令，系统弹出“圆弧/圆”对话框；在类型区域下拉列表中选择三点画圆弧选项，绘制图9.4.93所示的圆弧6；在限制区域选中☑整圆复选框；单击确定按钮，完成圆弧6的创建。

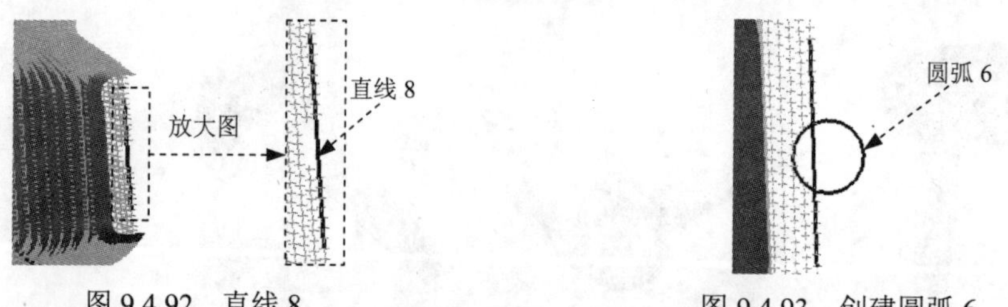

图 9.4.92 直线 8　　图 9.4.93 创建圆弧 6

Step4. 设置图层。选择下拉菜单格式(R) → 图层设置(S)...命令，系统弹出“设置图层”对话框。设置☑5图层为不可见，设置☑20图层为可选。

Step5. 编辑直线8。选择下拉菜单编辑(E) → 曲线(V) → 长度(L)...命令，系统弹出“曲线长度”对话框；选择编辑曲线。选取直线8为编辑对象；在延伸区域侧下拉列表中选择对称选项，在限制区域开始的文本框中输入15；单击确定按钮，完成编辑曲线8的操作。

Step6. 创建投影曲线6。选择下拉菜单插入(S) → 来自曲线集的曲线(F) → 投影(P)...命令，系统弹出“投影曲线”对话框；选取直线8为投影曲线，选取拉伸平面1为投影对象；在投影方向区域方向的下拉列表中选择沿矢量选项，在*指定矢量下拉列表中选择-YC选项；单击确定按钮，完成投影曲线 6 的创建，如图 9.4.94 所示（隐藏直线 8）。

Step7. 创建拉伸平面 2。选择下拉菜单插入(S) → 设计特征(E) → 拉伸(E)...命令，系统弹出“拉伸”对话框；选取投影曲线 6 为截面曲线；在方向区域*指定矢量的下拉列表中选择YC选项；在限制区域开始的下拉列表中选择值选项，并在其下的距离文本框中输入 - 10；在结束的下拉列表中选择值选项，并在其下的距离文本框中输入 20；在设置区域体类型的下拉列表中选择片体选项；单击确定按钮，完成拉伸平面 2 的创建，如图 9.4.95 所示。

Step8. 创建修剪片体 3。选择下拉菜单插入(S) → 修剪(T) → 修剪的片体(R)...命令，系统弹出“修剪的片体”对话框；选取拉伸平面 2（图 9.4.95）为目标体，并单击中键确认；选取投影曲线 6（图 9.4.94）为边界对象；在区域区域选择⊙保持单选项；单击确定按钮，完成修剪片体 3 的创建，如图 9.4.96 所示。

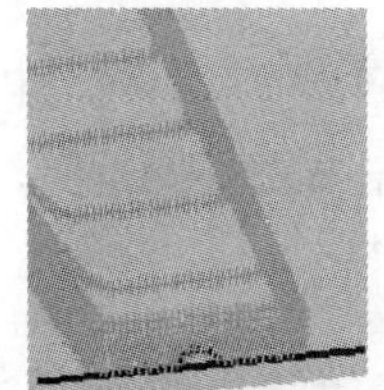

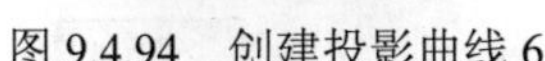

图 9.4.94　创建投影曲线 6　　图 9.4.95　创建拉伸平面 2　　图 9.4.96　修剪片体 3

Step9. 设置图层。选择下拉菜单格式(R) → 图层设置(S)...命令，系统弹出“设置图层”对话框。设置☑4图层和☑20图层为不可见，设置☑5图层为可选。

Step10. 创建修剪片体 4。选择下拉菜单插入(S) → 修剪(T) → 修剪的片体(R)...命令，系统弹出“修剪的片体”对话框；选取图 9.4.97 所示的曲面为目标体，并单击中键确认；选取拉伸平面 2 为边界对象；在区域区域选择⊙保持单选项；单击确定按钮，完成修剪片体 4 的创建，如图 9.4.98 所示。

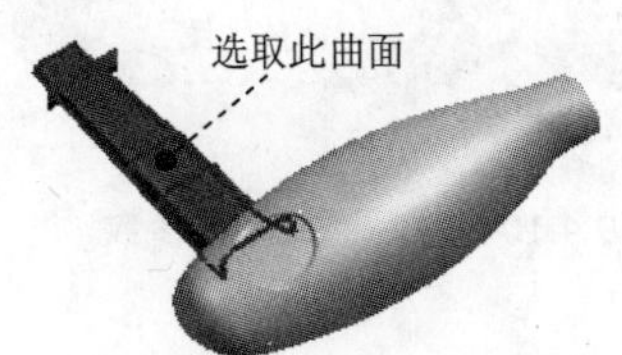

图 9.4.97　选取目标片体

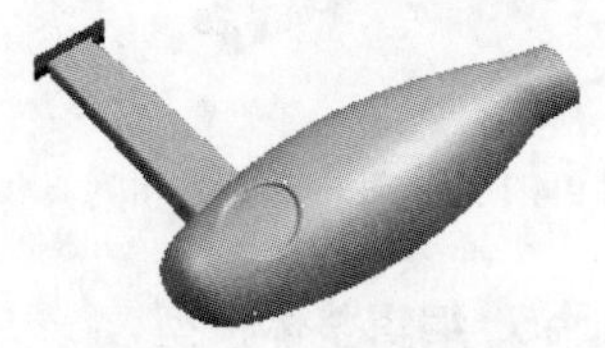

图 9.4.98　修剪片体 4

Step11. 创建修剪片体 5。选择下拉菜单插入(S) → 修剪(T) → 修剪的片体(R)...命令，系统弹出“修剪的片体”对话框；选取拉伸平面 2 为目标体，并单击中键确认；选取图 9.4.99 所示的曲面为边界对象；在区域区域选择⊙舍弃单选项；单击确定按钮，完成修剪片体 5 的创建，如图 9.4.100 所示。

Step12. 创建修剪片体 6。选择下拉菜单插入(S) → 修剪(T) → 修剪的片体(R)...命令，系统弹出“修剪的片体”对话框；选取图 9.4.101 所示的平面为目标片体，并单击中键确认；选取圆弧 6 为边界对象；在区域区域选择⊙保持单选项；单击确定按钮，完成修剪片体 6 的创建，如图 9.4.102 所示。

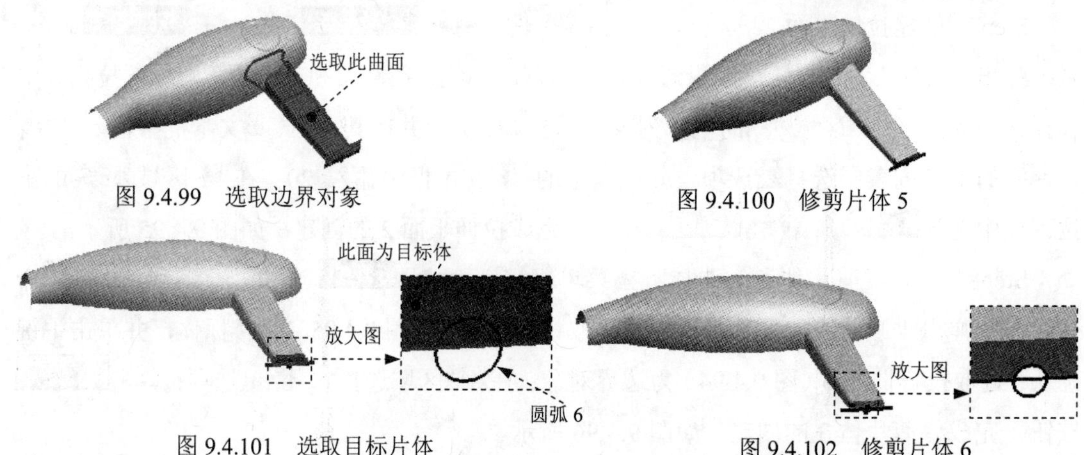

图 9.4.99 选取边界对象

图 9.4.100 修剪片体 5

图 9.4.101 选取目标片体

图 9.4.102 修剪片体 6

Step13. 移动图层。选择下拉菜单格式(R) → 移动至图层(M)...命令，系统弹出“类选择”对话框；选取所有曲线为移动对象，在“类选择”对话框中单击确定按钮，系统弹出“移动图层”对话框；在目标图层或类别的文本框中输入 101。

Step14. 缝合曲面 4。选择下拉菜单插入(S) → 组合体(B) → 缝合(W)...命令，系统弹出“缝合”对话框；选取图 9.4.103 所示的片体为目标体和刀具体；单击确定按钮，完成缝合曲面 4 的操作。

Step15. 创建边倒圆特征 1。选择下拉菜单插入(S) → 细节特征(L) → 边倒圆(E)...命令，系统弹出“边倒圆”对话框；在要倒圆的边区域'Radius 1的文本框中输入 3；选取图 9.4.104 所示的边为边倒圆参照；单击确定按钮，完成边倒圆 1 的创建。

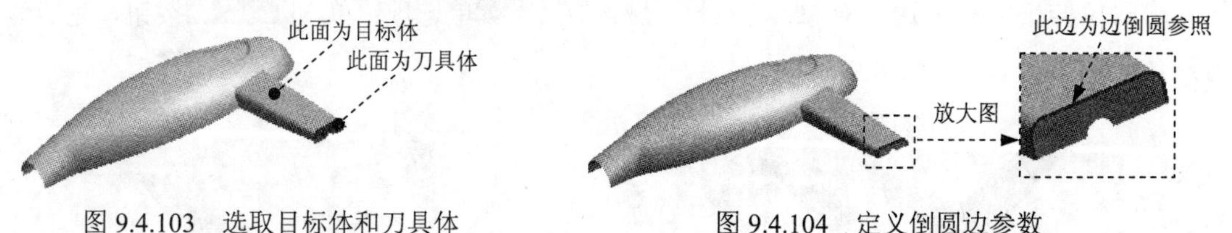

图 9.4.103 选取目标体和刀具体

图 9.4.104 定义倒圆边参数

Stage5. 编辑整体模型

Step1. 创建修剪和延伸片体 1。选择下拉菜单插入(S) → 修剪(T) → 修剪与延伸(N)...命令，系统弹出“修剪和延伸”对话框；在类型下拉列表中选择制作拐角选取图 9.4.105 所示的曲面为目标片体，单击中键确定；选取图 9.4.105 所示的面为刀具片体；单击“反向”按钮使修剪方向如图 9.4.106 所示；单击确定按钮，完成修剪和延伸片体 1 的创建，如图 9.4.107 所示。

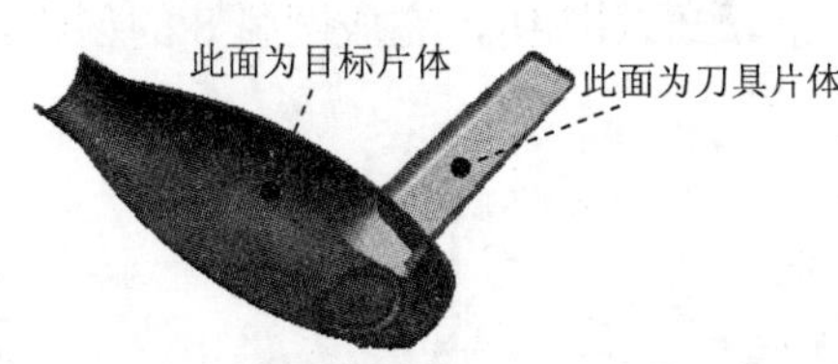

图 9.4.105　选取目标片体和边界对象

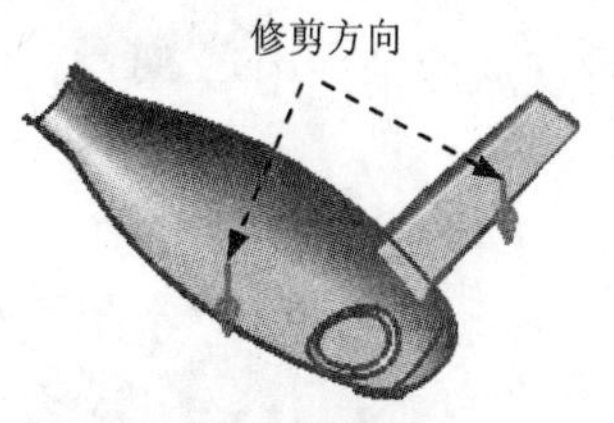

图 9.4.106　调整修剪方向

Step2. 创建边倒圆特征 2。选择下拉菜单插入(S) → 细节特征(L) → 边倒圆(E)...命令，系统弹出“边倒圆”对话框；在要倒圆的边区域 Radius 1 的文本框中输入 2；选取图 9.4.108 所示的边为边倒圆参照；单击确定按钮，完成边倒圆 2 的创建。

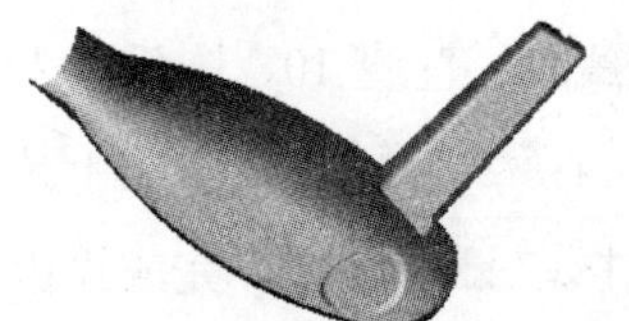

图 9.4.107　修剪和延伸片体 1

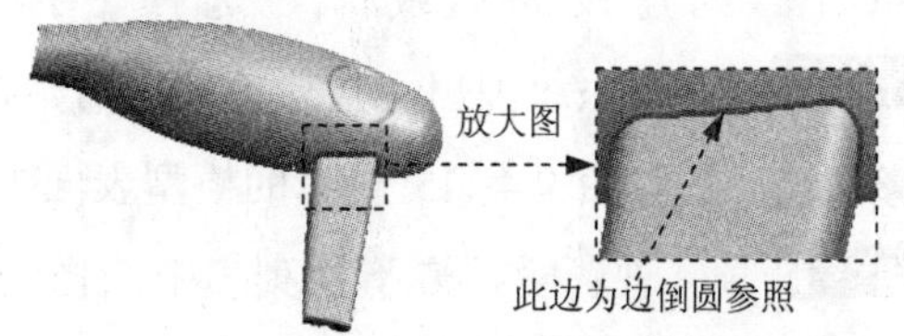

图 9.4.108　选取倒圆边参照

Step3. 创建加厚特征 1。选择下拉菜单插入(S) → 偏置/缩放(O) → 加厚(T)...命令，系统弹出“加厚”对话框；选取图 9.4.108 所示的修剪和延伸片体 1 为加厚对象；在厚度区域偏置 1 的文本框中输入 1；单击按钮，调整加厚方向为 Y 轴负向；单击确定按钮，完成加厚特征 1 的创建（隐藏修剪和延伸片体 1）。

Step4. 设置图层。选择下拉菜单格式(R) → 图层设置(S)...命令，系统弹出“设置图层”对话框。设置☑3图层为可选（隐藏实体）。

Step5. 创建直线 9。选择下拉菜单插入(S) → 曲线(C) → 直线(L)...命令，系统弹出“直线”对话框。绘制图 9.4.109 所示的直线 9。

Step6. 创建直线 10。选择下拉菜单插入(S) → 曲线(C) → 直线(L)...命令，系统弹出“直线”对话框。绘制图 9.4.110 所示的直线 10。

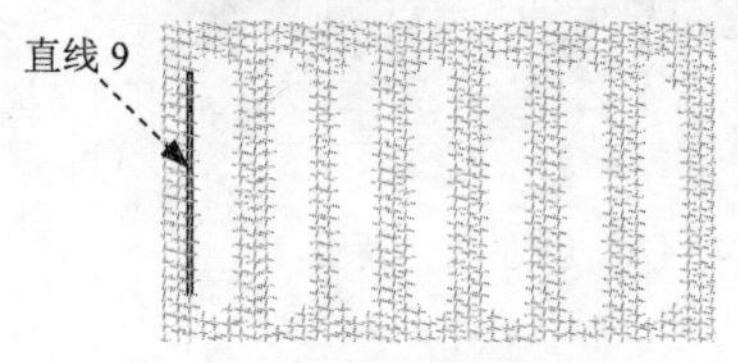

图 9.4.109　绘制直线 9

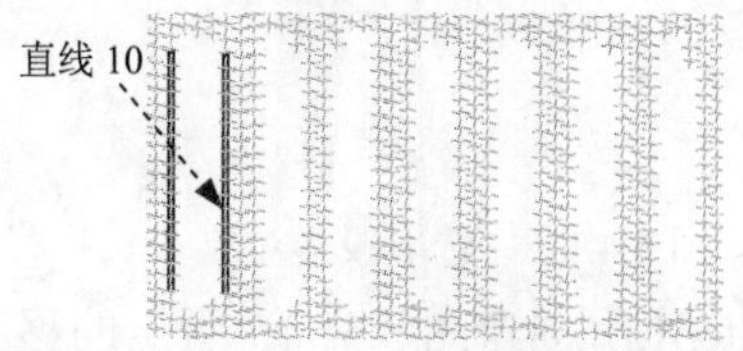

图 9.4.110　绘制直线 10

Step7. 创建圆弧 7。选择下拉菜单插入(S) → 曲线(C) → 圆弧/圆(C)...命令，系统弹出“圆弧/圆”对话框；在类型区域下拉列表中选择三点画圆弧选项，绘制图 9.4.111 所示的圆弧；在限制区域取消选中☐整圆复选项；单击确定按钮，完成圆弧 7 的创建。

Step8. 创建圆弧 8。选择下拉菜单插入(S) → 曲线(C) → 圆弧/圆(C)...命令，系统弹出“圆弧/圆”对话框；在类型区域下拉列表中选择三点画圆弧选项，绘制图 9.4.112 所示的圆弧；在限制区域取消选中□整圆复选项；单击确定按钮，完成圆弧 8 的创建。

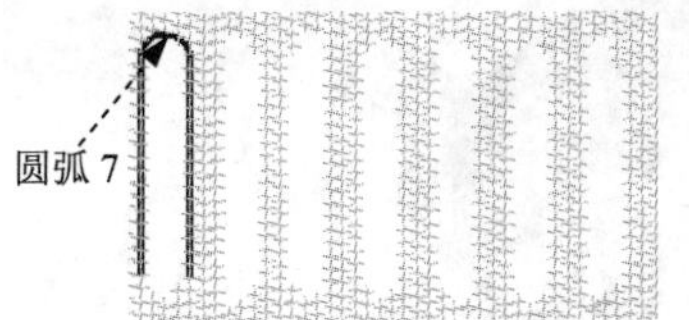

图 9.4.111 绘制圆弧 7

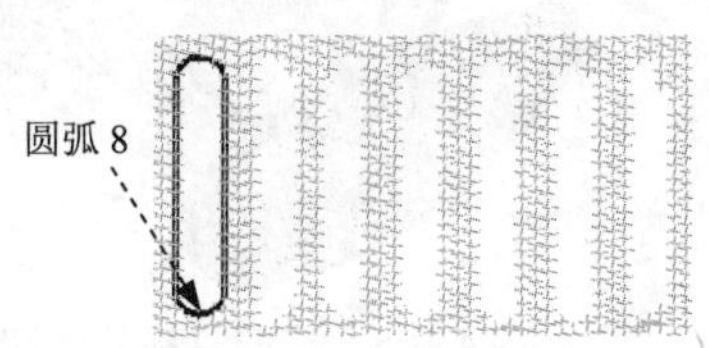

图 9.4.112 绘制圆弧 8

Step9. 设置图层。选择下拉菜单格式(R) → 图层设置(S)...命令，系统弹出“设置图层”对话框。设置☑3图层为不可见（显示实体）。

Step10. 创建投影曲线 7。选择下拉菜单插入(S) → 来自曲线集的曲线(F) → 投影(P)...命令，系统弹出“投影曲线”对话框；选取直线 9、直线 10、圆弧 7 和圆弧 8 为投影曲线，选取图 9.4.113 所示的模型表面为投影对象；在投影方向区域方向的下拉列表中选择沿矢量选项，在* 指定矢量下拉列表中选择-YC选项；单击确定按钮，完成投影曲线 6 的创建。

Step11. 移动图层。选择下拉菜单格式(R) → 移动至图层(M)...命令，系统弹出“类选择”对话框。选取直线 9、直线 10、圆弧 7 和圆弧 8 为移动对象。在“类选择”对话框中单击确定按钮，系统弹出“移动图层”对话框；在目标图层或类别的文本框中输入 101。

Step12. 创建拉伸特征 2。选择下拉菜单插入(S) → 设计特征(E) → 拉伸(E)...命令，系统弹出“拉伸”对话框；选取投影曲线 6 为截面曲线；在方向区域* 指定矢量的下拉列表中选择YC选项；在限制区域开始的下拉列表中选择对称值选项，并在其下的距离文本框中输入 10；在设置区域体类型的下拉列表中选择片体选项；单击确定按钮，完成拉伸特征 3 的创建，如图 9.4.114 所示。

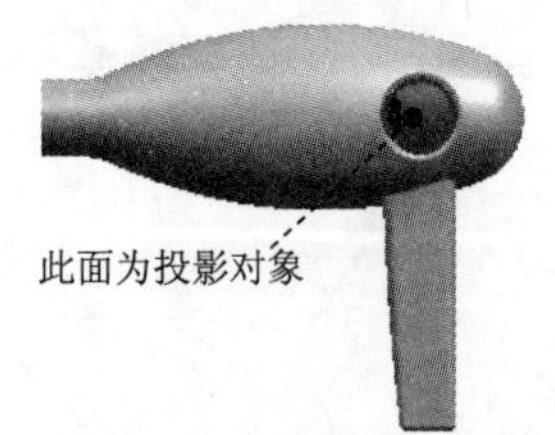

图 9.4.113 选取投影对象

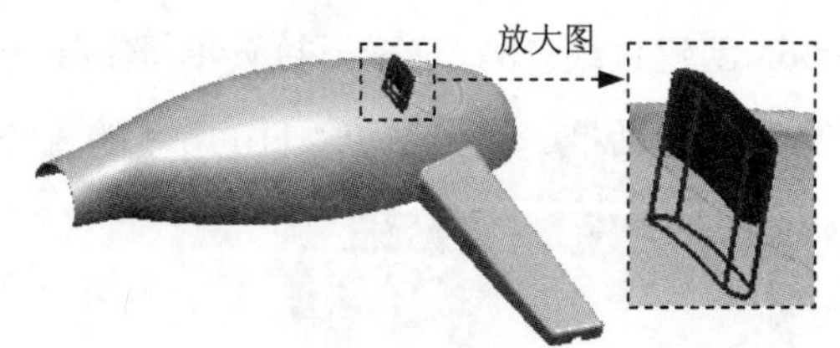

图 9.4.114 创建拉伸特征 3

Step13. 创建图 9.4.115 所示的移动对象。

（1）选择命令。选择下拉菜单编辑(E) → 移动对象(O)...命令，系统弹出“移动对象”对话框。

（2）定义移动对象，选取拉伸曲面 3 为移动对象。

（3）定义变换参数。在变换区域运动下拉列表中选择距离选项，在* 指定矢量 (0)下拉列表中选择XC选项，在距离后的文本框中输入 6.0。

（4）定义移动结果。在结构区域选择 复制原先的 单选项，在 距离/角度分割 后的文本框中输入 1，在 非关联副本数 后的文本框中输入 5，单击 确定 按钮，完成对象的移动复制。

a）移动对象前　　b）移动对象后

图 9.4.115　移动对象

Step14. 创建修剪体 1。选择下拉菜单 插入(S) → 修剪(T) → 修剪体(T)... 命令，系统弹出“修剪体”对话框；选取图 9.4.116 所示的实体为目标片体，选取拉伸曲面 3 为刀具片体；在 刀具 区域单击 按钮调整修剪方向，使修剪后如图 9.4.117 所示；单击 确定 按钮，完成修剪体 1 的创建。

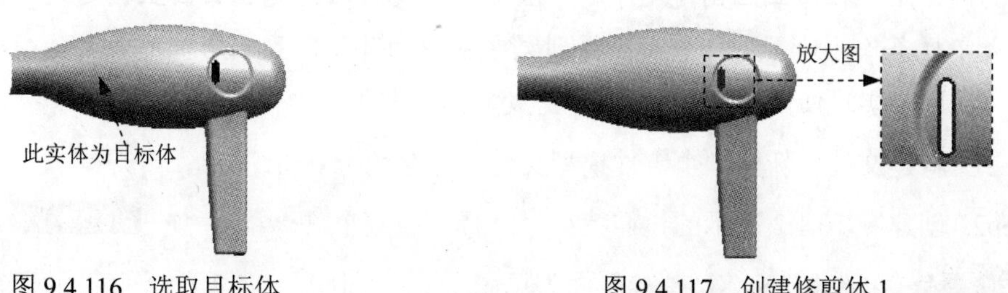

图 9.4.116　选取目标体　　图 9.4.117　创建修剪体 1

Step15. 创建修剪体。选择下拉菜单 插入(S) → 修剪(T) → 修剪体(T)... 命令，修剪其余五个长孔。

Step16. 编辑隐藏。选择下拉菜单 编辑(E) → 显示和隐藏(H) → 隐藏(H)... 命令（或单击 按钮），系统弹出“类选择”对话框；单击 过滤器 区域的 按钮，系统弹出“根据类型选择”对话框，选择对话框列表中的 片体 和 曲线 选项，单击 确定 按钮。系统再次弹出“类选择”对话框，单击对话框 对象 区域的 按钮；单击 确定 按钮，完成对设置对象的隐藏。

Step17. 保存零件模型。

9.4.3　本例小结

在逆向造型过程中采用何种设计思路主要取决于模型的外形特性。此例的模型虽然较为规则，但本例中仍是采用基本的设计思路来创建的，为的是让读者先对逆向造型有比较清楚的认识。本例中也有部分特征可以通过更简单的方法创建（通过点直接创建曲面，再调整曲面使其更贴近点数据），此处不再赘述。

第 10 章　曲面设计综合范例

本章提要　本章通过对一些典型的曲面设计综合范例进行详细的讲解，可以使读者进一步清晰地理解曲面设计一般过程、方法和技巧。

10.1　范例 1——实体文字的制作

范例概述

本范例介绍了在曲面上创建文字的一般过程，该过程是先在曲面上创建文字样条，然后利用文字样条作为边界，修剪曲面得到文字图形的片体，再利用加厚命令使曲面上的文字凸起（也可以实现凹陷效果），将文字变成实体。零件模型如图 10.1.1 所示。

Step1. 新建文件。新建一个零件模型文件，命名为 text.prt。

Step2. 创建图 10.1.2 所示的拉伸特征。选择下拉菜单 插入(S) → 设计特征(E) → 拉伸(E)... 命令；选取 YC-XC 基准平面为草图平面；绘制图 10.1.3 所示的截面草图；在“拉伸”对话框的 限制 区域中的 开始 下拉列表中选择 值 选项，并在其下的 距离 文本框中输入 0；在 限制 区域的 结束 下拉列表中选择 值 选项，并在其下的 距离 文本框中输入 60；在 体类型 下拉列表中选择 片体，其他参数采用系统默认设置。

图 10.1.1　模型

图 10.1.2　拉伸特征

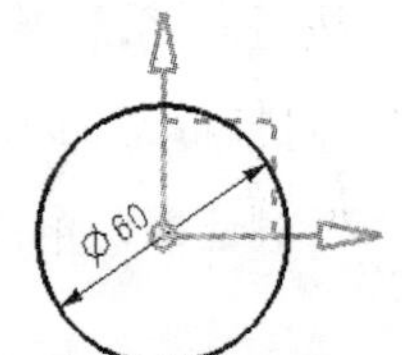

图 10.1.3　绘制截面草图

Step3. 创建抽取特征。选择下拉菜单 插入(S) → 关联复制(A) → 抽取(E)... 命令；在 类型 区域的下拉列表中选择 面 选项；选取 Step2 所创建的拉伸特征为抽取面；在 设置 区域中选中 ☑ 隐藏原先的 选项，其他参数采用系统默认设置。

Step4. 在曲面上创建图 10.1.4 所示的文字特征。选择下拉菜单 插入(S) → 曲线(C) → A 文本(T)... 命令；在“文本”对话框的 类型 区域中选择 在面上 选项，在绘图区中选取 Step3 所创建的抽取特征为文本放置面，单击中键确认。在 面上的位置 区域 放置方法 的下拉列表中选择 面上的曲线 选项，单击 按钮，选取图 10.1.5 所示的圆柱体的下边缘。在 文本框区域中选择尺寸选项，在偏置文本框中输入 30，其他参数采用系统默认设置；在“文本”对话框的文本属性区域中输入需要创建的文本“good”，其他参数采用系统默认设置。

Step5. 创建图 10.1.6 所示的修剪体特征 1。选择下拉菜单插入(S) → 修剪(T) → 修剪的片体(R)... 命令；在绘图区选取 Step3 所创建的抽取特征为修剪的目标片体，单击鼠标中键，依次选取 Step4 所创建的文字样条的外边线为修剪边界，在区域区域中选择 ⊙ 舍弃单选项。

图 10.1.4　文字特征

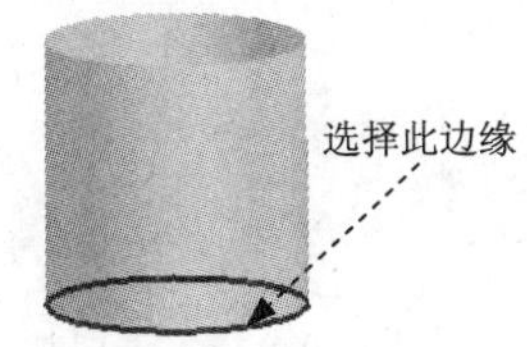

图 10.1.5　定义文字位置

图 10.1.6　修剪体特征 1

Step6. 创建图 10.1.7 所示的修剪体特征 2。选择下拉菜单插入(S) → 修剪(T) → 修剪的片体(R)... 命令；在绘图区选取图 10.1.8 所示的四个曲面为修剪的目标片体，单击鼠标中键，依次选取 Step5 所创建的修建体特征 1 的内边线为修剪边界，在区域区域中选择 ⊙ 舍弃单选项。

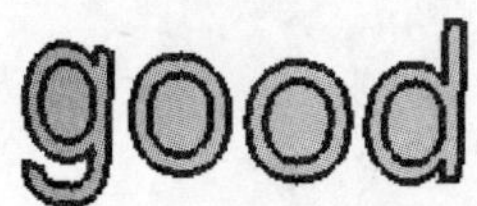

a）修剪前

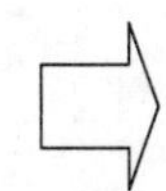

b）修剪后

图 10.1.7　修剪体特征 2

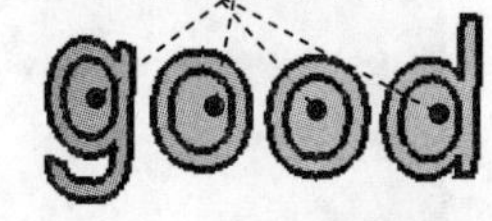

图 10.1.8　选取修剪目标片体

Step7. 创建图 10.1.9 所示的片体加厚特征 1。选择下拉菜单插入(S) → 偏置/缩放(O) → 加厚(T)... 命令；在面区域中单击按钮，选取图 10.1.10 所示的曲面为加厚的对象；在偏置 1 文本框中输入 2，在偏置 2 文本框中输入 0，采用系统默认的加厚方向。

Step8. 添加片体加厚特征 2。选择下拉菜单插入(S) → 偏置/缩放(O) → 加厚(T)... 命令，系统弹出“加厚”对话框。选取图 10.1.11 所示的面为加厚的对象。在偏置 1 文本框中输入 2，在偏置 2 文本框中输入 0，采用系统默认的加厚方向。单击确定按钮，完成加厚特征 2 的创建。

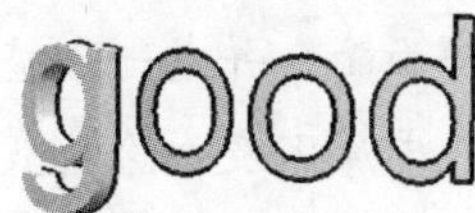

图 10.1.9　加厚特征 1

图 10.1.10　选取加厚面

图 10.1.11　选取加厚面

Step9. 添加片体加厚特征 3。参照 Step8，选取图 10.1.12 所示的面为加厚对象，厚度值为 2。

Step10. 添加片体加厚特征 4。选取图 10.1.13 所示的面为加厚对象，厚度值为 2。

Step11. 单击绘图区右边的“部件导航器”按钮，从弹出的模型树中选择拉伸 (1)

选项，单击右键，在弹出的下拉菜单中选择 显示(S) 命令，选取的此特征将会在绘图区显示，结果如图 10.1.14 所示。

Step12. 添加图 10.1.15 所示的片体加厚特征 5。选择下拉菜单 插入(S) → 偏置/缩放(O) → 加厚(T)... 命令，系统弹出“加厚”对话框。选取 Step2 所创建的拉伸特征为加厚的对象。在 偏置 1 文本框中输入-2，在 偏置 2 文本框中输入 0，采用系统默认的加厚方向。单击 确定 按钮，完成加厚特征 5 的创建。

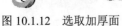

图 10.1.12 选取加厚面

图 10.1.13 选取加厚面

图 10.1.14 显示所隐藏的特征

Step13. 单击绘图区右边的“部件导航器”按钮，从弹出的模型树中选择 拉伸 (1) 选项，单击右键，在弹出的下拉菜单中选择 隐藏(H) 命令，所选取的此特征将会隐藏。

Step14. 创建求和特征 1。选择下拉菜单 插入(S) → 组合体(B) → 求和(U)... 命令；选取图 10.1.16 所示的实体为目标片体，选取图 10.1.17 所示的特征为刀具片体。

图 10.1.15 加厚特征 5

图 10.1.16 选取目标片体

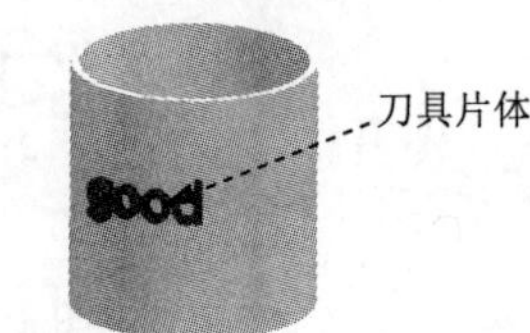

图 10.1.17 选取刀具片体

Step15. 保存零件模型。选择下拉菜单 文件(F) → 保存(S) 命令，即可保存零件模型。

10.2 范例 2——汽车后视镜的设计

范例概述

本范例介绍了一款汽车后视镜的设计过程。该设计过程是先创建一系列草图曲线，再利用草图曲线构建出多个网格曲面，然后利用缝合和求和等命令将曲面合并成一个整体曲面，最后将整体曲面转变成实体模型。同时详细讲解了收敛点的产生原因及去除收敛点的方法。汽车后视镜模型如图 10.2.1 所示。

Step1. 新建文件。新建一个零件模型文件，命名为 rearview_mirror。

Step2. 创建图 10.2.2 所示的草图 1。选择下拉菜单 插入(S) → 草图(S)... 命令；选取 YC-XC 基准平面为草图平面；绘制图 10.2.2 所示的草图 1；选择下拉菜单 草图(K) → 完成草图(K) 命令，退出草图环境。

Step3. 创建图 10.2.3 所示的草图 2。选择下拉菜单 插入(S) → 草图(S)... 命令；选取 YC-XC 基准平面为草图平面；绘制图 10.2.4 所示的草图 2。

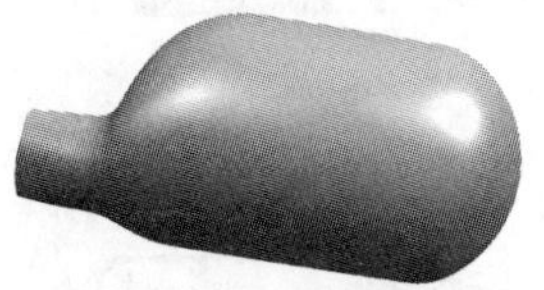
图 10.2.1　汽车后视镜模型

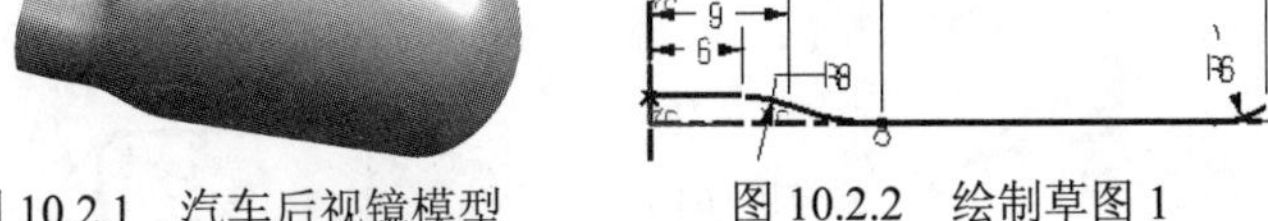

图 10.2.2　绘制草图 1

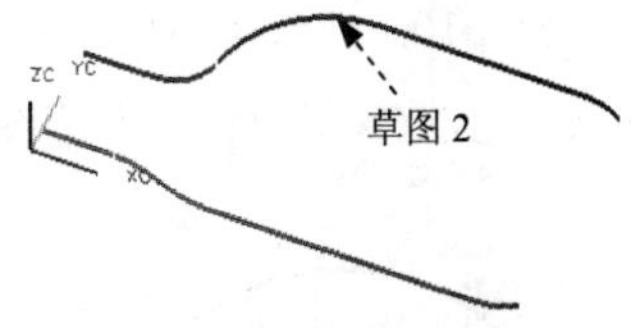

图 10.2.3　草图 2（三维建模下）

Step4. 创建图 10.2.5 所示的基准平面 1。选择下拉菜单 插入(S) → 基准/点(D) → 基准平面(D)... 命令；在 类型 区域的下拉列表中选择 点和方向 选项，在绘图区选取图 10.2.5 所示的点，在 法向 区域的 的下拉列表中选择 -XC 选项。

Step5. 创建图 10.2.6 所示的草图 3。选择下拉菜单 插入(S) → 草图(S)... 命令；选取 Step4 所创建的基准平面 1 为草图平面，在 草图方位 区域的 参考 下拉列表中选择 水平 选项，单击 按钮，在绘图区选取 YC 基准轴；绘制图 10.2.6 所示的草图 3。

说明：图 10.2.6 所示的草图 3 中，圆弧的两个端点分别与草图 1 和草图 2 的端点重合。

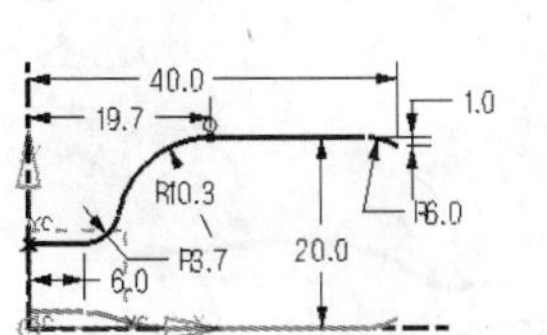

图 10.2.4　绘制草图 2

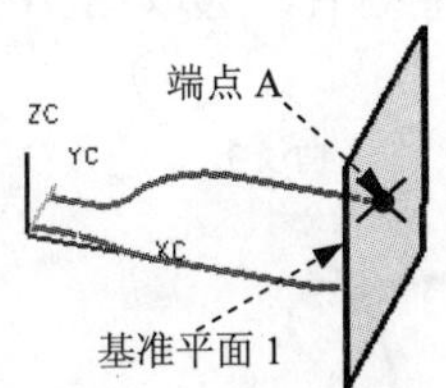

图 10.2.5　创建基准平面 1

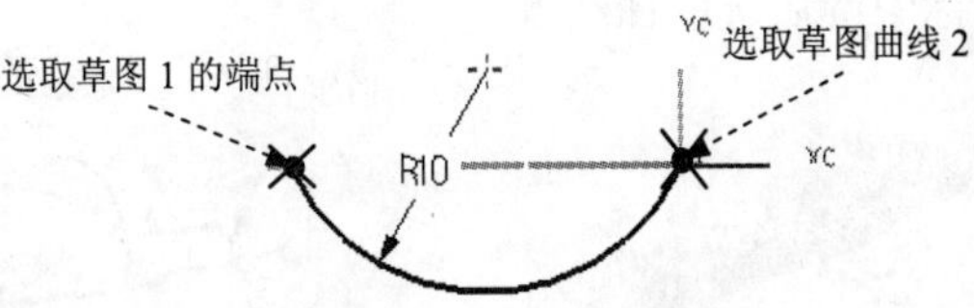

图 10.2.6　绘制草图 3

Step6. 创建图 10.2.7 所示的草图 4。选择下拉菜单 插入(S) → 草图(S)... 命令；选取 ZC-YC 基准平面为草图平面；绘制图 10.2.7 所示的草图 4。

说明：在图 10.2.7 所示的草图 4 中，圆弧的两个端点分别与草图 1 和草图 2 的端点重合。

Step7. 创建图 10.2.8 所示的基准平面 2。选择下拉菜单 插入(S) → 基准/点(D) → 基准平面(D)... 命令；在 类型 区域的下拉列表中选择 按某一距离 选项，在绘图区选取 ZC-YC 基准平面，在 偏置 区域的 距离 文本框中输入 15。

Step8. 创建基准点。选择下拉菜单 插入(S) → 基准/点(D) → 点(P)... 命令；在 类型 区域的下拉列表中选择 交点 选项，在绘图区选取图 10.2.9 所示的基准平面 2，再选取图 10.2.9 所示的圆弧。

Step9. 创建图 10.2.10 所示的草图 5。选择下拉菜单 插入(S) → 草图(S)... 命令；选取 Step7 所创建的基准平面 2 为草图平面；绘制图 10.2.10 所示的草图 5。

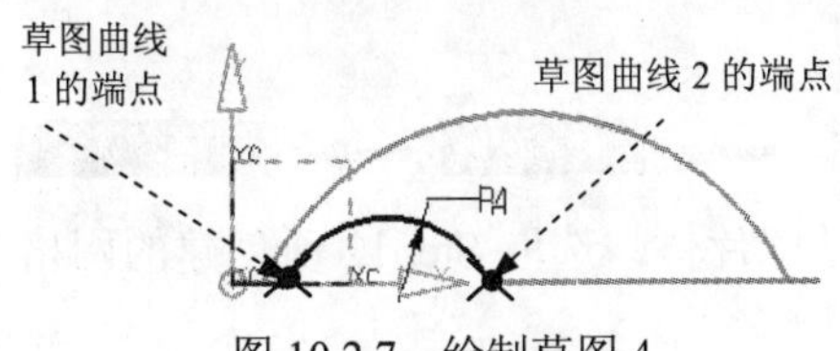

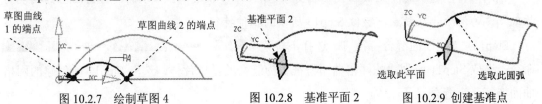

图 10.2.7　绘制草图 4

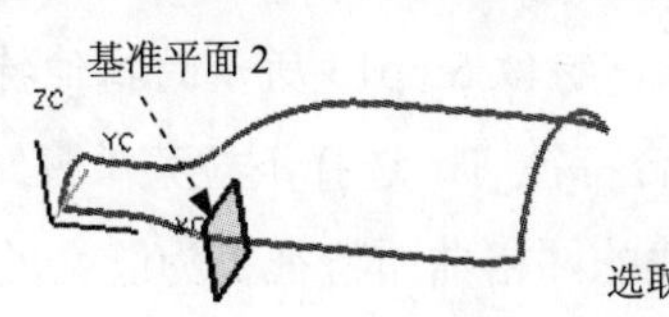

图 10.2.8　基准平面 2

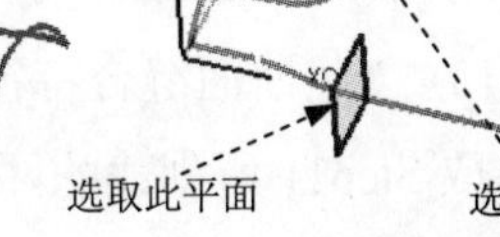

图 10.2.9 创建基准点

说明：在图 10.2.10 所示的草图 5 中,圆弧的两个端点分别与坐标原点和 Step8 所创建的基准点重合。

Step10. 创建图 10.2.11 所示的草图 6。选择下拉菜单 插入(S) → 草图(S)... 命令；选取 YC-XC 基准平面为草图平面；绘制图 10.2.12 所示的草图 6。

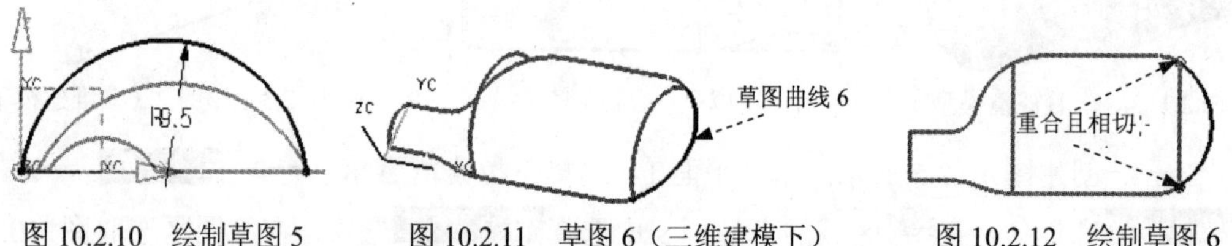

图 10.2.10　绘制草图 5　　图 10.2.11　草图 6（三维建模下）　　图 10.2.12　绘制草图 6

说明：在图 10.2.12 所示的草图 6 中,圆弧的两个端点分别与草图 1 和草图 2 相切，且与草图 1 和草图 2 的端点重合。

Step11. 创建图 10.2.13 所示网格曲面特征 1。选择下拉菜单 插入(S) → 网格曲面(M) → 通过曲线网格(M)... 命令；选择图 10.2.14 所示的曲线 1，单击鼠标中键后选取曲线 2，单击中键选取曲线 3，单击中键确认，再次单击中键后，选取图 10.2.15 所示的曲线 4，单击鼠标中键后选取曲线 5。

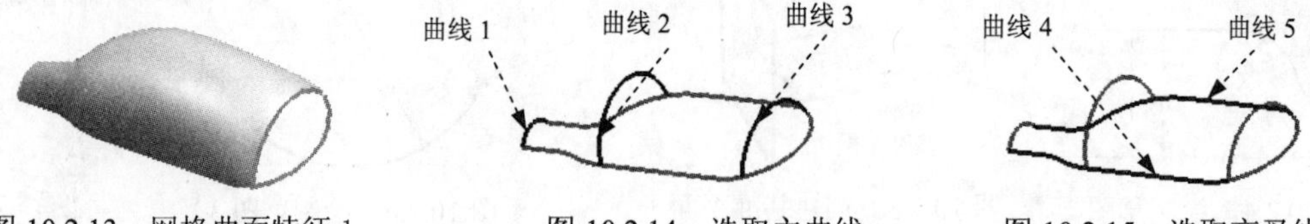

图 10.2.13　网格曲面特征 1　　图 10.2.14　选取主曲线　　图 10.2.15　选取交叉线

注意：在定义主曲线时，所选曲线的方向必须一致，交叉线的方向也必须一致。

Step12. 创建图 10.2.16 所示网格曲面特征 2。选择下拉菜单 插入(S) → 网格曲面(M) → 通过曲线组(T)... 命令；选择图 10.2.17 所示的曲线 1，单击鼠标中键后选取曲线 2，在 连续性 区域中 第一截面 的下拉列表中选择 G1（相切） 选项，选取图 10.2.18 所示的曲面，其他参数采用系统默认设置。

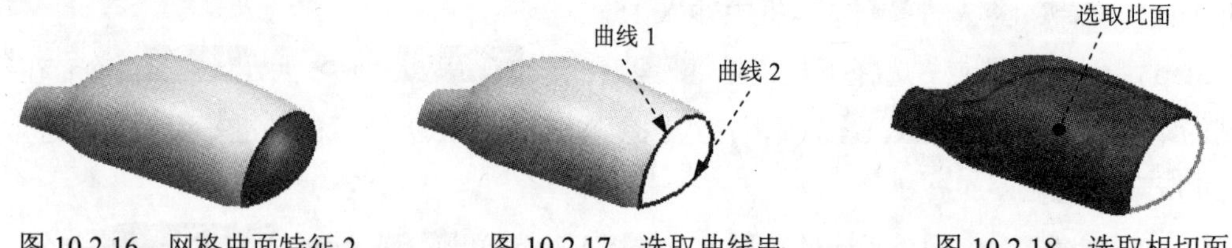

图 10.2.16　网格曲面特征 2　　图 10.2.17　选取曲线串　　图 10.2.18　选取相切面

说明：由于选取的两组截面线串相交于一点，所以 Step12 所示的网格曲面 2 的两端为收敛点。为消除此收敛点，特做 Step15 所示的拉伸特征。

Step13. 创建曲面缝合特征 1。选择下拉菜单 插入(S) → 组合体(B) → 缝合(W)... 命令；选取 Step11 所创建的网格曲面特征 1 为缝合的目标片体，选取 Step12 所创建的网格曲面特征 2 为缝合刀具片体。

Step14. 创建图 10.2.19 所示的草图 7。选择下拉菜单插入(S) → 草图(S)... 命令；选取 YC-XC 基准平面为草图平面；绘制图 10.2.19 所示的草图 7。

Step15. 创建图 10.2.20 所示的拉伸特征 1。选择下拉菜单插入(S) → 设计特征(E) → 拉伸(E)... 命令；在绘图区选取 Step14 所创建的草图 7；在“拉伸”对话框的限制区域中的开始下拉列表中选择值选项，并在其下的距离文本框中输入 0，在限制区域的结束下拉列表中选择直至下一个选项，在布尔区域的下拉列表中选择求差选项，其他参数采用系统默认设置。

Step16. 创建图 10.2.21 所示网格曲面特征 3。选择下拉菜单插入(S) → 网格曲面(M) → 通过曲线网格(M)... 命令；选择图 10.2.22 所示的曲线 1，单击鼠标中键后选取曲线 2，单击中键确认。再次单击中键后，选取图 10.2.22 所示的曲线 3，单击鼠标中键后选取曲线 4。在连续性区域中第一主线串的下拉列表中选择G1 (相切)，并单击按钮，选取图 10.2.23 所示的曲面，在最后主线串的下拉列表中选择G1 (相切)，并单击按钮，选取图 10.2.23 所示的曲面，在连续性区域中第一交叉线串的下拉列表中选择G1 (相切)，并单击按钮，选取图 10.2.23 所示的曲面。

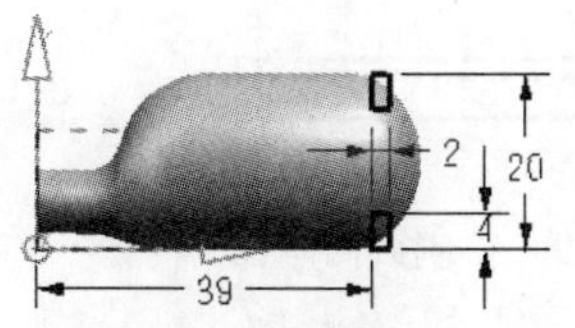

图 10.2.19　绘制草图 7

图 10.2.20　拉伸特征 1

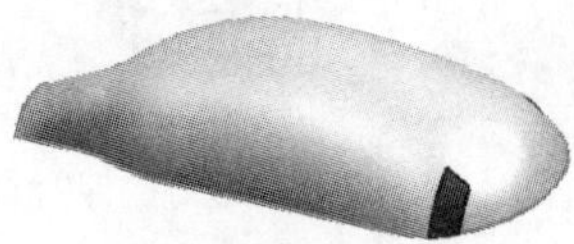
图 10.2.21　网格曲面特征 3

注意：在定义网格曲面特征时，应注意曲线的方向，如图 10.2.22 所示。

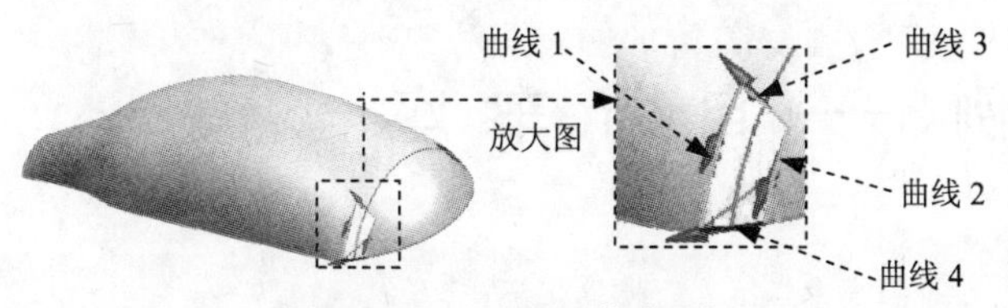

图 10.2.22　选取网格曲面

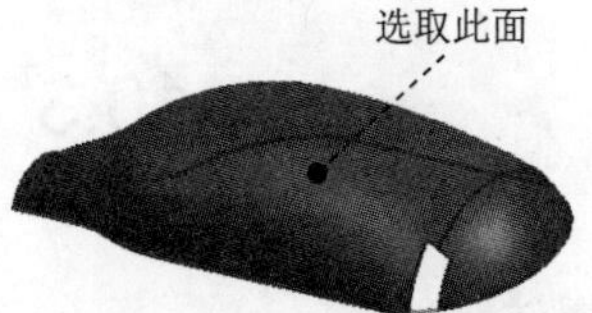

图 10.2.23　选取相切面

Step17. 创建网格曲面特征 4。参照 Step16 创建另一侧的曲面（图 10.2.24）。

Step18. 创建曲面缝合特征 2。选择下拉菜单插入(S) → 组合体(B) → 缝合(W)... 命令；选取图 10.2.24 所示的面为缝合的目标片体；选取图 10.2.25 所示的面为缝合刀具片体。

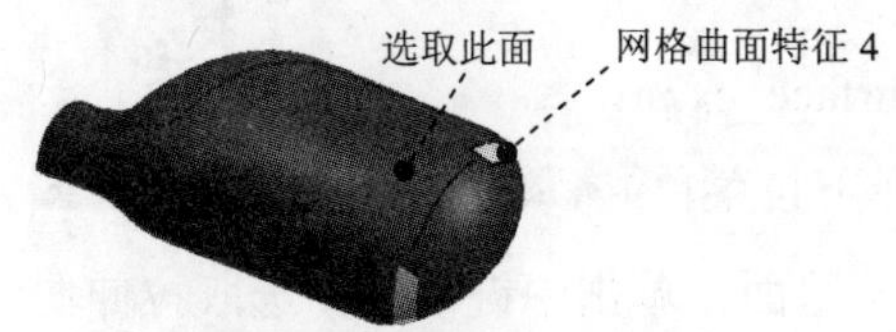

图 10.2.24　选取目标片体

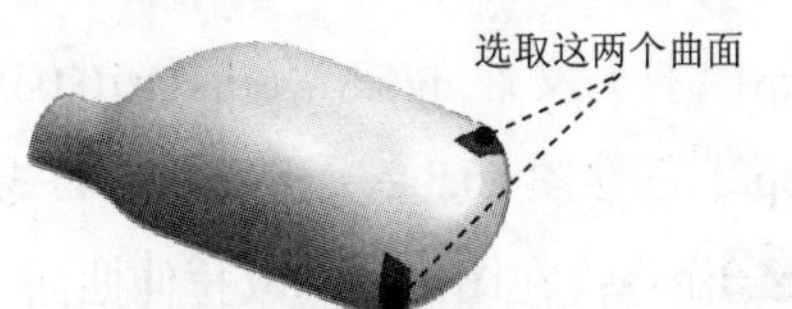

图 10.2.25　选取刀具片体

Step19. 创建图 10.2.26 所示的加厚特征。选择下拉菜单插入(S) → 偏置/缩放(O) →

加厚(T)...命令；在面区域中单击按钮，选取图 10.2.27 所示的曲面；在偏置 1文本框中输入 0.8，在偏置 2文本框中输入 0，采用系统默认方向。

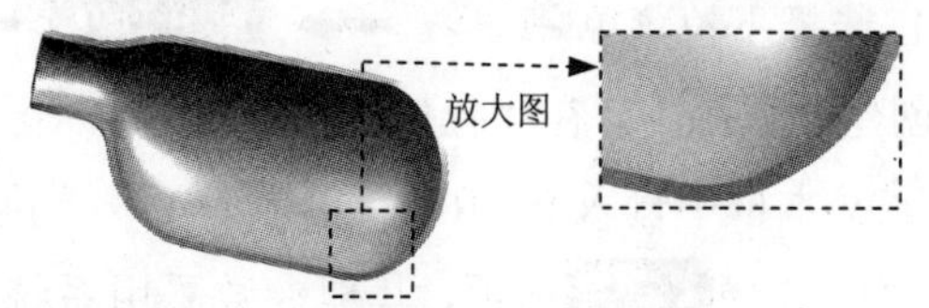

图 10.2.26 加厚特征

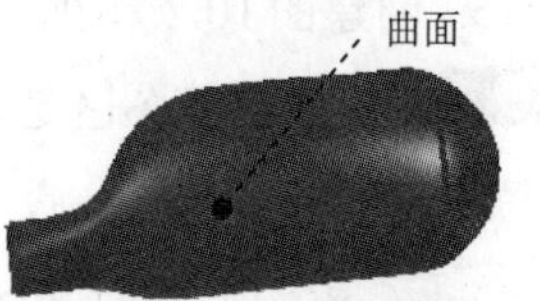

图 10.2.27 定义加厚特征

Step20. 创建图 10.2.28 所示的拉伸特征 2。选择下拉菜单插入(S) → 设计特征(E) → 拉伸(E)...命令；选取 ZC-YC 基准平面为草图平面，绘制图 10.2.29 所示的截面草图；在“拉伸”对话框的限制区域中的开始下拉列表中选择值选项，并在其下的距离文本框中输入 -2；在限制区域的结束下拉列表中选择值选项，并在其下的距离文本框中输入 48；在布尔区域的下拉列表中选择求差选项，选取整个实体为求差对象。

说明：在做拉伸特征前，将整个片体特征隐藏起来。

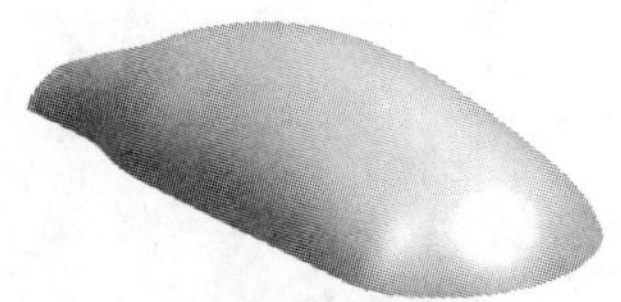
图 10.2.28 拉伸特征 2

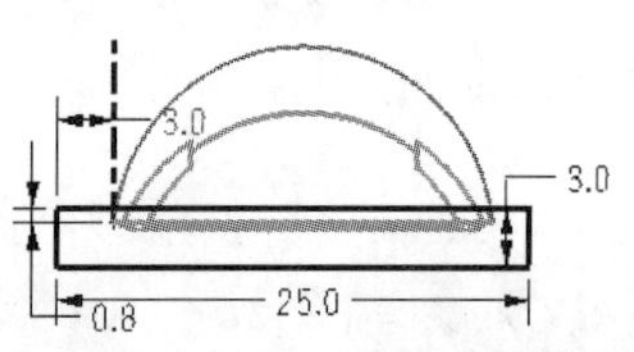

图 10.2.29 绘制截面草图

Step21. 保存零件模型。选择下拉菜单文件(F) → 保存(S)命令，即可保存零件模型。

10.3 范例 3——自 行 车 座

范例概述

该范例介绍了自行车座的创建过程，主要运用了拉伸、相交曲线、扫掠、通过曲线网格以及加厚等特征命令，在本例中，着重练习样条曲线创建草图的方法。该零件模型如图 10.3.1 所示。

说明：本例前面的详细操作过程请参见随书光盘中 video\ch10.03\reference\文件下的语音视频讲解文件 bike_surface-r01.avi。

Step1. 打开文件 ug6.8\work\ ch10.03\bike_surface_ex.prt。

Step2. 创建图 10.3.2 所示的相交曲线 1。选择下拉菜单插入(S) → 来自体的曲线(U) → 求交(I)...命令；在图形区选取拉伸曲面 2 为第一组面，单击中键确认，选取拉伸曲面 1 为第二组面，其他参数均采用系统默认设置；单击确定按钮，完成相交曲线 1 的创建。

Step3. 创建如图 10.3.3 所示的草图 1。选择下拉菜单插入(S) → 草图(S)...命令；选取 XZ 基准平面为草图平面；绘制图 10.3.4 所示的草图 1。

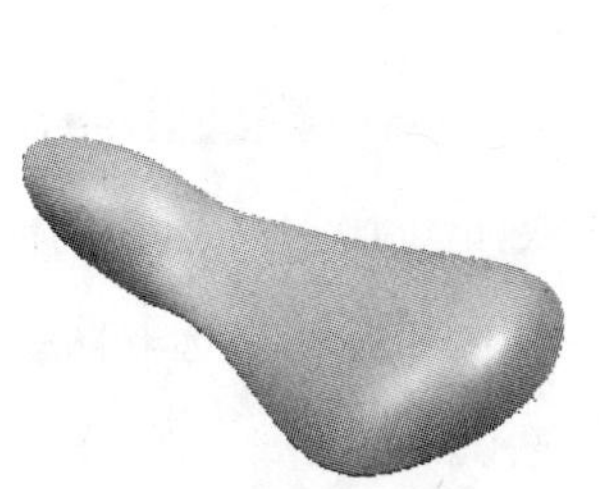

图 10.3.1　零件模型

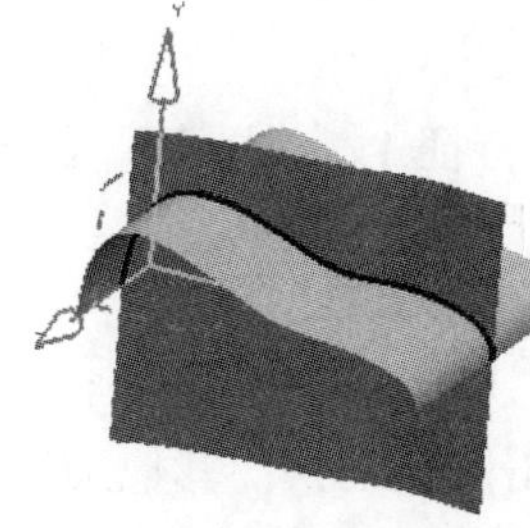

图 10.3.2　相交曲线 1

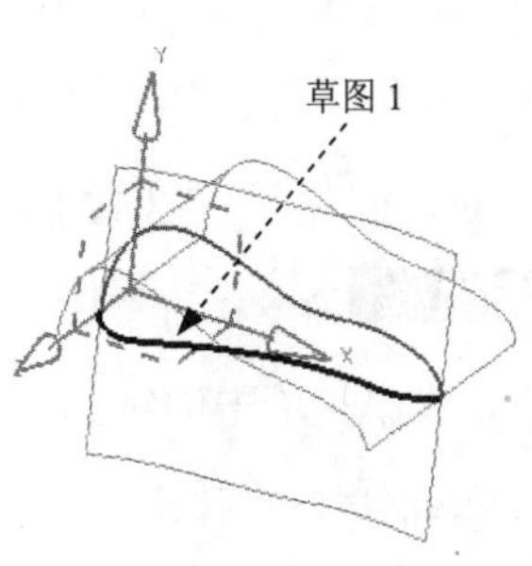

图 10.3.3　草图 1（建模环境）

Step4. 创建图 10.3.5 所示的基准平面 1。选择下拉菜单 插入(S) → 基准/点(D) → 基准平面(D)... 命令；在类型区域的下拉列表中选择 按某一距离 选项，选取 YZ 基准平面为对象平面；在偏置区域的距离文本框中输入值为 99，使用按钮调整平面的方向如图 10.3.5 所示。

Step5. 创建图 10.3.6 所示的基准平面 2。选择下拉菜单 插入(S) → 基准/点(D) → 基准平面(D)... 命令；在类型区域的下拉列表中选择 按某一距离 选项，选取 YZ 基准平面为对象平面；在偏置区域的距离文本框中输入值为 300，使用按钮调整平面的方向如图 10.3.6 所示。

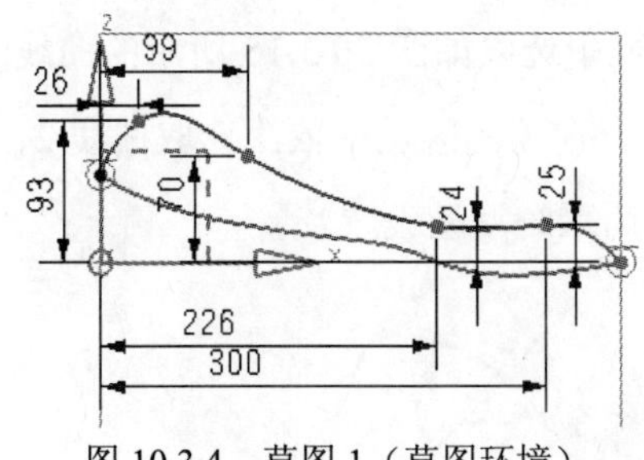

图 10.3.4　草图 1（草图环境）

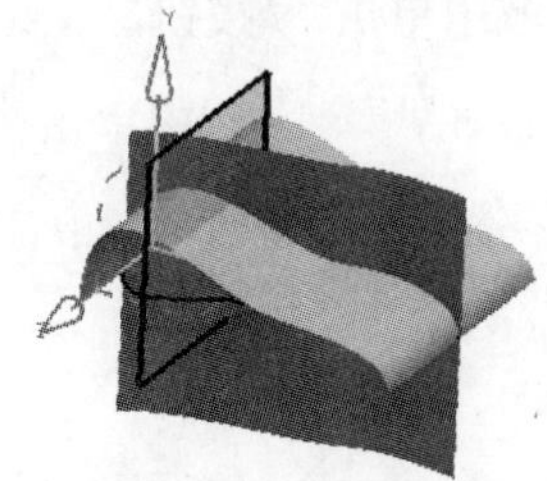

图 10.3.5　基准平面 1

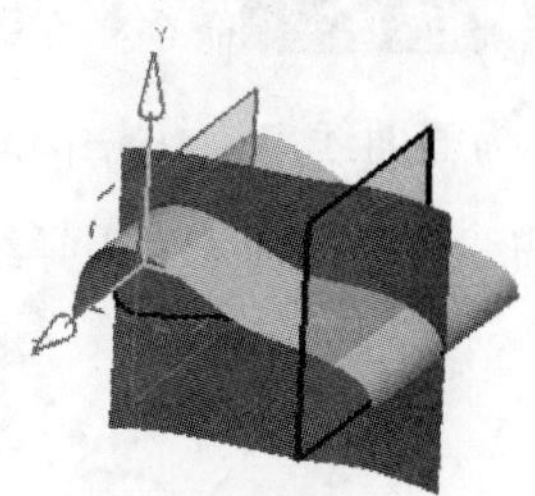

图 10.3.6　基准平面 2

Step6. 创建图 10.3.7 所示的镜像曲线 1。选择下拉菜单 插入(S) → 来自曲线集的曲线(F) → 镜像(M) 命令；选择 Step3 中所创建的相交曲线为镜像曲线；选取 XZ 基准平面为镜像平面；其他参数采用系统默认设置。

Step7. 创建如图 10.3.8 所示的草图 2。选择下拉菜单 插入(S) → 草图(S)... 命令；选取 Step5 中所创建的基准平面 1 为草图平面；绘制图 10.3.9 所示的草图 2。

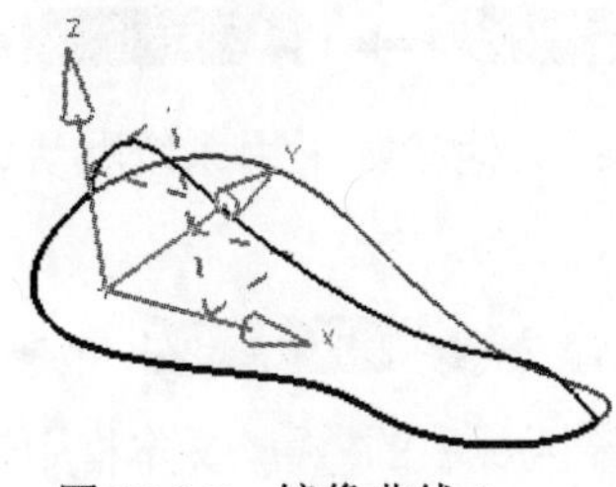

图 10.3.7　镜像曲线 1

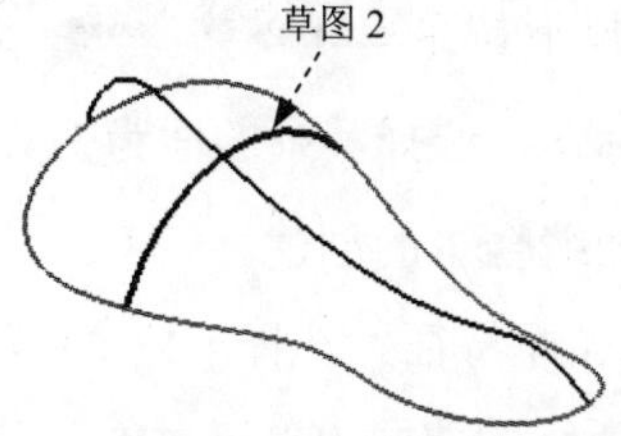

图 10.3.8　草图 2（建模环境）

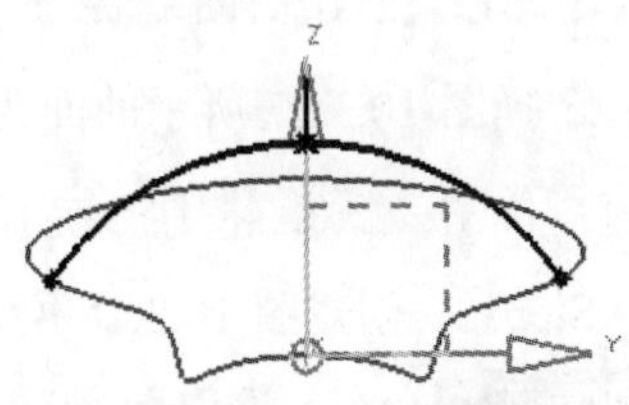

图 10.3.9　草图 2（草图环境）

Step8. 创建如图 10.3.10 所示的草图 3。选择下拉菜单插入(S) ➡ 草图(S)...命令；选取 Step6 中所创建的基准平面 2 为草图平面；绘制图 10.3.11 所示的草图 2。

Step9. 创建图 10.3.12 所示的扫掠特征 1。选择下拉菜单插入(S) ➡ 扫掠(W) ➡ 扫掠(S)...命令；在截面区域中单击按钮，在绘图区域中选取如图 10.3.13 所示的曲线 1 为截面线串，单击中键确认；在引导线区域中单击按钮，在绘图区域中依次选取曲线 2、曲线 3 和曲线 4 为引导线串，分别单击中键确认；其他采用系统默认设置。

说明：在选择引导线时，确认曲线规则的类型为“单条曲线”，并且“在相交处停止”按钮处于按下状态。下同。

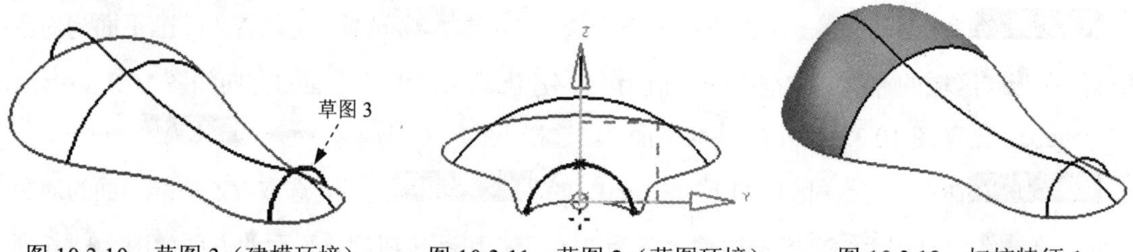

图 10.3.10　草图 3（建模环境）　　图 10.3.11　草图 2（草图环境）　　图 10.3.12　扫掠特征 1

Step10. 创建图 10.3.14 所示的扫掠特征 2。选择下拉菜单插入(S) ➡ 扫掠(W) ➡ 扫掠(S)...命令；在截面区域中单击按钮，在绘图区域中选取如图 10.3.15 所示的曲线 1 为截面线串，单击中键确认；在引导线区域中单击按钮，在绘图区域中依次选取曲线 2、曲线 3 和曲线 4 为引导线串，分别单击中键确认；其他采用系统默认设置。

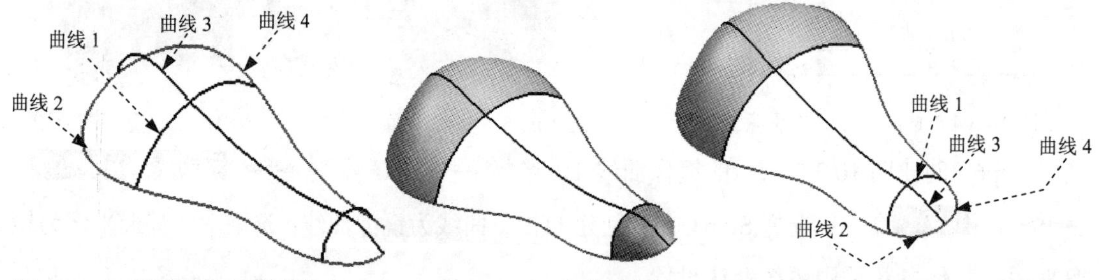

图 10.3.13　选取截面和引导线串　　图 10.3.14　扫掠特征 2　　图 10.3.15　选取截面和引导线串

Step11. 创建图 10.3.16 所示的网格曲面特征 1（注：本步的详细操作过程请参见随书光盘中 video\ch10.03\reference\文件下的语音视频讲解文件 bike_surface-r02.avi）。

Step12. 创建曲面缝合 1。选择下拉菜单插入(S) ➡ 组合体(B) ➡ 缝合(W)...命令；选择图 10.3.17 所示的面为目标体，选择其余的面为刀具体；其他参数采用系统默认设置值；单击确定按钮，完成曲面缝合 1 的创建。

Step13. 创建图 10.3.18 所示面加厚特征。选择下拉菜单插入(S) ➡ 偏置/缩放(O) ➡ 加厚(T)...命令；选取图 10.3.19 所示的曲面为加厚对象；在厚度区域中的偏置 1文本框中输入值 5，使用按钮调整平面的方向如图 10.3.19 所示，其他参数采用系统默认设置。

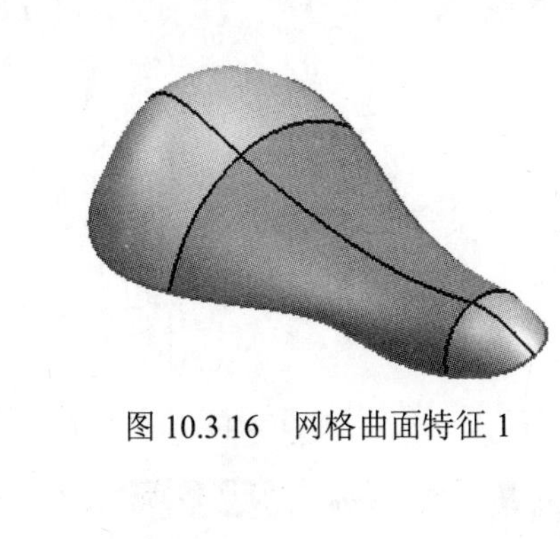

图 10.3.16　网格曲面特征 1

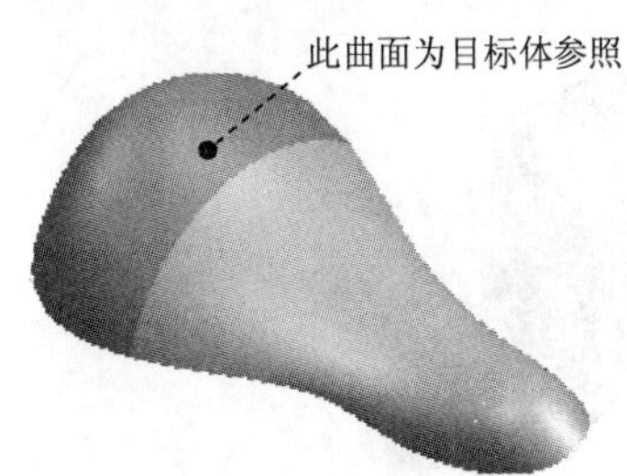

图 10.3.17 定义目标体

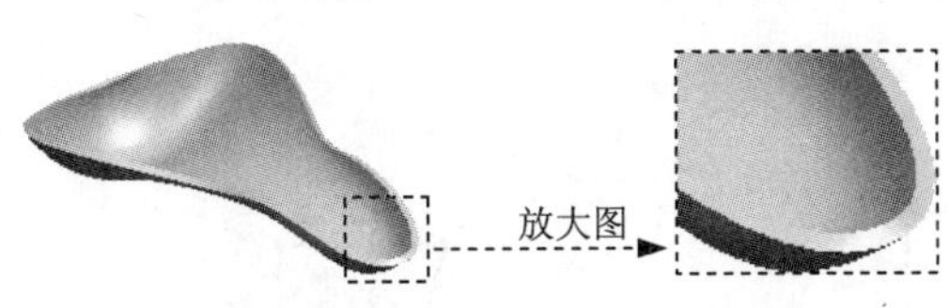

图 10.3.18　加厚特征

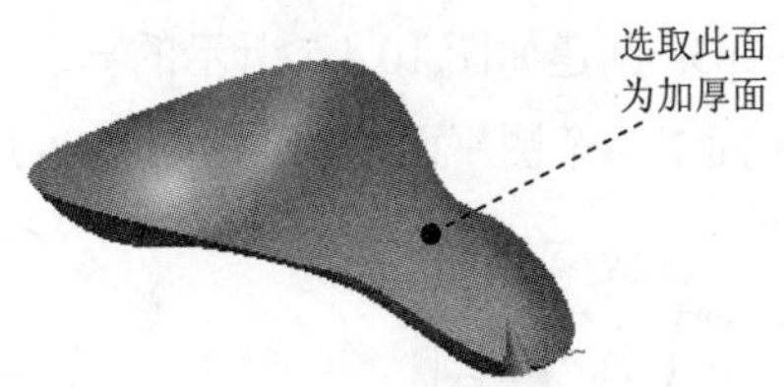

图 10.3.19　选取加厚对象

Step14. 创建图 10.3.20b 所示的边倒圆特征 1。选择下拉菜单 插入(S) → 细节特征(L) ▸ → 边倒圆(E)... 命令；选择图 10.3.20a 所示的边线为边倒圆参照，并在 Radius 1 文本框中输入值 2。

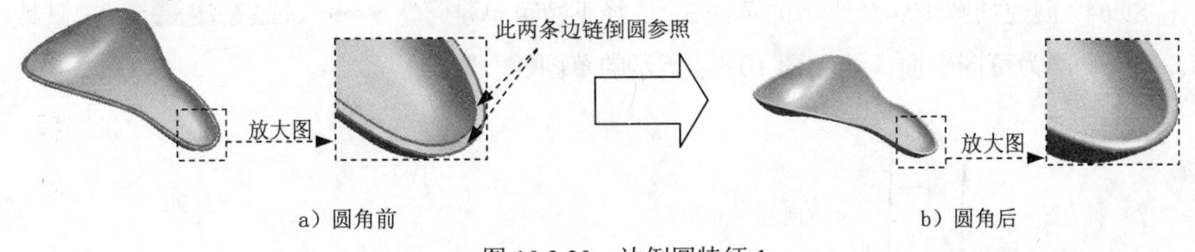

a）圆角前　　b）圆角后

图 10.3.20　边倒圆特征 1

Step15. 保存零件模型。选择下拉菜单 文件(F) → 保存(S) 命令，即可保存零件模型。

10.4　范例 4——皮 靴 鞋 面

范例概述

本范例主要介绍了“通过曲线网格”以及其约束设置的应用技巧。先用“通过曲线网格”命令构建模型的一个曲面，然后通过“镜像体”命令产生另一侧曲面，注意中间面与两侧面是如何相切过渡的。零件模型如图 10.4.1 所示。

说明：本例前面的详细操作过程请参见随书光盘中 video\ch10.04\reference\文件下的语音视频讲解文件 INSTANCE_BOOT-r01.avi。

Step1. 打开文件 ug6.8\work\ch10.04\INSTANCE_BOOT_ex.prt。

Step2. 创建如图 10.4.2 所示的草图 1。选择下拉菜单 插入(S) → 草图(S)... 命令；选取图 10.4.3 所示的基准平面 1 为草图平面；绘制图 10.4.4 所示的草图 1。

图 10.4.1 零件模型

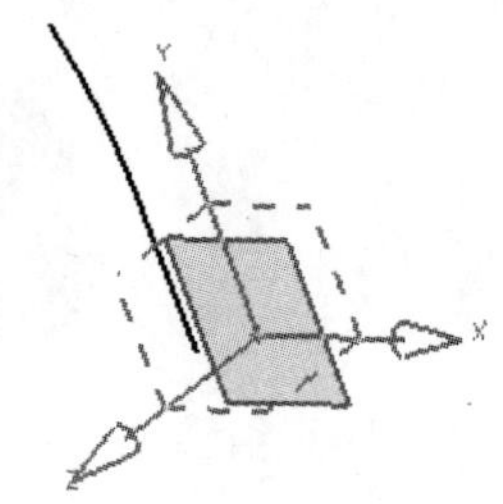
图 10.4.2 草图 1（建模环境）

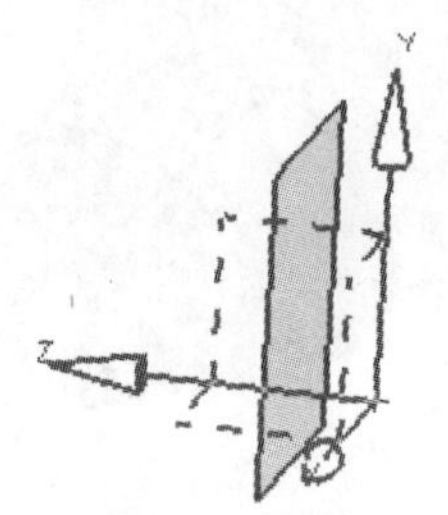
图 10.4.3 基准平面 1

Step3. 创建如图 10.4.5 所示的草图 2。选择下拉菜单 插入(S) → 草图(S)... 命令；选取基准平面 1 为草图平面；绘制图 10.4.6 所示的草图 2。

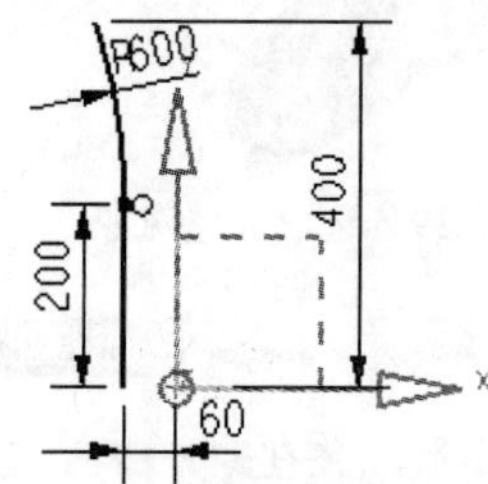

图 10.4.4 草图 1（草图环境）

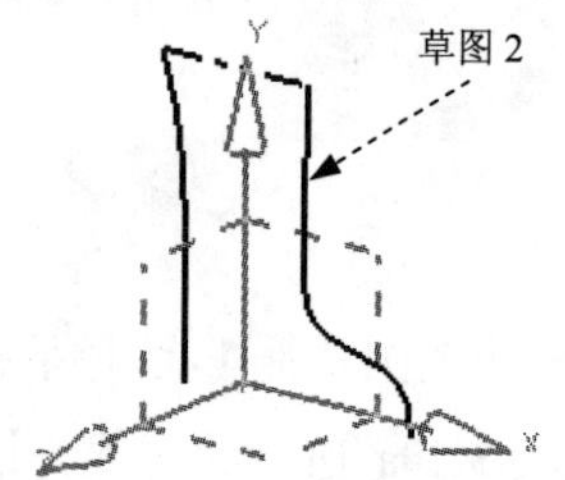

图 10.4.5 草图 2（建模环境）

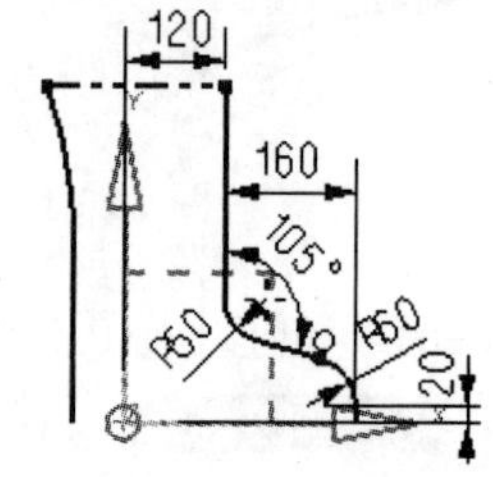

图 10.4.6 草图 2（草图环境）

Step4. 创建如图 10.4.7 所示的草图 3。选择下拉菜单 插入(S) → 草图(S)... 命令；选取 XZ 基准平面为草图平面；绘制图 10.4.8 所示的草图 3。

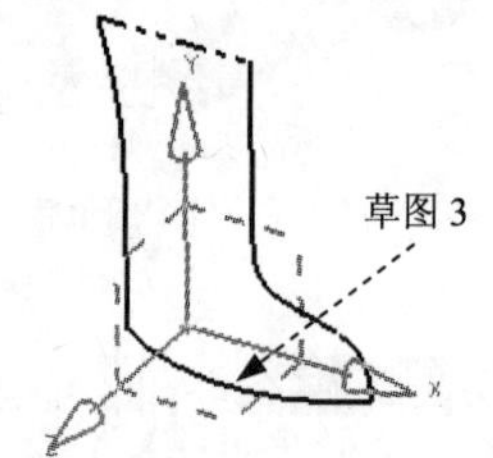

图 10.4.7 草图 3（建模环境）

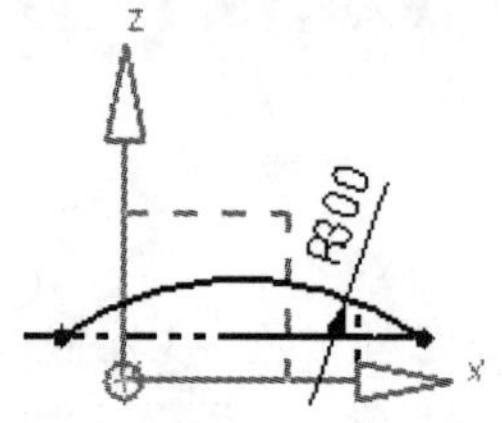

图 10.4.8 草图 3（草图环境）

Step5. 创建图 10.4.9 所示的基准平面 2。选择下拉菜单 插入(S) → 基准/点(D) → 基准平面(D)... 命令；在 类型 区域的下拉列表中选择 点和方向 选项，选取图 10.4.9 所示的草图 1 的端点为指定点，选取 YC 轴为矢量方向。

Step6. 创建如图 10.4.10 所示的草图 4。选择下拉菜单 插入(S) → 草图(S)... 命令；选取基准平面 2 为草图平面；绘制图 10.4.11 所示的草图 4。

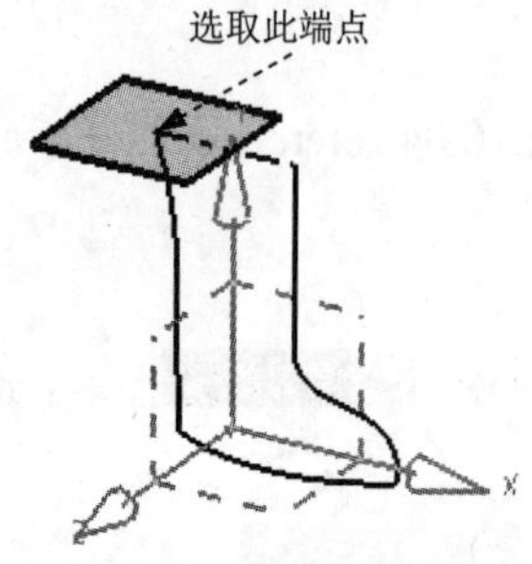

图 10.4.9 基准平面 2

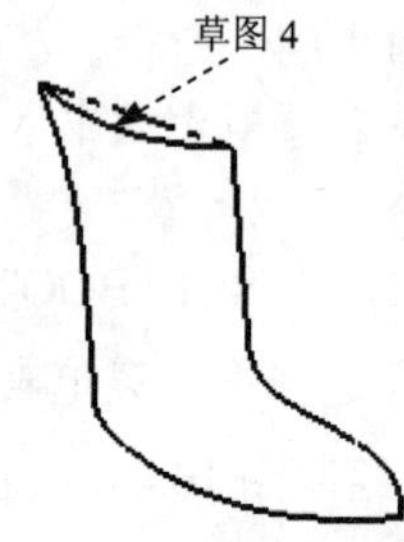

图 10.4.10 草图 4（建模环境）

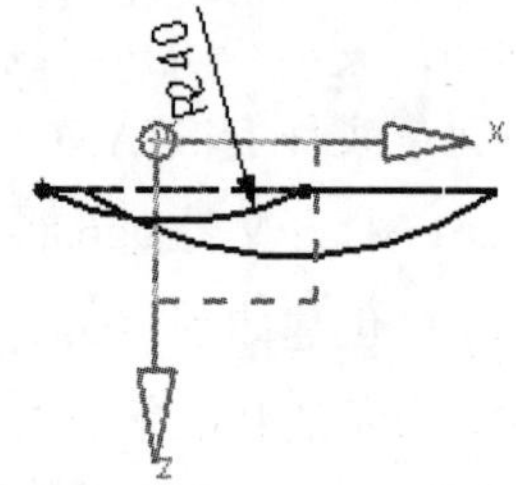

图 10.4.11 草图 4（草图环境）

Step7. 创建图 10.4.12 所示的基准平面 3。选择下拉菜单插入(S) → 基准/点(D) → 基准平面(D)...命令；在类型区域的下拉列表中选择按某一距离选项，选取 XZ 基准平面为对象平面；在偏置区域的距离文本框中输入值为 70，方向如图 10.4.12 所示。

Step8. 创建如图 10.4.13 所示的草图 5。选择下拉菜单插入(S) → 草图(S)...命令；选取基准平面 3 为草图平面；绘制图 10.4.14 所示的草图 5。

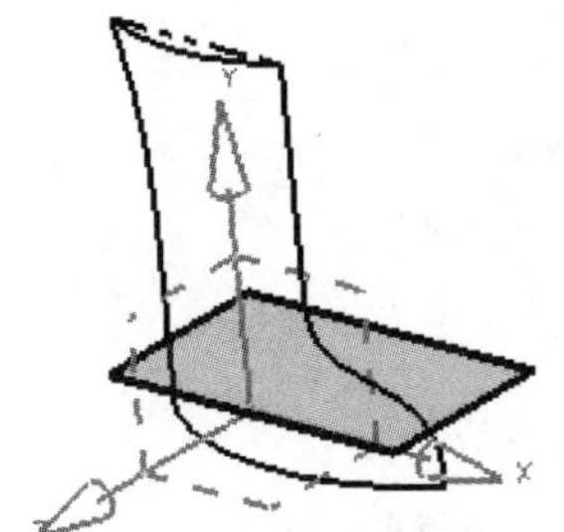
图 10.4.12　基准平面 3

图 10.4.13 草图 5（建模环境）

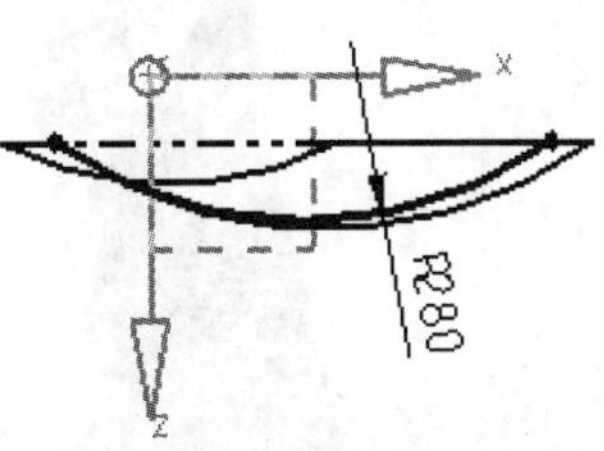

图 10.4.14　草图 5（草图环境）

Step9. 创建图 10.4.15 所示的基准平面 4。选择下拉菜单插入(S) → 基准/点(D) → 基准平面(D)...命令；在类型区域的下拉列表中选择按某一距离选项，选取 XZ 基准平面为对象平面；在偏置区域的距离文本框中输入值为 130，方向如图 10.4.15 所示。

Step10. 创建如图 10.4.16 所示的草图 6。选择下拉菜单插入(S) → 草图(S)...命令；选取基准平面 4 为草图平面；绘制图 10.4.17 所示的草图 6。

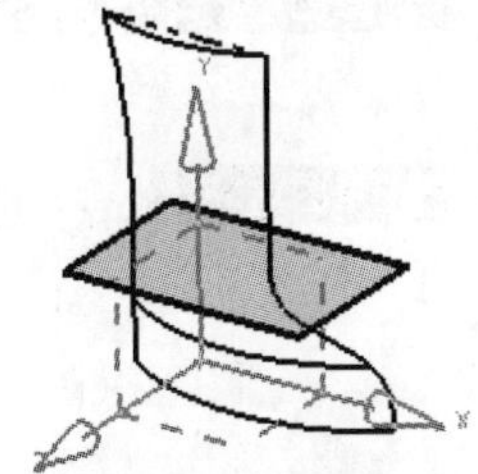
图 10.4.15　基准平面 4

图 10.4.16 草图 6（建模环境）

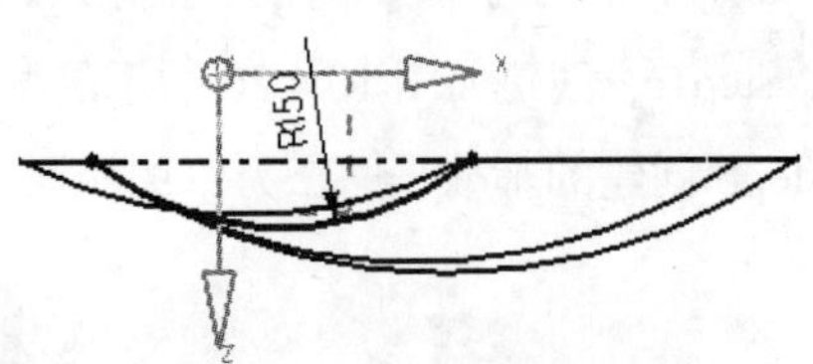

图 10.4.17　草图 6（草图环境）

Step11. 创建图 10.4.18 所示的基准平面 5。选择下拉菜单插入(S) → 基准/点(D) → 基准平面(D)...命令；在类型区域的下拉列表中选择按某一距离选项，选取 XZ 基准平面为对象平面；在偏置区域的距离文本框中输入值为 260，方向如图 10.4.18 所示。

Step12. 创建如图 10.4.19 所示的草图 7。选择下拉菜单插入(S) → 草图(S)...命令；选取基准平面 5 为草图平面；绘制图 10.4.20 所示的草图 7。

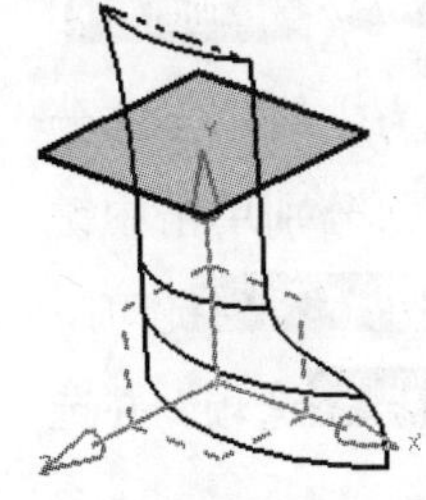
图 10.4.18　基准平面 4

草图 7

图 10.4.19 草图 7（建模环境）

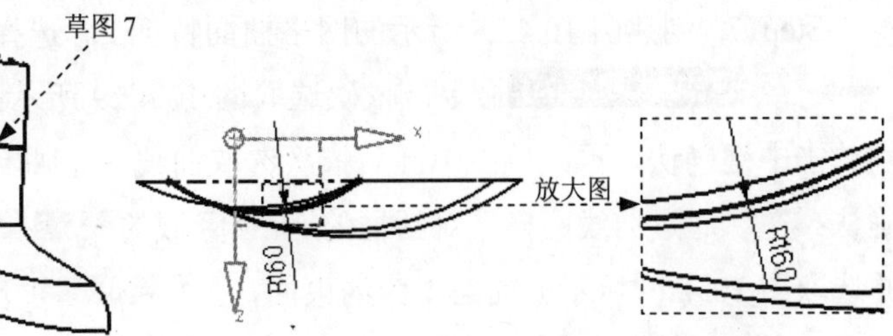

图 10.4.20　草图 7（草图环境）

Step13. 创建图 10.4.21 所示网格曲面特征 1。选择下拉菜单插入(S) → 网格曲面(M) → 通过曲线网格(M)...命令；选取图 10.4.22 所示的曲线 1、曲线 2、曲线 3、曲线 4 和曲线 5 为主线串，并分别单击中键确认，再次单击中键后选取曲线 6 和曲线 7 为交叉线串，并分别单击中键确认；在"通过曲线网格"对话框中单击 确定 按钮，完成网格曲面特征 1 的创建。

图 10.4.21 网格曲面特征 1

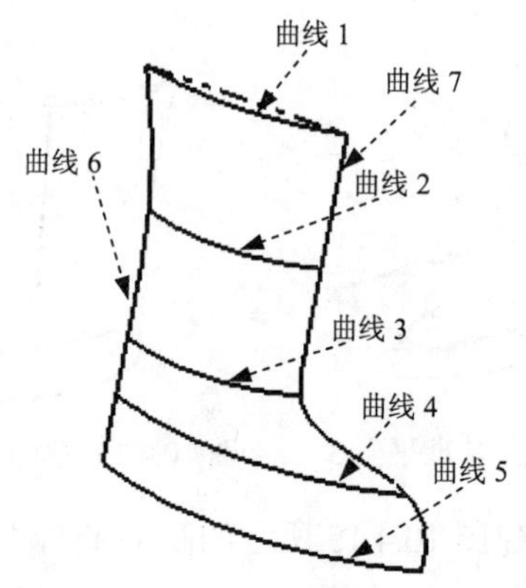

图 10.4.22 定义特征参照

Step14. 创建图 10.4.23 所示的镜像体特征 1。选择下拉菜单插入(S) → 关联复制(A) → 镜像体(B)...命令；选取网格曲面特征 1 为镜像体；选取 XY 基准平面为镜像平面；其他参数采用系统默认设置。

Step15. 创建如图 10.4.24 所示的草图 8。选择下拉菜单插入(S) → 草图(S)...命令；选取 XZ 基准平面为草图平面；绘制图 10.4.25 所示的草图 8。

Step16. 创建如图 10.4.26 所示的草图 9。选择下拉菜单插入(S) → 草图(S)...命令；选取 step6 创建的基准平面 2 为草图平面；绘制图 10.4.27 所示的草图 9。

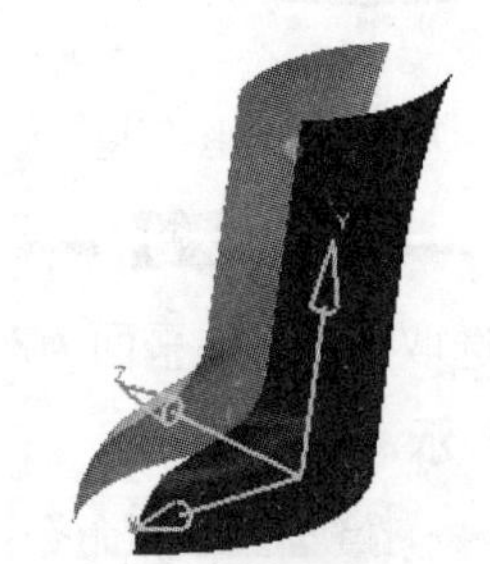

图 10.4.23 镜像体特征 1

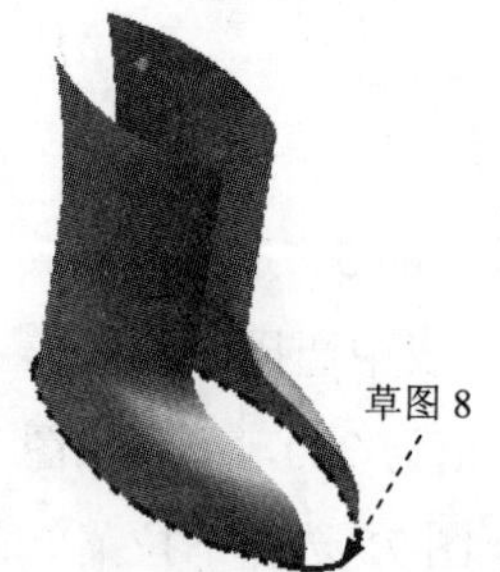

图 10.4.24 草图 8（建模环境）

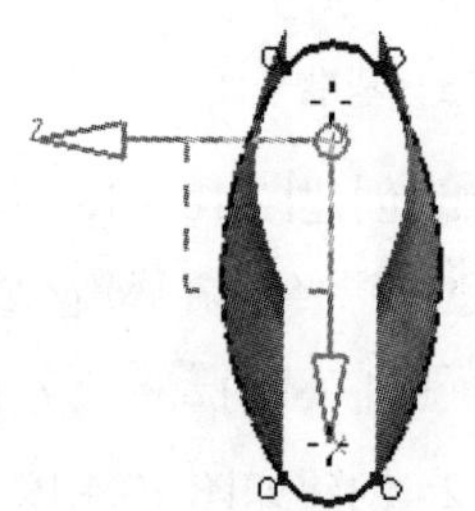

图 10.4.25 草图 8（草图环境）

Step17. 创建图 10.4.28 所示的网格曲面特征 2。选择下拉菜单插入(S) → 网格曲面(M) → 通过曲线网格(M)...命令；依次选取图 10.4.29 所示的曲线 1 和曲线 2 为主线串，并分别单击中键确认，再次单击中键后依次选取曲线 3 和曲线 4 为交叉线串，并分别单击中键确认；在"通过曲线网格"对话框的连续性区域的第一交叉线串下拉列表中选取G1（相切）选项，并选取图 10.4.29 所示的曲面 1 为约束面，在最后交叉线串下拉列表中选取G1（相切）选项，并选取图 10.4.29 所示的曲面 2 为约束面；在“通过曲线网格”对话框中单击 确定 按钮，完成网格曲面特征 2 的创建。

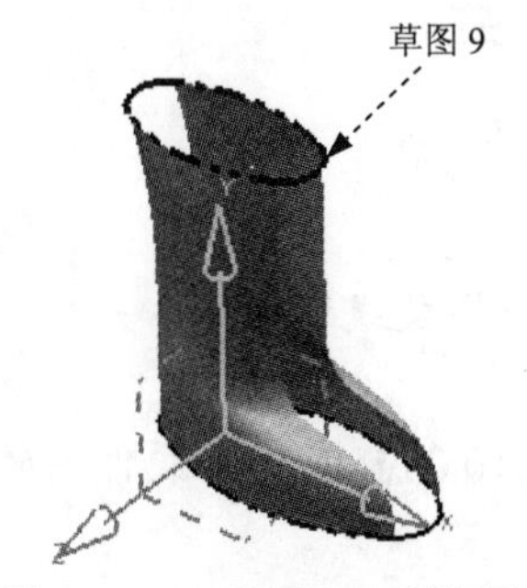

图 10.4.26　草图 9（建模环境）

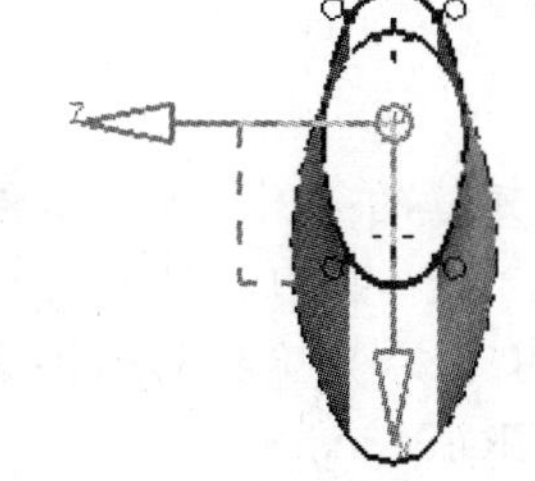

图 10.4.27　草图 9（草图环境）

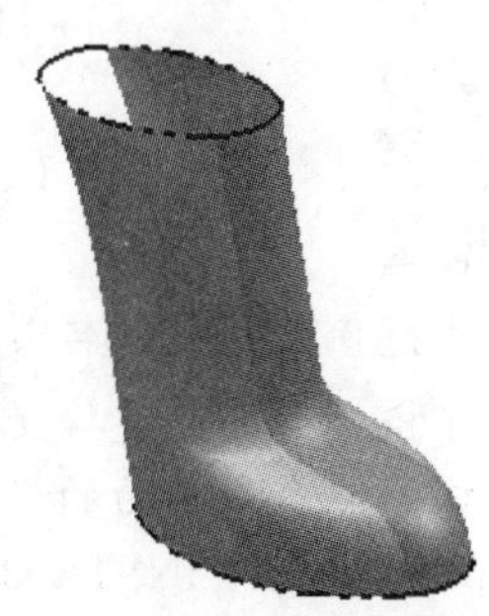

图 10.4.28　网格曲面特征 2

Step18. 参照 step18 的方法创建图 10.4.30 所示的网格曲面特征 3。

Step19. 创建曲面缝合 1。选择下拉菜单 插入(S) → 组合体(B) → 缝合(W)... 命令；选择图 10.4.31 所示的面为目标体，选择其余的面为刀具体；其他参数采用系统默认设置值；单击 确定 按钮，完成曲面缝合 1 的创建。

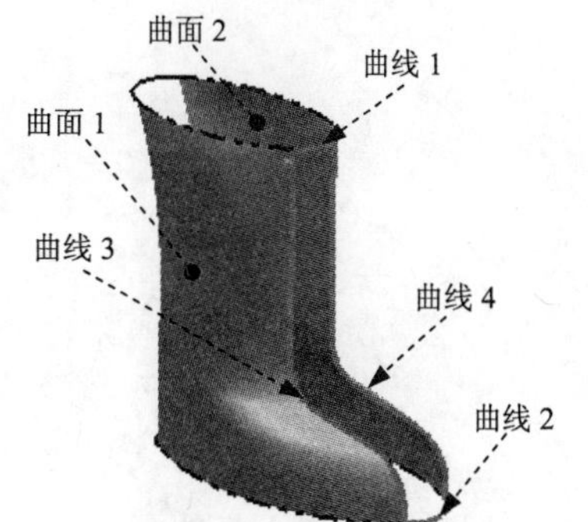

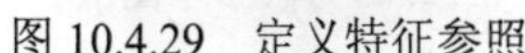

图 10.4.29　定义特征参照

图 10.4.30　网格曲面特征 3

图 10.4.31　定义目标体

Step20. 创建图 10.1.32 所示面加厚特征。选择下拉菜单 插入(S) → 偏置/缩放(O) → 加厚(T)... 命令；选取图 10.4.33 所示的曲面为加厚对象；在 厚度 区域中的 偏置 1 文本框中输入值 3，并单击“反向”按钮，其他参数采用系统默认设置。

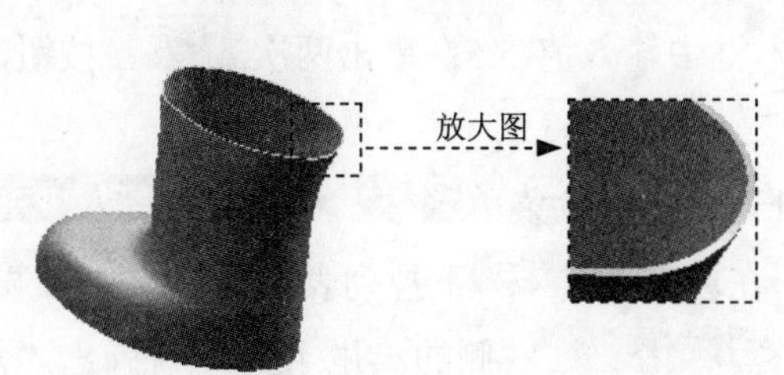

图 10.4.32　加厚特征

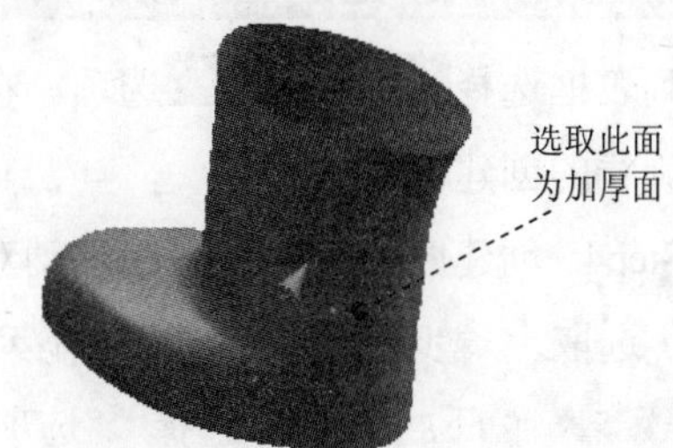

图 10.4.33　选取加厚对象

Step21. 保存零件模型。选择下拉菜单 文件(F) → 保存(S) 命令，即可保存零件模型。

10.5 范例5——加 热 丝

范例概述

本范例是一个比较复杂的曲面建模的范例。注意本例中一个螺旋线的创建，另外还运用到了桥接曲面及连接曲线等特征。零件模型如图 10.5.1 所示。

说明：本例前面的详细操作过程请参见随书光盘中 video\ch10.05\reference\文件下的语音视频讲解文件 INSTANCE_BOILER-r01.avi。

Step1. 打开文件 ug6.8\work\ch10.05\INSTANCE_BOILER_ex.prt。

Step2. 创建图 10.5.2 所示的拉伸特征 1。选择下拉菜单插入(S) → 设计特征(E) → 拉伸(E)... 命令；选取 XY 基准平面为草图平面；绘制图 10.5.3 所示的截面草图；在限制区域的开始下拉列表中选择值选项，并在其下的距离文本框中输入值 0；在限制区域的结束下拉列表中选择值选项；并在其下的距离文本框中输入值 4.5；在设置区域的体类型的下拉列表中选择片体选项，其他参数采用系统默认设置值值。

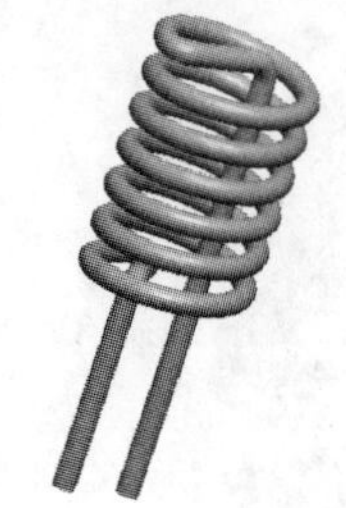

图 10.5.1 零件模型

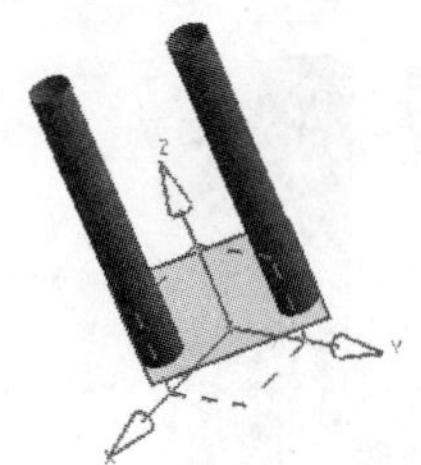

图 10.5.2 拉伸特征 1

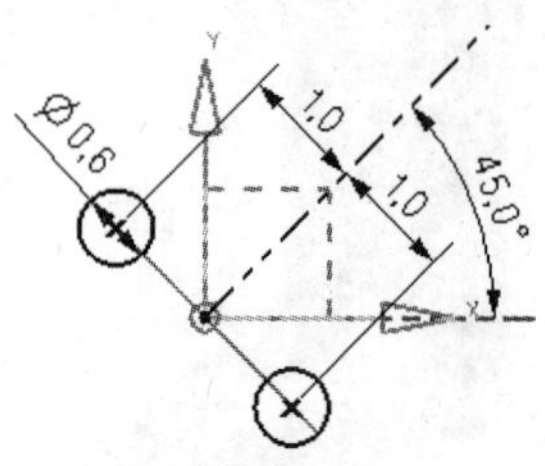

图 10.5.3 截面草图

Step3. 创建图 10.5.4 所示的螺旋线。选择下拉菜单插入(S) → 曲线(C) → 螺旋线(X)... 命令；在圈数文本框中输入值 6，在螺距文本框中输入值 1，在半径方式区域选中输入半径复选框，在半径文本框中输入值 2，在旋转方向区域选中右手复选项，单击点构造器按钮，系统弹出“点”对话框；在“点”对话框中类型下拉列表框选择自动判断的点选项，在ZC文本框中输入值 5.5；单击两次确定按钮，完成螺旋线的创建。

Step4. 创建图 10.5.5 所示的移动对象特征。选择下拉菜单编辑(E) → 移动对象(O)... 命令；选取上一步创建的螺旋线为移动对象；在变换区域运动下拉列表中选择角度选项，在* 指定矢量 (0)下拉列表中选择 ZC↑ 选项，单击* 指定轴点 (0)右侧的按钮，系统弹出“点”对话框，单击确定按钮；在角度后的文本框中输入-90；其他采用系统默认设置，单击确定按钮，完成对象的移动复制。

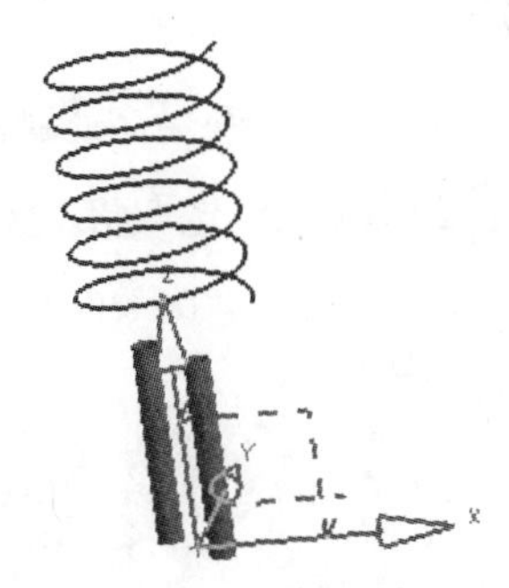

图 10.5.4　螺旋线

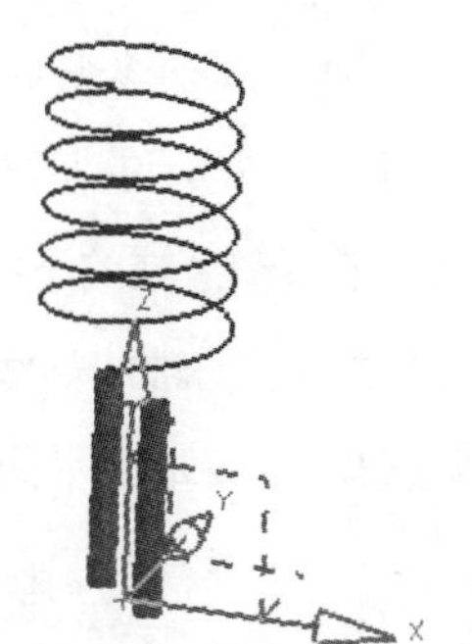

图 10.5.5　移动对象特征

Step5. 创建图 10.5.6 所示的草图 1。选择下拉菜单插入(S) → 草图(S)...命令；选取基准平面 1 为草图平面；绘制图 10.5.7 所示的草图 1。

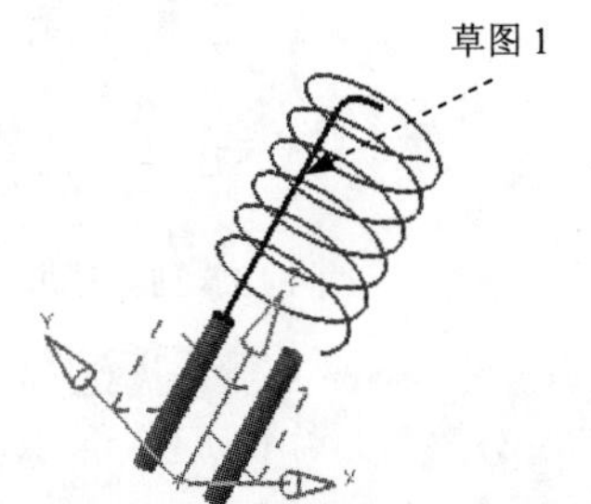

图 10.5.6　草图 1（建模环境）

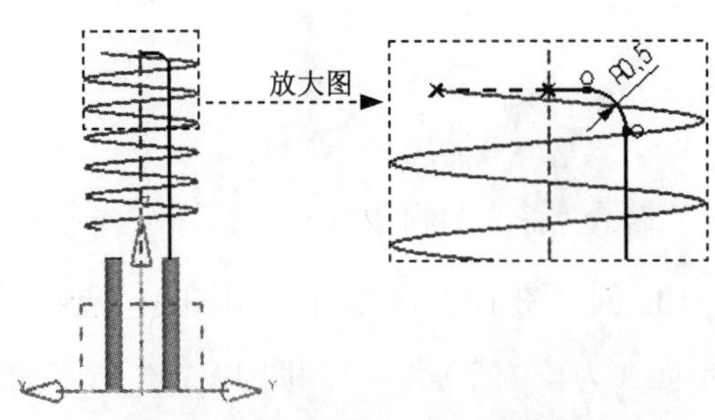

图 10.5.7　草图 1（草图环境）

Step6. 创建图 10.5.8 所示的基准平面 2。选择下拉菜插入(S) → 基准/点(D) → 基准平面(D)...命令；在类型区域的下拉列表中选择成一角度选项，选取 XY 基准平面为平面参考，选取图 10.5.8 所示的直线为线性对象，在角度文本框中输入值 0，在“基准平面”对话框中单击确定按钮，完成基准平面 2 的创建。

Step7. 创建图 10.5.9 所示的草图 2。选择下拉菜单插入(S) → 草图(S)...命令；选取基准平面 2 为草图平面；绘制图 10.5.10 所示的草图 2。

图 10.5.8　基准平面 2

图 10.5.9　草图 2（建模环境）

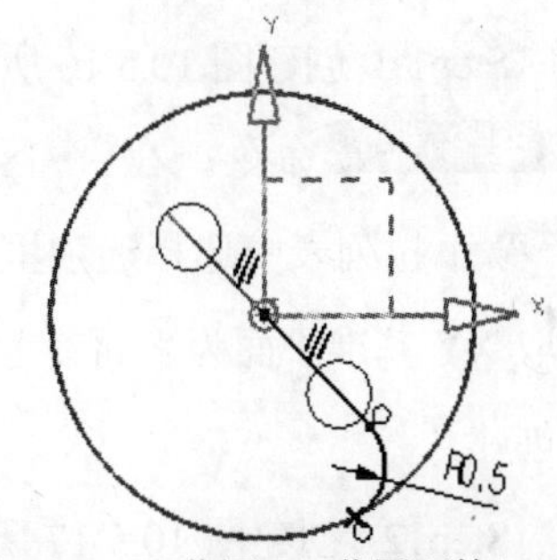

图 10.5.10　草图 2（草图环境）

Step8. 创建图 10.5.11 所示的桥接曲线 1。选择下拉菜单插入(S) → 来自曲线集的曲线(F) → 桥接(B)...命令；依次选取图 10.5.11 所示的曲线 1 和曲线 2 为桥接曲线；在“桥接曲线”对话框的形状控制区域类型的下拉列表中选择相切幅值选项；在开始的本框中输入 1，在结束的文本框中输入 1；其他参数采用系统默认设置值。

Step9. 创建图 10.5.12 所示的基准平面 3。选择下拉菜插入(S) ➡ 基准/点(D) ➡ 基准平面(D)...命令；在类型区域的下拉列表中选择成一角度选项，选取 XZ 基准平面为平面参考，选取图 10.5.13 所示的轴线为线性对象，在角度文本框中输入值 0，在"基准平面"对话框中单击确定按钮，完成基准平面 3 的创建。

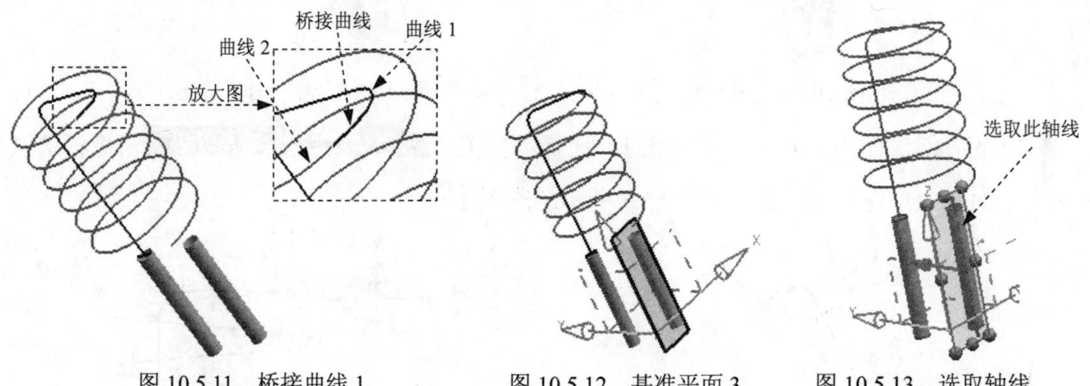

图 10.5.11　桥接曲线 1　　图 10.5.12　基准平面 3　　图 10.5.13　选取轴线

Step10. 创建图 10.5.14 所示的草图 3。选择下拉菜单插入(S) ➡ 草图(S)...命令；选取基准平面 3 为草图平面；绘制图 10.5.15 所示的草图 3。

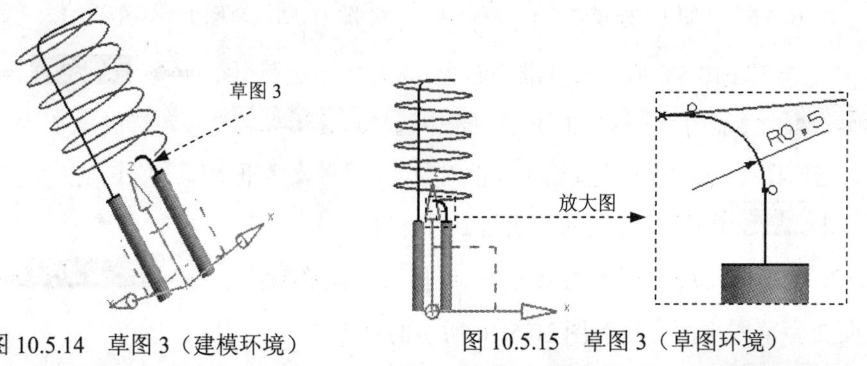

图 10.5.14　草图 3（建模环境）　　图 10.5.15　草图 3（草图环境）

Step11. 创建图 10.5.16 所示的基准平面 4。选择下拉菜插入(S) ➡ 基准/点(D) ➡ 基准平面(D)...命令；在类型区域的下拉列表中选择曲线和点选项，在曲线和点子类型区域的子类型下拉列表中选择选项里选择点和平面/面选项；然后选取图 10.5.16 所示的点为指定点；选取 XY 基准平面为平面参考；在"基准平面"对话框中单击确定按钮，完成基准平面 4 的创建。

Step12. 创建图 10.5.17 所示的草图 4。选择下拉菜单插入(S) ➡ 草图(S)...命令；选取基准平面 4 为草图平面；绘制图 10.5.18 所示的草图 4。

Step13. 创建图 10.5.19 所示的桥接曲线 2。选择下拉菜单插入(S) ➡ 来自曲线集的曲线(F) ➡ 桥接(B)...命令；依次选取图 10.5.19 所示的曲线 1 和曲线 2 为桥接曲线；在“桥接曲线”对话框的形状控制区域类型的下拉列表中选择相切幅值选项；在开始的本框中输入 1，在结束的文本框中输入 1；其他参数采用系统默认设置值。

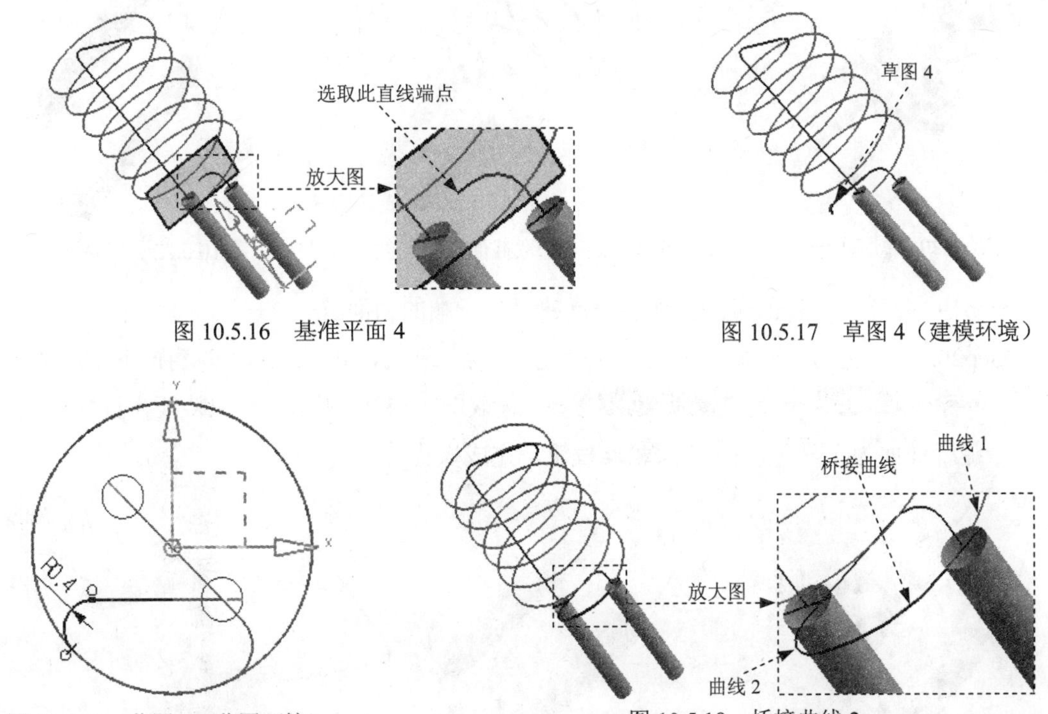

图 10.5.16　基准平面 4

图 10.5.17　草图 4（建模环境）

图 10.5.18　草图 4（草图环境）

图 10.5.19　桥接曲线 2

Step14. 创建连结曲线 1。选择下拉菜单 插入(S) → 来自曲线集的曲线(F) → 连结(J)... 命令；依次选取螺旋线 1、草图 1、草图 2、桥接曲线 1、草图 3、草图 4 和桥接曲线 2；其他参数采用系统默认设置值；在“连结曲线”对话框中单击 确定 按钮，完成连结曲线的创建。

Step15. 创建图 10.5.20 所示的扫掠特征 1。选择下拉菜单 插入(S) → 扫掠(W) → 沿引导线扫掠(G)... 命令；在截面区域中单击按钮，在绘图区域中选取图 10.5.21 所示的曲线 1 为截面线串，单击中键确认；选取曲线 2 为引导线串，单击中键确认；其他采用系统默认设置。

Step16. 创建图 10.5.22 所示的有界平面 1（隐藏扫掠特征 1）。选择下拉菜单 插入(S) → 曲面(R) → 有界平面(P)... 命令；选取图 10.5.23 所示的曲线；单击 确定 按钮，完成操作。

Step17. 参照上一步的详细操作步骤创建图 10.5.24 所示的有界平面 2 和图 10.5.25 所示的有界平面 3、4。

Step18. 创建曲面缝合 1。选择下拉菜单 插入(S) → 组合体(B) → 缝合(W)... 命令；选择图 10.5.26 所示的面为目标体，然后选择其两端的有界平面为刀具体；其他参数采用系统默认设置值；单击 确定 按钮，完成曲面缝合 1 的创建。

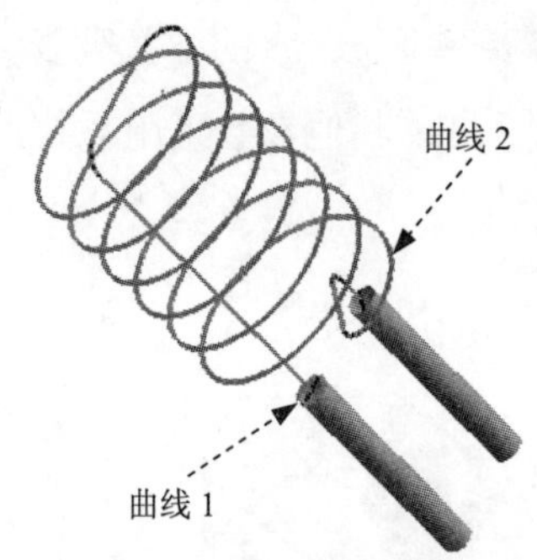

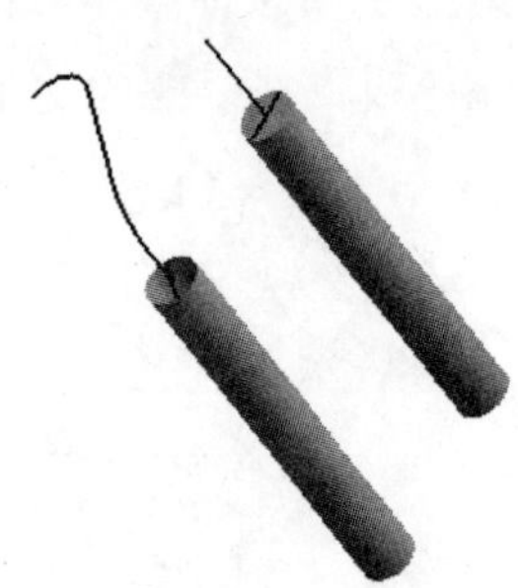

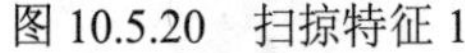
图 10.5.20 扫掠特征 1　　图 10.5.21 选取截面和引导线串　　图 10.5.22 有界平面 1

Step19. 参照上一步的详细操作步骤创建另外一端的曲面缝合 2。

Step20. 创建求和特征（将扫掠特征显示出来）。选择下拉菜单 插入(S) → 组合体(B) → 求和(U)... 命令；选取图 10.5.27 所示的扫掠特征为目标体，选取两个缝合曲面为工具体，单击 确定 按钮，完成操作。

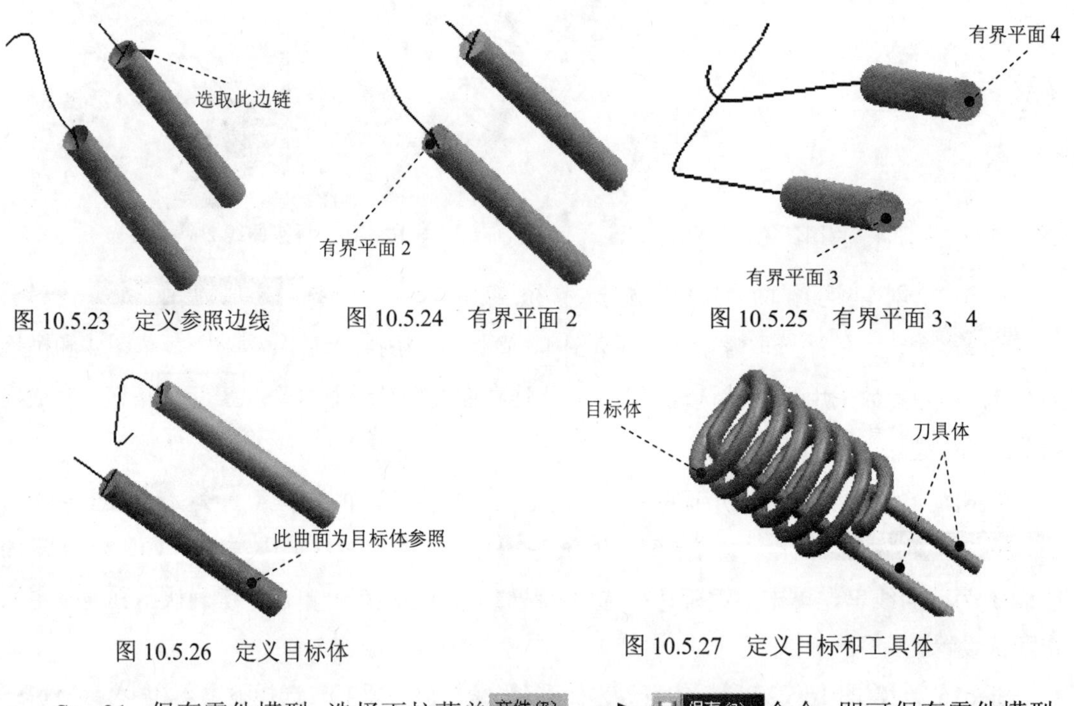

图 10.5.23 定义参照边线　　图 10.5.24 有界平面 2　　图 10.5.25 有界平面 3、4

图 10.5.26 定义目标体　　图 10.5.27 定义目标和工具体

Step21. 保存零件模型。选择下拉菜单 文件(F) → 保存(S) 命令，即可保存零件模型。

10.6 范例 6——笔帽的设计

范例概述

本范例主要运用了“回转”、“投影曲线”、“扫掠”、“有界平面”和“缝合”等命令，在设计此零件的过程中应注意草图的创建，便于扫掠特征的创建。零件模型如图 10.6.1 所示。

说明：本例前面的详细操作过程请参见随书光盘中 video\ch10.06\reference\文件下的语音视频讲解文件 cap_pen-r01.avi。

Step1. 打开文件 ug6.8\work\ch10.06\cap_pen_ex.prt。

Step2. 创建图 10.6.2 所示的基准平面 1。选择下拉菜单 插入(S) → 基准/点(D) → 基准平面(D)... 命令；在类型区域的下拉列表中选择 按某一距离 选项，选取 XY 基准平面为对象平面；在偏置区域的距离文本框中输入值为 3，使用按钮调整平面的位置如图 10.6.2 所示。

Step3. 创建图 10.6.3 所示的基准平面 2。在类型区域的下拉列表中选择 按某一距离 选项，选取基准平面 1 为对象平面；在偏置区域的距离文本框中输入值为 15，使用按钮调整平面的位置如图 10.6.3 所示。

Step4. 创建图 10.6.4 所示的基准平面 3。在类型区域的下拉列表中选择 按某一距离 选项，选取基准平面 2 为对象平面；在偏置区域的距离文本框中输入值为 25，使用按钮调整平面的位置如图 10.6.4 所示。

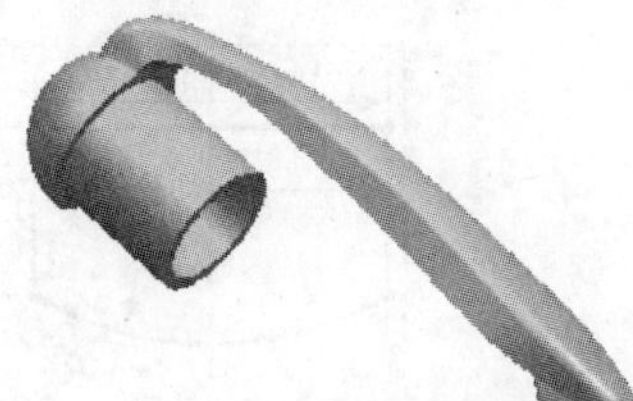

图 10.6.1　零件模型

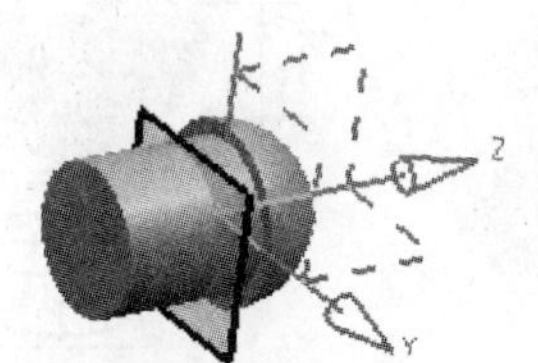

图 10.6.2　基准平面 1

图 10.6.3　基准平面 2

Step5. 创建图 10.6.5 所示的草图 1。选择下拉菜单 插入(S) → 草图(S)... 命令；选取 YZ 基准平面为草图平面；绘制图 10.6.5 所示的草图 1。

Step6. 创建图 10.6.6 所示的投影特征 1。选择下拉菜单 插入(S) → 来自曲线集的曲线(F) → 投影(P)... 命令；根据系统 选择要投影的曲线或点 的提示，在图形区选取 Step5 所创建的草图 1，单击中键确认；选取图 10.6.7 所示的曲面作为要投影的对象；在方向文本框中选择沿矢量选项，在 指定矢量 (1) 右侧的下拉列表中选择 选项，采用其他参数采用系统默认设置。

Step7. 创建如图 10.6.8 所示的草图 2。选择下拉菜单 插入(S) → 草图(S)... 命令；选取基准平面 1 为草图平面；绘制图 10.6.9 所示的草图 2。

Step8. 创建如图 10.6.10 所示的草图 3。选择下拉菜单 插入(S) → 草图(S)... 命令；选取基准平面 2 为草图平面；绘制图 10.6.11 所示的草图 3。

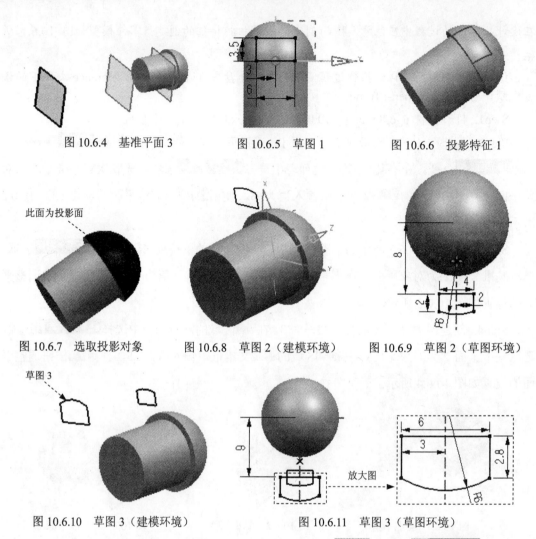

图 10.6.4　基准平面 3 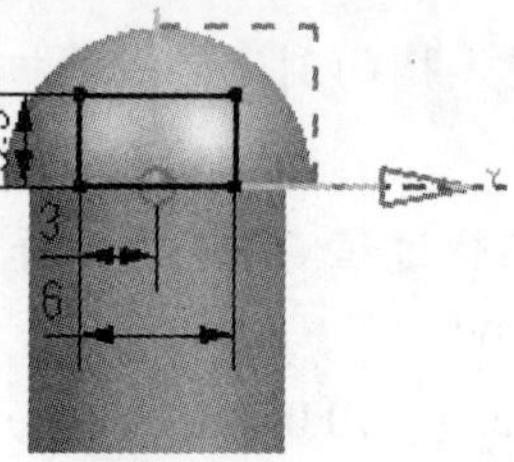　　图 10.6.5　草图 1 　　图 10.6.6　投影特征 1

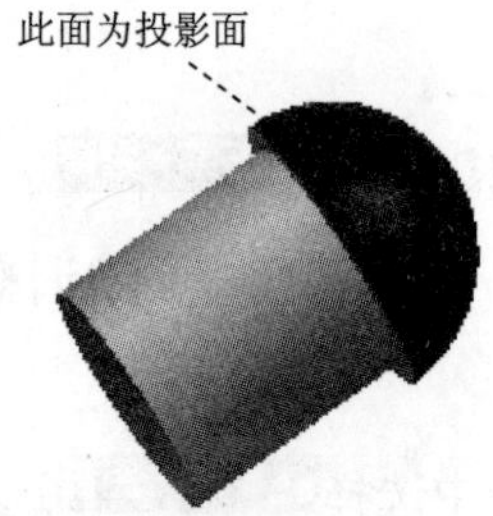

此面为投影面

图 10.6.7　选取投影对象 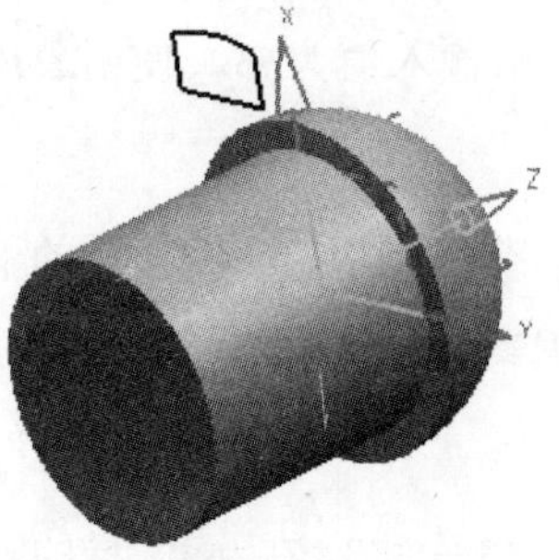　　图 10.6.8　草图 2（建模环境） 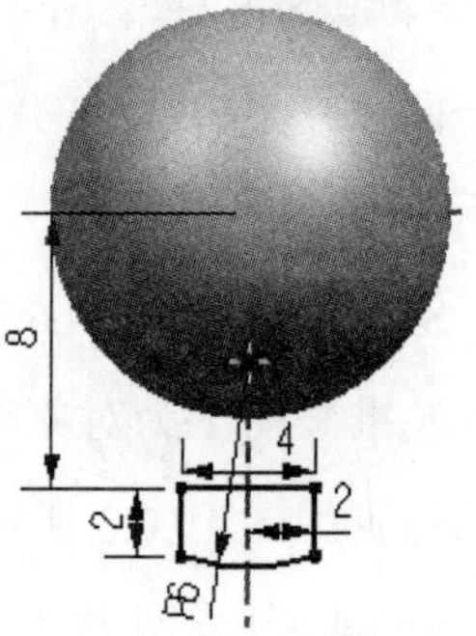　　图 10.6.9　草图 2（草图环境）

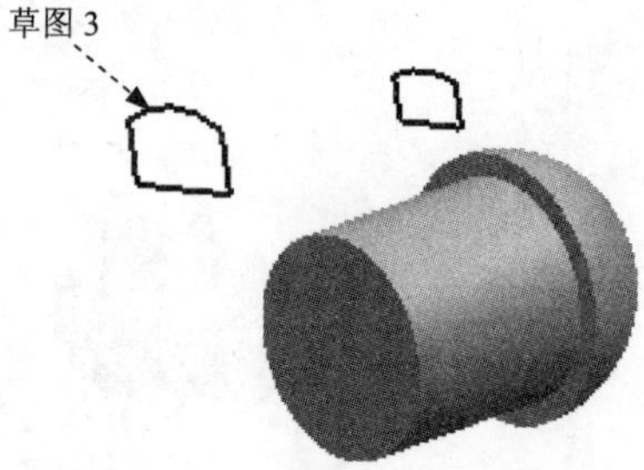

草图 3

放大图

图 10.6.10　草图 3（建模环境） 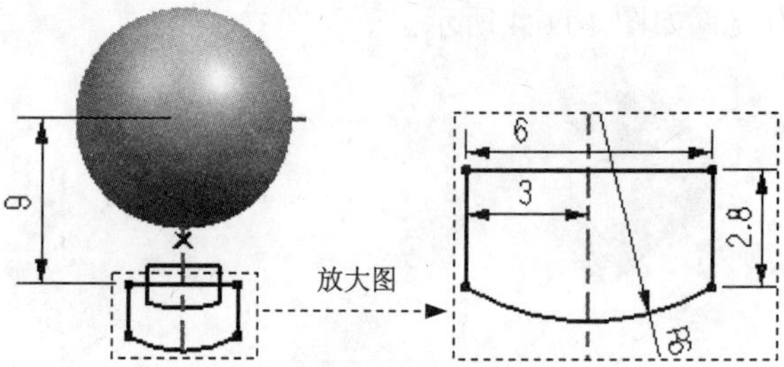　　图 10.6.11　草图 3（草图环境）

Step9. 创建图 10.6.12 所示的草图 4。选择下拉菜单 插入(S) → 草图(S)... 命令；选取基准平面 3 为草图平面；绘制图 10.6.13 所示的草图 4。

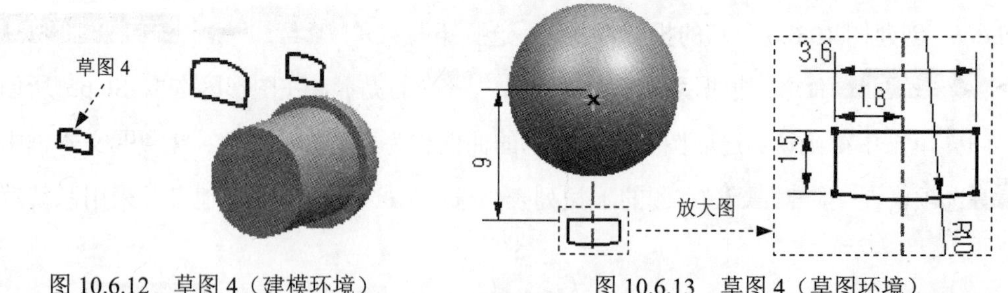

图 10.6.12　草图 4（建模环境）　　图 10.6.13　草图 4（草图环境）

Step10. 创建图 10.6.14 所示的草图 5。选择下拉菜单 插入(S) → 草图(S)... 命令；选取 XZ 基准平面为草图平面；绘制图 10.6.15 所示的草图 5。

Step11. 创建图 10.6.16 所示的扫掠特征 1。选择下拉菜单 插入(S) → 扫掠(W) → 扫掠(S)... 命令；在 截面 区域中单击 按钮，在绘图区域中依次选取图 10.6.17 所示的曲线 1、曲线 2、曲线 3 和曲线 4 为截面线串，分别单击中键；在引导线区域中单击按钮，在绘图区域中选取曲线 5 和曲线 6 为引导线串，分别单击中键；在截面选项区域插值下拉列表中选择三次选项，在对齐方法区域的对齐下拉列表中选择参数选项，在缩放方法区域的缩放下拉列表中选择均匀选项；其他采用系统默认设置。

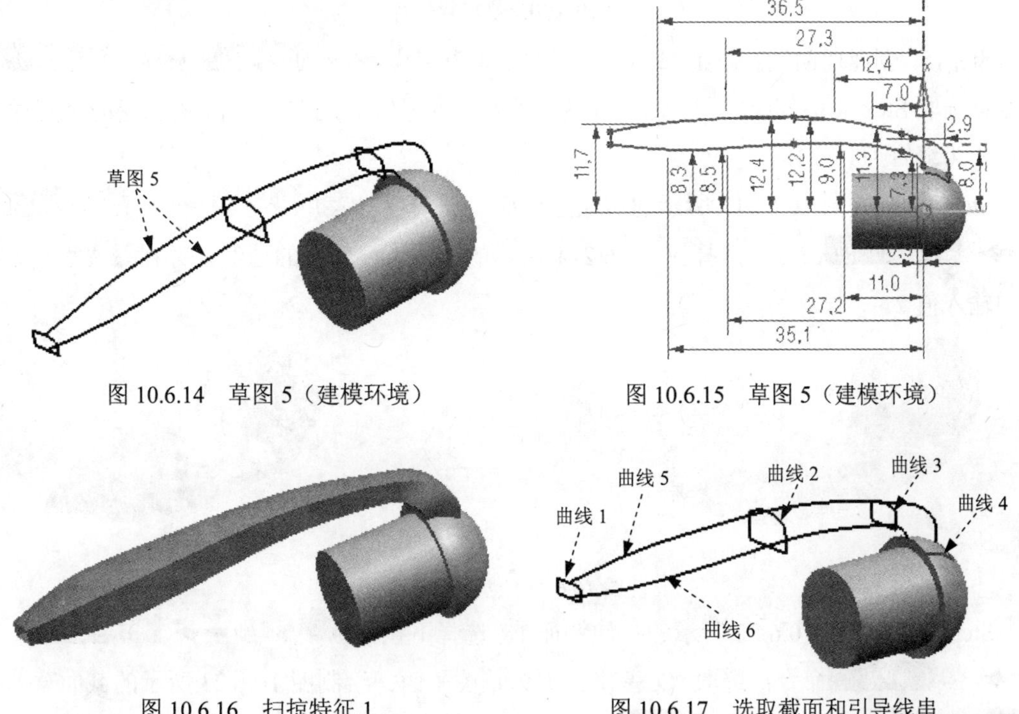

图 10.6.14　草图 5（建模环境）

图 10.6.15　草图 5（建模环境）

图 10.6.16　扫掠特征 1

图 10.6.17　选取截面和引导线串

Step12. 创建图 10.6.18 所示的有界平面 1。选择下拉菜单插入(S) → 曲面(R) → 有界平面(P)...命令；选取图 10.6.19 所示的曲线；单击取消按钮退出对话框。

图 10.6.18　有界平面 1

图 10.6.19　定义参照边线

Step13. 创建曲面缝合特征 1。选择下拉菜单插入(S) → 组合体(B) → 缝合(W)...命令；选取 Step12 所创建的扫掠特征 1 为缝合的目标片体，选取 Step13 所创建的有界平面 1 为缝合刀具片体。

Step14. 创建图 10.6.20 所示的修剪片体特征 1（先隐藏缝合特征 1）。选择下拉菜单插入(S) → 修剪(T) → 修剪的片体(R)... 命令；在绘图区选取 step2 创建的回转特征 1 为修剪的目标片体，单击鼠标中键；选取 Step7 所创建的投影特征 1 为修剪边界，在区域区域中选择保持单选项。

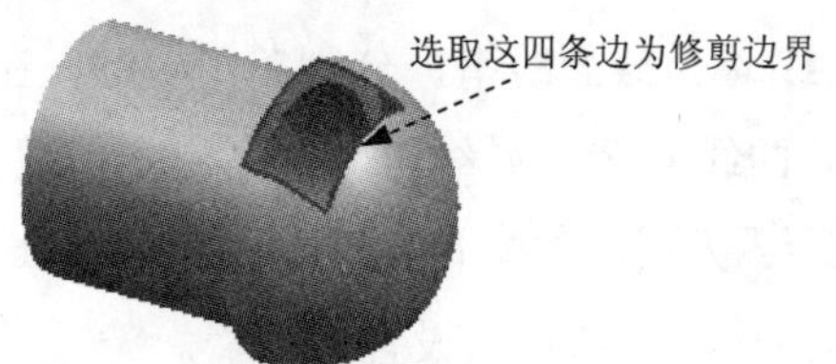

图 10.6.20 修剪片体特征 1

Step15. 创建曲面缝合特征 2。选择下拉菜单插入(S) → 组合体(B) → 缝合(W)... 命令；选取 Step14 所创建的缝合特征 1 为缝合的目标片体，选取 Step14 所创建的修剪片体特征 1 为缝合刀具片体。

Step16. 创建图 10.6.21b 所示的边倒圆特征 1。选择下拉菜单插入(S) → 细节特征(L) → 边倒圆(E)... 命令；选择图 10.6.21a 所示的边线为要倒圆的边线，并在'Radius 1 文本框中输入值 2。

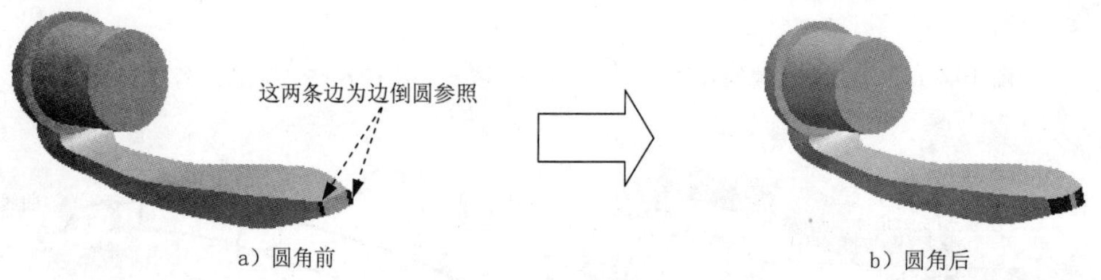

图 10.6.21 边倒圆特征 1

Step17. 创建图 10.6.22 所示的拉伸特征 1。选择下拉菜单插入(S) → 设计特征(E) → 拉伸(E)... 命令；选取 XZ 基准平面为草图平面；绘制图 10.6.23 所示的截面草图；在限制区的结束下拉列表中选择对称值选项，并在其下的距离文本框中输入值 1；在布尔区域的下拉列表中选择求和选项，采用系统默认的求和对象。

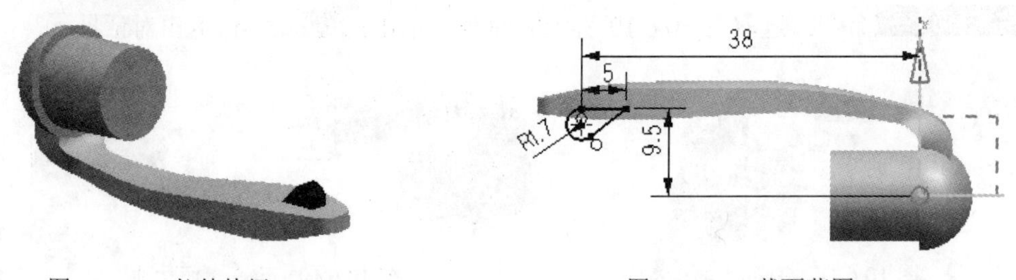

图 10.6.22 拉伸特征 1　　图 10.6.23 截面草图

Step18. 后面的详细操作过程请参见 video\ch10.06\reference\文件下的 cap_pen-r02.avi 文件。

10.7 范例 7——叶轮的设计

范例概述

本范例介绍了叶轮的设计过程。该设计过程是先在基准平面上绘制直线，然后将直线投影到曲面上，再利用投影的曲线构建出扫掠曲面，最后将曲面转变成实体模型。叶轮模型如图 10.7.1 所示。

Step1. 新建文件。新建一个零件模型文件，命名为 impeler.prt。

Step2. 创建图 10.7.2 所示的拉伸特征。选择下拉菜单 插入(S) → 设计特征(E) → 拉伸(E)... 命令；选取 YC-XC 基准平面为草图平面；绘制图 10.7.3 所示的截面草图；在“拉伸”对话框的限制区域中的开始下拉列表中选择值选项，并在其下的距离文本框中输入 0，在限制区域的结束下拉列表中选择值选项，并在其下的距离文本框中输入 20；其他参数采用系统默认设置。

图 10.7.1　叶轮模型

图 10.7.2　拉伸特征

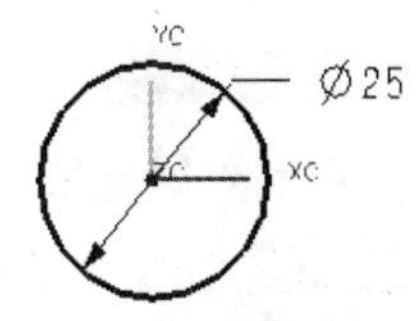

图 10.7.3　绘制截面草图

Step3. 创建图 10.7.4 所示的偏置曲面特征 1。选择下拉菜单 插入(S) → 偏置/缩放(O) → 偏置曲面(O)... 命令；在偏置 1 栏中输入偏置量 50，在绘图区域中选取图 10.7.5 所示的曲面，采用系统默认的偏置方向。

Step4. 创建基准平面 1（注：本步的详细操作过程请参见随书光盘中 video\ch10.07\reference\文件下的语音视频讲解文件 impeler-r01.avi）。

图 10.7.4　偏置曲面特征 1

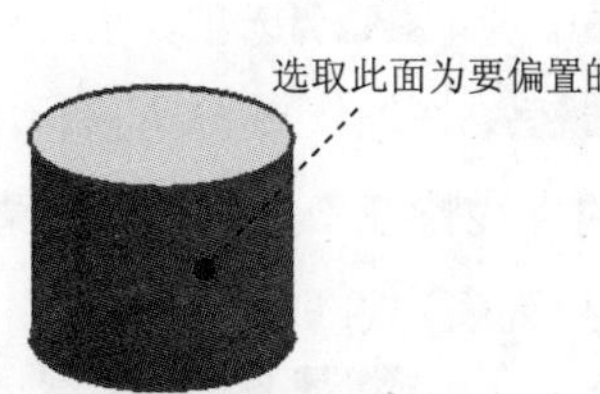

图 10.7.5　定义偏置曲面特征

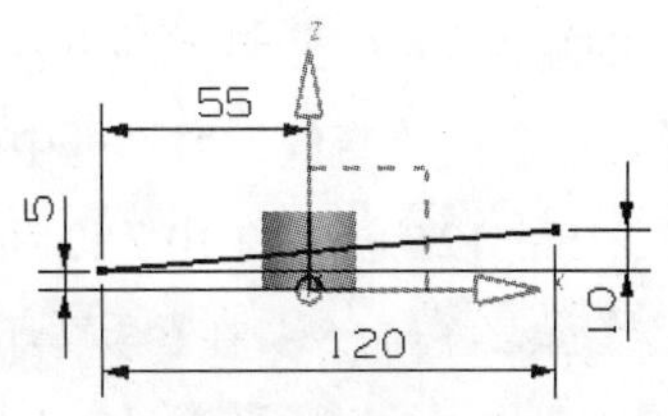

图 10.7.6　绘制草图 1

Step5. 创建基准平面 2。

Step6. 创建基准平面 3。（注：基准平面 2 和基准平面 3 的详细操作过程请参见随书光盘中 video\ch10.07\reference\文件下的语音视频讲解文件 impeler-r02.avi）。

Step7. 创建图 10.7.6 所示的草图 1。选择下拉菜单 插入(S) → 草图(S)... 命令；选取 Step4 所创建的基准平面 1 为草图平面；绘制图 10.7.6 所示的草图 1。

Step8. 创建图 10.7.7 所示的修剪曲线特征。选择下拉菜单 编辑(E) → 曲线(V) → 修剪(T)... 命令；选取 Step7 所创建的草图 1 为要修剪的曲线；选取 Step5 所创建的基准平面 2 为第一个修剪边界，选取 Step6 所创建的基准平面 3 为第二个修剪边界；在交点区域的方向下拉列表中选择沿一矢量方向选项，在绘图区选取 ZC 基准轴，采用系统默认的方向。在设置区域中选中 ☑ 关联、☑ 保持选定边界对象 和 ☑ 修剪边界对象 复选框，其他参数采用系统默认设置。

Step9. 创建图 10.7.8 所示的投影曲线特征 1。选择下拉菜单插入(S) ➡ 来自曲线集的曲线(F) ➡ 投影(P)...命令；在图形区选取 Step8 所创建的修剪曲线特征为投影曲线，单击中键确认；在图形区选取图 10.7.9 所示的曲面为投影曲面；在投影方向区域的方向下拉列表中选择沿面的法向选项，单击确定按钮，完成投影曲线特征 1 的创建。

图 10.7.7 修剪曲线特征

图 10.7.8 投影曲线特征 1

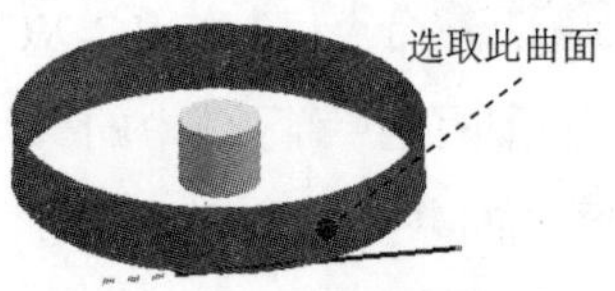

图 10.7.9 定义投影曲线特征

Step10. 创建图 10.7.10 所示的投影曲线特征 2。选择下拉菜单插入(S) ➡ 来自曲线集的曲线(F) ➡ 投影(P)...命令；在图形区选取 Step8 所创建的修剪曲线特征为投影曲线，单击中键确认；在图形区选取图 10.7.11 所示的曲面为投影曲面；在投影方向区域的方向下拉列表中选择沿面的法向选项，单击确定按钮，完成投影曲线 2 的创建。

图 10.7.10 投影曲线特征 2

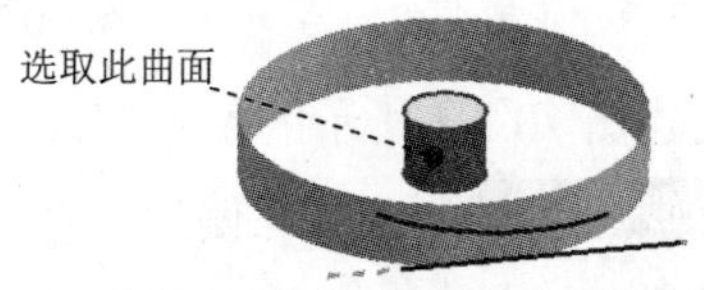

图 10.7.11 定义投影曲线特征

Step11. 创建图 10.7.12 所示的直线特征 1。选择下拉菜单插入(S) ➡ 曲线(C) ➡ 直线(L)...命令；在起点选项的下拉列表中选取点选项，在绘图区域中选取图 10.7.13 所示的端点 1。在终点选项的下拉列表中选取点选项，在绘图区域中选取图 10.7.13 所示的端点 2；单击“直线”对话框中的确定按钮（或单击鼠标中键），完成直线特征 1 的创建。

Step12. 创建图 10.7.12 所示的直线特征 2。选择下拉菜单插入(S) ➡ 曲线(C) ➡ 直线(L)...命令；在起点选项的下拉列表中选取点选项，在绘图区域中选取图 10.7.13 所示的端点 3；在终点选项的下拉列表中选取点选项，在绘图区域中选取图 10.7.13 所示的端点 4；单击“直线”对话框中的确定按钮（或单击鼠标中键），完成直线特征 2 的创建。

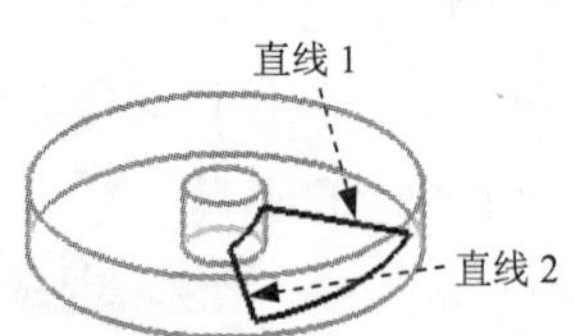

图 10.7.12 直线特征 1、2

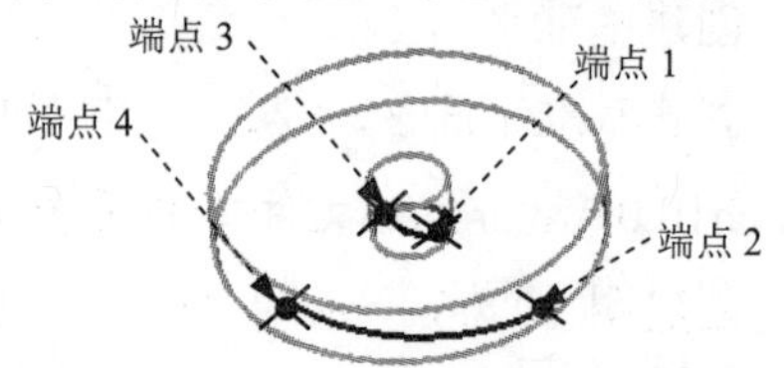

图 10.7.13 定义曲线特征

Step13. 创建图 10.7.14 所示的扫掠特征。选择下拉菜单插入(S) ➡ 扫掠(W) ➡ 扫掠(S)...命令；在截面区域中单击按钮，在绘图区域中选取图 10.7.15 所示的曲线 1，单击中键，选取曲线 2；在引导线区域中单击按钮，在绘图区域中选取图 10.7.15 所示的曲线 3，单击中键，选取曲线 4，其他参数采用系统默认设置。

注意： 定义扫掠特征时，所选取的扫掠截面和扫掠引导线的方向如图 10.7.15 所示。

Step14. 创建图 10.7.16 所示的加厚特征。选择下拉菜单 插入(S) → 偏置/缩放(O) → 加厚(T)... 命令；在 面 区域中单击 按钮，选取 Step13 所创建的扫掠特征为加厚对象；在 偏置 1 文本框中输入 1.5，在 偏置 2 文本框中输入 0，采用系统默认方向。

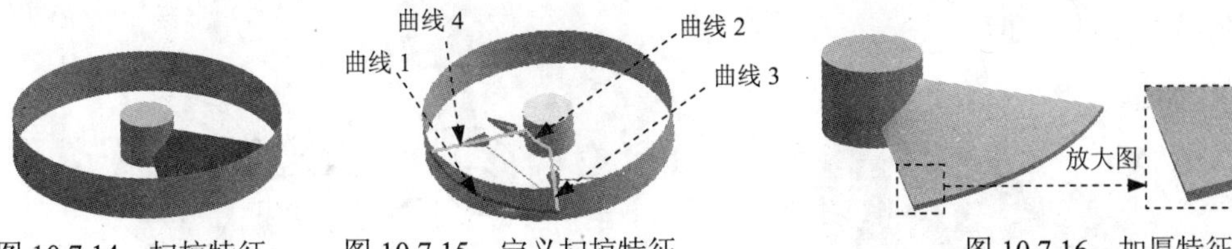

图 10.7.14　扫掠特征　　图 10.7.15　定义扫掠特征　　图 10.7.16　加厚特征

Step15. 单击绘图区左边的“部件导航器”按钮 ，从系统弹出的模型树中选择 偏置曲面 (2) 和 扫掠 (10) 选项，单击右键在弹出的下拉菜单中选择 隐藏(H) 命令，所选取的此特征将会隐藏。

Step16. 创建图 10.7.17 所示的边倒圆特征 1。选择下拉菜单 插入(S) → 细节特征(L) → 边倒圆(E)... 命令；选择图 10.7.17a 所示的两条边为边倒圆参照，并在 Radius 1 文本框中输入 8。

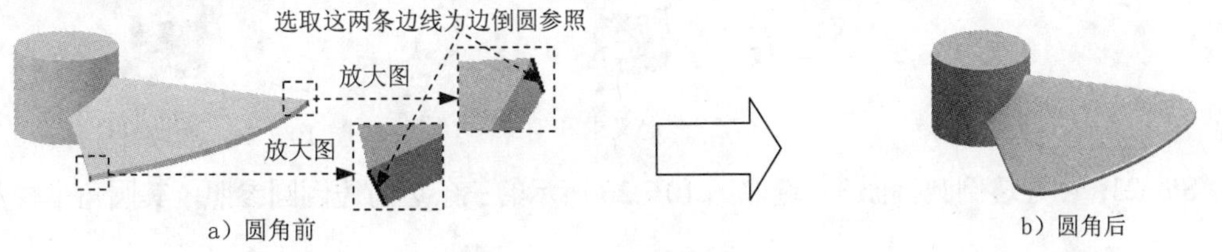

a）圆角前　　b）圆角后

图 10.7.17　边倒圆特征 1

Step17. 创建边倒圆特征 2。选取图 10.7.18 所示的两条边链，圆角半径值为 0.5。

Step18. 创建图 10.7.19 所示的移动对象特征。选择下拉菜单 编辑(E) → 移动对象(O)... 命令；选取图 10.7.20 所示的实体特征为移动对象；在 变换 区域 运动 下拉列表中选择 角度 选项，在 * 指定矢量 (0) 下拉列表中选择 ZC 选项，在 * 指定轴点 (0) 后的下拉列表中选择 选项，选取图 10.7.20 所示的圆弧，在 角度 后的文本框中输入 120；在结构区域选择 复制原先的 单选项，在 距离/角度分割 后的文本框中输入 1，在 非关联副本数 后的文本框中输入 2，单击 确定 按钮，完成对象的移动复制。

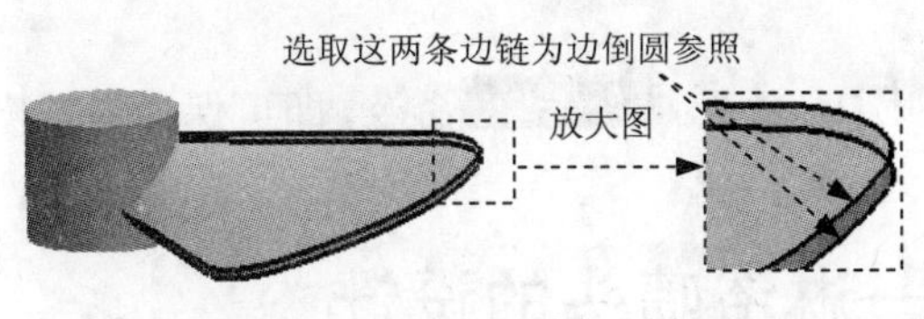

图 10.7.18　选取边倒圆参照

图 10.7.19　移动对象特征

Step19. 创建图 10.7.21 所示的拉伸特征 2。选择下拉菜单 插入(S) → 设计特征(E) → 拉伸(E)... 命令；选取 YC-XC 基准平面为草图平面，绘制图 10.7.22 所示的截面草图；在

“拉伸”对话框的限制区域中的开始下拉列表中选择值选项，并在其下的距离文本框中输入0；在限制区域的结束下拉列表中选择值选项，并在其下的距离文本框中输入20；在布尔区域的下拉列表中选择求和选项，选取图10.7.23所示的实体为求和对象，单击确定按钮，完成拉伸特征2的创建。

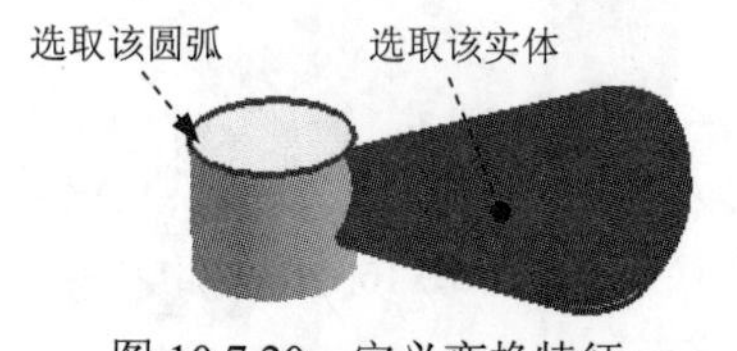

图10.7.20 定义变换特征

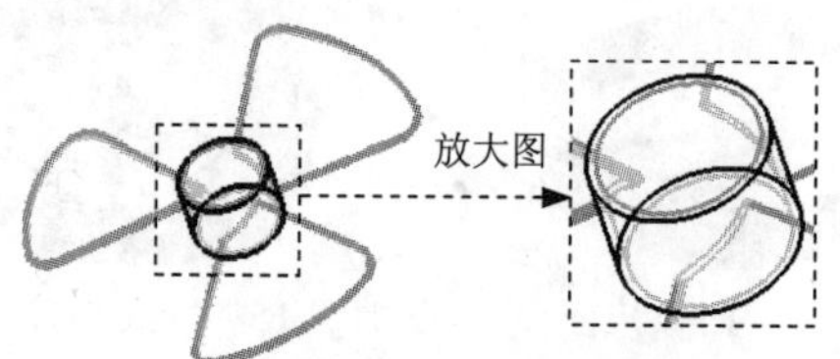

图10.7.21 拉伸特征2

Step20. 创建求和特征。选择下拉菜单插入(S) → 组合体(B) → 求和(U)...命令；选取图10.7.24所示的实体为求和目标体，依次选取图10.7.25所示的实体1、2、3为求和刀具体，单击确定按钮，完成求和特征的创建。

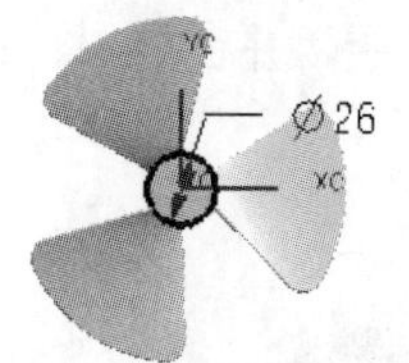

图10.7.22 截面草图

图10.7.23 定义求和对象

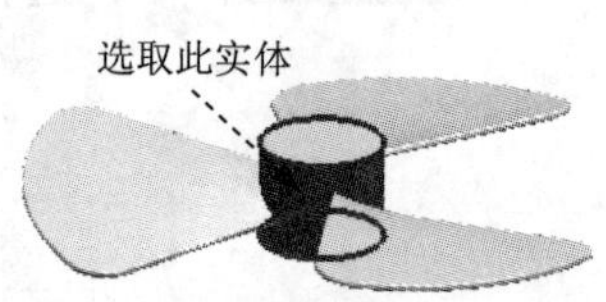

图10.7.24 选取目标片体

Step21. 创建边倒圆特征3。选取图10.7.26所示的三条边为边倒圆参照，其圆角半径值为0.5。

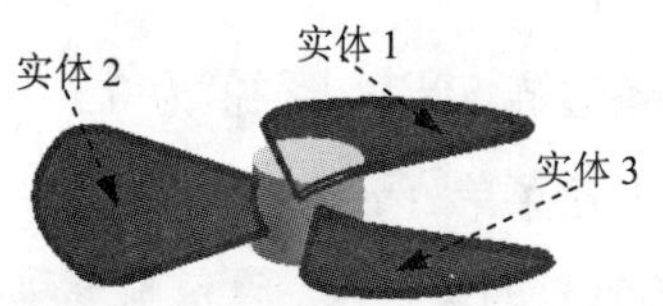

图10.7.25 选取刀具片体

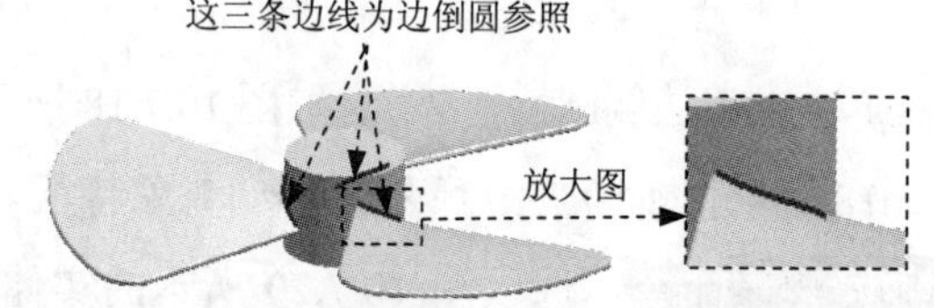

图10.7.26 选取边倒圆参照

Step22. 设置隐藏。选择下拉菜单编辑(E) → 显示和隐藏(H) → 隐藏(H)...命令；单击“类选择”对话框中的按钮，系统弹出“根据类型选择”对话框，选择对话框列表中的曲线、草图、片体和基准选项，单击确定按钮。系统再次弹出“类选择”对话框，单击对话框对象区域中的按钮；单击对话框中的确定按钮，完成对设置对象的隐藏。

Step23. 保存零件模型。选择下拉菜单文件(F) → 保存(S)命令，即可保存零件模型。

10.8 范例8——淋浴喷头的设计

范例概述

本范例介绍了一个淋浴喷头的设计过程。该设计过程是先创建一系列草图曲线，再利用所创建的草图曲线构建几个独立的曲面，然后利用缝合等工具将独立的曲面变成一个整体面组，最后将整体面组变成实体模型。本范例详细讲解了采用辅助线的设计方法。淋浴喷头模型如图 10.8.1 所示。

Step1. 新建文件。新建一个零件模型文件，命名为 muzzler.prt。

Step2. 创建图 10.8.2 所示的草图 1。选择下拉菜单 插入(S) → 草图(S)... 命令；选取 YC-XC 基准平面为草图平面；绘制图 10.8.2 所示的草图 1

Step3. 创建图 10.8.3 所示的基准平面 1（注：本步的详细操作过程请参见随书光盘中 video\ch10.08\reference\文件下的语音视频讲解文件 muzzler-r01.avi）。

Step4. 创建图 10.8.4 所示的草图 2。选择下拉菜单 插入(S) → 草图(S)... 命令；选取基准平面 1 为草图平面，绘制图 10.8.4 所示的草图 2。

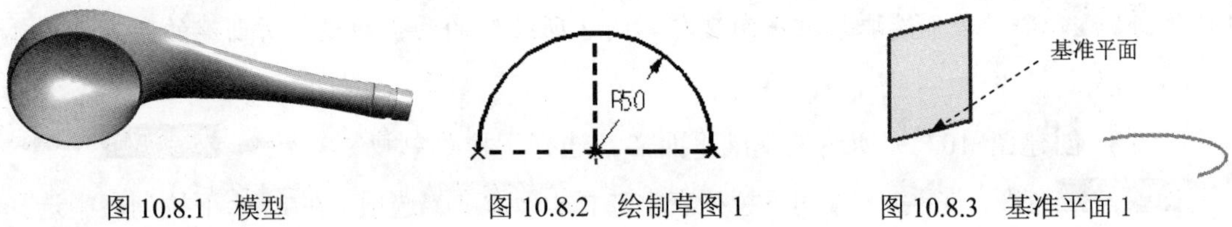

图 10.8.1　模型　　图 10.8.2　绘制草图 1　　图 10.8.3　基准平面 1

Step5. 创建图 10.8.5 所示的草图 3。

（1）选择命令。选择下拉菜单 插入(S) → 草图(S)... 命令。

（2）定义草图平面。单击按钮，选取 ZC-XC 基准平面为草图平面。

（3）进入草图环境，绘制图 10.8.5 所示的草图 3。

① 选择下拉菜单 插入(S) → 艺术样条(D)... 命令。

② 在“艺术样条”对话框中的 方法 区域中单击“根据极点”按钮。

③ 绘制图 10.8.5 所示的样条曲线，在“艺术样条”对话框中单击 确定 按钮。

（4）对草图 3 进行编辑。

① 双击图 10.8.5 所示的样条曲线。

② 选择下拉菜单 分析(L) → 曲线(C) → 曲率梳(C) 命令，在图形区显示草图曲线的曲率梳。

③ 拖动草图曲线控制点，使其曲率梳呈现图 10.8.6 所示的光滑形状。在“艺术样条”对话框中单击 确定 按钮。

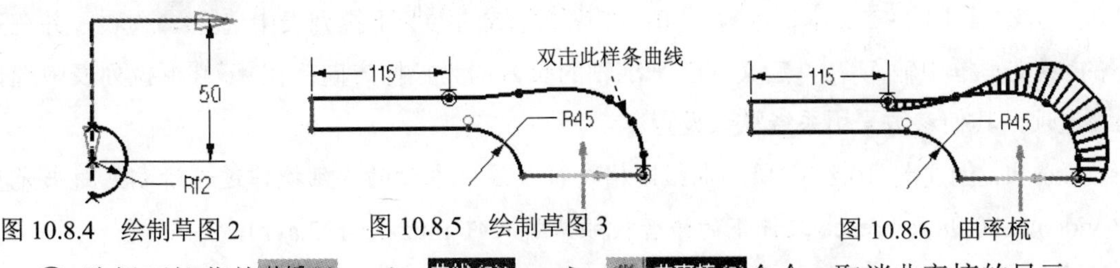

图 10.8.4　绘制草图 2　　图 10.8.5　绘制草图 3　　图 10.8.6　曲率梳

④ 选择下拉菜单 分析(L) → 曲线(C) → 曲率梳(C) 命令，取消曲率梳的显示。

（5）选择下拉菜单 草图(K) → 完成草图(K) 命令，退出草图环境。。

注意：调整样条曲率时，应保证其曲率连续光滑，曲线构造质量的好坏直接关系到生成的曲面和实体的质量。

Step6. 创建图 10.8.7 所示的基准平面 2。选择下拉菜单 插入(S) → 基准/点(D) → 基准平面(D)... 命令；在 类型 区域的下拉列表中，选择 按某一距离 选项，在绘图区选取 ZC-YC 基准平面，在 偏置 区域的 距离 文本框中输入 160，并单击“反向”按钮，定义 XC 基准轴的反方向为参照方向。单击其对话框中的 确定 按钮，完成基准平面 2 的创建。

Step7. 创建图 10.8.8 所示的草图 4。选择下拉菜单 插入(S) → 草图(S)... 命令；选取基准平面 2 为草图平面，单击 确定 按钮，绘制图 10.8.8 所示的草图 4。

说明：在绘制草图 4 时，选择下拉菜单 插入(S) → 来自曲线集的曲线(F) → 交点(N)... 命令，分别选取基准平面 2 与草图 3 所绘制的两条曲线，所创建的交点为圆弧的两个端点。

Step8. 创建图 10.8.9 所示的基准平面 3。选择下拉菜单 插入(S) → 基准/点(D) → 基准平面(D)... 命令；在 类型 区域的下拉列表中选择 曲线和点 选项，在 子类型 下拉列表中选择 两点 选项；在绘图区选取图 10.8.10 所示的点 1，然后再选取点 2。

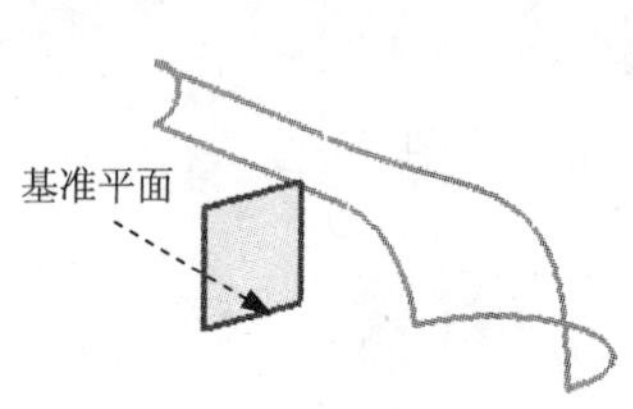

图 10.8.7　基准平面 2

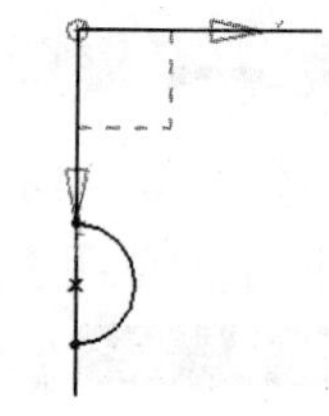

图 10.8.8　绘制草图 4

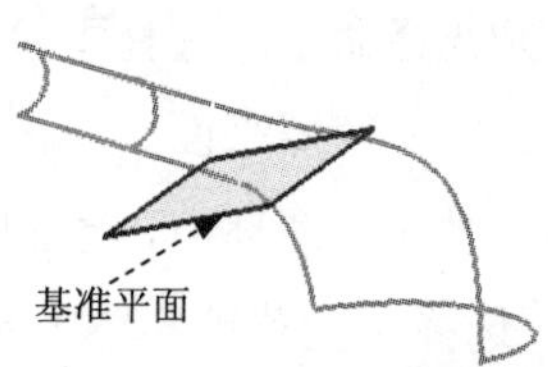

图 10.8.9　基准平面 3

Step9. 创建图 10.8.11 所示的草图 5。选择下拉菜单 插入(S) → 草图(S)... 命令；选取基准平面 3 为草图平面，单击 确定 按钮，绘制图 10.8.11 所示的草图 5。

说明：在绘制草图 5 时，选择下拉菜单 插入(S) → 来自曲线集的曲线(F) → 交点(N)... 命令，分别选取基准平面 3 与草图 3 所绘制的两条曲线，所创建的交点为圆弧的两个端点。

Step10. 创建图 10.8.12 所示的拉伸特征。选择下拉菜单 插入(S) → 设计特征(E) → 拉伸(E)... 命令；分别选取图 10.8.13 所示的两条曲线；在 限制 区域的 开始 下拉列表中选择 值 选项，并在其下的 距离 文本框中输入 0；在 限制 区域的 结束 下拉列表中选择 值 选项，并在其下的 距离 文本框中输入 20，定义 YC 基准轴的负方向为拉伸方向；在 体类型 下拉列表中选择 片体 选项，其他参数采用系统默认设置。

Step11. 创建图 10.8.14 所示曲线网格特征（注：本步的详细操作过程请参见随书光盘中 video\ch10.08\reference\文件下的语音视频讲解文件 muzzler-r02.avi）。

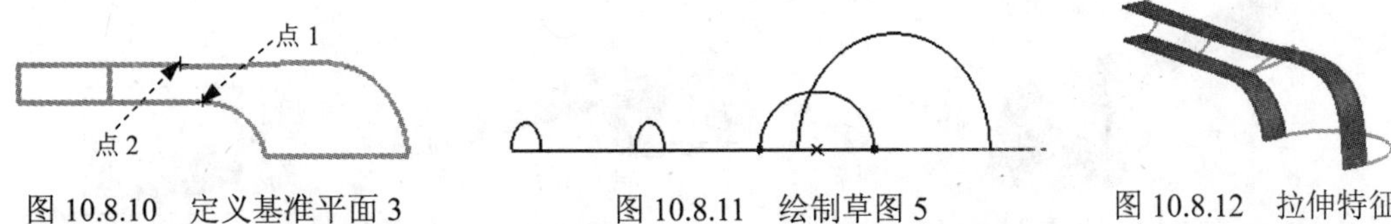

图 10.8.10　定义基准平面 3　　图 10.8.11　绘制草图 5　　图 10.8.12　拉伸特征

Step12. 创建图 10.8.15 所示的镜像特征。选择下拉菜单插入(S) → 关联复制(A) → 镜像特征(M)... 命令；选取 Step11 所创建的曲线网格特征为镜像特征；在镜像平面区域中单击按钮，选取 ZC-XC 基准平面为镜像平面。

Step13. 创建曲面缝合特征 1。选择下拉菜单插入(S) → 组合体(B) → 缝合(W)... 命令；选取 Step11 所创建的曲线网格特征为缝合的目标片体；单击中键,选取镜像特征为缝合工具片体。

图 10.8.13　定义拉伸特征　　图 10.8.14　曲线网格特征　　图 10.8.15　镜像特征

Step14. 创建图 10.8.16 所示的回转特征。选择插入(S) → 设计特征(E) → 回转(R)... 命令；选取 ZC-XC 基准平面为草图平面；绘制图 10.8.17 所示的截面草图；在绘图区域中选取 XC 基准轴为回转轴；在“回转”对话框的限制区域中的开始下拉列表中选择值选项，并在其下的角度文本框中输入 0，在结束下拉列表中选择值选项，并在其下的角度文本框中输入 360，在体类型下拉列表中选择片体选项，其参数项采用系统默认设置。

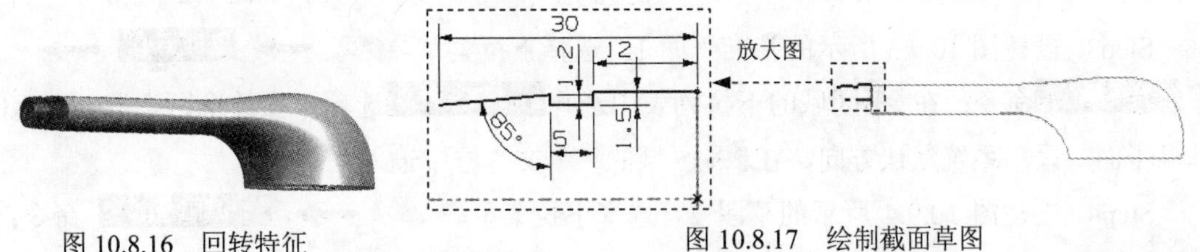

图 10.8.16　回转特征　　图 10.8.17　绘制截面草图

Step15. 创建曲面缝合特征 2。选择下拉菜单插入(S) → 组合体(B) → 缝合(W)... 命令；选取图 10.8.18 所示的面为缝合的目标片体；选取 Step14 所创建的回转特征为缝合工具片体。

Step16. 创建图 10.8.19 所示的加厚特征（片体已隐藏）。选择下拉菜单插入(S) → 偏置/缩放(O) → 加厚(T)... 命令时；在绘图区选取图 10.8.20 所示的特征为加厚对象；在“片体加厚”对话框中的偏置 1 文本框中输入 2.5，且方向朝内。

Step17. 后面的详细操作过程请参见随书光盘中 video\ch10.08\reference\文件下的语音视频讲解文件 muzzler-r03.avi。

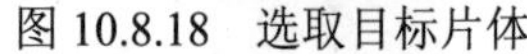
图 10.8.18 选取目标片体

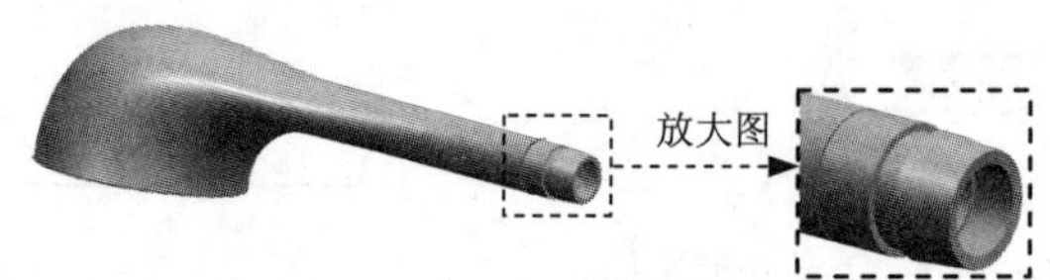

图 10.8.19 加厚特征

10.9 范例 9——咖啡壶的设计

范例概述

本范例介绍了一个咖啡壶的设计过程。该设计过程是先创建骨架曲线，然后利用所创建的曲线构建扫掠曲面，再利用缝合等工具将独立的曲面变成一个整体面组，最后将整体面组变成实体模型。该范例同时采用了实体建模的方法，简化了设计的过程。咖啡壶模型如图 10.9.1 所示。

Step1. 新建文件。新建一个零件模型文件，命名为 coffee_pot.prt。

Step2. 创建图 10.9.2 所示的草图 1。选择下拉菜单 插入(S) ➡ 草图(S)... 命令；选取 YC-XC 基准平面为草图平面；绘制图 10.9.2 所示的草图 1。

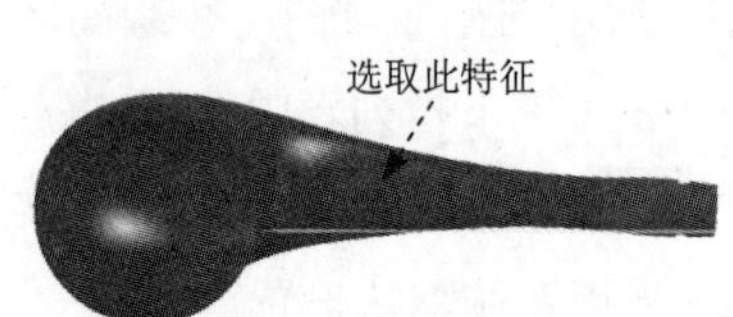

图 10.8.20 定义加厚特征

图 10.9.1 模型

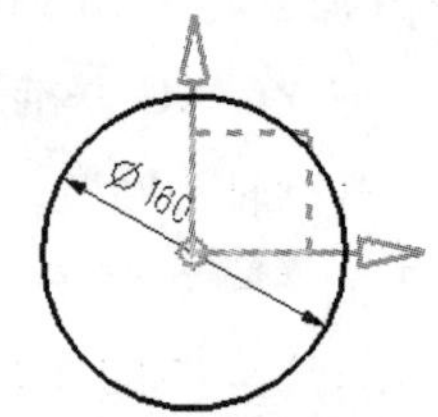

图 10.9.2 绘制草图 1

Step3. 创建图 10.9.3 所示的基准平面 1。选择下拉菜单 插入(S) ➡ 基准/点(D) ➡ 基准平面(D)... 命令；在 类型 区域的下拉列表中选择 按某一距离 选项，在绘图区选取 YC-XC 基准平面，采用系统默认方向，在 偏置 区域的 距离 文本框中输入 45。

Step4. 创建图 10.9.4 所示的草图 2。选择下拉菜单 插入(S) ➡ 草图(S)... 命令；选取基准平面 1 为草图平面；绘制图 10.9.5 所示的草图 2。

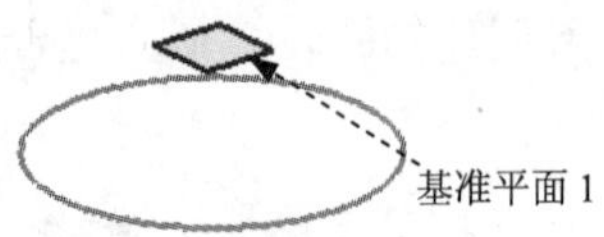

图 10.9.3 基准平面 1

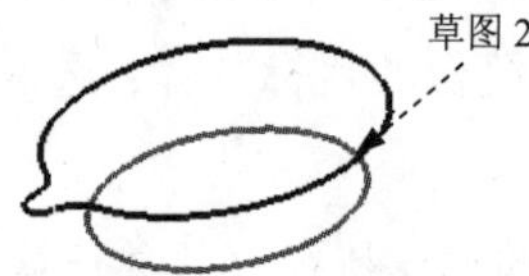

图 10.9.4 草图 2 (建模环境下)

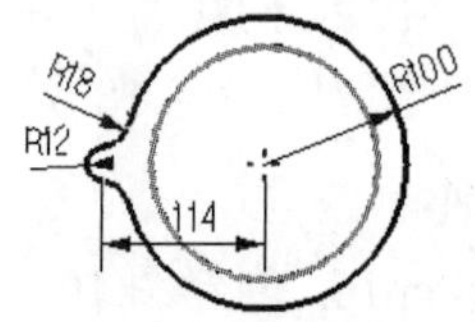

图 10.9.5 绘制草图 2

Step5. 创建图 10.9.6 所示的直线特征。选择下拉菜单 插入(S) ➡ 曲线(C) ➡ 直线(L)... 命令；在 起点 区域中单击 选项，在 类型 区域的下拉列表中选取 象限点 选项，在绘图区分别选取图 10.9.6 所示的点 1 和点 2。

Step6. 创建图 10.9.7 所示的扫掠特征。选择下拉菜单 插入(S) → 扫掠(W) → 扫掠(S)... 命令；在截面区域中单击按钮，在绘图区域中选取图 10.9.8 所示的直线，单击中键确认；在引导线区域中单击按钮，在绘图区域中选取图 10.9.8 所示的曲线 1，单击中键，选取曲线 2，其他参数采用系统默认设置。

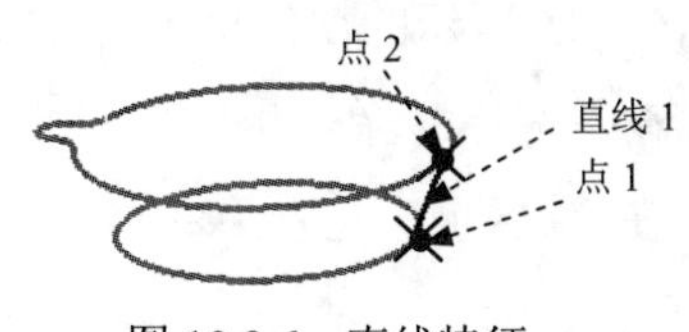

图 10.9.6　直线特征

图 10.9.7　扫描特征

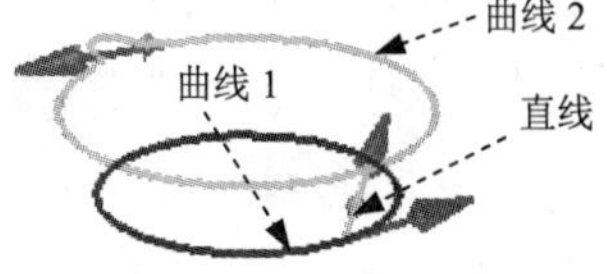

图 10.9.8　定义扫掠特征

注意：定义扫掠特征时，所选取的扫掠截面和扫掠引导线的方向要与图 10.9.8 所示方向一致，否则会导致扫掠截面扭曲。

Step7. 创建图 10.9.9 所示的回转特征。选择 插入(S) → 设计特征(E) → 回转(R)... 命令；选取 ZC-XC 基准平面为草图平面；绘制图 10.9.10 所示的截面草图；在绘图区域中选取 ZC 基准轴为回转轴；在“回转”对话框的限制区域中的开始下拉列表中选择值选项，并在其下的角度文本框中输入 0；在结束下拉列表中选择值选项，并在其下的角度文本框中输入 360；在体类型的下拉列表中选择片体选项，其他参数采用系统默认设置。

Step8. 创建曲面缝合特征。选择下拉菜单 插入(S) → 组合体(B) → 缝合(W)... 命令；在绘图区选取图 10.9.11 所示的曲面为缝合的目标片体，选取 Step7 所创建的回转特征为为缝合工具片体。

Step9. 创建图 10.9.12 所示的边倒圆特征 1。选择下拉菜单 插入(S) → 细节特征(L) → 边倒圆(E)... 命令；选择图 10.9.12a 所示的边为边倒圆参照，并在 Radius 1 文本框中输入值 15。

图 10.9.9　回转特征

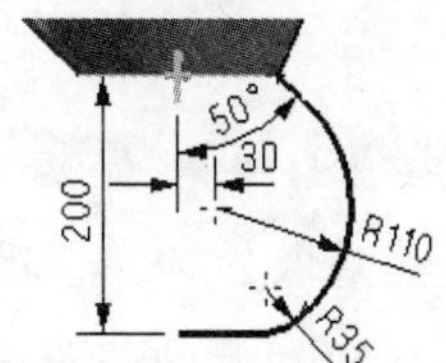

图 10.9.10　绘制截面草图

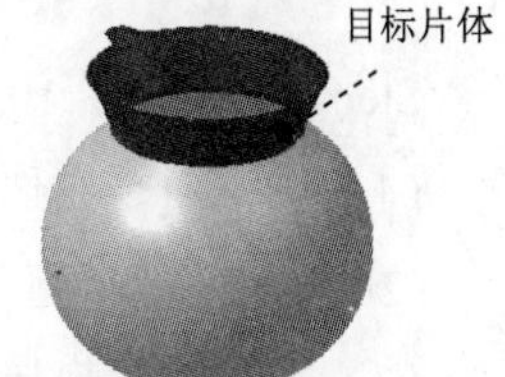

图 10.9.11　选取目标片体

Step10. 创建图 10.9.13 所示的曲面加厚特征。选择下拉菜单 插入(S) → 偏置/缩放(O) → 加厚(T)... 命令；在图形区选取图 10.9.14 所示的面为加厚面；在“加厚”对话框中的偏置 1 文本框中输入 5，方向朝内，其他参数采用系统默认设置。

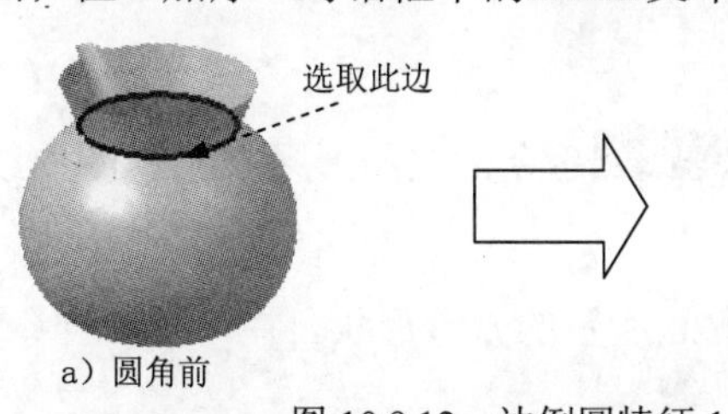

a）圆角前

b）圆角后

图 10.9.12　边倒圆特征 1

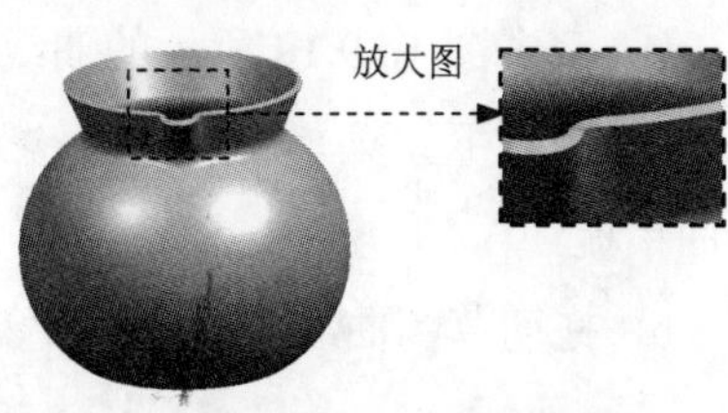

图 10.9.13　曲面加厚特征

Step11. 隐藏片体特征。在图形区的右侧单击“部件导航器”按钮，在弹出的“部件导航器”窗口中选择 Step8 所创建的缝合特征，并右击，从弹出的快捷菜单中选择隐藏(H)选项，即所选取的特征被隐藏。

Step12. 创建图 10.9.15 所示的拉伸特征。选择下拉菜单插入(S) → 设计特征(E) → 拉伸(E)...命令；选取 ZC-XC 基准平面为草图平面；绘制图 10.9.16 所示的截面草图；在限制区域的开始下拉列表中选择值选项，并在其下的距离文本框中输入 - 150；在限制区域结束的下拉列表中选择值选项，并在其下的距离文本框中输入 150；在布尔区域中选择求差选项，采用系统默认的求差对象。

说明：创建此拉伸特征是为了切平壶口处。

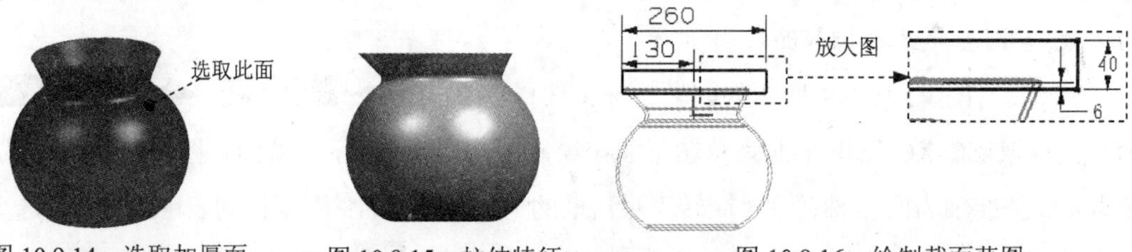

图 10.9.14 选取加厚面　　图 10.9.15 拉伸特征　　图 10.9.16 绘制截面草图

Step13. 创建边倒圆特征 2。选取图 10.9.17 所示的边链为边倒圆参照，其圆角半径值为 1.5。

Step14. 创建边倒圆特征 3。选取图 10.9.18 所示的边链为边倒圆参照，其圆角半径值为 2。

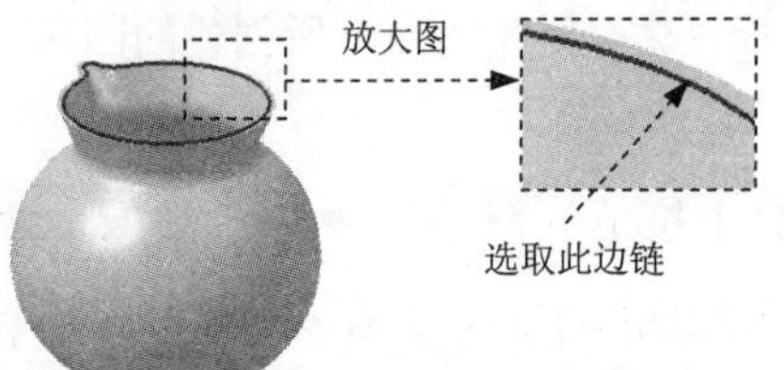

图 10.9.17 选取边倒圆参照

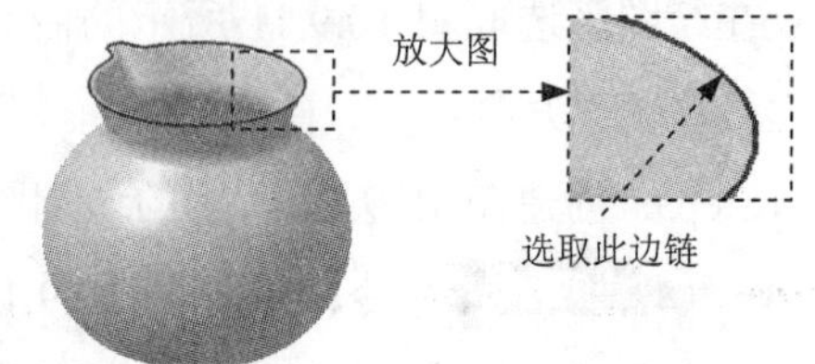

图 10.9.18 选取边倒圆参照

Step15. 创建图 10.9.19 所示的草图 3。

（1）选择命令。选择下拉菜单插入(S) → 草图(S)...命令。

（2）定义草图平面。单击按钮，选取 ZC-XC 基准平面为草图平面，单击确定按钮。

（3）进入草图环境，创建图 10.9.19 所示的草图 3。

① 选择下拉菜单插入(S) → 艺术样条(D)...命令。

② 在“艺术样条”对话框的方法区域中单击“通过点”按钮。

③ 绘制图 10.9.19 所示草图 3，在“艺术样条”对话框中单击确定按钮。

（4）对草图 3 进行编辑。

① 双击图 10.9.19 所示的曲线 1。

a）选择下拉菜单分析(L) → 曲线(C) → 曲率梳(C)命令，在图形区显示草图曲线的曲率梳。

b）拖动草图曲线控制点，使其曲率梳呈现图 10.9.20 所示的光滑形状。在“艺术样条”

对话框中单击确定按钮。

c）选择下拉菜单分析(L) → 曲线(C) → 曲率梳(C)命令，取消曲率梳的显示。

② 双击图 10.9.19 所示的曲线 2，采用同样的方法调整曲线 2，使其曲率梳呈现图 10.9.21 所示的光滑形状。

（5）选择下拉菜单草图(K) → 完成草图(K)命令，退出草图环境。

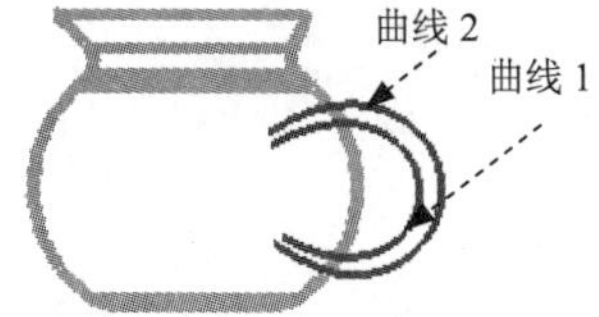

图 10.9.19　绘制草图 3

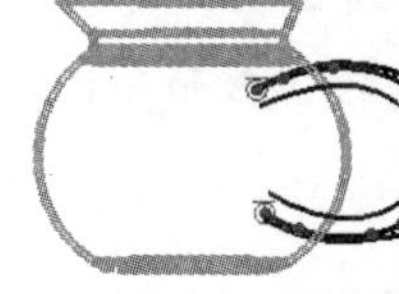
图 10.9.20　曲率梳 1

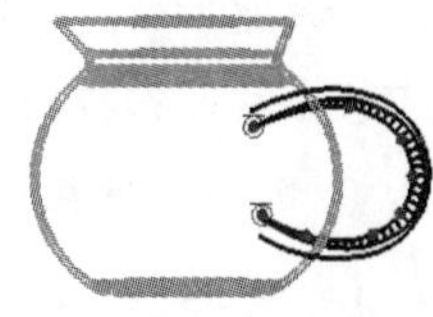
图 10.9.21　曲率梳 2

注意：调整样条曲率时，应保证其曲率连续光滑，因为曲线构造质量的好坏直接关系到生成的曲面和实体的质量。

Step16. 创建图 10.9.22 所示的基准平面 2。选择下拉菜单插入(S) → 基准/点(D) → 基准平面(D)...命令；在类型区域的下拉列表中，选择按某一距离选项，在绘图区选取 ZC-YC 基准平面，在偏置区域的距离文本框中输入 60。

Step17. 创建图 10.9.23 所示的草图 4。

（1）选择命令。选择下拉菜单插入(S) → 草图(S)...命令。

（2）定义草图平面。单击按钮，选取基准平面 2 为草图平面，单击确定按钮。

（3）进入草图环境，绘制图 10.9.23 所示的草图 4。

① 选择下拉菜单插入(S) → 艺术样条(D)...命令，系统弹出“艺术样条”对话框。

② 在“艺术样条”对话框中的方法区域中单击“通过点”按钮。

③ 选取图 10.9.19 所示的曲线 1 的端点为曲线的起点，选取图 10.9.19 所示的曲线 2 的端点为曲线的终点，绘制图 10.9.24 所示的曲线 1，在“艺术样条”对话框中单击确定按钮。

（4）对所绘的曲线进行编辑。

① 参照 Step15，双击图 10.9.24 所示的曲线 1，通过拖动草图曲线控制点，使其曲率梳呈现图 10.9.25 所示的光滑形状。在“艺术样条”对话框中单击确定按钮。选择下拉菜单分析(L) → 曲线(C) → 曲率梳(C)命令，取消曲率梳的显示。

图 10.9.22　基准平面 2

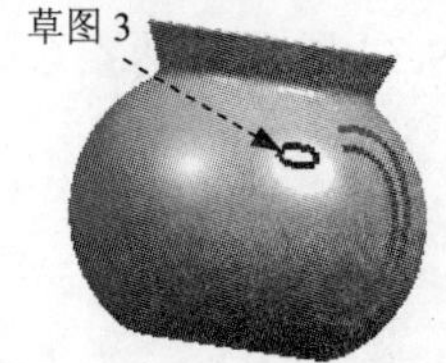

图 10.9.23　绘制草图 4

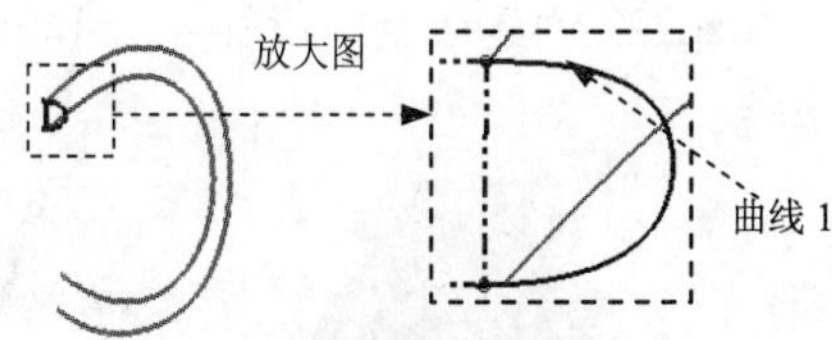

图 10.9.24　绘制曲线 1

② 选择下拉菜单插入(S) → 来自曲线集的曲线(F) → 镜像曲线(M)...命令，选取 ZC

基准轴为镜像中心线，选取曲线 1 为要镜像的曲线，单击其对话框中的 确定 按钮。

（5）选择下拉菜单 草图(K) → 完成草图(K) 命令，退出草图环境。

Step18. 创建图 10.9.26 所示的扫掠特征。选择下拉菜单 插入(S) → 扫掠(W) → 扫掠(S)... 命令；在截面区域中单击按钮，在绘图区域中选取图 10.9.27 所示的曲线 1，单击中键确认；在引导线区域中单击按钮，在绘图区域中选取图 10.9.27 所示的曲线 2，单击中键，选取曲线 3，其他参数采用系统默认设置。

注意： 定义扫掠特征时，所选取的扫掠截面和扫掠引导线的方向要与图 10.9.27 所示方向一致，否则会导致扫掠截面扭曲。

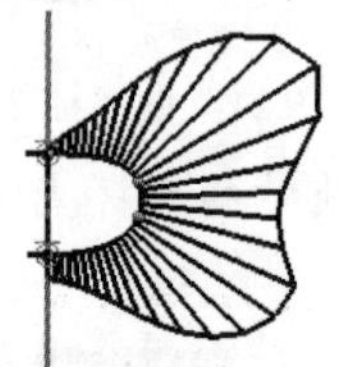

图 10.9.25　曲率梳

图 10.9.26　扫掠特征

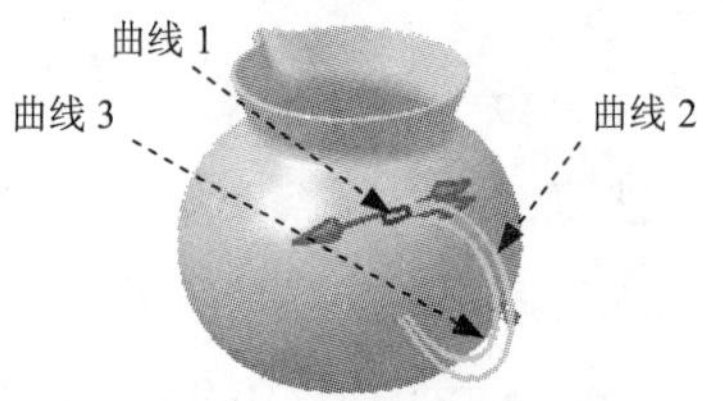

图 10.9.27　定义扫掠特征

Step19. 显示片体特征。在图形区的右侧单击“部件导航器”按钮，在弹出的“部件导航器”窗口中选择 Step8 所创建的缝合特征，并右击，从弹出的快捷菜单中选择 显示(S) 选项，即所选取的特征已显示。

Step20. 创建图 10.9.28 所示的修剪体特征。选择下拉菜单 插入(S) → 修剪(T) → 修剪体(T)... 命令；选取 Step18 所创建的扫掠特征为修剪的目标片体，在绘图区域中单击鼠标中键，选取图 10.9.29 所示模型的外表面（即 Step7 所创建的回转特征）为修剪的刀具片体，采用系统默认的修剪方向（如有必要，可单击“反向”按钮，使修剪方向向外）。

a）修剪前

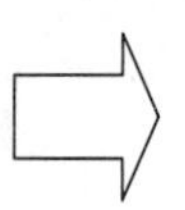

b）修剪后

图 10.9.28　修剪体特征

图 10.9.29　选取刀具片体

Step21. 创建求和特征。选择下拉菜单 插入(S) → 组合体(B) → 求和(U)... 命令；选取图 10.9.30 所示的实体为目标片体，选取图 10.9.31 所示的特征为刀具片体。

Step22. 创建边倒圆特征 4。选取图 10.9.32 所示的两条边链为边倒圆参照，其圆角半径值为 5。

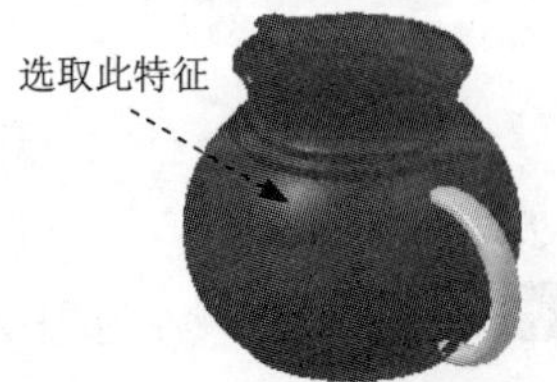

图 10.9.30　选取目标片体

图 10.9.31　选取刀具片体

图 10.9.32　选取边倒圆参照

Step23. 设置隐藏。选择下拉菜单 编辑(E) → 显示和隐藏(H) → 隐藏(H)... 命令；单击“类选择”对话框中的按钮，系统弹出“根据类型选择”对话框，选择对话框列表中的 曲线 、草图 、片体 和 基准 选项，单击 确定 按钮。系统再次弹出“类选择”对话框，单击对话框 对象 区域中的按钮；单击对话框中的 确定 按钮，完成对设置对象的隐藏。

Step24. 保存零件模型。选择下拉菜单 文件(F) → 保存(S) 命令，即可保存零件模型。

10.10　范例 10——水嘴旋钮的设计

范例概述

本范例介绍了一款水嘴旋钮的设计过程。该设计过程是先创建一回转曲面，然后创建一系列草图曲线，利用所创建的曲线构建几个独立的曲面，再利用缝合等工具将独立的曲面变成一个整体面组，最后将整体面组变成实体模型。本范例采用了辅助面的设计方法。水嘴旋钮模型如图 10.10.1 所示。

说明：本例前面的详细操作过程请参见随书光盘中 video\ch10.10\reference\文件下的语音视频讲解文件 faucet_knob-r01.avi。

Step1. 打开文件 ug6.8\work\ch10.10\faucet_knob_ex.prt。

Step2. 创建图 10.10.2 所示的草图 1。选择下拉菜单 插入(S) → 草图(S)... 命令；选取 YC-XC 基准平面为草图平面；绘制图 10.10.2 所示的草图 1。

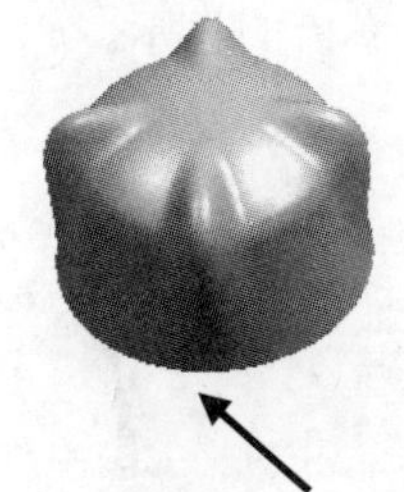

从 A 向查看

图 10.10.1　水嘴旋钮模型

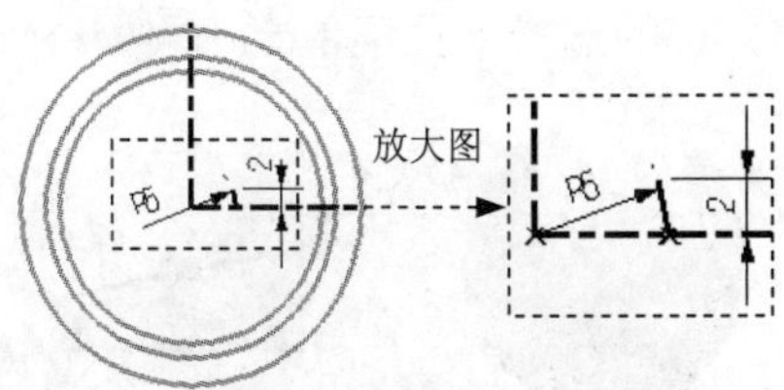

图 10.10.2　绘制草图 1

Step3. 创建投影曲线特征。选择下拉菜单 插入(S) → 来自曲线集的曲线(F) → 投影(P)... 命令；在绘图区选取草图 1 为要投影的曲线，单击鼠标中键，选取图 10.10.3 所示的面为要投影的对象；在 投影方向 区域中 方向 的下拉列表中选择 沿矢量 选项，在 * 指定矢量 (0) 下拉列表中选择 ZC 选项，定义 ZC 基准轴的正方向为投影方向。

Step4. 创建图 10.10.4 所示的相交曲线特征 1。选择下拉菜单 插入(S) → 来自体的曲线(U) → 求交(I)... 命令；在绘图区中选取 ZC-XC 基准平面为相交的第一组面，单击鼠标中键确定，选取 Step2 所创建的回转特征为相交的第二组面。

Step5. 创建图 10.10.5 所示的草图 2。

（1）选择命令。选择下拉菜单 插入(S) → 草图(S)... 命令。

（2）定义草图平面。单击⊕按钮，选取 ZC-XC 基准平面为草图平面，单击确定按钮。

（3）进入草图环境，绘制图 10.10.5 所示的草图 2。

① 选择下拉菜单插入(S) → 曲线(C) → 艺术样条(D)...命令，系统弹出“艺术样条”对话框。

② 在“艺术样条”对话框中的方法区域中单击“根据极点”按钮。

③ 选取图 10.10.6 所示的投影曲线的端点为草图 2 的起始点，选取图 10.10.7 所示的端点为草图 2 的终止点，绘制图 10.10.5 所示的草图，在“艺术样条”对话框中单击确定按钮。

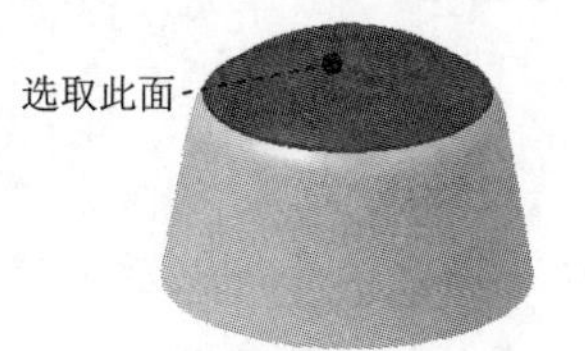

图 10.10.3 定义投影曲线特征

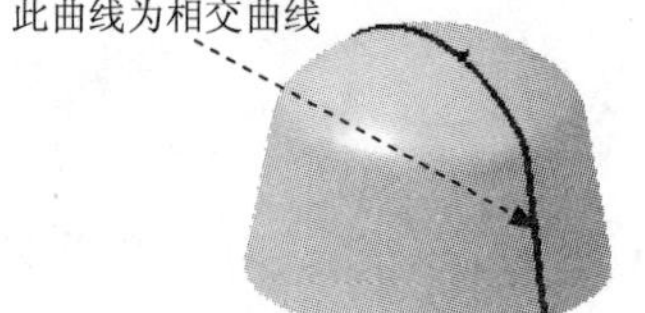

图 10.10.4 相交曲线特征 1

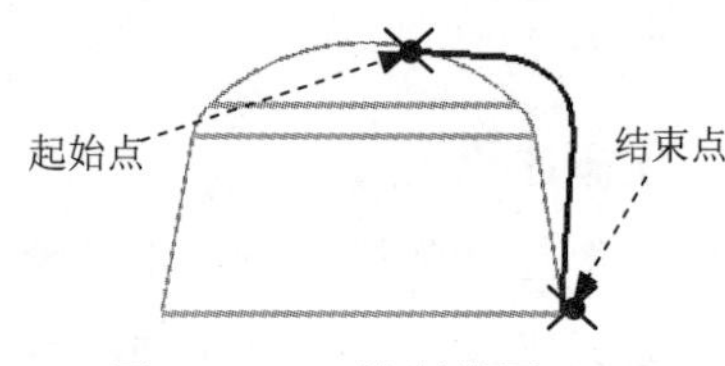

图 10.10.5 绘制草图 2

（4）对草图进行编辑。

① 双击图 10.10.5 所示的样条曲线。

② 选择下拉菜单分析(L) → 曲线(C) → 曲率梳(C)命令，在图形区显示草图曲线的曲率梳。

③ 拖动草图曲线控制点，使其曲率梳呈现图 10.10.8 所示的光滑形状。在“艺术样条”对话框中单击确定按钮。

④ 选择下拉菜单分析(L) → 曲线(C) → 曲率梳(C)命令，取消曲率梳的显示。

（5）选择下拉菜单草图(K) → 完成草图(K)命令，退出草图环境。

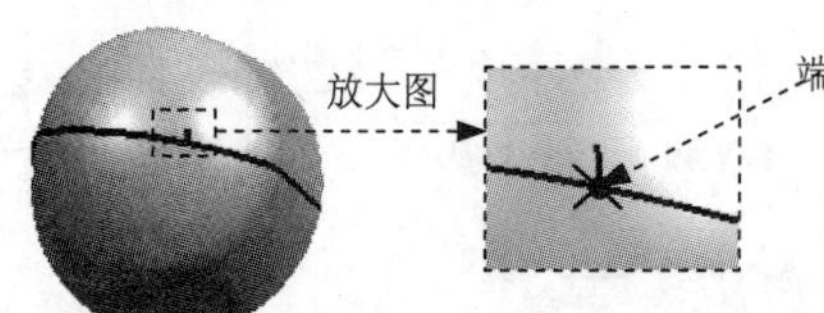

图 10.10.6 定义起始

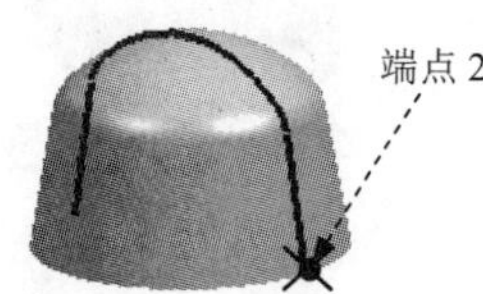

图 10.10.7 定义终止点

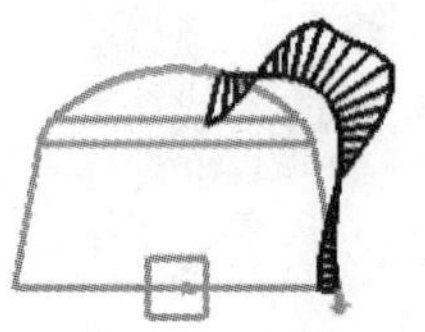

图 10.10.8 曲率梳

说明：草图 1 的起始点与图 10.10.6 所示投影曲线的端点 1 重合，结束点与图 10.10.7 所示的相交曲线的端点 2 重合。

Step6. 创建图 10.10.9 所示的拉伸特征 1。选择下拉菜单插入(S) → 设计特征(E) → 拉伸(E)...命令；在绘图区选取 Step7 所创建的草图 2；在“拉伸”对话框的限制区域中的开始下拉列表中选择值选项，并在其下的距离文本框中输入 0，在限制区域的结束下拉列表中选择值选项，并在其下的距离文本框中输入 25，在体类型的下拉列表中选择片体选项，在布尔区域下拉列表中选择无选项，其他参数采用系统默认设置。

Step7. 创建图 10.10.10 所示的基准平面。选择下拉菜单插入(S) → 基准/点(D) → 基准平面(D)...命令；在类型区域的下拉列表中选择成一角度选项。在绘图区选取 ZC-XC

基准平面为参考平面，选取 ZC 基准轴为通过轴，在 角度 文本框中输入 - 22.5。

Step8. 创建图 10.10.11 所示的相交曲线特征 2。选择下拉菜单 插入(S) → 来自体的曲线(U) → 求交(I)... 命令；在绘图区中选取图 10.10.10 所示的基准平面为相交的第一组面，单击鼠标中键确定，选取 Step2 所创建的回转特征为相交的第二组面。

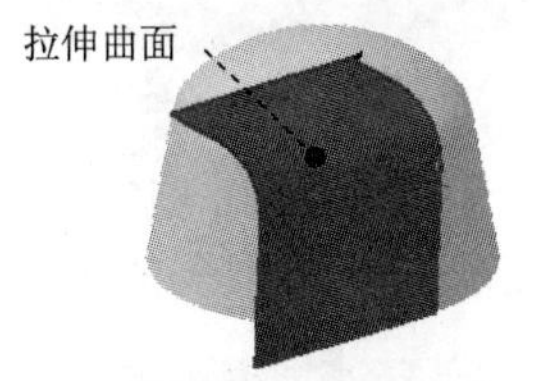

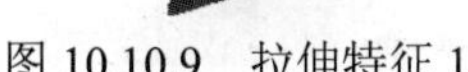

图 10.10.9　拉伸特征 1

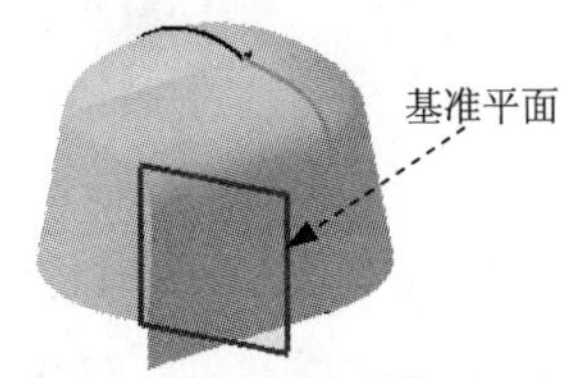

图 10.10.10　基准平面

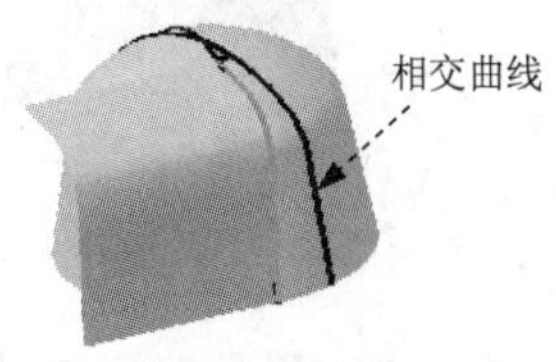

图 10.10.11　相交曲线特征 2

Step9. 创建图 10.10.12 所示的曲线网格特征。选择下拉菜单 插入(S) → 网格曲面(M) → 通过曲线网格(M)... 命令；选择图 10.10.13 所示的曲线 1（即 Step5 所创建的投影曲线），单击鼠标中键后选取曲线 2，单击中键确认；单击中键，选取图 10.10.13 所示的曲线 3，再次单击鼠标中键选取曲线 4。在 连续性 区域中 第一交叉线串 的下拉列表中选择 G1（相切） 选项，并单击 按钮，选取 Step6 所创建的拉伸特征；在 最后交叉线串 的下拉列表中选择 G1（相切） 选项，并单击 按钮，选取图 10.10.14 所示的曲面；在 公差 区域 交点 后的文本框中输入 1.0；单击 确定 按钮，完成网格曲面特征 1 的创建。

注意：在定义主曲线时，所选曲线的方向必须一致。

图 10.10.12　曲线网格特

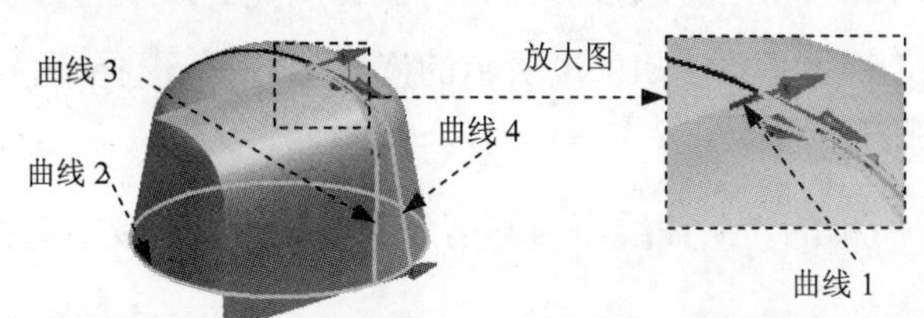

图 10.10.13　定义曲线网格特征

Step10. 隐藏片体特征。在图形区的左侧单击“部件导航器”按钮，在弹出的“部件导航器”窗口中选取 Step6 所创建的拉伸特征并右击，从弹出的快捷菜单中选择 隐藏(H) 选项，所选取的特征被隐藏。

Step11. 创建图 10.10.15 所示的镜像体特征。选择下拉菜单 插入(S) → 关联复制(A) → 镜像体(B)... 命令；选取 Step9 所创建的曲线网格特征；选择平面 XC-ZC 为镜像平面。

Step12. 创建曲面缝合特征。选择下拉菜单 插入(S) → 组合体(B) → 缝合(W)... 命令；在绘图区选取 Step9 所创建的曲线网格特征为缝合的目标片体；单击鼠标中键，选取图 10.10.15 所示的镜像特征为缝合刀具片体。

Step13. 创建图 10.10.16 所示的移动对象特征。选择下拉菜单 编辑(E) → 移动对象(O)... 命令；选取图 10.10.17 所示的面为移动对象；在 变换 区域 运动 下拉列表中选择 角度 选项，在 * 指定矢量 (0) 下拉列表中选择 ZC↑ 选项，在 * 指定轴点 (0) 后的下拉列表中选择 ⊙ 选项，选取图 10.3.17 所示的曲面的边线，在 角度 后的文本框中输入 90；在结构区域选择 ⊙ 复制原先的 单选项，在距离/角度分割后的文本框中输入 1，在非关联副本数后的文本框中输入 3，单击确定按钮，完成对象的移动复制。

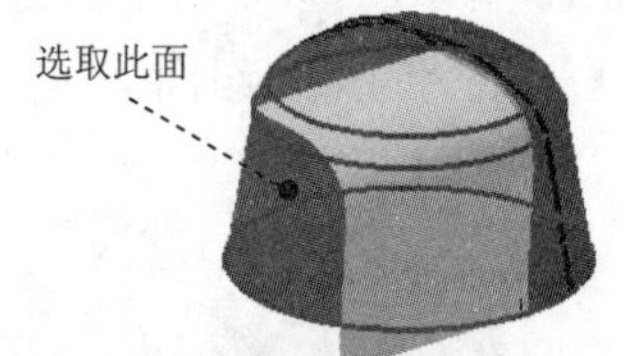

图 10.10.14 选取相切面

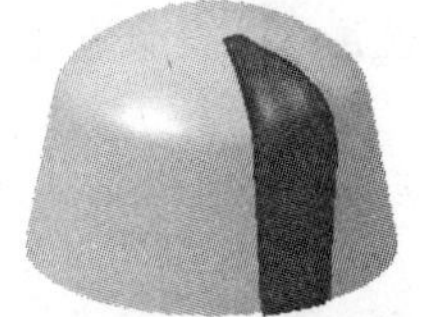

图 10.10.15 镜像体特征

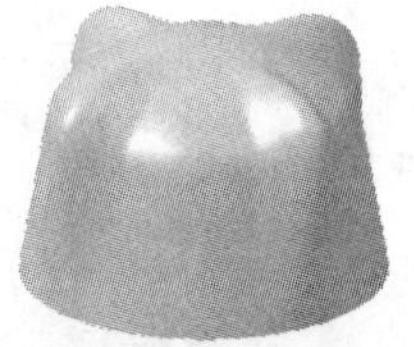

图 10.10.16 移动对象特征

Step14. 设置隐藏。选择下拉菜单编辑(E) → 显示和隐藏(H) → 隐藏(H)...命令；单击“类选择”对话框中的按钮，系统弹出“根据类型选择”对话框，选择对话框列表中的曲线和草图选项，单击确定按钮。系统再次弹出“类选择”对话框，单击对话框对象区域中的按钮；单击对话框中的确定按钮，完成对设置对象的隐藏。

Step15. 创建图 10.10.18 所示投影曲线特征。选择下拉菜单插入(S) → 来自曲线集的曲线(F) → 投影(P)...命令；在绘图区选取 Step12 创建的曲面缝合特征及 Step13 创建的移动对象特征的曲面边沿为要投影的曲线；单击鼠标中键，选取回转特征创建的曲面为要投影的对象；在投影方向区域中方向的下拉列表中选择沿面的法向选项；单击“投影曲线”对话框中的确定按钮，完成投影曲线特征的创建。

Step16. 创建图 10.10.19 所示的修剪体特征。选择下拉菜单插入(S) → 修剪(T) → 修剪的片体(R)...命令；在绘图区选取回转面为修剪的目标片体，单击鼠标中键，选取图 10.10.20 所示的 4 条曲线串为修剪边界，在区域区域中选择保持单选项。

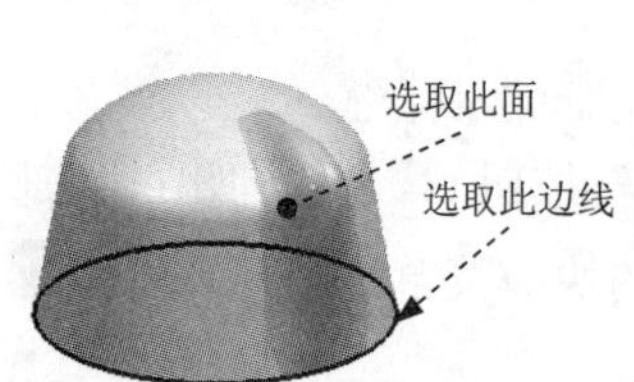

图 10.10.17 选取移动对象

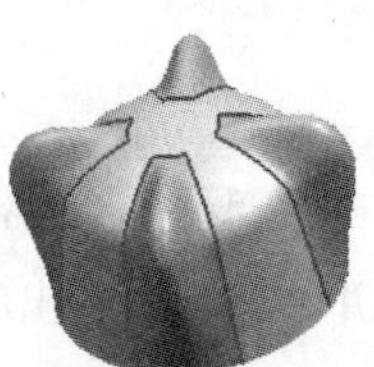

图 10.10.18 投影曲线

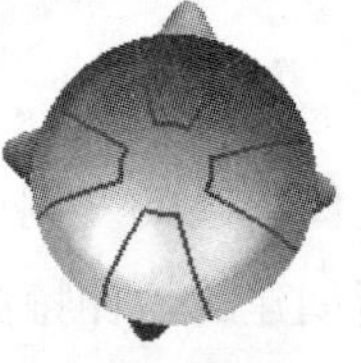

a）修剪前

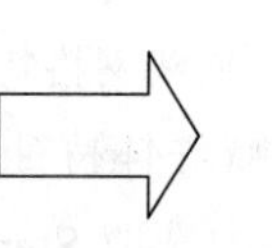

b）修剪后

图 10.10.19 修剪体特征

Step17. 创建曲面缝合特征 2。选择下拉菜单插入(S) → 组合体(B) → 缝合(W)...命令；在绘图区选取图 10.10.21 所示的面为目标片体，单击鼠标中键，选取图 10.10.22 所示的四个面为刀具片体。

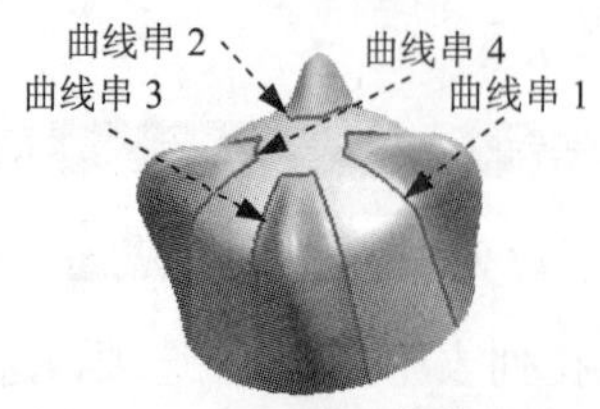

图 10.10.20 选取修剪边界

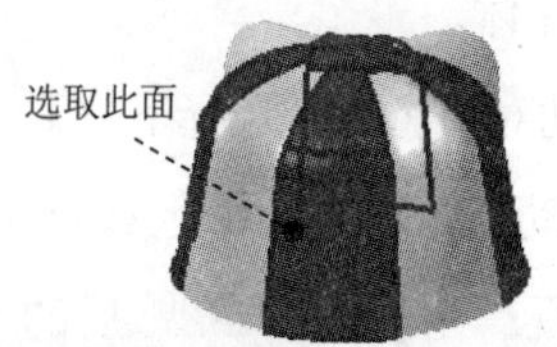

图 10.10.21 选取目标片体

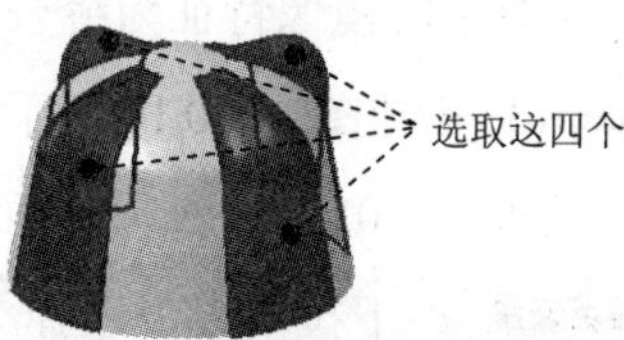

图 10.10.22 选取刀具片

Step18. 创建图 10.10.23 所示的有界平面特征。选择下拉菜单插入(S) → 曲面(R)

➡ 有界平面(P)... 命令；根据系统 选择有界平面的曲线 的提示，在图形区选取图 10.10.24 所示的边链为有界平面的边界。

Step19. 创建曲面缝合特征 3。选择下拉菜单 插入(S) ➡ 组合体(B) ➡ 缝合(W)... 命令；在绘图区选取图 10.10.25 所示的特征为缝合的目标片体；单击鼠标中键，选取图 10.10.23 所示的有界平面特征为缝合刀具片体。

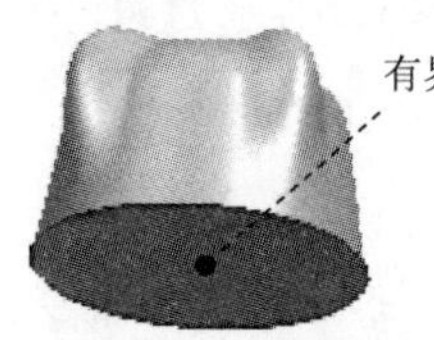

图 10.10.23　有界平面

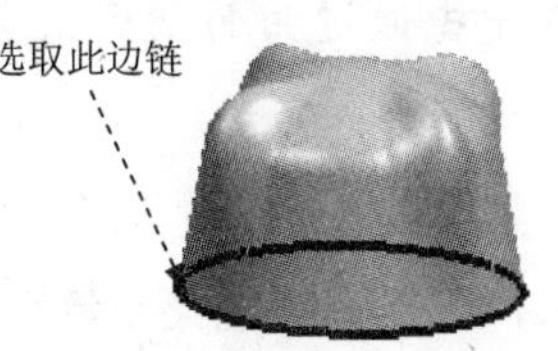

图 10.10.24　选取有界平面的边界

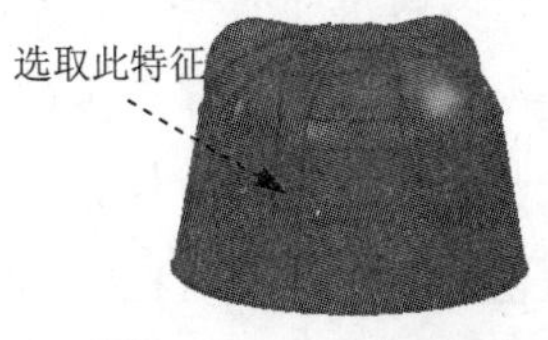

图 10.10.25　选取目标片体

Step20. 创建图 10.10.26 所示的拉伸特征 2。选择下拉菜单 插入(S) ➡ 设计特征(E) ➡ 拉伸(E)... 命令；选取 YC-XC 基准平面为草图平面；绘制图 10.10.27 所示的截面草图；在“拉伸”对话框 限制 区域的 开始 下拉列表中选择 值 选项，并在其下的 距离 文本框中输入 0；在 限制 区域的 结束 下拉列表中选择 值 选项，并在其下的 距离 文本框中输入 15，定义 ZC 基准轴正方向为拉伸方向；在 布尔 区域中选择 求差 选项，采用系统默认的求差对象。单击 确定 按钮，完成拉伸特征 2 的创建。

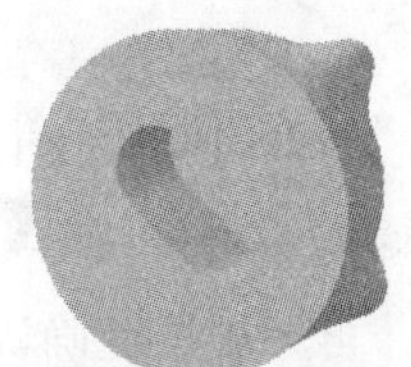
图 10.10.26　拉伸特征 2

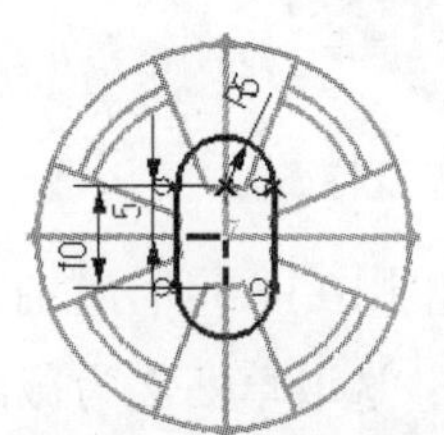

图 10.10.27　绘制截面草图

Step21. 创建边倒圆特征 2。选取图 10.10.28 所示的边线为边倒圆参照，其圆角半径值为 0.5。

Step22. 创建边倒圆特征 3。选取图 10.10.29 所示的两条边线为边倒圆参照，其圆角半径值为 1。

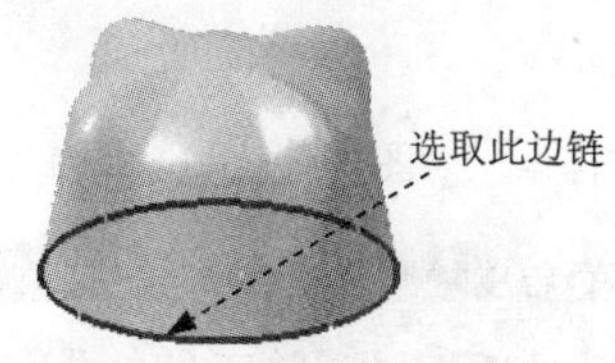

图 10.10.28　选取边倒圆参照

图 10.10.29　选取边倒圆参照

Step23. 保存零件模型。选择下拉菜单 文件(F) ➡ 保存(S) 命令，即可保存零件模型。

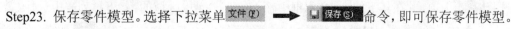

10.11 范例 11——订书机盖的设计

范例概述

本范例介绍了一个订书机盖的设计过程。主要运用了一些常用命令，包括拉伸、扫掠、修剪体和倒圆角等特征，其设计思想是先通过曲面创建出实体的外形，再通过缝合创建出实体，其中修剪体和有界平面的命令使用得很巧妙。零件模型如图 10.11.1 所示。

Step1. 新建模型文件。新建一个零件模型文件，命名为 stapler。

Step2. 创建图 10.11.2 所示的草图 1。选择下拉菜单插入(S) ➡ 草图(S)...命令；选取 YZ 基准平面为草图平面；绘制图 10.11.2 所示的草图 1。

Step3. 创建图 10.11.3 所示的草图 2。选择下拉菜单插入(S) ➡ 草图(S)...命令；选取 ZX 基准平面为草图平面；绘制图 10.11.4 所示的截面草图。

图 10.11.1 模型及特征树

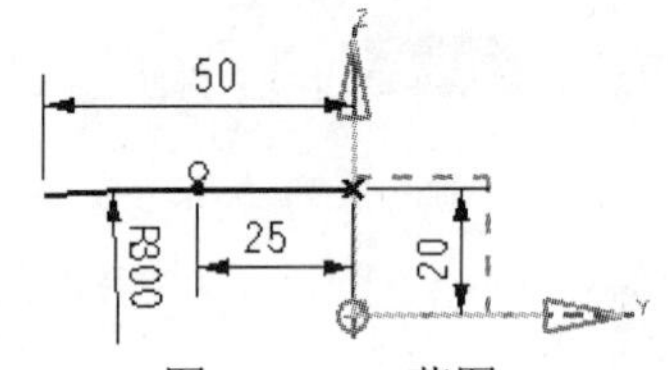

图 10.11.2 草图 1

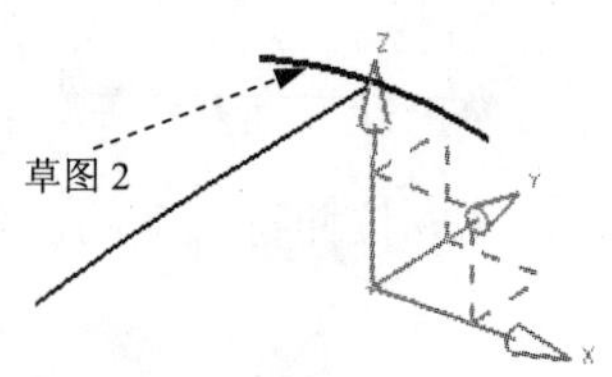

图 10.11.3 草图 2（建模环境）

Step4. 创建图 10.11.5 所示的扫掠特征 1。选择下拉菜单插入(S) ➡ 扫掠(W) ➡ 扫掠(S)...命令；选取草图 2 为截面曲线，并单击中键确认；再单击中键确认；选取草图 1 为引导线 1，并单击中键确认；其他采用系统默认设置。

Step5. 创建图 10.11.6 所示的草图 3。选择下拉菜单插入(S) ➡ 草图(S)...命令；选取 XY 基准平面为草图平面；绘制图 10.11.7 所示的截面草图。

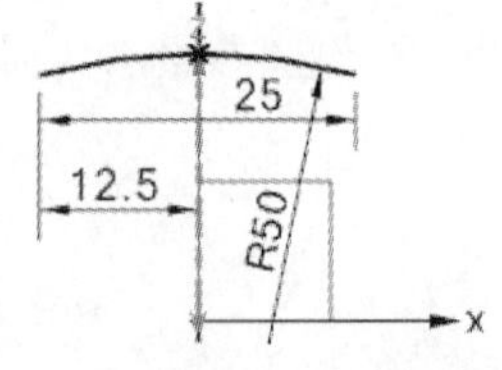

图 10.11.4 草图 2（草图环境）

图 10.11.5 扫掠特征 1

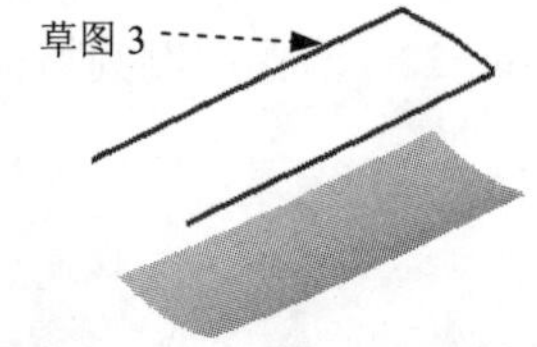

图 10.11.6 草图 3（建模环境）

Step6. 创建图 10.11.8 所示的拉伸特征 1。选择下拉菜单插入(S) ➡ 设计特征(E) ➡ 拉伸(E)...命令；选取草图 3 为截面草图；在“拉伸”对话框的极限区域的开始下拉列表中选择值选项，并在其下的距离文本框中输入值 0；在极限区域的终点下拉列表中选择值选项，并在其下的距离文本框中输入值 25；在布尔区域中的下拉列表中选择无选项，在设置区域的体类型下拉列表中选择片体选项；单击确定按钮，完成拉伸特征 1 的创建。

Step7. 创建图 10.11.9 所示的修剪体特征 1。选择下拉菜单插入(S) → 修剪(M) → 修剪体(T)...命令；选取扫掠特征 1 为目标体；选取拉伸特征 1 为刀具体；其他采用系统默认设置。

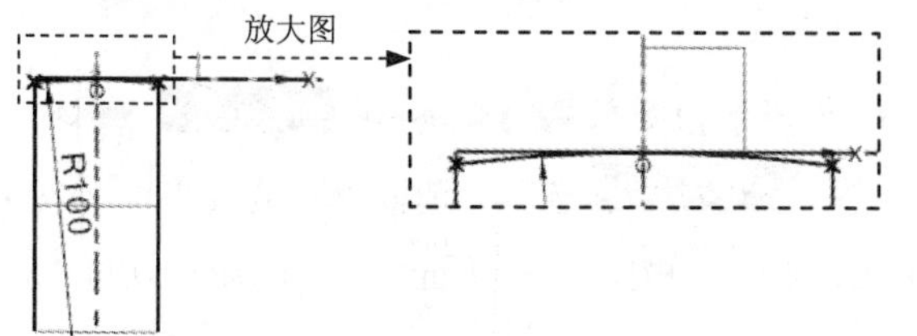

图 10.11.7　草图 3（草图环境）

图 10.11.8　拉伸特征 1

图 10.11.9　修剪体特征 1

Step8. 创建图 10.11.10 所示的修剪体特征 2。选择下拉菜单插入(S) → 修剪(M) → 修剪体(T)...命令；选取图 10.11.11 所示的目标体；选取图 10.11.12 所示的刀具体；其他采用系统默认设置。

图 10.11.10　修剪体特征 2

图 10.11.11　目标体

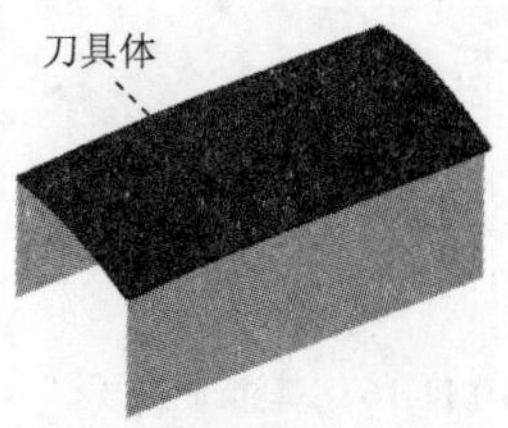

图 10.11.12　刀具体

Step9. 创建图 10.11.13 所示的缝合特征 1。选择下拉菜单插入(S) → 组合体(B) → 缝合(W)...命令；选取修剪片体后的扫掠特征 1 为目标体，选取修剪片体后的拉伸特征 1 为工具体。

Step10. 创建图 10.11.14 所示的边倒圆特征 1。选择下拉菜单插入(S) → 细节特征(L) → 边倒圆(E)...命令；选取图 10.11.14a 所示的两条边线为倒圆角参照，并在 Radius 1 文本框中输入值 5。

图 10.11.13　缝合特征 1

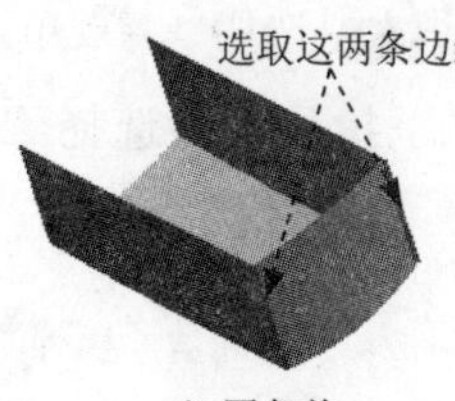

a）圆角前

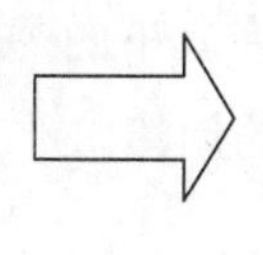

b）圆角后

图 10.11.14　边倒圆特征 1

Step11. 创建图 10.11.15 所示的边倒圆特征 2。选择下拉菜单插入(S) → 细节特征(L) → 边倒圆(E)...命令；选取图 10.11.15a 所示的边线为倒圆角参照，并在 Radius 1 文本框中输入值 5。

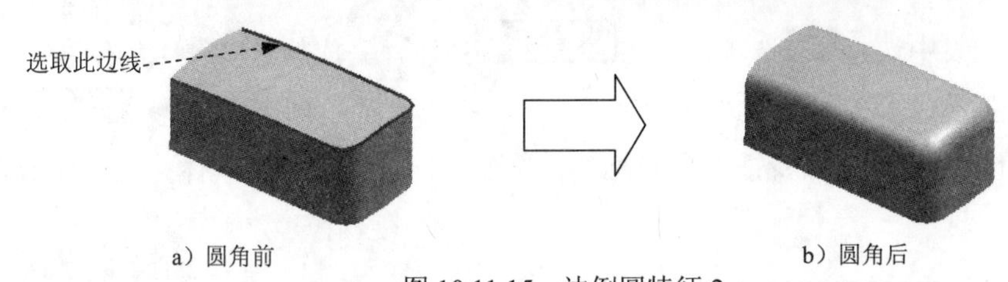

图 10.11.15　边倒圆特征 2

Step12. 创建图 10.11.16 所示的基准平面 1。选择下拉菜单插入(S) → 基准/点(D) → 基准平面(D)... 命令；在类型区域的下拉列表中选择按某一距离选项，选取 YZ 基准平面为对象平面；在偏置区域的距离文本框中输入值为 20，使用按钮调整平面的方向如图 10.11.16 所示；其他采用系统默认设置值。

Step13. 创建图 10.11.17 所示的草图 4。选择下拉菜单插入(S) → 草图(S)... 命令；选取基准平面 1 为草图平面；绘制图 10.11.18 所示的截面草图。

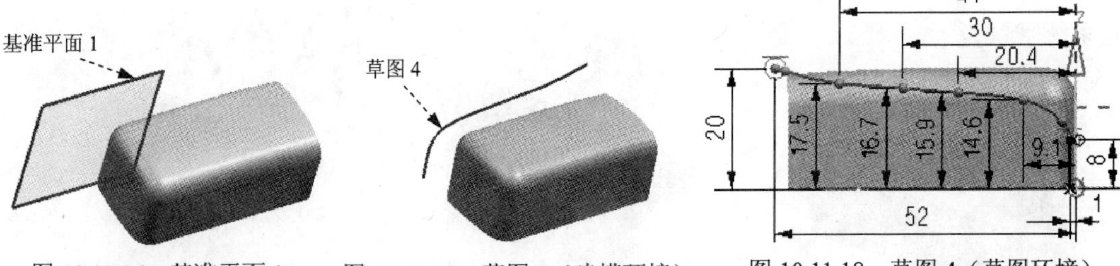

图 10.11.16　基准平面 1　　图 10.11.17　草图 4（建模环境）　　图 10.11.18　草图 4（草图环境）

Step14. 创建图 10.11.19 所示的拉伸特征 2。选择下拉菜单插入(S) → 设计特征(E) → 拉伸(E)... 命令；选取草图 4 为截面草图；在“拉伸”对话框的极限区域的开始下拉列表中选择值选项，并在其下的距离文本框中输入值 0；在极限区域的结束下拉列表中选择值选项，并在其下的距离文本框中输入值 40；在设置区域的体类型下拉列表中选择片体选项；单击按钮调整拉伸的方向，单击确定按钮，完成拉伸特征 2 的创建。

Step15. 创建图 10.11.20 所示修剪片体特征 1。选择下拉菜单插入(S) → 修剪(M) → 修剪的片体(R)... 命令；选取图 10.11.21 所示的曲面为目标体，并单击中键确认；选取拉伸特征 2 为边界对象；在区域区域中选中舍弃单选项；在投影方向区域的下拉列表中选择沿矢量选项，在其下的指定矢量下拉列表中选择 zt 选项；单击确定按钮，完成片体修剪片体特征 1 的创建。

图 10.11.19　拉伸特征 2　　图 10.11.20　修剪片体特征 1　　图 10.11.21　目标体

Step16. 创建图 10.11.22 所示的草图 5。选择下拉菜单插入(S) → 草图(S)... 命令；

选取 XY 基准平面为草图平面；绘制图 10.11.23 所示的截面草图。

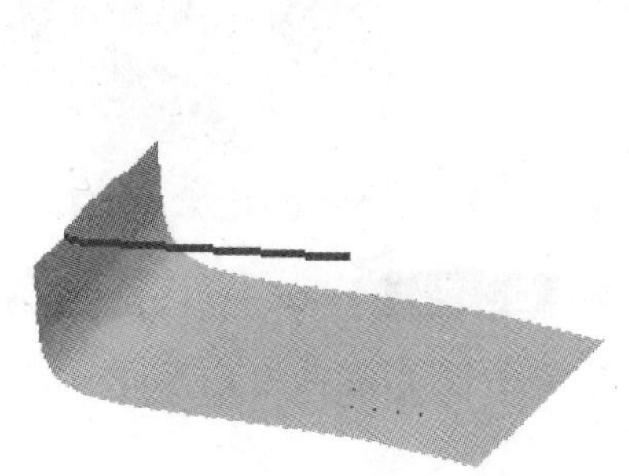

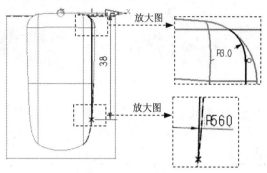

图 10.11.22　草图 5（建模环境）

图 10.11.23　草图 5（草图环境）

Step17. 创建图 10.11.24 所示的拉伸特征 3。选择下拉菜单 插入(S) → 设计特征(E) → 拉伸(E)... 命令；选取草图 5 为截面草图；在 方向 区域的 指定矢量 下拉列表中选择 Z↑ 选项；在“拉伸”对话框 极限 区域的 开始 下拉列表中选择 值 选项，并在其下的 距离 文本框中输入值 0；在 极限 区域的 结束 下拉列表中选择 值 选项，并在其下的 距离 文本框中输入值 20；在 设置 区域的 体类型 下拉列表中选择 片体 选项；单击 确定 按钮，完成拉伸特征 3 的创建。

Step18. 创建图 10.11.25 所示的镜像体特征 1。选择下拉菜单 插入(S) → 关联复制(A) → 镜像体(B)... 命令；选取拉伸特征 3 为镜像体；选取 YZ 基准平面为镜像平面，其他采用系统默认设置。

Step19. 创建图 10.11.26 所示的修剪体特征 3。选择下拉菜单 插入(S) → 修剪(M) → 修剪体(T)... 命令；选取拉伸特征 3 为目标体；选取拉伸特征 2 为刀具体；单击 确定 按钮，完成修剪体特征 3 的创建。

Step20. 创建图 10.11.27 所示的修剪体特征 4。选择下拉菜单 插入(S) → 修剪(M) → 修剪体(T)... 命令；选取镜像体特征 1 为目标体；选取拉伸特征 2 为刀具体；单击 确定 按钮，完成修剪体特征 4 的创建。

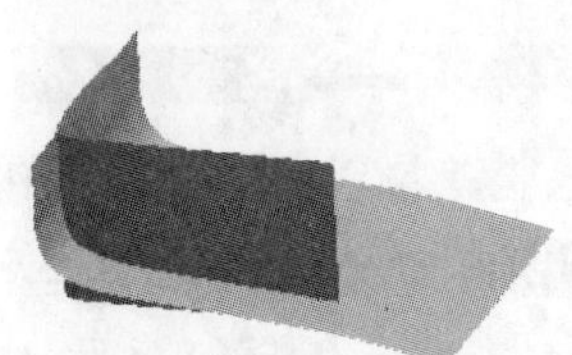

图 10.11.24　拉伸特征 3

图 10.11.25　镜像体特征 1

图 10.11.26　修剪体特征 3

Step21. 创建图 10.11.28 所示的修剪片体特征 2。选择下拉菜单 插入(S) → 修剪(M) → 修剪的片体(R)... 命令；选择拉伸特征 2 为目标体，并单击中键确认；选取图 10.11.29 所示的曲面为边界对象；在 区域 区域中选中 ⊙ 舍弃 单选项；在 投影方向 区域的下拉列表中选择 垂直于面 选项；单击 确定 按钮，完成修剪片体特征 2 的创建。

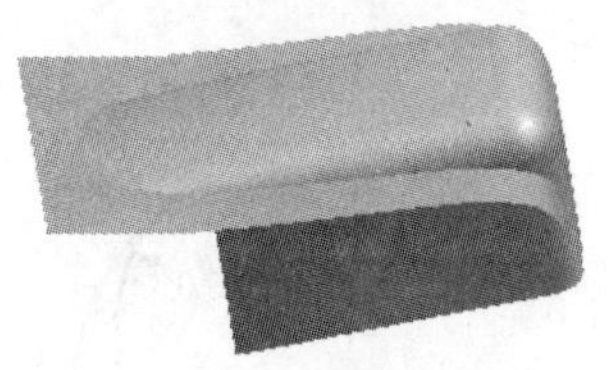

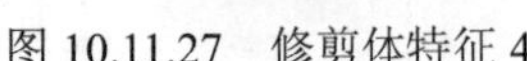
图 10.11.27 修剪体特征 4

图 10.11.28 修剪片体特征 2

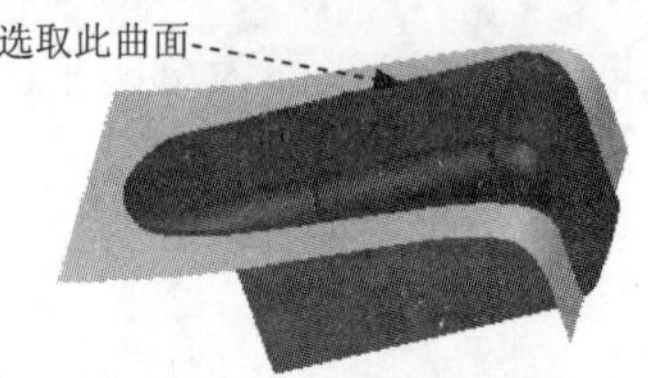

图 10.11.29 刀具体

Step22. 创建缝合特征 2。选择下拉菜单插入(S) → 组合体(B) → 缝合(W)... 命令；选取图 10.11.30 所示的曲面为目标体，选取图 10.11.31 所示的曲面为刀具体，单击确定按钮，完成缝合特征 2 的创建。

Step23. 创建图 10.11.32 所示的修剪片体特征 3。选择下拉菜单插入(S) → 修剪(M) → 修剪的片体(R)...命令；选取图 10.11.33 所示的曲面为目标体；选取图 10.11.34 所示的边线为边界对象；在区域区域中选中⊙舍弃单选项；在投影方向区域的下拉列表中选择垂直于面选项；单击确定按钮，完成修剪片体特征 3 的创建。

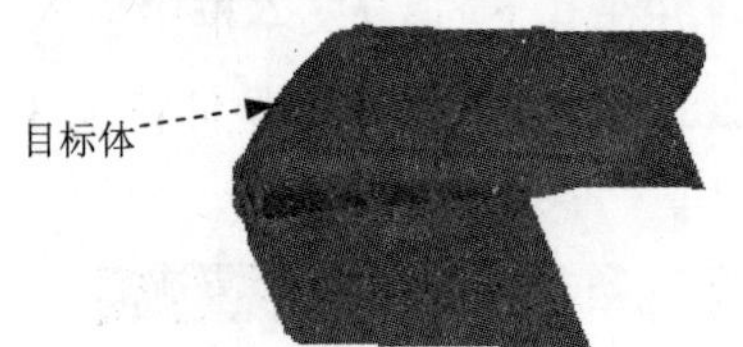

图 10.11.30 目标体

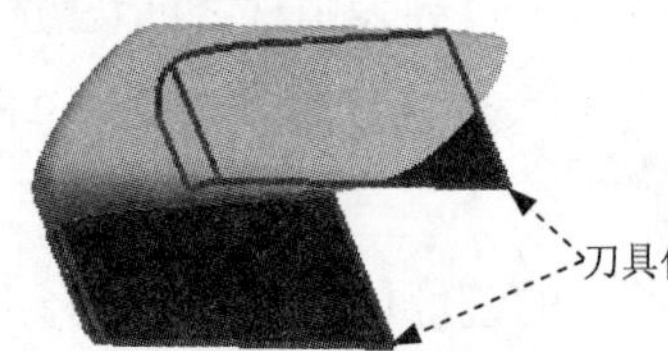

图 10.11.31 刀具体

图 10.11.32 修剪片体特征 3

Step24. 选取基准平面 1 为草图平面，创建图 10.11.35 所示的草图 6。

图 10.11.33 目标体

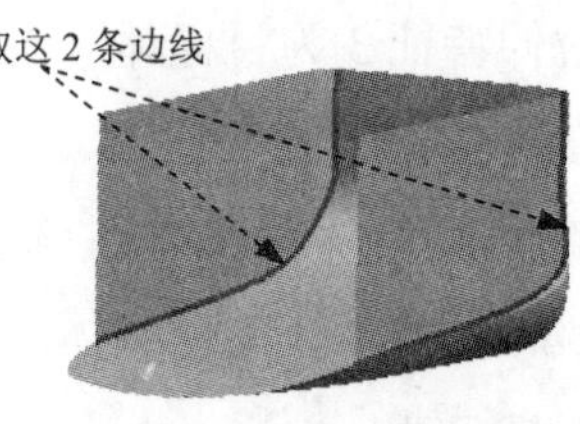

图 10.11.34 边界对象

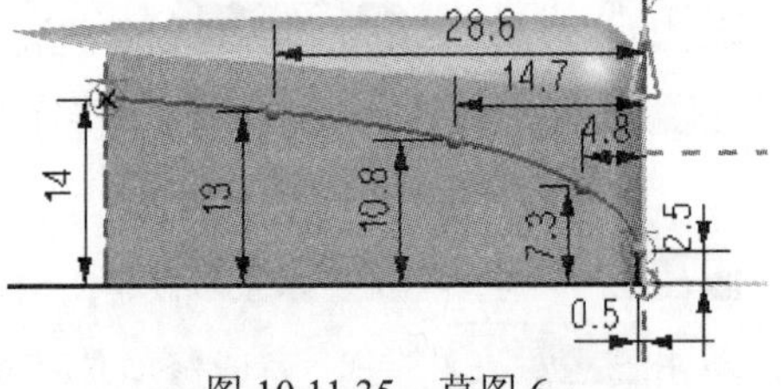

图 10.11.35 草图 6

Step25. 创建图 10.11.36 所示的拉伸特征 4。选择下拉菜单插入(S) → 设计特征(E) → 拉伸(E)...命令；选取草图 6 为截面草图；在方向 1 区域指定矢量后的下拉列表中选择-X选项；在“拉伸”对话框极限区域的开始下拉列表中选择值选项，并在其下的距离文本框中输入值 0；在极限区域的结束下拉列表中选择值选项，并在其下的距离文本框中输入值 40；在设置区域的体类型下拉列表中选择片体选项；单击确定按钮，完成拉伸特征 4 的创建。

Step26. 创建图 10.11.37 所示的修剪体特征 5。选择下拉菜单插入(S) → 修剪(M) → 修剪体(T)...命令；选取图 10.11.38 所示的曲面为目标体，并单击中键确认；选取拉伸特征 4 为刀具体；单击确定按钮，完成修剪体特征 5 的创建。

图 10.11.36　拉伸特征 4

图 10.11.37　修剪体特征 5

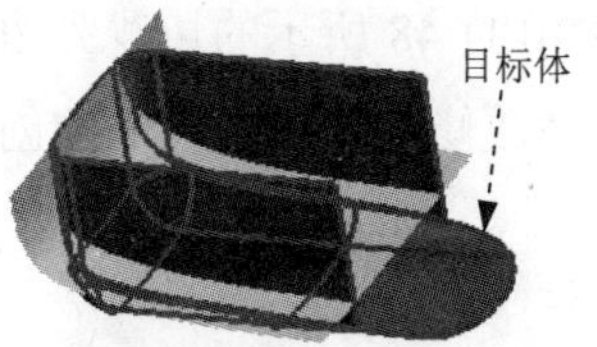

图 10.11.38　目标体

Step27. 选取 XY 基准平面为草图平面，绘制图 10.11.39 所示的草图 7。

Step28. 创建图 10.11.40 所示的拉伸特征 5。选择下拉菜单 插入(S) → 设计特征(E) → 拉伸(E)... 命令；选取草图 7 为截面草图；在“拉伸”对话框的 方向 区域 指定矢量 后的下拉列表中选择 ZC↑ 选项；在 极限 区域的 开始 下拉列表中选择 值 选项，并在其下的 距离 文本框中输入值 0；在 极限 区域的 结束 下拉列表中选择 值 选项，并在其下的 距离 文本框中输入值 20；在 设置 区域的 体类型 下拉列表中选择 片体 选项；单击 确定 按钮，完成拉伸特征 5 的创建。

Step29. 创建图 10.11.41 所示的镜像体特征 2。选择下拉菜单 插入(S) → 关联复制(A) → 镜像体(B)... 命令；选取拉伸特征 5 为镜像体，并单击中键确认；选取 YZ 基准平面为镜像平面；单击 确定 按钮，完成镜像体特征 2 的创建。

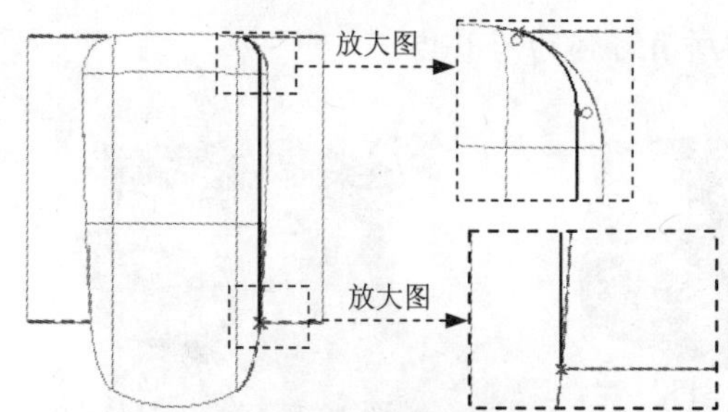

图 10.11.39　草图 7

图 10.11.40　拉伸特征 5

图 10.11.41　镜像体特征 2

Step30. 创建图 10.11.42 所示的修剪体特征 7。选择下拉菜单 插入(S) → 修剪(M) → 修剪体(T)... 命令；选取拉伸特征 5 为目标体，并单击中键确认；选取拉伸特征 4 为刀具体；单击 确定 按钮，完成修剪体特征 7 的创建。

Step31. 创建图 10.11.43 所示的修剪体特征 8。选择下拉菜单 插入(S) → 修剪(M) → 修剪体(T)... 命令；选取镜像体特征 2 为目标体，并单击中键确认；选取拉伸特征 4 为刀具体；单击 确定 按钮，完成修剪体特征 8 的创建。

Step32. 创建图 10.11.44 所示的修剪体特征 9。选择下拉菜单 插入(S) → 修剪(M) → 修剪体(T)... 命令；选取拉伸特征 4 为目标体，并单击中键确认；选取图 10.11.45 所示的曲面为刀具体；单击 确定 按钮，完成修剪体特征 9 的创建。

Step33. 创建图 10.11.46 所示的修剪片体特征 3。选择下拉菜单 插入(S) → 修剪(M) → 修剪的片体(R)... 命令；选取图 10.11.47 所示的曲面为目标体，并单击中键确认；选取图 10.11.48 所示的边线为边界对象；在区域区域中选中舍弃单选项；单击确定按钮，完成修剪片体特征 3 的创建。

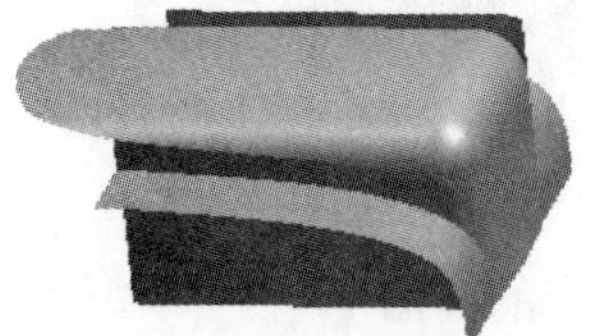
图 10.11.42　修剪体特征 7

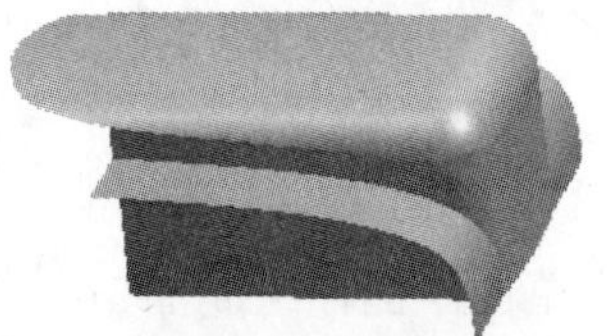
图 10.11.43　修剪体特征 8

图 10.11.44　修剪体特征 9

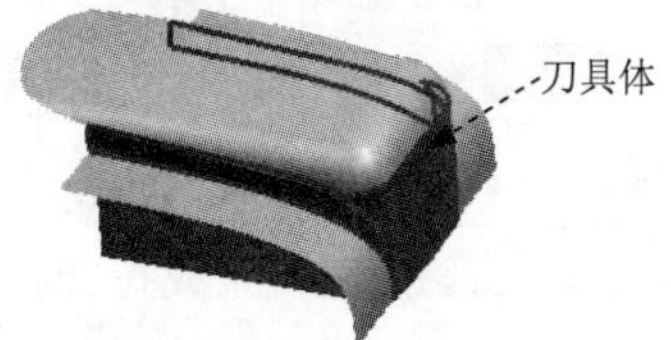

图 10.11.45　刀具体

图 10.11.46　修剪片体特征 3

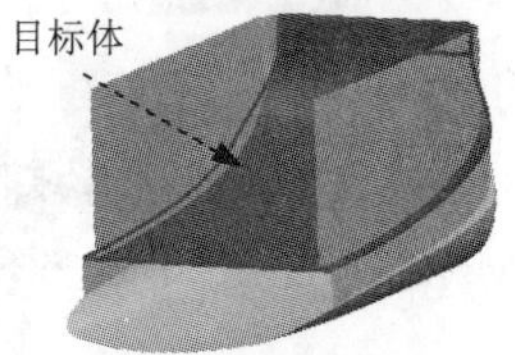

图 10.11.47　目标体

Step34. 创建缝合特征 2。选择下拉菜单插入(S) → 组合体(B) → 缝合(W)...命令；选取图 10.11.49 所示的曲面为目标体，选取图 10.11.50 所示的曲面为刀具体，单击确定按钮，完成缝合特征 2 的创建。

说明：*在选取刀具体时，应选取除目标体外的所有片体为刀具体。*

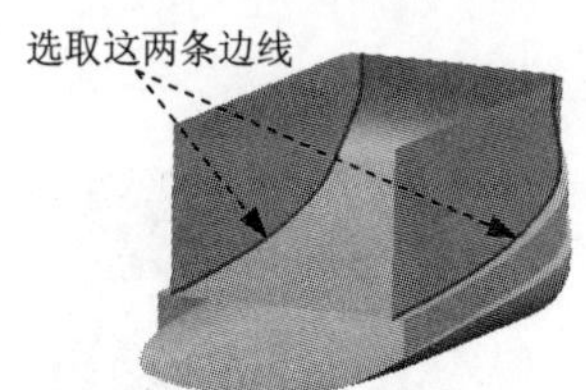

图 10.11.48　边界对象

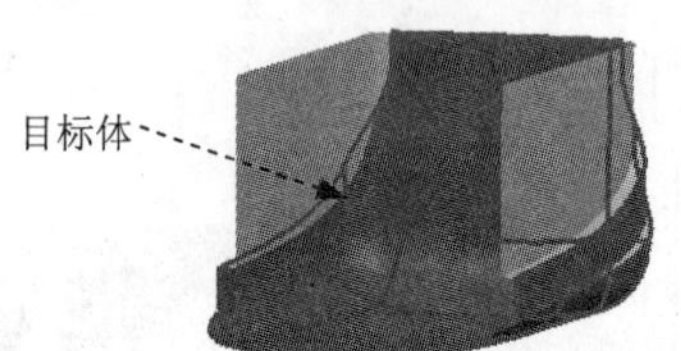

图 10.11.49　目标体

图 10.11.50　刀具体

Step35. 创建图 10.11.51 所示的拉伸特征 6。选择下拉菜单插入(S) → 设计特征(E) → 拉伸(E)...命令；选取 YZ 基准平面为草图平面，绘制图 10.11.52 所示的截面草图；在“拉伸”对话框极限区域的开始下拉列表中选择对称值选项，并在其下的距离文本框中输入值 19；在设置区域的体类型下拉列表中选择片体选项；单击确定按钮，完成拉伸特征 6 的创建。

图 10.11.51　拉伸特征 6

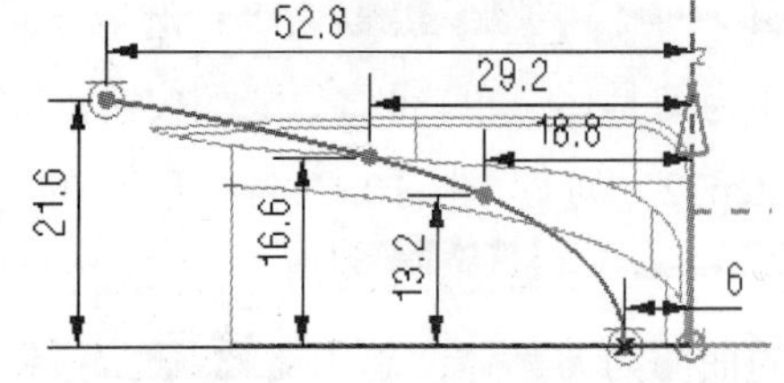

图 10.11.52　截面草图

Step36. 创建图 10.11.53 所示的修剪片体特征 4。选择下拉菜单插入(S) → 修剪(M) → 修剪的片体(R)...命令；选取图 10.11.54 所示的曲面为目标体，并单击中键确认；选取拉伸特征 6 为边界对象；在区域区域中选中◉舍弃单选项；单击确定按钮，完成修剪片体特征 4 的创建。

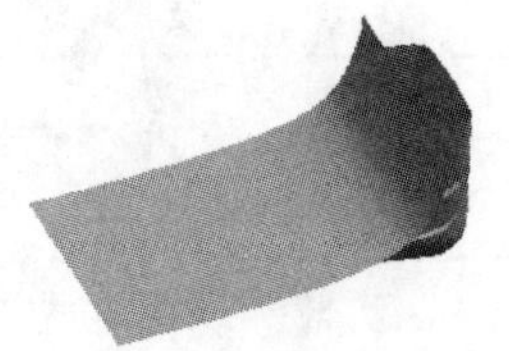

图 10.11.53　修剪片体特征 4

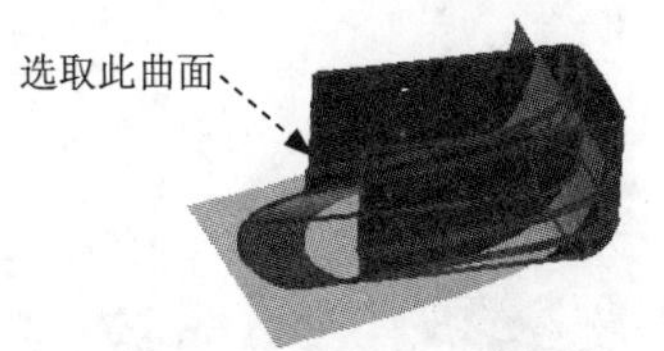

图 10.11.54　目标体

Step37. 创建图 10.11.55 所示的零件修剪片体特征 5。选择下拉菜单插入(S) → 修剪(M) → 修剪的片体(R)...命令；选取拉伸特征 6 为目标体，并单击中键确认；选取图 10.11.56 所示的面为边界对象；在区域区域中选中◉保持单选项；单击确定按钮，完成修剪片体特征 5 的创建。

Step38. 创建图 10.11.57 所示的有界平面特征 1（隐藏所有草图）。选择下拉菜单插入(S) → 曲面(R) → 有界平面(P)...命令；选取图 10.11.58 所示的边线为截面边界。

图 10.11.55　修剪片体特征 5

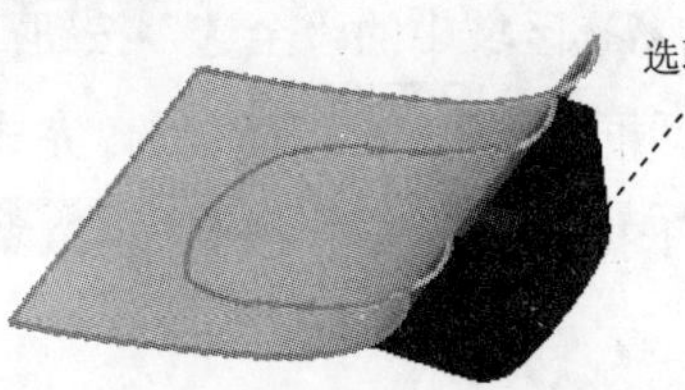

图 10.11.56　边界对象

图 10.11.57　有界平面 1

Step39. 创建零件缝合特征 3。选择下拉菜单插入(S) → 组合体(B) → 缝合(W)...命令；选取图 10.11.59 所示的曲面为目标体，选取图 10.11.60 所示的曲面为刀具体，单击确定按钮，完成缝合特征 3 的创建。

图 10.11.58　选取截面边界

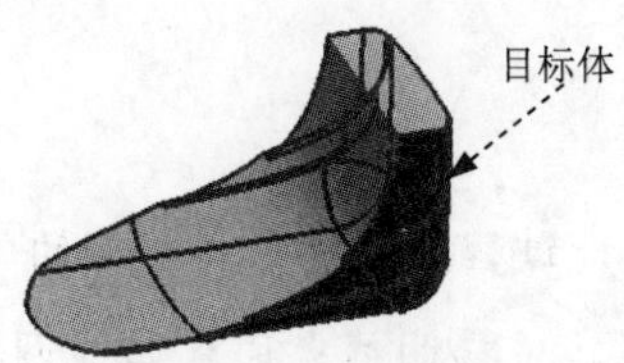

图 10.11.59　目标体

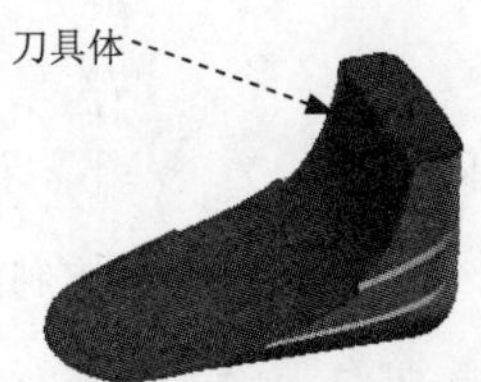

图 10.11.60　刀具体

Step40. 创建图 10.11.61 所示的拉伸特征 7。选择下拉菜单插入(S) → 设计特征(E) → 拉伸(E)...命令；选取图 10.11.62 所示的平面为草图平面；绘制图 10.11.63 所示的截面草图；在“拉伸”对话框极限区域的开始下拉列表中选择值选项，并在其下的距离文本框中输入值 0；在极限区域的结束下拉列表中选择值选项，并在其下的距离文本框中输入值 18；在布尔区域的下拉列表中选择求差选项，采用系统默认的求差对象；单击<确定>按钮，完成拉伸特征 7 的创建。

图 10.11.61 拉伸特征 7

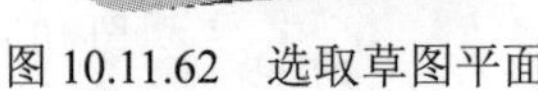

图 10.11.62 选取草图平面

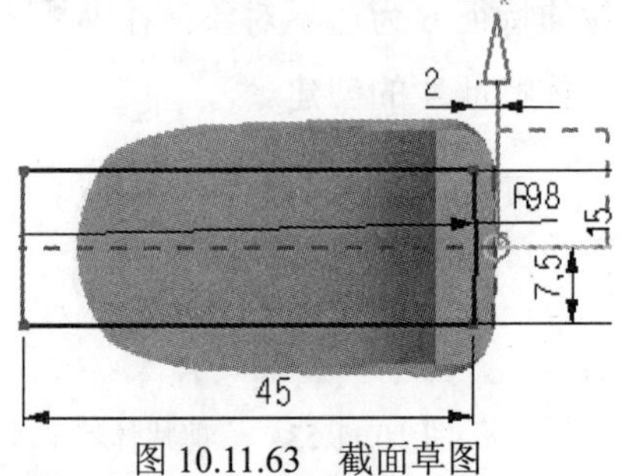

图 10.11.63 截面草图

Step41. 设置隐藏。

（1）选择命令。选择下拉菜单编辑(E) → 显示和隐藏(H) → 隐藏(H)...命令（或单击按钮），系统弹出“类选择”对话框。

（2）选择隐藏对象。单击“类选择”对话框的过滤器区域中的按钮，系统弹出“根据类型选择”对话框，选择对话框列表中的基准选项，单击确定按钮。系统再次弹出“类选择”对话框，单击对话框的对象区域中的“全选”按钮。

（3）完成隐藏操作。单击对话框中的确定按钮，完成对设置对象的隐藏。

Step42. 保存零件模型。选择下拉菜单文件(F) → 保存(S)命令，即可保存零件模型。

说明：

- 修剪体：可以选择实体或片体为目标体，但刀具体只能选择面。
- 修剪的片体：只能选择片体为目标体，但边界对象可以选择面、曲线或边。

10.12 范例 12——遥控器控制面板的设计

范例概述

本范例介绍了控制面板的设计过程。通过对本范例的学习，能使读者熟练地掌握拉伸、偏置曲面、修剪片体、偏置曲线、桥接曲线、通过曲线网格、缝合、边倒圆和抽壳等特征的应用。零件模型如图 10.12.1 所示。

说明：本例前面的详细操作过程请参见随书光盘中 video\ch10.12\reference\文件下的语音视频讲解文件 remote_control-r01.avi。

Step1. 打开文件 ug6.8\work\ch10.12\remote_control_ex.prt。

Step2. 创建图 10.12.2 所示的偏置曲面 1。选择下拉菜单插入(S) → 偏置/缩放(O) → 偏置曲面(O)...命令；选择拉伸特征 1 为偏置曲面；在偏置 1的文本框中输入值 3；单击按钮调整偏置方向为 Y 轴负方向；其他参数采用系统默认设置值。

Step3. 创建图 10.12.3 所示的草图 1。选择下拉菜单插入(S) → 草图(S)...命令；选取 XZ 基准平面为草图平面；绘制图 10.12.3 所示的草图 1。

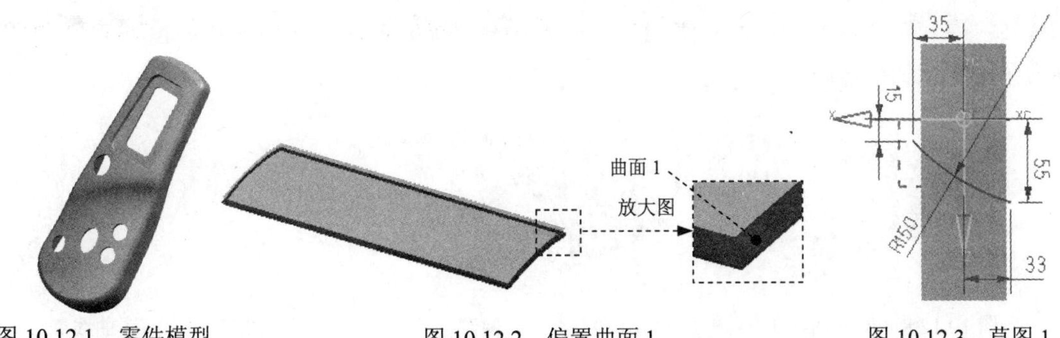

图 10.12.1　零件模型　　图 10.12.2　偏置曲面 1　　图 10.12.3　草图 1

Step4. 创建图 10.12.4 所示的修剪特征 1。选择下拉菜单 插入(S) → 修剪(T) ▸ → 修剪的片体(R)... 命令；选择图 10.12.5 所示的目标体和边界对象；在 投影方向 区域中的 投影方向 下拉列表选择 沿矢量 选项。在 指定矢量 下拉列表中选择 -Y 选项；在 区域 区域中选中 ⊙ 保持 选项；其他参数采用系统默认设置值。

注意：前面选取目标体时，选取要保留的部分，否则这里应选择 ⊙ 舍弃 选项。

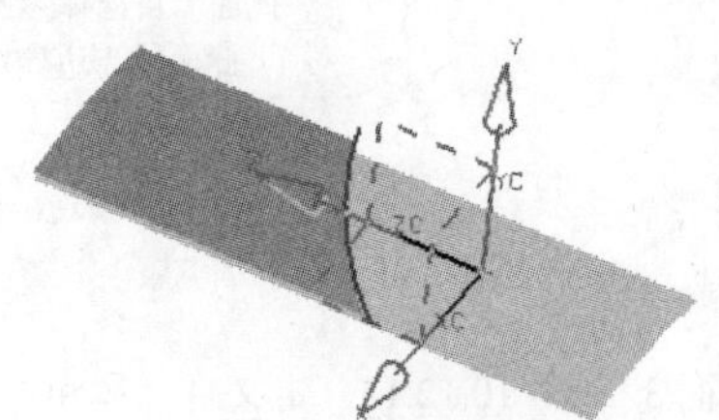

图 10.12.4 修剪特征 1

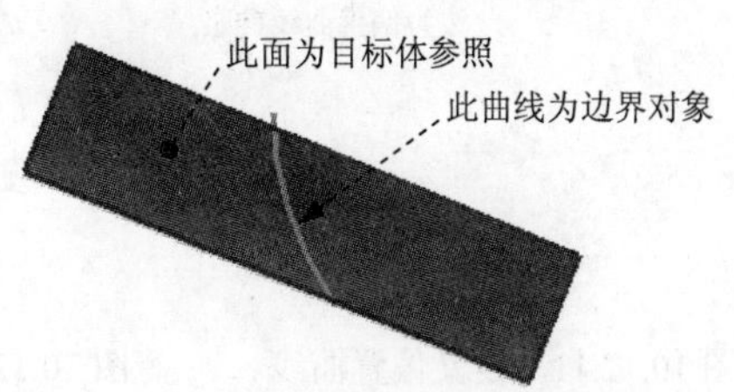

图 10.12.5　定义目标体和边界对象

Step5. 创建图 10.12.6 所示的修剪特征 2。选择下拉菜单 插入(S) → 修剪(T) ▸ → 修剪的片体(R)... 命令；选择图 10.12.7 所示的目标体和边界对象；在 投影方向 区域的 投影方向 下拉列表中选择 沿矢量 选项，在 指定矢量 下拉列表中选择 -Y 选项；在 区域 区域中选中 ⊙ 保持 选项；其他参数采用系统默认设置值；单击 确定 按钮，完成修剪特征 2 的创建。

图 10.12.6 修剪特征 2

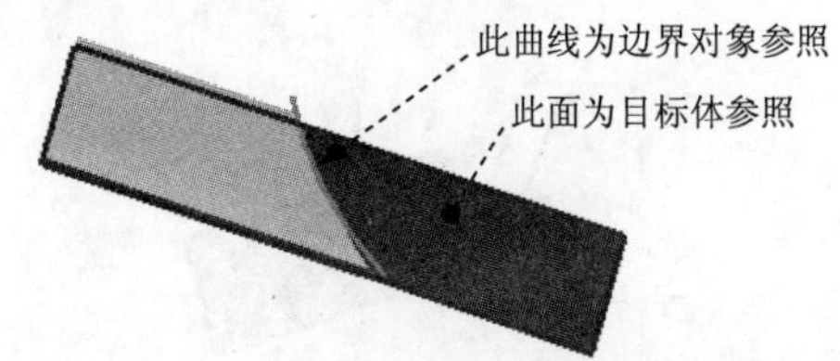

图 10.12.7　定义目标体和边界对象

Step6. 创建图 10.12.8 所示的偏置曲线 1。选择下拉菜单 插入(S) → 来自曲线集的曲线(F) → 在面上偏置... 命令；选取图 10.12.9 所示的曲线为偏置曲线；在 曲线 区域中的 Section1:Offset1 文本框中输入值 12，在 修剪和延伸偏置曲线 区域中选中 ☑ 修剪到面的边缘 和 ☑ 延伸至面的边缘 复选框。

Step7. 创建图 10.12.10 所示的偏置曲线 2。选择下拉菜单 插入(S) → 来自曲线集的曲线(F) → 在面上偏置... 命令；选取图 10.12.11 所示的曲线为偏置曲线；在 曲线 区域中的

Section1:Offset1 文本框中输入值 12，在修剪和延伸偏置曲线区域中选中☑ 修剪到面的边缘和☑ 延伸至面的边缘复选框。

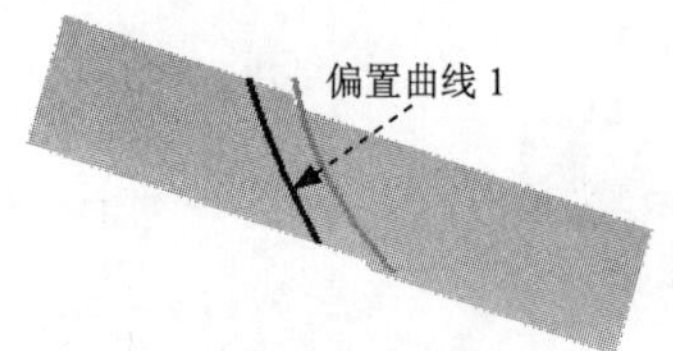

图 10.12.8 偏置曲线 1

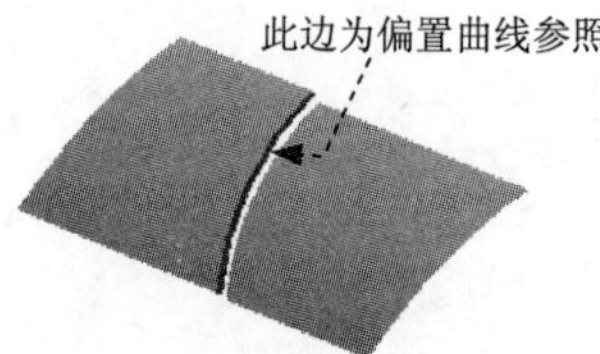

图 10.12.9 定义偏置曲线

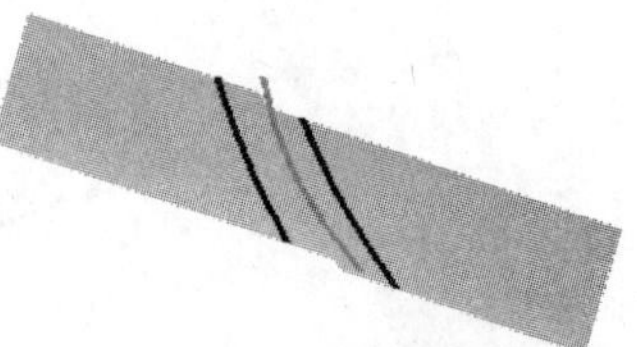
图 10.12.10 偏置曲线 2

Step8. 创建图 10.12.12 所示的修剪特征 3。选择下拉菜单插入(S) ➡ 修剪(T) ▸ ➡ 修剪的片体(R)...命令；选取图 10.12.13 所示的片体为目标体，单击中键确认；选取图 10.12.13 所示的边链为边界对象；在投影方向区域的投影方向下拉列表中选择沿矢量选项；在* 指定矢量下拉列表中选择 Y 选项；在区域区域中选择⊙ 保持单选项，其他参数采用系统默认设置值。

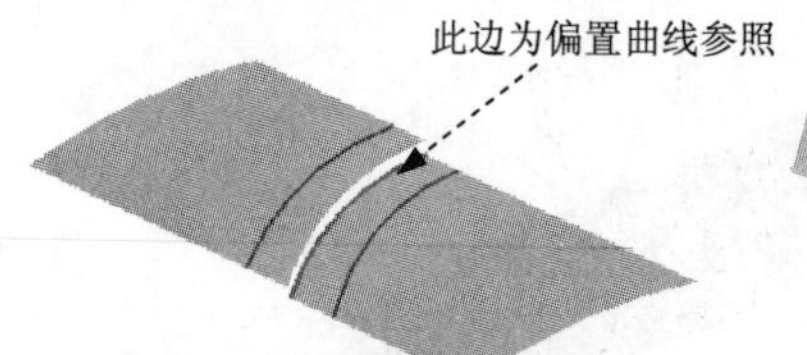

图 10.12.11 定义偏置曲线

图 10.12.12 修剪特征 3

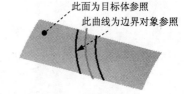

图 10.12.13 定义目标体和边界对象

Step9. 创建图 10.12.14 所示的修剪特征 4。选择下拉菜单插入(S) ➡ 修剪(T) ▸ ➡ 修剪的片体(R)...命令；选取图 10.12.15 所示的片体为目标体，单击中键确认；选取图 10.12.15 所示的边链为边界对象；在投影方向区域的投影方向下拉列表中选择沿矢量选项，在* 指定矢量下拉列表中选择 Y 选项；在区域区域中选择⊙ 保持单选项，其他参数采用系统默认设置值值。单击确定按钮，完成修剪特征 4 的创建。

图 10.12.14 修剪特征 4

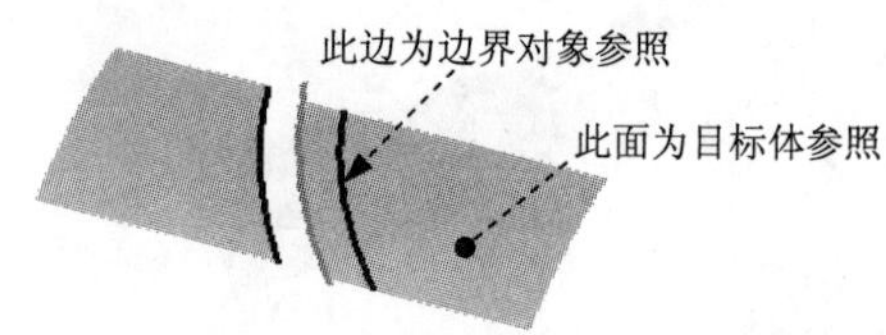

图 10.12.15 定义目标体和边界对象

Step10. 创建图 10.12.16 所示的桥接曲线 1。选择下拉菜单插入(S) ➡ 来自曲线集的曲线(F) ▸ ➡ 桥接(B)...命令；选取图 10.12.16 所示的边线 1 和边线 2 为桥接曲线；在形状控制区域类型的下拉列表中选择相切幅值选项；在开始文本框中输入值 1.5，在结束文本框中输入值 2.5；其他参数采用系统默认设置值；单击确定按钮，完成桥接曲线 1 的创建。

注意：选取边线时，应靠近要桥接的一端选取，否则结果将不正确。

Step11. 创建图 10.12.17 所示的桥接曲线 2。选择下拉菜单插入(S) → 来自曲线集的曲线(F) → 桥接(B)... 命令；选取图 10.12.17 所示的边线 1 和边线 2 为桥接曲线；在形状控制区域类型的下拉列表中选择相切幅值选项，在开始文本框中输入值 1.5，在结束文本框中输入值 2.5；其他参数采用系统默认设置值；单击确定按钮，完成桥接曲线 2 的创建。

Step12. 创建图 10.12.18 所示的网格曲面 1。选择下拉菜单插入(S) → 网格曲面(M) → 通过曲线网格(M)... 命令；依次选取图 10.12.19 所示的曲线 1 和曲线 3 为主曲线，并分别单击中键确认，选取曲线 2 和曲线 4 为交叉线串，并分别单击中键确认；单击确定按钮，完成曲面 1 的创建。

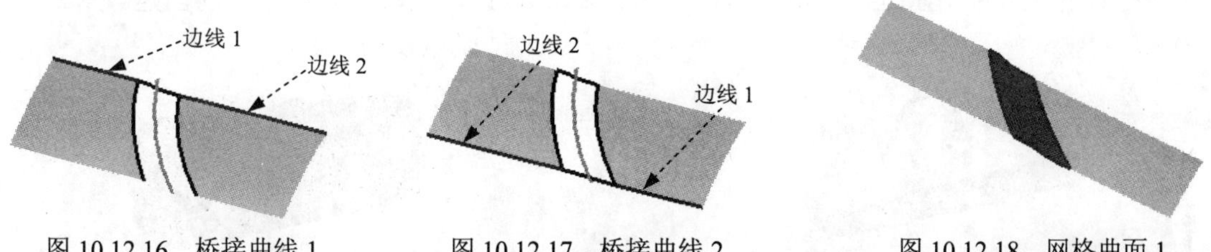

图 10.12.16　桥接曲线 1　　图 10.12.17　桥接曲线 2　　图 10.12.18　网格曲面 1

Step13. 创建曲面缝合 1。选择下拉菜单插入(S) → 组合体(B) → 缝合(W)... 命令；选择修剪特征 3 为目标体，选择曲面 1 和修剪特征 4 为刀具体；其他参数采用系统默认设置值；单击确定按钮，完成曲面缝合 1 的创建。

Step14. 创建图 10.12.20 所示的拉伸特征 2。选择下拉菜单插入(S) → 设计特征(E) → 拉伸(E)... 命令；选取 ZX 基准平面为草图平面；绘制图 10.12.21 所示的截面草图；在限制区域的开始下拉列表中选择值选项，并在其下的距离文本框中输入值-20；在限制区域的结束下拉列表中选择值选项，并在其下的距离文本框中输入值 5；在设置区域的体类型的下拉列表中选择片体选项；其他参数采用系统默认设置值。

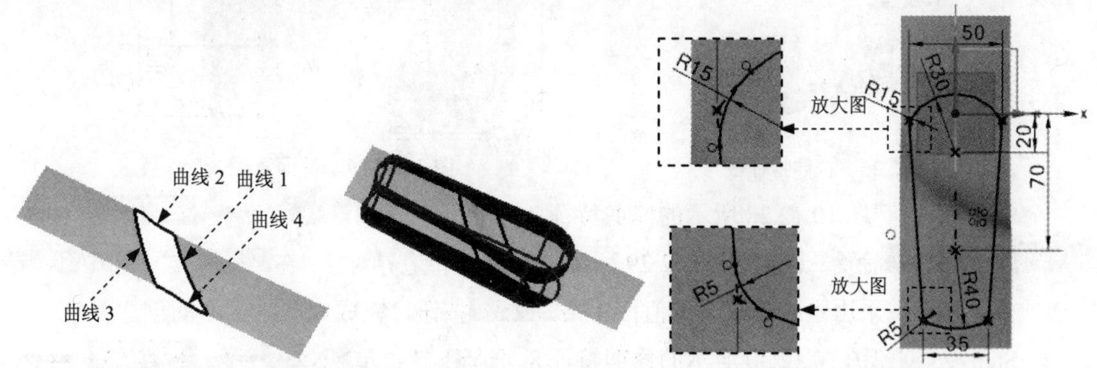

图 10.12.19　定义主曲线和交叉线串　图 10.12.20　拉伸特征 2　图 10.12.21　截面草图

Step15. 创建图 10.12.22 修剪特征 5。选择下拉菜单插入(S) → 修剪(T) → 修剪的片体(R)... 命令；选择图 10.12.23 所示的目标体和边界对象；在区域区域中选中⊙保持选项；其他参数采用系统默认设置值；单击确定按钮，完成修剪特征 5 的创建。

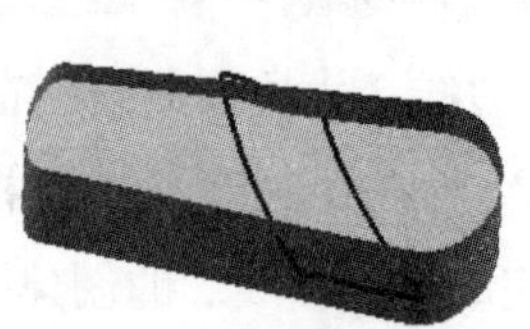

图 10.12.22 修剪特征 5

图 10.12.23 定义目标体和边界对象

Step16. 创建图 10.12.24 所示的修剪特征 6。选择下拉菜单 插入(S) → 修剪(T) → 修剪的片体(R)... 命令；选择图 10.12.25 所示的目标体和边界对象；在 区域 区域中选中 保持 选项；其他参数采用系统默认设置值；单击 确定 按钮，完成修剪特征 6 的创建。

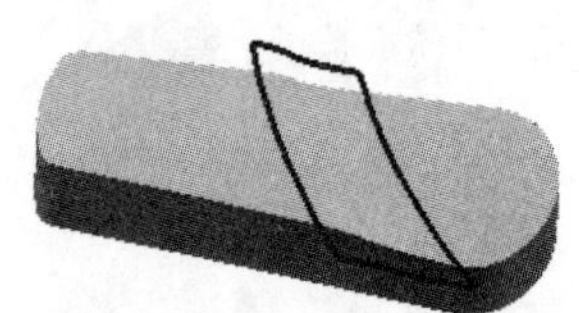

图 10.12.24 修剪特征 6

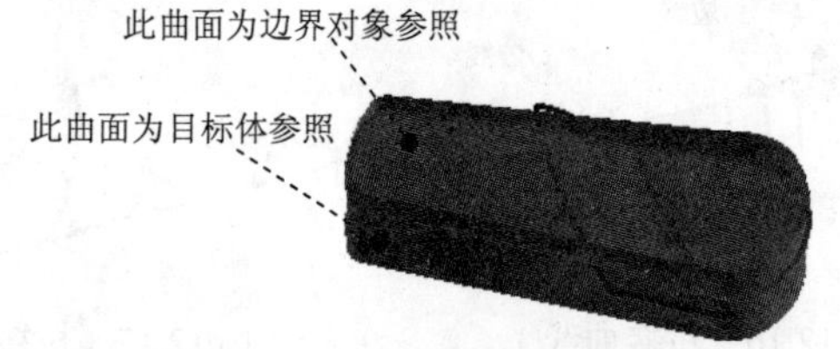

图 10.12.25 定义目标体和边界对象

Step17. 创建图 10.12.26 所示的拉伸特征 3。选择下拉菜单 插入(S) → 设计特征(E) → 拉伸(E)... 命令；选取 ZX 基准平面为草图平面，绘制图 10.12.27 所示的截面草图；在“拉伸”对话框的 限制 区域的 开始 下拉列表中选择 值 选项，并在其下的 距离 文本框中输入值-10； 在 限制 区域的 结束 下拉列表中选择 值 选项；并在其下的 距离 文本框中输入值 5；在 设置 区域的 体类型 的下拉列表中选择 片体 选项，其他参数采用系统默认设置值；单击 确定 按钮，完成拉伸特征 3 的创建。

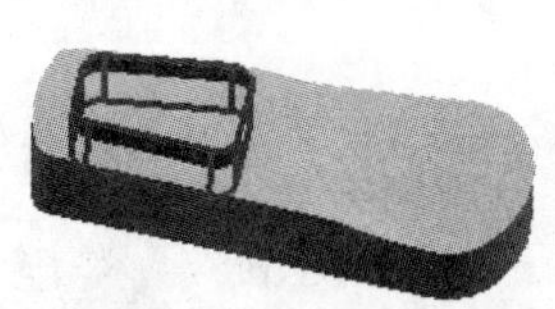

图 10.12.26 拉伸特征 3

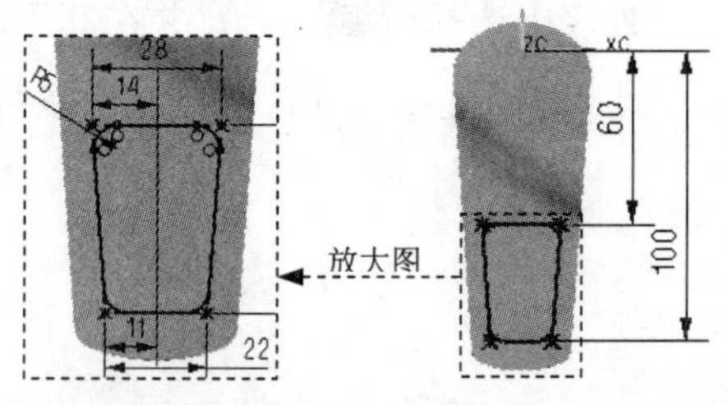

图 10.12.27 截面草图

Step18. 创建图 10.12.28 所示的修剪特征 7。选择下拉菜单 插入(S) → 修剪(T) → 修剪的片体(R)... 命令；选择图 10.12.29 所示的目标体和边界对象；在 区域 区域中选中 保持 选项；其他参数采用系统默认设置值；单击 确定 按钮，完成修剪特征 7 的创建。

Step19. 创建图 10.12.30 所示的修剪特征 8。选择下拉菜单 插入(S) → 修剪(T) → 修剪的片体(R)... 命令；选择图 10.12.31 所示的目标体和边界对象；在 区域 区域中选中 保持 选项；其他参数采用系统默认设置值；单击 确定 按钮，完成修剪特征 8 的创建。

Step20. 创建图 10.12.32 所示的拉伸特征 4。选择下拉菜单 插入(S) → 设计特征(E) → 拉伸(E)... 命令；选取 XY 基准平面为草图平面；绘制图 10.12.33 所示的截面草图；

在限制区域的开始下拉列表中选择值选项，并在其下的距离文本框中输入值-50；在结束下拉列表中选择值选项，并在其下的距离文本框中输入值-110；在设置区域的体类型的下拉列表中选择片体选项，其他参数采用系统默认设置值。单击对话框中的确定按钮，完成拉伸特征 4 的创建。

图 10.12.28　修剪特征 7

此曲面为边界对象参照
此曲面为目标体参照

图 10.12.29　定义目标体和边界对象

图 10.12.30　修剪特征 8

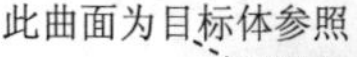

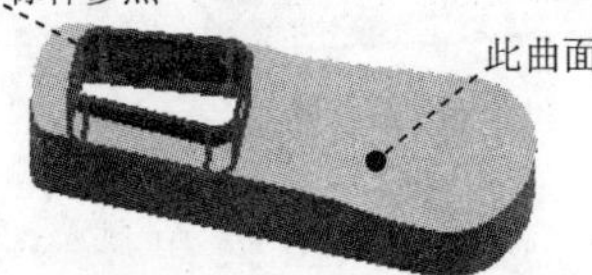

图 10.12.31　定义目标体和边界对象

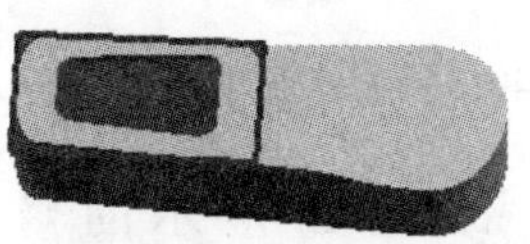
图 10.12.32　拉伸特征 4

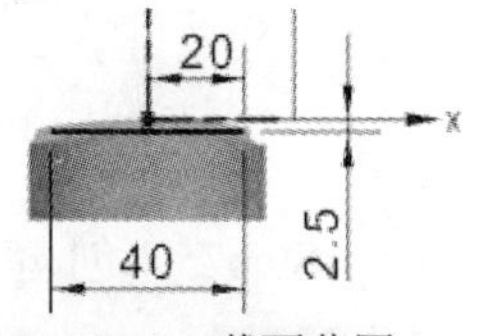

图 10.12.33　截面草图

Step21. 创建图 10.12.34 所示的修剪特征 9。选择下拉菜单插入(S) → 修剪(T) → 修剪的片体(R)...命令；选择拉伸特征 3 为目标体，选取图 10.12.35 所示的边界对象；在区域区域中选中保持选项，其他参数采用系统默认设置值；单击确定按钮，完成修剪特征 9 的创建。

Step22. 创建图 10.12.36 所示的修剪特征 10。选择下拉菜单插入(S) → 修剪(T) → 修剪的片体(R)...命令；选择图 10.12.37 所示的目标体，选取拉伸特征 4 为边界对象；在区域区域中选中舍弃选项；其他参数采用系统默认设置值；单击确定按钮，完成修剪特征 10 的创建。

图 10.12.34　修剪特征 9

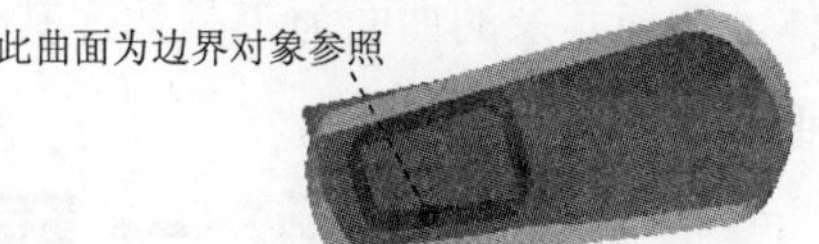

图 10.12.35　定义边界对象

图 10.12.36　修剪特征 10

Step23. 创建图 10.12.38 所示的拉伸特征 5。选择下拉菜单插入(S) → 设计特征(E) → 拉伸(E)...命令；选取 YZ 基准平面为草图平面；绘制图 10.12.39 所示的截面草图；在限制区域的开始下拉列表中选择对称值选项，并在其下的距离文本框中输入值 30；在设置区域的体类型的下拉列表中选择片体选项，其他参数采用系统默认设置值。单确定按钮，完成拉伸特征 5 的创建。

Step24. 创建图 10.12.40 所示的修剪特征 11。选择下拉菜单插入(S) → 修剪(T) → 修剪的片体(R)...命令；选择拉伸特征 5 为目标体，选取图 10.12.41 所示的边界对象；在区域区域中选中⊙舍弃选项；其他参数采用系统默认设置值；单击确定按钮，完成修剪特征 11 的创建。

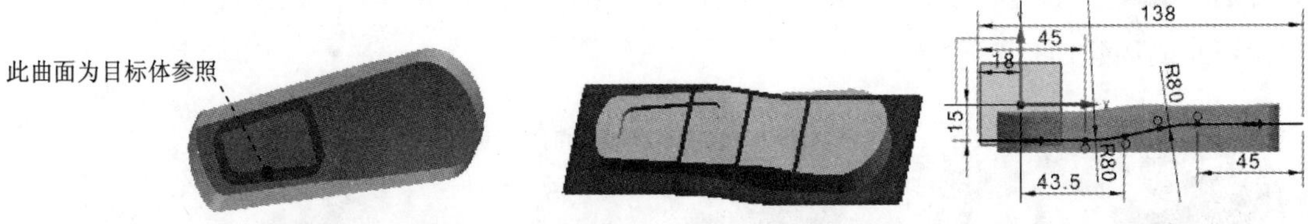

图 10.12.37　定义目标体和边界对象　图 10.12.38　拉伸特征 5　图 10.12.39　截面草图

图 10.12.40　修剪特征 11

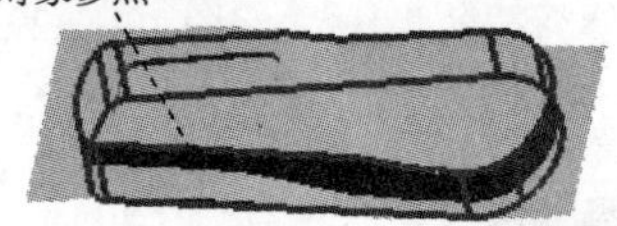

图 10.12.41　定义边界对象

Step25. 创建图 10.12.42 所示的修剪特征 12。选择下拉菜单插入(S) → 修剪(T) ▸ → 修剪的片体(R)...命令；选择图 10.12.43 所示的目标体，选取修剪特征 11 为边界对象；在区域区域中选中⊙舍弃选项，其他参数采用系统默认设置值。单击确定按钮，完成修剪特征 12 的创建。

图 10.12.42　修剪特征 12

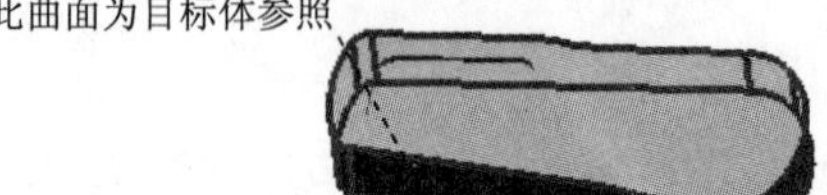

图 10.12.43　定义目标体

Step26. 创建曲面缝合 2。选择下拉菜单插入(S) → 组合体(B) → 缝合(W)...命令；选择图 10.12.44 所示的目标体，选择其余的曲面为工具体；其他参数采用系统默认设置值值。单击确定按钮，完成曲面缝合 2 的创建。

Step27. 创建边倒圆特征 1。选择下拉菜单插入(S) → 细节特征(L) ▸ → 边倒圆(E)...命令；选择图 10.12.45 所示的边链为倒圆角参照，并在'Radius 1文本框中输入值 0.5。

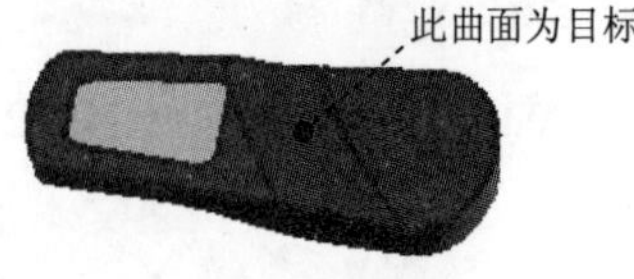

图 10.12.44　定义目标体

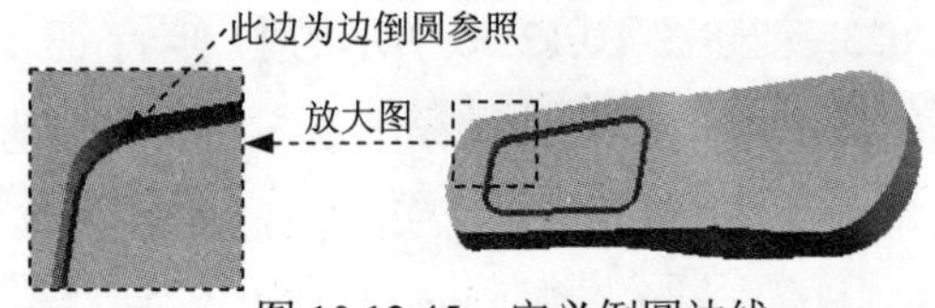

图 10.12.45　定义倒圆边线

Step28. 创建图 10.12.46b 所示的边倒圆特征 2。选择下拉菜单插入(S) → 细节特征(L) ▸ → 边倒圆(E)...命令；选择图 10.12.46a 所示的边链为边倒圆参照，并在'Radius 1文本框中输入值 3。

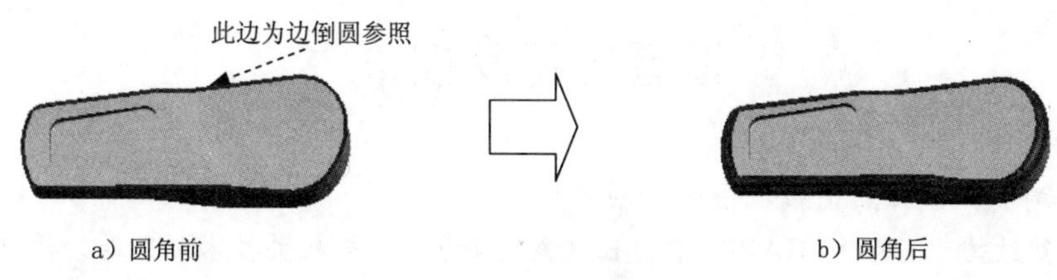

图 10.12.46　边倒圆特征 2

Step29. 创建图 10.12.47 所示的抽壳特征 1。选择下拉菜单 插入(S) → 偏置/缩放(O) → 抽壳(H)... 命令；选择图 10.12.48 所示的面为移除面，并在厚度文本框中输入值 1；其他参数采用系统默认设置值。

Step30. 创建图 10.12.49 所示的拉伸特征 6。选择下拉菜单 插入(S) → 设计特征(E) → 拉伸(E)... 命令；选取 ZX 基准平面为草图平面，绘制图 10.12.50 所示的截面草图；在限制区域的开始下拉列表中选择 对称值选项，并在其下的距离文本框中输入值 10；在布尔区域的下拉类表中选择 求差选项，采用系统默认的求差对象；单击 确定 按钮，完成拉伸特征 6 的创建。

图 10.12.47　抽壳特征 1　　图 10.12.48　定义移除面　　图 10.12.49　拉伸特征 6

Step31. 创建图 10.12.51 所示的拉伸特征 7。选择下拉菜单 插入(S) → 设计特征(E) → 拉伸(E)... 命令；选取 ZX 基准平面为草图平面，绘制图 10.12.52 所示的截面草图（其中的椭圆大半径 6，小半径 4，旋转角度 90）；在限制区域的开始下拉列表中选择 对称值选项，并在其下的距离文本框中输入值 10；在布尔区域的下拉类表中选择 求差选项，采用系统默认的求差对象；单击 确定 按钮，完成拉伸特征 7 的创建。

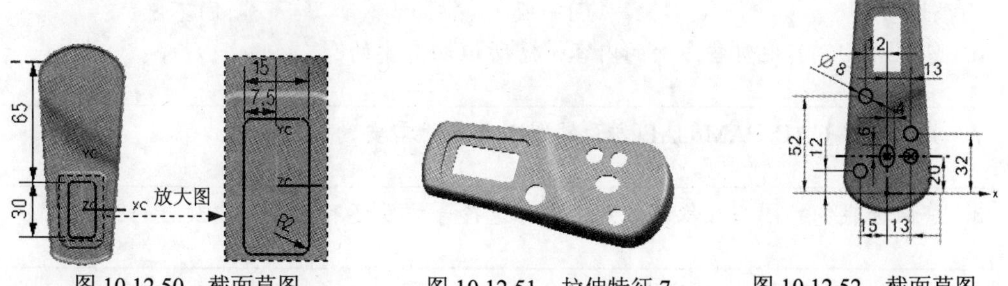

图 10.12.50　截面草图　　图 10.12.51　拉伸特征 7　　图 10.12.52　截面草图

Step32. 后面的详细操作过程请参见随书光盘中 video\ch10.12\reference\文件下的语音视频讲解文件 remote_control-r02.avi。

读者意见反馈卡

尊敬的读者：

感谢您购买机械工业出版社出版的图书！

我们一直致力于CAD、CAPP、PDM、CAM和CAE等相关技术的跟踪，希望能将更多优秀作者的宝贵经验与技巧介绍给您。当然，我们的工作离不开您的支持。如果您在看完本书之后，有什么好的批评和建议，或是有一些感兴趣的技术话题，都可以直接与我联系。

责任编辑：管晓伟

注：本书的随书光盘中含有该“读者意见反馈卡”的电子文档，您可将填写后的文件采用电子邮件的方式发给本书的责任编辑或主编。

E-mail: 展迪优 zhanygjames@163.com ；管晓伟 guancmp@163.com。

请认真填写本卡，并通过邮寄或 *E-mail* 传给我们，我们将奉送精美礼品或购书优惠卡。

书名：《UG NX 6.0 曲面设计教程》

1. 读者个人资料：

姓名：＿＿＿＿性别：＿＿年龄：＿＿职业：＿＿＿＿职务：＿＿＿＿学历：＿＿＿

专业：＿＿＿＿单位名称：＿＿＿＿＿＿＿＿＿电话：＿＿＿＿＿手机：＿＿＿＿

邮寄地址＿＿＿＿＿＿＿＿＿＿＿邮编：＿＿＿＿＿E-mail: ＿＿＿＿＿

2. 影响您购买本书的因素（可以选择多项）：

□内容	□作者	□价格
□朋友推荐	□出版社品牌	□书评广告
□工作单位（就读学校）指定	□内容提要、前言或目录	□封面封底
□购买了本书所属丛书中的其他图书		□其他＿＿＿＿＿

3. 您对本书的总体感觉：

□很好　□一般　□不好

4. 您认为本书的语言文字水平：

□很好　□一般　□不好

5. 您认为本书的版式编排：

□很好　□一般　□不好

6. 您认为UG其他哪些方面的内容是您所迫切需要的？

＿＿＿＿＿＿＿＿＿＿＿＿＿＿＿＿＿＿＿＿

7. 其他哪些CAD/CAM/CAE方面的图书是您所需要的？

＿＿＿＿＿＿＿＿＿＿＿＿＿＿＿＿＿＿＿＿

8. 您认为我们的图书在叙述方式、内容选择等方面还有哪些需要改进的？

＿＿＿＿＿＿＿＿＿＿＿＿＿＿＿＿＿＿＿＿

如若邮寄，请填好本卡后寄至：

北京市西城区百万庄大街22号机械工业出版社汽车分社　管晓伟（收）

邮编：100037　　联系电话：（010）88379949　　传真：（010）68329090

如需本书或其他图书，可与机械工业出版社网站联系邮购：

http://www.golden-book.com　　**咨询电话：**（010）88379639，88379641，88379643。